필기 / 실기 온라인 강의는 **모아바에서**

아우름 [AURUM]

# 전기기능장
## 필기

# 전기기능장 필기 과목 및 합격률

## 시험 과목 & 합격기준

**필기**

| 시험과목 | 검정방법 | 시험시간 |
|---|---|---|
| · 전기이론  · 전기기기<br>· 전력전자  · 전기설비설계 및 시공<br>· 송 · 배전  · 디지털 공학<br>· 공업경영에 관한 사항 | 객관식<br>4지 택일 60문제 | 60분<br>(1/2 경과 퇴실 가능) |

100점 만점 중 **60점 이상** 합격

## 시험 과목 & 합격기준

**실기**

| 시험과목 | 검정방법 | 시험시간 |
|---|---|---|
| 전기에 관한 실무 | 필답형<br>+<br>작업형 (PLC) | 복합형<br>(6시간 30분 정도) |

100점 만점 중 **60점 이상** 합격

# CONTENTS 이 책의 차례

## PART 01 전기이론
| | |
|---|---|
| CHAPTER 01 정전기와 자기 | 6 |
| CHAPTER 02 직류회로 | 26 |
| CHAPTER 03 교류회로 | 48 |
| CHAPTER 04 왜형파 교류 | 85 |

## PART 02 전기기기
| | |
|---|---|
| CHAPTER 01 직류기 | 90 |
| CHAPTER 02 변압기 | 115 |
| CHAPTER 03 유도전동기 | 140 |
| CHAPTER 04 동기기 | 159 |
| CHAPTER 05 정류기 | 179 |

## PART 03 전력전자
| | |
|---|---|
| CHAPTER 01 반도체 소자 | 186 |
| CHAPTER 02 정류 및 인버터 회로 | 198 |

## PART 04 전기설비 설계기초 및 시공
| | |
|---|---|
| CHAPTER 01 전기설비설계 | 210 |
| CHAPTER 02 전기설비시공 | 238 |
| CHAPTER 03 신생에너지 | 260 |

## PART 05 송·배전설비
| | |
|---|---|
| CHAPTER 01 송·배전방식과 전압 | 270 |
| CHAPTER 02 가공 송·배전선의 전기적 특징 | 274 |
| CHAPTER 03 지중 송·배전선로 | 301 |

## PART 06 한국전기설비규정
| | |
|---|---|
| CHAPTER 01 KEC 총칙 | 310 |
| CHAPTER 02 저압전기설비 | 331 |
| CHAPTER 03 고압, 특고압 설비 | 367 |

# PART 07 디지털공학

CHAPTER 01 수의 진법 및 코드화 — 400
CHAPTER 02 불대수 및 논리회로 — 405
CHAPTER 03 순서논리회로 — 412
CHAPTER 04 조합논리회로 — 417

# PART 08 공업경영

CHAPTER 01 품질관리 — 434
CHAPTER 02 생산관리 — 450
CHAPTER 03 작업관리 — 457

# PART 09 과년도 기출문제

CHAPTER 01 제63회 기출문제 — 482
CHAPTER 02 제62회 기출문제 — 498
CHAPTER 03 제61회 기출문제 — 512
CHAPTER 04 제60회 기출문제 — 528
CHAPTER 05 제59회 기출문제 — 543
CHAPTER 06 제58회 기출문제 — 558
CHAPTER 07 제57회 기출문제 — 573
CHAPTER 08 제56회 기출문제 — 586
CHAPTER 09 제55회 기출문제 — 599
CHAPTER 10 제54회 기출문제 — 612
CHAPTER 11 제53회 기출문제 — 625
CHAPTER 12 제52회 기출문제 — 638
CHAPTER 13 제51회 기출문제 — 652

# PART 10 실전 모의고사

CHAPTER 01 실전 모의고사 1회 — 666
CHAPTER 02 실전 모의고사 2회 — 681
CHAPTER 03 실전 모의고사 3회 — 696

아우름 전기기능장 필기

# PART 01
# 전기이론

# CHAPTER 01 정전기와 자기

## 1 전정기

### 1. 정전기의 발생

1) 대전 : 중성의 물질이 외부에 힘에 의하여 전기적 성질을 띠게 되는 현상
2) 마찰전기 : 마찰에 의해 전자가 이동하여 생기는 전기
3) 정전기 : 정지되어 있는 전기

### 2. 정전유도와 정전차폐

1) 정전유도
   (1) 도체에 대전체(+, -) 접근 시 극성 발생 현상
   (2) 가까운 쪽 다른 극성, 먼 쪽 같은 극성 발생

2) 정전차폐
   (1) 철망에 의해서 정전유도 현상이 생기지 않는 현상
   (2) 금속 철망이 대전체(+, -) 접근 시 극성을 없앤다.

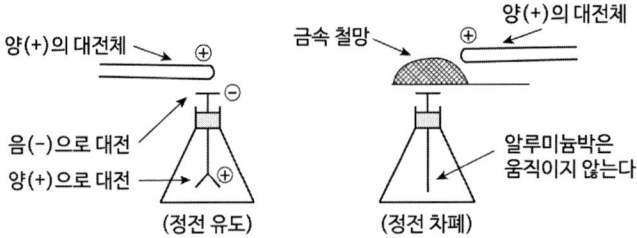

(정전 유도)　　　(정전 차폐)

### 3. 정전기력

1) 정전기력
   전하가 대전되어 생기는 현상으로 정전기에 의하여 작용하는 힘
   (1) 흡인력 : 다른 극성의 전하 사이에 작용하는 힘
   (2) 반발력 : 같은 극성의 전하 사이에 작용하는 힘

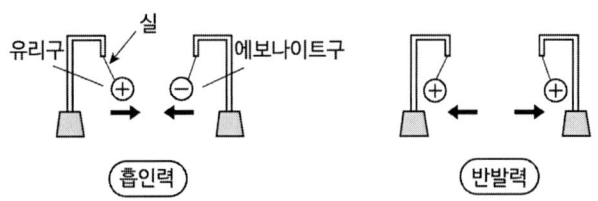

(흡인력)　　　(반발력)

2) 쿨롱의 법칙
   (1) 두 전하 사이에 작용하는 정전기력(힘)의 크기

(2) 두 전하 $Q_1$, $Q_2$가 일정거리(r) 떨어졌을 때의 정전기력의 크기[N]

$$F = \frac{1}{4\pi\varepsilon_0} \times \frac{Q_1 Q_2}{r^2} [\text{N}] = 9 \times 10^9 \times \frac{Q_1 Q_2}{r^2} [\text{N}]$$

### 예제. 01

공기 중에서 일정한 거리를 두고 있는 두 점 전하 사이에 작용하는 힘이 20[N] 이었는데, 두 전하 사이에 비유전율이 4인 유리를 채웠다. 이때 작용하는 힘은 어떻게 되는가?

① 작용하는 힘은 변하지 않는다.
② 0[N]으로 작용하는 힘이 사라진다.
③ 5[N]으로 힘이 감소되었다.
④ 40[N]으로 힘이 두 배 증가되었다.

**해설** 쿨롱의 법칙

$$F_1 = \frac{1}{4\pi\epsilon_0} \times \frac{Q_1 Q_2}{r^2} = 20[N]$$

$$F_2 = \frac{1}{4\pi\epsilon_0\epsilon_s} \times \frac{Q_1 Q_2}{r^2} = \frac{F_1}{\epsilon_s} = \frac{20}{4} = 5[N]$$

**정답** ③

## 2 정전용량

### 1. 커패시턴스

1) 콘덴서가 전하를 축적할 수 있는 능력을 표시하는 양 [F]

$$C = \frac{Q}{V} [\text{F}]$$

2) 1 [F] : 1 [V]로 1 [C]을 축적할 수 있는 능력

3) 실용화 단위

(1) $1 [\mu F] = 10^{-6} [F]$
(2) $1 [nF] = 10^{-9} [F]$
(3) $1 [pF] = 10^{-12} [F]$

## 2. 정전용량의 계산

1) 구도체의 정전용량

   (1) 구도체 전위 $V$

   반지름 $r$의 구도체에 전하 $Q$를 줄 때의 전위

   $$V = \frac{Q}{4\pi\varepsilon r}\,[\text{V}]$$

   (2) 구도체 정전용량 $C$

   구도체(반지름 $r$)에 전하가 있을 때 전위

   $$C = \frac{Q}{V} = 4\pi\varepsilon r\,[\text{F}]$$

2) 평행판 도체의 정전용량

   (1) 절연물 내의 전기장의 세기

   $$E = \frac{V}{\ell}\,[\text{V/m}]$$

   (2) 절연물 내의 전속밀도

   $$D = \frac{Q}{A}\,[\text{C/m}^2]$$

   (3) 평행판 도체의 정전용량

   $$C = \varepsilon\frac{A}{\ell}$$

   ($\varepsilon$ : 유전체의 유전율, $\ell$ : 극판 사이 간격, $A$ : 극판의 면적)

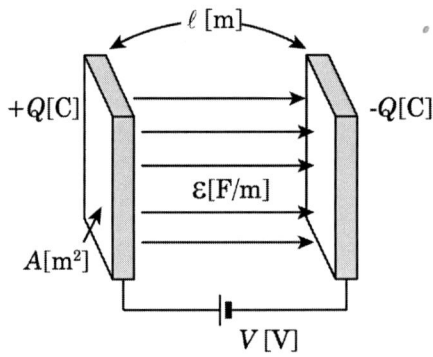

## 예제. 02

평행한 콘덴서에서 전극의 반지름이 30[cm]인 원판이고, 전극간격 0.1[cm]이며 유전체의 비유전율은 4이다. 이 콘덴서의 정전용량은 몇 [$\mu F$]인가?

① 0.01   ② 0.1   ③ 1   ④ 10

**해설** 콘덴서의 정전용량

$$C = \frac{\epsilon_0 \epsilon_s A}{\ell} = \frac{\epsilon_0 \epsilon_s \times \pi r^2}{\ell}$$

$$= \frac{8.855 \times 10^{-12} \times 4 \times 3.14 \times 0.3^2}{0.1 \times 10^{-2}} = 0.01 [\mu F]$$

**정답** ①

## 3 유전체

### 1. 분극현상

1) 분극
   유전체에 전계를 가하면 원자를 구성하는 음 양의 전하 또는 이온이 서로 반대 방향으로 변위하여 쌍극자 모멘트를 일으키는 현상

2) 분극의 종류
   이온 분극, 원자 분극, 전자 분극, 쌍극자 분극

### 2. 유전율과 비유전율

1) 유전율
   (1) 유전율($\varepsilon$) : 매질이 저장할 수 있는 전하량
   $$\varepsilon = \varepsilon_0 \varepsilon_s [F/m]$$
   (2) 진공 중의 유전율($\varepsilon_0$)
   $$\varepsilon_0 = 8.855 \times 10^{-12} [F/m]$$

2) 비유전율($\varepsilon_s$)
   (1) 진공 중의 유전율과 비교한 매질의 유전율의 상대적인 비율
   (2) $\varepsilon_s = \frac{\varepsilon}{\varepsilon_0}$ (진공 중의 $\varepsilon_s = 1$, 공기 중의 $\varepsilon_s ≒ 1$)

### 3. 유전체의 정전에너지

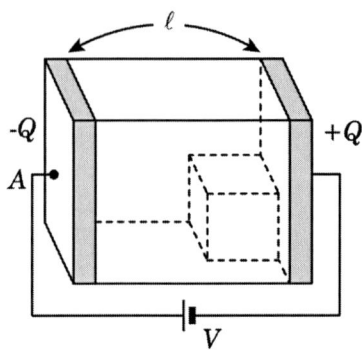

1) 콘덴서에 전압 $V$ [V]가 가해져서 $Q$ [C]의 전하가 축적되는 에너지

$$W = \frac{1}{2}CV^2 = \frac{1}{2}QV = \frac{1}{2}\frac{Q^2}{C} \text{ [J]}$$

#### 예제. 03

콘덴서 인가전압이 20[V]일 때 콘덴서에 800[μC]이 축적되었다면 이때 축적되는 에너지는 몇 [J]인가?

① 0.008    ② 0.016    ③ 0.08    ④ 0.16

**해설** 콘덴서의 축적에너지

$$W = \frac{1}{2}QV$$
$$= \frac{1}{2} \times 800 \times 10^{-6} \times 20 = 0.008 \text{ [J]}$$

**정답** ①

2) 유전체의 체적에 저장되는 에너지

  (1) 정전 용량 $C = \varepsilon\frac{A}{\ell}$ [F]

  (2) 전기장의 세기 $E = \frac{V}{\ell}$ [V/m]

  (3) 저장에너지 $W = \frac{1}{2}\varepsilon\frac{A}{\ell}(E\ell)^2 = \frac{1}{2}\varepsilon E^2 A\ell$ [J]

3) 위 식에서 $A\ell$은 유전체의 체적이므로 유전체 $1\,[\text{m}^3]$ 안에 저장되는 정전에너지

$$w = \frac{1}{2}\varepsilon E^2 = \frac{1}{2}ED = \frac{1}{2}\frac{D^2}{\varepsilon} \, [\text{J/m}^3]$$

## 4 콘덴서

### 1. 콘덴서의 구조

1) 콘덴서의 정의
   두 도체 사이에 유전체를 넣고 절연해 전하를 축적할 수 있게 한 장치

2) 콘덴서의 성질
   (1) 절연 파괴 : 전압 증가 시 유전체의 절연이 파괴되어 통전
   (2) 콘덴서의 내압 : 콘덴서가 파괴되지 않고 견딜 수 있는 전압

### 2. 콘덴서의 종류

1) 가변 콘덴서(바리콘)
   정전 용량을 변화할 수 있는 콘덴서이며. 바리콘이 대표적이다.

2) 고정 콘덴서
   (1) 마일러 콘덴서
   ① 필름을 유전체로 사용한다.
   ② 저주파 특성 우수하다.
   ③ 극성이 없다.
   ④ 가격이 저렴하다.
   (2) 마이카 콘덴서 : 절연저항이 높음, 표준 콘덴서로 절연저항이 높다.
   (3) 세라믹 콘덴서 : 가장 많이 사용되며 가성비와 고주파 특성이 우수하다.
   (4) 전해 콘덴서 : 극성을 가지고 있어서 교류회로에는 사용할 수 없다.

### 3. 콘덴서의 접속 : 저항과 반대개념

1) 직렬접속

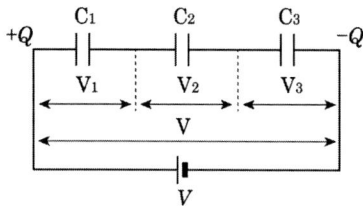

   (1) 각 콘덴서에 가해지는 전압

$$V_1 = \frac{Q}{C_1}, \ V_2 = \frac{Q}{C_2}, \ V_3 = \frac{Q}{C_3} \, [\text{V}]$$

### 예제. 04

$C_1 = 1[\mu F]$, $C_2 = 2[\mu F]$, $C_3 = 3[\mu F]$인 3개의 콘덴서를 직렬로 접속하여 500[V]의 전압을 가할 때 $C_1$ 양단에 걸리는 전압은 약 몇 [V] 인가?

① 91  ② 136  ③ 272  ④ 327

**해설** 콘덴서의 직렬접속

$Q = CV$ 에서

$V_1 = \dfrac{Q}{C_1}[V]$, $V_2 = \dfrac{Q}{C_2}[V]$, $V_3 = \dfrac{Q}{C_3}[V]$,

$V_1 : V_2 : V_3 = \dfrac{1}{1} : \dfrac{1}{2} : \dfrac{1}{3} = 6 : 3 : 2$

$V_1 = \dfrac{6}{11} \times 500 = 272.7[V]$

**정답** ③

(2) 각 콘덴서에 가해진 전압의 합은 전원전압과 같다.

$V = V_1 + V_2 + V_3$

$\quad = \dfrac{Q}{C_1} + \dfrac{Q}{C_2} + \dfrac{Q}{C_3} [V]$

$\quad = Q(\dfrac{1}{C_1} + \dfrac{1}{C_2} + \dfrac{1}{C_3}) [V]$

(3) 위 식에서 합성 정전용량을 구하면

$$C_0 = \dfrac{Q}{V} = \dfrac{1}{\dfrac{1}{C_1} + \dfrac{1}{C_2} + \dfrac{1}{C_3}} [F]$$

(4) 콘덴서에 가해진 전압비는 콘덴서의 정전용량에 반비례한다.

2) 병렬접속

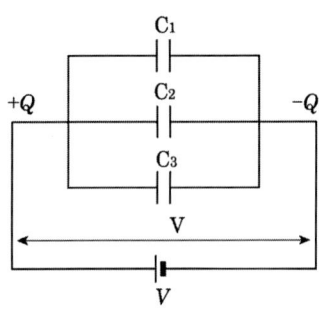

(1) 각 콘덴서에 축적되는 전하

$$Q_1 = C_1 V [C], \ Q_2 = C_2 V [C], \ Q_3 = C_3 V [C]$$

(2) 전체 전하 $Q$ [C]는 각 콘덴서 전하의 합과 같다.

$$\begin{aligned} Q &= Q_1 + Q_2 + Q_3 \\ &= C_1 V + C_2 V + C_3 V [C] \\ &= V(C_1 + C_2 + C_3)[C] \end{aligned}$$

(3) 위 식에서 합성 정전용량을 구하면

$$C = \frac{Q}{V} = C_1 + C_2 + C_3 [F]$$

(4) 각 콘덴서에는 동일한 전압이 가해진다.

### 예제. 05

용량이 같은 두 개의 콘덴서를 병렬로 접속하면 직렬로 접속할 때보다 용량은 어떻게 되는가?

① 2배 증가한다. ② 4배 증가한다. ③ $\frac{1}{2}$로 감소한다. ④ $\frac{1}{4}$로 감소한다.

**해설** 콘덴서의 접속

병렬접속 $C_p = C + C = 2C$

직렬접속 $C_s = \dfrac{C \times C}{C + C} = \dfrac{C}{2}$

$\dfrac{C_p}{C_s} = \dfrac{2C}{\dfrac{C}{2}} = 4$

∴ 4배 증가

**정답** ②

## 5 전계

### 1. 전계(전기장, 전장)

1) 전기장의 세기 E [V/m]
   (1) 전기장 : 전기력이 작용하는 공간
   (2) 전기장의 세기 : 전기장 내의 점전하에 작용하는 힘의 크기
   (3) Q [C]의 전하로부터 r [m]의 거리에 있는 P점에서의 전기장의 크기 E [V/m]는 다음과 같다.

$$E = \frac{1}{4\pi\varepsilon_0} \times \frac{Q}{r^2} = 9 \times 10^9 \times \frac{Q}{r^2} \text{ [V/m]}$$

(4) 전기장의 세기 E [V/m]의 장소에 Q [C]의 전하를 놓으면 이 전하가 받는 정전기력 F [N]는 다음과 같다.

$$F = QE \text{ [N]}$$

2) 전기력선

전기장에 의해 정전기력이 작용하는 것을 설명하기 위한 가상의 선

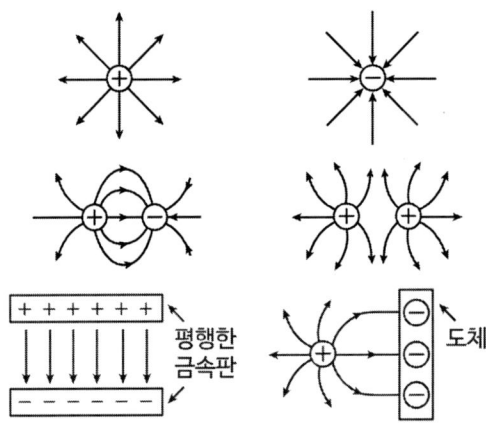

3) 전기력선의 성질

(1) 양전하 표면에서 나와 음전하 표면에서 끝난다.
(2) 접선방향이 그 점에서의 전장의 방향이다.
(3) 수축하려는 성질이 있으며 같은 전기력선은 반발한다.
(4) 등전위면과 직교한다.
(5) 단면적의 전기력선 밀도가 그 곳의 전장의 세기를 나타낸다.
(6) 도체 표면에 수직으로 출입하며 도체 내부에는 전기력선이 없다.
(7) 서로 교차하지 않는다.

4) 가우스의 정리

폐곡면 내에 전체 전하량 Q [C]이 있을 때 이 폐곡면을 통해서 나오는 전기력선의 총수는 $\frac{Q}{\varepsilon}$ 개다.

$$\text{전기력선 수} = \frac{Q}{\varepsilon}$$

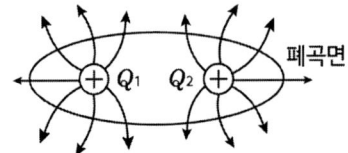

## 2. 전속과 전속밀도

1) 전속 ψ [C]
   (1) 전기력선의 묶음
   (2) 전속의 단위 : [C]
   (3) 전속의 성질
       ① 전속은 양전하에서 나와 음전하에서 끝난다.
       ② 전속은 도체에 출입하는 경우 그 표면에 수직이 된다.

2) 전속밀도 $D$ [C/m²]
   (1) 단위 면을 지나는 전속의 양 [C/m²]
   (2) 구 표면 1 [m²], 반지름 $r$ [m]을 지나는 전속의 양

$$D = \frac{Q}{A} = \frac{Q}{4\pi r^2} \, [C/m^2]$$

3) 전속 밀도와 전기장과의 관계

$$D = \varepsilon E = \varepsilon_0 \varepsilon_s E \, [C/m^2]$$

## 3. 전위

1) 정의 : $Q$ [C]의 전하에서 $r$ [m] 떨어진 점의 전위 V

$$V = \frac{1}{4\pi\varepsilon_0} \times \frac{Q}{r} = 9 \times 10^9 \times \frac{Q}{r} \, [V]$$

2) 전위차 : 높은 전위와 낮은 전위의 차이
3) 등전위면
   (1) 전장 내에서 전위가 같은 점들의 면을 말한다.
   (2) 등전위면과 전기력선은 수직으로 만난다.
   (3) 등전위면끼리는 만나지 않는다.

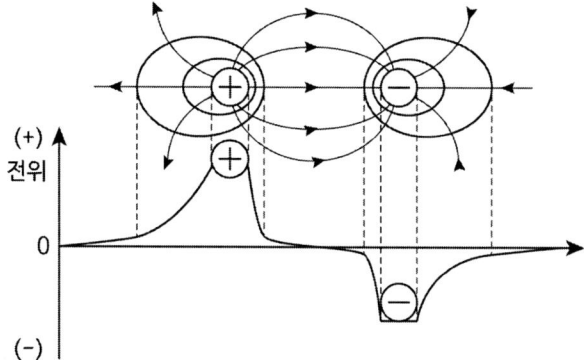

### 예제. 06

30[V/m]인 전계 내의 50[V] 점에서 1[C]의 전하를 전계 방향으로 70[cm] 이동한 경우 그 점의 전위는 몇 [V]인가?

① 71  ② 29  ③ 21  ④ 19

**해설** 전계내의 전위차

$$V_B = V_A - V$$
$$= 50 - (30 \times 0.7) = 29[V]$$

**정답** ②

## 6 자계

### 1. 자계(자기장, 자장)

1) 자기장의 세기 H [AT/m] [N/Wb]
   (1) 자기장 : 자력이 작용하는 공간
   (2) 자기장의 세기 : 자기장 내에 점 자하에 작용하는 힘
   (3) m [Wb]의 자극에서 r [m] 거리의 자기장의 세기 H [AT/m]

$$H = \frac{1}{4\pi\mu_0} \times \frac{m}{r^2} = 6.33 \times 10^4 \times \frac{m}{r^2} \,[\text{AT/m}]$$

   (4) 자기장 H [AT/m] 안에 자극 m [Wb]을 두었을 때 자극에 작용하는 힘 F [N]

$$F = mH \,[\text{N}]$$

2) 자기력선(자력선)
   자기장의 세기와 방향을 선으로 나타낸 것

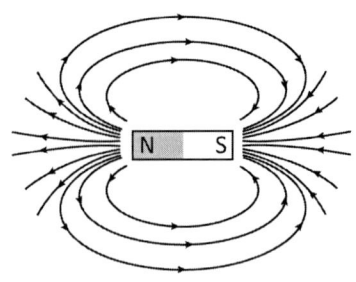

3) 자기력선의 성질
    (1) N극에서 나와 S극에서 끝난다.
    (2) 접선방향이 그 점에서의 자장의 방향이다.
    (3) 수축하려는 성질이 있으며 같은 자기력선은 반발한다.
    (4) 단면적의 자기력선 밀도가 그 곳의 자장의 세기를 나타낸다.
    (5) 도체 내부에 자기력선이 존재한다.
    (6) 서로 교차하지 않는다.

4) 가우스의 정리
    폐곡면 내에 $m$ [Wb]의 자하가 있을 때 이 폐곡면을 통해서 나오는 자기력선의 총수는 $\frac{m}{\mu}$개다.

$$자기력선 \ 수 = \frac{m}{\mu}$$

## 예제. 07

공기 중 10[Wb]의 자극에서 나오는 자력선의 총 수는?

① 약 $6.885 \times 10^6$개
② 약 $7.958 \times 10^6$개
③ 약 $8.855 \times 10^6$개
④ 약 $9.092 \times 10^6$개

**해설** 자기력선의 총 수

$m$ [Wb]당 자력선의 총수 = $\frac{m}{\mu}$개

$N = \frac{m}{\mu_0 \mu_s} = \frac{10}{4\pi \times 10^{-7} \times 1} = 7.958 \times 10^6$개

**정답** ②

## 2. 자속과 자속밀도

1) 자속 $\phi$ [Wb]
    (1) 자기력선의 묶음
    (2) 자속의 성질
        ① 자속은 N극에서 나와 S극에서 끝난다.
        ② 자속은 서로 만나거나 교차하지 않는다.

2) 자속 밀도 $B[\text{Wb/m}^2]$
   (1) 단위면을 통과하는 자속
   (2) 반지름 $r$ [m]의 구 표면을 통과하는 자속

$$B = \frac{\phi}{A} = \frac{\phi}{4\pi r^2} [\text{Wb/m}^2]$$

3) 자속밀도와 자기장의 세기와의 관계

$$B = \mu H = \mu_0 \mu_s H [\text{Wb/m}^2]$$

### 3. 자기 모멘트와 토크

1) 자기 모멘트 M
   자기장에서 자극의 세기 $m$ [Wb]와 N, S 양극 간 길이 $\ell$ [m]의 곱

$$M = m\ell [\text{Wb}\cdot\text{m}]$$

〈자장 내의 자침에 작용하는 토크〉

2) 토크(회전력) $T[\text{N}\cdot\text{m}]$
   자장의 세기 $H$ [AT/m]인 평등 자장 내에 자극의 세기 $m$ [Wb]의 자침을 자기장의 방향과 $\theta$의 각도로 놓았을 때 토크

$$T = m\ell H \sin\theta = MH \sin\theta [\text{N}\cdot\text{m}]$$

## 4. 전기와 자기의 비교

|  | 전기(전선) |  | 자기(자석) |
| --- | --- | --- | --- |
| 쿨롱의 법칙 | $F = \dfrac{1}{4\pi\varepsilon} \times \dfrac{Q_1 Q_2}{r^2} [N]$ | 쿨롱의 법칙 | $F = \dfrac{1}{4\pi\mu} \times \dfrac{m_1 m_2}{r^2} [N]$ |
| 진공 중의 $\varepsilon_0$(유전율) | $8.855 \times 10^{-12} [F/m]$ | 진공 중의 $\mu_0$(투자율) | $4\pi \times 10^{-7} [H/m]$ |
| E (전장의 세기) | $E = \dfrac{1}{4\pi\varepsilon} \times \dfrac{Q}{r^2} [V/m]$ | H (자장의 세기) | $H = \dfrac{1}{4\pi\mu} \times \dfrac{m}{r^2} [AT/m]$ |
| 가우스정리 | (전기력선의 총수) $\dfrac{Q}{\varepsilon}$ | 가우스정리 | (자기력선의 총수) $\dfrac{m}{\mu}$ |
| 전속밀도 | $D = \dfrac{Q}{A} = \dfrac{Q}{4\pi r^2} [C/m^2]$ | 자속밀도 | $B = \dfrac{\phi}{A} = \dfrac{\phi}{4\pi r^2} [Wb/m^2]$ |
| 상호관계 | ($D$와 $E$의 관계) $D = \varepsilon E = \varepsilon_0 \varepsilon_s E [C/m^2]$ | 상호관계 | ($B$와 $H$의 관계) $B = \mu H = \mu_0 \mu_s H [Wb/m^2]$ |
| W (축적에너지) | (정전에너지) $W = \dfrac{1}{2} CV^2 [J]$ | W (축적에너지) | (전자에너지) $W = \dfrac{1}{2} LI^2 [J]$ |

### 예제. 08

전기회로에서 전류는 자기회로에서 무엇과 대응 되는가?

① 자속　　② 기자력　　③ 자속밀도　　④ 자계의 세기

**해설** 전기회로와 자기회로의 대응관계

- 기전력 – 기자력
- 전류 – 자속
- 전기저항 – 자기저항
- 도전율 – 투자율

**정답** ①

## 7 자석체

### 1. 자기작용

1) 자기

(1) 자기 : 자석이 쇠를 끌어당기는 성질

(2) 자하 : 자석이 가지는 자기량, m [Wb]

2) 자기유도

자화 : 물질(쇠, 전자석 등)이 자석이 되는 현상

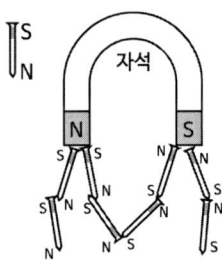

## 2. 자성체의 종류

| 강자성체 | 니켈(Ni), 코발트(Co), 철(Fe), 망간(Mn) |
|---|---|
| | 자기 유도에 의해 강하게 자화되어 쉽게 자석이 되는 물질 |
| 상자성체 | 알루미늄(Al), 산소(O), 백금(Pt), 텅스텐(W) |
| | 강자성체와 같은 방향으로 약하게 자화되는 물질 |
| 반자성체 | 비스무트(Bi), 구리(Cu), 아연(Zn), 납(Pb) |
| | 강자성체와는 반대로 자화되는 물질 |

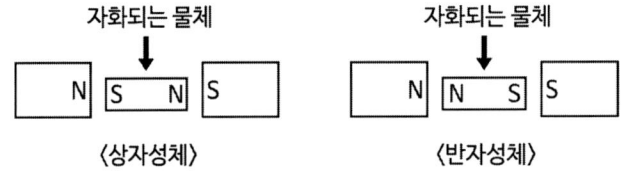

⟨상자성체⟩　　　　　⟨반자성체⟩

## 3. 전자기력

1) 쿨롱의 법칙

　(1) 두 자하 사이에 작용하는 힘의 크기

　(2) 두 자하 $m_1$, $m_2$[Wb]가 r[m] 거리에 있을 때 작용하는 힘

$$F = \frac{1}{4\pi\mu_o} \times \frac{m_1 m_2}{r^2} = 6.33 \times 10^4 \times \frac{m_1 m_2}{r^2} \text{ [N]}$$

2) 투자율

　(1) 투자율($\mu$) : 자속이 통하기 쉬운 정도

$$\mu = \mu_0 \mu_s \text{ [H/m]}$$

　(2) 진공 중의 투자율($\mu_0$)

$$\mu_0 = 4\pi \times 10^{-7} \text{ [H/m]}$$

(3) 비투자율($\mu_s$) : 진공 중의 투자율에 대한 투자율의 비율

$$\mu_s = \frac{\mu}{\mu_0} \text{(진공 중 } \mu_s = 1, \text{공기 중 } \mu_s \fallingdotseq 1\text{)}$$

- 강자성체 : $\mu_s \gg 1$,   상자성체 : $\mu_s > 1$,   반자성체 : $\mu_s < 1$

## 8 자기회로

### 1. 전류의 자기현상

1) 앙페르의 오른나사 법칙
   (1) 전류가 흐를 때 생기는 자기장의 방향을 결정
   (2) 직선 도체에 의한 자기장의 방향
      ① 엄지 : 전류의 방향
      ② 나머지 손가락 : 자기장의 방향

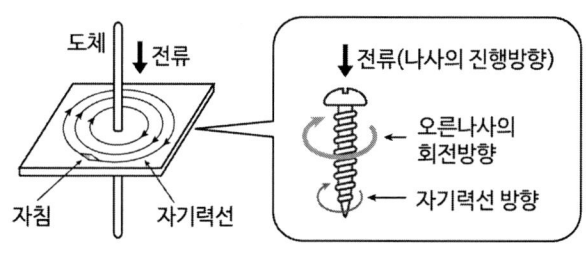

〈 직선 전류에 의한 자력선의 방향 〉

   (3) 코일의 자기장의 방향
      ① 엄지 : 자기장의 방향
      ② 나머지 손가락 : 전류의 방향

〈 환상전류에 의한 자력선의 방향 〉

## 예제. 09

전류에 의해 만들어지는 자기장의 자기력선 방향을 간단하게 알아내는 법칙은?

① 앙페르의 오른나사 법칙
② 렌츠의 법칙
③ 플레밍의 왼손 법칙
④ 가우스의 법칙

**해설** 앙페르의 오른나사 법칙

전류가 흐를 때 생기는 자기장의 방향을 결정하는 법칙이다.

**정답** ①

2) 비오-사바르의 법칙
   (1) 전류가 흐를 때 생기는 자기장의 세기
   (2) 도선 $\Delta \ell$에서 각도가 $\theta$로 거리 $r$만큼 떨어진 점 $P$에서 자장의 세기 $\Delta H \, [\text{AT/m}]$는

$$\Delta H = \frac{I \Delta \ell}{4 \pi r^2} \sin \theta \, [\text{AT/m}]$$

### 2. 자기회로와 자기저항

1) 자기회로(변압기의 기본원리) : 자속이 통과하는 폐회로

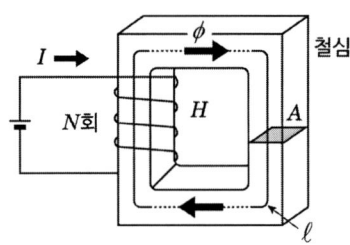

2) 기자력 : 자속을 만드는 원동력

$$F = NI \, [\text{AT}]$$

## 예제. 10

같은 크기의 철심 2개가 있다. A철심에 200회, B철심에 250회의 코일을 감고, A철심의 코일에 15[A]의 전류를 흘렸을 때와 같은 크기의 기자력을 얻기 위해서는 B철심의 코일에는 몇 [A]의 전류를 흘리면 되는가?

① 3　　　　② 12　　　　③ 15　　　　④ 75

**해설** 기자력

$F = N_A I_A = N_B I_B$ 에서

$I_B = \dfrac{N_A \times I_A}{N_B} = \dfrac{200 \times 15}{250} = 12[A]$

**정답** ②

3) 자기저항 : 자속의 발생을 방해하는 성질

$$R_m = \dfrac{\ell}{\mu A} \ [\mathrm{AT/Wb}]$$

4) 전기회로와 자기회로의 비교

| 전기회로 | 자기회로 |
|---|---|
| 기전력 $V$ [V] | 기자력 $F = NI$ [AT] |
| 전류 $I$ [A] | 자속 $\phi$ [Wb] |
| 전기저항 $R$ [Ω] | 자기저항 $R_m$ [AT/Wb] |
| 옴의 법칙 $R = \dfrac{V}{I}$ [Ω] | 옴의 법칙 $R_m = \dfrac{NI}{\phi}$ [AT/Wb] |

### 3. 자기장의 세기

1) 무한장 직선 전류의 자기장의 세기 $H\,[\mathrm{AT/m}]$
   무한 직선 도체에서 $r\,[\mathrm{m}]$ 떨어진 점 $P$의 자기장의 세기

   $$H = \frac{I}{2\pi r}\,[\mathrm{AT/m}]$$

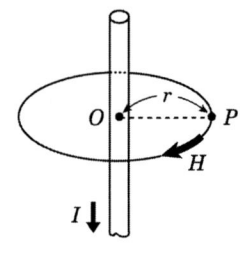

〈 무한장 직선 도체의 자기장의 세기 〉

---

**예제. 11**

무한히 긴 직선도체에 전류 $I\,[\mathrm{A}]$를 흘릴 때 이 전류로부터 $r\,[\mathrm{m}]$ 떨어진 점의 자속밀도는 몇 $[\mathrm{Wb/m^2}]$인가?

① $\dfrac{\mu_0 I}{4\pi r}$  ② $\dfrac{I}{2\pi \mu_0 r}$  ③ $\dfrac{I}{2\pi r}$  ④ $\dfrac{\mu_0 I}{2\pi r}$

**해설** 무한장 직선도체

자기장의 세기 $H = \dfrac{I}{2\pi r}\,[\mathrm{AT/m}]$

자속밀도 $B = \mu H = \dfrac{\mu_0 I}{2\pi r}\,[\mathrm{Wb/m^2}]$

**정답** ④

---

2) 원형 코일 중심의 자기장의 세기

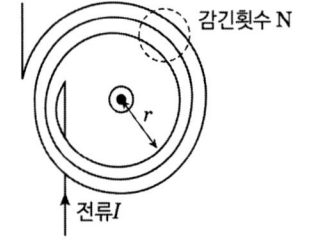

감은 횟수 $N$, 반지름이 $r\,[\mathrm{m}]$, $I\,[\mathrm{A}]$의 전류가 흐를 때 코일 중심의 자기장의 세기 $H\,[\mathrm{AT/m}]$

$$H = \frac{NI}{2r}\,[\mathrm{AT/m}]$$

3) 환상 솔레노이드의 자기장의 세기

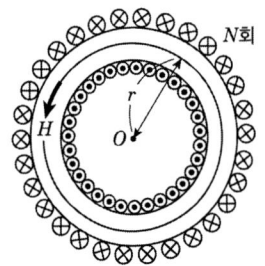

감은 권수가 $N$, 반지름이 $r\,[\mathrm{m}]$인 환상 솔레노이드에 $I\,[\mathrm{A}]$의 전류가 흐를 때 생기는 자기장의 세기는

(1) 내부 : $H = \dfrac{NI}{2\pi r}\,[\mathrm{AT/m}]$

(2) 외부 : 0(외부에는 자장이 존재하지 않는다)

## 예제. 12

평균반지름이 1[cm]이고, 권수가 500회인 환상 솔레노이드 내부의 자계가 200[AT/m] 가 되도록 하기 위해서는 코일에 흐르는 전류를 약 몇 [A]로 하여야 하는가?

① 0.015      ② 0.025      ③ 0.035      ④ 0.045

**해설** 환상 솔레노이드 내부자계

$H = \dfrac{NI}{2\pi r}$ [AT/m] 에서

$I = \dfrac{2\pi r H}{N} = \dfrac{2\pi \times 0.01 \times 200}{500} = 0.025$ [A]

**정답** ②

4) 무한장 솔레노이드의 자기장의 세기

단위길이 당 권수 $N$인 무한장 솔레노이드에 $I$[A]의 전류가 흐를 때 생기는 자기장의 세기

(1) 내부 : $H = NI$ [AT/m]

(2) 외부 : 0(외부에는 자장이 존재하지 않는다)

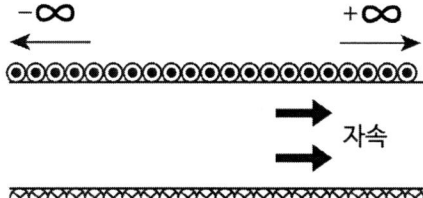

〈 무한장 솔레노이드의 자기장의 세기 〉

# CHAPTER 02 직류회로

## 1 전기의 구성

### 1. 전기의 본질

1) 전하
   전기의 최소단위로, 물체에 생성된 전기를 의미한다.

2) 전하량 : Q [C]
   (1) 전하가 가지고 있는 전기적인 양을 의미한다.
   (2) 전하의 뭉텅이 양으로서, 전하량 = 전기량 = Q [A · sec = C]

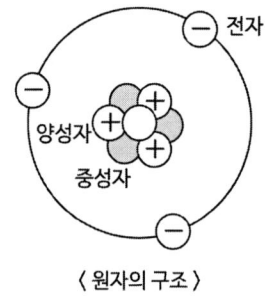

〈 원자의 구조 〉

3) 전하의 종류
   (1) 양전하 → "⊕" 전하 → 양성자
   (2) 음전하 → "⊖" 전하 → 전자

4) 전하량과 질량
   (1) 전자 하나당 전하량 : $e = 1.602 \times 10^{-19}$ [C]
   (2) 1 [C]일 때의 전자의 개수 : 1 [C] = $6.24 \times 10^{18}$ [개]
   (3) 전자 하나당 질량 : $m = 9.1 \times 10^{-31}$ [kg]
   (4) 전자 이동 시 전체 전하량 : $Q = n \cdot e$ [C] ( n : 전자의 개수)
   (5) 음전하라고 할 때 "⊖" 부호가 붙는다.

### 2. 전류와 전압

1) 전류
   (1) 전하의 흐름으로 단위시간 동안 이동한 전하량의 크기
   (2) 전류의 단위 : I [C/sec] = [A]
   (3) 전류의 크기 계산

$$I = \frac{Q}{t} = \frac{n \cdot e}{t} \;[\text{C / sec = A}]$$

$Q$ : 전하량 [C], $t$ : 시간 [sec]

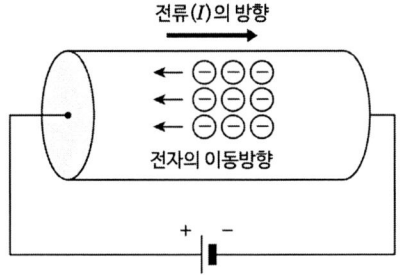

2) 전압
   (1) 두 지점 간 전기적 위치에너지(전위)의 차
   (2) 단위전하가 도선 두 점을 이동하는 일의 에너지
   (3) 전압의 단위 : V [J / C] = [V]
   (4) 전압의 크기 계산

$$V = \frac{W}{Q}\,[\text{J/C} = \text{V}],\ W = VQ\,[\text{J}]$$

$W$ : 일, 에너지 [J], $Q$ : 전하량(전기량) [C]

## 2 옴의 법칙

### 1. 저항

1) 전류의 흐름을 방해하는 요소
2) 저항의 단위 : R [V/I] = [Ω]
3) 전류, 전압, 저항의 관계

$$I = \frac{V}{R}\,[\text{A}],\ V = IR\,[\text{V}],\ R = \frac{V}{I}\,[\Omega]$$

4) $R$이 클 때 → $I$는 작아지고, $R$이 작을 때 → $I$는 커진다.

### 2. 컨덕턴스

1) 저항의 역수로 전류를 잘 흐르게 하는 요소
2) 컨덕턴스의 단위 : $G\,[1/\Omega] = [\Omega^{-1}] = [\mho] = [S]$
3) 전류, 전압, 컨덕턴스의 관계

$$I = GV\,[\text{A}],\ V = \frac{I}{G}\,[\text{V}],\ G = \frac{I}{V}\,[\mho = S]$$

### 3. 고유저항과 도전율

1) 고유저항($\rho$)

모든 물질이 가지는 고유한 저항값으로, 저항률과 같은 말이다.

2) 도체의 고유저항($\rho$) 계산

$$R = \rho \frac{\ell}{A} [\Omega]$$

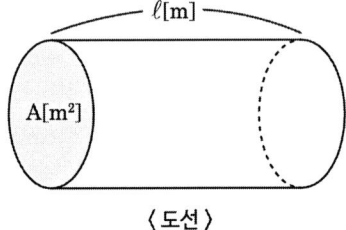

$R$ : 저항 [$\Omega$]
$\rho$ : 고유저항 [$\Omega \cdot$ m]
$\ell$ : 도체 길이 [m]
$A$ : 단면적 [m$^2$]

〈도선〉

3) 도전율($\sigma$) [℧/m]

(1) 고유저항의 역수로서 전류가 잘 흐르는 정도를 나타내는 값이다.
(2) 전도율과 같은 말이다.
(3) 도전율과 고유저항의 관계

$$\sigma = \frac{1}{\rho} [℧/m]$$

### 4. 저항의 접속

1) 직렬접속과 병렬접속

| 직렬접속 | | 병렬접속 | |
|---|---|---|---|
| 전로가 하나일 때 | | 전로가 2개 이상일 때 | |
| 전류가 일정 | $I = I_1 = I_2$ | 전압이 일정 | $V = V_1 = V_2$ |
| 전압의 합 | $V = V_1 + V_2$ | 전류의 합 | $I = I_1 + I_2$ |
| 합성저항 | $R = R_1 + R_2$ | 합성저항 | $R = \dfrac{R_1 \times R_2}{R_1 + R_2}$ |
| 전압분배 법칙 | $V_1 = \dfrac{R_1}{R_1 + R_2} V$<br>$V_2 = \dfrac{R_2}{R_1 + R_2} V$ | 전류분배 법칙 | $I_1 = \dfrac{R_2}{R_1 + R_2} I$<br>$I_2 = \dfrac{R_1}{R_1 + R_2} I$ |

## 예제. 01

내부저항이 15[kΩ]이고 최대 눈금이 150[V]인 전압계와 내부저항이 10[kΩ]이고 최대 눈금이 150[V]인 전압계가 있다. 두 전압계를 직렬 접속하여 측정하면 최대 몇 [V]까지 측정할 수 있는가?

① 300　　　② 250　　　③ 200　　　④ 150

**해설** 전압분배법칙

$$V_1 = \frac{R_1}{R_1 + R_2} \times V, \ 150 = \frac{15}{15+10} \times V$$

$$V = 150 \times \frac{25}{15} = 250[V]$$

**정답** ②

2) 병렬연결의 합성저항

(1) 저항이 2개일 때

$$R_0 = \frac{1}{\frac{1}{R_1} + \frac{1}{R_2}} = \frac{R_1 \times R_2}{R_1 + R_2} [\Omega]$$

(2) 저항이 3개일 때

$$R_0 = \frac{1}{\frac{1}{R_1} + \frac{1}{R_2} + \frac{1}{R_3}} = \frac{R_1 R_2 R_3}{R_1 R_2 + R_2 R_3 + R_1 R_3}[\Omega]$$

## 예제. 02

그림과 같은 회로에 입력 전압 220[V]를 가할 때 30[Ω] 저항에 흐르는 전류는 몇 [A] 인가?

① 2
② 3
③ 4
④ 5

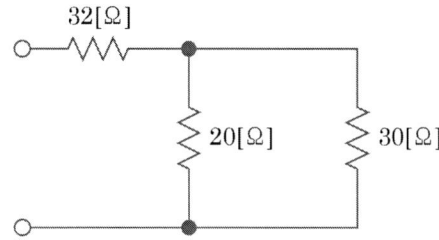

**해설** 전류의 분배법칙

합성저항 $R = 32 + \frac{20 \times 30}{20 + 30} = 44[\Omega]$

전류 $I = \frac{220}{44} = 5[A]$

30[Ω]에 흐르는 전류는 분배법칙에 의해　$I_2 = 5 \times \frac{20}{20+30} = 2[A]$

**정답** ①

## 3 키르히호프의 법칙

### 1. 키르히호프의 법칙

1) 제1법칙(전류법칙 : KCL)

회로 내의 어느 점에서 흘러 들어오거나(+) 흘러 나가는(-) 전류를 +, -의 부호를 붙여 구별하면 들어오고 나가는 전류의 합은 0이다.

$$\Sigma I = I_1 + I_2 + I_3 + \cdots + I_n = 0$$

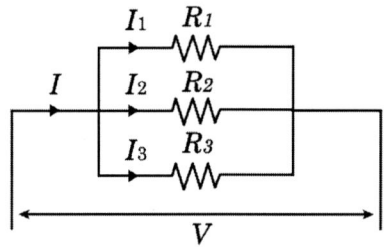

2) 제2법칙(전압법칙 : KVL)
   (1) 폐회로에서 기전력의 합은 전압강하의 합과 같다.
   (2) 기전력(전원전압)의 합 = 전압강하(저항에 의한 전압강하)의 합

$$V_1 + V_2 + V_3 + \cdots + V_n = IR_1 + IR_2 + IR_3 + \cdots + IR_n$$

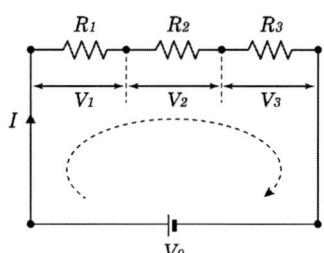

## 4 전기적 현상

### 1. 줄의 법칙

1) 전력(Power)
   (1) 전기가 단위시간(1초) 동안 한 일의 양(에너지의 크기)
   (2) 기호는 P, 단위 [W] = [J/sec]

$$P = VI = I^2 R = \frac{V^2}{R} = \frac{W}{t}$$

2) 전력량
　　(1) 몇 시간 동안 사용한 전기적 에너지의 양
　　(2) 기호는 W, 단위 [W · sec] = [J]

$$W = VIt = I^2Rt = \frac{V^2}{R}t = Pt$$

3) 줄의 법칙(전류의 발열작용)
　　(1) 전류가 흐를 때 저항성분에 방해로 인하여 열 발생
　　(2) 저항체에서 단위시간당 발생하는 열량과의 관계를 나타낸 법칙

$$H = 0.24VIt = 0.24I^2Rt = 0.24\frac{V^2}{R}t = 0.24Pt\,[cal]$$

## 예제. 03

저항 20[Ω]인 전열기로 21.6[kcal]의 열량을 발생시키려면 5[A]의 전류를 약 몇 분간 흘려주면 되는가?

① 3분　　② 5.7분　　③ 7.2분　　④ 18분

**해설** 줄의 법칙

$H = 0.24I^2Rt\,[cal]$ 에서

$$t = \frac{H}{0.24I^2R} = \frac{21.6 \times 10^3}{0.24 \times 5^2 \times 20} = 180초 = 3분$$

**정답** ①

4) 주요 단위 환산
- 1 [J] = 0.24 [cal]
- 1 [cal] = $\frac{1}{0.24}$ = 4.2 [J]
- 1 [HP] = 746 [W] = 0.74 [kW]
- 1 [kg] = 9.8 [N]

### 2. 전기의 화학작용

1) 패러데이 법칙
　전해질 용액을 전기분해할 경우 전극에서 석출되는 물질의 양은 전류량에 비례한다.

$$W = K \cdot Q = K \cdot I \cdot t \, [g]$$

$W$ : 석출되는 물질의 양 [g]
$K$ : 전기화학당량 $[g/C]$, $K = \dfrac{원자량}{원자가} [g/C]$
$Q$ : 전하량(전기량) [C]
$I$ : 전류 [A]
$t$ : 시간 [sec]

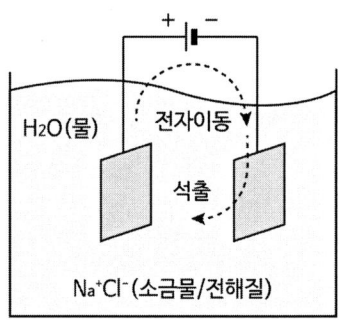

### 예제. 04

은 전량계에 1시간 동안 전류를 통과시켜 8.054[g]의 은이 석출되었다면 이때 흐른 전류의 세기는 약 얼마인가? (단, 은의 전기적 화학당량 $k = 0.001118 [g/c]$ 이다.)

① 2[A]  ② 9[A]  ③ 32[A]  ④ 120[A]

**해설** 석출량

$W = kIt\,[g]$ 에서
$I = \dfrac{W}{kt} = \dfrac{8.054}{0.001118 \times 3600} = 2[A]$

정답 ①

2) 전지
  (1) 정의
    화학 변화에 의해서 생기는 에너지 또는 빛, 열 등의 물리적인 에너지를 전기에너지로 변화시키는 장치를 말한다.
  (2) 분류
    ① 1차 전지 : 재충전이 불가능한 전지(망간전지, 볼타전지)
    ② 2차 전지 : 재충전이 가능한 전지(리튬이온전지, 납(연)축전지, 니켈카드뮴전지)

(3) 원리(볼타전지)

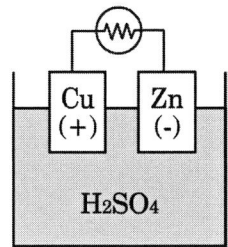

① 묽은황산($H_2SO_4$) 용액에 구리(Cu)판과 아연(Zn)판을 넣는다.
② 반응성이 강한 아연(Zn)판이 전자를 잃어 음극이 되고, 반대로 구리판은 양극이 된다.
③ 양극 구리(Cu)판에서는 수소($H_2$)기체가 발생한다.
④ 감극제를 사용해 양극에 발생한 수소기체를 제거하여 분극(성극)작용을 완화할 수 있다.

(4) 전압강하의 원인
① 국부작용 : 불순물에 의해 내부에서 순환전류가 생겨 기전력이 감소한다.
② 성극작용 : 수소가스에 의해 이온의 이동을 방해하여 기전력이 감소한다.
③ 자가방전 : 전지 내부에서 스스로 방전하여 기전력이 감소한다.

## 3. 열전기 현상

1) 제벡 효과
   (1) 두 개의 서로 다른 금속 접합부의 온도 차에 의하여 기전력이 발생하는 현상
   (2) 서로 다른 금속 → 온도차 → 기전력(전류) 발생

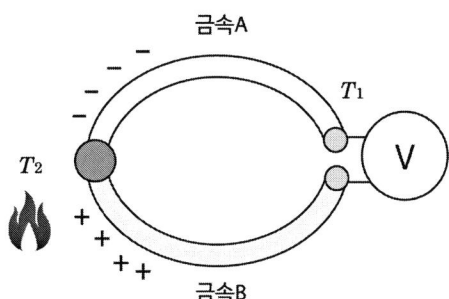

2) 펠티에 효과
   (1) 두 종류의 금속을 접속하여 전류가 흐를 때 두 금속의 접합부에서 열의 발생 또는 흡수가 일어나는 현상
   (2) 서로 다른 금속 → 전류 흐름 → 열의 발생과 흡수

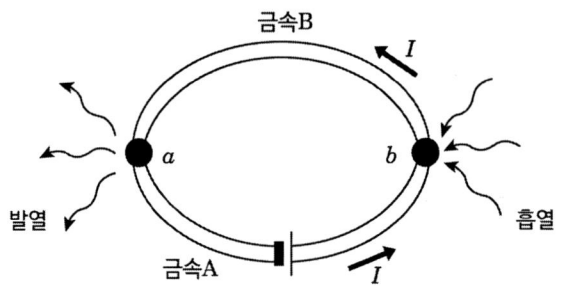

3) 톰슨 효과
   (1) 단일한 도체로 된 막대기의 양 끝에 전위차가 가해지면 이 도체의 양 끝에서 열의 흡수나 방출이 일어나는 현상
   (2) 같은 금속 → 전류 흐름 → 열의 발생과 흡수

## 5 전자력과 전자유도

### 1. 전자력

자계 중에 두어진 도체에 전류를 흘리면 전류 및 자계와 직각 방향으로 도체를 움직이는 힘이 발생한다.

1) 전자력의 방향 : 플레밍의 왼손법칙
   (1) 엄지손가락 : 힘의 방향(F)
   (2) 검지손가락 : 자기장의 방향(B)
   (3) 중지손가락 : 전류의 방향(I)

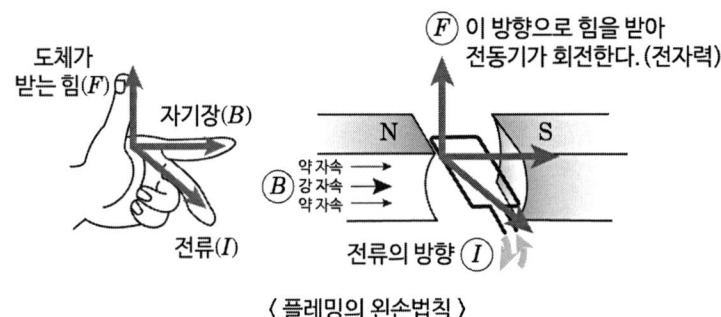

〈 플레밍의 왼손법칙 〉

2) 전자력의 크기

   자속밀도 $B[\text{Wb/m}^2]$의 평등 자장 내에 자장과 직각방향으로 $\ell[m]$의 도체를 놓고 $I[\text{A}]$의 전류를 흘리면 도체가 받는 힘 $F[N]$은

$$F = IB\ell \sin\theta \, [\text{N}]$$

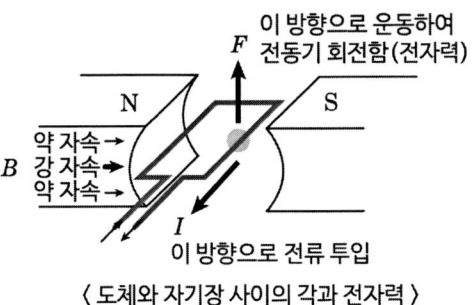

〈 도체와 자기장 사이의 각과 전자력 〉

3) 평행 도체 사이에 작용하는 힘
   (1) 각각의 도체에는 전류의 방향에 의하여 왼손법칙에 따른 힘이 작용한다.
   (2) 힘의 방향
      ① 전류의 방향이 반대방향일 때 : 반발력
      ② 전류의 방향이 동일방향일 때 : 흡인력

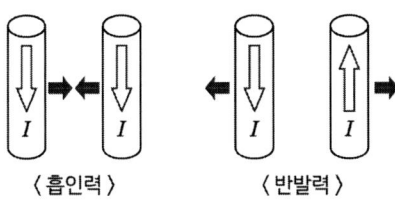

〈 흡인력 〉    〈 반발력 〉

   (3) 힘의 크기
      평행한 두 도체가 r [m]만큼 떨어져 있고 각 도체에 흐르는 전류가 $I_1$[A], $I_2$[A]라 할 때 두 도체 사이에 작용하는 힘 F

$$F = \frac{2I_1 I_2}{r} \times 10^{-7} \, [\text{N/m}]$$

## 예제. 05

진공 중에 2[m] 떨어진 2개의 무한 평형 도선에 단위 길이당 $10^{-7}$[N]의 반발력이 작용할 때, 도선에 흐르는 전류는?

① 각 도선에 1[A]가 반대 방향으로 흐른다.
② 각 도선에 1[A]가 같은 방향으로 흐른다.
③ 각 도선에 2[A]가 반대 방향으로 흐른다.
④ 각 도선에 2[A]가 같은 방향으로 흐른다.

**해설** 무한평행도선

- 반발력 : 각 평행도선에 흐르는 전류의 방향은 반대
- 흡인력 : 각 평행도선에 흐르는 전류의 방향이 동일

$$F = \frac{2I_1I_2}{r} \times 10^{-7} [N/m]$$

$$10^{-7} = \frac{2I^2}{2} \times 10^{-7} [N/m]$$

$$\therefore I = 1[A]$$

**정답** ①

## 2. 전자유도

1) 자속 변화에 의한 유도기전력

(1) 유도기전력의 방향 : 렌츠의 법칙

전자유도에 의하여 발생한 기전력의 방향은 그 유도전류가 만든 자속을 방해하려는 방향으로 나타난다.

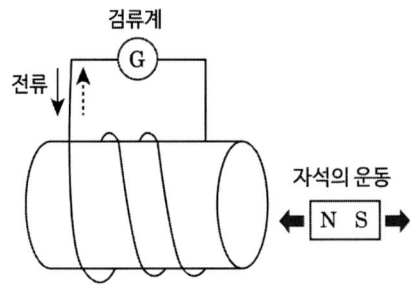

(2) 유도기전력의 크기 : 패러데이 법칙

유도기전력의 크기는 단위시간 1[sec] 동안에 코일을 쇄교하는 자속의 변화량과 코일의 권수에 곱에 비례한다.

$$e = -N\frac{\Delta\phi}{\Delta t}[\text{V}]$$

(-)의 부호 : 유도기전력의 방향

2) 도체운동에 의한 유도기전력(유기기전력)

   (1) 유도기전력 방향 : 플레밍의 오른손법칙

     ① 엄지손가락 : 도체의 운동 방향 (도)

     ② 검지손가락 : 자속의 방향 (자)

     ③ 중지손가락 : 유도기전력의 방향 (기)

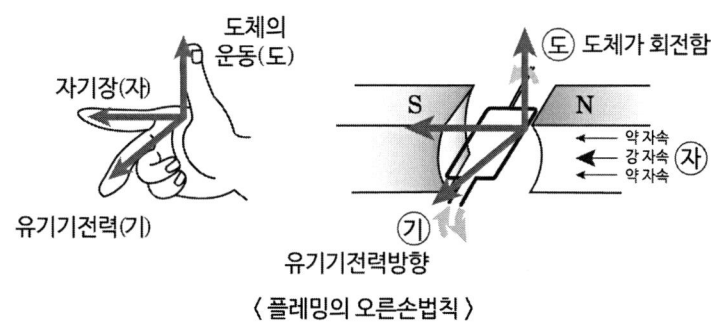

〈 플레밍의 오른손법칙 〉

3) 직선도체에 발생하는 기전력

아래 그림 (b)와 같이 자속 밀도 $B[\text{Wb/m}^2]$의 평등 자장 내에서 길이 $\ell[\text{m}]$인 도체를 자장과 직각방향으로 놓고 $v[\text{m/sec}]$의 일정한 속도로 운동하는 경우 도체에 유기되는 기전력 $e[\text{V}]$는

$$e = B\ell v \sin\theta \,[\text{V}]$$

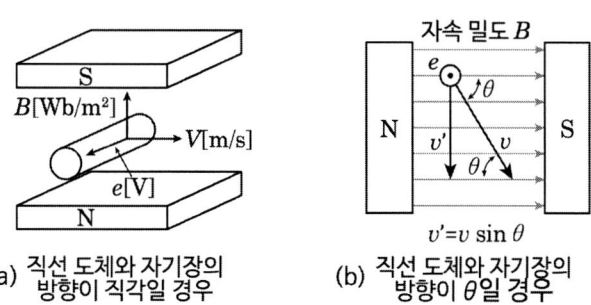

(a) 직선 도체와 자기장의 방향이 직각일 경우
(b) 직선 도체와 자기장의 방향이 $\theta$일 경우

## 예제. 06

길이 5[m]의 도체를 0.5[Wb/m]의 자장 중에서 자장과 평행한 방향으로 5[m/s]의 속도로 운동시킬 때, 유기되는 기전력 [V]은?

① 0  ② 2.5  ③ 6.25  ④ 12.5

**해설** 유기기전력

자장과 평행한 방향이므로 $\theta$는 0°
$e = B\ell v \sin\theta = 0.5 \times 5 \times 5 \times \sin 0° = 0$

**정답** ①

### 3. 히스테리시스 곡선

1) 히스테리시스 곡선
    (1) 철심 코일에서 전류를 증가시키면 자장의 세기는 전류에 비례하여 증가한다. 그러나 자속밀도는 자장에 비례하지 않고 그림의 $B-H$ 곡선과 같이 포화현상과 자기이력현상 등이 일어나는데, 이와 같은 특성을 히스테리시스 곡선이라 한다.

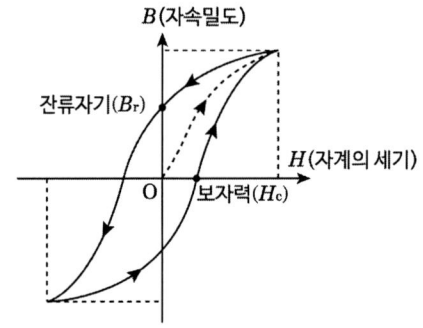

   (2) 잔류자기 : 자기장의 세기가 '0'일 때 남아 있는 자속밀도
   (3) 보자력 : 남아 있는 잔류자기를 없애기 위한 반대방향의 자계의 세기

## 예제. 07

히스테리시스 곡선에서 종축은 무엇을 나타내는가?

① 자계의 세기  ② 자속밀도  ③ 기전력  ④ 자속

**해설** 히스테리시스 곡선

B : 자속밀도, H: 자기장의 세기

**정답** ②

2) 히스테리시스 손실
   (1) 히스테리시스 곡선 내의 넓이만큼의 에너지가 철심 내에서 열에너지로 잃어버리는 손실
   (2) 히스테리시스 손실 $P_h = \eta_h f B_m^{1.6 \sim 2} [\text{W}/\text{m}^3]$

$\eta_h$ : 히스테리시스 상수   $f$ : 주파수 [Hz]

$B_m$ : 최대 자속밀도 [Wb/m²]

## 6 인덕턴스

**1. 인덕턴스**

1) 자체 인덕턴스 L [H]
   (1) 코일의 자체 유도능력 정도를 나타내는 비례상수를 말한다.

$$e = -N\frac{\Delta \phi}{\Delta t}[\text{V}] = -L\frac{\Delta I}{\Delta t}[\text{V}]$$

L : 비례상수로 자체 인덕턴스

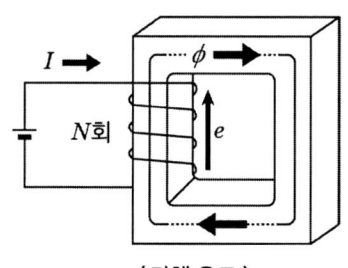

〈 자체 유도 〉

   (2) 위 식에서 $N\phi = LI$이므로 자체 인덕턴스

$$L = \frac{N\phi}{I}[\text{H}]$$

### 예제. 08

자기 인덕턴스 50[mH]인 코일에 흐르는 전류가 0.01[초] 사이에 5[A]에서 3[A]로 감소하였다. 이 코일에 유기되는 기전력[V]은?

① 10[V]   ② 15[V]   ③ 20[V]   ④ 25[V]

**해설** 코일의 유도기전력

$$e = -L\frac{dI}{dt} = 50 \times 10^{-3} \times \frac{5-3}{0.01} = 10[\text{V}]$$

정답 ①

(3) 환상 솔레노이드의 자체 인덕턴스

$B = \mu H$, $\phi = BS$, $H = \dfrac{NI}{\ell}$ 에서

$$L = \dfrac{N\phi}{I} = \dfrac{\mu A N^2}{\ell} = \dfrac{\mu_0 \mu_s A N^2}{\ell} \ [\text{H}] \quad \phi = \dfrac{\mu ANI}{\ell} \ [\text{Wb}]$$

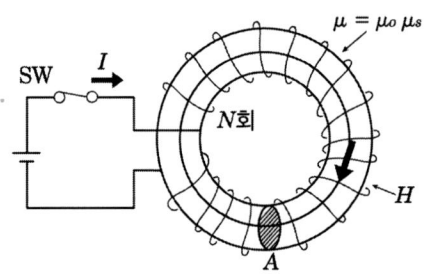

〈 환상 솔레노이드의 자체 인덕턴스 〉

2) 상호 인덕턴스 M [H]
   (1) 코일 두 개를 상호 연결 시 유도되는 인덕턴스
   (2) 상호 유도 : 1차 코일에 흐르는 전류로 인해 2차 코일에 기전력이 유도

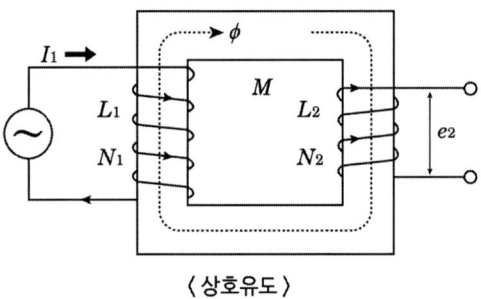

〈 상호유도 〉

   (3) 2차 코일의 기전력

$$e_2 = -M\dfrac{\Delta I_1}{\Delta t} [\text{V}] = -N_2 \dfrac{\Delta \phi}{\Delta t} [\text{V}]$$

   (4) 위 식에서 $MI_1 = N_2 \phi$ 이므로 상호 인덕턴스는

$$M = \dfrac{N_2 \phi}{I_1} [\text{H}]$$

(5) 자체 인덕턴스와 상호 인덕턴스와의 관계

$$M = k\sqrt{L_1 L_2} \text{ [H]}$$

(6) 결합계수 $k$ : 1차 코일과 2차 코일의 자속에 의한 결합의 정도

$$k = \frac{M}{\sqrt{L_1 L_2}} \text{ [H]}$$

## 예제. 09

자기인덕턴스가 $L_1$, $L_2$ 상호인덕턴스가 $M$인 두 회로의 결합계수가 1인 경우 $L_1$, $L_2$, $M$의 관계는?

① $L_1 \cdot L_2 = M$
② $L_1 \cdot L_2 < M^2$
③ $L_1 \cdot L_2 > M^2$
④ $L_1 \cdot L_2 = M^2$

**해설** 상호인덕턴스

$M = k\sqrt{L_1 L_2} = 1 \times \sqrt{L_1 L_2} = \sqrt{L_1 L_2} \therefore L_1 \cdot L_2 = M^2$

**정답** ④

### 2. 인덕턴스 접속

1) 가동접속

$$L_{가동} = L_1 + L_2 + 2M \text{ [H]}$$

2) 차동접속

$$L_{차동} = L_1 + L_2 - 2M \text{ [H]}$$

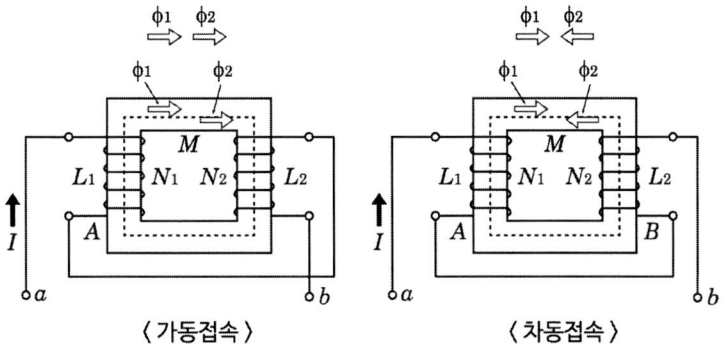

〈가동접속〉　　〈차동접속〉

3) 가동접속과 차동접속의 차

$$L_{가동-차동} = L_1 + L_2 + 2M - (L_1 + L_2 - 2M) = 4M[\text{H}]$$

### 예제. 10

하나의 철심에 동일한 권수로 자기 인덕턴스 $L$[H]의 코일 두 개를 접근해서 감고, 이것을 자속 방향이 동일하도록 직렬 연결할 때 합성 인덕턴스[H]는? (단, 두 코일의 결합계수는 0.5이다.)

① L  ② 2L  ③ 3L  ④ 4L

**해설** 합성인덕턴스

가동접속 합성인덕턴스
$$L = L_1 + L_2 + 2M$$
$$= L + L + 2k\sqrt{L \cdot L}$$
$$= 3L$$

**정답** ③

## 3. 전자에너지

1) 코일에 축적되는 전자에너지

$$W = \frac{1}{2}LI^2 [\text{J}]$$

2) 단위부피에 축적되는 에너지

$$w = \frac{1}{2}\mu H^2 = \frac{1}{2}BH = \frac{1}{2}\frac{B^2}{\mu} [\text{J}/\text{m}^3]$$

3) 자기 흡입력

$$f = \frac{1}{2}\frac{B^2}{\mu} [\text{N}/\text{m}^2]$$

### 예제. 11

비투자율 3000인 자로의 평균 길이 50 [cm], 단면적 30[cm²]인 철심에 감긴, 권수 425 회의 코일에 0.5[A]의 전류가 흐를 때 저축되는 전자에너지는 약 몇 [J]인가?

① 0.25　　② 0.51　　③ 1.03　　④ 2.07

**해설** 축적되는 전기에너지

$$W = \frac{1}{2}LI^2, \qquad L = \frac{\mu A}{l}N^2$$

$$L = \frac{4\pi \times 10^{-7} \times 3000 \times (30 \times 10^{-4}) \times 425^2}{50 \times 10^{-2}}$$

$$= 4.08 [H]$$

$$W = \frac{1}{2}LI^2 = \frac{1}{2} \times 4.08 \times 0.5^2 = 0.51 [J]$$

**정답** ②

## 7 직류회로

### 1. 전지

1) 건전지의 접속

| 1.5 [V] 건전지 직렬연결 | 1.5 [V] 건전지 병렬연결 |
|---|---|
| ![1.5V r — 1.5V r 직렬] | ![1.5V r // 1.5V r 병렬] |
| • 전압은 2배인 3 [V]가 된다.<br>• 전류(용량)는 동일하다. | • 전압은 동일한 1.5 [V]가 된다.<br>• 전류(용량)는 2배 증가한다. |

2) 전지의 내부저항과 외부저항
   ⑴ 전지의 내부에는 내부저항(r)을 포함하고 있다.
   ⑵ 건전지에 전등을 접속하면 전등의 저항이 외부저항(R)이 된다.

3) 전지 n개의 직렬연결

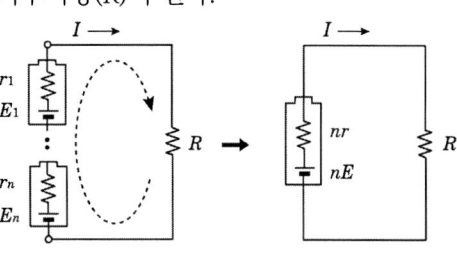

   ⑴ 직렬연결이 되어 있으므로
      ① 내부저항($r$)이 $n$개 → $n \cdot r$
      ② 기전력($E$)이 $n$개 → $n \cdot E$
   ⑵ 직렬연결 시 합성저항
      $R' = n \cdot r + R$ ($R'$ : 합성저항, $R$ : 외부저항, $r$ : 내부저항)
   ⑶ 외부저항 R에 흐르는 전류 $I = \dfrac{nE}{R'}$, $I = \dfrac{nE}{nr + R}$ [A]

## 예제. 12

기전력 1[V], 내부저항 0.08[Ω]인 전지로, 2[Ω]의 저항에 10[A]의 전류를 흘리려고 한다. 전지 몇 개를 직렬접속 시켜야 하는가?

① 88  ② 94  ③ 100  ④ 108

**해설** 합성저항

전체저항 $= R + nr = 2 + 0.08n$

전체전압 $= nE = n$

$V = IR$에서

$n = 10(2 + 0.08n) = 20 + 0.8n$이므로

∴ $n = 100$개

정답 ③

4) 전지 m개의 병렬연결

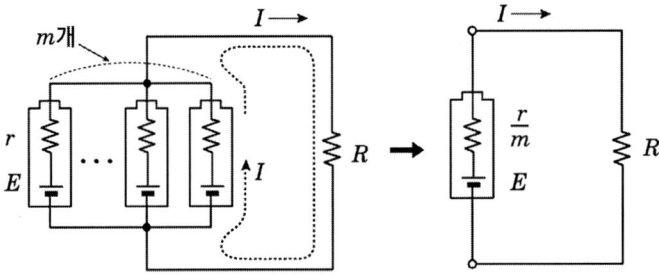

(1) 병렬연결이 되어 있으므로

① 내부저항($r$) $m$개 → $\dfrac{r}{m}$

② 기전력($E$) $m$개 → $E$

(2) 병렬연결 시 합성저항 $R' = \dfrac{r}{m} + R$

(3) 외부저항 R에 흐르는 전류 $I = \dfrac{E}{R'}$, $I = \dfrac{E}{\dfrac{r}{m} + R}$ [A]

5) 전지의 연결 정리

| 구분 | 직렬접속(n개 직렬접속) | 병렬접속(m개 병렬접속) |
| --- | --- | --- |
| 기전력(E) | $n$배 | 불변 |
| 내부저항(r) | $n$배 | $\dfrac{1}{m}$배 |
| 용량(전류량) | 불변 | $m$배 |
| 전류계산 | $I = \dfrac{nE}{nr+R}$ [A] | $I = \dfrac{E}{\dfrac{r}{m}+R}$ [A] |

## 2. 휘스톤 브리지

1) 휘스톤 브리지
   (1) 평형조건을 이용하여 미지의 저항을 측정하는 장치이다.
   (2) 미지의 저항은 온도 측정을 하며, 측온저항체(서미스터)라고 한다.

2) 휘스톤 브리지의 계산
   (1) 평형조건
      ① 검류계 G에 흐르는 전류 $I_G$가 0일 것
      ② 대각선 저항의 곱이 같을 것
   (2) 평형조건 계산

$$R_X \times R_B = R_S \times R_A$$

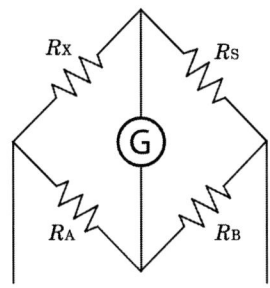

### 예제. 13

그림과 같은 브리지가 평형되기 위한 임피던스 Zx의 값은 약 몇 [Ω]인가?
(단, $Z_1 = 3+j2[\Omega]$, $R_2 = 4[\Omega]$, $R_3 = 5[\Omega]$이다.)

① $4.62 - j3.08$
② $3.08 + j4.62$
③ $4.24 - j3.66$
④ $3.66 + j4.24$

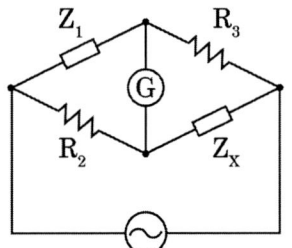

**해설** 휘스톤브리지

휘스톤브리지 평형조건 $Z_1 \cdot Z_X = R_2 \cdot R_3$

$$Z_X = \frac{R_2 R_3}{Z_1} = \frac{4 \times 5}{3+j2} = \frac{20(3-j2)}{(3+j2)(3-j2)}$$
$$= 4.62 - j3.08$$

정답 ①

## 3. 분류기와 배율기

1) 분류기
   (1) 전류계의 측정범위 확대를 위해 병렬로 연결한 저항이다.
   (2) 대전류용 계측기들의 절연 증대로 인한 크기 증대를 방지한다.

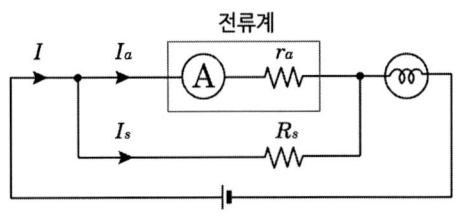

$m$ : 배율
$I$ : 확대된 측정값 [A]
$I_a$ : 전류계 측정한도값 [A]
$r_a$ : 전류계 내부저항 [Ω]
$R_s$ : 분류기 저항 [Ω]

$$I_a = \frac{R_s}{r_a + R_s}I, \quad \frac{I}{I_a} = \frac{r_a + R_s}{R_s} = 1 + \frac{r_a}{R_s}$$

$$\therefore m = \frac{I}{I_a} = 1 + \frac{r_a}{R_s}$$

## 예제. 14

분류기를 사용하여 전류를 측정하는 경우 전류계의 내부저항이 0.12 [Ω], 분류기의 저항이 0.04 [Ω] 이면 그 배율은?

① 2배　　　② 3배　　　③ 4배　　　④ 5배

**해설** 분류기

배율 $n = \left(\dfrac{R_s + R_a}{R_s}\right) = \dfrac{0.16}{0.04} = 4$

**정답** ③

### 2) 배율기
　(1) 전압계를 측정범위 확대를 위해 직렬로 연결한 저항이다.
　(2) 고전압용 계측기들의 절연 증대로 인한 크기 증대를 방지한다.

$V_a = \dfrac{r_a}{R_m + r_a} V$

$\dfrac{V}{V_a} = \dfrac{R_m + r_a}{r_a} = 1 + \dfrac{R_m}{r_a}$

$\therefore m = \dfrac{V}{V_a} = 1 + \dfrac{R_m}{r_a}$

$m$ : 배율
$V$ : 확대된 측정 값 [V]
$V_a$ : 전압계 측정한도값 [V]
$r_a$ : 전압계 내부저항 [Ω]
$R_m$ : 배율기 저항 [Ω]

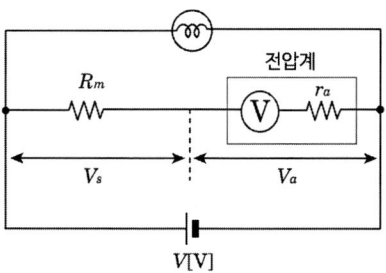

## 예제. 15

최대눈금 150[V], 내부저항 20[kΩ]인 직류 전압계가 있다. 이 전압계의 측정범위를 600[V]로 확대하기 위하여 외부에 접속하는 직렬저항은 얼마로 하면 되는가?

① 10[kΩ]　　　② 40[kΩ]　　　③ 50[kΩ]　　　④ 60[kΩ]

**해설** 배율기

측정범위 배율 $m = \dfrac{600}{150} = 4$

$m = \dfrac{r_a + R_m}{r_a} = \dfrac{20 + R_m}{20} = 4$　　　$\therefore R_m = 60 [\text{k}\Omega]$

**정답** ④

# CHAPTER 03 교류회로

## 1 정현파 교류

### 1. 정현파 교류

1) 정현파 교류의 발생

자기장 내에서 도체가 회전운동을 하면 플레밍의 오른손법칙에 의해 유도기전력이 도체의 위치에 따라서 아래의 그림과 같은 파형으로 발생한다.

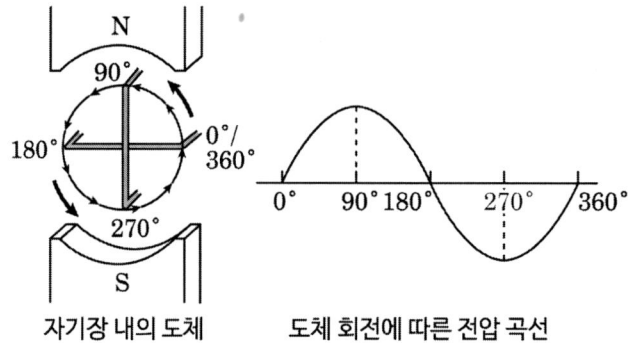

자기장 내의 도체    도체 회전에 따른 전압 곡선

2) 각도의 표시

(1) 전기회로를 다룰 때는 1회전한 각도를 $2\pi$ [rad]로 하는 호도법을 사용한다.

(2) 호도법은 호의 길이로 각도를 나타내는 방법으로 그림과 같이 호의 길이를 $l$, 반지름을 $r$이라고 할 때 각도 $\theta$를 다음 식으로 나타낸다.

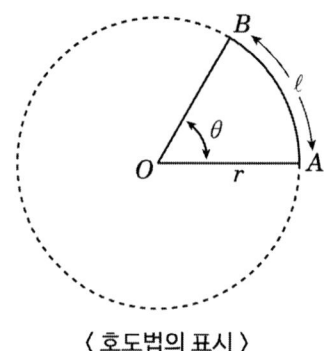

⟨ 호도법의 표시 ⟩

3) 각도와 라디안 표시

| 도수법 | 0° | 1° | 30° | 45° | 60° | 90° | 180° | 270° | 360° |
|---|---|---|---|---|---|---|---|---|---|
| 호도법 [rad] | 0 | $\dfrac{\pi}{180}$ | $\dfrac{\pi}{6}$ | $\dfrac{\pi}{4}$ | $\dfrac{\pi}{3}$ | $\dfrac{\pi}{2}$ | $\pi$ | $\dfrac{3\pi}{2}$ | $2\pi$ |

4) 각속도(각주파수)
　(1) 각속도의 기호 : $\omega$
　(2) 각속도의 단위 : [rad/sec]
　(3) 회전체가 1초 동안에 회전한 각도를 의미한다.

$$\omega = \frac{\theta}{t} = 2\pi f \ [\text{rad/sec}]$$

## 2. 주파수와 위상

1) 주파수와 주기
　(1) 주파수 : $f$
　　① 1 [sec] 동안에 반복되는 주기의 수
　　② 단위 : [Hz]

$$f = \frac{1}{T}[\text{Hz}]$$

　(2) 주기(Period) : T
　　① 교류의 파형이 1사이클의 변화에 필요한 시간
　　② 단위 : [sec]

$$T = \frac{1}{f} \ [\text{sec}]$$

2) 정현파 교류 전압 및 전류
　(1) $v = V_m \sin\theta = V_m \sin\omega t = V_m \sin 2\pi f t = V_m \sin\dfrac{2\pi}{T} t \ [\text{V}]$
　(2) $i = I_m \sin\theta = I_m \sin\omega t = I_m \sin 2\pi f t = I_m \sin\dfrac{2\pi}{T} t \ [\text{A}]$

3) 위상차
　주파수가 동일한 2개 이상의 교류 사이의 시간적인 차이

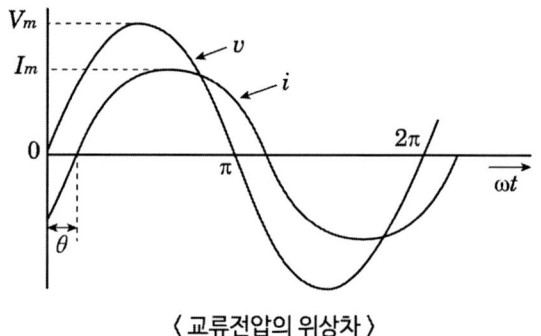

〈 교류전압의 위상차 〉

$$v = V_m \sin \omega t \, [\text{V}] \qquad i = I_m \sin(\omega t - \theta) \, [\text{A}]$$

(1) $v$는 $i$보다 $\theta$만큼 앞선다(빠르다).
(2) $i$는 $v$보다 $\theta$만큼 뒤진다(느리다).

### 3. 정현파 교류의 표시

1) 교류의 표현값
   (1) 순싯값 : 임의의 순간에 전압 또는 전류의 크기
   ① $v = V_m \sin \omega t = \sqrt{2}\, V \sin \omega t \, [\text{V}]$
   ② $i = I_m \sin \omega t = \sqrt{2}\, I \sin \omega t \, [\text{A}]$
   여기서, $v, i$ = 순싯값, $V_m, I_m$ = 최댓값
   $V_{av}, I_{av}$ = 평균값, $V, I$ = 실횻값
   (2) 최댓값 : 교류의 순싯값 중 가장 큰 값
   (3) 실횻값 : 교류를 직류와 동일한 일을 하는 크기로 환산한 값
   (4) 평균값 : 교류의 반주기를 평균한 값

2) 최댓값($V_m$)과 실횻값($V$)의 관계

$$V_m = \sqrt{2}\, V = 1.414\, V$$

3) 최댓값($V_m$)과 평균값($V_{av}$)의 관계

$$V_m = \frac{\pi}{2} V_{av} = 1.57\, V_{av}$$

4) 실횻값($V$)과 평균값($V_{av}$)의 관계

$$V = \frac{\pi}{2\sqrt{2}} V_{av} = 1.11\, V_{av}$$

## 예제. 01

어떤 정현파 전압의 평균값이 153[V]이면 실횻값은 약 몇 [V]인가?

① 240　　　② 191　　　③ 170　　　④ 153

**해설** 정현파의 실횻값

$$V = \frac{\pi}{2\sqrt{2}} V_{av} = 1.11 V_{av} = 169.85$$
$$\fallingdotseq 170[V]$$

**정답** ③

5) 정현파의 파고율 및 파형률

(1) 파고율　　　파고율 $= \dfrac{최댓값}{실횻값} = \sqrt{2} = 1.414$

(2) 파형률　　　파형률 $= \dfrac{실횻값}{평균값} = \dfrac{\pi}{2\sqrt{2}} = 1.111$

(3) 왜형률　　　왜형률 $= \dfrac{고조파의 실횻값}{기본파의 실횻값}$

## 4. 파형 종류 및 파형별 값 정리

| 파 형 | 실횻값 | 평균값 | 파형률 | 파고율 |
|---|---|---|---|---|
| 정현파 | $\dfrac{1}{\sqrt{2}}V_m$ | $\dfrac{2}{\pi}V_m$ | 1.11 | 1.414 |
| 전파 정현파 | $\dfrac{1}{\sqrt{2}}V_m$ | $\dfrac{2}{\pi}V_m$ | 1.11 | 1.414 |
| 반파 정현파 | $\dfrac{1}{2}V_m$ | $\dfrac{1}{\pi}V_m$ | 1.57 | 2 |
| 구형파 | $V_m$ | $V_m$ | 1 | 1 |
| 반파 구형파 | $\dfrac{1}{\sqrt{2}}V_m$ | $\dfrac{1}{2}V_m$ | 1.41 | 1.41 |
| 삼각파, 톱니파 | $\dfrac{1}{\sqrt{3}}V_m$ | $\dfrac{1}{2}V_m$ | 1.15 | 1.73 |

## 예제. 02

**파형률과 파고율이 같고 그 값이 1인 파형은?**

① 고조파　　② 삼각파　　③ 구형파　　④ 사인파

**해설** 파형의 종류

| 파 형 | 파형률 | 파고율 |
|---|---|---|
| 정현파 | 1.11 | 1.414 |
| 반파정현파 | 1.57 | 2 |
| 구형파 | 1 | 1 |
| 반파구형파 | 1.41 | 1.41 |
| 삼각파, 톱니파 | 1.15 | 1.73 |

정답 ③

## 2 교류의 R-L-C 회로

### 1. RLC의 작용

1) 저항 (R) 만의 회로

　(1) 전압과 전류의 위상이 같다(동상이다).

　　① 전압 : $v = RI_m \sin\omega t\,[V]$

　　② 전류 : $i = \dfrac{V}{R}\,[A]$

　(2) $X_L = X_c$이다.

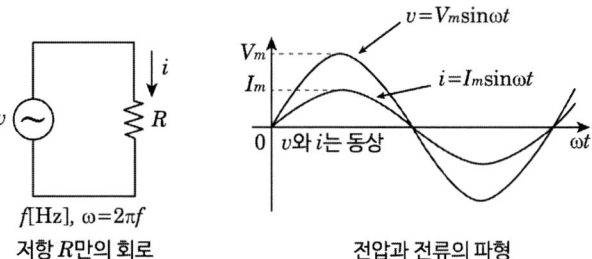

저항 $R$만의 회로　　　전압과 전류의 파형

2) 인덕턴스(L) 만의 회로

　(1) 인덕턴스 : 도체에 전류가 흐를 시 자속 발생, 이 자속의 발생 능력 정도

　(2) 전류가 전압보다 90° 뒤진다. (지상 전류)

　　① 전압 : $v_L = \omega L I_m \sin(\omega t + 90°)\,[V]$

　　② 전류 : $i_L = \dfrac{V}{X_L} = \dfrac{V}{\omega L}\,[A]$

　(3) 유도성 리액턴스 : $X_L = j\omega L\,[\Omega]$

$$X_L = \omega L = 2\pi f L \; [\Omega]$$

(4) $L$에 발생되는 전압 $v_L = L\dfrac{di}{dt}[V]$

(5) $L$에 축적되는 에너지 $W = \dfrac{1}{2}LI^2$

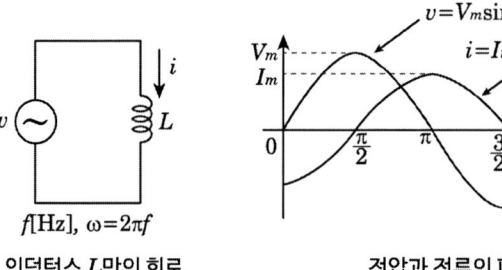

인덕턴스 $L$만의 회로　　　전압과 전류의 파형

## 예제. 03

그림과 같은 회로에서 스위치 S를 $t=0$에서 닫았을 때 $(V_L)_{t=0} = 60[V]$, $\left(\dfrac{di}{dt}\right)_{t=0} = 30[A/s]$이다. $L$의 값은 몇 [H]인가?

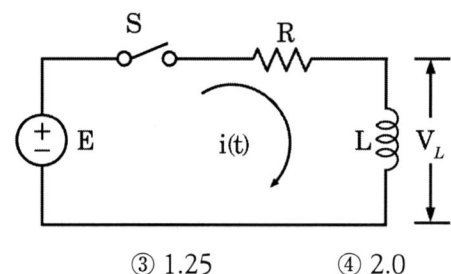

① 0.5　　　② 1.0　　　③ 1.25　　　④ 2.0

**해설** R-L 직렬회로

코일에 걸리는 전압 $V_L = L\dfrac{di}{dt}$ 이므로

$(V_L)_{t=0} = 60[V]$, $\left(\dfrac{di}{dt}\right)_{t=0} = 30[A/s]$

$60 = 30L$, $\quad \therefore L = 2[H]$

**정답** ④

3) 커패시턴스(C) 만의 회로

   (1) 커패시턴스 : 도체 간 전위차가 나타날 때 전하를 축적하는 능력

   (2) 전류가 전압보다 90° 앞선다. (진상 전류)

      ① 전압 : $v_c = \dfrac{1}{\omega C} I_m \sin(\omega t - 90°)[V]$

      ② 전류 : $i_C = \dfrac{V}{X_C} = \omega CV[A]$

   (3) 용량성 리액턴스 : $X_c = \dfrac{1}{j\omega C}[\Omega]$

$$X_c = \dfrac{1}{\omega C} = \dfrac{1}{2\pi f C}\ [\Omega]$$

   (4) $C$에 발생되는 전압 $v_c = \dfrac{1}{C}\displaystyle\int i(t)dt[V]$

   (5) $C$에 축적되는 에너지 $W = \dfrac{1}{2}CV^2$

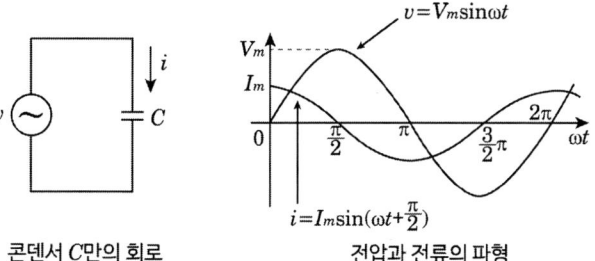

콘덴서 $C$만의 회로        전압과 전류의 파형

4) R-L-C 기본정리

| 구분 | 기본회로 | | | |
| --- | --- | --- | --- | --- |
| | 임피던스 | 전류 | 역률 | 위상 |
| $R$ | $R$ | $i = \dfrac{V_m}{R}\sin\omega t[A]$ | 1 | 전압과 전류는 동상이다. |
| $L$ | $X_L = \omega L = 2\pi f L$ | $i = \dfrac{V_m}{\omega L}\sin\left(\omega t - \dfrac{\pi}{2}\right)[A]$ | 0 | 전류는 전압보다 위상이 $\dfrac{\pi}{2}(=90°)$ 뒤진다. |
| $C$ | $X_c = \dfrac{1}{\omega C} = \dfrac{1}{2\pi f C}$ | $i = V_m \omega C \sin\left(\omega t + \dfrac{\pi}{2}\right)[A]$ | 0 | 전류는 전압보다 위상이 $\dfrac{\pi}{2}(=90°)$ 앞선다. |

[기본 회로 요약정리]

## 2. 직렬회로

1) 임피던스(Z) : 교류에서는 R, L, C를 고려한 임피던스로 해석한다.

$$Z = R + jX = R + j(X_L - X_C), \ |Z| = \sqrt{R^2 + X^2} \ [\Omega]$$

2) 전류(I)

$$I = \frac{V}{|Z|} = \frac{V}{\sqrt{R^2 + X^2}} \ [A]$$

3) 위상차($\theta$)

$$\theta = \tan^{-1}\frac{X}{R}$$

4) 역률($\cos\theta$)

$$\cos\theta = \frac{R}{|Z|} = \frac{R}{\sqrt{R^2 + X^2}}$$

### 예제. 04

저항 10[Ω], 유도리액턴스 10[Ω]인 직렬 회로에 교류전압을 인가할 때 전압과 이 회로에 흐르는 전류와의 위상차는 몇 도인가?

① 60°   ② 45°   ③ 30°   ④ 0°

**해설** R-L 직렬회로

$$\tan\theta = \frac{X_L}{R} = \frac{10}{10} = 1$$

$$\therefore \theta = 45°$$

**정답** ②

5) 직렬회로의 비교

| | R-L 직렬 | R-C 직렬 | R-L-C 직렬 |
|---|---|---|---|
| 회로 | (R, L 직렬 회로, $V_R$, $V_L$) | (R, C 직렬 회로, $V_R$, $V_C$) | (R, L, C 직렬 회로, $V_R$, $V_L$, $V_C$) |
| 전압 $V$ | $V = V_R + jV_L = \sqrt{V_R^2 + V_L^2}\,[V]$ | $V = V_R - jV_C = \sqrt{V_R^2 + V_C^2}\,[V]$ | $V = V_R + j(V_L - V_C)$ $= \sqrt{V_R^2 + (V_L - V_C)^2}\,[V]$ |
| 임피던스 $Z$ | $Z = R + jX_L = \sqrt{R^2 + X_L^2}$ $= \sqrt{R^2 + \omega L^2}\,[\Omega]$ | $Z = R - jX_C = \sqrt{R^2 + X_C^2}$ $= \sqrt{R^2 + \dfrac{1}{\omega C^2}}\,[\Omega]$ | $Z = R + j(X_L - X_C)$ $= \sqrt{R^2 + \left(\omega L - \dfrac{1}{\omega C}\right)^2}\,[\Omega]$ |
| 위상 $\theta$ | $\theta = \tan^{-1}\dfrac{X_L}{R}$ 만큼 전류가 전압에 비해 뒤진다. | $\theta = \tan^{-1}\dfrac{X_C}{R}$ 만큼 전류가 전압에 비해 앞선다. | $\theta = \tan^{-1}\dfrac{X_L - X_C}{R}$<br>$X_L > X_C$일 경우<br>전류가 전압보다 위상이 $\theta$만큼 뒤진다<br>$X_L < X_C$일 경우<br>전류가 전압보다 위상이 $\theta$만큼 앞선다. |
| 역률 $\cos\theta$ | $\cos\theta = \dfrac{R}{Z} = \dfrac{R}{\sqrt{R^2 + X_L^2}}$ $= \dfrac{R}{\sqrt{R^2 + \omega L^2}}$ | $\cos\theta = \dfrac{R}{Z} = \dfrac{R}{\sqrt{R^2 + X_C^2}}$ $= \dfrac{R}{\sqrt{R^2 + \dfrac{1}{\omega C^2}}}$ | $\cos\theta = \dfrac{R}{Z}$ $= \dfrac{R}{\sqrt{R^2 + (X_L - X_C)^2}}$ $= \dfrac{R}{\sqrt{R^2 + \left(\omega L - \dfrac{1}{\omega C}\right)^2}}$ |

## 3. 병렬회로

1) 어드미턴스(Y) : 임피던스의 역수

$$Y = \frac{1}{Z} = \frac{1}{R} + j\left(\frac{1}{X_C} - \frac{1}{X_L}\right) = \frac{1}{R} + j\left(\omega C - \frac{1}{\omega L}\right) = G + jB \, [\mho]$$

(1) 실수부(컨덕턴스) : 어드미턴스의 실수부 $G = \frac{1}{R}$

(2) 허수부(서셉턴스) : 어드미턴스의 허수부 $B = \frac{1}{X_C} - \frac{1}{X_L}$

2) 전류(I)

$$I = YV = \sqrt{G^2 + B^2} \, V = \sqrt{\left(\frac{1}{R}\right)^2 + \left(\frac{1}{X_C} - \frac{1}{X_L}\right)^2} \, V \, [A]$$

### 예제. 05

$R = 8[\Omega]$, $X_L = 10[\Omega]$, $X_C = 20[\Omega]$이 병렬로 접속된 회로에 240[V]의 교류전압을 가하면 전원에 흐르는 전류는 약 몇 [A] 인가?

① 18  ② 24  ③ 32  ④ 46

**해설** R-L-C 병렬회로

$V = IZ = \frac{I}{Y}$ 에서 $I = YV$

$I = \sqrt{\left(\frac{1}{R}\right)^2 + \left(\frac{1}{X_C} - \frac{1}{X_L}\right)^2} \times V$

$= \sqrt{\left(\frac{1}{8}\right)^2 + \left(\frac{1}{20} - \frac{1}{10}\right)^2} \times 240 = 32.3 \fallingdotseq 32 [A]$

**정답** ③

3) 위상차($\theta$)

$$\theta = \tan^{-1}\frac{B}{G}$$

4) 역률($\cos\theta$)

$$\cos\theta = \frac{G}{|Y|} = \frac{\frac{1}{R}}{\sqrt{\left(\frac{1}{R}\right)^2 + \left(\frac{1}{X_C} - \frac{1}{X_L}\right)^2}}$$

## 5) 병렬회로의 비교

| | R-L 병렬 | R-C 병렬 | R-L-C 병렬 |
|---|---|---|---|
| 회로 | (R-L 병렬 회로도) | (R-C 병렬 회로도) | (R-L-C 병렬 회로도) |
| 전류 $I$ | $I = I_R - jI_L = \sqrt{I_R^2 + I_L^2}$ (벡터도) | $I = I_R + jI_C = \sqrt{I_R^2 + I_C^2}$ (벡터도) | $I = I_R + j(I_C - I_L)$ $= \sqrt{I_R^2 + (I_C - I_L)^2}$ (벡터도) |
| 임피던스 $Z$ | $\dfrac{1}{Z} = \dfrac{1}{R} - j\dfrac{1}{X_L}$ $= \sqrt{\left(\dfrac{1}{R}\right)^2 + \left(\dfrac{1}{X_L}\right)^2}$ $Z = \dfrac{1}{\sqrt{\left(\dfrac{1}{R}\right)^2 + \left(\dfrac{1}{X_L}\right)^2}}$ $= \dfrac{R \times X_L}{\sqrt{R^2 + X_L^2}}$ | $\dfrac{1}{Z} = \dfrac{1}{R} + j\dfrac{1}{X_C}$ $= \sqrt{\left(\dfrac{1}{R}\right)^2 + \left(\dfrac{1}{X_C}\right)^2}$ $Z = \dfrac{1}{\sqrt{\left(\dfrac{1}{R}\right)^2 + \left(\dfrac{1}{X_C}\right)^2}}$ $= \dfrac{R \times X_C}{\sqrt{R^2 + X_C^2}}$ | $\dfrac{1}{Z} = \dfrac{1}{R} + j\left(\dfrac{1}{X_C} - \dfrac{1}{X_L}\right)$ $= \sqrt{\left(\dfrac{1}{R}\right)^2 + \left(\dfrac{1}{X_C} - \dfrac{1}{X_L}\right)^2}$ $Z = \dfrac{1}{\sqrt{\dfrac{1}{R^2} + \left(\dfrac{1}{X_C} - \dfrac{1}{X_L}\right)^2}}$ $= \dfrac{R \times (X_C - X_L)}{\sqrt{R^2 + (X_C - X_L)^2}}$ |
| 위상 $\theta$ | $\theta = \tan^{-1}\dfrac{R}{X_L}$ 만큼 전류가 전압에 비해 뒤진다. | $\theta = \tan^{-1}\dfrac{R}{X_C}$ 만큼 전류가 전압에 비해 앞선다. | $\theta = \tan^{-1}R\left(\dfrac{1}{X_C} - \dfrac{1}{X_L}\right)$  $\dfrac{1}{X_L} > \dfrac{1}{X_C}$ 일 경우 전류가 전압보다 $\theta$만큼 뒤진다. $\dfrac{1}{X_L} < \dfrac{1}{X_C}$ 일 경우 전류가 전압보다 $\theta$만큼 앞선다. |
| 역률 $\cos\theta$ | $\cos\theta = \dfrac{Z}{R} = \dfrac{1}{R} \times Z$ $= \dfrac{1}{R} \times \dfrac{R \times X_L}{\sqrt{R^2 + X_L^2}}$ $= \dfrac{X_L}{\sqrt{R^2 + X_L^2}}$ | $\cos\theta = \dfrac{Z}{R} = \dfrac{1}{R} \times Z$ $= \dfrac{1}{R} \times \dfrac{R \times X_C}{\sqrt{R^2 + X_C^2}}$ $= \dfrac{X_C}{\sqrt{R^2 + X_C^2}}$ | $\cos\theta = \dfrac{Z}{R} = \dfrac{1}{R} \times Z$ $= \dfrac{1}{R} \times \dfrac{R \times (X_C - X_L)}{\sqrt{R^2 + (X_C - X_L)^2}}$ $= \dfrac{X_C - X_L}{\sqrt{R^2 + (X_C - X_L)^2}}$ |

## 예제. 06

그림과 같은 병렬회로에서 저항 r = 3[Ω], 유도 리액턴스 X = 4[Ω]이다. 이 회로 a-b 간의 역률은?

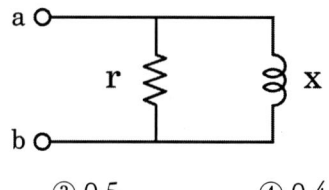

① 0.8    ② 0.6    ③ 0.5    ④ 0.4

**해설** R-L 병렬회로의 역률

$$\cos\theta = \frac{X_L}{\sqrt{R^2 + X_L^2}}$$
$$= \frac{4}{\sqrt{3^2 + 4^2}} = \frac{4}{5} = 0.8$$

정답 ①

### 4. 공진회로

1) 공진현상
   (1) 기계의 공진 : 진동체의 고유진동수에 같은 진동수의 강제력을 가했을 때 약간의 힘으로 대단히 큰 진동을 일으키는 현상
   (2) 전기의 공진 : 교류 회로에 있어서 인덕턴스 L, 정전 용량 C, 주파수 f 사이에 특정한 관계가 성립할 때, 회로에 큰 전류가 흐르는 현상

2) 공진 조건
   (1) R만인 회로일 때
   (2) $X_L = X_C$, $\omega L = \dfrac{1}{\omega C}$ 일 때

3) 공진주파수

$$f_o = \frac{1}{2\pi\sqrt{LC}}[\text{Hz}]$$

4) 직렬공진과 병렬공진의 비교

| | R-L-C 직렬 공진 | R-L-C 병렬 공진 |
|---|---|---|
| 공진조건 | $X_L = X_C \to \omega L = \dfrac{1}{\omega C}$ (허수부 0) | |
| 공진 주파수 | $\omega L = \dfrac{1}{\omega C} \to \omega^2 = \dfrac{1}{LC}$<br>$\to (2\pi f)^2 = \dfrac{1}{LC}$<br>$\to 2\pi f = \dfrac{1}{\sqrt{LC}}$<br>$\to f = \dfrac{1}{2\pi\sqrt{LC}}[Hz]$ | |
| 역률 | 1 | |
| 임피던스 | $Z = R$ (최소) | $Z = R$ (최대) |
| 어드미턴스 | $Y = \dfrac{1}{R}$ (최대) | $Y = \dfrac{1}{R}$ (최소) |
| 전류 | 최대 | 최소 |
| 선택도 $Q$ | $Q = \dfrac{1}{R}\sqrt{\dfrac{L}{C}}$ | $Q = R\sqrt{\dfrac{C}{L}}$ |

## 예제. 07

$R = 5[\Omega], L = 20[mH]$ 및 가변 콘덴서 $C[\mu F]$로 구성된 RLC 직렬회로에 주파수 1000[Hz]인 교류를 가한 다음 콘덴서를 가변시켜 직렬 공진시킬 때 C의 값은 약 몇 [μF] 인가?

① 1.27  ② 2.54  ③ 3.52  ④ 4.99

**해설** 직렬공진

공진 주파수 $f_0 = \dfrac{1}{2\pi\sqrt{LC}}$ 에서

$C = \dfrac{1}{4\pi^2 L f_0^2}$

$= \dfrac{1}{4 \times 3.14^2 \times 20 \times 10^{-3} \times 1000^2} = 1.27[\mu F]$

**정답** ①

## 3 3상 및 다상 교류

### 1. 3상 교류의 발생

1) 3상 교류는 크기와 주파수가 같고 위상만 120°씩 서로 다른 3개의 단상교류로 구성된다.

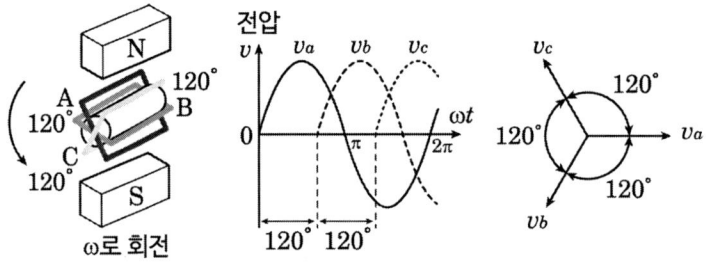

2) 각 상 전압의 순싯값

(1) $v_a = \sqrt{2}\, V sin\omega t = V\angle 0°$

(2) $v_b = \sqrt{2}\, V sin(\omega t - \frac{2}{3}\pi) = V\angle -120° = V\angle 240°$

(3) $v_c = \sqrt{2}\, V sin(\omega t - \frac{4}{3}\pi) = V\angle -240° = V\angle 120°$

3) 대칭 3상 교류의 조건
   (1) 파형이 같을 것
   (2) 주파수가 같을 것
   (3) 위상차가 각각 120°일 것
   (4) 크기가 같을 것

### 2. 3상 교류의 결선

1) 전압과 전류의 구분
   (1) 상전압(Phase Voltage) : 단상에 걸리는 전압($V_p$)
   (2) 선간전압(Line Voltage) : 선과 선 사이에 걸리는 전압($V_\ell$)
   (3) 상전류(Phase Current) : 상에 흐르는 전류($I_p$)
   (4) 선전류(Line Current) : 선에 흐르는 전류($I_\ell$)

2) Y결선 (성형결선)

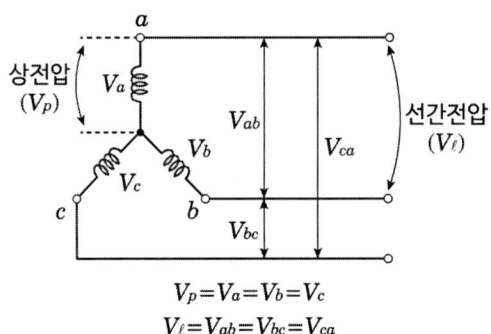

$V_p = V_a = V_b = V_c$
$V_\ell = V_{ab} = V_{bc} = V_{ca}$

(1) 상전압($V_p$)과 선간전압($V_\ell$)의 관계

$V_\ell$은 $V_p$보다 위상이 30°($=\frac{\pi}{6}$) 앞서며, 크기는 $V_p$의 $\sqrt{3}$ 배이다.

$$V_\ell = \sqrt{3}\, V_p$$

(2) 상전류($I_p$)와 선전류($I_\ell$)의 관계

$$I_\ell = I_p$$

3) △결선(3각 결선)

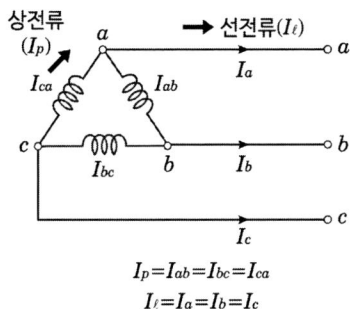

$I_p = I_{ab} = I_{bc} = I_{ca}$
$I_\ell = I_a = I_b = I_c$

(1) 상전압($V_p$)과 선간전압($V_\ell$)의 관계

$$V_\ell = V_p$$

(2) 상전류($I_p$)와 선전류($I_\ell$)의 관계

$I_\ell$은 $I_p$보다 위상이 30°($=\frac{\pi}{6}$)뒤지며, 크기는 $I_p$의 $\sqrt{3}$ 배이다.

$$I_\ell = \sqrt{3}\, I_p$$

## 예제. 08

평형 3상 △부하에 선간전압 300[V]가 공급 될 때 선전류가 30[A] 흘렀다. 부하 1상의 임피던스는 몇 [Ω] 인가?

① 10  ② $10\sqrt{3}$  ③ 20  ④ $30\sqrt{3}$

**해설** △결선

선간전압 = 상전압

선전류 = $\sqrt{3}$ 상전류

$Z_p = \dfrac{V_p}{I_p} = \dfrac{300}{\dfrac{30}{\sqrt{3}}} = 10\sqrt{3}\,[\Omega]$

**정답** ②

### 3. Y ↔ △ 변환 (평형부하인 경우)

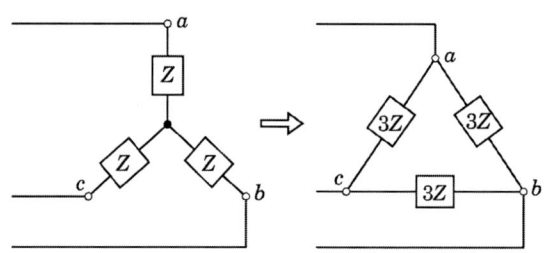

Y → △ 등가변환

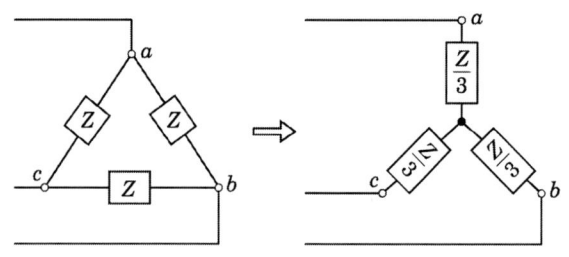

△ → Y 등가변환

1) Y → △ 변환

$$Z_\Delta = 3Z_Y$$

2) △ → Y 변환

$$Z_Y = \frac{1}{3} Z_\Delta$$

### 4. V결선

1) △결선된 3상 전원 변압기의 1상 고장 시 3상 전압을 공급하기 위한 방법으로서 고장 변압기를 제외한 나머지 단상 변압기 2대로 3상 전원을 공급하여 운전하는 결선

2) 출력

$$P_V = \sqrt{3} P_1 [kVA]$$

$P_1$ : 단상의 출력, $P_V$ : V결선 시의 출력

---

**예제. 09**

500[kVA]의 단상변압기 4대를 사용하여 과부하가 되지 않게 사용할 수 있는 3상 최대전력은 몇 [kVA]인가?

① $500\sqrt{3}$   ② 1500   ③ $1000\sqrt{3}$   ④ 2000

**해설** V결선의 3상 출력

$P_V = \sqrt{3} P = 500\sqrt{3} [kVA]$

변압기 4대는 V결선 2Bank

∴ $P_m = 2 \times 500\sqrt{3} = 1000\sqrt{3} [kVA]$

**정답** ③

---

3) 이용률 $= \dfrac{P_V(V결선시출력)}{P_2(변압기 2대의 출력)} = \dfrac{\sqrt{3}\, VI}{2VI} \times 100 ≒ 86.6 [\%]$

4) 출력비 $= \dfrac{P_V(V결선시출력)}{P_\Delta(\Delta결선시출력)} = \dfrac{\sqrt{3}\, VI}{3VI} \times 100 ≒ 57.7 [\%]$

## 4 교류 전력

### 1. 교류전력의 표현

1) 단상 교류
   (1) 피상전력 $P_a$ [VA]
       겉보기 전력이라고도 한다. $P_a = VI$ [VA]
   (2) 유효전력 $P$ [W]
       실제 전기로 사용되는 전력 $P = VI\cos\theta$ [W]
   (3) 무효전력 $P_r$ [Var]
       실제 전기로 사용되지 못하고 되돌려 보내는 전력 $P_r = VI\sin\theta$ [Var]

2) 3상 교류전력
   (1) 피상전력
   $$P_a = 3V_pI_p = \sqrt{3}\,V_\ell I_\ell \text{ [VA]}$$
   (2) 유효전력
   $$P = 3V_pI_p\cos\theta = \sqrt{3}\,V_\ell I_\ell \cos\theta \text{ [W]}$$
   (3) 무효전력
   $$P_r = 3V_pI_p\sin\theta = \sqrt{3}\,V_\ell I_\ell \sin\theta \text{ [Var]}$$

### 2. 역률

1) 역률($\cos\theta$) : 피상전력과 유효전력과의 비
$$\cos\theta = \frac{\text{유효전력}}{\text{피상전력}} = \frac{P}{P_a} = \frac{VI\cos\theta}{VI} = \sqrt{1-\sin^2\theta}$$

2) 무효율($\sin\theta$) : 피상전력과 무효전력과의 비
$$\sin\theta = \frac{\text{무효전력}}{\text{피상전력}} = \frac{P_r}{P_a} = \frac{VI\sin\theta}{VI} = \sqrt{1-\cos^2\theta}$$

## 3. 3상 교류 전력의 측정

1) 1전력계법

   단상전력계 1대를 접속하여 3상 전력을 측정하는 방법

$$P = 3P_P \,[\mathrm{W}]$$

2) 2전력계법

   단상전력계 2대를 접속하여 3상 전력을 측정하는 방법

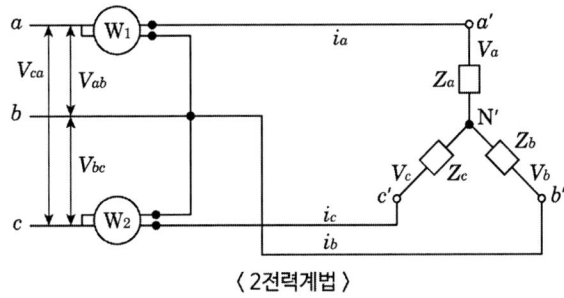

〈 2전력계법 〉

두 전력계 $W_1$, $W_2$를 결선하고 각각의 지시값을 $P_1$, $P_2$라 하면

(1) 유효전력

$$P = P_1 + P_2 \,[\mathrm{W}]$$

(2) 무효전력

$$P_r = \sqrt{3}\,(P_1 - P_2)\,[\mathrm{Var}]$$

(3) 피상전력

$$P_a = 2\sqrt{P_1^2 + P_2^2 - P_1 P_2}\,[\mathrm{VA}]$$

(4) 역률

$$\cos\theta = \frac{P_1 + P_2}{2\sqrt{P_1^2 + P_2^2 - P_1 P_2}}$$

## 예제. 10

3상 회로에서 2개의 전력계를 사용하여 평형부하의 역률을 측정하고자 한다. 전력계의 지시가 각각 2[kW] 및 8[kW]라 할 때, 이 회로의 역률은 약 몇 %인가?

① 49　　② 59　　③ 69　　④ 79

**해설** 2전력계법

$$\cos\theta = \frac{P_1 + P_2}{2\sqrt{P_1^2 + P_2^2 - P_1 P_2}}$$

$$= \frac{2+8}{2\sqrt{2^2 + 8^2 - (2\times 8)}} = 0.693$$

∴ 약 69[%]

**정답** ③

## 5 일반 선형 회로망

### 1. 중첩의 정리

다수의 독립된 전압원 및 전류원을 포함하는 회로에서 그 회로의 임의의 도선 각 부분에 흐르는 전류는 각각 전원이 단독으로 존재할 때 흐르는 전류의 합과 같다.

1) 이상적인 전류원
    (1) 내부저항이 무한대(∞) 인 경우를 말한다.
    (2) 회로에서 개방으로 놓고 계산한다.

2) 이상적인 전압원
    (1) 내부저항이 0[Ω] 인 경우를 말한다.
    (2) 회로에서 단락으로 놓고 계산한다.

3) 적용
    (1) 하나의 전원을 제외한 나머지는 개방 또는 단락시킨다.
    (2) 각각의 전원에 흐르는 전류를 모두 구한 뒤 더한다.

## 예제. 11

그림의 회로에서 5[Ω]의 저항에 흐르는 전류[A]는? (단, 각각의 전원은 이상적인 것으로 본다.)

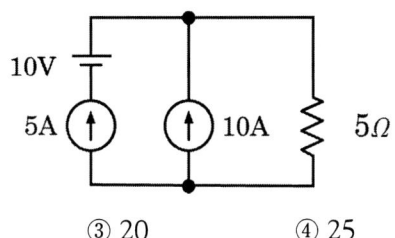

① 10    ② 15    ③ 20    ④ 25

**해설** 중첩의 원리

전압원은 단락, 회로는 병렬로 연결되어 있으므로 5[Ω]에 흐르는 전류
$I = 5 + 10 = 15[A]$

**정답** ②

## 예제. 12

그림과 같은 회로에서 20[Ω]에 흐르는 전류는 몇 [A]인가?

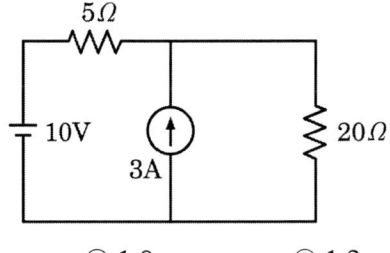

① 0.4    ② 0.6    ③ 1.0    ④ 1.2

**해설** 중첩의 원리

• 전류원은 개방
$$I_1 = \frac{V}{R} = \frac{10}{25} = 0.4[A]$$

• 전압원은 단락
$$I_2 = 3 \times \frac{5}{25} = 0.6[A]$$

$\therefore I = I_1 + I_2 = 0.4 + 0.6 = 1[A]$

**정답** ③

## 2. 테브난의 정리

복잡한 전기 회로를 하나의 전압원 및 저항을 가진 직렬회로로 등가변환

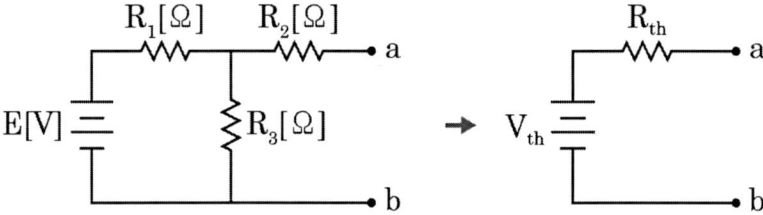

## 3. 노튼의 정리

복잡한 전기 회로를 하나의 전류원 및 저항을 가진 병렬회로로 등가변환

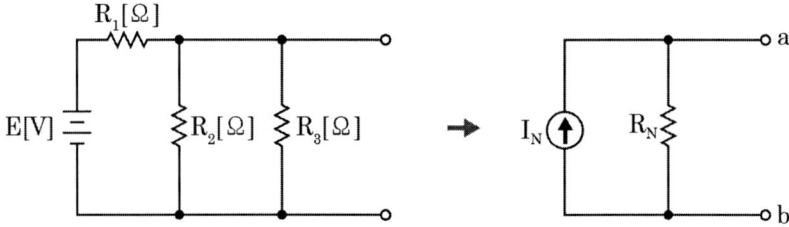

## 4. 밀만의 정리

다수의 전압원(내부 임피던스 포함)이 병렬로 접속되어 있을 때 그 병렬 접속점에 나타나는 합성 전압은 다음과 같다

$$V_{ab} = IZ = \frac{I}{Y} = \frac{\frac{E}{Z}}{\frac{1}{Z}} = \frac{\frac{E_1}{Z_1} + \frac{E_2}{Z_2} + \frac{E_3}{Z_3} + \cdots + \frac{E_n}{Z_n}}{\frac{1}{Z_1} + \frac{1}{Z_2} + \frac{1}{Z_3} + \cdots + \frac{1}{Z_n}}$$

## 예제. 13

그림과 같은 회로에서 저항 $R_2$에 흐르는 전류는 약 몇 [A]인가?

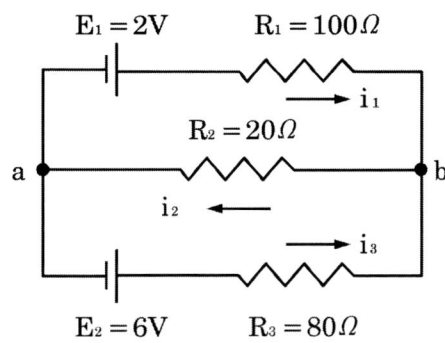

① 0.066   ② 0.096   ③ 0.483   ④ 0.655

**해설**  밀만의 정리

$$V_{ab} = \frac{\dfrac{E_1}{R_1} + \dfrac{E_2}{R_3}}{\dfrac{1}{R_1} + \dfrac{1}{R_2} + \dfrac{1}{R_3}} = \frac{\dfrac{2}{100} + \dfrac{6}{80}}{\dfrac{1}{100} + \dfrac{1}{20} + \dfrac{1}{80}}$$

$$= \frac{\dfrac{16+60}{800}}{\dfrac{8+40+10}{800}} = \frac{76}{58} ≒ 1.31[V]$$

$$I_2 = \frac{V_{ab}}{R_2} = \frac{1.31}{20} ≒ 0.066[A]$$

**정답** ①

## 6  4단자망

### 1. 4단자망

전기 에너지를 전송할 때 사용되는 회로망으로 임의의 회로망에 2개의 입력단자와 2개의 출력단자를 뽑아내 해석한 회로망

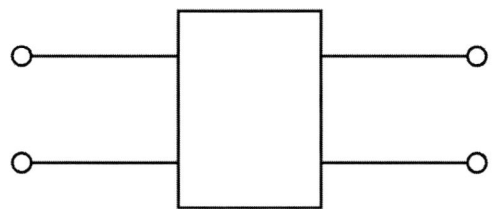

## 2. 4단자 정수

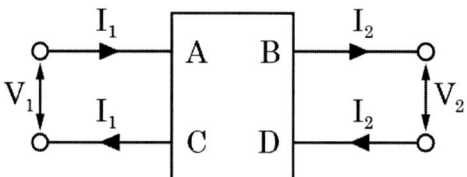

1) 4단자 기본방정식

$$\begin{bmatrix} V_1 \\ I_1 \end{bmatrix} = \begin{bmatrix} A & B \\ C & D \end{bmatrix} \begin{bmatrix} V_2 \\ I_2 \end{bmatrix}$$

$$V_1 = A \cdot V_2 + B \cdot I_2$$
$$I_1 = C \cdot V_2 + D \cdot I_2$$

2) 4단자 정수 A, B, C, D

  (1) $A = \dfrac{V_1}{V_2} \mid_{I_2 = 0}$ (2차 측을 개방한 상태에서 전압비)

  (2) $B = \dfrac{V_1}{I_2} \mid_{V_2 = 0}$ (2차 측을 단락한 상태에서의 전달 임피던스)

  (3) $C = \dfrac{I_1}{V_2} \mid_{I_2 = 0}$ (2차 측을 개방한 상태에서의 전달 어드미턴스)

  (4) $D = \dfrac{I_1}{I_2} \mid_{V_2 = 0}$ (2차 측을 단락한 상태에서의 전류비)

## 3. 기본적 회로의 4단자 정수

1) 임피던스 회로

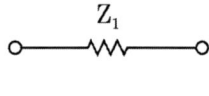

$$\begin{bmatrix} A & B \\ C & D \end{bmatrix} = \begin{bmatrix} 1 & Z_1 \\ 0 & 1 \end{bmatrix}$$

2) 어드미턴스 회로

$$\begin{bmatrix} A & B \\ C & D \end{bmatrix} = \begin{bmatrix} 1 & 0 \\ \dfrac{1}{Z_1} & 1 \end{bmatrix}$$

3) $L$형 회로

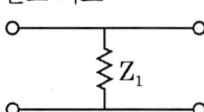

$$\begin{bmatrix} A & B \\ C & D \end{bmatrix} = \begin{bmatrix} 1 + \dfrac{Z_1}{Z_2} & Z_1 \\ \dfrac{1}{Z_2} & 1 \end{bmatrix}$$

4) 역 $L$형 회로

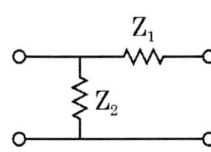

$\begin{bmatrix} A & B \\ C & D \end{bmatrix} = \begin{bmatrix} 1 & Z_1 \\ \dfrac{1}{Z_2} & 1+\dfrac{Z_1}{Z_2} \end{bmatrix}$

5) $\pi$형 회로

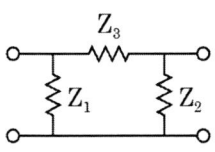

$\begin{bmatrix} A & B \\ C & D \end{bmatrix} = \begin{bmatrix} 1+\dfrac{Z_3}{Z_2} & Z_3 \\ \dfrac{1}{Z_1}+\dfrac{1}{Z_2}+\dfrac{Z_3}{Z_1 Z_2} & 1+\dfrac{Z_3}{Z_1} \end{bmatrix}$

6) $T$형 회로

$\begin{bmatrix} A & B \\ C & D \end{bmatrix} = \begin{bmatrix} 1+\dfrac{Z_1}{Z_3} & Z_1+Z_2+\dfrac{Z_1 Z_2}{Z_3} \\ \dfrac{1}{Z_3} & 1+\dfrac{Z_2}{Z_3} \end{bmatrix}$

## 예제. 14

이상 변압기를 포함하는 그림과 같은 회로의 4단자 정수 $\begin{bmatrix} A B \\ C D \end{bmatrix}$는?

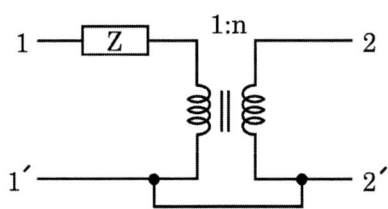

① $\begin{bmatrix} n & 0 \\ Z & \dfrac{1}{n} \end{bmatrix}$
② $\begin{bmatrix} 0 & \dfrac{1}{n} \\ nZ & 1 \end{bmatrix}$
③ $\begin{bmatrix} \dfrac{1}{n} & nZ \\ 0 & n \end{bmatrix}$
④ $\begin{bmatrix} n & 0 \\ \dfrac{Z}{n} & Z \end{bmatrix}$

**해설** 4단자정수

$\begin{vmatrix} A & B \\ C & D \end{vmatrix} = \begin{vmatrix} 1 & Z \\ 0 & 1 \end{vmatrix} \begin{vmatrix} \dfrac{1}{n} & 0 \\ 0 & n \end{vmatrix} = \begin{vmatrix} \dfrac{1}{n} & nZ \\ 0 & n \end{vmatrix}$

**정답** ③

## 4. 임피던스 파라미터

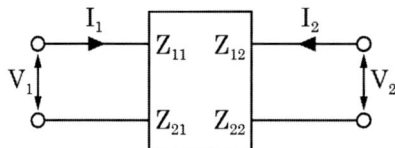

1) 기본방정식

$$\begin{bmatrix} V_1 \\ V_2 \end{bmatrix} = \begin{bmatrix} Z_{11} & Z_{12} \\ Z_{21} & Z_{22} \end{bmatrix} \begin{bmatrix} I_1 \\ I_2 \end{bmatrix}$$

$$V_1 = Z_{11} \cdot I_1 + Z_{12} \cdot I_2$$
$$V_2 = Z_{21} \cdot I_1 + Z_{22} \cdot I_2$$

2) 임피던스 파라미터의 값

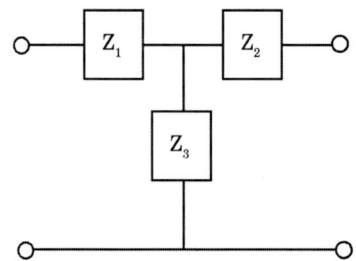

(1) $Z_{11} = \dfrac{V_1}{I_1} \mid _{I_2 = 0}$(2차 측을 개방) $= Z_1 + Z_3$

(2) $Z_{12} = \dfrac{V_1}{I_2} \mid _{I_1 = 0}$(1차 측을 개방) $= Z_3$(역방향 전달 임피던스)

(3) $Z_{21} = \dfrac{V_2}{I_1} \mid _{I_2 = 0}$(2차 측을 개방) $= Z_3$(순방향 전달 임피던스)

(4) $Z_{22} = \dfrac{V_2}{I_2} \mid _{I_1 = 0}$(1차 측을 개방) $= Z_2 + Z_3$

## 5. 어드미턴스 파라미터

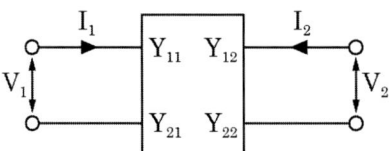

1) 기본방정식

$$\begin{bmatrix} I_1 \\ I_2 \end{bmatrix} = \begin{bmatrix} Y_{11} & Y_{12} \\ Y_{21} & Y_{22} \end{bmatrix} \begin{bmatrix} V_1 \\ V_2 \end{bmatrix}$$

$$I_1 = Y_{11} \cdot V_1 + Y_{12} \cdot V_2 \qquad I_2 = Y_{21} \cdot V_1 + Y_{22} \cdot V_2$$

2) 어드미턴스 파라미터의 값

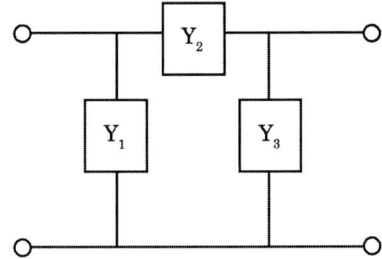

(1) $Y_{11} = \dfrac{I_1}{V_1} \mid_{V_2 = 0}$(2차 측 단락) $= Y_2 + Y_1$

(2) $Y_{12} = \dfrac{I_1}{V_2} \mid_{V_1 = 0}$(1차 측 단락) $= - Y_2$(단락 역방향 전달 어드미턴스)

(3) $Y_{21} = \dfrac{I_2}{V_1} \mid_{V_2 = 0}$(2차측 단락) $= - Y_2$(단락 순방향 전달 어드미턴스)

(4) $Y_{22} = \dfrac{I_2}{V_2} \mid_{V_1 = 0}$(1차 측 단락) $= Y_3 + Y_2$

## 6. 영상 임피던스

입력 및 출력 단자를 단락 또는 개방 했을 때 상대 단자에서 바라는 회로의 평균 임피던스 값

1) $Z_{01}$ (1차 측 영상 임피던스) $= \sqrt{\dfrac{AB}{CD}}$

2) $Z_{02}$ (2차 측 영상 임피던스) $= \sqrt{\dfrac{BD}{AC}}$

3) $\dfrac{Z_{01}}{Z_{02}} = \dfrac{\sqrt{\dfrac{AB}{CD}}}{\sqrt{\dfrac{BD}{AC}}} = \dfrac{A}{D}$

4) $Z_{01} \times Z_{02} = \sqrt{\dfrac{AB}{CD}} \times \sqrt{\dfrac{DB}{CA}} = \dfrac{B}{C}$

# 7 라플라스 변환

## 1. 라플라스 변환

1) 라플라스 변환

시간함수 $f(t)$를 제어회로에 입력해야할 주파수함수 $F(s)$로 변환하는 것

$$f_{(t)} \xrightarrow{\mathscr{L}} F_{(s)}$$

2) 변환 공식

$$\int_0^\infty f_{(t)} \cdot e^{-st} dt = F_{(s)}$$

## 2. 여러 함수의 라플라스 변환

1) 단위 계단함수 (크기가 1인 함수)

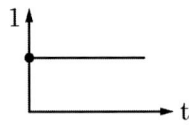

$$u(t) = 1 \xrightarrow{\mathcal{L}} \frac{1}{s}$$

2) 단위 임펄스함수 (면적이 1인 함수)

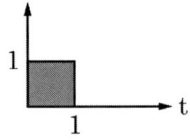

$$\delta_{(t)} \xrightarrow{\mathcal{L}} 1$$

3) 단위경사함수 $t$ (기울기가 1인 함수)

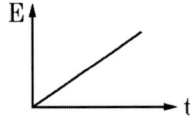

$$t \xrightarrow{\mathcal{L}} \frac{1}{s^2}$$

4) 시간함수 $t^n$

$$t^n \xrightarrow{\mathcal{L}} \frac{n!}{s^{n+1}}$$

5) 지수함수

$$e^{+at} \xrightarrow{\mathcal{L}} \frac{1}{s-a} \qquad e^{-at} \xrightarrow{\mathcal{L}} \frac{1}{s+a}$$

## 예제. 15

$f(t) = \dfrac{e^{at} + e^{-at}}{2}$ 의 라플라스 변환은??

① $\dfrac{s}{s^2 - a^2}$   ② $\dfrac{s}{s^2 + a^2}$   ③ $\dfrac{a}{s^2 - a^2}$   ④ $\dfrac{a}{s^2 + a^2}$

**해설** 라플라스 변환

$$f(t) = \frac{e^{at} + e^{-at}}{2} = \frac{1}{2}(e^{at} + e^{-at})$$

$$F(s) = \frac{1}{2}\left(\frac{1}{s-a} + \frac{1}{s+a}\right)$$

$$= \frac{1}{2}\left(\frac{s-a+s+a}{s^2 - a^2}\right)$$

$$= \frac{s}{s^2 - a^2}$$

**정답** ①

### 6) 삼각함수

$$\sin\omega t \xrightarrow{\mathcal{L}} \frac{\omega}{s^2 + \omega^2} \qquad \cos\omega t \xrightarrow{\mathcal{L}} \frac{s}{s^2 + \omega^2}$$

## 예제. 16

$f(t) = \sin\cos t$를 라플라스 변환하면?

① $\dfrac{1}{s^2 + 2}$   ② $\dfrac{1}{s^2 + 4}$   ③ $\dfrac{1}{(s^2 + 2)^2}$   ④ $\dfrac{1}{(s^2 + 4)^2}$

**해설** 라플라스 변환

$$\mathcal{L}[\sin\cos t] = \mathcal{L}\left[\frac{1}{2}\sin 2t\right]$$

$$= \frac{1}{2} \times \frac{2}{s^2 + 2^2} = \frac{1}{s^2 + 4}$$

**정답** ②

## 3. 라플라스 변환 정리

1) 시간추이 정리

$\mathcal{L}[f(t)] = F(s)$ 일 때, $\mathcal{L}[f(t-a)] = F(s)e^{-as}$

$u(t-a)$ : 단위 계단 함수가 $a$만큼 늦게 시작한다.

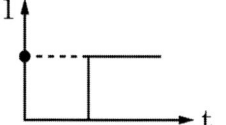

$$u(t-a) \xrightarrow{\mathcal{L}} \frac{1}{s}e^{-as}$$

2) 복소추이 정리

각각의 함수를 라플라스 변환하고 차수가 높은 식 $s$에 차수가 낮은 값의 분모를 대입

(1) $e^{at} \cdot \sin \omega t \xrightarrow{\mathcal{L}} \dfrac{\omega}{s^2 + \omega^2} \mid_{s=s-a} = \dfrac{\omega}{(s-a)^2 + \omega^2}$

(2) $e^{at} \cdot \cos \omega t \xrightarrow{\mathcal{L}} \dfrac{s}{s^2 + \omega^2} \mid_{s=s-a} = \dfrac{s-a}{(s-a)^2 + \omega^2}$

(3) $t \cdot e^{-at} \xrightarrow{\mathcal{L}} \dfrac{1}{s^2} \mid_{s=s+a} = \dfrac{1}{(s+a)^2}$

3) 미적분 정리

$\mathcal{L}[f(t)] = F(s)$ 일 때,

(1) $\mathcal{L}[\dfrac{d}{dt}f(t)] = sF(s)$

(2) $\mathcal{L}[\dfrac{d^2}{dt^2}f(t)] = s^2 F(s)$

(3) $\mathcal{L}[\int f(t)dt] = \dfrac{1}{s}F(s)$

4) 초기값 정리

$$\lim_{t \to 0} f(t) = \lim_{s \to \infty} sF(s)$$

5) 최종값(정상값) 정리

$$\lim_{t \to \infty} f(t) = \lim_{s \to 0} sF(s)$$

## 8 과도현상

### 1. 과도현상

1) 과도전류 : 전기 회로에서 입력이 갑자기 변화했을 때, 새로운 정상 상태로 안정되기까지 흐르는 전류

2) 시정수 : 과도전류에서 정상전류의 63.2%로 변화하기까지 걸린 시간 $\left(\dfrac{1}{|\text{특성근}|}\right)$

3) 특성근 : 과도전류식에서 $t$ 앞의 계수

4) 시정수와 과도전류의 상관관계
   (1) 시정수가 커지면 과도전류는 길어지고 천천히 사라진다.
   (2) 시정수가 작아지면 과도전류는 짧아지고 빨리 사라진다.

### 2. R – L 직렬회로

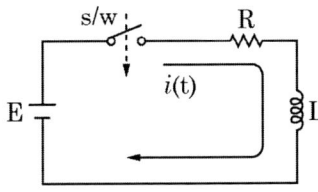 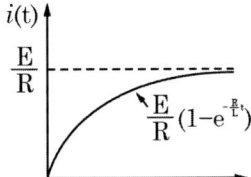

1) 기전력 $E = R \cdot i_{(t)} + L \cdot \dfrac{di}{dt}$

2) 과도전류
   (1) 전압 인가 시

$$i(t) = \dfrac{E}{R}(1 - e^{-\frac{R}{L}t})[A]$$

   · $t$=시정수$\left(\dfrac{L}{R}\right)$ 일 때 $i(t) = 0.632\dfrac{E}{R}$

   (2) 전압 제거 시

$$i(t) = \dfrac{E}{R} \cdot e^{-\frac{R}{L}t}[A]$$

   · $t$=시정수 일 때 $i(t) = 0.368\dfrac{E}{R}$

3) 정상전류

$$I = \dfrac{E}{R}[A]$$

4) 특성근

$$P = -\frac{R}{L}$$

5) 시정수

$$T = \frac{L}{R}\,[\sec]$$

## 3. R-C 직렬회로

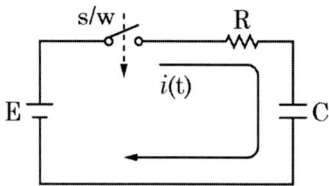 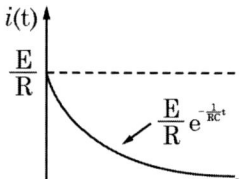

1) 기전력 $E = R \cdot i_{(t)} + \dfrac{1}{C}\displaystyle\int i(t)\,dt$

2) 과도전류

   (1) 전압 인가 시

$$i(t) = \frac{E}{R} e^{-\frac{1}{RC}t}\,[A]$$

   · $t$=시정수($RC$) 일 때 $i(t) = 0.368\dfrac{E}{R}$

   (2) 전압 제거 시

$$i_{(t)} = -\frac{E}{R} \cdot e^{-\frac{1}{RC}t}\,[A]$$

   · $t$=시정수 일 때 $i(t) = 0.368\dfrac{E}{R}$

3) 정상전류

$$I = \frac{E}{R}\,[A]$$

4) 특성근

$$P = -\frac{1}{RC}$$

5) 시정수

$$T = RC[\sec]$$

### 예제. 17

그림과 같은 회로에서 스위치 S를 닫을 때 t초 후의 R에 걸리는 전압은?

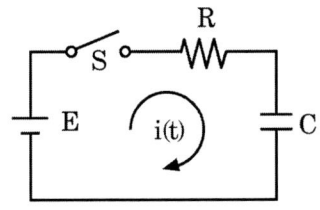

① $Ee^{-\frac{C}{R}t}$  ② $E(1-e^{-\frac{C}{R}t})$  ③ $Ee^{-\frac{1}{CR}t}$  ④ $E(1-e^{-\frac{1}{RC}t})$

**해설** R-C직렬회로

과도전류 $i(t) = \dfrac{E}{R} e^{-\frac{1}{RC}t} [A]$

저항 R에 걸리는 전압

$V = Ri(t) = Ee^{-\frac{1}{RC}t}$

**정답** ③

## 9 전달함수

### 1. 전달함수

1) 전달함수의 정의

입력신호에 대한 출력신호의 비

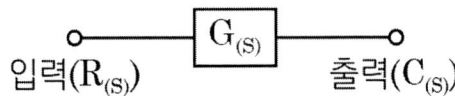

$$G_{(s)} = \frac{\text{라플라스 변환된 출력}}{\text{라플라스 변환된 입력}} = \frac{R_{(s)}}{C_{(s)}}$$

2) 전달함수의 특징

(1) 초기값을 '0'으로 한다.

(2) 전달함수는 $s$로 표현한다.

3) 제어요소의 전달함수 종류

| 종류 | $G(s)$ |
| --- | --- |
| 비례요소 | $K$ |
| 미분요소 | $Ks$ |
| 적분요소 | $\dfrac{K}{s}$ |
| 1차지연요소 | $\dfrac{K}{Ts+1}$ |
| 2차 지연요소 | $\dfrac{\omega_n^2}{s^2+2\delta\omega_n s+\omega_n^2}$ |
| 부동작 시간요소 | $Ke^{-Ls}$ |

$T$: 시정수, $\delta$: 제동비, $\omega_n$: 자연(고유)각 주파수

## 2. 전기회로의 전달함수

1) 회로 요소의 임피던스 표현

(1) $L[H] \Rightarrow j\omega L = sL[\Omega]$

(2) $C[F] \Rightarrow \dfrac{1}{j\omega C} = \dfrac{1}{sC}[\Omega]$

2) R-L 직렬 회로

$$G(s) = \frac{V_2(s)}{V_1(s)} = \frac{Ls}{Ls+R} \times \frac{\dfrac{1}{R}}{\dfrac{1}{R}} = \frac{\dfrac{L}{R}s}{\dfrac{L}{R}s+1} = \frac{Ts}{Ts+1}$$

3) R-C 직렬 회로

$$G(s) = \frac{V_2(s)}{V_1(s)} = \frac{\dfrac{1}{Cs}}{R+\dfrac{1}{Cs}} \times \frac{Cs}{Cs} = \frac{1}{RCs+1} = \frac{1}{Ts+1}$$

## 예제. 18

그림과 같은 회로에서 전압비의 전달함수는?

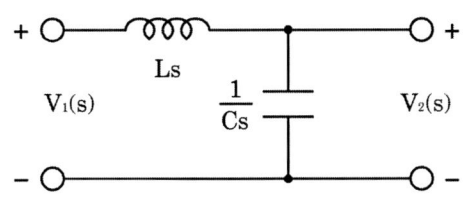

① $\dfrac{1}{LC+C_S}$  ② $\dfrac{sC}{s^2(s+LC)}$  ③ $\dfrac{1}{\dfrac{1}{L_S}+C_S}$  ④ $\dfrac{\dfrac{1}{LC}}{s^2+\dfrac{1}{LC}}$

**해설** 전달함수

출력전달함수 $= \dfrac{\text{출력전압 } V_2(s)}{\text{입력전압 } V_1(s)}$

$= \dfrac{\dfrac{1}{Cs}}{Ls+\dfrac{1}{Cs}} = \dfrac{1}{LCs^2+1} = \dfrac{\dfrac{1}{LC}}{s^2+\dfrac{1}{LC}}$

**정답** ④

## 3. 미분 방정식의 전달함수

1) 미분 방정식의 라플라스 변환

(1) $y(t) \Rightarrow Y(s)$

(2) $\dfrac{dy(t)}{dt} \Rightarrow sY(s)$

(3) $\dfrac{d^2y(t)}{d^2t} \Rightarrow s^2Y(s)$

(4) $\int y(t)dt \Rightarrow \dfrac{1}{s}Y(s)$

(5) $\iint y(t)dt \Rightarrow \dfrac{1}{s^2}Y(s)$

2) 전달함수 표현

$G(s) = \dfrac{Y(s)}{X(s)}$ 로 정리

## 4. 블록선도의 전달함수

1) 블록선도의 결합

   (1) 직렬결합

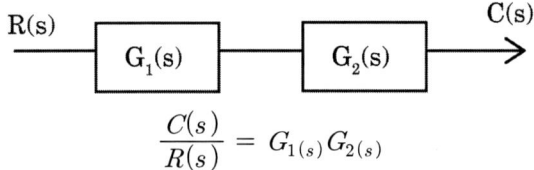

$$\frac{C(s)}{R(s)} = G_{1(s)}G_{2(s)}$$

   (2) 병렬결합

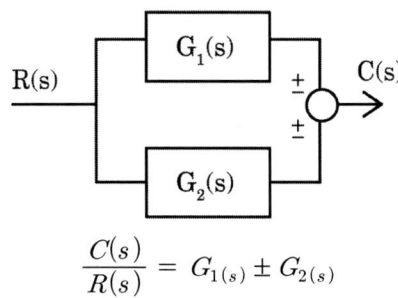

$$\frac{C(s)}{R(s)} = G_{1(s)} \pm G_{2(s)}$$

2) 메이슨 공식

$$G(s) = \frac{C(s)}{R(s)} = \frac{\Sigma 전방향경로}{1 - \Sigma 폐경로}$$

### 예제. 19

다음과 같은 블록선도의 등가 합성 전달함수는?

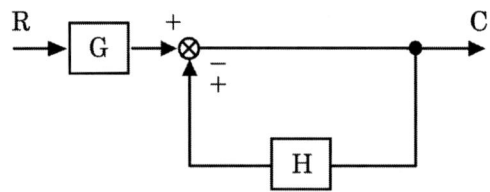

① $\dfrac{1}{1 \pm GH}$  ② $\dfrac{G}{1 \pm GH}$  ③ $\dfrac{G}{1 \pm H}$  ④ $\dfrac{1}{1 \pm H}$

**해설** 블록선도의 전달함수

메이슨 공식

$$G(s) = \frac{C(s)}{R(s)} = \frac{\Sigma 전방향경로}{1 - \Sigma 폐경로}$$

$$\frac{C(s)}{R(s)} = \frac{G}{1 - (\mp H)} = \frac{G}{1 \pm H}$$

정답 ③

# CHAPTER 04 왜형파 교류

## 1 비정현파 교류

### 1. 비정현파와 푸리에 급수

1) 비정현파
    (1) 정현파 외에 다른 모양의 주기를 가지는 모든 주기파
        ① 펄스파
        ② 삼각파
        ③ 구형파
    (2) 비정현파 교류의 해석

    > 비정현파 = 직류분 + 고조파 + 기본파

2) 푸리에 급수
    (1) 직류, 기본파, 무수히 많은 고조파 성분의 구성을 합으로 표현한 것

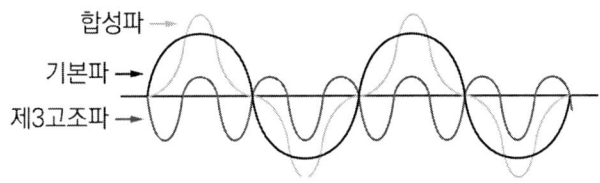

$$f(t) = a_0 + \sum_{n=1}^{\infty} a_n \cos n\omega t + \sum_{n=1}^{\infty} b_n \sin n\omega t$$

   (2) 직류분 $a_0 = \dfrac{1}{T}\int_0^T f(t)dt$ : 비정현파의 한 주기까지의 평균값

   (3) 여현항 고조파 $a_n = \dfrac{2}{T}\int_0^T f(t)\cos n\omega t\, dt$

   (4) 정현항 고조파 $b_n = \dfrac{2}{T}\int_0^T f(t)\sin n\omega t\, dt$

## 2. 비정현파의 특징

1) 비정현파의 대칭조건

   (1) 정현대칭 (원점대칭)

   $$f(t) = -f(-t)$$

   (2) 여현대칭 ($y$축 대칭)

   $$f(t) = f(-t)$$

   (3) 반파대칭

   $$f(t) = -f(t+\pi)$$

2) 비정현파의 실횻값

   (1) 비정현파 교류전압 $v(t)$ 표현

   $$v(t) = V_0 + V_{m1}\sin\omega t + V_{m2}\sin 2\omega t + V_{m3}\sin\omega t + \cdots + V_{mn}\sin n\omega t$$

   (2) 비정현파 전압의 실횻값 계산

   $$V = \sqrt{V_0^2 + (\frac{V_{m1}}{\sqrt{2}})^2 + (\frac{V_{m2}}{\sqrt{2}})^2 + (\frac{V_{m3}}{\sqrt{2}})^2 + \cdots + (\frac{V_{mn}}{\sqrt{2}})^2}$$
   $$= \sqrt{V_0^2 + V_1^2 + V_2^2 + V_3^2 + \cdots + V_n^2}\,[V]$$

   (3) 비정현파 전류의 실횻값 계산

   $$I = \sqrt{I_0^2 + (\frac{I_{m1}}{\sqrt{2}})^2 + (\frac{I_{m2}}{\sqrt{2}})^2 + (\frac{I_{m3}}{\sqrt{2}})^2 + \cdots + (\frac{I_{mn}}{\sqrt{2}})^2}$$
   $$= \sqrt{I_0^2 + I_1^2 + I_2^2 + I_3^2 + \cdots + I_n^2}\,[A]$$

3) 비정현파의 전력계산

   (1) 피상전력 $P_a$

   $$P_a = VI = \sqrt{V_0^2 + V_1^2 + V_2^2 + V_3^2 + \cdots + V_n^2} \times \sqrt{I_0^2 + I_1^2 + I_2^2 + I_3^2 + \cdots + I_n^2}$$

   (2) 소비전력 $P$

   $$P = V_0 I_0 + \sum_{n=1}^{\infty} V_n I_n \cos\theta_n$$

   (3) 역률 $\cos\theta$

   $$\cos\theta = \frac{P}{P_a}$$

4) 비정현파 교류의 임피던스 계산

(1) $R-L$ 직렬

$$Z_{n\text{고조파}} = R + jnX_L = R + jn\omega L = \sqrt{R^2 + (n\omega L)^2}$$

저항은 변화가 없고 유도리액턴스는 $n$배로 증가

(2) $R-C$ 직렬

$$Z_{n\text{고조파}} = R - j\frac{1}{n}X_C = R - j\frac{1}{n\omega C} = \sqrt{R^2 + \left(\frac{1}{n\omega C}\right)^2}$$

저항은 변화가 없고 용량리액턴스는 $\frac{1}{n}$배로 감소

(3) 공진조건 : $n^2\omega^2 LC = 1$

## 3. 왜형률

기본파와 비교하여 고조파의 포함정도를 나타낸 비율

$$\epsilon = \frac{\text{전 고조파의 실횻값}}{\text{기본파의 실횻값}} = \frac{\sqrt{V_2^2 + V_3^2 + \cdots + V_n^2}}{V_1} \times 100\,[\%]$$

모아바 www.moa-ba.com
모아소방전기학원 www.moate.co.kr

아우름 전기기능장 필기

# PART 02
# 전기기기

# CHAPTER 01 직류기

## 1 직류기의 원리

### 1. 앙페르의 오른나사 법칙

1) 전류와 자기장의 방향관계를 나타내는 법칙
2) 도체에 대한 자기장의 관계
   (1) 직선 도체에 의한 자기장의 방향
      ① 엄지 : 전류의 방향
      ② 나머지 손가락 : 자기장의 방향

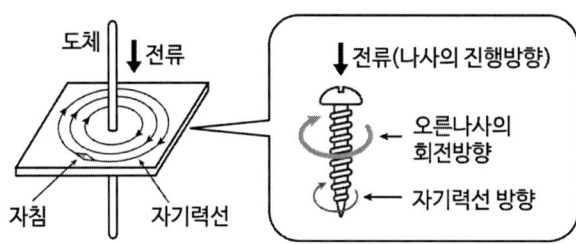

〈 직선 전류에 의한 자력선의 방향 〉

   (2) 코일의 자기장의 방향
      ① 엄지 : 자기장의 방향
      ② 나머지 손가락 : 전류의 방향

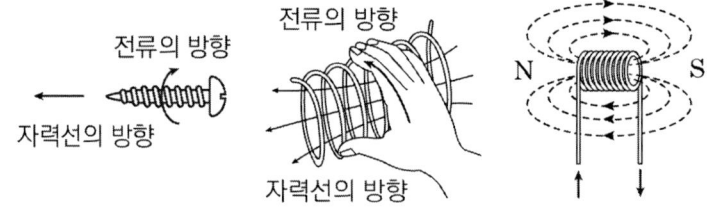

〈환상전류에 의한 자력선의 방향〉

### 2. 직류기의 원리

1) 발전기의 원리
   (1) 플레밍의 오른손법칙
      자기장 속에서 도선이 움직일 때 유기되는 유기기전력을 방향을 결정한다.

① 엄지 : 도체의 회전 방향
② 검지 : 자속의 방향
③ 중지 : 유기기전력의 방향

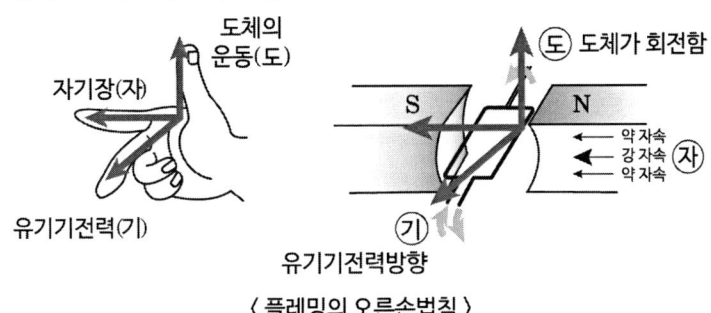

〈 플레밍의 오른손법칙 〉

(2) N극과 S극 사이의 자기장 내에서 도체가 자속을 끊으면 기전력(교류전압)이 유도된다.
(3) 정류과정을 거쳐 교류를 직류로 바꾸면 직류 발전기가 된다.

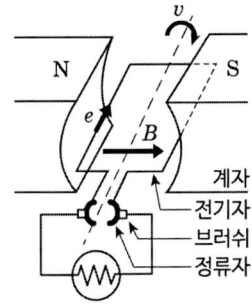

2) 전동기의 원리
  (1) 플레밍의 왼손법칙
    자기장 중에 도체가 있고, 전류가 흐를 때 도선이 자기장에서 전자기력을 받는 법칙
    ① 엄지 : 도체가 받는 힘의 방향
    ② 검지 : 자기장의 방향
    ③ 중지 : 전류의 방향

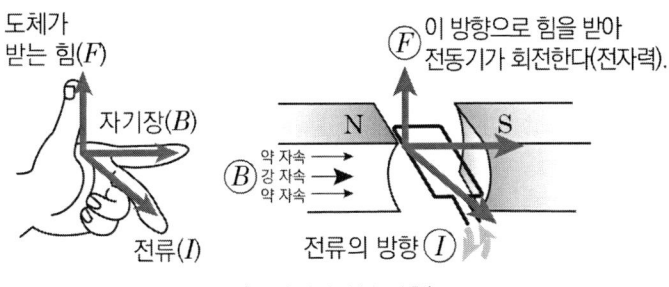

〈플레밍의 왼손법칙〉

(2) 직류 전력을 이용하여 기계적 동력을 발생하는 회전기계이다.
(3) 자기장 중에 있는 코일에 정류자를 접속시키고, 직류 전압을 가하면 플레밍의 왼손법칙에 따라 코일이 엄지 방향으로 회전한다.
(4) 직류발전기와 같은 구조이다.

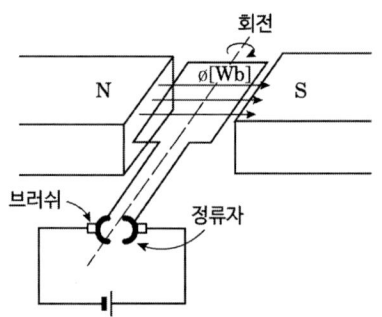

## 2 직류기의 구조

### 1. 직류기의 요소

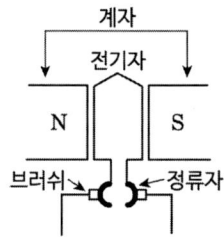

1) 계자(Field Magnet)
    (1) 자속을 만들어 주는 부분
    (2) 구성 : 계자권선, 계자철심, 자극 및 계철
    (3) 계자철심 : 규소강판을 성층해서 만든다.(철손저감)

2) 전기자(Armature)
    (1) 계자에서 만든 자속을 끊어 기전력을 유도
    (2) 구성 : 전기자 철심, 전기자 권선
    (3) 전기자 철심 : 규소강판을 성층하여 만든다.
        ① 규소강판 : 히스테리시스손을 감소
        ② 성층 : 와류손을 감소

3) 정류자(Commutator)
    전기자 권선에서 유도된 교류를 직류로 변환해 주는 부분

4) 브러쉬(Brush)
   (1) 정류자 면에 접촉하여 전기자 권선(내부회로)과 외부회로를 연결
   (2) 특징(구비조건)
       ① 내열성이 크다.
       ② 마모성이 작다.
       ③ 기계적으로 튼튼하다.
   (3) 종류
       ① 탄소질 브러쉬 : 소형기, 저속기
       ② 흑연질 브러쉬 : 대전류, 고속기
       ③ 전기 흑연질 브러쉬 : 가장 우수함
       ④ 금속 흑연질 브러쉬 : 저전압, 대전류

5) 공극(Air)
   (1) 계자 철심의 자극편과 전기자 철심 표면 사이의 공간이다.
   (2) 공극이 크면 자기저항이 커져서 효율이 나쁘다.
   (3) 공극이 작으면 기계적 안정성이 떨어진다.

## 2. 전기자 권선법

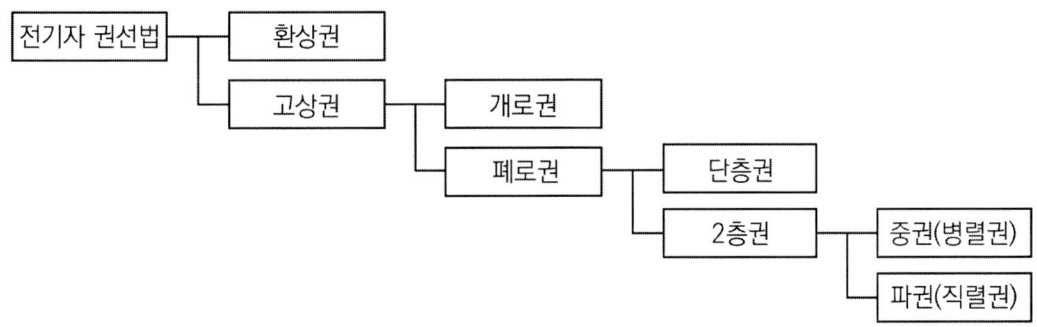

1) 전기자 권선법의 분류
   (1) 환상권 : 도선을 철심 내외로 감는 방법으로 유지보수가 어렵고 효율이 낮다.
   (2) 고상권 : 도선을 표면에 배치하는 것으로 상대적으로 제작과 유지보수가 쉽고, 효율이 좋다.
2) 고상권의 분류
   (1) 개로권 : 여러 개의 독립된 코일이 감는다.
   (2) 폐로권 : 하나의 코일이 하나의 폐회로를 형성한다.

### 3) 폐로권의 분류

(1) 단층권 : 1개의 홈에 1개의 코일을 넣는 방법

(2) 이층권 : 1개의 홈에 2개 이상의 코일을 넣는 방법

> TIP 일반적으로 사용되는 전기자 권선법 : 고상권, 폐로권, 이층권(중권, 파권)

### 4) 이층권의 분류

| 구분 | 중권 | 파권 |
|---|---|---|
| 구분 | 병렬권 | 직렬권 |
| 전압 | 저전압 | 고전압 |
| 전류 | 대전류 | 소전류 |
| 병렬회로 수(a) | $a = P$ | $a = 2$ |
| 브러시 수(b) | $b = P$ | $b = P = 2$ |
| 균압환 | 필요 | 불필요 |

- 균압환 : 직류기의 전기자 권선이 중권인 경우, 각 전기자 회로의 유기 기전력이 반드시 같게는 되지 않아 브러시를 통해서 불꽃이 발생되는데 이를 방지하기 위한 연결 도체를 균압환이라고 한다.

### 예제. 01

직류기에 주로 사용하는 권선법으로 다음 중 옳은 것은?

① 개로권, 환상권, 이층권
② 개로권, 고상권, 이층권
③ 폐로권, 고상권, 이층권
④ 폐로권, 환상권, 이층권

**해설** 전기자권선법

직류기의 전기자 권선법은 주로 고상권, 폐로권, 이층권을 채용한다.

정답 ③

## 3 유기기전력

### 1. 유기기전력과 역기전력

1) 유기기전력

직류발전기가 회전할 때 생기는 힘

$$E = \frac{PZ\phi N}{60a} = K\phi N \text{ [V]} \quad \left(K = \frac{PZ}{60a}\right)$$

p : 극수, $\phi$ : 자속, N [rpm] : 회전수, Z : 전기자 도체 수

$$E = V + I_a R_a \text{ [V]}$$

V : 단자전압, $I_a$ : 전기자전류, $R_a$ : 전기자저항

---

### 예제. 02

포화하고 있지 않은 직류 발전기의 회전수가 $\frac{1}{2}$로 감소되었을 때 기전력을 전과 같은 값으로 하자면 여자를 속도 변화 전에 비하여 몇 배로 하여야 하는가?

① 1.5배　　② 2배　　③ 3배　　④ 4배

**해설** 직류발전기의 유기기전력

$$E = \frac{PZ\phi N}{60a} \text{ [V]}$$

$$E = \frac{PZ(2\phi)\left(\frac{1}{2}N\right)}{60a}$$

**정답** ②

---

### 예제. 03

4극 직류발전기가 전기자 도체수 600, 매극당 유효자속 0.035[Wb], 회전수가 1800[rpm] 일 때 유기되는 기전력은 몇 [V] 인가? (단, 권선은 단중 중권이다.)

① 220　　② 320　　③ 430　　④ 630

**해설** 직류발전기의 유기기전력

$$E = \frac{PZ\phi N}{60a} = \frac{4 \times 600 \times 0.035 \times 1800}{60 \times 4}$$
$$= 630 [V]$$

**정답** ④

2) 역기전력

전기회로에서 어떤 전압이 걸릴 때 그 반대 방향으로 생기는 기전력

$$E = V - I_a R_a = K\phi N \left(K = \frac{PZ}{60a}\right)$$

**2. 전기자 반작용**

1) 정의 : 전기자 전류에 의해 발생한 자속이 주자속에 영향을 미치는 현상
2) 전기자 반작용의 영향
   (1) 전기적 중성축 이동 (편자 작용)
       ① 발전기 : 회전 방향
       ② 전동기 : 회전 반대방향
   (2) 주자속 감소
       ① 자극의 어느 한쪽이 포화되어 극당 자속이 감소한다.
       ② 발전기 : 유기기전력 감소 (E ∝ $\phi$)
       ③ 전동기 : 토크감소 (T ∝ $\phi$), 회전속도 증가 (N ∝ $\frac{1}{\phi}$)
   (3) 브러쉬에 불꽃 발생 (정류불량)
3) 방지대책
   (1) 브러쉬 위치를 전기적 중성점인 회전방향으로 이동(중성축 이동)
       ① 발전기 : 회전 방향과 같은 방향으로 이동
       ② 전동기 : 회전 방향과 반대 방향으로 이동
   (2) 보극 설치 : 별도의 자극을 설치하여 전기자 반작용 감소
       ① 발전기 : 주자극의 회전 방향과 같은 극성의 보극 설치
       ② 전동기 : 주자극의 회전 방향과 다른 극성의 보극 설치
   (3) 보상권선
       ① 전기자에 흐르는 전류와 반대 방향으로 전류를 흘린다.
       ② 전기자 반작용을 방지할 수 있는 가장 좋은 방법이다.

### 예제. 04

전기자 권선에 의해 생기는 전기자 기자력을 없애기 위하여 주 자극의 중간에 작은 자극으로 전기자 반작용을 상쇄하고 또한 정류에 의한 리액턴스 전압을 상쇄하여 불꽃을 없애는 역할을 하는 것은?

① 보상권선    ② 공극    ③ 전기자권선    ④ 보극

**해설** 보극

정류 코일 내에 유기되는 리액턴스 전압과 반대 방향으로 별도의 자극을 주어 전기자반작용을 감소시킴으로 양호한 정류를 얻을 수 있다.

**정답** ④

### 3. 정류

1) 정의 : 교류를 직류로 변환하는 작용(AC → DC)

2) 리액턴스 전압($e_L$)

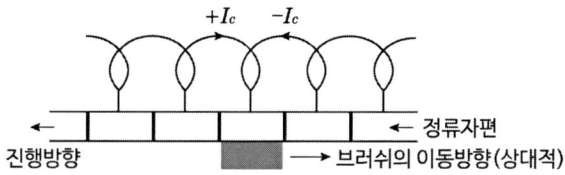

정류 시 전기자 코일에 걸리는 전압이며, 섬락의 원인이 된다.

$$e_L = L\frac{di}{dt} = L\frac{2i_c}{T_c}[\text{V}]$$

3) 정류곡선

세로축으로 기울수록 정류가 불량해진다.

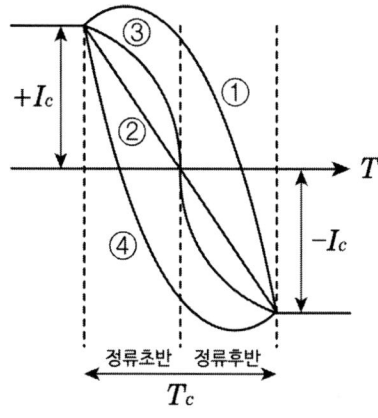

① 부족정류 : 정류말기에 불꽃발생
② 직선정류 : 가장 양호한 정류(이상적인 정류)
③ 정현파정류 : 불꽃발생 X (일반적인 정류)
④ 과정류 : 정류초기에 불꽃발생

4) 양호한 정류를 얻는 방법
  (1) 리액턴스 전압이 작아야 한다.

(2) 인덕턴스 값이 작아야 한다.
(3) 정류주기를 길게 해야 한다.
(4) 접촉 저항이 큰 브러쉬 사용한다.(저항정류)
(5) 보극 설치(전압정류)

### 예제. 05

저항정류의 역할을 하는 것은?

① 보상권선　　② 보극　　③ 리액턴스 코일　　④ 탄소브러시

**해설** 저항정류

저항정류를 위해서는 접촉 저항이 큰 탄소질이나 전기 흑연질의 브러시를 사용하여 정류한다. 전압정류를 위해서는 보극을 설치한다.

**정답** ④

## 4 직류발전기의 종류 및 특성

### 1. 특성곡선

1) 무부하 특성곡선
   (1) 무부하 시 계자전류($I_f$)와 유기기전력($E = V_0$)과의 관계곡선
   (2) 계자전류를 서서히 증가시키면 비례하여 증가하다가 어느 지점에 오게되면 철심의 자기포화로 인하여 기전력은 더 이상 증가하지 않는다.

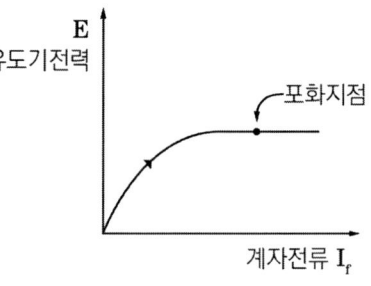

2) 부하 특성곡선
   (1) 정격부하 시 계자전류($I_f$)와 단자전압($V$)과의 관계곡선
   (2) 부하가 증가할수록 곡선은 아래쪽으로 이동한다.

3) 외부 특성곡선
   (1) 정격부하 시 부하전류($I$)와 압($V$)과의 관계곡선

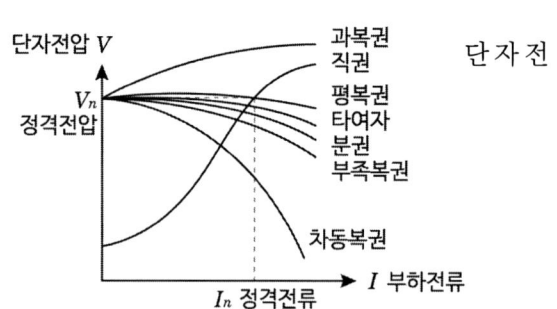

## 예제. 06

동기 발전기의 무부하 포화곡선에서 횡축은 무엇을 나타내는가?

① 계자 전류
② 전기자 전류
③ 전기자 전압
④ 자계의 세기

**해설** 동기발전기 무부화 특성곡선

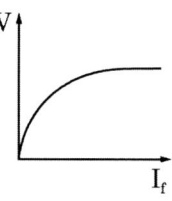

발전기를 무부하 상태에서 정격속도 회전 시 계자전류와 단자 전압의 관계를 나타낸 곡선

**정답** ①

### 2. 타여자 발전기

1) 독립된 직류전원으로부터 여자전류를 공급받아 자속을 생성하는 발전기

   (1) 부하 시

   $$I = I_a \quad E = V + I_a R_a$$

   (2) 무부하 시

   $$I = I_a = 0 \quad E = V$$

2) 정전압 특성을 가진다.

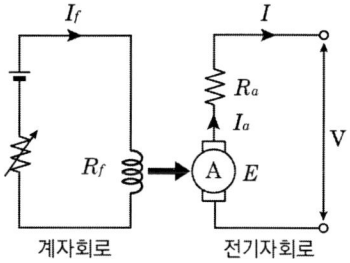

### 3. 자여자 발전기

자기 스스로 계자전류를 공급하는 발전기

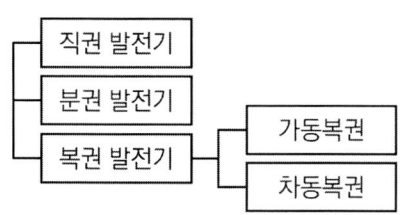

1) 직권 발전기
   (1) 부하 시

   $$E = V + I_a(R_a + R_s) \quad I = I_a = I_f$$

   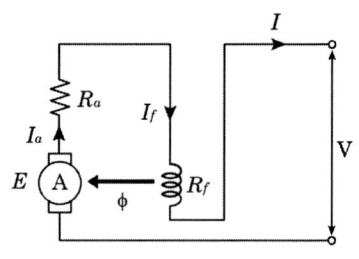

   (2) 무부하 시

   $$I = 0 \quad E = 0$$

   (3) 계자회로와 전기자회로가 직렬접속한 발전기
   (4) 특징
       ① 잔류자기가 없으면 발전 불가능
       ② 운전 중 운전방향이 반대가 되면 잔류자기가 사라져 발전 불가
       ③ 무부하 상태에서는 계자전류가 흐르지 않으므로 전압 확립 불가
   (5) 용도 : 승압기

2) 분권 발전기
   (1) 부하 시

   $$I_a = I + I_f \quad E = V + I_a R_a \quad V = I_f R_f$$

   (2) 무부하 시

   $$I = 0 \quad I_a = I_f$$

   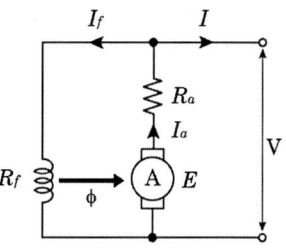

   (3) 계자회로와 전기자 회로가 병렬접속
   (4) 무부하 시 운전 금지
       · 전기자 전류의 모든 전류가 계자전류가 되어 계자권선이 소손된다.
   (5) 특징
       ① 잔류자기가 없으면 발전이 불가능하다.
       ② 운전 중 운전 방향이 반대가 되면 잔류자기가 사라져 발전 불가능하다.
       ③ 단자 부근 단락 시 처음에는 큰 전류가 흐르나 후에 작은 전류가 흐른다.
       ④ 정전압의 특성이 있다.
   (6) 용도 : 축전지 충전용, 동기기 직류여자장치

## 예제. 07

정격전압이 200[V], 정격출력 50[kW]인 직류 분권 발전기의 계자 저항이 20[Ω]일 때 전기자 전류는 몇 [A] 인가?

① 10   ② 20   ③ 130   ④ 260

**해설** 분권발전기

계자전류 $I_f = \dfrac{V}{R_f} = \dfrac{200}{20} = 10[A]$,

부하전류 $I = \dfrac{P}{V} = \dfrac{50000}{200} = 250[A]$

전기자 전류
$I_a = I + I_f = 250 + 10 = 260[A]$

**정답** ④

## 예제. 08

유기기전력 110[V], 단자전압 100[V]인 5[kW] 분권 발전기의 계자저항이 50[Ω] 라면 전기자저항은 약 몇 [Ω] 인가?

① 0.12   ② 0.19   ③ 0.96   ④ 1.92

**해설** 분권발전기의 유도기전력

$E = V + I_a R_a = V + (I + I_f)R_a$ 에서

$I = \dfrac{P}{V} = \dfrac{5000}{100} = 50[A]$,

$I_f = \dfrac{V}{R_f} = \dfrac{100}{50} = 2[A]$,  $I_a = 52[A]$,

$\therefore R_a = \dfrac{E - V}{I_a} = \dfrac{110 - 100}{52} = 0.19[\Omega]$

**정답** ②

3) 복권 발전기

직, 병렬이 혼합된 발전기

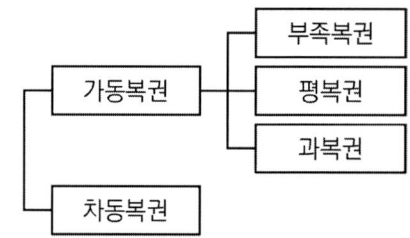

(1) 내분권과 외분권의 회로

① 내분권 복권 발전기　　　　② 외분권 복권 발전기

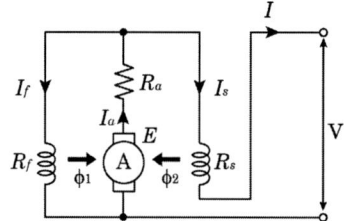 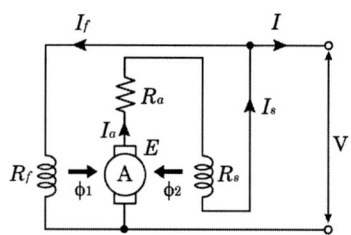

(2) 가동 복권 발전기

① 직권계자권선과 분권계자권선의 가동접속

② 두 종류의 자속이 합해져 자속을 만든다. $\phi = \phi_1 + \phi_2$

③ 단자전압은 전기자전류로 인해 감소하는데 자속은 증가하므로 일정하게 유지된다.

(3) 차동 복권 발전기

① 직권계자권선과 분권계자권선의 차동접속

② 분권계자의 자속을 직권계자의 자속이 감소시킨다. $\phi = \phi_1 - \phi_2$

③ 부하 증가 시 단자전압이 크게 떨어지고 이후 전류가 부하에 상관없이 유지된다.

④ 수하 특성(정전류 특성) : 용접기에 사용

## 예제. 09

계자 철심에 잔류자기가 없어도 발전할 수 있는 직류기는?

① 직권기　　② 복권기　　③ 분권기　　④ 타여자기

**해설** 타여자발전기

타여자 발전기는 외부에서 독립된 직류 전원을 이용하여 계자 권선에 전원을 공급하여 계자를 여자 시키는 방식

**정답** ④

## 4. 직류발전기의 운전

1) 전압변동률

   (1) 수식

   $$\varepsilon = \frac{무부하\ 전압 - 정격전압}{정격전압} \times 100[\%] = \frac{V_0 - V_n}{V_n} \times 100[\%]$$

   (2) 발전기에 따른 전압 변동률

   | 구분 | $V_0(V)\quad V(V)$ | 전압 변동률 | 용도 |
   |---|---|---|---|
   | 과복권 | $V_0 < V$ | $\varepsilon(-)$ | 전압강하 보상용 |
   | 직권 발전기 | $V_0 < V$ | $\varepsilon(-)$ | 직류 승압용 |
   | 복권(평복권) | $V_0 = V$ | $\varepsilon(0)$ | 직류전원 및 여자기 |
   | 타여자 | $V_0 > V$ | $\varepsilon(+)$ | 내압 시험 전원 |
   | 분권 발전기 | $V_0 > V$ | $\varepsilon(+)$ | 축전지 충전용 |
   | 차동복권 | $V_0 > V$ | $\varepsilon(+)$ | 아크 용접기 |

2) 병렬운전

   (1) 목적

   1대의 발전기로 용량이 부족하거나 경부하에 대한 효율을 개선하기 위해서 2대 이상의 발전기를 병렬로 연결해서 사용한다.

   (2) 병렬 운전 시 조건

   ① 극성이 같아야 한다.
   ② 단자 전압이 같아야 한다.
   ③ 외부 특성 곡선이 어느 정도 수하특성 이어야 한다.
   ④ 외부 특성 곡선이 일치해야 한다.

   (3) 균압선

   ① 목적 : 병렬운전을 안정하게 하기 위해 설치한다.
   ② 적용되는 발전기 : 직권 발전기, 복권 발전기(평복권, 과복권)

# 5 직류전동기의 종류 및 특성

## 1. 속도와 토크

1) 직류 전동기 회전수

$$N = k \cdot \frac{V - I_a r_a}{\phi} \quad \left(k = 상수,\ k = \frac{1}{K}\right)$$

2) 토크(T)

$$T = K\phi I_a \ [N \cdot m]\left(K = \frac{PZ}{2\pi a}\right)$$

$$T = K\phi I_a = 9.55\frac{P}{N}[N \cdot m] = 0.975\frac{P}{N}[kg \cdot m]$$

3) 토크 특성곡선

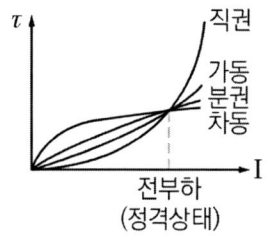

- 단자전압, 계자저항이 일정할 때
- 부하전류에 따른 토크의 관계를 나타낸 곡선

4) 속도 특성곡선

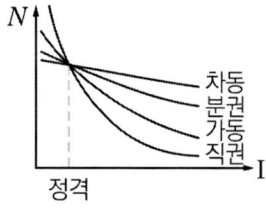

- 단자전압, 계자저항이 일정할 때
- 부하전류와 회전수의 관계를 나타낸 곡선

## 2. 타여자 전동기

1) 타여자 전동기

(1) $I_a = I$

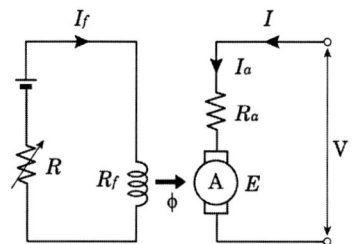

(2) 역기전력

$$E = V - I_a R_a = \frac{PZ\phi N}{60a} = K\phi N$$

(3) 속도

$$N = k\frac{V - I_a R_a}{\phi} \ [\text{rpm}]$$

① 정속도 특성을 갖는다.
② 공급전원 방향을 반대로 하면 → 역회전한다.

(4) 토크 특성

$$T = K\phi I_a [N\cdot m]$$

① 타여자이므로 부하 변동에 의한 자속의 변화가 없다.

② 토크는 부하전류에 비례 $(T \propto I_a)$

3. 자여자 전동기

1) 직권 전동기

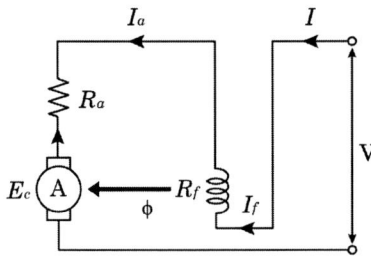

(1) 전기자 전류

$$I_a = I = I_f$$

(2) 역기전력

$$E = V - I_a(R_a + R_f) = \frac{PZ\phi N}{60a} = K\phi N$$

(3) 회전 수

$$N = k\frac{V - I_a(R_a + R_f)}{\phi(\propto I_a)} [\text{rpm}]$$

(4) 토크 $T = K\phi I_a \propto KI_a^2$ (직권에서는 $\phi \propto I_a$)

$$T = K\phi I_a \propto I_a^2 [N\cdot m]$$

### 예제. 10

전기자 전류 20[A]일 때 100[N·m]의 토크를 내는 직류 직권 전동기가 있다. 전기자 전류가 40[A]로 될 때 토크는 약 몇 [kg . m]인가?

① 20.4  ② 40.8  ③ 61.2  ④ 81.6

**[해설]** 직권전동기의 토크

직권전동기는 전기자전류의 제곱에 비례

$$\tau_2 = r_1 \left(\frac{I_2}{I_1}\right)^2 = 100 \times \left(\frac{40}{20}\right)^2 = 400[N \cdot m]$$

$$400[N \cdot m] = \frac{400}{9.8}[kg \cdot m] = 40.8[kg \cdot m]$$

**[정답]** ②

---

　　(5) 부하에 따라 자속이 비례(부하 변화에 따라 속도가 반비례)

　　(6) 역회전 조건

　　　　① 극성을 바꾸어도 회전방향의 변화는 없다.

　　　　② 전기자 전류나 계자 전류의 극성을 반대로 한다.

　　(7) 위험상태

　　　　① 무부하 $I_a = 0$일 때 회전속도가 급격히 상승하여 위험하다.

　　　　② 벨트 등이 벗겨짐으로써 속도 가속 → 위험상태에 도달한다.

　　　　③ 방지책 : 기어나 체인으로 운전한다.

　　(8) 토크 특성

　　　　① 속도 조정이 쉽고 정출력 특성이 있다.

　　　　② 토크는 전류의 제곱에 비례($T \propto I_a^2$)한다.

　　　　③ 전기철도에 사용된다.

2) 분권 전동기

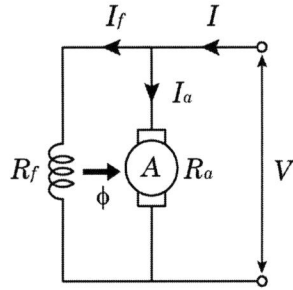

(1) 전기자 전류

$$I_a = I - I_f = \frac{P}{V} - \frac{V}{R_f} [A]$$

(2) 역기전력

$$E = \frac{PZ\phi N}{60a} = K\phi N = V - I_a R_a [V]$$

## 예제. 11

4극 직류 분권 전동기의 전기자에 단중 파권 권선으로 된 420개의 도체가 있다. 1 극당 0.025[Wb]의 자속을 가지고 1400[rpm]으로 회전시킬 때 발생되는 역기전력과 단자 전압은? (단, 전기자 저항 0.2[Ω], 전기자 전류는 50[A]이다.)

① 역기전력 : 490[V], 단자전압 : 500[V]
② 역기전력 : 490[V], 단자전압 : 480[V]
③ 역기전력 : 245[V], 단자전압 : 500[V]
④ 역기전력 : 245[V], 단자전압 : 480[V]

**해설** 분권전동기의 역기전력

역기전력
$$E = \frac{PZ\phi N}{60a} = \frac{4 \times 420 \times 0.025 \times 1400}{60 \times 2}$$
$$= 490[V]$$
단자전압
$$V = E_c + I_a R_a = 490 + 50 \times 0.2 = 500[V]$$

**정답** ①

(3) 회전수

$$N = k \frac{V - I_a R_a}{\phi}$$

(4) 토크

$$T = K\phi I_a [N \cdot m]$$

### 예제. 12

직류 분권전동기가 있다. 단자 전압이 215[V], 전기자 전류가 60[A], 전기자 저항이 0.1[Ω], 회전속도 1500[rpm]일 때 발생하는 토크는 약 몇 [kg·m]인가?

① 6.58　　　② 7.92　　　③ 8.15　　　④ 8.64

**해설** 직류분권전동기

토크 $\tau = \dfrac{P}{w} = 0.975 \dfrac{P}{N} = 0.975 \dfrac{EI}{N}$

$E = V - I_a R_a = 215 - (60 \times 0.1) = 209$

$\tau = 0.975 \times \dfrac{209 \times 60}{1500} \fallingdotseq 8.15 [kg \cdot m]$

**정답** ③

    (5) 극성을 바꾸어도 회전방향에는 변화가 없다.

    (6) 위험속도에 이르는 경우

        ① 무여자 시($\phi = 0$) = 속도의 급상승

        ② Fuse가 끊어진 상태

        ③ 방지책

            ㉠ 계자회로에 Fuse나 개폐기 삽입 금지

            ㉡ 속도 감지기 설치

            ㉢ 단자에 과전류 계전기 설치

    (7) 토크 특성

        ① 정속도 특성을 가진다.

        ② 토크는 전류에 비례한다.($T \propto I_a$)

3) 복권 전동기

    (1) 가동복권 전동기

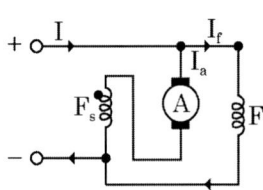

        ① $N = k \dfrac{V - I_a(R_a + R_s)}{\phi + \phi'}$

        ② 직권과 분권의 중간 특성을 가진다.

        ③ 직권계자 기자력과 분권계자 기자력의 크기에 따라 직권전동기 또는 분권전동기의 특성이 된다.

(2) 차동복권 전동기

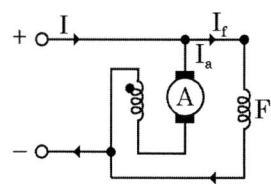

① $N = k\dfrac{V - I_a(R_a + R_s)}{\phi - \phi'}$

② 직권계자 기자력이 분권계자 기자력을 상쇄하도록 접속되어 있기 때문에 부하전류가 증가함에 따라 자속이 감소해서 속도를 상쇄시킨다.

## 6 직류전동기의 운전

### 1. 직류전동기의 기동

1) 직접 기동법
   (1) 직접 스위칭하는 방법
   (2) 스위치만 넣어 단순히 직류 전원을 공급하는 방법
   (3) 기동시 가장 큰 전류가 흐른다.

2) 저항 기동법
   (1) 직류전원과 모터 사이에 가변 저항을 설치
   (2) 초기에 저항 값을 크게 하고 속도가 빨라지면 서서히 저항을 줄여나가는 방법
   (3) 용도에 적합한 기동전류와 기동토크 특성을 얻을 수 있도록 부드럽게 전압을 제어

3) 가변전원 기동법
   (1) 직류 전원의 전압을 0으로 시작
   (2) 회전 속도의 상승에 따라 전압을 서서히 상승시켜 정격 전압에 접근하는 방법

### 2. 직류전동기의 속도제어

1) 계자제어
   (1) 정출력 제어
   (2) 계자권선에 저항을 직렬 또는 병렬로 삽입해 계자전류를 변화시킨다.
   (3) 속도를 어느 정도 이상 낮출 수는 없다.
   (4) 효율은 양호하나 정류가 불량하다.

2) 전압제어
   (1) 정토크 제어
   (2) 직류전압을 조정하여 광범위한 속도제어를 한다.
   (3) 미세한 조정이 가능하고, 제어효율이 우수하다.
   (4) 전압제어의 종류
      ① 워드 레오나드방식   ② 일그너 방식
      ③ 직·병렬 제어법      ④ 쵸퍼제어법
   (5) 용도 : 제철용 압연기, 엘리베이터 등에 사용된다.

3) 저항제어
　　⑴ 전기자 권선에 직렬로 저항을 삽입하여 속도를 제어한다.
　　⑵ 전력손실이 생기고, 분권 및 타여자는 특성이 나빠지며 속도 제어의 범위도 좁다.
　　⑶ 속도 변동의 범위가 좁기 때문에 잘 사용하지 않는다.
　　⑷ 구조가 간단하고, 제어 조작이 용이하며, 수리 및 보수 유지가 간편하다

---

**예제. 13**

직류전동기의 속도제어 중 계자권선에 직렬 또는 병렬로 저항을 접속하여 속도를 제어하는 방법은?

① 저항제어　　② 전류제어　　③ 계자제어　　④ 전압제어

**해설** 계자제어법

- 정출력 제어
- 계자권선에 저항을 직렬 또는 병렬로 삽입해 계자전류를 변화시킨다.
- 속도를 어느 정도 이상 낮출 수는 없다.
- 효율은 양호하나 정류가 불량하다.

**정답** ③

---

### 3. 직류전동기의 제동

1) 제동
　　⑴ 발전제동
　　　① 제동 시 전원을 개방하여 발전기로 이용한다.
　　　② 발전된 전력을 제동용 저항에서 열로 소비한다.
　　⑵ 회생제동
　　　① 제동 시 전원을 개방하지 않는다.
　　　② 전동기를 발전기로 이용, 발전된 전력을 전원으로 회생하는 방식이다.
　　⑶ 역상제동(플러깅 제동)
　　　① 급제동 시 사용하는 방법이다.
　　　② 계자 또는 전기자 전류의 방향을 역전시켜 반대 방향의 토크를 발생시켜 제동한다.

2) 역회전
　　⑴ 타여자 : 공급 전원의 방향을 반대로 하면 된다.
　　⑵ 자여자 : 계자권선이나 전기자권선 중 한 쪽의 접속을 반대로 하면 된다.

## 예제. 14

직류전동기에서 전기자에 가해 주는 전원전압을 낮추어서 전동기의 유도 기전력을 전원전압보다 높게 하여 제동하는 방법은?

① 맴돌이전류 제동　② 발전 제동　③ 역전 제동　④ 회생 제동

**해설** 직류전동기의 제동법

- 회생제동
  제동 시 전원을 개방하지 않으며 전동기를 발전기로 이용, 발전된 전력을 전원으로 회생하는 방식이다.
- 발전제동
  제동 시 전원을 개방하여 발전기로 이용하며 발전된 전력을 제동용 저항에서 열로 소비한다.
- 역전제동(플러깅제동)
  급제동 시 사용하는 방법으로 계자 또는 전기자 전류의 방향을 역전시켜 반대 방향의 토크를 발생시켜 제동한다.

**정답** ④

### 4. 속도변동률

정격속도에 대한 무부하 시 속도가 변동하는 비율

$$\epsilon = \frac{무부하속도 - 정격속도}{정격속도} \times 100 = \frac{N_o - N_n}{N_n} \times 100 \, [\%]$$

## 예제. 15

직류 복권전동기 중에서 무부하 속도와 전부하 속도가 같도록 만들어진 것은?

① 과복권　② 부족복권　③ 평복권　④ 차동복권

**해설** 직류발전기

| 구분 | 전압관계 | 용도 |
|---|---|---|
| 과복권 | $V_0 < V$ | 전압강하 보상용 |
| 직권 | $V_0 < V$ | 직류 승압용 |
| 평복권 | $V_0 = V$ | 직류전원 및 여자기 |
| 타여자 | $V_0 > V$ | 내압 시험 전원 |
| 분권 | $V_0 > V$ | 축전지 충전용 |
| 차동복권 | $V_0 > V$ | 아크 용접기 |

**정답** ③

## 7 직류기의 손실 및 효율

### 1. 손실

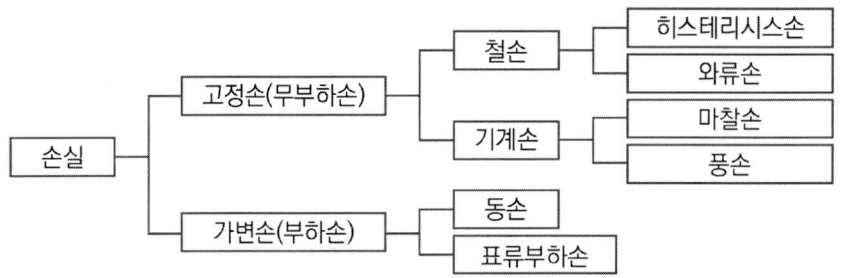

1) 고정손(무부하손)

   (1) 철손($P_i$) : 히스테리시스손 + 와류손

   ① 히스테리시스손

   철심이 자화되는 과정에서 발생하는 열로 인한 손실로, 철손의 80 [%]를 차지한다.

   $$P_h = K_h f B_m^2 \ [W/m^3]$$    $K_h$ : 재질계수   $f$ : 주파수   $B_m$ : 최대자속밀도

   ② 와류손

   자속이 철심을 통과하면 철심에 맴돌이전류(와류)가 생기며 발생하는 열 손실로, 철손의 20 [%]를 차지한다.

   $$P_e = K_e (K_f t f B_m)^2 \ [W/m^3]$$    $K_e$ : 재질계수   $K_f$ : 전원전압의 파형률
   $t$ : 철판두께

   (2) 기계손($P_m$)

   ① 회전시에 생기는 손실

   ② 종류 : 풍손, 베어링 마찰손, 브러시 마찰손

2) 가변손(부하손)

   (1) 동손($P_c$)

   ① 전기자동손 $P_a = I_a^2 R_a$

   ② 계자동손 $P_f = I_f^2 R_f$

   (2) 표유부하손 ($P_s$) : 철손, 기계손, 동손 이외의 손실

### 2. 효율

1) 실측효율 : 기계의 입력과 출력의 백분율 비

$$\eta = \frac{출력}{입력} \times 100 [\%]$$

2) 규약효율

규정된 방법에 의하여 손실을 측정 및 산출하여 입출력을 구해 효율을 계산하는 방법

(1) 발전기, 변압기 효율

$$\eta_G = \frac{출력}{출력 + 손실} \times 100 [\%]$$

(2) 전동기 효율

$$\eta_M = \frac{입력 - 손실}{입력} \times 100 [\%]$$

## 예제. 16

34극, 60[MVA], 역률 0.8, 60[Hz], 22.9 [kV] 수차 발전기의 전부하 손실이 1600 [kW]이면 전부하 효율은 약 몇 %인가?

① 92.4[%]　　② 94.6[%]　　③ 96.8[%]　　④ 98.2[%]

**해설** 발전기의 효율

$$\eta_G = \frac{출력}{출력 + 손실} \times 100$$

$$= \frac{60 \times 10^6 \times 0.8}{60 \times 10^6 \times 0.8 + 1600 \times 10^3} \times 100$$

$$≒ 96.8[\%]$$

∵ 출력 $P = VI\cos\theta = 60 \times 10^6 \times 0.8$

정답 ③

3) 최대 효율 조건

　(1) 고정손(무부하손 ≒ 철손) = 가변손(부하손 ≒ 동손)
　(2) 철손($P_i$) = 동손($P_c$)

## 예제. 17

일정 전압으로 운전하는 직류발전기의 손실이 $y+xI^2$으로 표시될 때 효율이 최대가 되는 전류는? (단, $x, y$는 정수이다.)

① $\dfrac{y}{x}$  ② $\dfrac{x}{y}$  ③ $\sqrt{\dfrac{y}{x}}$  ④ $\sqrt{\dfrac{x}{y}}$

**해설** 직류발전기의 최대효율

최대 효율 조건 : 철손$(y)$ = 동손$(xI^2)$

$y = xI^2$에서 $I = \sqrt{\dfrac{y}{x}}$ 이다.

정답 ③

### 3. 온도상승시험

1) 실부하법
   (1) 부하를 연결하여 실운전 후 저항 측정
   (2) 부하로 쓰이는 것 : 전기 동력계, 프로니 브레이크, 직류 발전기

2) 반환 부하법
   (1) 동일정격 발전기, 전동기를 전기적·기계적으로 접속해 그 손실에 상당하는 전력을 공급하는 방법
   (2) 종류 : 브론델법, 홉킨스법, 카푸법

## 예제. 18

변압기의 온도상승시험을 하는데 가장 좋은 방법은?

① 내전압법  ② 실부하법  ③ 충격전압시험법  ④ 반환부하법

**해설** 변압기 온도상승 시험

- 실부하법 : 소용량에만 적용, 전력손실이 크다.
- 반환부하법 : 변압기가 2대 이상 있을 경우에 사용하며 현재 가장 많이 사용하고 있다.

정답 ④

# CHAPTER 02 변압기

## 1 변압기의 원리와 구조

### 1. 변압기의 원리

1) 변압기의 정의
   (1) 발전소에서 발전된 전력을 공장이나 가정에서 필요로 하는 전압으로 변환하는 전기기기이다.
   (2) 전기 Energy → 자기 Energy → 전기적 Energy

2) 전자유도작용(Electro Magnetic)
   (1) 철심 양쪽에 코일을 감고 1차 측에 교류전압 $V_1$을 가하면 전류 $I_1$가 흐르면서 자속이 발생한다.
   (2) 자속이 2차 코일과 쇄교하면서 2차 측에 전압 $E_2$가 유기한다.
   (3) 이러한 현상을 전자기유도(=전자유도)라 한다.

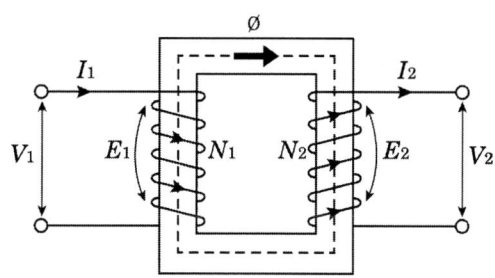

3) 전압변성
   (1) 강압용 : 고압 → 저압
   (2) 승압용 : 저압 → 고압

### 2. 변압기의 구조

1) 철심
   (1) 철손을 줄이기 위해 규소강판(규소함량 3~4%, 0.35 ~ 0.5mm)을 성층하여 사용한다.
   (2) 자기 저항이 낮아야 한다. (저항손 : 1%)
   (3) 고정손 : 철손 $P_i$이 대표적이다.

2) 권선
  (1) 권선의 도체 : 소형(둥근 구리선), 대형(무명실, 에나멜 피복)
  (2) 직권 : 철심에 직접 저압권선을 감고, 절연 후 고압권선 감는 방법으로 소형 내철형에 사용한다.
  (3) 형권 : 목제 권형이나 절연통의 형틀에 코일을 감아서 조립하는 방법이다.

3) 절연체
  (1) 변압기 절연
    ① 철심과 권선 사이 절연
    ② 권선 상호 간의 절연
    ③ 권선의 층간 절연
  (2) 절연체는 절연물의 최고허용 온도로 구분

| 종류 | Y종 | A종 | E종 | B종 | F종 | H종 | C종 |
|---|---|---|---|---|---|---|---|
| 최고 허용온도(℃) | 90 | 105 | 120 | 130 | 155 | 180 | 180 초과 |
|  | | +15 | +15 | +10 | +25 | +25 | |

## 3. 변압기의 형식

1) 내철형
  (1) 철심이 안쪽에 있고 철심의 양쪽에 권선이 감겨져 있다.
  (2) 고전압, 대용량에 적합하다.

2) 외철형
  (1) 권선이 안쪽에 있고 권선양쪽을 철심이 둘러싸고 있다.
  (2) 저전압, 대전류에 적합하다.

3) 권철심형
  (1) 규소철심을 소용돌이 모양으로 만들어 사용한다.
  (2) 자기 특성이 매우 좋고 효율이 높다.
  (3) 주상변압기, 소형변압기에 사용한다

## 2 변압기의 특성

### 1. 변압기유

1) 목적 : 변압기 권선의 절연과 냉각작용
2) 구비조건
   (1) 절연 내력이 클 것
   (2) 점도가 낮고 유동성이 풍부할 것
   (3) 비열이 커서 냉각효과가 클 것
   (4) 인화점이 높고 응고점이 낮을 것
   (5) 다른 물질과 화학반응을 일으키지 말 것
   (6) 산화 되지 않을 것

### 2. 변압기의 열화

1) 열화 발생원인
   변압기의 호흡작용에 의해 고온의 절연유가 외부 공기와의 접촉에 의해 발생한다.
2) 변압기 열화로 인한 문제점
   (1) 절연내력 저하
   (2) 냉각효과 감소
   (3) 침식작용 발생
3) 변압기 열화에 대한 대책
   (1) 콘서베이터 : 공기의 침입을 방지하여 기름의 열화 방지
   (2) 브리더 : 브리더를 통해 공기 중의 습기 흡수
   (3) 부흐홀츠계전기(기계적 고장)
      ① 변압기 내부 고장으로 인한 절연유의 온도 상승 시 발생하는 유증기 검출하여 경보 및 차단하는 계전기
      ② 설치위치 : 변압기 탱크와 콘서베이터 사이에 설치

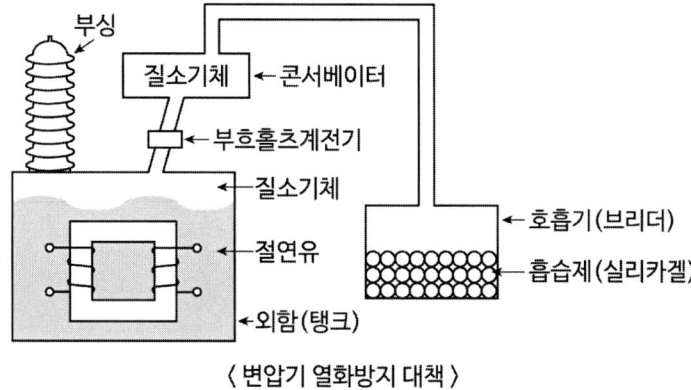

〈 변압기 열화방지 대책 〉

## 3. 변압기의 냉각방식

| 냉각 방식 | | 약호 |
|---|---|---|
| 건식 | 건식 자냉식 | AN |
| | 건식 풍냉식 | AF |
| | 건식 밀폐 자냉식 | ANAN |
| 유입식 | 유입 자냉식 | ONAN |
| | 유입 풍냉식 | ONAF |
| | 유입 수냉식 | ONWF |
| | 송유 자냉식 | OFAN |
| | 송유 풍냉식 | OFAF |
| | 송유 수냉식 | OFWF |

## 4. 변압기 보호

1) 변압기 보호의 주된 목적
   (1) 절연내력 저하 방지
   (2) 변압기 자체 사고의 최소화
   (3) 다른 부분으로의 사고 확산 방지

2) 변압기 보호용 계전기
   (1) 차동 계전기
      변압기 내부고장 발생 시 전류의 차에 의하여 계전기를 동작시키는 방식
   (2) 비율 차동 계전기
      ① 변압기 내부 고장 발생 시 전류차가 일정 비율 이상이 되었을 때 동작
      ② 주로 변압기의 단락 보호용으로 사용된다.
   (3) 온도계전기 : 설정한 온도 이상 또는 이하로 전기회로를 개폐하는 장치
   (4) 과전류계전기 : 과부하 또는 단락, 지락 시 과전류를 검출한다.
   (5) 부흐홀츠계전기 : 유증기에 의하여 동작하며 기계적 보호에 사용하는 계전기
   (6) 충격압력계전기 : 내압의 급격한 상승 감지한다.
   (7) 방압안전장치 : 변압기 내부에서 일정 압력을 초과할 때 압력을 방출하여 변압기의 외함에 대한 변형이나 파손을 방지
   (8) 가스 검출계전기 : 변압기 내부 결함으로 발생하는 가스에 의해 동작한다.

3) 변압기 권선온도 측정 : 열동 계전기

## 3 변압기의 임피던스와 등가회로

### 1. 권수비

1) 변압기 유기기전력
   - 1차 전압 $E_1 = 4.44 f N \phi_m K_w \fallingdotseq V_1$
   - 2차 전압 $E_2 = 4.44 f N \phi_m K_w \fallingdotseq V_2$

2) 변압기 권수비

$$a = \frac{E_1}{E_2} = \frac{N_1}{N_2} = \frac{V_1}{V_2} = \frac{I_2}{I_1} = \sqrt{\frac{Z_1}{Z_2}} = \sqrt{\frac{R_1}{R_2}}$$

### 예제. 01

다음 (    )안의 알맞은 내용으로 옳은 것은?

> 변압기의 등가회로에서 2차 회로를 1차회로로 환산하는 경우 전류는 ( ㉮ )배, 저항과 리액턴스는 ( ㉯ ) 배가 된다.

① ㉮ $\frac{1}{a}$, ㉯ $a^2$

② ㉮ $\frac{1}{a}$, ㉯ $a$

③ ㉮ $a^2$, ㉯ $\frac{1}{a}$

④ ㉮ $a^2$, ㉯ $a$

**해설** 변압기 등가회로

2차 회로를 1차 회로로 환산하는 경우
- $V_1 = a V_2$
- $I_1 = \frac{I_2}{a}$
- $Z_1 = a^2 Z_2$

**정답** ①

## 예제. 02

1차 전압이 380[V], 2차 전압이 220[V] 인 단상변압기에서 2차 권회수가 44회일 때 1차 권회수는 몇 회 인가?

① 26  ② 76  ③ 86  ④ 146

**해설** 변압기의 권수비

$$a = \frac{N_1}{N_2} = \frac{V_1}{V_2} = \frac{I_2}{I_1}$$

$$N_1 = \frac{V_1}{V_2} N_2 = \frac{380}{220} \times 44 = 76[회]$$

정답 ②

## 2. 변압기 등가회로

1) 어떤 조건하에서 근사적으로 그와 같은 특성을 가지는 회로

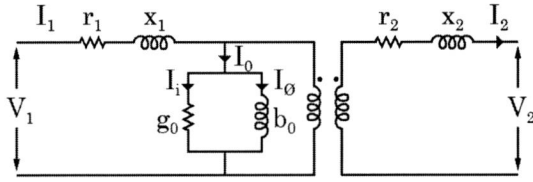

2) 2차 측을 1차 측으로 환산한 회로

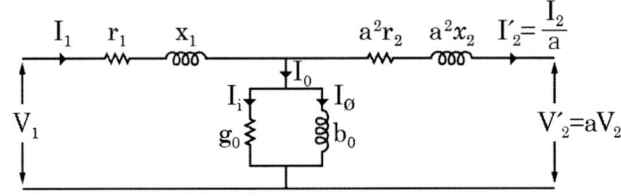

(1) $V_1 = aV_2$,  $E_1 = aE_2$,  $I_1 = \dfrac{I_2}{a}$,  $Z_1 = a^2 Z_2$

(2) 전체 임피던스

$$Z_{12} = Z_1 + a^2 Z_2$$

**예제. 03**

정격 30[kVA], 1차측 전압 6600[V], 권수비 30인 단상변압기의 2차측 정격전류는 약 몇 [A]인가?

① 93.2[A]　② 136.4[A]　③ 220.7[A]　④ 455.5[A]

**[해설]** 변압기의 정격전류

권수비 $(a) = \dfrac{I_2}{I_1}$,

$I_1 = \dfrac{P}{V_1} = \dfrac{30 \times 10^3}{6600} = 4.55[A]$

2차측 정격전류
$I_2 = aI_1 = 30 \times 4.55 = 136.5[A]$

**[정답]** ②

3) 등가회로 작성시험
   (1) 단락시험
   (2) 무부하시험
   (3) 저항측정시험

### 3. 임피던스

1) 임피던스 전압
   (1) 정격전류에 의한 변압기 내의 전압 강하
   (2) 변압기 2차 측 단락 상태에서, 1차 측에 정격전류가 흐르게 하기 위한 1차측 인가전압

$$V_s = I_{1n} Z_{12} \ [V]$$

2) 임피던스 와트 (동손)
   (1) 1차 정격전류가 흐를 때 변압기 내에서 발생하는 손실

$$P_s = I_{1n}^2 \, r_{12} \ [\text{W}]$$

## 예제. 04

**변압기에서 임피던스의 전압을 걸 때 입력은?**

① 정격용량
② 철손
③ 전부하 시의 전손실
④ 임피던스 와트

**해설** 임피던스전압과 임피던스 와트

변압기 내의 전압강하를 임피던스 와트라고 하고 전압을 걸 때의 입력을 임피던스 와트라고 한다.

정답 ④

3) 임피던스 강하
  (1) %임피던스 강하 : 정격전류에 의한 임피던스 강하

$$\%Z = \frac{I_{2n}Z_{21}}{V_{2n}} \times 100 = \frac{I_{1n}Z_{12}}{V_{1n}} \times 100 = \frac{V_s}{V_{1n}} \times 100\,[\%]$$

  (2) %저항 강하 : 정격전류에 의한 저항강하를 백분율로 표현한 것

$$p = \frac{I_{2n}r_{21}}{V_{2n}} \times 100 = \frac{I_{1n}r_{12}}{V_{1n}} \times 100 = \frac{I_{1n}^2 r_{12}}{V_{1n}I_{1n}} \times 100 = \frac{P_s}{P_n} \times 100$$

  (3) %리액턴스 강하 : 정격전류에 의한 리액턴스 강하

$$q = \frac{I_{2n}x_{21}}{V_{2n}} \times 100 = \frac{I_{1n}x_{12}}{V_{1n}} \times 100\,[\%]$$

## 예제. 05

**15[kVA], 3000/100[V]인 변압기의 1차 환산 등가 임피던스가 $5+j8[\Omega]$ 일 때 % 리액턴스 강하는 약 몇 %인가?**

① 0.83   ② 1.33   ③ 2.31   ④ 3.45

**해설** %리액턴스 강하

1차 정격전류
$$I_{1n} = \frac{P}{V_{1n}} = \frac{15 \times 10^3}{3000} = 5[\text{A}]$$

%리액턴스 강하
$$\%X = \frac{I_{1n}X_{12}}{V_{1n}} \times 100 = \frac{5 \times 8}{3000} \times 100 = 1.33[\%].$$

정답 ②

## 4. 단락비

$$K_s = \frac{I_s}{I_n} = \frac{100}{\%Z}$$

### 예제. 06

어떤 변압기를 운전하던 중에 단락이 되었을 때 그 단락전류가 정격전류의 25배가 되었다면 이 변압기의 임피던스 강하는 몇 %인가?

① 2　　　　② 3　　　　③ 4　　　　④ 5

**해설** %임피던스

$I_s = \frac{100}{\%Z}I_n$ 에서 $I_s = 25I_n$ 이므로

$25I_n = \frac{100}{\%Z}I_n$

$\therefore \%Z = \frac{100}{25} = 4[\%]$

**정답** ③

## 4 변압기 시험

### 1. 무부하시험(개방시험)

1) 2차 측 개방 시 직렬부는 전류가 흐르지 않으므로 병렬 부분 값 측정이 가능

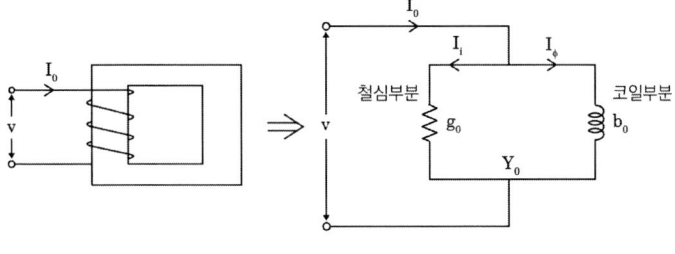

⟨2차 개방시 1차 회로⟩

2) 측정 가능 값 : 무부하전류, 여자전류, 철손, 여자 어드미턴스

(1) 여자전류 $I_0 = \sqrt{I_i^2 + I_\phi^2}$

① 철손전류 : $I_i = \dfrac{P_i}{V_1}$

② 자화전류 : $I_\phi = V_1 b_0$

(2) 철손 $P_i = V_1 I_i$ [W]

(3) 여자어드미턴스 $Y_0 = \sqrt{g_0^2 + b_0^2} = \dfrac{I_0}{V_1}$ [℧]

(4) 여자 컨덕턴스 $g_0 = \dfrac{I_i \times V_1}{V_1 \times V_1} = \dfrac{P_i}{V_1^2}$ [℧]

(5) 여자 서셉턴스 $b_0 = \sqrt{Y_0^2 - g_0^2} = \sqrt{\left(\dfrac{I_0}{V_1}\right)^2 - \left(\dfrac{P_i}{V_1^2}\right)^2}$ [℧]

**2. 단락시험(부하시험)**

1) 변압기 2차 측을 단락하는 시험
2) 2차 측 단락 시 병렬부의 저항이 아주 크므로, 직렬부로 전류가 흘러 해당 값 측정 가능
3) 측정 가능 값
   단락전압, 정격전류, 동손, 내부 임피던스, 권선저항, 누설 자속, 임피던스 와트(동손), 임피던스전압, 전압변동률

### 예제. 07

그림은 변압기의 단락시험 회로이다. 임피던스 전압과 정격전류를 측정하기 위해 계측기를 연결해야 할 단자와 단락결선을 하여야 하는 단자를 옳게 나타낸 것은?

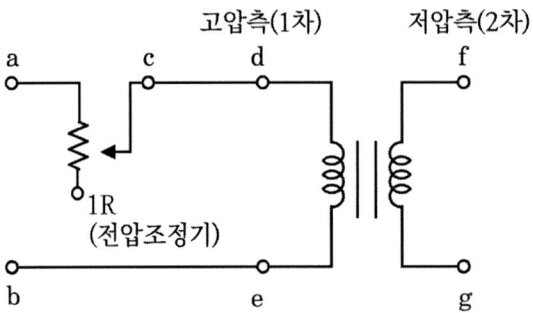

① 임피던스 전압(a-b), 정격 전류(e-d), 단락(e-g)
② 임피던스 전압(a-b), 정격 전류(d-e), 단락(f-g)
③ 임피던스 전압(d-e), 정격 전류(f-g), 단락(d-f)
④ 임피던스 전압(d-e), 정격 전류(c-d), 단락(f-g)

**해설** 변압기의 단락시험

- 단락전압, 정격전류, 동손, 내부 임피던스, 권선저항, 누설 자속, 임피던스 와트(동손), 임피던스전압, 전압변동률 측정
- 2차측을 단락하며 전압계와 전류계는 1차측에 연결한다.

정답 ④

### 3. 변압기 시험 및 보수

1) 절연내력시험
   (1) 유도시험 : 권선 간에 절연내력을 확인하는 층간절연을 시험
   (2) 가압시험 : 온도시험 직후에 절연저항과 절연내력을 확인
   (3) 충격전압시험 : 변압기에 번개와 같은 충격전압을 가하여 견디는 정도를 확인

2) 정수측정시험
   (1) 권선저항시험
   (2) 무부하시험
   (3) 단락시험

3) 온도상승시험
   (1) 실부하법 : 소용량에만 적용, 전력손실이 크다.
   (2) 반환부하법
      ① 변압기가 2대 이상 있을 경우에 사용한다.
      ② 현재 가장 많이 사용한다.

## 5 변압기의 결선과 병렬운전

### 1. 극성시험

1) 변압기의 극성
   (1) 1, 2차 양단자 간에 나타나는 유기기전력의 방향에 따라 달라진다.
   (2) 감극성과 가극성이 있으며 우리나라는 감극성이 표준이다.

2) 감극성(우리나라 표준)

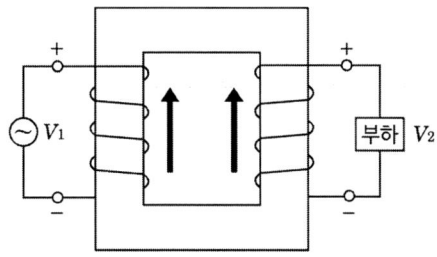

   (1) 1, 2차 코일을 반대 방향으로 감아 1, 2차 코일의 극성이 동일
   (2) 1, 2차 코일 간 총전압 V

$$V = V_1 - V_2$$

3) 가극성

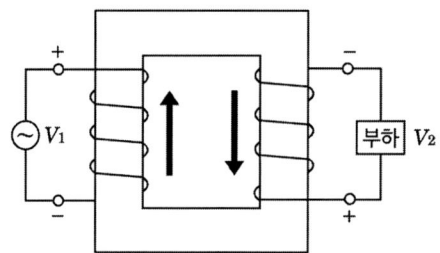

⑴ 1, 2차 코일을 같은 방향으로 감아 1, 2차 코일의 극성이 반대
⑵ 1, 2차 코일 간 총전압 V

$$V = V_1 + V_2$$

## 2. 단상변압기의 3상 결선

1) $\Delta - \Delta$ 결선

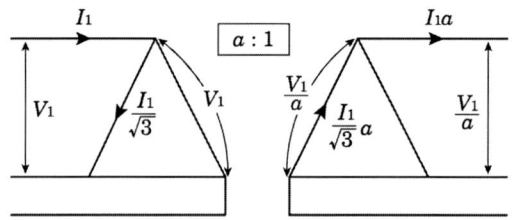

⑴ 선간전압($V_l$), 상전압($V_p$)
① $V_l = V_p \angle 0°$
② 선간전압과 상전압은 크기가 같고 동상이다.

⑵ 선전류($I_l$), 상전류($I_p$)
① $I_l = \sqrt{3} I_p \angle -\dfrac{\pi}{6}$
② 선전류는 상전류 크기의 $\sqrt{3}$ 배이며, 위상은 30° 뒤진다.

⑶ 장점
① 제3고조파가 $\Delta$ 결선 내를 순환하므로 변압기 외부로 제3고조파가 발생하지 않아 통신장애가 없다.
② 1상이 고장나면 나머지 그대로 V결선 운전이 가능하다.
③ 상전류는 선전류의 $\dfrac{1}{\sqrt{3}}$ 배로 대전류에 유리하다.

(4) 단점

① 중성점을 접지할 수 없으므로 이상전압 및 지락 사고에 대한 보호가 곤란하다.

② 권수비가 다른 변압기를 결선하면 순환전류가 흐른다.

③ 각 상의 임피던스가 다른 경우 3상 부하가 평형이 되어도 변압기 부하 전류는 불평형이 된다.

2) Y-Y결선

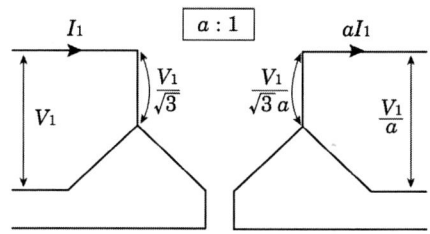

(1) 선간전압($V_e$) 상전압($V_p$)

① $V_l = \sqrt{3}\, V_p \angle \dfrac{\pi}{6}$

② 선간전압은 상전압에 비해 크기가 $\sqrt{3}$ 배이고, 위상은 30° 앞선다.

(2) 선전류($I_e$), 상전류($I_p$)

① $I_l = I_p \angle 0°$

② 선전류는 상전류와 크기가 같고, 위상이 동상이다.

(3) 장점

① 중성점을 접지할 수 있어서 보호 계전기 동작이 확실하다.

② $V_p$가 $V_l$의 $\dfrac{1}{\sqrt{3}}$ 배이므로 절연이 용이하고, 고전압에 유리하다.

(4) 단점

① 선로에 제3고조파가 흘러서 통신선에 유도장애가 발생한다.

② 송·배전 계통에 거의 사용하지 않는다.

3) Y-Δ 결선

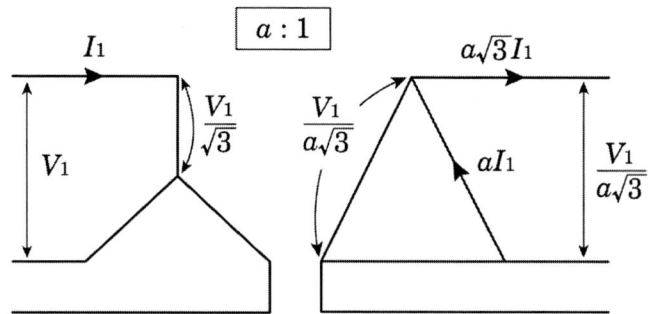

⑴ 강압용 변압기에 사용된다.

⑵ 2차 전압은 1차의 $\dfrac{1}{\sqrt{3}}$배 작다.

⑶ 2차 전류는 $\sqrt{3}$배 크다.

⑷ 1, 2차 선간전압 사이에 30°의 위상차가 생긴다.

⑸ 1차 측 결선의 중성점을 접지할 수 있다.

⑹ △결선이 있어 제3고조파의 장해가 적다.

4) Δ-Y 결선

⑴ 승압용 변압기에 사용된다.

⑵ 2차 전압은 1차의 $\sqrt{3}$배 크다.

⑶ 2차 전류는 $\dfrac{1}{\sqrt{3}}$배 작다.

⑷ 1, 2차 선간전압 사이에 30°의 위상차가 생긴다.

⑸ 2차 측 결선의 중성점을 접지 할 수 있다.

⑹ △결선이 있어, 제3고조파의 장해가 적다.

## 예제. 08

R[Ω]인 3개의 저항을 같은 전원에 △결선으로 접속시킬 때와 Y결선으로 접속시킬 때 선전류의 크기 비($\dfrac{I_\triangle}{I_Y}$)는?

① $\dfrac{1}{3}$   ② $\sqrt{6}$   ③ $\sqrt{3}$   ④ 3

**해설** 선전류와 상전류

△결선 시 선전류

$I_l = \sqrt{3}\,I_p = \sqrt{3}\,\dfrac{V_p}{R} = \sqrt{3}\,\dfrac{V_l}{R}$,

Y결선시 선전류 $I_l = I_p = \dfrac{V_p}{R} = \dfrac{V_l}{\sqrt{3}\,R}$

∴ 선전류 크기의 비 $\dfrac{I_\triangle}{I_Y} = \dfrac{\sqrt{3}\,\dfrac{V_l}{R}}{\dfrac{V_l}{\sqrt{3}\,R}} = 3$

정답 ④

5) V결선
   (1) $\Delta-\Delta$ 결선으로 운전 중 한 대의 변압기가 고장 시 남은 2대의 변압기로 3상 공급을 계속하는 방식
   (2) V결선의 3상 출력 $P_v = \sqrt{3}\,P$
   (3) $\Delta$ 결선과 V결선의 출력비

$$출력비 = \frac{P_v}{P_\Delta} = \frac{\sqrt{3}\,P}{3P} = 0.577 = 57.7[\%]$$

   (4) V결선한 변압기의 이용률

$$이용률 = \frac{P_v}{2P} = \frac{\sqrt{3}\,P}{2P} = 0.866 = 86.6[\%]$$

## 예제. 09

정격출력 P[kW], 역률 0.8, 효율 0.82로 운전하는 3상 유도전동기에 V 결선 변압기로 전원을 공급할 때 변압기 1대의 최소 용량은 몇 [kVA]인가?

① $\dfrac{2P}{0.8 \times 0.82 \times \sqrt{3}}$  ② $\dfrac{P}{0.8 \times 0.82 \times 3}$

③ $\dfrac{\sqrt{3}\,P}{0.8 \times 0.82 \times 2}$  ④ $\dfrac{P}{0.8 \times 0.82 \times \sqrt{3}}$

**해설** V결선

V결선출력 $P_V = \sqrt{3}\,P_1$

정격출력 $P = P_V \cos\theta \times \eta$

$\therefore P_1 = \dfrac{P}{\sqrt{3} \times 0.8 \times 0.82}$

**정답** ④

### 3. 상수변환 결선법

1) 3상을 2상으로 변환
   (1) 스코트 결선 (T결선)
   (2) 우드브리지 결선
   (3) 메이어 결선

2) 3상을 6상으로 변환
  (1) 2차 2중 △결선
  (2) 2차 2중 Y결선
  (3) 환상결선
  (4) 대각결선
  (5) Fork(포크) 결선

### 4. 변압기의 병렬운전

1) 병렬운전 조건
  (1) 극성이 같을 것
  (2) 권수비, 1차와 2차의 정격 전압이 같을 것
  (3) %임피던스 강하가 같을 것
  (4) 내부저항과 누설 리액턴스 비가 같을 것
  (5) 상회전 방향 및 위상 변위가 같을 것(3상일 때)

2) 부하분담

$$\frac{P_A}{P_B} = \frac{[kVA]_A}{[kVA]_B} \times \frac{\%Z_B}{\%Z_A}$$

용량에 비례하고, %임피던스에는 반비례

---

### 예제. 10

용량 10[kVA], 임피던스 전압 5[%]인 변압기 A와 용량 30[kVA], 임피던스 전압 1[%]인 변압기 B를 병렬운전시켜 36 [kVA] 부하를 연결할 때 변압기 A의 부하 분담은 몇 [kVA]인가?

① 4.5[kVA]　② 6[kVA]　③ 13.5[kVA]　④ 18[kVA]

**해설** 변압기의 부하분담

$\frac{P_A}{P_B} = \frac{[kVA]_A}{[kVA]_B} \times \frac{\%Z_B}{\%Z_A}$ 에서 용량은

관계없으므로 $\frac{P_A}{P_B} = \frac{\%Z_B}{\%Z_A} = \frac{1}{5}$

$5P_A = P_B$

$P_A + P_B = 36$

∴ $P_A = 6[\text{kVA}]$

**정답** ②

3) 병렬운전 조합조건

Y-△의 비가 짝수비를 갖는 조합 병렬운전 가능

| 운전 가능 | | | 운전 불가능 | | |
|---|---|---|---|---|---|
| $Y-Y$ | : | $Y-Y$ | $Y-Y$ | : | $Y-\Delta$ |
| $\Delta-\Delta$ | : | $\Delta-\Delta$ | $\Delta-\Delta$ | : | $\Delta-Y$ |
| $Y-Y$ | : | $\Delta-\Delta$ | $Y-\Delta$ | : | $\Delta-\Delta$ |
| $\Delta-\Delta$ | : | $Y-Y$ | $\Delta-Y$ | : | $Y-Y$ |
| ⋮ | | ⋮ | ⋮ | | ⋮ |
| $Y, \Delta$의 개수가 짝수 | | | $Y, \Delta$의 개수가 홀수 | | |

### 예제. 11

3상 변압기 결선 조합 중 병렬운전이 불가능 한 것은?

① △-△와 △-△
② △-Y 와 Y-△
③ △-△와 △-Y
④ △-△와 Y-Y

**해설** 변압기의 병렬운전

변압기 병렬 운전이 불가능한 결선은 △또는 Y가 홀수개인 경우

**정답** ③

## 6 변압기의 손실

### 1. 변압기의 손실

1) 무부하손

  (1) 대부분 철손($P_i$)이다.

  (2) 무부하시험으로 측정한다.

  (3) $P_i = P_h + P_e$

  (4) $P_h$ : 히스테리시스 손(철손의 약 80%)

$$P_h \propto fB_m^2 \propto \frac{V^2}{f} \text{(전압이 일정할 시)}$$

  (5) $P_e$ : 와류손

$$P_e \propto (tfB_m)^2 \propto V^2$$

$B_m$ : 최대자속밀도, $t$ : 강판두께

2) 부하손
   (1) 대부분 동손($P_c$)이다.
   (2) 단락시험으로 측정한다.
   (3) $P_c = I^2 \cdot R$

---

### 예제. 12

3300[V], 60[Hz] 용 변압기의 와류손이 620[W]이다. 이 변압기를 2650[V], 50[Hz]의 주파수에 사용할 때 와류손은 약 몇 [W]인가?

① 500　　② 400　　③ 312　　④ 210

**해설** 변압기의 와류손

주파수에 무관하고 전압의 제곱에 비례

$$P_e = 620 \times \left(\frac{2650}{3300}\right)^2 = 399.8$$

≒ 400[W]

정답 ②

---

## 2. 변압기의 효율

1) 규약효율   $\eta = \dfrac{출력}{출력 + 손실} \times 100\,[\%]$

2) 전부하 시 효율

$$\eta = \frac{V_{2n} I_{2n} \cos\theta}{V_{2n} I_{2n} \cos\theta + P_i + P_c} \times 100\,[\%]$$

3) $\dfrac{1}{m}$ 부하로 운전 시 효율

$$\eta_{\frac{1}{m}} = \frac{\dfrac{1}{m} V_{2n} I_{2n} \cos\theta}{\dfrac{1}{m} V_{2n} I_{2n} \cos\theta + P_i + \left(\dfrac{1}{m}\right)^2 P_c} \times 100\,[\%]$$

4) 최대효율 조건
   (1) 전부하 시
      ① 무부하손=부하손 (고정손=가변손)
      ② 철손($P_i$) = 동손($P_c$)
   (2) $\dfrac{1}{m}$ 부하 시

$$P_i = \left(\frac{1}{m}\right)^2 P_c, \quad \frac{1}{m} = \sqrt{\frac{P_i}{P_c}}$$

## 예제. 13

변압기의 전부하 동손이 240[W], 철손이 160[W]일 때, 이 변압기를 최고 효율로 운전하는 출력은 정격출력의 몇 %가 되는가?

① 60.00  ② 66.67  ③ 81.65  ④ 92.25

**해설** 변압기의 최대효율

최대효율 조건 $P_i = \dfrac{1}{m^2} P_c$ 이므로

최대효율일 때 부하율

$\dfrac{1}{m} = \sqrt{\dfrac{P_i}{P_c}} = \sqrt{\dfrac{160}{240}} = 0.8165$

∴ 정격출력의 81.65%

**정답** ③

## 예제. 14

정격 150[kVA], 철손 1[kW], 전부하 동손이 4[kW]인 단상 변압기의 최대효율[%]은?

① 약 96.8[%]  ② 약 97.4[%]  ③ 약 98.0[%]  ④ 약 98.6[%]

**해설** 변압기의 최대효율

최대효율일 때 부하율

$\dfrac{1}{m} = \sqrt{\dfrac{P_i}{P_c}} = \sqrt{\dfrac{1}{4}} = 0.5$

$\dfrac{1}{m}$ 부하시 최대효율은

$\eta_{\frac{1}{m}} = \dfrac{\dfrac{1}{m}P}{\dfrac{1}{m}P + P_i + \left(\dfrac{1}{m}\right)^2 P_c}$

$= \dfrac{0.5 \times 150}{0.5 \times 150 + 1 + 0.5^2 \times 4} = 0.974$

**정답** ②

## 3. 전압변동률

1) 전압변동률

변압기의 전압 변동률은 2차 측의 전압 변화를 기준으로 한다.

$$\varepsilon_2 = \frac{V_{20} - V_{2n}}{V_{2n}} \times 100[\%]$$

---

**예제. 15**

권수비 50인 단상변압기가 전부하에서 2차 전압이 115[V], 전압변동률이 2[%]라 한다. 1차 단자 전압[V]은?

① 3381　　② 3519　　③ 4692　　④ 5865

**해설** 변압기의 전압변동률

$\epsilon = \dfrac{V_{20} - V_{2n}}{V_{2n}} \times 100[\%]$ 에서

$2 = \dfrac{V_{20} - 115}{115} \times 100[\%]$

$V_{20} = 115 \times 0.02 + 115 = 117.3[V]$

$a = \dfrac{V_1}{V_2}, \quad V_1 = a V_2$ 이므로

∴ $V_1 = 50 \times 117.3 = 5865[V]$ 이다.

**정답** ④

---

2) %강하에 따른 전압변동률

$$\varepsilon = p\cos\theta \pm q\sin\theta \ (\text{지상시} +, \text{진상시} -)$$

(1) %저항강하($p$) : 권선저항에 의한 전압강하의 비율을 %로 나타낸 것

(2) %리액턴스강하($q$) : 리액턴스에 의한 전압강하의 비율을 %로 나타낸 것

(3) 전압변동률의 최댓값　$\varepsilon_{\max} = \sqrt{p^2 + q^2} = \%Z$

(4) 전압변동률이 최대일 때 역률 : $\cos\theta_{\max} = \dfrac{p}{\sqrt{p^2 + q^2}}$

(5) 전압변동률이 최소일 때 역률 : $\cos\theta_{\min} = \dfrac{q}{\sqrt{p^2 + q^2}}$

### 예제. 16

변압기의 내부저항과 누설 리액턴스의 % 강하율은 2[%], 3[%]이다. 부하의 역률이 80[%]일 때 이 변압기의 전압변동률은 몇 [%] 인가?

① 1.6　　　　② 1.8　　　　③ 3.4　　　　④ 4.0

**해설** 변압기의 전압변동률

$$\epsilon = p\cos\theta + q\sin\theta$$
$$= 2 \times 0.8 + 3 \times 0.6 = 3.4[\%]$$

정답 ③

## 7 특수변압기

### 1. 단권 변압기

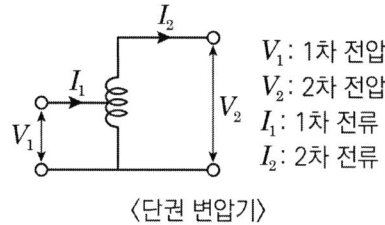

$V_1$ : 1차 전압
$V_2$ : 2차 전압
$I_1$ : 1차 전류
$I_2$ : 2차 전류

〈단권 변압기〉

1) 하나의 철심에 1차권선과 2차권선의 일부를 서로 공유하는 변압기로 분로권선과 직렬권선으로 구분된다.
2) 종류 : 단상 단권 변압기, 3상 단권 변압기
3) 장점
　(1) 여자전류가 적다.
　(2) 동량을 절약할 수 있어서 싸고, 소형이다.
　(3) 효율이 좋고 전압 변동률이 작다.
4) 단점
　(1) 1, 2차 회로가 전기적으로 완전히 절연되지 않는다.
　(2) 1, 2차가 직접 계통이어야 한다.
　(3) 단락전류가 크므로 열적, 기계적 강도가 커야 한다.

**예제. 17**

단권변압기에 대한 설명으로 옳지 않은 것은?

① 1차 권선과 2차 권선의 일부가 공통으로 되어 있다.
② 3상에는 사용할 수 없는 단점이 있다.
③ 동일 출력에 대하여 사용 재료 및 손실이 적고 효율이 높다.
④ 단권변압기는 권선비가 1에 가까울수록 보통 변압기에 비하여 유리하다.

**해설** 단권변압기

- 하나의 철심에 1차권선과 2차권선의 일부를 서로 공유하는 변압기로 분로권선과 직렬권선으로 구분된다.
- 종류에는 단상과 3상이 있다.
- 여자전류가 적다.
- 동량을 절약할 수 있어서 싸고, 소형이다.
- 효율이 좋고 전압 변동률이 작다.

**정답** ②

5) 용량비

| 사용 변압기 | 용량비 |
|---|---|
| 1대 | $\dfrac{\text{자기용량}}{\text{부하용량}} = \dfrac{V_h - V_\ell}{V_h}$ |
| 2대(V결선) | $\dfrac{\text{자기용량}}{\text{부하용량}} = \dfrac{2}{\sqrt{3}} \left(\dfrac{V_h - V_\ell}{V_h}\right)$ |
| 3대(Y결선) | $\dfrac{\text{자기용량}}{\text{부하용량}} = \dfrac{V_h - V_\ell}{V_h}$ |
| 3대(△결선) | $\dfrac{\text{자기용량}}{\text{부하용량}} = \dfrac{V_h^2 - V_\ell^2}{\sqrt{3}\, V_h V_\ell}$ |

**예제. 18**

1차 전압 200[V], 2차 전압 220[V], 50[kVA] 인 단상 단권변압기의 부하용량[kVA]은?

① 25[kVA]    ② 50[kVA]    ③ 250[kVA]    ④ 550[kVA]

**해설** 변압기의 용량비

$\dfrac{\text{자기용량}}{\text{부하용량}} = \dfrac{V_h - V_l}{V_h}$   부하용량 = 자기용량 $\times \dfrac{V_h}{V_h - V_l}$

$= 50 \times \dfrac{220}{(220-200)} = 550 [\text{kVA}]$

**정답** ④

## 2. 3권선 변압기

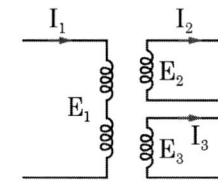

1) 한 변압기의 철심에 3개의 권선이 있는 변압기
2) 용도
   (1) Y-Y-△결선을 하여 제3고조파를 제거할 수 있다.
   (2) 발전소에서 소내용 전력공급이 가능하다.
   (3) 조상기를 접속하여 송전선의 전압과 역률을 조정할 수 있다.
   (4) 통신 유도 장해를 줄일 수 있다.

## 3. 전력 수급용 계기용 변성기

1) 정의
   (1) 고전압, 대전류에서 전기량을 측정하기 위한 장치
   (2) PT와 CT로 구성
2) 계기용 변압기(PT)
   (1) 전압을 측정하기 위한 변압기
   (2) 2차 정격전압 : 110 [V]
   (3) 2차 부담 : 2차회로의 부하를 의미한다.
   (4) 2차 측은 반드시 접지한다.
3) 계기용 변류기(CT)
   (1) 전류를 측정하기 위한 변압기
   (2) 2차 전류 : 5 [A]
   (3) 2차 측 개방 금지

## 4. 3상 변압기

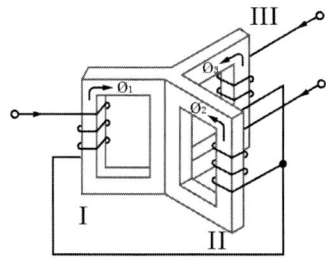

1) 단상 변압기 3대를 철심으로 조합시켜 하나의 철심에 1차·2차 권선을 감은 변압기
2) 변압기 1대로 3상 변압을 할 수 있는 변압기

3) 장점
   (1) 철량이 적어서 철손도 경감되므로 효율이 좋다.
   (2) 경제적이고 설치면적이 작아진다.

4) 단점
   (1) 1상만 고장 나도 사용이 불가하다.
   (2) 설치 뱅크가 적을 때는 예비기의 설치 비용이 크다.

### 5. 누설 변압기

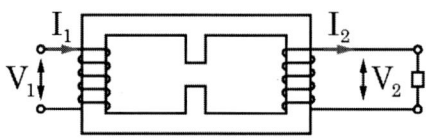

1) 누설 변압기
   (1) 누설자속을 크게 한 변압기로, 정전류 변압기라고도 한다.
   (2) 일정한 전류를 유지시키기 위해 자기회로 일부에 공극이 있는 누설 자속 통로를 만들어 부하전류 증가에 따른 전압강하를 크게 하려고 리액턴스를 증가시킨 변압기이다.

2) 누설 변압기의 특징
   (1) 수하특성 : 부하전류는 어느 정도 증가한 후 일정값이 된다.
   (2) 용도 : 용접용 변압기, 네온관 점등용 변압기

---

## 예제. 19

누설 변압기의 가장 큰 특징은 어느 것인가?

① 역률이 좋다.
② 무부하손이 적다.
③ 단락전류가 크다.
④ 수하특성을 가진다.

**해설** 누설변압기의 특징

- 수하특성 : 부하전류는 어느 정도 증가한 후 일정값이 된다.
- 용도 : 용접용 변압기, 네온관 점등용 변압기

정답 ④

## 6. 몰드 변압기

1) 몰드 변압기

 유입·건식 변압기의 문제점 개선을 위해 코일을 에폭시수지로 몰드한 고체절연방식 변압기

2) 몰드 변압기의 특징

 (1) 자기 소화성이 우수하다.

 (2) 소형 경량화가 가능하다.

 (3) 건식 변압기에 비해 소음이 작다.

 (4) 유입 변압기에 비해 절연레벨이 낮다.

# CHAPTER 03 유도전동기

## 1 유도전동기의 원리와 구조

### 1. 유도전동기의 원리

1) 아고라의 원판 : 알루미늄 원판의 주위로 영구자석을 회전시키면 원판은 전자유도작용에 의해 같은 방향으로 회전한다.

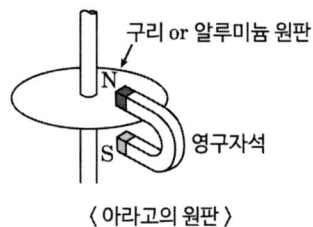

〈 아라고의 원판 〉

(1) 플레밍의 오른손 법칙 : 원판이 자속을 끊어주면서 기전력(E)가 발생한다.
(2) 플레밍의 왼손 법칙 : 발생한 전류에 의해 전동기가 회전한다.
(3) 자석의 회전속도가 원판의 속도보다 빠르다.

2) 회전 자계
(1) 단상 유도전동기 : 권선에 단상 교류 전원이 인가되어 교번자계가 발생한다.
(2) 3상 유도전동기 : 권선에 3상 교류 전압을 인가하여 회전자계가 발생한다.

$$N_s = \frac{120f}{P} \text{ [rpm]}$$

## 예제. 01

3상 유도전동기의 동기속도 $N_s$와 극수 $P$ 와의 관계는?

① $N_s \propto \frac{1}{P}$    ② $N_s \propto \sqrt{P}$    ③ $N_s \propto P$    ④ $N_s \propto P^2$

**해설** 동기속도

$$N_s = \frac{120f}{P}$$

동기속도와 극수는 반비례

$$\therefore N_s \propto \frac{1}{P}$$

정답 ①

## 2. 유도전동기의 구조

1) 고정자
   (1) 유도 전동기의 회전하지 않는 부분
   (2) 규소강판을 성층하여 3상 코일을 감은 것이다.
   (3) 회전자가 고정자 내부에 위치한다.
   (4) 철심 : 두께 0.35 [mm] 또는 0.5 [mm]의 규소강판

2) 회전자
   (1) 유도 전동기의 회전하는 부분이다.
   (2) 규소 강판을 성층하여 둘레에 홈을 파고 코일을 넣어 만든다.
   (3) 코일의 종류에 따라 농형 회전자와 권선형 회전자로 구분된다.

3) 공극
   (1) 공극 넓이 : 0.3~2.5[mm] 정도
   (2) 공극이 넓을 경우
      자기저항과 여자전류가 커져서 전동기의 역률이 저하된다.
   (3) 공극이 좁을 경우
      ① 진동과 소음 발생
      ② 누설 리액턴스가 증가
      ③ 철손 증가
      ④ 출력 감소

## 3. 3상 유도전동기의 종류

1) 농형유도 전동기
   (1) 농형은 권선형에 비하여 구조가 간단하고, 견고하나 주로 소형전동기에 많이 쓰인다.
   (2) 회전자는 단락 상태이므로 전압을 측정할 수 없다.
   (3) 2차 측을 개방할 수 없다.
   (4) 1차 3선 중 2선을 바꾸면 회전 방향을 바꿀 수 있다.
   (5) 회전자 둘레의 홈이 삐뚤어져 있는 이유 : 소음 발생 억제

**예제. 02**

2중 농형 유도전동기가 보통 농형 전동기에 비하여 다른 점은?

① 기동 전류가 크고, 기동 토크도 크다.
② 기동 전류는 크고, 기동 토크는 적다
③ 기동 전류가 적고, 기동 토크도 적다.
④ 기동 전류는 적고, 기동 토크는 크다.

**해설** 농형유도전동기

2중 농형유도전동기는 농형권선을 안과 밖에 2중으로 설치한 것으로 기동전류는 적고, 기동토크는 크다. 농형유도전동기는 2중 농형유도전동기에 비해 기동전류가 크고 기동토크가 작다.

**정답** ④

2) 권선형 유도 전동기
   (1) 회전자 구조가 복잡하고 농형에 비해 운전이 어렵다.
   (2) 기동 저항기를 이용하여 기동 전류를 감소시킬 수 있으며 속도 조정이 자유롭다.
   (3) 기동할 때에 회전자는 슬립링을 통하여 외부에 가감 저항기를 접속한다.
   (4) 전동기 속도가 상승함에 따라 외부 저항을 점점 감소시키고 최후에는 슬립링을 단락한다.

## 2 3상 유도전동기의 특성

### 1. 슬립

1) 슬립
   (1) 회전자계에 의한 회전속도($N_s$)와 회전자의 속도($N$)차이로 회전자의 기전력이 발생하여 회전한다.
   (2) $N_s$와 $N$ 사이에 회전속도의 차가 발생하며, 그 차이와 동기속도($N_s$)의 비를 슬립이라 한다.

$$s = \frac{N_s - N}{N_s} = 1 - \frac{N}{N_s}$$

## 예제. 03

6극 60[Hz]인 3상 유도전동기의 슬립이 4[%]일 때 이 전동기의 회전수는 몇 [rpm] 인가?

① 952   ② 1152   ③ 1352   ④ 1552

**해설** 유도전동기의 회전수

유도 전동기의 회전수 $N = (1-S)N_s$

$$N_s = \frac{120f}{P} = \frac{120 \times 60}{6} = 1200[\text{rpm}]$$

∴ $N = (1-0.04) \times 1200 = 1152[\text{rpm}]$

**정답** ②

2) 슬립의 영역

| 구분 | 유도 전동기 | 유도 발전기 | 유도 제동기 |
|---|---|---|---|
| Slip 영역 | $0 < s < 1$<br>• 회전자 정지 상태<br>$N = 0, s = 1$<br>• 동기속도로회전(무부하시)<br>$N = N_s, s = 0$ | $s < 0$<br>$N > N_s$ | $1 < s < 2$<br>회전자의 회전방향이 회전자계 회전방향과 반대가 되어 제동기로 작용한다. |

3) 슬립 측정법

　스트로보스코프법, 수화기법, 직류밀리볼트계법, 회전계법

## 2. 속도

1) 동기속도($N_s$)

　회전자계에 의한 속도

$$N_s = \frac{120f}{p}[\text{rpm}]$$

2) 회전자속도($N$)

$$N = N_s(1-s) = \frac{120f}{p}(1-s)$$

### 3. 입력과 출력

1) 유도 전동기 입력($P_1$)

$$P_1 = P_i + P_{c1} + P_2$$

$P_i$ : 철손, $P_{c1}$ : 1차 저항손, $P_2$ : 2차 입력(= 1차 출력)

2) 1차 동손과 2차 입력

   (1) 1차 동손 $P_{c1} = I_1^2 \cdot r_1 [\text{W}]$
   
   (2) 2차 입력(= 1차 출력) $P_2 = I_2'^2 \cdot \dfrac{r_2'}{s}$

3) 2차 동손과 출력

   (1) 2차 동손 $P_{c2} = sP_2$
   
   (2) 출력과 2차 동손과의 관계
   
   $$P_{c2} : P_0 = s : 1-s$$
   
   $$sP_0 = (1-s)P_{c2} \rightarrow P_0 = \dfrac{1-s}{s}P_{c2}$$
   
   (3) 기계적 출력($P_0$) = 2차 입력($P_2$) − 2차 동손($P_{c2}$)
   
   $$P_0 = P_2 - P_{c2} = P_2 - sP_2 = P_2(1-s)$$

4) 유도 전동기 비례식

$$P_2 : P_{c2} : P_0 = 1 : s : 1-s$$

5) 2차 효율 ($\eta_2$)

$$\eta_2 = \dfrac{\text{기계적 출력}}{\text{2차입력}} = \dfrac{P_0}{P_2} = \dfrac{P_2(1-s)}{P_2} = (1-s)$$

## 예제. 04

3상 유도전동기의 2차 동손, 2차 입력, 슬립을 각각 $P_c$, $P_2$, $s$라 하면 관계식은?

① $P_c = sP_2$  ② $P_c = \dfrac{P_2}{s}$  ③ $P_c = \dfrac{s}{P_2}$  ④ $P_c = \dfrac{1}{sP_2}$

**해설** 유도전동기의 2차동손

비례식 $P_2 : P_c : P_o = 1 : s : (1-s)$

$P_2 : P_c = 1 : s$ 에서 $P_c = sP_2$

**정답** ①

## 예제. 05

3상 유도전동기가 입력 50[kW], 고정자 철손 2[kW]일 때 슬립 5[%]로 회전하고 있다면 기계적 출력은 몇 [kW]인가?

① 45.6　　　② 47.8　　　③ 49.2　　　④ 51.4

**해설** 유도전동기의 출력

$$P_o = P - (P_i + P_c) \quad P_c = sP_2 = 0.05 \times 48 = 2.4[\text{kW}]$$
$$\therefore P_o = 50 - (2 + 2.4) = 45.6[\text{kW}]$$

**정답** ①

### 4. 토크

1) 토크

　(1) 회전축을 중심으로 회전시키는 능력

$$T = \frac{P_0}{\omega} = \frac{60(1-s)P_2}{2\pi(1-s)N_s} = 9.55 \times \frac{P_2}{N_s} [\text{N} \cdot \text{m}]$$

　(2) 단위변환

$$T = 9.55 \times \frac{1}{9.8} \times \frac{P_2}{N_s} = 0.975 \times \frac{P_2}{N_s} [\text{kg} \cdot \text{m}]$$

$$1[\text{kg} \cdot \text{m}] = 9.8[\text{N} \cdot \text{m}]$$

　(3) 토크의 비례관계

$$T = K\phi I, \quad \phi \propto V, \quad I \propto V, \quad T \propto V^2$$

2) 동기와트

　(1) 동기속도로 회전할 때 2차 입력을 토크로 표시한 것을 의미한다.

　(2) 동기와트 $P_2 = 2\pi \dfrac{N_s}{60} T = \dfrac{1}{9.55} N_s T$

### 예제. 06

60[Hz], 20극, 11400[W]의 3상 유도전동기가 슬립 5[%]로 운전될 때 2차 동손이 600[W]이다. 이 전동기의 전부하시의 토크는 약 몇 [kg·m]인가?

① 32.5    ② 28.5    ③ 24.5    ④ 20.5

**해설** 유도전동기의 토크

동기속도

$N_s = \dfrac{120f}{P} = \dfrac{120 \times 60}{20} = 360[\text{rpm}]$

$N = (1-s)N_s = (1-0.05) \times 360 = 342[\text{rpm}]$

$\tau = \dfrac{1}{9.8} \times \dfrac{60}{2\pi} \times \dfrac{P_0}{N}$

$= 0.975 \times \dfrac{11400}{342} = 32.48[\text{kg·m}]$

정답 ①

## 5. 비례추이

1) 비례추이

   (1) 유도전동기에 있어서 전압이 일정하면 전류나 회전력이 2차 저항에 비례하여 변화하는 현상이다.

   (2) $\dfrac{r_2}{s} = \dfrac{r_2 + R}{s'}$ 의 함수로 표시한다. ($R$ : 외부저항)

   (3) 권선형 유도전동기의 속도 제어법(2차 저항 제어법)에 이용된다.

2) 비례추이곡선

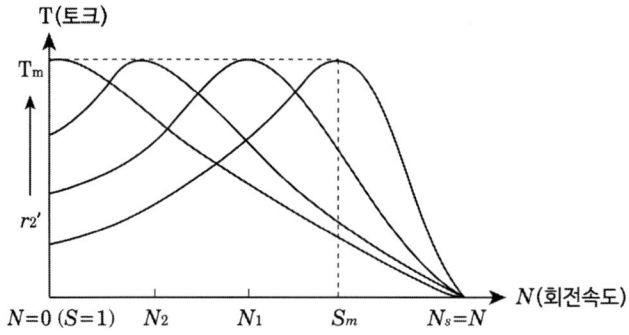

   (1) 2차 저항($r_2'$) 증가 시 최대토크($T_m$)에 더 빨리 도달한다.
   (2) 최대토크($T_m$)는 일정하다.
   (3) 2차 저항 크기에 따라 최대 토크가 $s : 0 \to 1$ 방향으로 이동한다.
   (4) $r_2'$(2차저항)값이 클수록 기동 토크가 커지고 기동 전류는 작아진다.

3) 비례추이 적용
    (1) 비례추이가 가능한 것 : 1차, 2차 전류, 역률, 토크, 1차 입력($P_1$)
    (2) 비례추이가 불가능한 것 : 2차 입력($P_2$), 2차출력($P_0$), 효율, 2차 동손($P_{c2}$)

## 예제. 07

3상 권선형 유도전동기에서 2차측 저항을 2배로 할 경우 최대 토크의 변화는?

① 2배로 된다.

② $\dfrac{1}{2}$로 줄어든다.

③ $\sqrt{2}$ 배가 된다.

④ 변하지 않는다.

**해설** 권선형유도전동기의 최대토크

2차 회로에 가변저항기를 접속하여 비례추이 원리를 이용하면 큰 기동 토크를 얻으면서 기동 전류도 줄일 수 있고 속도를 제어할 수 있지만 최대토크는 항상 일정하다.

**정답** ④

### 6. 원선도

1) 유도전동기의 동작 특성을 부여하는 원형의 궤적

2) 원선도 작성 시 필요요소
    (1) 송전단 전압
    (2) 수전단 전압
    (3) 선로의 일반회로 정수

3) 원선도 작성에 필요한 시험
    (1) 무부하시험 : 철손($P_i$), 여자전류(무부하전류)를 구함
    (2) 구속 시험 : 동손($P_c$)을 구함
    (3) 권선 저항 측정 시험(1, 2차 저항 측정)

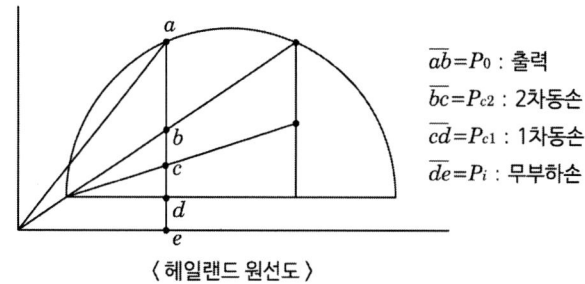

〈 헤일랜드 원선도 〉

4) 전력 원선도에서 구할 수 있는 것
    (1) 정태안정 극한전력(최대 전력)
    (2) 송수전단 전압간의 상차각
    (3) 조상기 용량
    (4) 수전단 역률
    (5) 선로 손실
    (6) 송전 효율

## 예제. 08

전력 원선도에서 알 수 없는 것은?

① 조상 용량
② 선로 손실
③ 과도안정 극한전력
④ 송수전단 전압간의 상차각

**해설** 전력원선도

전력원선도에서 구할 수 있는 것
- 정태안정 극한전력(최대 전력)
- 송수전단 전압간의 상차각
- 조상기 용량
- 수전단 역률
- 선로 손실
- 송전 효율

**정답** ③

### 7. 온도시험

1) 소형기 : 실부하법
    (1) 실부하법에서 부하로 쓰이는 것
        전기동력계, 프로니 브레이크, 손실을 알고 있는 직류 발전기
2) 대형기 : 반환부하법
    (1) 종류 : 카프법, 홉킨스법, 블론델법
    (2) 가장 좋은 방법

## 3 3상 유도전동기의 기동법

### 1. 농형 유도전동기

1) 전전압 기동법(직입기동법)
   (1) 5 [kW] 이하의 전동기에 사용한다.
   (2) 기동 전류는 정격 전류의 4~6배이다.
   (3) 기동 시간이 짧다.
   (4) 역률이 좋지 않다.
   (5) 전동기 단자에 직접 정격전압을 가한다.

2) Y-△기동법
   (1) 기동 시 고정자 권선을 Y로 접속한 후 운전 속도에 도달하면 △결선으로 운전하는 방식이다.
   (2) 5~15 [kW] 정도의 농형 유도 전동기에 사용한다.
   (3) Y기동 시 △기동 시에 비해 기동 전류 $\frac{1}{3}$배, 기동토크 $\frac{1}{3}$배, 정격전압 $\frac{1}{\sqrt{3}}$배

3) 기동 보상 기법
   (1) 기동 시 공급 전압을 단권변압기에 의해서 일시 강하시켜서 기동전류를 제한하는 기동방법으로 기동 전류를 줄여 기동 후 전압을 점차로 높여 전운전하는 방법이다.
   (2) 15 [kW] 이상의 농형 유도 전동기에 사용한다.

4) 리액터 기동법
   전동기의 1차 측에 직렬로 철심이 든 리액터를 설치하고 그 리액턴스 값을 조정하여 인가되는 전압을 제어함으로써 기동전류 및 토크를 제어하는 방식이다.

### 예제. 09

10[kW]의 농형 유도전동기의 기동방법으로 가장 적당한 것은?

① 전전압 기동법
② Y-△ 기동법
③ 기동 보상기법
④ 2차 저항 기동법

**해설** 농형유도전동기의 기동법

- 전전압 기동법 : 5 [kW] 이하에 사용
- Y-△기동법 : 5~15 [kW] 정도에 사용
- 기동 보상 기법 : 15 [kW] 이상에 사용
- 2차 저항 기동법 : 권선형 유도전동기의 기동법

**정답** ②

## 2. 권선형 유도전동기

1) 2차 저항 기동법
   (1) 2차 회로에 가변 저항기를 접속하고 비례추이의 원리에 의하여 기동전류를 억제하고 큰 기동토크를 얻는 방법
   (2) 기동초기에는 저항을 작게하여 기동하고 최종적으로 단락하여 기동한다.

2) 2차 임피던스 기동법
   (1) 회전자 회로에 고정저항과 리액터를 병렬 접속한 것을 삽입하여 기동한다.
   (2) 기동초기에는 전류가 저항으로 흐르고 점차 인덕턴스로 이동하여 기동한다.

3) 게르게스법
   게르게스 현상을 이용하여 기동하는 방법이다.

---

**예제. 10**

권선형 유도전동기의 기동 시 회전자회로에 고정저항과 가포화 리액터를 병렬접속 삽입하여 기동초기 슬립이 클 때 저전류 고토크로 기동하고 점차 속도상승으로 슬립이 작아져 양호한 기동이 되는 기동법은?

① 2차 저항 기동법
② 2차 임피던스 기동법
③ 1차 직렬 임피던스 기동법
④ 콘도르퍼(Kondorfer) 기동방식

**해설** 권선형유도전동기의 기동법

① 2차 저항 기동법
  • 2차 회로에 가변 저항기를 접속하고 비례추이의 원리에 의하여 기동전류를 억제하고 큰 기동토크를 얻는 방법
  • 기동초기에는 저항을 작게하여 기동하고 최종적으로 단락하여 기동한다.
② 2차 임피던스 기동법
  • 회전자 회로에 고정저항과 리액터를 병렬 접속한 것을 삽입하여 기동한다.
  • 기동초기에는 전류가 저항으로 흐르고 점차 인덕턴스로 이동하여 기동한다.

**정답** ②

---

## 3. 유도전동기의 이상기동현상

1) 크로우링 현상
   (1) 농형 전동기에서 고정자와 회전자의 슬롯 수가 적당하지 않을 경우(잘못 제작되었을 경우)에 발생하는 현상
   (2) 농형 유도 전동기에 고조파전류 등이 흐르게 되어 정격속도에 이르지 못하고 낮은 속도에서 안정화되어 버리는 현상(진동 및 소음 발생)
   (3) 방지 대책 : 경사슬롯을 채용

2) 게르게스 현상
   (1) 3상 권선형 유도 전동기의 2차 회로가 1선이 단선된 경우 슬립이 0.5 정도에서 더 이상 가속되지 않는 현상
   (2) 전류가 증가하고 회전속도는 낮아지지만 회전은 계속할 수 있다.

### 예제. 11

게르게스현상은 다음 중 어느 기기에서 일어나는가?

① 직류 작권전동기
② 단상 유도전동기
③ 3상 농형 유도전동기
④ 3상 권선형 유도전동기

**해설** 게르게스현상

3상 권선형 유도 전동기의 2차 회로가 1선이 단선된 경우 슬립이 0.5 정도에서 더 이상 가속되지 않는 현상

**정답** ④

## 4 3상 유도전동기의 속도 제어와 제동

### 1. 농형 유도전동기의 속도제어법

1) 극수 변환법
   (1) $N_s = \dfrac{120f}{P}$ 에서 극수를 변환시켜 속도를 바꾸는 방법
   (2) 효율이 좋다.
   (3) 단계적인 속도 제어 방법

2) 주파수 변환법
   (1) 인버터 등을 이용하여 주파수를 변환하여 속도 제어
   (2) 고속 회전이 가능하여 선박 추진용 및 전기자동차용 구동 전동기의 속도 제어에 사용

3) 1차 전압 제어법
   (1) 유도 전동기의 발생 토크는 1차 전압의 제곱에 비례 관계를 이용하여 사이리스터(SCR)을 이용하여 토크를 변화시켜 슬립의 변동($s \propto \dfrac{1}{V^2}$)으로 속도를 제어하는 방법

### 예제. 12

유도전동기의 속도제어방법에서 특별한 보조장치가 필요 없고 효율이 좋으며, 속도제어가 간단한 장점이 있으나, 결점으로는 속도의 변화가 단계적인 제어방식은?

① 극수 변환법
② 주파수 변환제어법
③ 전원전압 제어법
④ 2차 저항 제어법

**해설** 극수변환법

- $N_s = \dfrac{120f}{P}$ 에서 극수를 변환시켜 속도를 바꾸는 방법
- 효율이 좋다.
- 단계적인 속도 제어 방법.

**정답** ①

### 2. 권선형 유도전동기의 속도제어법

1) 2차 저항 제어법
   (1) 2차 저항의 크기를 조정해서 토크의 크기를 제어하는 방법이다.
   (2) 비례추이의 원리를 이용한다.

2) 2차 여자법
   (1) 3상 권선형 유도 전동기의 슬립링을 통하여 슬립주파수의 전압을 공급하여 속도를 제어하는 방법으로 일종의 전압 제어법이며, 크레머 방식과 세르비우스 방식이 있다.
   (2) 원리
      ① $sE_2 + E_c$ 인 경우 2차 전류 증가, 속도가 증가
      ② $sE_2 - E_c$ 인 경우 2차 전류 감소, 속도가 감소
   (3) 특징
      고효율, 광범위한 속도 제어
   (4) 종류
      ① 크레머 방식 : 계자를 제어하여 회전수를 변환(정출력 제어)
      ② 세르비우스 방식 : 권선형 유도 전동기의 회전자 출력을 3상 전파 정류한 후 얻어진 전지에너지를 사이리스터에 의해 3상 전원 측으로 회생시켜 되돌려 주는 방식

### 3. 유도전동기 속도제어의 종속법

2대 이상의 유도 전동기를 사용하여 한쪽 고정자를 다른 쪽 회전자와 연결하고 기계적으로 축을 연결하여 속도를 제어하는 방법이다.

1) 직렬접속 : $N = \dfrac{120f}{p_1 + p_2}$

2) 차동접속 : $N = \dfrac{120f}{p_1 - p_2}$

3) 병렬접속 : $N = \dfrac{120f}{\dfrac{p_1 + p_2}{2}} = \dfrac{240f}{p_1 + p_2}$

### 예제. 13

2극과 8극의 2대의 3상 유도전동기를 차동접속법으로 속도제어를 할 때 전원 주파수가 60[Hz]인 경우 무부하 속도 N은 몇 [rpm]인가?

① 1800[rpm]  ② 1200[rpm]  ③ 900[rpm]  ④ 720[rpm]

**해설** 차동종속법

$N_0 = \dfrac{120f}{P_1 - P_2} = \dfrac{120 \times 60}{8 - 2} = 1200\,[\text{rpm}]$

**정답** ②

## 4. 유도전동기 제동법

1) 전기적 제동법

   (1) 회생제동

   유도 전동기를 유도 발전기로 동작시켜, 그 발생 전력을 전원에 회생시켜서 제동하는 방법

   (2) 발전제동

   전동기 제동 시에 전원을 개방하여 공급하여 발전기로 동작시킨 후 발전된 전력을 저항에서 열로 소비시키는 방법

   (3) 역상제동 (플러깅제동)

   전동기의 1차권선 3단자 중 임의의 2단자의 접속을 바꾸면 역방향의 토크가 발생되어 제동하는 방법

   (4) 단상제동

   ① 권선형 유도전동기의 고정자에 단상전압을 걸어주고 회전자 회로에 큰 저항을 연결할 때 일어나는 전기적 제동

   ② 대형기중기에서 짐을 아래로 안전하게 내릴 때 쓴다.

2) 기계적 제동

   회전 부분과 접지 부분 사이의 마찰을 이용하여 제동하는 방법

**예제. 14**

3상 유도 전동기의 제동방법 중 슬립의 범위를 1~2 사이로 하여 제동하는 방법은?

① 역상제동    ② 직류제동    ③ 단상제동    ④ 회생제동

**해설** 역상제동
- 급제동 시 사용하는 방법이다.
- 계자 또는 전기자 전류의 방향을 역전시켜 반대 방향의 토크를 발생시켜 제동한다.
- 슬립의 영역 $1 < s < 2$

정답 ①

## 5 단상 유도전동기

### 1. 단상 유도전동기의 원리와 구조

1) 단상 유도전동기의 원리
   (1) 고정자 권선에 단상전류를 흘리면 교번자계가 발생한다.
   (2) 회전자가 정지하고 있을 때는 회전력이 발생하지 않는다.
   (3) 역률과 효율이 나쁘고 무거워서 가정용과 소동력 용으로 사용된다.

2) 단상유도전동기의 구조
   (1) 고정자 : 프레임에 0.35[mm]의 얇은 규소강판을 성층한 것을 사용한다.
   (2) 회전자 : 철심에 구리나 알루미늄 막대를 끼우고 양단에 단락링으로 샤프트에 고정시킨다.
   (3) 권선 : 주권선과 보조권선을 가지고 있으며 전기각 차이는 $\frac{\pi}{2}$ 이다.

### 2. 단상 유도전동기 종류 및 특성

1) 반발기동형
   (1) 직류 전동기와 같이 정류자와 브러시를 이용하여 기동한다.
   (2) 정류자 불꽃으로 단락 장치의 고장이 일어나기 쉽다.
   (3) 기동 시에 반발 전동기로 기동한다(기동토크 큼).
   (4) 기동 후 원심력 개폐기로 정류자를 자동적으로 단락하여 농형 회전자로 기동하는 방법이다.
   (5) 브러시의 위치를 돌려주거나 고정자의 권선의 접속을 바꾸어주면 회전 방향이 바뀐다.
   (6) 브러시를 이동시키면 속도를 조정할 수 있다.

2) 반발유도형
   (1) 반발기동형의 회전자권선(기동용)에 농형권선(운전용)을 병렬 연결하여 사용하는 방식
   (2) 최대토크는 반발 기동형보다 크다.
   (3) 기동토크는 반발 기동형보다 작다.
   (4) 역률 및 효율이 반발 기동형보다 우수하다.
   (5) 부하 변동에 대한 속도 변화가 크다.

3) 콘덴서 기동형

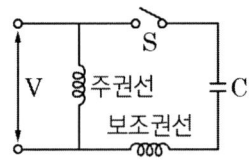

   (1) 기동 전류에 비해 기동토크가 크지만, 커패시터를 설치해야 한다.
   (2) 보조권선(기동권선)에 직렬로 콘덴서 접속해서 분상한다.
   (3) 기동 완료 시 원심력에 의해 보조권선을 차단한다.
   (4) 진상용 콘덴서의 90° 앞선 전류에 의한 회전자계를 발생시켜 기동하는 방식이다.
   (5) 역률과 효율이 좋다.
   (6) 선풍기, 전기냉장고, 세탁기 등에 사용한다.

## 예제. 15

다음은 콘덴서형 전동기 회로로서 보조 권선에 콘덴서를 접속하여 보조권선에 흐르는 전류와 주권선에 흐르는 전류의 위상각을 더욱 크게 한 것으로 회로에 사용한 콘덴서의 목적으로 옳지 않은 것은?

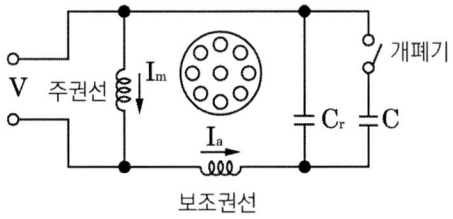

① 정역 운전에 도움을 준다.
② 운전 시에 효율을 개선한다.
③ 운전 시에 역률을 개선한다.
④ 기동 회전력을 크게 한다.

**해설** 콘덴서 기동형

단상유도전동기는 단상권선으로는 기동토크가 발생하지 않기 때문에 보조권선을 연결한다. 이는 다른 전동기에 비해 역률 및 효율이 좋다.

정답 ①

4) 분상 기동형

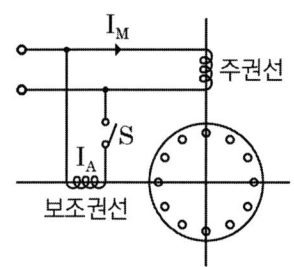

(1) 주권선과 90° 위치에 보조권선(기동권선)을 두고, 두 권선 위상차에 의해 기동토크가 발생한다.
(2) 보조권선은 주권선보다 가는 코일을 사용하여 권선 저항이 크다.
(3) 위상이 서로 다른 두 전류에 의해 회전자계가 발생한다.
(4) 동기 속도의 약 60~80%가 되면 원심력 스위치에 의해 기동 권선이 분리된다.
(5) 별도의 보조권선을 사용하여 회전자계를 발생시켜 기동한다.
(6) 높은 토크를 발생시키려면 보조권선에 직렬로 저항을 삽입한다.

### 예제. 16

단상유도전동기에서 주권선과 보조권선을 전기각 $\frac{\pi}{2}$(Rad)로 배치하고 보조권선의 권수를 주권선의 1/2로 하여 인덕턴스를 적게 하여 기동하는 방식은?

① 분상기동형   ② 콘덴서기동형   ③ 셰이딩코일형   ④ 권선기동형

**해설** 분상기동형 단상유도전동기

주권선과 90° 위치에 보조권선(기동권선)을 두고, 두 권선 위상차에 의해 기동토크가 발생한다.

정답

5) 셰이딩 코일형
   (1) 구조가 간단하고 기동토크가 매우 작다.
   (2) 효율과 역률이 떨어진다.
   (3) 어떠한 경우에도 역회전이 불가하다.

6) 모노사이클릭 기동형
   (1) 3상 농형 전동기의 3상 권선에 저항과 리액턴스를 접속
   (2) 불평형 3상 교류를 각 권선에 흘려서 기동하는 방법
   (3) 기동토크가 매우 작고 효율이 나쁘다.

### 3. 기동 토크 크기에 대한 분류

1) 기동 토크가 큰 순서
   반발 기동형 > 반발 유도형 > 콘덴서 기동형 > 분상 기동형 > 세이딩 코일형
2) 기동 토크의 크기
   (1) 반발 기동형 300 [%] 이상
   (2) 콘덴서 기동형 200~250 [%] 이상
   (3) 분상 기동형 125 [%] 이상
   (4) 세이딩 코일형 50 [%] 이상

---

**예제. 17**

단상 유도전동기의 기동방법 중 기동 토크가 가장 큰 것은?

① 분상 기동형    ② 콘덴서 기동형    ③ 반발 기동형    ④ 세이딩 코일형

해설  단상유도전동기의 기동토크

반발기동형 〉 반발유도형 〉 콘덴서기동형 〉 분상기동형 〉 세이딩 코일형.

정답 ③

---

## 6 유도 전압 조정기

### 1. 단상 유도 전압 조정기

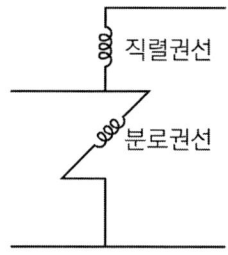

(1) 전압조정 범위 : $V_2 = V_1 + E_2 \cos\alpha\,[\mathrm{V}]$

(2) 정격 출력(부하용량) : $P_2 = E_2 I_1 \times 10^{-3}\,[\mathrm{kVA}]$

(3) 구조는 단권변압기와 유사하게 직렬권선과 분로권선으로 구성되어있다.

(4) 기동 시 기동토크가 존재하지 않으므로 반드시 기동장치가 필요하다.

(5) 교번자계를 이용한다.

(6) 입·출력 전압 사이에 위상차가 없다.

(7) 단락권선이 필요하다.

## 2. 3상 유도 전압 조정기

(1) 전압 조정 범위 $V_2 = \sqrt{3}(E_1 \pm E_2)[\text{V}]$

(2) 정격출력(부하용량) : $P_2 = \sqrt{3}\,E_2 I_2 \times 10^{-3}\,[\text{kVA}]$

(3) 회전자계를 이용한다.

(4) 입·출력 전압 사이에 위상차가 있다.

(5) 단락권선이 불필요하다.

# CHAPTER 04 동기기

## 1 동기발전기의 원리 및 구조

### 1. 동기발전기의 원리

1) 플레밍의 오른손법칙

(1) 자기장 속에서 도선이 움직일 때 유기되는 유기기전력을 방향을 결정한다.
   ① 엄지 : 도체의 회전 방향
   ② 검지 : 자속의 방향
   ③ 중지 : 유기기전력의 방향

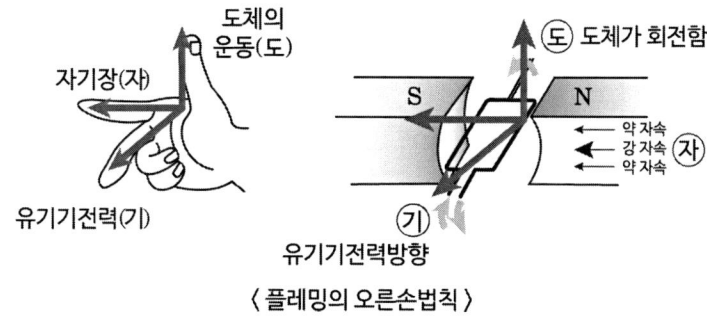

〈 플레밍의 오른손법칙 〉

(2) N극과 S극 사이의 자기장 내에서 도체가 자속을 끊으면 교류기전력(교류전압)이 유도된다.

(3) 계자를 회전시키는 회전계자형 교류발전기이다.

2) 유도기전력

$$E = 4.44fN\phi_m K_w\,[V]$$

3) 동기속도

$$N_s = \frac{120f}{P}\,[\text{rpm}]$$

## 예제. 01

극수 4, 회전수 1800[rpm], 1상의 코일수 83, 1극의 유효자속 0.3[Wb]의 3상 동기발전기가 있다. 권선계수가 0.96이고, 전기자 권선을 Y결선으로 하면 무부하 단자전압은 약 몇 [kV]인가?

① 8  ② 9  ③ 11  ④ 12

**해설** 동기발전기의 유도기전력

유도기전력 $E = 4.44 f N \phi K_w [V]$

$N_s = \dfrac{120 f}{P}$ 이므로

$f = \dfrac{N_s P}{120} = \dfrac{1800 \times 4}{120} = 60 [Hz]$

$E = 4.44 \times 60 \times 82 \times 0.3 \times 0.96$

$\fallingdotseq 6368 [V]$ 이다.

Y결선 선간(단자)전압 $= \sqrt{3} \times$ 상전압

∴ 선간(단자)전압 $= \sqrt{3} \times 6368 \fallingdotseq 11 [kV]$

**정답** ③

## 2. 동기발전기의 구조

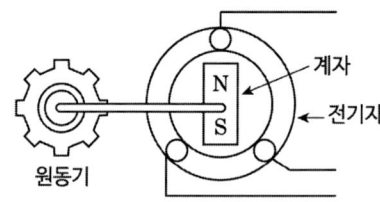

1) 전기자(고정자) : 주 자속을 끊어 기전력을 발생
   (1) 전기자 슬롯을 스큐(Skew) 슬롯으로 한다.
   (2) 전기자 권선을 단절권으로 감는다.
   (3) 전기자 권선 결선은 Y(성형)결선으로 한다.

2) 계자(회전자) :
   (1) 3상 전원이 공급되면 회전자계가 발생하여 주자속을 만든다.
   (2) 동기속도를 유지한다.
   (3) 회전자의 극수는 고정자의 극수와 동일하다.

3) 여자기 : 계자에 여자전류를 공급하는 직류전원 공급 장치

## 2 동기발전기의 원리 및 구조

### 1. 회전자에 의한 분류

1) 회전 계자형
   (1) 전기자보다 계자극을 회전자로 하는 것이 기계적으로 튼튼하다.
   (2) 계자는 소요전력이 작고, 절연이 용이하다.
   (3) 전기자는 결선이 복잡하다.
   (4) 구조가 간단하다.
   (5) 고전압, 대전류용에 사용된다.

2) 회전 전기자형
   (1) 계자를 고정하고 전기자가 회전하는 형태이다.
   (2) 저전압, 소용량에 사용된다.

3) 유도자형 고주파 발전기
   (1) 계자와 전기자가 고정되어 있다.
   (2) 중앙에 유도자는 회전자를 갖춘 형태로 1,000~20,000 [Hz]의 고주파를 발생하는 데 사용한다.
   (3) 고주파 발전기로 사용된다.

### 2. 원동기에 의한 분류

1) 수차발전기
   (1) 수차에 의해 회전하는 수력발전기에 사용된다.
   (2) 돌극형(우산형)이 많이 사용된다.
   (3) 저속도, 대용량 발전기

2) 터빈발전기
   (1) 증기터빈, 가스터빈에 의해 회전하는 화력발전소에 사용된다.
   (2) 비돌극형(원통형)이 많이 사용된다.
   (3) 고속도, 저용량 발전기

3) 엔진발전기 : 내연기관에 의해 운전하는 발전기

### 3. 회전자 형태에 의한 분류

1) 돌극형 (철극형)
   (1) 단락비가 크다.(안정도가 높다)
   (2) 동기임피던스가 작다.
   (3) 전기자 반작용이 작다.
   (4) 전압 변동률이 낮다.
   (5) 중량이 크다.

(6) 과부하 내량이 증가(=가격 상승)

(7) 공극이 크다.

(8) 출력 $P = \dfrac{EV}{x_s}\sin\delta + \dfrac{V^2(x_d - x_q)}{2x_d x_q} [W]$

$x_d$ : 직축 리액턴스   $x_q$ : 횡축 리액턴스   $\delta$ : 부하각

2) 비돌극형 (원통형)

(1) 단락비가 작다

(2) 동기임피던스가 크다.

(3) 전기자 반작용이 크다.

(4) 전압 변동률이 높다.

(5) 중량이 작아서 가격이 싸다.

(6) 공극이 좁다.

(7) 출력 $P = \dfrac{EV}{x_s}\sin\delta [W]$ (3상은 3P)

## 3 동기발전기의 특성

### 1. 전기자 권선법

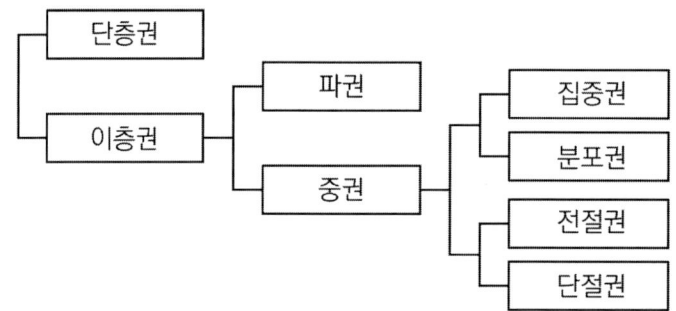

1) 집중권과 분포권

(1) 집중권

① 1극 1상당 코일이 차지하는 슬롯 수가 1개인 권선법

② 고조파로 인해 파형이 고르지 못해서 쓰지 않는다.

③ 매극 매상 슬롯 수(q) : 1

(2) 분포권

① 1극 1상당 코일이 차지하는 슬롯 수가 2개 이상

② 권선의 누설 리액턴스 감소한다.

③ 권선의 과열을 방지한다.

④ 고조파를 감소시켜 파형을 개선한다.

⑤ 매극 매상 슬롯 수(q) : 2 이상

⑥ 집중권에 비해 유기기전력이 감소한다.

2) 전절권과 단절권
   (1) 전절권
      ① 코일 간격과 극 간격이 같다.
      ② 고조파로 인해 파형이 고르지 못해서 쓰지 않는다.
   (2) 단절권
      ① 코일간격이 극 간격보다 작다.
      ② 고조파를 제거하여 기전력의 파형을 개선한다.
      ③ 구리(동)량이 적게 든다.
      ④ 전절권에 비해 유기기전력이 감소한다.

### 예제. 02

동기발전기의 전기자 권선법으로 사용되지 않는 것은?

① 2층권　　② 중권　　③ 분포권　　④ 전절권

**해설** 동기기의 전기자권선법

동기기에 사용되는 전기자 권선법은 2층권, 중권, 분포권, 단절권이다.

**정답** ④

3) 권선계수
   $K_w = K_d K_p$
   (1) 분포권 계수

   $$K_d = \frac{\text{분포권의 합성기전력}}{\text{집중권의 합성기전력}} = \frac{\sin\frac{n\pi}{2m}}{q\sin\frac{n\pi}{2mq}}$$

   $q$ : 매극 매상당 슬롯수
   $m$ : 상수　$n$ : 고조파

   (2) 단절권 계수

   $$K_P = \frac{\text{단절권의 합성기전력}}{\text{전절권의 합성기전력}} = \sin\frac{n\beta\pi}{2}$$

   $\beta = \dfrac{\text{코일간격}}{\text{극 간격}} = \dfrac{\text{코일간격}}{\text{전 슬롯수/극수}}$

## 예제. 03

3상 동기 발전기의 각 상의 유기 기전력 중에서 제5고조파를 제거하려면 단절계수(코일간격 / 피치)는 얼마가 가장 적당한가?

① 0.4　　　② 0.8　　　③ 1.2　　　④ 1.6

**해설** 동기발전기의 단절계수

고조파를 제거하기 위한 단절권 계수 = 0

$$K_p = \sin \frac{n\beta\pi}{2} = \sin \frac{5\beta\pi}{2} = 0,$$

$$\frac{5\beta\pi}{2} = 2\pi$$

$$\therefore \frac{코일간격}{극간격} \beta = 0.8$$

**정답** ②

4) 전기자 권선을 Y결선하는 이유
　(1) 중성점을 접지하면 보호 계전기 동작이 확실하고, 간편해진다.
　(2) 이상전압의 방지대책이 용이하다.
　(3) 권선의 불평형 및 제3고조파에 의한 순환전류가 흐르지 않는다.
　(4) $\Delta$결선에 비해 상전압이 $\frac{1}{\sqrt{3}}$ 배이므로 권선의 절연이 용이하다.
　(5) 코로나 발생을 억제한다.

## 예제. 04

3상 발전기의 전기자 권선에 Y결선을 채택하는 이유로 볼 수 없는 것은?

① 상전압이 낮기 때문에 코로나, 열화 등이 적다.
② 권선의 불균형 및 제3고조파 등에 의한 순환전류가 흐르지 않는다.
③ 중성점 접지에 의한 이상 전압 방지의 대책이 쉽다.
④ 발전기 출력을 더욱 증대할 수 있다.

**해설** Y결선의 특징

- 중성점을 접지하면 보호 계전기 동작이 확실하고, 간편해진다.
- 이상전압의 방지대책이 용이하다.
- 권선의 불평형 및 제3고조파에 의한 순환전류가 흐르지 않는다.
- $\Delta$결선에 비해 상전압이 $\frac{1}{\sqrt{3}}$ 배이므로 권선의 절연이 용이하다.

**정답** ④

## 2. 전기자 반작용

전기자 전류에 의한 자속이 주자속에 영향을 미치는 현상

1) 횡축 반작용(교차자화 작용, $I\cos\theta$)
   (1) 저항 R만의 부하($\cos\theta = 1$)
   (2) 전압과 전류가 동상인 전류
   (3) 전기자 전류에 의한 기자력과 주자속이 직각이 되는 현상

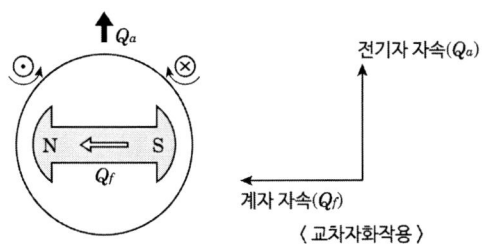

〈 교차자화작용 〉

2) 직축 반작용(감자 작용, $I\sin\theta$)
   (1) 코일(L)만의 부하($\cos\theta = 0$, 지상)
   (2) 동기 발전기에 리액터 부하를 연결하면 지상전류가 된다.(전류가 기전력보다 90° 뒤진 위상).
   (3) 전기자 전류에 의한 자속이 주자속을 감소시키는 방향으로 유도기전력이 작아지는 현상

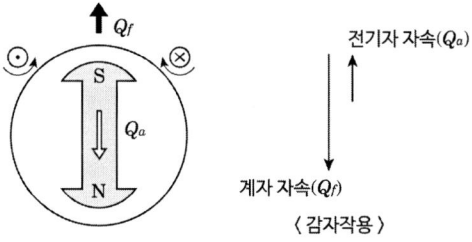

〈 감자작용 〉

3) 직축 반작용(증자 작용, $I\sin\theta$)
   (1) 콘덴서(C)만의 부하($\cos\theta = 0$ 진상)
   (2) 동기 발전기에 콘덴서 부하를 연결하면 진상전류가 된다. (전류가 기전력보다 90° 앞선 위상).
   (3) 전기자 전류에 의한 자속이 주자속을 증가시키는 방향으로 작용하여 유도기전력이 증가하게 된다.
   (4) 동기 발전기의 자기여자 작용이라 한다.

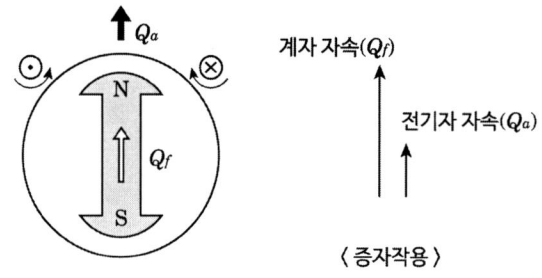

4) 발전기와 전동기의 전기자 반작용 비교

| 구분 | 전류와 전압 위상 | 발전기 | 전동기 |
|---|---|---|---|
| R(저항, $\cos\theta = 1$) | $I_a = E$ (동상) | 교차 자화작용 | |
| L(유도성, 지상전류) | 전류가 전압보다 $\frac{\pi}{2}$ 뒤진다. | 감자 작용 | 증자 작용 |
| C(용량성, 진상전류) | 전류가 전압보다 $\frac{\pi}{2}$ 앞선다. | 증자 작용 | 감자 작용 |

## 예제. 05

동기 발전기에서 전기자 전류가 무부하 유도 기전력보다 $\frac{\pi}{2}$ [rad] 만큼 뒤진 경우의 전기자반작용은?

① 교차자화작용　　　② 자화작용　　　③ 감자작용　　　④ 편자작용

해설  동기발전기의 전기자반작용
- 교차자화작용 : 기전력과 전류가 동위상
- 감자작용 : 전류가 기전력보다 90° 뒤질 때 나타나는 현상
- 증자작용 : 전류가 기전력보다 90° 앞설 때 나타나는 현상

정답 ③

## 3. 동기발전기의 특성곡선과 단락비

1) 무부하 포화곡선

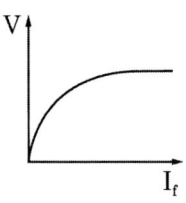

(1) 무부하 상태에서 정격속도 회전 시 계자전류와 단자 전압의 관계를 나타낸 곡선
(2) 무부하 시험으로 구할 수 있는 값 : 철손, 기계손

2) 단락곡선

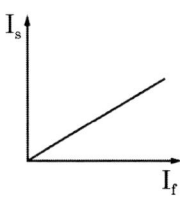

(1) 발전기를 3상 단락시키고 정격속도로 회전 시 발전기에 정격전류가 흐를 때까지의 계자전류와 단락전류와의 관계
(2) 전기자반작용에 의해서 단락곡선은 직선이 된다.
(3) 단락시험으로 구할 수 있는 값 : 동기임피던스, 동기리액턴스

3) 단락비

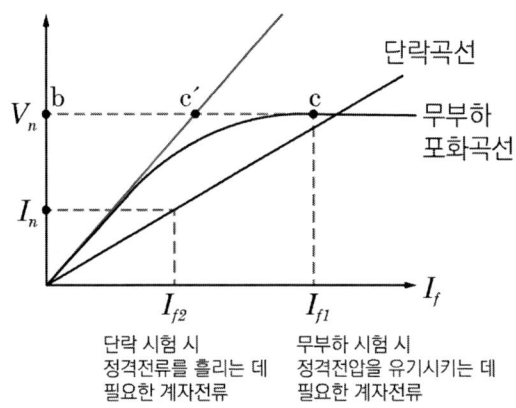

단락 시험 시 정격전류를 흘리는 데 필요한 계자전류
무부하 시험 시 정격전압을 유기시키는 데 필요한 계자전류

(1) 단락비 : 기계적인 특성을 나타내는 수치

$$K_s = \frac{\text{무부하 시 정격전압}(V_n)\text{을 유기하는 데 필요한 } I_f}{\text{단락 시 정격전류와 같은 단락전류를 흘리는 데 필요한 } I_f} = \frac{I_s}{I_n} = \frac{100}{\%Z}$$

## 예제. 06

정격전압 6600[V], 용량 5000[kVA]의 Y결선 3상 동기발전기가 있다. 여자전류 200[A]에서의 무부하 단자전압 6000[V], 단락전류 600[A]일 때, 이 발전기의 단락비는?

① 1.15   ② 1.25   ③ 1.55   ④ 1.75

**해설** 단락비

$$K_s = \frac{I_s}{I_n} \text{에서} \quad I_s = 600[A]$$

$$I_n = \frac{P}{\sqrt{3}\,V_n} = \frac{5000}{\sqrt{3}\times 6} = 481.13[A]$$

∴ 단락비 $K_s = \frac{600}{481} = 1.247$

**정답** ②

(2) 포화율 : 발전기나 전동기의 자기포화 정도를 나타내는 정도 $\sigma = \dfrac{c\,c'}{b\,c'}$

## 예제. 07

그림은 3상 동기발전기의 무부하 포화곡선이다. 이 발전기의 포화율은 얼마인가?

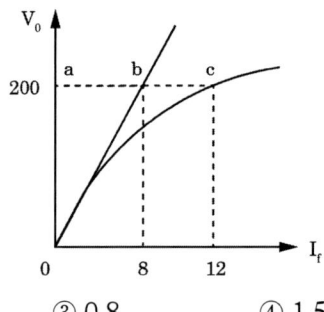

① 0.5   ② 0.67   ③ 0.8   ④ 1.5

**해설** 무부하포화곡선의 포화율

포화율 $\dfrac{\overline{bc}}{\overline{ab}} = \dfrac{12-8}{8} = 0.5$

**정답** ①

4) 단락비 $\left(K = \dfrac{100}{\%Z}\right)$가 크면

 (1) 철손이 크며 효율이 낮다.
 (2) 전압변동률, 전압강하, 전기자 반작용이 작다.
 (3) 안정도가 높다.

(4) 선로 충전용량이 커진다.
(5) 동기임피던스, %Z(퍼센트임피던스)가 작다.
(6) 중량이 크다.
(7) 공극이 크다.
(8) 과부하 내량이 증가한다(가격 상승).
(9) 계자철심이 크고, 주자속이 크다.

## 예제. 08

3상 동기발전기의 단락비를 산출하는데 필요한 시험은?

① 돌발 단락시험과 부하시험
② 동기화 시험과 부하 포화시험
③ 외부 특성시험과 3상 단락시험
④ 무부하 포화시험과 3상 단락시험

**해설** 동기발전기의 단락비

동기발전기의 단락비는 무부하 포화곡선과 3상 단락곡선을 이용하여 구할 수 있다.

**정답** ④

### 4. 전압변동률

$$\epsilon = \frac{무부하전압 - 정격전압}{정격전압} \times 100 = \frac{V_o - V_n}{V_n} \times 100 \, [\%]$$

## 4 동기발전기의 운전

### 1. 동기발전기의 병렬운전

1) 병렬운전조건
   (1) 기전력의 크기가 같을 것
   (2) 기전력의 위상이 같을 것
   (3) 기전력의 주파수가 같을 것
   (4) 기전력의 파형이 같을 것
   (5) 기전력의 상회전이 같을 것(3상일 경우)

### 예제. 09

동기 발전기를 병렬운전 하고자 하는 경우의 조건에 해당되지 않는 것은?

① 기전력의 위상이 같을 것
② 기전력의 파형이 같을 것
③ 기전력의 주파수가 같을 것
④ 기전력의 임피던스가 같을 것

**해설** 동기발전기의 병렬운전조건

- 기전력의 크기가 같을 것
- 기전력의 위상이 같을 것
- 기전력의 주파수가 같을 것
- 기전력의 파형이 같을 것
- 기전력의 상회전이 같을 것(3상일 경우)

**정답** ④

2) 발전기 기전력의 크기가 다를 경우
    (1) 크기가 큰 발전기에서 작은 쪽으로 무효순환전류가 흐르고, 발전기가 만들어 내는 무효전력에 대해 크기가 큰 발전기는 감자작용을 하고, 크기가 작은 발전기는 증자작용을 한다.
    (2) 기전력의 크기를 조절하기 위해서 여자전류를 조절해야 한다.
    (3) 무효순환 전류 $I_c = \dfrac{E_1 - E_2}{2Z_s}$ [A]

### 예제. 10

병렬 운전 중의 A, B 두 동기 발전기에서 A 발전기의 여자를 B보다 강하게 하면 A 발전기는 어떻게 변화되는가?

① $\dfrac{\pi}{2}$ 앞선 전류가 흐른다.
② $\dfrac{\pi}{2}$ 뒤진 전류가 흐른다.
③ 동기화 전류가 흐른다.
④ 부하 전류가 증가한다.

**해설** 동기발전기의 병렬운전

A 발전기를 과여자로 하면 기전력이 커져 90° 뒤진(지상분) 무효순환전류가 흐른다.

**정답** ②

3) 발전기 기전력의 위상이 다를 경우
   (1) 위상이 같아지려고 동기화 전류가 흐른다. 이때 주고받는 수수전력과 위상이 같아지려는 동기화 전류가 흐른다.
   (2) 동기화전류 (유효순환전류) $I_s = \dfrac{E_1}{Z_s} \sin\dfrac{\delta}{2}$ [A]
   (3) 수수전력 $P = \dfrac{E_1^2}{2Z_s} \sin\delta$ [W]
   (4) 동기화력 $P = \dfrac{E_1^2}{2Z_s} \cos\delta$ [W]

4) 발전기 기전력의 주파수가 다를 경우
   유효순환전류로 인한 난조가 발생한다.

5) 발전기 기전력 파형이 다를 경우
   고조파 무효 순환전류가 발생하여 동손이 발생한다.

## 2. 난조

1) 난조현상

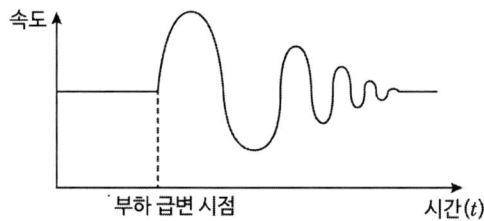

병렬운전하고 있는 발전기에 부하가 갑자기 변하면 발전기는 동기화력에 의하여 새로운 부하에 대응하는 속도가 되려고 한다. 이때 진동주기가 고유진동에 가까워서 공진작용으로 진동이 증대하는 현상이다.

2) 난조의 원인
   (1) 원동기의 조속기 감도가 너무 예민한 경우
   (2) 원동기의 토크에서 고조파토크를 포함한 경우
   (3) 관성모멘트가 작은 경우
   (4) 부하의 변동이 심한 경우
   (5) 전기자 회로의 저항이 너무 큰 경우

3) 난조 방지 대책
   (1) 조속기의 성능을 너무 예민하게 하지 않는다.
   (2) 단절권, 분포권으로 고조파 제거한다.
   (3) 관성모멘트를 크게 한다.
   (4) 계자의 자극면에 제동권선(Damper Winding)을 설치한다. 회전자속도의 급변화 시 제동권선에 전류가 흘려 회전자속도가 부드럽게 변화도록 한다.

4) 제동권선의 역할
- (1) 기동토크 발생
- (2) 동기기 난조현상 방지
- (3) 부하 불평형 시 전압과 전류의 파형 개선
- (4) 단락사고 시 이상전압 발생 억제

### 예제. 11

동기 발전기에서 부하가 갑자기 변화할 때 발전기의 회전속도가 동기속도 부근에서 진동하는 현상을 무엇이라 하는가?

① 탈조　　　② 공조　　　③ 난조　　　④ 복조

**해설** 동기발전기의 난조

병렬운전하고 있는 발전기에 부하가 갑자기 변하면 발전기는 동기화력에 의하여 새로운 부하에 대응하는 속도가 되려고 한다. 이때 진동주기가 고유진동에 가까워서 공진작용으로 진동이 증대하는 현상을 난조라고 한다.

**정답** ③

### 3. 안정도

1) 안정도 종류
- (1) 정태안정도 : 서서히 증가를 하는 부하에 대하여 계속적으로 운전할 수 있는 능력
- (2) 동태안정도 : 자동전압조정기, 조속기 등 제어계를 고려할 경우의 안정도
- (3) 과도안정도 : 계통에 고장사고와 같은 급격한 외란이 발생하였을 때 계속적으로 운전할 수 있는 능력

2) 안정도 향상 대책
- (1) 단락비를 크게 한다.
- (2) 정상 임피던스를 작게 한다.
- (3) 영상 및 역상 임피던스를 크게 한다.
- (4) 속응여자방식을 채용한다.
- (5) 관성모멘트를 크게 한다.(플라이휠 효과를 크게 할 것)
- (6) 동기 임피던스를 작게 한다.
- (7) 조속기 동작을 신속하게 한다.

## 5 동기전동기의 원리 및 구조

### 1. 동기전동기의 구조

1) 계자가 회전하는 회전계자형이다.

2) 유도전동기와 구조와 원리가 거의 같다.

3) 동기발전기와 구조가 동일하고 방향만 반대이다.

## 2. 동기전동기의 원리

1) 전기자의 권선에 3상 교류 전압을 인가하면 회전 자기장이 만들어지고, 계자가 동기속도로 회전한다.

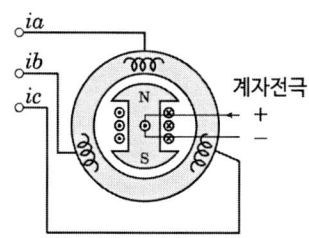

2) 동기전동기의 장점
   (1) 역률 1로 운전이 가능하다.
   (2) 필요시 지상(리액터), 진상(콘덴서)으로 변환이 가능하다.
   (3) 정속도 전동기(속도 불변)
   (4) 유도기에 비해 효율이 좋다.

3) 동기전동기의 단점
   (1) 기동 토크가 발생하지 않는다.
   (2) 기동장치, 여자전원이 필요하다.
   (3) 속도 조정이 곤란하다.
   (4) 난조 발생이 쉽다.

### 예제. 12

동기전동기의 특징에 관한 설명으로 옳은 것은?

① 저속도에서 유도전동기에 비해 효율이 나쁘다.
② 기동 토크가 크다.
③ 필요에 따라 진상전류를 흘릴 수 있다.
④ 직류전원이 필요 없다.

**해설** 동기전동기

- 효율이 좋고 역률 조정이 가능하다.
- 공극이 넓어 기계적으로 튼튼하고 보수가 용이하다.
- 정속도 전동기(속도불변)
- 기동장치와 여자전원이 필요하고 난조가 일어나기 쉽다.

**정답** ③

4) 동기속도

$$N_s = \frac{120f}{P} \text{ [rpm]}$$

5) 회전자계의 속도

$$v = \pi D N_s \text{ [m/min]} = \pi D n_s \text{ [m/sec]}$$

### 예제. 13

동기전동기 12극, 60[Hz] 회전자계의 속도는 몇[m/s] 인가? (단, 회전자계의 극 간격은 1[m]이다.)

① 60  ② 90  ③ 120  ④ 180

**해설** 회전자계의 속도

$v = \pi D N_s \text{ [m/min]} = \pi D n_s \text{ [m/sec]}$

$n_s = \dfrac{2f}{P} = \dfrac{2 \times 60}{12} = 10 [rps]$

$\pi D$ = 회전자계 둘레=12극 × 1[m]

$\therefore v = 10 \times 12 = 120 [m/s]$

**정답** ③

6) 동기전동기의 출력

$$P = \frac{E \cdot V}{x_s} \sin \delta \text{ [W]}$$

## 6 동기전동기의 기동 및 특성

### 1. 동기전동기의 기동

1) 고정자 권선과 회전자
   (1) 기동 시 고정자 권선의 회전 자기장은 동기속도($N_s$)로 빠르게 회전하려고 한다.
   (2) 정지되어 있는 회전자는 관성이 커서 바로 반응하지 못한다.

2) 기동 토크
   (1) 동기 전동기의 기동 토크는 0(Zero)이다.
   (2) 제동권선을 기동권선으로 사용하여 기동 토크를 얻는다.

3) 용도

압축기, 분쇄기, 송풍기 등

## 2. 동기전동기의 기동방법

1) 자기 기동법

(1) 난조방지용 제동권선을 기동권선으로 하여 시동토크를 얻는 방법이다.

(2) 계자 권선을 개방한 채로 전기자에 전원을 가하면 권선수가 많은 계자 회로가 전기자의 회전자계를 쇄교하여 높은 전압을 유기, 소손될 우려가 있다.

(3) 계자권선을 단락하여 절연파괴의 위험을 방지해야 한다.

2) 기동 전동기법

(1) 기동 시 별도의 유도 전동기를 이용하여 기동하는 방식, 이때 기동 시 사용하는 유도 전동기의 극 수는 동기 전동기의 극수보다 2극 정도 적어야 한다.

(2) 동일 극 수로는 동기 전동기의 속도보다 $sN_s$ 만큼 늦는다.

$$N = (1-s)N_s = N_s - sN_s$$

### 예제. 14

8극 동기전동기의 기동방법에서 유도전동기로 기동하는 기동법을 사용하려면 유도전동기의 필요한 극수는 몇 극으로 하면 되는가?

① 6  ② 8  ③ 10  ④ 12

**해설** 동기전동기의 기동

유도전동기로 기동 시 $N_s = \dfrac{120f}{P}$ 에서 극수를 늘려 동기속도를 빠르게 하기위해 동기전동기보다 2극 적게 한다.

**정답** ①

## 3. 위상특성곡선(V곡선)

1) 단자전압과 부하를 일정하게 했을 때 계자전류(여자전류) 변화에 대한 전기자 전류의 크기와 위상 변화를 나타낸 곡선이다.

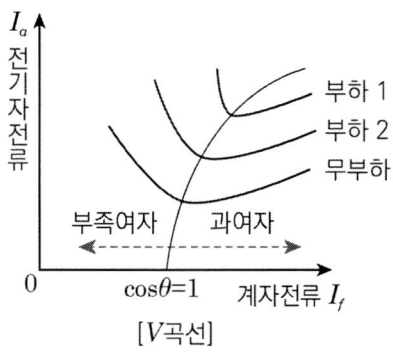

[V곡선]

## 예제. 15

동기 전동기의 위상특성 곡선에 대하여 옳게 표현한 것은? (단, $P$ : 출력, $I_f$ : 계자전류, $E$ : 유도 기전력, $I_a$ : 전기자 전류, $\cos\theta$ : 역률이다.)

① $P - I_f$ 곡선, $I_a$ 일정
② $P - I_a$ 곡선, $I_f$ 일정
③ $P - E$ 곡선, $\cos\theta$ 일정
④ $I_f - I_a$ 곡선, $P$ 일정

**해설** 위상특성곡선

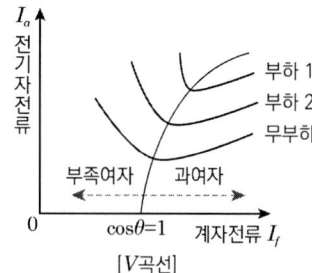

- 부족여자 : 지상, 리액터 역할
- 과여자 : 진상, 콘덴서 역할

**정답** ④

2) 여자가 약할 때(부족여자)
   (1) 리액터 작용, 지상역률을 가진다.
   (2) 전기자 전류 증가하고 자기여자에 의한 전압상승을 방지한다.

3) 여자가 강할 때(과여자)
   (1) 콘덴서 작용, 진상역률을 가진다.
   (2) 전기자 전류 증가하고 역률이 개선된다.

4) $\cos\theta = 1$ 일 때
   (1) $I$와 $V$가 동상이 된다.
   (2) 전기자 전류는 최소이다.
   (3) 계자전류(여자전류)가 변화하면 전기자 전류와 역률이 변화한다.

## 예제. 16

전압이 일정한 도선에 접속되어 역률 1로 운전하고 있는 동기전동기의 여자전류를 증가 시키면 이 전동기의 역률과 전기자전류는?

① 역률은 앞서고 전기자 전류는 증가한다.
② 역률은 앞서고 전기자 전류는 감소한다.
③ 역률은 뒤지고 전기자 전류는 증가한다.
④ 역률은 뒤지고 전기자 전류는 감소한다.

**해설** 위상특성곡선

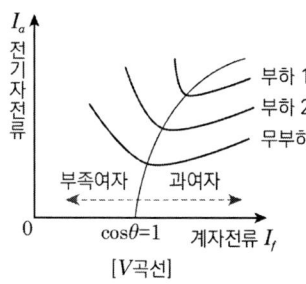

[V곡선]

- 부족여자 : 지상, 리액터 역할
- 과여자 : 진상, 콘덴서 역할

**정답** ①

### 4. 동기조상기

1) 동기조상기의 결선

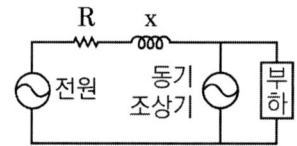

2) 전압조정과 역률의 개선을 위하여 송전 계통에 접속한 무부하의 동기 전동기
3) 동기조상기의 운전
  (1) 과여자로 운전 시
    ① 진상무효전류가 증가하여 콘덴서의 역할을 한다.
    ② 부하의 지상 전류를 보상한다.
    ③ 송전 선로의 역률을 좋게 하고 전압 강하를 줄여준다.
  (2) 부족여자로 운전 시
    ① 지상무효전류가 증가하여 리액터의 역할을 한다.
    ② 자기 여자에 의한 전압 상승을 방지한다.

---

**예제. 17**

동기조상기에 대한 설명으로 옳은 것은?

① 유도부하와 병렬로 접속한다.
② 부하전류의 가감으로 위상을 변화시켜 준다.
③ 동기전동기에 부하를 걸고 운전하는 것이다.
④ 부족여자로 운전하여 잔상전류를 흐르게 한다.

**해설** 동기조상기

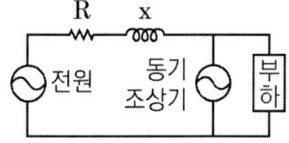

전압조정과 역률의 개선을 위하여 송전 계통에 접속한 무부하의 동기전동기로 부하와 병렬로 접속한다. 과여자로 운전하면 진상전류가 흐르고, 부족여자로 운전하면 지상전류가 흐른다.

정답 ①

# CHAPTER 05 정류기

## 1 교류정류자기

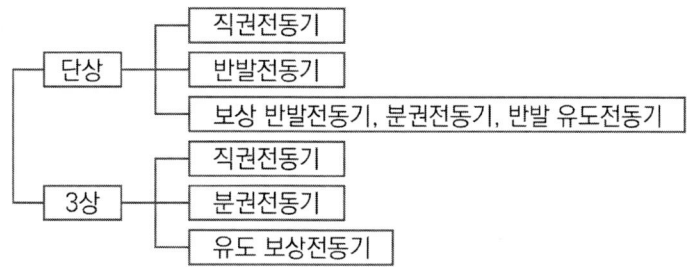

### 1. 교류정류자기의 특징

1) 정류자의 주파수 변환 작용에 의해 동기 속도를 광범위하게 조정할 수 있다.

2) 구조가 일반적으로 복잡하여 고장이 생기기 쉽다.

3) 기동토크가 크고, 기동장치가 필요 없는 경우가 많다.

4) 역률이 높은 편이며, 연속적인 속도 제어가 가능하다.

### 2. 단상 정류자 전동기

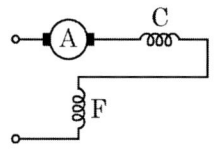

$A$ : 전기자   $C$ : 보상권선   $F$ : 계자권선

1) 단상 직권 정류자 전동기의 종류
   (1) 직권형은 $A$, $F$가 직렬로 되어 있다.
   (2) 보상 직권형은 $A$, $C$ 및 $F$가 직렬로 되어 있다.
   (3) 유도보상 직권형은 $A$, $F$가 직렬로 되어 있고, $C$는 $A$에서 분리한 후 단락되어 있다.

2) 단상 직권 정류자 전동기의 특징
   (1) 직류와 교류를 모두 사용할 수 있다.
   (2) 전기자 코일과 정류자편 사이 고저항의 도선을 사용하여 변압기 기전력에 의한 단락전류를 제한한다.
   (3) 속도가 증가할수록 역률 개선된다.
   (4) 철손을 줄이기 위해 고정자와 회전자의 자로를 성층철심으로 한다.
   (5) 만능전동기로 불린다.

### 예제. 01

**단상 직권 정류자 전동기의 속도를 고속으로 하는 이유는?**

① 전기자에 유도되는 역기전력을 적게 한다.
② 전기자 리액턴스 강하를 크게 한다.
③ 토크를 증가시킨다.
④ 역률을 개선시킨다.

**해설** 단상직권정류자전동기

- 직류와 교류를 모두 사용할 수 있다.
- 전기자 코일과 정류자편 사이 고저항의 도선을 사용하여 변압기 기전력에 의한 단락전류를 제한한다.
- 속도가 증가할수록 역률 개선된다.
- 철손을 줄이기 위해 고정자와 회전자의 자로를 성층철심으로 한다.
- 만능전동기로 불린다.

**정답** ④

3) 단상 직권 정류자 전동기의 용도
   기동토크가 크고 회전수가 크기 때문에 75 [W] 이하의 소출력인 소형공구, 영사기, 치과 의료용 등에 많이 사용한다.

4) 전기자권선의 권수를 계자권선보다 많게 하는 이유
   (1) 주자속을 크게 하고 토크를 증가시킨다.
   (2) 속도 기전력을 크게 한다.
   (3) 역률 저하 방지 및 정류를 개선한다.
   (4) 계자권선의 리액턴스 강하 때문에 계자권선수를 적게 한다.

5) 보상권선의 효과
   (1) 전동기의 역률을 개선한다.
   (2) 전기자의 기자력을 상쇄하여 전기자 반작용을 제거한다.
   (3) 누설리액턴스가 작아진다.

6) 단상 반발 정류자 전동기
   (1) 종류 : 톰슨 전동기, 데리 전동기, 애트킨슨 전동기
   (2) 제작이 용이하다.
   (3) 역률이 나쁘다, 운전 속도에서 50% 이상 이탈 시 정류작용의 약화가 심하다.

### 3. 3상 정류자 전동기

1) 3상 직권 정류자 전동기
   (1) 브러시 이동으로 기동을 하며, 최대 기동토크는 400~500%
   (2) 용도 : 송풍기, 인쇄기, 공장 기계 같이 기동토크가 크고 속도 제어 범위가 넓은 곳에 사용
   (3) 중간 변압기 사용 목적
      ① 전원 전압의 크기에 관계없이 정류자 전압 조정이 가능하다.
      ② 중간 변압기의 권수비를 조정하여 전동기 특성 조정이 가능하다.
      ③ 경부하 시 직권특성에 따른 속도 상승 억제 가능하다.

2) 3상 분권 정류자 전동기(시라게 전동기)
   (1) DC 모터와 비슷하게 브러시가 있고, 브러시 간격을 조절하여 속도 제어
   (2) 브러시의 간격을 바꿈으로써 속도 제어를 원활하게 할 수 있으므로 정방기, 제지기에 사용
   (3) 특성이 가장 뛰어나고 널리 사용되고 있는 전동기
   (4) 정류자권선은 저전압 대전류에 적합

## 2 제어기기 및 보호기기

### 1. 서보모터

1) 서보모터의 정의
   (1) 서보모터는 모터와 구동시스템을 포함하는 것을 칭한다.
   (2) AC모터, DC모터 등을 사용하여 적절한 구동시스템을 구축한다.

2) 서보모터의 종류
   (1) AC서보모터 : 동기기형 AC서보모터, 유도기형 AC서보모터
   (2) DC서보모터 : 전류, 속도, 위치가 제어가능하다.

3) 서보모터의 특성
   (1) 기동 토크가 커야하고 수하특성을 가져야한다.
   (2) 회전부의 관성 모멘트가 작고 전기적 시정수가 짧다.(응답이 빠르다.)
   (3) 회전자가 가늘고 길다.
   (4) 직류 서보모터의 기동토크가 교류 서보모터의 기동토크보다 크다.

## 예제. 02

서보(Servo) 전동기에 대한 설명으로 틀린 것은?

① 회전자의 직경이 크다
② 교류용과 직류용이 있다.
③ 속응성이 높다.
④ 기동·정지 및 정회전·역회전을 자주 반복할 수 있다.

**해설** 서보모터

- 서보모터는 모터와 구동시스템을 포함하는 것을 칭한다.
- AC모터, DC모터 등을 사용하여 적절한 구동시스템을 구축한다
- 기동 토크가 커야하고 수하특성을 가져야한다.
- 응답이 빠르다.
- 회전자가 가늘고 길다.

정답 ①

### 2. 스텝(스테핑)모터 : 펄스 구동 방식의 전동기

1) 스텝모터의 원리
   (1) 직류 전원에 의해 운전된다.
   (2) 펄스 구동 방식의 전동기이다.
   (3) 회전속도는 스테핑 주파수에 비례한다.

2) 스텝모터의 특성
   (1) 정확한 각도 제어가 가능하다.
   (2) 정·역전 및 변속도 용이하다.
   (3) 가속과 감속은 펄스를 조정하면 간단히 제어할 수 있다.
   (4) 브러쉬, 슬립링 등이 필요 없으므로 유지보수가 용이하다.
   (5) 피드백신호가 필요없다.

### 3. 정류자형 주파수 변환기

1) 정류자형 주파수 변환기의 구조
   (1) 회전자는 회전변류기의전기자와 거의 같은 구조이며 3개의 슬립링이 있다.
   (2) 자극마다 전기각이 $\frac{2\pi}{3}$ 간격의 브러시로 구성되어 있다.

2) 정류자형 주파수 변환기의 특성
   (1) 유도전동기의 속도제어(2차여자법)에 사용하며 역률 개선이 가능하다.
   (2) 소용량이고 가장 간단한 것은 회전자만 있고 고정자는 없다.
   (3) 용량이 큰 것은 정류작용을 좋게 하기 위해 고정자에 보상권선과 보극권선을 설치한다.

⑷ 회전방향과 속도에 따라 다향한 주파수를 얻을 수 있다.
⑸ 자기회로의 저항감소를 위해 권선이 없는 성층철심만으로 고정자를 설치한다.

모아바 www.moa-ba.com
모아소방전기학원 www.moate.co.kr

아우름 전기기능장 필기

# PART 03
# 전력전자

# CHAPTER 01 반도체 소자

## 1 전력용 반도체소자의 구조

### 1. 반도체

1) 정의
   (1) 고유 저항이 $10^{-4} \sim 10^{6}\,[\Omega \cdot m]$을 가지는 물질
   (2) 종류 : 셀렌(Se), 실리콘(Si), 게르마늄(Ge), 산화동($Cu_2O$) 등이 있다.

2) 진성 반도체
   (1) 4가(최외각 전자의 수가 4개)의 원자를 의미한다.
   (2) Si, Ge등과 같이 불순물이 섞이지 않은 순수한 반도체이다.

3) 불순물 반도체

| 구분 | 첨가불순물 | | 명칭 | 반송자 |
|---|---|---|---|---|
| P형 반도체 | 3가 원자 | 인듐, 붕소, 알루미늄 | 억셉터 | 정공 |
| N형 반도체 | 5가 원자 | 인, 비소, 안티몬 | 도너 | 과잉전자 |

### 2. PN 접합

1) PN 접합의 특징
   (1) 반도체의 내부에서 P형과 N형의 성질을 나타내는 두 영역 사이의 경계
   (2) 전압의 방향에 따라 전류의 흐름을 결정하는 정류특성을 가진다.
   (3) 다이오드는 PN 접합을 이용한 것이며, 트랜지스터나 사이리스터는 여러 개의 PN 접합을 조합시킨 것이다.

2) PN 접합 바이어스
   (1) 공핍층
      PN 접합면에 캐리어(전자 또는 정공)가 존재하지 않는 영역이다.
   (2) 순방향 바이어스
      P 영역에 (+), N 영역에 (-) 전압을 인가하면 공핍층은 좁아져서 도통 상태가 된다.
   (3) 역방향 바이어스
      P 영역에 (-), N 영역에 (+) 전압을 인가하면 공핍층은 넓어져서 차단 상태가 된다.

## 예제. 01

PN 접합 다이오드에 공핍층이 생기는 경우는?

① 전압을 가하지 않을 때 생긴다.
② 다수 반송파가 많이 모여 있는 순간에 생긴다.
③ 음(-) 전압을 가할 때 생긴다.
④ 전자와 정공의 확산에 의하여 생긴다.

**해설** PN접합 다이오드

PN접합 반도체는 정상 상태에서는 그 접합면과 같이 캐리어가 존재하지 않는 영역인 공핍층이 존재하는데 이는 반송자의 이동에 의해 만들어진다.

**정답** ④

### 3. 다이오드 (Diode)

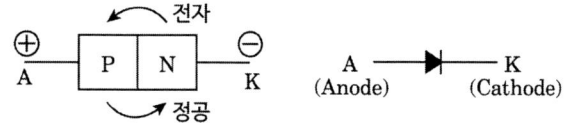

1) 다이오드의 특성
   (1) 단방향성 소자로 양극(애노드)와 음극(캐소드)로 이루어져 있다.
   (2) PN접합구조로 되어 있다.
   (3) 교류를 직류로 변환하는 반도체 정류소자이다.
   (4) Anode에 (-), Cathode에 (+)을 가하면 역방향 바이어스가 되어 OFF된다.
   (5) 다이오드 직렬 추가 : 과전압으로부터 보호하여 입력 전압 증가
   (6) 다이오드 병렬 추가 : 과전류로부터 보호하여 허용 전류 증가

## 예제. 02

반도체 소자 다이오드를 병렬로 접속하는 주된 목적은?

① 고전압화    ② 고주파화    ③ 대용량화    ④ 저손실화

**해설** 다이오드의 접속

- 다이오드 직렬 추가 : 과전압으로부터 보호하여 입력 전압 증가
- 다이오드 병렬 추가 : 과전류로부터 보호하여 허용 전류 증가

**정답** ③

2) 다이오드의 종류
- (1) 정류용 다이오드 : 교류를 직류로 변환하는 정류회로
- (2) 일반용 다이오드 : 스위칭, 검파용 다이오드
- (3) 제너 다이오드 : 정전압 특성을 이용한 회로
- (4) 발광 다이오드 : 발광 특성을 이용한 LED 회로
- (5) 포토 다이오드 : 카메라 노출계에 사용되는 광센서 회로

### 4. 사이리스터(Thyristor)

1) 사이리스터의 구조
- (1) PNPN 접합 구조를 가지고 있는 스위치 반도체 소자의 총칭이다.
- (2) 단자 수에 따라서 2단자, 3단자, 4단자 사이리스터로 나뉜다.
- (3) 전류의 방향에 따라 단방향, 양방향 사이리스터로 나뉜다.

2) 사이리스터의 특성
- (1) 주로 인버터나 초퍼회로와 같은 고속 스위칭 작용을 요구하는 곳에 사용된다.
- (2) 산업용 기기나 대형 컴퓨터 등의 대전류와 대전압에 사용된다.

---

**예제. 03**

사이리스터의 병렬 연결 시 발생하는 전류불평형에 관한 설명으로 틀린 것은?

① 자기적으로 결합된 인덕터를 사용하여 전류 분담을 일정하게 한다.
② 사이리스터에 저항을 병렬로 연결하여 전류 분담을 일정하게 한다.
③ 전류가 많이 흐르는 사이리스터는 내부 저항이 감소한다.
④ 병렬 연결된 사이리스터가 동시에 턴-온 되기 위해서는 점호 펄스의 상승 시간이 빨라야 한다.

**해설** 사이리스터의 병렬연결
병렬 연결된 사이리스터의 전류 분담을 일정하게 하기 위해서는 인덕터를 연결한다.

**정답** ②

---

## 2 사이리스터 (Thyristor)

### 1. SCR (Silicon Controlled Rectifier)

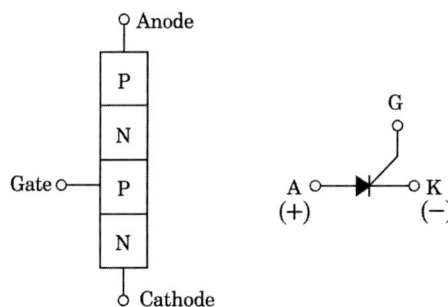

1) SCR의 구조
   (1) PNPN 접합 구조를 가진다.
   (2) 3개의 단자로 구성 : A(Anode), K(Cathode), G(Gate)
   (3) 순방향으로만 작동하는 역저지 단방향 사이리스터이다.

### 예제. 04

그림은 어떤 소자의 구조와 기호이다. 이 소자의 명칭과 ⓐ ~ ⓒ의 단자기호를 모두 옳게 나타낸 것은?

① UJT, ⓐ K(cathode), ⓑ A(anode), ⓒ G(gate)
② UJT, ⓐ A(anode), ⓑ G(gate), ⓒ K(cathode)
③ SCR, ⓐ K(cathode), ⓑ A(anode), ⓒ G(gate)
④ SCR, ⓐ A(anode), ⓑ K(cathode), ⓒ G(gate).

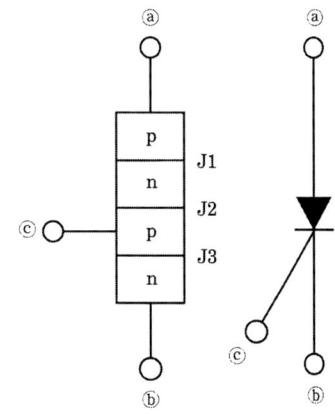

**해설** SCR

- SCR 소자의 접합기호로서 ⓐ A(anode), ⓑ K(cathode), ⓒ G(gate) 로 구성
- ON 상태로 유지하기 위한 최소전류를 유지전류라 한다.(20[mA] 이상)
- 도통된 후 Gate 전류를 차단해도 도통 상태가 유지된다.
- 역전압이 걸리면 소호된다.
- 소호 후 순방향 전압을 인가해도 Gate를 점호하기 전까지는 도통되지 않는다.

정답 ④

2) SCR의 동작원리
   (1) 순방향 전압 인가 후 Gate에 전류를 흘리면 도통이 된다.
   (2) 도통된 후 Gate 전류를 차단해도 도통 상태가 유지된다.
   (3) SCR의 소호(Off)
       ① 역전압이 걸리면 소호된다.
       ② 소호 후 순방향 전압을 인가해도 Gate를 점호하기 전까지는 도통되지 않는다.
   (4) 래칭전류 : 도통(Turn On)시키기 위해 게이트로 흘려야 할 최소전류
   (5) 유지전류 : ON 된 후에 ON상태를 유지하기 위한 최소전류 (20mA)

### 예제. 05

전력변환 장치의 반도체 소자 SCR이 턴온(Turn On)되어 20[A]의 전류가 흐를 때 게이트 전류를 1/2로 줄이면 SCR의 애노드와 캐소드에 흐르는 전류는?

① 40[A]　　② 20[A]　　③ 10[A]　　④ 5[A]

**해설** SCR

- 도통된 후 Gate 전류를 차단해도 도통 상태가 유지되므로 전류는 그대로 흐른다.

**정답** ②

### 예제. 06

사이리스터에 관한 설명이다. 옳지 않은 것은?

① 사이리스터를 턴 온 시키기 위해 필요한 최소한의 순방향 전류를 래칭전류라 한다.
② 도통 중인 사이리스터에 유지전류 이하가 흐르면 사이리스터는 턴 오프 된다.
③ 유지전류의 값은 항상 일정하다.
④ 래칭전류는 유지전류보다 크다.

**해설** SCR

- ON 상태로 유지하기 위한 최소전류를 유지전류라 한다.(20[mA] 이상)
- 도통된 후 Gate 전류를 차단해도 도통 상태가 유지된다.
- 역전압이 걸리면 소호된다.
- 소호 후 순방향 전압을 인가해도 Gate를 점호하기 전까지는 도통되지 않는다.

**정답** ③

　　3) SCR의 특징
　　　　(1) 열의 발생이 작다.
　　　　(2) 과전압에 약하다.
　　　　(3) 열용량이 적어서 고온에 약하다.
　　　　(4) 전류가 흐르고 있을 때 양극의 전압강하가 적다.
　　　　(5) 전류기능을 갖는 단방향성 3소자이다.
　　　　(6) 역률각 이하에서는 제어가 되지 않는다.
　　　　(7) Gate를 이용한 소호가 불가하다.
　　　　(8) 직류, 교류 사용이 가능하다

## 예제. 07

**SCR에 대한 설명으로 옳지 않은 것은?**

① 대전류 제어 정류용으로 이용된다.
② 게이트 전류로 통전전압을 가변시킨다.
③ 주전류를 차단하려면 게이트 전압을 영 또는 부(-)로 해야 한다.
④ 게이트 전류의 위상각으로 통전전류의 평균값을 제어시킬 수 있다.

**해설** SCR
- ON 상태로 유지하기 위한 최소전류를 유지전류라 한다.(20[mA] 이상)
- 도통된 후 Gate 전류를 차단해도 도통 상태가 유지된다.
- 역전압이 걸리면 소호된다.
- 소호 후 순방향 전압을 인가해도 Gate를 점호하기 전까지는 도통되지 않는다.

**정답** ③

### 2. GTO(Gate Turn-Off thyristor)

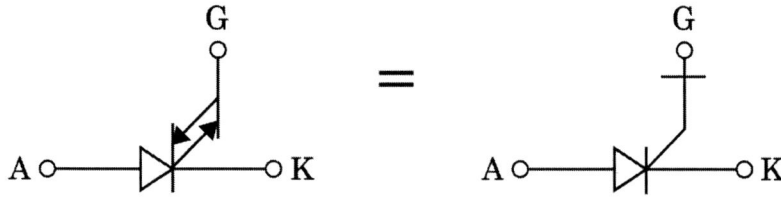

1) GTO의 구조
   (1) SCR과 같이 A(Anode), K(Cathode), G(Gate)의 단자를 가진다.
   (2) 단방향성 3단자 사이리스터 소자

2) GTO의 특성
   (1) 오프(off) 상태에서는 양방향 전압저지능력이 있다.
   (2) 자기소호능력이 있다.
   (3) 게이트에 정(+)의 게이트전류를 흘리면 턴온(Turn-on) 된다.
   (4) 게이트에 부(-)의 게이트전류를 흘리면 턴오프(Turn-off) 된다.

### 예제. 08

다음 사이리스터 중 순방향 전압에서 양(+) 의 전류에 의하여 턴-온 시킬 수 있고, 음(-)의 전류로 턴-오프(Turn-Off) 할 수 있는 것은?

① GTO  ② BJT  ③ UJT  ④ FET

**해설** GTO
- 오프(Off) 상태에서는 양방향 전압저지능력이 있다.
- 자기소호능력이 있다.
- 게이트에 정(+)의 게이트전류를 흘리면 턴-온(Turn-On) 된다.
- 게이트에 부(-)의 게이트전류를 흘리면 턴-오프(Turn-Off) 된다.

**정답** ①

## 3. TRIAC(Triode Switch For AC)

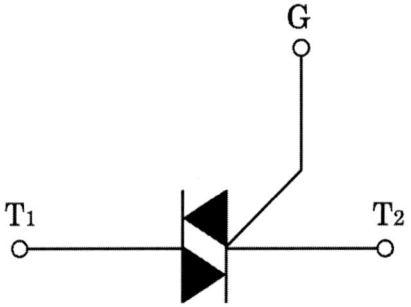

1) TRIAC의 구조
   (1) 양방향 도통소자
   (2) 2개의 SCR을 역병렬 접속한 것과 같다.
   (3) 주단자 ($T_1$, $T_2$) 와 제어단자(G : gate)로 구성

2) TRIAC의 특성
   (1) Gate에 전류를 흘리면 어느 방향이건 전압이 높은 쪽에서 낮은 쪽으로 도통된다.
   (2) 전류 방향이 바뀌면 소호되고, 소호된 후 다시 점호할 때까지 차단 상태를 유지한다
   (3) 턴 온(Turn-on) 되면 전류가 '0'으로 떨어진 후 스위칭이 가능하다.
   (4) 고전류, 고전압에서 사용할 수 없다.

### 예제. 09

트라이액에 대한 설명 중 틀린 것은?

① 3단자 소자이다.
② 항상 정(+)의 게이트 펄스를 이용한다.
③ 두 개의 SCR을 역병렬로 연결한 것이다.
④ 게이트를 갖는 대칭형 스위치이다.

**해설** 트라이액

- 양방향 3단자소자
- 2개의 SCR을 역병렬 접속한 것과 같다.
- 주단자와 제어단자(G : gate)로 구성

**정답** ②

## 4. 그 외 사이리스터

1) 실리콘 제어 스위치 : SCS (Silicon Controlled Switch)
   (1) 추가 게이트 단자가 있는 SCR
   (2) SCS를 통과하는 부하 전류는 애노드 게이트 및 캐소드 단자에 의해 전달되고, 캐소드 게이트 및 애노드 단자는 제어 리드로서의 역할을 한다.
   (3) SCS는 음극 단자와 음극 단자 사이에 양의 전압을 인가하여 켜지고, 음의 전압을 인가하거나 단순히 두 단자를 단락시킴으로써 꺼질 수 있다. (강제 정류)

2) 광 활성화 제어정류기 : LASCR (Light Activated Silicon Controlled Rectifier)
   (1) 감광 역저지 3단자 사이리스터
   (2) PNPN 접합구조로 중앙의 접합부에 빛을 조사하면 점호된다.
   (3) 고압 대전류 응용에 많이 사용된다.

3) 양방향 2단자 사이리스터 : SSS (Silicon Symmetrical Switch)
   (1) 2개의 역저지 3단자 사이리스터를 역병렬 접속시킨 소자
   (2) 게이트 단자가 없다.
   (3) 옥외용 네온사인 등에 사용된다.

4) 정적유도 사이리스터 : SITH (Static Induction Thyristor)
   (1) 게이트에 양(+)의 전압을 인가하면 온(On), 음(-)의 전압을 인가하면 오프(Off) 된다.
   (2) 온, 오프 시간이 매우짧다.
   (3) 대용량, 고내압에 사용된다.

### 예제. 10

그림은 어떤 전력용 반도체의 특성 곡선인가?

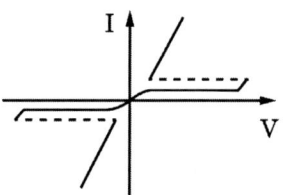

① SSS      ② UJT      ③ FET      ④ GTO

**해설** SSS (양방향 2단자 사이리스터)
- 2개의 역저지 3단자 사이리스터를 역병렬 접속시킨 소자
- 게이트 단자가 없다.
- 옥외용 네온사인 등에 사용된다.

**정답** ①

## 3 트랜지스터 (Transistor)

### 1. 바이폴라 트랜지스터 : BJT (Bipolar Junction Transistor)

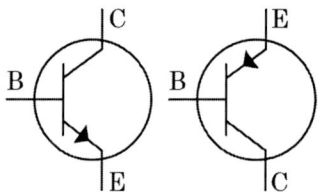

1) BJT의 구성
   (1) P형과 N형 반도체를 3개 층으로 접합하고 베이스(B), 이미터(E), 컬렉터 (C) 3개의 전극으로 구성되어있다.
   (2) 양극성 접합 트랜지스터로 PNP형과 NPN형이 있다.

2) BJT의 특징
   (1) 전극에 가해진 전압이나 전류를 제어해서 신호를 증폭하거나, 스위치 역할을 하는 반도체 소자
   (2) 일반적으로 턴온 상태에서의 전압강하가 전력용 MOSFET보다 작아 전력손실이 적다.
   (3) 베이스전류로 콜렉터와 이미터 간의 전류를 제어(전류제어형 소자)

## 2. 산화 반도체 전계효과 트랜지스터 : MOSFET (MOS Field Effect Transistor)

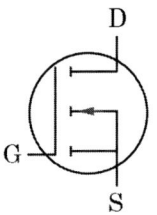 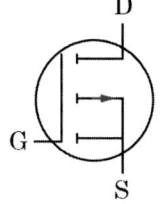 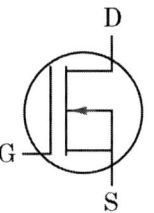 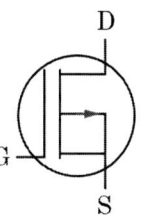

　　　N채널 증가형　　　P채널 증가형　　　N채널 공핍형　　　P채널 공핍형

1) MOSFET 의 종류
    (1) 증가형 : 게이트의 전압이 0[V]일 때, 채널이 형성되지 않기 때문에 외부 바이어스 전압을 가하지 않으면 전류가 거의 흐르지 못한다.(상시 차단소자)
    (2) 공핍형 : 게이트 전압이 0[V] 일 때에도 채널이 존재하고 게이트 전압을 변화시키면 채널의 폭이 바뀌게 된다.

2) MOSFET 의 특징
    (1) 온/오프(On/Off) 제어가 가능한 소자
    (2) 비교적 스위칭 시간이 짧아 높은 스위칭 주파수로 사용할 수 있다.
    (3) 소형의 전력을 다루고 고주파 스위칭을 요구하는 응용분야에 주로 사용한다.

### 예제. 11
MOS-FET의 드레인 전류는 무엇으로 제어하는가?

① 게이트 전압　　② 게이트 전류　　③ 소스 전류　　④ 소스 전압

**해설** MOS-FET 제어

MOS-FET의 게이트 전압은 소스와 드레인 사이의 전류 흐름을 제어한다.

**정답** ①

## 3, 절연 게이트 트랜지스터 : IGBT (Insulated Gate Bipolar Transistor)

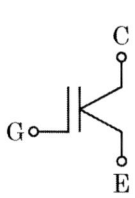 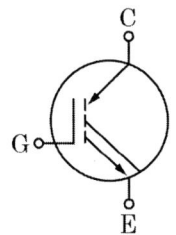 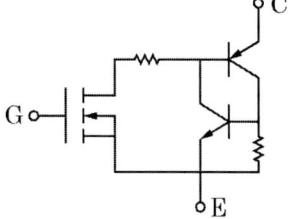

1) IGBT 의 구조
    (1) MOSFET+ BJT + GTO 의 결합형태이다.
    (2) 게이트-이미터 간 전압이 구동되어 입력 신호에 의해서 온/오프가 생기는 자기소호형소자

2) IGBT 의 특징
    ⑴ 스위칭 속도가 빠르다.
    ⑵ 게이트와 이미터 사이의 입력 임피던스가 매우 높아 BJT보다 구동하기 쉽다.
    ⑶ GTO처럼 역방향 전압저지 특성이 있다.
    ⑷ 고전압 대전류 고속도 스위칭을 위해 턴-온(Turn-On) 또는 턴오프(Turn-Off) 시 높은 서지전압이 발생한다.
    ⑸ BJT처럼 On-Drop이 전류에 관계없이 낮고 거의 일정하며, MOSFET보다 훨씬 큰 전류를 흘릴 수 있다.

## 4 그 외 반도체 소자

### 1. 트리거 소자

1) DIAC
    ⑴ Diode 2개를 역병렬 접속한 것과 같다.
    ⑵ 교류 전원으로부터 트리거 펄스를 얻는 회로에 사용된다.
    ⑶ 간단하고 값이 저렴하다.

2) UJT
    ⑴ 세 개의 단자(이미터, 베이스1, 베이스2)를 가지고 있다.
    ⑵ 정격피크 전류가 크고 트리거 전압이 안정적이다.
    ⑶ 소비 전력이 적고 소형이다.

3) PUT
    ⑴ 소형이며 사이리스터와 비슷하게 작동하는 N 게이트 사이리스터
    ⑵ 애노드에 걸리는 전압 증가에 의해 트리거 된다.
    ⑶ 사이리스터의 트리거 용으로 사용된다.
    ⑷ UJT 는 고정소자이고 PUT 는 가변소자이다.

### 2. 기타 소자

1) 포토커플러
    ⑴ 단방향성 소자
    ⑵ 발광소자와 수광소자를 하나의 용기에 넣어 빛을 차단한 구조이다.
    ⑶ 출력 측의 전기적인 조건이 입력 측에 전혀 영향을 끼치지 않는다.

2) 무정전 전원장치 (UPS)
    ⑴ 부하에 전력을 계속해서 공급하는 장치를 말한다.
    ⑵ 정전 등 갑작스런 전원공급 중단 시 발생할 수 있는 데이터의 손실을 줄이기 위해 일정 시간동안 정상적으로 전원을 공급해 준다.
    ⑶ 변압기, 컨버터, 인버터 등으로 분류된다.

3) 황화카드뮴 (CdS)
⑴ 빛에 의한 전도성을 이용한 소자
⑵ 도난방지기, 자동문 및 각종 자동제어 회로에 사용된다.

## 예제. 12

UPS의 기능으로서 가장 옳은 것은?

① 가변주파수 공급
② 고조파방지 및 정류평활
③ 3상 전파정류 방식
④ 무정전 전원공급 가능

**해설** UPS

UPS(Uninterrupted Power Supply)는 무정전 전원 공급장치이다.

**정답** ④

### 3. 특수반도체

1) 서미스터
   ⑴ 열 민감성 이용
   ⑵ 적용 : RC발전기, 화재탐지기, 온도검출
2) 바리스터
   ⑴ 전압의 민감성 이용
   ⑵ 과전압을 억제하기 위한 서지흡수용
   ⑶ 적용 : 소자의 과전압 보호, 전자기기 충격전압 흡수, 통신선로의 피뢰침

## 예제. 13

특정 전압 이상이 되면 ON 되는 반도체인 바리스터의 주된 용도는?

① 온도 보상
② 전압의 증폭
③ 출력전류의 조절
④ 서지전압에 대한 회로보호

**해설** 바리스터

- 과전압을 억제하기 위한 서지흡수용으로 사용한다.
- 통신선로의 피뢰침, 전자기기 충격전압흡수, 과전압보호 등에 사용된다.

**정답** ④

# CHAPTER 02 정류 및 인버터 회로

## 1 정류회로

### 1. 정류회로

1) 정류효율

$$\eta = \frac{직류출력}{교류출력} \times 100[\%]$$

2) 맥동률

(1) 맥류 : 직류에 교류 성분이 포함된 맥동 전류
(2) 평활회로 : 맥류 파형을 제거하여 온전한 직류로 만드는 회로
(3) 맥동률
① 정류된 직류에 교류 성분이 얼마나 포함되어 있는지 나타낸 비율
② 크기가 거의 같은 두 주파수의 간섭으로 생기는 전기 파동의 정도를 규정

$$맥동률 = \frac{교류분}{직류분} \times 100[\%]$$

※ 맥동률 : 파형이 출렁이는 정도

| 구분 | 정류효율[%] | 맥동률[%] | 맥동주파수 |
|---|---|---|---|
| 단상 반파 | 40.6 | 121 | $f_0 = f_i$ |
| 단상 전파 | 81.2 | 48.2 | $f_0 = 2f_i$ |
| 3상 반파 | 117 | 18.3 | $f_0 = 3f_i$ |
| 3상 전파 | 135 | 4.2 | $f_0 = 6f_i$ |

$f_0$ : 맥동(출력)주파수, $f_i$ : 인가(입력)주파수

## 예제. 14

정류회로에서 교류 입력 상(Phase) 수를 크게 했을 경우의 설명으로 옳은 것은?

① 맥동 주파수와 맥동률이 모두 증가한다.
② 맥동 주파수와 맥동률이 모두 감소한다.
③ 맥동 주파수는 증가하고 맥동률은 감소 한다.
④ 맥동 주파수는 감소하고 맥동률은 증가 한다.

**해설** 맥동주파수

※ 맥동률 : 파형이 출렁이는 정도

| 구분 | 정류효율[%] | 맥동률[%] | 맥동주파수 |
|---|---|---|---|
| 단상 반파 | 40.6 | 121 | $f_0 = f_i$ |
| 단상 전파 | 81.2 | 48.2 | $f_0 = 2f_i$ |
| 3상 반파 | 117 | 18.3 | $f_0 = 3f_i$ |
| 3상 전파 | 135 | 4.2 | $f_0 = 6f_i$ |

**정답** ③

## 2. 다이오드 정류회로

1) 단상 반파 정류회로

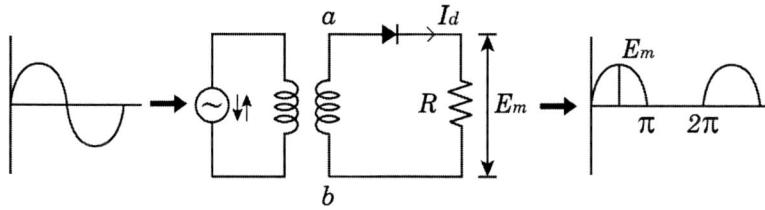

(1) 직류전압

$$E_d = \frac{\sqrt{2}}{\pi} E = 0.45 E \, [\text{V}]$$

(2) 직류전류

$$I_d = 0.45 \cdot \frac{E}{R} \, [\text{A}]$$

(3) 최대역전압 : $PIV = \sqrt{2}\, E = \pi E_d$

## 예제. 15

아래 그림과 같은 반파 다이오드 정류기의 상용 입력전압이 $v_s = V_m \sin\theta$ 라면 다이오드에 걸리는 최대 역전압(Peak Inverse Voltage)은 얼마인가?

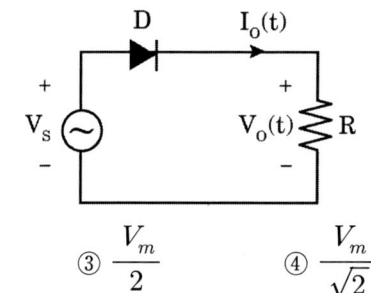

① $\dfrac{V_m}{\pi}$  ② $V_m$  ③ $\dfrac{V_m}{2}$  ④ $\dfrac{V_m}{\sqrt{2}}$

**해설** 단상반파정류회로

다이오드를 이용한 반파정류회로의 최대 역전압 $PIV = \sqrt{2}\,V = V_m$ 이다.

정답 ②

2) 단상 전파 정류회로 (다이오드 2개 사용)

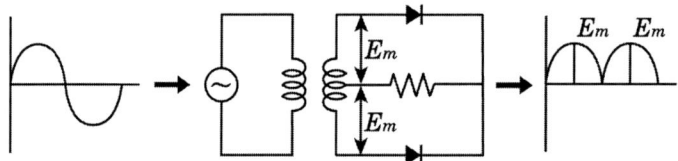

(1) 직류전압

$$E_d = \frac{2\sqrt{2}}{\pi} E = 0.9 E\,[\text{V}]$$

(2) 직류전류

$$I_d = \frac{2\sqrt{2}}{\pi}\frac{E}{R} = 0.9\frac{E}{R}\,[\text{A}]$$

(3) 최대 역전압 : $PIV = 2\sqrt{2}\,E = \pi E_d$

3) 단상 전파 정류회로 (Diode 4개 사용 : 브릿지회로)

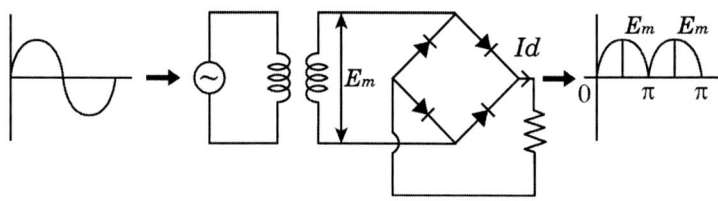

(1) 직류전압

$$E_d = \frac{2\sqrt{2}}{\pi}E = 0.9E\,[\text{V}]$$

(2) 직류전류

$$I_d = \frac{2\sqrt{2}}{\pi}\frac{E}{R} = 0.9\frac{E}{R}\,[\text{A}]$$

(3) 최대 역전압 : $PIV = \sqrt{2}\,E = \frac{\pi}{2}E_d$

### 예제. 16

그림의 회로에서 입력 전원($u_s$)의 양(+)의 반주기 동안에 도통하는 다이오드는?

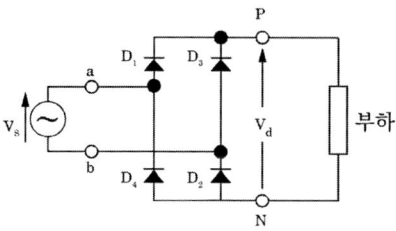

① $D_1, D_2$  ② $D_2, D_3$  ③ $D_4, D_1$  ④ $D_1, D_3$

**해설** 다이오드 회로(브릿지 회로)

- 양(+)의 반주기 동안 : $D_1$, $D_2$가 도통
- 음(-)의 반주기 동안 : $D_3$, $D_4$가 도통된다.

**정답** ①

4) 3상 반파 정류회로

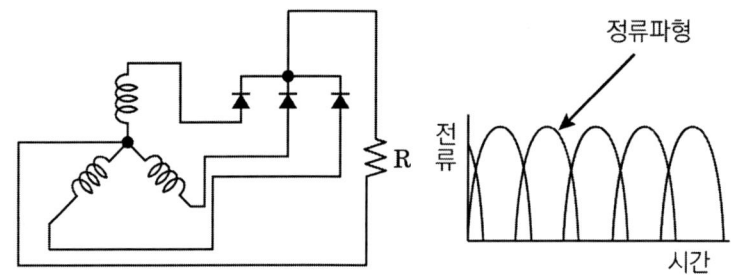

(1) 직류 전압

$$E_d = \frac{3\sqrt{6}}{2\pi} E = 1.17E \, [\text{V}]$$

(2) 직류 전류

$$I_d = \frac{E_d}{R} = 1.17 \frac{E}{R} [\text{A}]$$

### 예제. 17

상전압 300[V]의 3상 반파 정류회로의 직류전압은 몇 [V]인가?

① 117[V]  ② 200[V]  ③ 283[V]  ④ 351[V]

**해설** 정류회로의 직류전압

3상 반파 전류회로의 직류전압은
$E_d = 1.17E = 1.17 \times 300 = 351[\text{V}]$

정답 ④

5) 3상 전파 정류회로

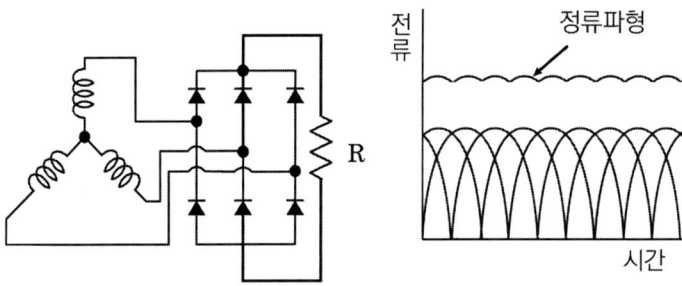

(1) 직류 전압

$$E_d = \frac{3\sqrt{2}}{\pi}E = 1.35E \, [\text{V}]$$

(2) 직류 전류

$$I_d = \frac{E_d}{R} = 1.35\frac{E}{R} \, [\text{A}]$$

### 예제. 18

3상 전파 정류회로에서 부하는 100[Ω]의 순저항 부하이고, 전원 전압은 3상 220[V] (선간전압), 60[Hz]이다. 평균 출력전압 [V] 및 출력전류[A]는 각각 얼마인가?

① 149[V], 1.49[A]
② 297[V], 2.97[A]
③ 381[V], 3.81[A]
④ 419[V], 4.19[A]

**해설** 3상전파정류회로

$$E_d = 1.35E = 1.35 \times 220 = 297[V]$$

$$I_d = \frac{E_d}{R} = \frac{297}{100} = 2.97[A]$$

**정답** ②

### 3. 사이리스터 정류회로의 직류전압

1) 단상 반파 정류회로

(1) 저항만의 부하

$$E_d = 0.45E\left(\frac{1+\cos\alpha}{2}\right) [\text{V}]$$

(2) 유도성 부하 (부하전류가 연속하는 경우)

$$E_d = 0.45E\cos\alpha \, [\text{V}]$$

**예제. 19**

단상 220[V], 60[Hz]의 정현파 교류전압을 점호각 60°로 반파 위상제어 정류하여 직류로 변환하고자 한다. 순저항 부하 시 평균 출력전압은 약 몇 [V]인가?

① 74[V]　　② 84[V]　　③ 92[V]　　④ 110[V]

**해설** 단상 반파 정류회로

$$E_d = 0.45E\left(\frac{1+\cos\alpha}{2}\right)$$
$$= 0.45 \times 220 \times \left(\frac{1+0.5}{2}\right) = 74.25[V]$$

**정답** ①

2) 단상 전파 정류회로
   (1) 저항만의 부하

$$E_d = 0.9E\left(\frac{1+\cos\alpha}{2}\right) [V]$$

   (2) 유도성 부하 (부하전류가 연속하는 경우)

$$E_d = 0.9E\cos\alpha \ [V]$$

3) 3상 반파 정류회로 (유도성 부하)

$$E_d = 1.17E\cos\alpha \ [V]$$

4) 3상 전파 정류회로 (유도성 부하)

$$E_d = 1.35E\cos\alpha \ [V]$$

## 2 인버터 및 컨버터 회로

### 1. 인버터 회로 (역변환 장치)

1) 직류전력을 교류전력으로 변환하는 장치를 말한다.
2) 인버터의 특징에 따른 분류

(1) 전압형 인버터
　① 출력전압파형 : 구형파
　② 출력전류파형 : 톱니파
　③ 직류 측에 정전압원이 되도록 콘덴서가 병렬 접속된다.
　④ 모든 부하에서 정류가 확실하다.
　⑤ 제어회로 및 이론이 비교적 간단하다.
　⑥ 유도성 부하만을 사용할 수 있다.

(2) 전류형 인버터
　① 출력전압파형 : 톱니파
　② 출력전류파형 : 구형파
　③ 직류 측에 정전류원이 되도록 리액터가 직렬로 접속된다.
　④ 비교적 큰 부하에 사용되며 부하의 변동에 따라 전압이 변한다.
　⑤ 직류전원은 높은 임피던스의 전류원을 갖는다.

### 예제. 20

다음은 인버터에 관한 설명이다. 옳지 않은 것은?

① 압원 인버터에는 직류 리액터가 필요하다.
② 전압원 인버터는 전압 파형은 구형파이다.
③ 전류원 인버터는 부하의 변동에 따라 전압이 변동된다.
④ 전류원 인버터는 비교적 큰 부하에 사용 된다.

해설　인버터

전압형 인버터는 직류전원에 콘덴서를 접속한다.

정답 ①

3) 제어방식에 따른 분류
　(1) VVVF : 가변전압 가변주파수 방식
　　유도 전동기에 인가되는 전압과 주파수를 동시에 변환시켜 직류 전동기 제어와 동등한 성능을 갖는다.
　(2) CVCF : 정전압 정주파수 방식
　　전자계산기용 전원, 사무기기 또는 의료기기 등 전력의 고품질화를 요구하는 기기에 광범위하게 사용된다.

### 예제. 21

인버터 제어라고도 하며 유도전동기에 인가되는 전압과 주파수를 변환시켜 제어하는 방식은?

① VVVF 제어방식
② 궤환 제어방식
③ 1단속도 제어방식
④ 워드레오나드 제어방식

**해설** VVVF(가변전압 가변주파수 제어)
인버터 등의 교류 전력을 출력하는 전력 변환 장치에 두어, 출력되는 교류 전력의 실효 전압과 주파수를 임의로 가변 제어하는 기술

**정답** ①

### 2. 컨버터 회로

1) 교류와 직류간의 변환, 교류의 주파수 상호변환 등을 하는 장치를 말한다.
2) 컨버터의 의미
    (1) 교류전력을 직류전력으로 변환
    (2) 교류전력을 다른 교류전력으로 변환 (주파수 변환기)

### 3. 사이클로 컨버터

1) 한 주파수의 교류전력을 더 낮은 주파수의 교류전력으로 변환하는 장치이다.
2) 사이클로 컨버터의 장점
    (1) 낮은 출력 주파수에서 정현파를 전달할 수 있다.
    (2) 중간 단계 없이 전력의 주파수를 변환할 수 있다.
    (3) 속도 범위를 포괄하는 재생능력이 있다.
3) 사이클로 컨버터의 단점
    (1) 출력 주파수는 입력주파수의 약 1/3 이하 이다.
    (2) 고조파와 저출력 주파수 범위로 인해 사용이 제한된다.
    (3) 제어회로가 복잡하다.

### 4. 초퍼 회로 (DC-DC converter)

1) 직류전력을 다른 크기의 직류전력으로 변환하는 장치이다.
2) 초퍼의 분류
    (1) 벅 컨버터(강압용 초퍼)
        ① 입력전압대비 출력전압의 크기를 낮출 때 사용한다.

② 벅 컨버터의 출력단에는 교류성분을 차단하기 위한 필터를 사용한다.

(2) 부스트 컨버터 (승압용 쵸퍼)

① 입력전압대비 출력전압의 크기를 높일 때 사용한다.

(3) 벅-부스트 컨버터

① 강압과 승압이 모두 가능한 컨버터
② 출력 전압을 입력 전압보다 높일 수도 있고 낮출 수도 있다.
③ 전압비

$$\frac{V_0}{V_s} = \frac{T_{on}}{T_{off}} = \frac{T_{on}}{T - T_{on}} = \frac{D}{1-D}$$

$T$: 스위칭 주기, $T_{on}$: 스위치 on 시간, $T_{off}$: 스위치 off 시간, $D$: 듀티비

3) 스위칭 소자로 GTO, 파워 트랜지스터 등을 사용하지만 SCR은 거의 사용하지 않는다.

### 예제. 22

벅 부스트 (Buck-Boost Converter)에 대한 설명으로 옳지 않은 것은?

① 벅 부스트 컨버터의 출력전압은 입력전압보다 높을 수도 있고 낮을 수도 있다.
② 스위칭 주기(T)에 대한 스위치의 온(On) 시간($t_{on}$)의 비인 듀티비 D가 0.5보다 클 때 벅-컨버터와 같이 출력전압이 입력전압에 비해 낮아진다.
③ 출력전압의 극성은 입력전압을 기준으로 했을 때 반대 극성으로 나타난다.
④ 벅 - 부스트 컨버터의 입출력 전압비의 관계에 따르면 스위칭 주기(T)에 대한 스위치 온(On) 시간($t_{on}$)의 비인 듀티비 D가 0.5인 경우는 입력전압과 출력전압의 크기가 같게 된다.

**해설** 벅-부스트 컨버터의 전압비

$$\frac{V_0}{V_s} = \frac{T_{on}}{T_{off}} = \frac{T_{on}}{T - T_{on}} = \frac{D}{1-D}$$

**정답** ②

## 3 과전류 및 과전압에 대한 보호

### 1. 과전압 보호

1) 과전압 발생 요인

(1) 천둥에 의한 서지 전압
(2) 차단기 개폐에 의한 이상 전압
(3) 역회복 특성에 기인한 과전압

2) 과전압으로부터의 보호방법
   ⑴ 차단기 개폐에 의한 이상전압
   ① CR 서지완충기나 스너버 회로를 접속한다.
   ② 스너버 회로 : R, C 로 구성되어있고 반도체 소자와 병렬로 접속한다.
   ⑵ 천둥에 의한 서지 전압
   ① 반도체 피뢰기를 접속한다.

### 예제. 23

스너버(Snubber) 회로에 관한 설명이 아닌 것은?

① R, C 등으로 구성된다.
② 스위칭으로 인한 전압스파이크를 완화시킨다.
③ 전력용 반도체 소자의 보호 회로로 사용 된다.
④ 반도체 소자의 전류 상승률(di/dt)만을 저감하기 위한 것이다.

**해설** 스너버회로

과도한 전류변화 $\left(\dfrac{di}{dt}\right)$나 전압변화 $\left(\dfrac{dv}{dt}\right)$에 의한 전력용 반도체 스위치의 소손을 막기 위해 사용된다.

**정답** ④

## 2. 과전류 보호

1) 과전류 발생 요인
   ⑴ 선로가 합선되어서 단락전류가 흐를 때
   ⑵ 부하의 변동 등에 의해 정격전류보다 큰 전류가 흐를 때

2) 과전류로부터의 사이리스터 보호방법
   ⑴ 직류 고속 차단기 사용한다.
   ⑵ 사이리스터용 고속 한류 퓨즈 사용한다.
   ⑶ 게이트 신호 차단에 의한 지속성 사고 전류를 정지시킨다.
   ⑷ 전원측 교류 차단기 개방한다.

3) 과전류 보호를 위한 회로
   ⑴ 전류제한 퓨즈 사용회로
   ⑵ 리액터 사이리스터 크로우바(Crowbar)회로
   ⑶ 접합부의 온도상승 저지회로

아우름 전기기능장 필기

# PART 04
# 전기설비 설계기초 및 시공

# CHAPTER 01  전기설비설계

## 1 전기설비용 기구와 재료

### 1. 전기설비 공구

#### 1) 게이지

| 공구명 | 그림 | 용도 |
|---|---|---|
| 마이크로미터<br>(Micro Meter) | | 전선의 굵기, 철판, 구리판 등의 두께 측정 |
| 와이어 게이지<br>(Wire Guage) | | 전선의 굵기를 측정 |
| 버니어캘리퍼스<br>(Vernier Calipers) | | 어미자와 아들자의 눈금을 이용하여 두께, 깊이, 안지름 및 바깥지름 측정 |

#### 2) 공구

| 공구명 | 그림 | 용도 |
|---|---|---|
| 펜치<br>(Cutting plier) | | • 전선의 절단 및 접속<br>• 150 [mm](소기구용), 175 [mm](옥내용), 200 [mm](옥외용) |
| 와이어스트리퍼<br>(Wire striper) | | 절연전선 피복의 절연물을 벗기는 공구 |
| 토치램프<br>(Torch lamp) | | • 전선의 납땜 접속<br>• 합성수지관(PVC)의 가공 시 사용 |
| 프레셔 툴<br>(Pressure tool) | | 커넥터 또는 터미널 접속 시 사용 |
| 파이프바이스<br>(Pipe vise) | | 금속관 절단 시 파이프 고정시킴 |

| 오스터<br>(Oster) | | 금속관에 나사를 낼 때 사용 |
|---|---|---|
| 파이프 커터<br>(Pipe cutter) | | 금속관 절단에 사용 |
| 파이프 렌치<br>(Pipe wrench) | | 금속관과 커플링을 물고 죄어 서로 접속할 때 사용 |
| 녹아웃 펀치<br>(Knockout punch) | | 배전반, 분전반 등의 배관을 변경하거나 이미 설치된 캐비닛에 구멍을 뚫을 때 필요한 공구 |
| 리머<br>(Reamer) | | 금속관을 쇠톱이나 커터로 절단 후 관구의 가공 |
| 클리퍼<br>(Cliper) | | 굵은 전선을 절단할 때 사용 |
| 홀소<br>(Hole saw) | | 캐비닛 등과 같은 강철판에 구멍을 원형으로 뚫을 때 사용 |
| 피시테이프<br>(Fish tape) | | 전선관에 전선을 넣을 때 사용하는 평각 강철선 |
| 철망 그립<br>(Pulling grip) | | 여러 가닥의 전선을 전선관에 넣을 때 사용하는 공구 |

## 예제. 01

배전반 또는 분전반의 배관을 변경하거나 이미 설치된 캐비닛에 구멍을 뚫을 때 사용하며 수동식과 유압식이 있다. 이 공구는 무엇인가?

① 클리퍼
② 클릭볼
③ 커터
④ 녹아웃 펀치

**해설** 공구

- 클리퍼 : 굵은 전선을 절단
- 클릭볼 : 목공용 구멍 뚫는 공구
- 녹아웃 펀치 : 배전반, 분전반 등의 구멍을 뚫는 공구

정답 ④

### 예제. 02

금속 전선관을 쇠톱이나 커터로 절단한 다음, 관의 단면을 다듬을 때 사용하는 공구는?

① 리머　　② 홀소
③ 클리퍼　　④ 클릭볼

**해설** 공구

① 리머 : 금속관을 쇠톱이나 커터로 절단 후 관구의 가공
② 홀소 : 캐비닛 등과 같은 강철판에 구멍을 원형으로 뚫을 때 사용
③ 클리퍼 : 굵은 전선을 절단할 때 사용
④ 클릭볼 : 목공용 구멍 뚫는 공구

**정답** ①

## 2. 측정기구

| 명칭 | 실제모습 | 용도 |
|---|---|---|
| 멀티 테스터 (회로 시험기) | | 직류 / 교류 전압, 전류 및 저항 측정 |
| 메거 | | 절연저항 측정 |
| 후크온메터 | | 전류 측정(교류/직류) |
| 네온 검전기 | | 충전유무 조사 |
| 어스 테스터 | | 접지저항 측정 |

## 예제. 03

전동기의 외함과 권선 사이의 절연상태를 점검하고자 한다. 다음 중 필요한 것은 어느 것인가?

① 접지저항계  ② 전압계
③ 전류계  ④ 메거

**해설** 메거

절연저항을 측정하는 계측기이다.

**정답** ④

### 3. 전선

1) 전선의 구비조건
   (1) 경량일 것
   (2) 기계적 강도가 클 것
   (3) 도전율이 클 것
   (4) 비중(밀도)이 작을 것
   (5) 가요성이 풍부할 것
   (6) 부식성이 적을 것
   (7) 내구성이 클 것

2) 단선과 연선
   (1) 단선 : 한 가닥으로 이루어진 전선
   (2) 연선 : 여러개의 단선을 꼬아서 만든 전선
   ① 총 소선수 : $N = 3n(n+1)+1$
   ② 연선의 바깥지름 : $D = (2n+1)d$
   $n$ : 중심 소선을 뺀 층수
   $d$ : 소선의 지름

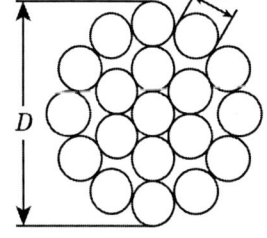

〈 연선의 단면 〉

| 층수(n) | 1 | 2 | 3 | 4 | 5 |
|---|---|---|---|---|---|
| 총 소선수(N) | 7 | 19 | 37 | 61 | 91 |

3) 나전선
   (1) 피복이 없는 전선
   (2) 나전선의 종류
   ① 경동선(12mm 이하), 연동선, 아연도금 강선
   ② 동합금선(단면적 $25mm^2$ 이하)
   ③ 경알루미늄선(단면적 $35mm^2$ 이하)

4) 전선의 굵기 선정 조건
   (1) 허용전류
   (2) 전압강하
   (3) 기계적 강도

5) 절연전선의 종류

| 약호 | 명칭 |
|---|---|
| NR | 450/750 [V] 일반용 단심 비닐절연전선 |
| NF | 450/750 [V] 일반용 유연성 비닐절연전선 |
| NRI | 300/500 [V] 기기 배선용 단심 비닐절연전선 |
| NFI | 300/500 [V] 기기 배선용 유연성 단심 비닐절연전선 |
| OW | 옥외용 비닐절연전선 |
| DV | 인입용 비닐절연전선 |
| FL | 형광 방전등용 비닐전선 |
| NV | 비닐절연 네온전선 |
| HFIX | 450/750 [V]저독성 난연 폴리올레핀 절연전선 |

## 4. 코드

1) 코드의 특징
   (1) 전선 자체가 부드럽다.
   (2) 가요성이 풍부하다.
   (3) 기계적 강도가 약하다.

2) 코드의 종류
   (1) 고무코드 : 심선을 고무절연하고 실로 끝을 편조한 코드
   (2) 비닐코드 : 주석 도금한 연동 연선에 염화비닐수지를 주 절연체로 만든 코드
   (3) 전열기용 코드 : 연동 연선에 종이테이프나 면사로 감는다. 석면을 사용
   (4) 금사코드 : 가용성이 좋고 부드럽다. 전기면도기, 헤어 드라이기 등에 사용

## 5. 케이블

1) 케이블의 종류와 통상 약호
   (1) '~절연 ~시스 케이블'로 지칭한다.
   (2) 케이블 약호의미
      ① R : 고무
      ② V : 비닐
      ③ E : 폴리에틸렌
      ④ C : 가교폴리에틸렌

| 약 호 | 명 칭 |
|---|---|
| RV | 고무절연 비닐시스 케이블 |
| VV | 비닐절연 비닐시스 케이블 |
| EV | 폴리에틸렌 절연 비닐시스 케이블 |
| CV | 가교 폴리에틸렌 절연 비닐시스 케이블 |
| VCT | 비닐절연 비닐 캡타이어 케이블 |
| MI | 미네랄 인슐레이션 케이블 |
| CN-CV | 동심 중성선 차수형 전력 케이블 |
| CN-CV-W | 동심 중성선 수밀형 전력 케이블 |

## 예제. 04

네온관용 전선 표기가 15 kV N-EV 일 때 E는 무엇을 의미하는가?

① 네온전선    ② 클로로프렌    ③ 비닐    ④ 폴리에틸렌

**해설** 전선의 약호

- N : 네온
- E : 폴리에틸렌
- V : 비닐
- C : 가교

∴ 15[kV] 폴리에틸렌 비닐 네온전선

**정답** ④

## 예제. 05

0.6/1 [kV] 비닐절연 비닐 캡타이어 케이블의 약호로서 옳은 것은?

① VCT    ② CVT
③ VV    ④ VTF

**해설** 케이블의 종류

- VCT : 비닐 캡타이어 케이블
- VV : 비닐 절연 비닐 시스 케이블
- VTF : 2개연 비닐 코드

**정답** ①

2) 캡타이어 케이블
   (1) 정의
   도체를 고무 또는 비닐로 절연하고, 천연고무 혼합물(캡타이어)로 외장
   (2) 용도
   ① 사용전압 : 교류에서 600[V]이하, 직류에서 800[V]이하
   ② 이동용 전선으로 사용
   (3) 종류
   ① 고무 캡타이어 케이블 : 외장의 차이에 따라 4종의 등급이 있다.
   ② 크롤로프렌 캡타이어 케이블 : 내유, 내연성이 우수
   ③ 부틸고무 절연 캡타이어 케이블 : 내연, 내유, 내열성이 우수
   ④ 비닐 캡타이어 케이블 : 내유, 내연, 내화학 약품성이 우수

### 6. 개폐기와 스위치

1) 개폐기 설치장소
   (1) 퓨즈 전원 측
   (2) 인입구
   (3) 그 외 전류의 개폐필요 장소
2) 개폐기의 종류

| 종류 | 실제모습 | 특징 | 용도 |
| --- | --- | --- | --- |
| 나이프 스위치 | | 600V 이하의 전기회로 개폐에 사용되는 칼날형 스위치. | • 일반용으로는 사용불가<br>• 취급자만 출입하는 장소의 배전반이나 분전반에 사용 |
| 커버 나이프 스위치 | | 나이프 스위치에 절연체 커버를 설치. 일반적으로 가장 많이 사용된다. | • 옥내 배선의 인입 또는 분기 개폐기로 사용<br>• 과전류 발생 시 퓨즈용단 |
| 안전 스위치 | | 나이프 스위치 또는 슬라이드 방식으로 금속제 함 내부에 장치하고, 외부에서 조작하여 개폐 | • 전등과 전열기구 및 저압 전동기의 개폐에 사용 |
| 전자 개폐기 | | 전자 접촉기와 열동계전기를 조합한 것 | • 모터 및 펌프 등의 주 개폐장치<br>• 원격제어에 사용 |

3) 스위치의 종류

| 종류 | 실제모습 | 특징 |
|---|---|---|
| 텀블러 스위치 |  | • 노브를 상하나 좌우로 움직여 점멸<br>• 종류 : 노출형, 매입형, 3로, 4로 등 |
| 버튼 스위치 |  | • 버튼을 눌러 점멸한다.<br>• 종류 : 매입형, 노출형 |
| 코드 스위치 |  | • 전선의 중간에 위치한다.<br>• 전기방석, 전기담요 등의 코드 중간에 사용 |
| 펜던트 스위치 |  | • 형광등 또는 소형 전기기구의 끝에 매달아 사용하는 스위치 |
| 일광 스위치 |  | • 주위 밝기에 의해 자동으로 점멸<br>• 용도 : 가로등, 정원등, 방범등 |
| 타임 스위치 |  | • 일정한 시간을 정해서 개폐가능하다.<br>• 용도 : 현관조명, 간판, 숙박업소 |
| 풀 스위치 |  | • 끈을 당기서 개폐한다. |
| 캐노피 스위치 |  | • 풀 스위치의 한 종유이다.<br>• 조명기구의 캐노피 안에 스위치가 있다. |
| 로터리 스위치 |  | • 회전 스위치라고도 한다.<br>• 노출형으로 노브를 돌려가며 개폐 또는 세기를 조절할 수 있다. |

## 7. 콘센트와 플러그

1) 콘센트

   (1) 콘센트의 구분

원형 노출 콘센트

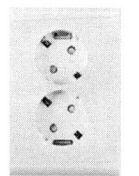

매입형 콘센트

(2) 콘센트 도면 기호

벽에 부착 콘센트

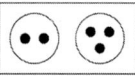
비상 콘센트

| 기호 | 의미 | 기호 | 의미 |
|---|---|---|---|
| ◐S | 1구용 | ◐H | 의료용 |
| ◐ | 2구용 | ◐EX | 방폭형 |
| ◐WP | 방수형 | ◐T | 걸림형 |
| ◐20A | 2P 20A | ◐EL | 누전차단기 붙이 |
| ◐30A | 2P 30A | ◐E | 접지극 붙이 |
| ◐3P | 3극 | ⊙ | 천정 부착형 |

2) 플러그
  (1) 전기기구 코드 끝에 달려 콘센트에 꽂는 배선기구
  (2) 플러그의 종류

| 명칭 | 실제 모습 | 특징 |
|---|---|---|
| 코드 접속기 | | 코드를 서로 접속할 때 사용한다. |
| 멀티 탭 | | 하나의 콘센트에 둘 또는 세 가지의 기구를 사용할 때 사용 |
| 테이블 탭 | | • 코드의 길이가 짧을 때 연장하여 사용한다.<br>• 익스텐션 코드라고도 한다. |

## 8. 과전류 차단기

1) 과전류 차단기
   (1) 정의 : 과전류로부터 기구를 보호해주는 장치
   (2) 종류 : 퓨즈, 배선용 차단기(MCCB) 등

2) 퓨즈
   (1) 구성 : 납 + 주석 또는 아연 + 주석
   (2) 저압 퓨즈

| 정격 전류의 구분 | 시간 | 정격전류의 배수 | |
|---|---|---|---|
| | | 불용단 전류 | 용단 전류 |
| 4 A 이하 | 60분 | 1.5배 | 2.1배 |
| 4 A 초과 16 A 미만 | | | 1.9배 |
| 16 A 이상 63 A 이하 | | 1.25배 | 1.6배 |
| 63 A 초과 160 A 미만 | 120분 | | |
| 160 A 초과 400 A 미만 | 180분 | | |
| 400 A 초과 | 240분 | | |

[퓨즈의 용단 특성]

### 예제. 06

과전류 차단기로 저압전로에 사용하는 퓨즈를 수평으로 붙인 경우, 퓨즈의 정격전류가 30[A]를 넘고 60[A] 이하일 때 몇 분 이내로 용단되어야 하는가?

① 30분　② 60분　③ 120분　④ 180분

**해설** 저압퓨즈의 용단시간

| 정격 전류의 구분 | 시간 |
|---|---|
| 4 A 이하 | 60분 |
| 4 A 초과 16 A 미만 | |
| 16 A 이상 63 A 이하 | |
| 63 A 초과 160 A 이하 | 120분 |
| 160 A 초과 400 A 이하 | 180분 |
| 400 A 초과 | 240분 |

**정답** ②

(3) 고압 퓨즈

① 비포장 퓨즈 : 1.25배에 견디고, 2배의 전류에 2분 안에 용단
② 포장 퓨즈 : 1.3배에 견디고, 2배의 전류에 120분 안에 용단

| 명칭 | 그림 | 용도 |
|---|---|---|
| 실 퓨즈 | | 납과 주석의 합금으로 만든 것으로 정격전류 5 [A] 이하의 것이 많으며, 안전기, 단극 스위치 등에 사용 |
| 훅 퓨즈 (판퓨즈) | | 실퓨즈와 같은 재료의 판 모양 퓨즈 양단에 단자 고리가 있어 나사 조임을 쉽게 할 수 있는 것으로, 정격전류 10~600 [A]까지 있으며 나이프 스위치에 사용 |

[비포장 퓨즈]

| 명칭 | 그림 | 용도 |
|---|---|---|
| 통형퓨즈<br>(칼날단자) |  | 통형퓨즈와 같은 재료로 원통 내부에 판퓨즈를 넣고 칼날형의 단자를 양단에 접속한 것으로, 정격전류 75~600 [A]의 것에 사용 |
| 플러그<br>퓨즈 |  | 자기 또는 특수유리제의 나사식 통 안에 아연재료로 된 퓨즈를 넣어 나사식으로 돌리어 고정하는 것으로, 충전 중에도 바꿀 수 있다. |
| 텅스텐<br>퓨즈 | 유리관 / 텅스텐 선 | 유리관 안에 텅스텐 선을 넣고 연동선이 리드를 뺀 구조로, 정격전류는 0.2 [A]의 미소전류로 계기의 내부 배선 보호용으로 사용 |
| 유리관<br>퓨즈 |  | 유리관 안에 실퓨즈를 넣어 양단에 캡을 씌운 것으로 정격전류는 0.1~10 [A]까지 있으며 TV 등 가정용 전기기구의 전원 보호용으로 사용 |
| 온도퓨즈<br>(서모퓨즈) |  | 주위온도에 의하여 용단되는 퓨즈로 100, 110, 120 [℃]에서 동작하며 주로 난방기구(담요, 장판)의 보호용으로 사용 |

[포장 퓨즈]

### 예제. 07

과전류차단기로 시설하는 퓨즈 중 고압전로에 사용하는 포장 퓨즈는 정격전류의 몇 배의 전류에 견디어야 하는가? (단, 전기설비 기술기준의 판단기준에 의한다.)

① 1.1배  ② 1.3배  ③ 1.5배  ④ 2.0배

**해설** 고압 퓨지의 용단

- 비포장 퓨즈 : 1.25배에 견디고, 2배의 전류에 2분 안에 용단
- 포장 퓨즈 : 1.3배에 견디고, 2배의 전류에 120분 안에 용단

정답 ②

3) 배선용 차단기 (MCCB)
   (1) 역할
      ① 사고전류 및 과전류가 흐를 때, 회로를 차단해 기구를 보호한다.
      ② 개폐기 및 자동차단기 역할을 한다.
   (2) 과전류 차단기 시설 금지 장소
      ① 다선식 선로의 중성선
      ② 접지공사의 접지선

③ 전로의 일부에 접지공사를 한 저압 가공전선로의 접지 측 전선

(3) 정격차단용량

① 단상 : P = 정격전압×정격차단전류

② 3상 : $P_3$ = $\sqrt{3}$ ×정격전압×정격차단전류

| 정격전류 | 시간 | 산업용 | | 주택용 | |
|---|---|---|---|---|---|
| | | 부동작전류 | 동작전류 | 부동작전류 | 동작전류 |
| 63A 이하 | 60분 | 1.05배 | 1.3배 | 1.13배 | 1.45배 |
| 63A 초과 | 120분 | | | | |

## 9. 누전차단기 (ELB)

1) 누전차단기의 역할

   (1) 누전방지
   
   (2) 감전방지
   
   (3) 화재방지

2) 누전차단기의 설치 조건

   (1) 금속제 외함으로 사람의 접촉이 쉬운 장소의 저압기계기구류 (50V 초과)
   
   (2) 주택의 인입구
   
   (3) 사용전압 400[V] 초과의 저압전로

### 예제. 08

과전류 차단기를 설치하면 차단기 동작 시에 접지 보호가 안 되기 때문에 차단기 설치를 금지하고 있는 장소 중 틀린 것은?

① 분기선의 전원 측 전선
② 저압 가공전선로의 접지측 전선
③ 다선식 선로의 중성선
④ 접지 공사의 접지선

**해설** 과전류 차단기의 시설 제한

접지 공사의 접지선, 다선식 전로의 중성선 및 전로의 일부에 접지 공사를 한 저압가공 전선로의 접지측 전선에는 과전류 차단기를 시설하면 안된다.

**정답** ①

### 예제. 09

정격전압 3상 24 [kV], 정격차단전류 300[A]인 수전설비의 차단용량은 몇 [MVA]인가?

① 17.26  ② 28.34
③ 12.47  ④ 24.94

**해설** 수전설비의 차단용량
$= \sqrt{3} \times 정격전압[kV] \times 정격차단전류[kV]$
$= \sqrt{3} \times 24 \times 0.3 = 12.47 [MVA]$

정답 ③

## 2 전기설비설계 이론

### 1. 전압과 전기방식

1) 전압의 종류

(1) 종류

| 구분 | 교류 전압 범위 | 직류 전압 범위 |
| --- | --- | --- |
| 저압 | 1 [kV] 이하 | 1.5 [kV] 이하 |
| 고압 | 1 [kV] 초과 ~ 7 [kV] 이하 | 1.5 [kV] 초과 ~ 7 [kV] 이하 |
| 특별 고압 | 7 [kV] 초과 | |

(2) 용어
  ① 공칭전압 : 선로를 대표하는 선간전압
    ㉠ 송전용 765kV, 345kV, 154kV, 66kV
    ㉡ 배전용 22.9kV, 6600V, 3300V, 380V, 220V
  ② 정격전압 : 사용상 기준이 되는 전압
  ③ 대지전압 : 측정점과 대지 사이의 전압

(3) 승압의 목적
  ① 전력손실 감소
  ② 전압강하 감소
  ③ 공급전력 증대

## 예제. 10

전압의 구분에서 저압 직류전압은 몇[V] 이하인가?

① 400
② 750
③ 1,500
④ 7,000

**해설** 전압의 구분

저압 범위 : 직류 1500V · 교류 1000V 이하

**정답** ③

### 2) 옥내 배전선로의 대지전압 제한

| 구분 | 시공 |
| --- | --- |
| 주택의 옥내전로 | • 옥내 전로의 대지전압 : 300 [V] 이하<br>• 사용전압 : 400 [V] 이하<br>• 사람의 접촉이 쉽지 않아야 한다.<br>• 전로 인입구에는 누전 차단기를 설치한다.<br>• 조명의 안정기는 옥내 배선과 직접 접속한다.<br>• 정격이 2 [kW] 이상 부하는 옥내 배선과 직접 시설하고, 전용의 개폐기 및 과전류 차단기를 시설한다. |
| 주택 이외의 옥내 전로 | • 대지전압 300 [V] 이하 |

## 예제. 11

옥내에 시설하는 전동기에는 전동기가 소손될 우려가 있는 과전류가 생겼을 때에 자동적으로 이를 저지하거나 경보하는 장치를 하여야 한다. 이 장치를 시설하지 않아도 되는 경우는?

① 전류 차단기가 없는 경우
② 정격 출력이 0.2[kW] 이하인 경우
③ 정격 출력이 2[kW] 이상인 경우
④ 전동기 출력이 0.5[kW]이며, 취급자가 감시할 수 없는 경우

**해설** 과부하 보호장치 설치 예외

- 정격출력이 0.2 [kW] 이하인 옥내에 시설하는 전동기
- 정격전류가 16 [A]이하인 단상전동기
- 정격전류가 20 [A] 이하인 배선차단기

**정답** ②

3) 전기방식

| 전기방식 | 결선도 | 공급 전력 | 특징 |
|---|---|---|---|
| 단상 2선식 | | $P = VI$ | • 주택 등 소규모 수용가에 적합하다.<br>• 220 [V]를 사용한다. |
| 단상 3선식 | | $P = 2VI$ | • 공장의 전등, 전열용으로 사용한다.<br>• 110/220 [V] 동시 사용가능 |
| 3상 3선식 | | $P = \sqrt{3}\,VI$ | • 주로 공장 동력용으로 사용한다.<br>• 송전 및 동력선의 배전에 사용되고 있다. |
| 3상 4선식 | | $P = \sqrt{3}\,VI$ | • 부하용량이 큰 동력설비가 설치된 상가, 빌딩, 공장 등에 사용한다.<br>• 크레인이나 큰 에어컨에 사용 |

## 2. 불평형 부하

1) 설비 불평형률
   (1) 중성선과 전압측 전선 간에 부하설비 용량의 차이와 총 부하설비 용량의 평균값의 비를 나타낸 것
   (2) 단상 3선식

   $$\text{불평형률} = \frac{\text{중성선과 각 전선간 부하설비 용량 차}}{\text{총 부하설비 용량} \times \frac{1}{2}}$$

   (3) 3상 3선식, 3상 4선식

   $$\text{불평형률} = \frac{\text{각 단상 부하 설비용량의 최대와 최소차}}{\text{총 부하설비 용량} \times \frac{1}{3}}$$

2) 불평형 문제점
   (1) 변압기 온도 상승, 절연물의 열화 발생
   (2) 전력손실 증가, 설비 이용률 저하

3) 불평형 부하의 제한
   (1) 단상 3선식 : 40 [%] 이하
   (2) 3상 3선식, 3상 4선식 : 30 [%] 이하

4) 불평형 부하의 제한을 받지 않는 경우
   (1) 저압수전에서 전용변압기 등으로 수전하는 경우
   (2) 고압 및 특별고압 수전에서는 100KVA(KW)이하의 단상부하인 경우

(3) 특별고압 수전에서는 100KVA(KW) 이하의 단상변압기 2대로 역V 결선하는 경우
(4) 고압 및 특고압 수전에서 단상 부하용량의 최대와 최소의 차가 100[kVA] 이하인 경우

## 예제. 12

단상 3선식 220/440[V] 전원에 다음과 같이 부하가 접속되었을 경우 설비불평형률은 약 몇 [%]인가?

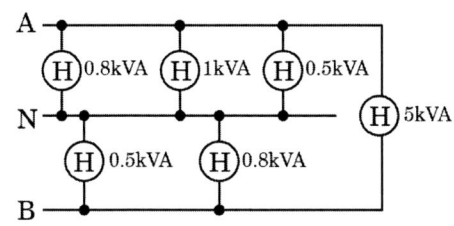

① 23.3  ② 26.2  ③ 32.6  ④ 42.5

**해설** 설비불평형률의 예외

$$= \frac{(0.8+1+0.5)-(0.5+0.8)}{\frac{(0.8+1+0.5+0.5+0.8+5)}{2}} \times 100 ≒ 23.3[\%]$$

**정답** ①

## 예제. 13

저압, 고압 및 특고압 수전의 3상 3선식 또는 3상 4선식에서 불평형 부하의 한도는 단상 접속부하로 계산하여 설비불평형률을 30[%] 이하로 하는 것을 원칙으로 한다. 다음 중 제한에 따르지 않아도 되는 경우가 아닌 것은?

① 저압 수전에서 전용변압기 등으로 수전 하는 경우
② 고압 및 특고압 수전에서 100[kVA] 이하의 단상부하인 경우
③ 특고압 수전에서 100[kVA] 이하의 단상 변압기, 3대로 △결선하는 경우
④ 고압 및 특고압 수전에서 단상 부하용량의 최대와 최소의 차가 100[kVA] 이하인 경우

**해설** 설비불평형률의 예외
- 특고압 수전에서 100[kVA] 이하의 단상변압기 2대로 역V결선하는 경우

**정답** ③

### 3. 전압강하

1) 전압강하
   (1) 송전단 전압과 수전단 전압과의 차
   (2) 수용가의 전력기기는 전압이 정격에서 벗어날 경우 기기의 효율이나 손실 등에 영향을 미친다.

2) 허용 전압강하의 제한
　⑴ 표준 전압의 2 [%] 이하로 하는 것이 원칙이다.
　⑵ 변압기에서 공급되는 경우는 3 [%] 이하로 한다.
3) 전압강하 계산식

| 전기방식 | 전압강하 | 전선 단면적 | 비 고 |
|---|---|---|---|
| 단상 2선식<br>직류 2선식 | $e = \dfrac{35.6LI}{1000A}$ | $A = \dfrac{35.6LI}{1000e}$ | e : 허용 전압강하 [V]<br>L : 전선의 길이 [m]<br>A : 전선의 단면적 [mm$^2$]<br>I : 전류 [A] |
| 3상 3선식 | $e = \dfrac{30.8LI}{1000A}$ | $A = \dfrac{30.8LI}{1000e}$ | |
| 3상 4선식<br>단상 3선식 | $e = \dfrac{17.8LI}{1000A}$ | $A = \dfrac{17.8LI}{1000e}$ | |

## 4. 간선과 분기회로

1) 간선
　⑴ 간선이란
　　① 근간으로 되어 있는 송배전 또는 인입 개폐기 또는 변전실의 저압 배전반에서 분기 보안장치에 이르는 전로
　　② 배전선 또는 송전선으로 주변전소와 각 변전소를 연결하는 선

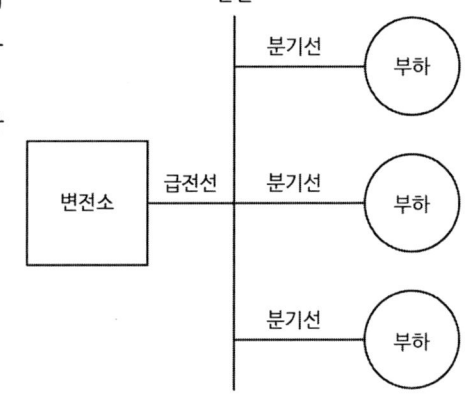

　⑵ 간선의 굵기 결정요소
　　① 간선의 허용전류
　　② 기계적 강도
　　③ 전압강하
　⑶ 간선의 허용전류

| 전동기 정격전류 | 허용전류 계산 |
|---|---|
| 50 [A] 이하 | 정격전류의 합 × 1.25배 |
| 50 [A] 초과 | 정격전류의 합 × 1.1배 |

　⑷ 간선의 수용률

| 대상 | 10 [kVA] 이하 | 10 [kVA] 초과 |
|---|---|---|
| 주택, 아파트, 기숙사, 여관, 호텔, 병원 | 100 [%] | 50 [%] |
| 사무실, 은행, 학교 | 100 [%] | 70 [%] |

**예제. 14**

정격전류가 55[A]인 전동기 1대와 정격전류 10[A]인 전동기 5대에 전력을 공급하는 간선의 허용전류의 최솟값은 몇 [A] 인가?

① 94.5  ② 105.5  ③ 115.5  ④ 131.3

**해설** 간선의 허용전류

정격전류의 합 = $55 + (10 \times 5) = 105[A]$

∴ $105 \times 1.1 = 115.5[A]$

**정답** ③

2) 분기회로
   (1) 분기회로 : 간선으로부터 분기하여 과전류 차단기를 거쳐 각 부하에 전력을 공급하는 배선
   (2) 종류 : 15 [A], 20 [A], 30 [A], 50 [A]
   (3) 부하의 산정

| 구분 | 대상 | 표준 부하 밀도 [VA/m$^2$] |
|---|---|---|
| 표준 부하 | 공장, 공회장, 극장, 교회, 영화관 | 10 |
| | 기숙사, 여관, 호텔, 병원, 음식점, 학교 | 20 |
| | 주택, 아파트, 사무실, 은행, 백화점, 상점, 이발소, 미장원 | 30 |
| | 주택, 아파트 | 40 |
| 부분 부하 | 계단, 복도, 세면장, 창고 | 5 |
| | 강당, 관람석 | 10 |

부하산정용량 = 면적 × 표준부하밀도

   (4) 분기회로 시공
   ① 개폐기 및 과전류 차단기를 설치한다.
   ② 전등과 콘센트는 전용의 분기회로 사용해야 한다.
   ③ 분기회로 길이는 30 [m] 이하로 한다.
   ④ 복도, 계단, 습기가 있는 장소는 별도의 분기회로를 사용한다.
   ⑤ 정확한 부하 산정이 어려운 경우에 시공한다.

(5) 분기회로의 수

$$분기회로수[N] = \frac{부하산정용량[VA]}{전압[V] \times 분기회로정격[A]}$$

### 예제. 15

가로 25[m], 세로 8[m]되는 면적을 갖는 상가에 사용전압 220[V], 15[A] 분기회로로 할 때, 표준부하에 의하여 분기회로수를 구하면 몇 회로로 하면 되는가?

① 1회로   ② 2회로   ③ 3회로   ④ 4회로

**해설** 분기회로수

상가의 표준부하밀도 = 30[VA/m²]
부하산정용량 = 면적×표준부하밀도
           = 25×8×30 = 6000[VA]

$$분기회로수[N] = \frac{부하산정용량[VA]}{전압[V] \times 분기회로정격[A]}$$

$$= \frac{6000}{220 \times 15} = 1.81$$

∴ 2회로

**정답** ②

3) 과부하 보호장치 (간선의 보호장치)
   (1) 설치 위치
       전로 중 도체의 단면적, 특선, 설치방법, 구성의 변경으로 도체의 허용전류 값이 줄어드는 곳(분기점)에 설치해야 한다.
   (2) 설치 방법
       분기회로($S_2$)의 보호장치($P_2$)는 분기점으로부터 3[m]까지 이동하여 설치할 수 있다. (단, $P_2$의 전원 측에서 분기점($O$) 사이에 다른 분기회로 또는 콘센트의 접속이 없고 인체에 대한 위험성이 최소화되도록 시설된 경우).

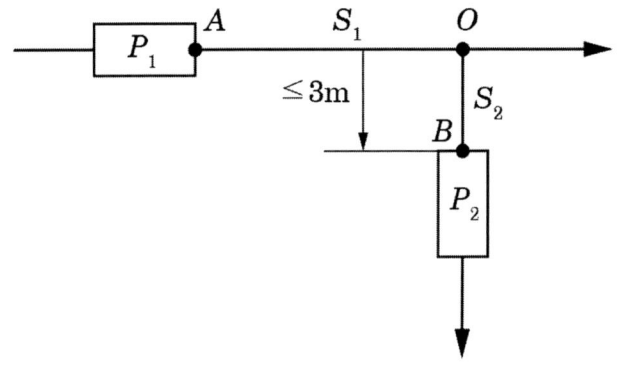

## 3 수변전 설비

### 1. 부하설비 용량

1) 부하용량

전기기기의 온도 상승, 최대 토크, 정류 등을 고려하여 안전하게 부하에 공급할 수 있는 최대 출력

2) 부하설비 용량 산정

(1) 부하율

전기 설비가 어느 정도 유효하게 사용되고 있는지를 나타낸다.

(2) 수용률

① 수용가에 설비된 설비용량에 대하여 실제 사용하고 있는 부하의 전력 비율
② 전력 소비 기기가 동시에 사용되는 정도를 의미한다.

(3) 부등률

① 수용가마다 최대수용전력을 나타내는 시간이 다르다.
② 부등률은 이를 고려한 수치다.

| 구분 | 수식 | 특징 |
|---|---|---|
| 부하율 | $\dfrac{(\text{부하의})\text{평균전력}}{\text{최대수용전력}} \times 100[\%]$ | 높을수록 효율적 사용 |
| 수용률 | $\dfrac{\text{최대수용전력}}{\text{총 부하설비 용량 합계}} \times 100[\%]$ | 1보다 작다 |
| 부등률 | $\dfrac{\text{각 부하의 최대수용전력의 합}}{\text{합성 최대수용전력}} \times 100[\%]$ | 1보다 크다. |

(4) 최대수용전력과 합성최대수용전력

① 최대수용전력 : 수용가가 쓰는 전력의 최댓값
② 합성최대수용전력 : 동시간대 사용부하의 합 중 최댓값

---

### 예제. 16

총 설비용량 80[kW], 수용률 60[%], 부하율 75[%]인 부하의 평균전력은 몇 [kW] 인가?

① 36　　　② 64　　　③ 100　　　④ 178

**해설** 부하설비용량

평균전력 = 부하율 × 수용률 × 총설비용량

∴ 평균전력 = $0.75 \times 0.6 \times 80 = 36[kW]$

**정답** ①

## 2. 수변전설비의 구성

1) 인입기기
   (1) 단로기(DS) : 충전된 전기회로를 개폐하는 장치
   (2) 피뢰기(LA) : 전기설비 기기를 이상전압으로부터 보호하는 장치
   (3) 인입 개폐기(ASS) : 고장구간 자동 개폐기

2) 고압 및 특고압 수전반, 분기반
   (1) 차단기
   (2) 조직개폐기
   (3) 계기용 변압기(PT) : 어떤 전압값을 이에 비례하는 전압값으로 변성하는 장치
   (4) 계기용 변류기(CT) : 어떤 전류값을 이에 비례하는 전류값으로 변성하는 장치
   (5) 영상변류기(ZCT) : 지락 전류를 감지하여 차단기를 작동시키는 장치
   (6) 피뢰기(LA)

3) 고압 및 특고압 개폐기
   (1) 전력퓨즈(PF)
   (2) 컷아웃스위치(COS) : 과전류로부터 변압기를 보호하는 장치
   (3) 유입개폐기(OS) : 보통 상태에서 부하전류를 수동으로 개폐하는 기기

4) 변압기
   (1) 단상변압기
   (2) 3상변압기
   (3) 유입변압기
   (4) 건식변압기

5) 전력용 콘덴서
   (1) 콘덴서 : 전하를 저장하는 기기
   (2) 방전코일 : 콘덴서가 계통에서 분리될 때, 단시간에 전하를 방전시키는 장치
   (3) 직렬리액터
      ① 분로리액터 : 페란티 현상을 방지하기위해 병렬로 사용된다.
      ② 한류리액터 : 단락전류 제한, 차단기의 차단용량을 감소시킬 수 있다.
      ③ 기동용 리액터 : 감압용으로 기동 시 기동전류를 줄여준다.
      ④ 소호 리액터 : 지락전류를 제한하는 역할을 한다.

6) 저압 배선반
   (1) 계기용 변압기(PT)
   (2) 계기용 변류기(CT)
   (3) 배선용 차단기(MCCB) : 전류 이상을 감지하여 선로를 차단해주는 기기
   (4) 누전차단기(ELB) : 누전을 감지하여 차단하는 기기

7) 부하
   (1) 분전반
   (2) 부하설비

# 4 조명설비

## 1. 조명의 용어

| 용어 | 기호 | 단위 | 정의 |
|---|---|---|---|
| 광속 | F | 루멘 [lm] | 광원으로 나오는 복사속을 눈으로 보아 빛으로 느끼는 크기를 나타낸 것 |
| 광도 | I | 칸델라 [cd] | 광원이 가지고 있는 빛의 세기 |
| 조도 | E | 럭스 [lx] | 어떤 물체에 광속이 입사하여 그 면은 밝게 빛나는 정도로 밝음을 의미함 |
| 휘도 | B | 스틸브 [sb], 니트 [nt] | 광원이 빛나는 정도 |
| 광속 발산도 | R | 레드럭스 [rlx] | 물체의 어느 면에서 반사되어 발산하는 광속 |

### 1) 광속 (F)

(1) 구광원 $F = 4\pi I \,[\text{lm}]$

(2) 원주광원 $F = \pi^2 I \,[\text{lm}]$

(3) 평면판광원 $F = \pi I \,[\text{lm}]$

### 2) 광도 (I)

$$I = \frac{F}{\omega} \,[\text{cd}]$$

### 3) 조도 (E)

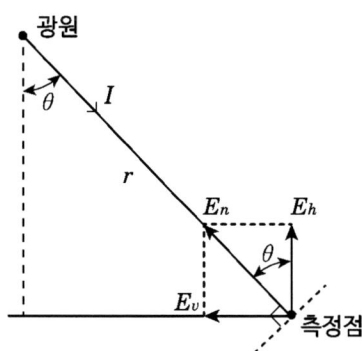

(1) 법선 조도 $E_n = \dfrac{I}{r^2}$

(2) 수평면 조도 $E_h = E_n \cos\theta = \dfrac{I}{r^2}\cos\theta$

(3) 수직면 조도 $E_v = E_n \sin\theta = \dfrac{I}{r^2}\sin\theta$

4) 휘도 (B)

$$B = \frac{I}{A}[\text{nt}]$$

5) 광속 발산도 (R)

$$R = \frac{F}{A}[\text{rlx}]$$

## 2. 조명방식

1) 조명기구의 배치에 의한 분류

| 조명방식 | 특징 |
|---|---|
| 전반조명 | • 작업면 전반에 균등한 조도를 가지게 하는 방식<br>• 광원을 일정한 높이와 간격으로 배치함<br>• 일반적으로 사무실, 학교, 공장 등에 사용됨 |
| 국부조명 | • 작업면의 필요한 장소만 고조도로 하기 위한 방식<br>• 그 장소에 조명기구를 밀집하여 설치<br>• 밝고 어둠의 차이가 커 눈부심과 눈의 피로가 발생 |
| 전반국부<br>조명 | • 전반조명과 국부조명의 장점만 채용한 방식<br>• 병원 수술실, 공부방, 기계공작실 등에 사용 |

2) 조명기구의 배광에 의한 분류

| 조명 방식 | 직접 조명 | 반직접 조명 | 전반확산 조명 | 반간접 조명 | 간접 조명 |
|---|---|---|---|---|---|
| 상향 광속 [%] | 0~10 | 10~40 | 40~60 | 60~90 | 90~100 |
| 조명 기구 | | | | | |
| 하향 광속 [%] | 100~90 | 90~60 | 60~40 | 40~10 | 10~0 |

### 예제. 17

반사 갓을 사용하여 90~100[%] 정도의 빛이 아래로 향하고, 10[%] 정도가 위로 향하는 방식으로 빛의 손실이 적고, 효율은 높지만, 천장이 어두워지고 강한 그늘과 눈부심이 생기기 쉬운 조명방식은?

① 직접조명
② 반직접조명
③ 전반확산조명
④ 반간접조명

**해설** 조명기구의 배광에 의한 분류

| 조명 방식 | 직접 조명 | 전반확산 조명 | 간접 조명 |
|---|---|---|---|
| 상향 광속[%] | 0~10 | 40~60 | 90~100 |
| 하향 광속[%] | 100~90 | 60~40 | 10~0 |

**정답** ①

### 3. 건축화 조명

1) 천장 매입방식

   (1) 광량 조명

   ① 등기구를 천장에 반 매입하는 방식으로 일렬로 시공한다.
   ② 일반적으로 많이 쓰이는 방식중 하나이다.

   (2) 코퍼 조명

   ① 천장 면에 원형, 사각형 등의 구멍을 뚫어 기구를 매입한 방식
   ② 매입정도에 따라 다른 분위기가 연출된다.

   (3) 다운라이트 조명

   ① 천장에 작은 구멍을 뚫어 그 속에 등을 매입시키거나 매달아서 설치
   ② 집적조명에 많이 사용한다.

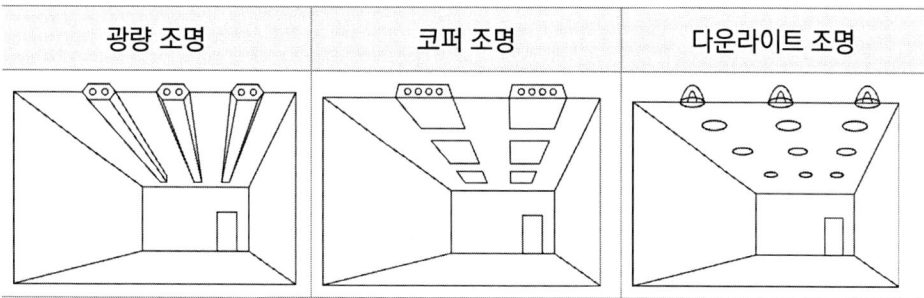

| 광량 조명 | 코퍼 조명 | 다운라이트 조명 |

2) 천장면 광원방식

   (1) 광천장 조명

   ① 천장면 전체에 고르게 시공한다.
   ② 그림자 없는 공간을 만들 수 있다.

(2) 루버조명

① 천장 면에 루버 판을 설치하고 그 안에 직접 조명을 설치한 방식

② 눈부심이 적고 낮과 같은 환경을 만들 수 있다.

③ 청소와 교체가 어렵다.

(3) 코브조명

① 벽이나 천장면에 플라스틱, 목재 등을 이용하여 광원을 감추어 천장면을 비추는 방식

② 밝기가 균일하다.

③ 충분한 밝기를 위해서 보조조명이 필요하다.

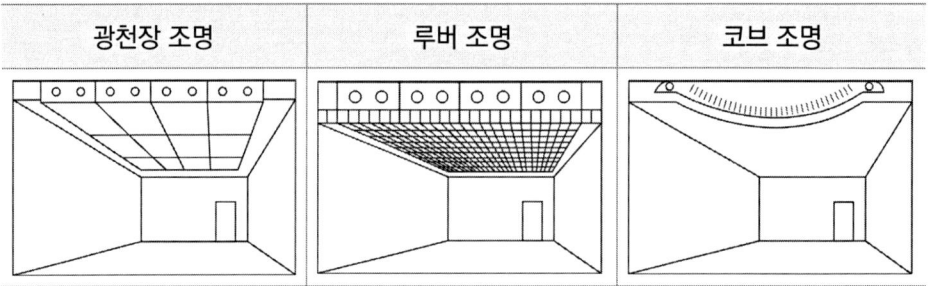

| 광천장 조명 | 루버 조명 | 코브 조명 |

3) 벽면 광원방식

(1) 코니즈조명

① 천장과 벽면의 경계구역에 돌출형태를 만들어 그 내부에 조명기구를 설치하는 방식

② 간접 또는 반간접조명 형식으로 많이 사용된다.

(2) 밸런스조명

① 벽면조명으로 벽면에 나누어 금속판을 시설하여 그 내부에 램프를 설치하는 방식

② 상부의 천정과 하부의 벽면을 비춘다.

(3) 광벽조명

① 벽의 일부에 창문 모양으로 조명을 설치한다.

② 창으로부터 빛이 나는 느낌이다.

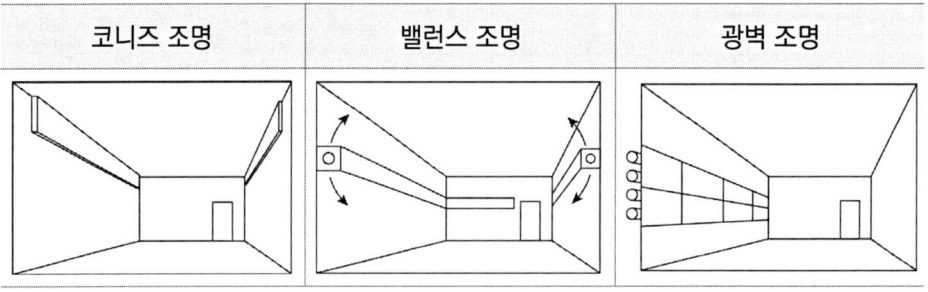

| 코니즈 조명 | 밸런스 조명 | 광벽 조명 |

## 4. 조명의 계산

1) 광속의 결정

$$UNF = EAD$$

총 광속 $F = \dfrac{EAD}{UN} = \dfrac{EA}{UNM}$ [lm]

$U$ : 조명률  $N$ : 소요 등수  $F$ : 1등당 광속
$E$ : 평균 조도  $A$ : 실내의 면적  $D$ : 감광 보상률
$M$ : 보수율(감광 보상률의 역수)

(1) 조명률 (U)
   ① 광원의 총 광속 중 작업 면에 도달하는 광속의 비율을 의미
   ② 실지수, 조명기구의 종류, 실내면의 반사율, 감광보상률에 따라 결정

(2) 감광 보상률 (D)
   ① 소요 광속에 여유를 두는 정도
   ② 경년변화, 환경변화에 따른 광속의 감소 정도 고려한다.

(3) 보수율 (M)
   ① 감광 보상률의 역수
   ② 평균 조도를 유지하기 위한 조도 저하에 따른 보상계수

### 예제. 18

1200[lm]의 광속을 갖는 전등 10개를 120[m$^2$]의 사무실에 설치할 때 조명률이 0.5 이고 감광보상률이 1.5 이면 이 사무실의 평균조도는 약 몇 [lx]인가?

① 7.5
② 15.2
③ 33.3
④ 66.6

**해설** 조명의 계산

$UNF = EAD$ 에서 조명률 $U = 0.5$, 등 수 $N = 10$
광속 $F = 1200$, 실내면적 $A = 120$, 감광보상율 $D = 1.5$

$E = \dfrac{UNF}{AD} = \dfrac{0.5 \times 10 \times 1200}{120 \times 1.5} = 33.33$ [lx]

정답 ①

### 2) 실지수의 결정

(1) 실지수는 실내의 크기 및 형태를 나타내는 척도

(2) 실지수 $= \dfrac{X \cdot Y}{H(X+Y)}$

$X$ : 방의 가로 길이
$Y$ : 방의 세로 길이
$H$ : 작업 면으로부터 광원의 높이

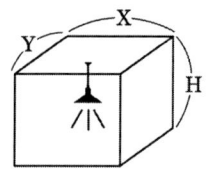

## 5 공사비 산출

### 1. 전기공사의 내역서

1) 적산과 견적
   (1) 적산 : 공사에 필요한 재료 및 품의 수량, 공사량을 산출하는 기술활동
   (2) 견적 : 산출된 공사량에 단가를 곱하여 공사비를 계산하는 기술활동

2) 내역서의 필요성
   (1) 예산을 결정하기위한 자료로 사용한다.
   (2) 설계비 계산의 근거자료가 된다.
   (3) 시공에 필요한 비용 확보를 위한 자료로 활용한다.
   (4) 예산의 집행에 있어서 공정성을 확인하기 위한 자료가 된다.
   (5) 공사 중 설계변경에 필요한 자료로도 쓰인다.

### 2. 총원가

1) 공사원가
   (1) 재료비
      ① 직접재료비 : 공사물의 실체를 형성하는 물품에 대한 재료비
      ② 간접재료비 : 공사에 보조적으로 소비되는 재료비
      ③ 소모재료비 : 장갑이나 보호장구 같은 소모성 재료비
      ④ 가설재료비 : 시공을 위해 필요한 가설품목에 대한 재료비
   (2) 노무비
      ① 직접노무비 : 직접작업에 종사하는 노무자에게 지급되는 기본급, 수당, 상여금, 퇴직급여 충당금의 합계액
      ② 간접노무비 : 보조작업에 종사하는 노무자에게 지급되는 기본급, 수당, 상여금, 퇴직급여 충당금의 합계액
      ③ 간접노무비율 $= \dfrac{간접노무비합계}{직접노무비합계}$

(3) 경비
    ① 공사원가에서 재료비와 노무비를 제외한 원가
    ② 전력비, 운반비, 기술료, 연구개발비, 품질관리비, 보험료, 지급수수료, 임차료, 복리후생비, 보관비, 통신비, 교통비, 폐기물처리비 등을 말한다.

2) 일반관리비
    (1) 영업비용중 판매비를 제외한 작업현장 외 사무실 직원에 대한 노무비
    (2) 공사원가에 대하여 일정한 비율로 책정된다.

| 공사원가 | 일반관리비율 |
|---|---|
| 5억 미만 | 6[%] |
| 5억~30억 | 5.5[%] |
| 30억 이상 | 5[%] |

[전기공사 일반관리비 비율]

### 예제. 19
공사원가는 공사시공 과정에서 발생한 항목의 합계액을 말하는데 여기에 포함되지 않는 것은?
① 경비   ② 재료비   ③ 노무비   ④ 일반관리비

**해설** 공사원가
재료비, 노무비, 경비의 합계

**정답** ④

3) 이윤
    (1) 이윤계산

$$이윤 = (노무비 + 경비 + 일반관리비) \times 이윤율 [\%]$$

    (2) 이윤은 제조인 경우 25[%], 공사인 경우 15[%]를 초과할 수 없다

# CHAPTER 02 전기설비시공

## 1 배관공사

### 1. 합성수지관 공사

1) 합성수지관의 특징
   (1) 절연성과 내부식성이 우수하다.
   (2) 가볍고 시공이 용이하다.
   (3) 비자성체이므로 접지가 필요 없다(피뢰기, 피뢰침의 접지선 보호에 적합).
   (4) 열에 약하고, 충격강도가 떨어진다(기계적 강도 저하).

2) 합성수지관의 종류

| 종류 | 실제모습 | 특징 |
|---|---|---|
| 경질비닐 전선관 (PVC) |  | • 합성수지관 중에서 강도가 가장 세다.<br>• 열을 가하여 가공한다.<br>• 관의 굵기 : 14, 16, 22, 28, 36, 42, 54, 70, 82<br>• 한 본의 길이 : 4 [m] |
| 폴리에틸렌 전선관(PE) |  | • PVC에 비해 부드러워서 배관 작업 시 토치램프로 가열할 필요가 없다.<br>• 관의 굵기 : 14, 16, 22, 28, 36, 42 |
| 합성 수지제 가요 전선관 (CD) |  | • 가요성이 뛰어나 굴곡된 배관작업이 용이하다.<br>• 관의 내면이 파부형이므로 마찰계수가 적어 굴곡이 많은 배관에도 전선 인입이 용이하다.<br>• 결로현상이 적어서 0℃ 이하에서도 사용가능하다.<br>• 관의 굵기 : 14, 16, 22, 28, 36, 42 |

※ 관의 굵기는 안지름 크기에 가까운 짝수이다.

3) 합성수지관의 시공
   (1) 절연전선 사용(OW 제외)
      ① 단선일 때 구리선 10[mm$^2$]이하 알루미늄선 16 [mm$^2$] 이하 사용
      ② 그 이상은 연선 사용
   (2) 관내에 전선의 접속점을 만들지 않는다.
   (3) 관의 지지점간 거리 : 1.5[m] 이하
   (4) 직각으로 구부릴 때(L형)곡률 반지름 : 관 안지름의 6배

$$r = 6d + \frac{D}{2}$$

$d$ : 안쪽 반지름   $D$ : 바깥쪽 반지름

　(5) 이중천장 내에는 시설 할 수 없다.
　(6) 합성수지관의 접속 시 삽입하는 관의 길이
　　　① 관 상호접속은 커플링을 이용한다.
　　　② 삽입하는 관의 길이 : 바깥지름의 1.2배(접착제 사용시 0.8배) 이상

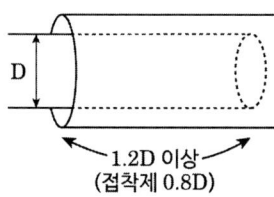

　　　③ 합성수지제 가요전선관 상호간은 직접 접속하지 않는다.

### 예제. 20

합성수지관공사에 의한 저압 옥내배선에 대한 내용으로 틀린 것은?

① 관의 지지점 간의 거리를 2[m]로 하였다.
② 전선은 절연전선으로 14[mm²]의 연선을 사용하였다.
③ 습기가 많은 장소의 관과 박스의 접속 개소에 방습장치를 하였다.
④ 관 상호 간 및 박스와는 관을 삽입하는 깊이를 관의 바깥지름의 1.2배로 하였다.

**해설** 합성수지관 공사의 시공

합성수지관의 지지점 간의 거리는 1.5[m] 이내로 하여야 한다.

**정답** ①

## 2. 금속관 공사

1) 금속관의 특징
　(1) 전선이 기계적으로 완전히 보호된다
　(2) 단락사고, 접지사고 등에 있어서 화재 우려가 적다.
　(3) 접지공사를 완전히 하면 감전의 우려가 없다.
　(4) 방습 장치가 가능해, 전선을 내수적으로 시설 할 수 있다.
　(5) 전선의 노후화나 배선 방법 변경 시 전선 교환이 쉽다.

2) 금속관의 종류

| 구분 | 후강 전선관 | 박강 전선관 |
|---|---|---|
| 관의 호칭 | 안지름에 가까운 짝수 | 바깥지름에 가까운 홀수 |
| 종류 | 16, 22, 28, 36, 42, 54, 70, 82, 92, 104 | 15, 19, 25, 31, 39, 51, 63, 75 |
| 한본의 길이 | 3.6 [m] | |

3) 금속관의 시공
   (1) 전선은 절연전선 사용 (OW 제외)
      ① 단선일 때 구리선 10[mm$^2$]이하 알루미늄선 16[mm$^2$]이하 사용
      ② 그 이상은 연선 사용
      ③ 교류 회로에서는 1회로의 모든 전선을 동일한 관에 넣는다.
      ④ 전선은 금속관 안에서 접속점이 없도록 한다.
   (2) 관의 두께와 공사
      ① 콘크리트에 매설하는 경우 : 1.2[mm] 이상
      ② 기타 : 1[mm] 이상
      ③ 이음매가 없는 길이 4[m]이하인 것 : 0.5[mm]이상
   (3) 노출 배관 시 지지점 간 거리 : 2 [m] 이하
   (4) L형 곡률 반지름(밴더 사용) : 관 안지름의 6배 이상

$$r = 6d + \frac{D}{2}$$

$d$ : 안쪽 반지름    $D$ : 바깥쪽 반지름

### 예제. 21

금속(후강) 전선관 22[mm]를 90°로 굽히는데 소요되는 최소 길이(mm)는 약 얼마이면 되는가? (단, 곡률반지름 $r \geq 6d$로 한다.)

| 관의 호칭 | 안지름(d) | 바깥지름(D) |
|---|---|---|
| 22 | 21.9[mm] | 26.5[mm] |

① 145     ② 228     ③ 245     ④ 268

**해설** 곡률반지름

$$r = 6d + \frac{D}{2} = 6 \times 21.9 + \frac{26.5}{2} = 144.65 [mm]$$

$$L = \frac{2\pi r}{4} = \frac{2 \times 3.14 \times 144.65}{4} = 227.2 [mm]$$

정답 ②

(5) 금속관과 전선의 단면적관계
    ① 동일한 굵기의 절연전선을 넣을 경우 : 전선관 내 단면적의 48% 이하
    ② 다른 굵기의 절연전선을 넣을 경우 : 전선관 내 단면적의 32% 이하

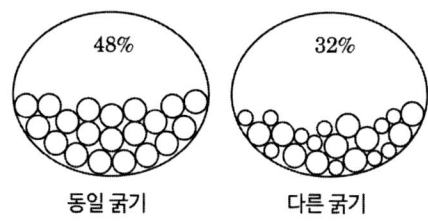

(6) 누전사고의 방지를 위해 접지공사를 실시하여야 한다.

4) 금속관 시공 시 사용되는 부품

| 부품 종류 | 실제 모습 | 용도 |
| --- | --- | --- |
| 로크너트 |  | 전선관과 BOX와 연결 시 사용 |
| 절연부싱 |  | 전선의 피복보호, 금속관 끝에 사용 |
| 엔트런스 캡 |  | 저압 가공 인입선의 인입구 |
| 유니온 커플링 |  | 관 상호 접속용 |
| 노멀 밴드 |  | 매입 배관의 직각 굴곡 부분에 사용 |
| 유니버셜 엘보우 |  | 노출 배관 공사 시 관을 직각으로 굽히는 곳에 사용 |
| 링 리듀셔 |  | BOX의 녹아웃 지름이 관 지름보다 클 때 사용 |
| 새들 |  | 노출 공사 시 배관을 고정 할 때 사용 |

### 예제. 22

다음 중 엔트런스 캡의 주된 사용 장소는?

① 부스 덕트의 끝부분의 마감재
② 저압 인입선공사 시 전선관 공사로 넘어 갈 때 전선관의 끝부분
③ 케이블 트레이의 끝부분 마감재
④ 케이블 헤드를 시공할 때 케이블 헤드의 끝부분

**해설** 엔트런스 캡

저압 인입선 공사 시 전선관에 빗물 등이 들어가지 않도록 하기위해 전선관의 끝부분에 설치한다.

**정답** ②

### 3. 금속제 가요전선관 공사

1) 금속제 가요전선관의 종류
　⑴ 제1종 금속제 가요전선관
　　① 플렉시블 전선관이라고도 한다.
　　② 유연성이 풍부하고 방수형, 비방수형, 고장력형이 있다.
　⑵ 제2종 금속제 가요전선관
　　① 플리커 튜브라고도 하고 방수형과 비방수형이 있다.
　　② 내부에 절연파이버나 종이 등이 감겨있다.
　　③ 제1종 금속제 가요전선관보다 내력 강도가 세고 절연성능이 우수하다.
　　④ 가격이 높아 특별한 화학, 반도체 생산 현장에서 많이 사용된다.
　⑶ 호칭 : 안지름에 가까운 홀수(15, 19, 25, 31, 39, 51, 63[mm])

2) 금속제 가요전선관의 시설 조건
　⑴ 절연전선 사용(OW 제외)
　　① 단선일 때 구리선 10 [$mm^2$]이하 알루미늄선 16 [$mm^2$] 이하 사용
　　② 그 이상은 연선 사용
　⑵ 관내에 전선의 접속점을 만들지 않는다.
　⑶ 건조하고 전개된 장소와 점검할 수 있는 은폐장소에 시설 가능하다.
　　(단, 기계적 충격을 받을 우려가 있는 장소는 피할 것)
　⑷ 지지점간 거리 : 1 [m] 이하
　⑸ L형 곡률 반지름 : 관 안지름의 6배 이상 (관을 시설하거나 제거가 자유로운 경우는 3배)

3) 가요전선관 및 부속품의 시설
　⑴ 금속제 가요전선관의 접속 시 부속품
　　① 가요 전선관 상호 접속 : 스플릿 커플링
　　② 가요 전선관과 금속관과의 접속 : 콤비네이션 커플링
　　③ 가요 전선관과 BOX와의 접속 : 스트레이트 BOX커넥터, 앵글 BOX커넥터

(2) 가요전선관의 시설
① 가요전선관의 끝부분은 피복을 손상하지 않는 구조로 만든다.
② 물기가 있는 장소에는 비닐 피복 2종 가요전선관을 사용한다.
③ 1종 전선관에는 단면적 2.5[mm$^2$]이상의 나연동선을 사용한다.(관의 길이가 4[m] 이하인 경우는 제외)
④ 가요전선관공사는 접지공사를 실시한다.

### 예제. 23

가요전선관과 금속관을 접속하는데 사용하는 것은?

① 플렉시블 커플링
② 앵글 박스 커넥터
③ 컴비네이션 커플링
④ 스트렛 박스 커넥터

**해설** 가요전선관의 접속

- 가요전선관과 금속관을 접속 : 컴비네이션 커플링
- 가요전선관과 박스의 접속 : 스트레이트 박스 커넥터, 앵글박스 커넥터

정답 ③

### 4. 케이블덕팅 시스템

1) 금속덕트
   (1) 경제적이며 증설, 변경이 용이하여 다수의 전선을 수용할 때 사용한다.
   (2) 폭 4 [cm]를 넘고, 두께 1.2 [mm] 이상인 철판으로 제작
   (3) 지지점간 거리 : 3 [m] 이하(취급자가 출입할 수 없도록 설비한 곳에서 수직으로 붙이는 경우 : 6[m])
   (4) 이물질의 침입을 방지하기 위해 덕트 끝부분은 막는다.
   (5) 내부에 전선의 접속점이 없도록 하고 접지공사를 실시한다.
   (6) 금속덕트와 전선의 수용량
      ① 전선은 절연전선일 것(OW 제외)
      ② 전선의 단면적은 덕트 내 단면적의 20 % 이하
      ③ 전광사인장치, 출퇴근 표시등, 및 제어회로 등의 배선에 사용되는 전선만을 사용하는 경우 : 50 [%] 이하

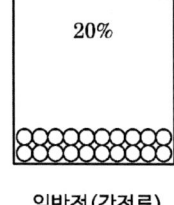

일반적(강전류)

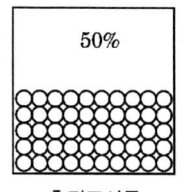

출퇴표시등,
전광사인장치(약전류)

## 2) 플로어덕트

(1) 옥내의 건조한 콘크리트 바닥에 매입할 경우에 시설한다.
(2) 사무실, 은행, 백화점 등의 배선이 분산된 장소에 사용한다.
(3) 전선은 절연전선(OW 제외)을 사용
   ① 단선은 단면적 $10[mm^2]$(알루미늄선은 단면적 $16[mm^2]$) 이하
   ② 그 이상의 전선은 연선일 것
(4) 플로어덕트 안에는 전선에 접속점이 없도록 해야한다.(분기하는 경우 제외)
(5) 400[V] 이하에서 주로 사용한다.
(6) 덕트의 끝부분은 막고 접지공사를 한다.
(6) 플로어덕트 내 수용율은 32% 이하가 되도록 한다.

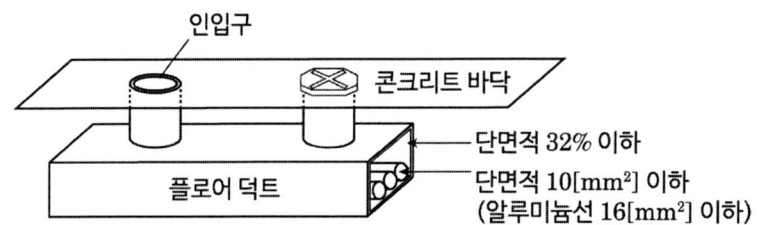

## 3) 셀룰러덕트

(1) 전선은 절연전선(OW 제외)을 사용
   ① 단선은 단면적 $10[mm^2]$ (알루미늄선은 단면적 $16[mm^2]$) 이하
   ② 그 이상의 전선은 연선일 것
(2) 셀룰러덕트 안에는 전선의 접속점을 만들지 않는다. (분기하는 경우 제외)
(3) 강판으로 제작해야 한다.
(4) 덕트 끝과 안쪽 면은 전선의 피복이 손상되지 않도록 매끈해야 한다.
(5) 셀룰러덕트의 판 두께

| 덕트의 최대 폭 | 덕트의 판 두께 |
| --- | --- |
| 150[mm]이하 | 1.2[mm]이상 |
| 150[mm]초과 200[mm]이하 | 1.4[mm]이상 |
| 200[mm]초과 | 1.6[mm]이상 |

• 부속품의 판 두께는 1.6[mm]이상 일 것

(6) 물이 고이는 부분은 없도록 시설한다.
(7) 덕트의 끝부분은 막고 접지공사를 실시한다.

## 예제. 24

저압 옥내 배선에서의 덕트 공사 종류로 올바르지 않는 것은?

① 합성수지 덕트 공사
② 버스덕트 공사
③ 플로어 덕트 공사
④ 금속덕트 공사

**해설** 옥내배선 덕트의 종류

| | | 400[v] 미만 | 400[v] 이상 |
|---|---|---|---|
| 전개된 장소 | 건조한 장소 | 애자 사용 공사, 합성수지 몰드 공사, 금속 몰드 공사, 금속 덕트 공사, 버스 덕트 공사, 라이팅 덕트 공사 | 애자 사용 공사<br>금속 덕트 공사<br>버스 덕트 공사 |
| | 기타 | 애자 사용 공사, 버스 덕트 공사 | 애자 사용 공사 |
| 점검 가능 은폐 장소 | 건조한 장소 | 애자 사용 공사, 합성수지 몰드 공사, 금속 몰드 공사, 금속 덕트 공사, 버스 덕트 공사, 라이팅 덕트 공사 | 애자 사용 공사<br>금속 덕트 공사<br>버스 덕트 공사 |
| | 기타 | 애자 사용 공사 | 애자 사용 공사 |
| 점검 불가능한 은폐 장소 | | 플로어 덕트 공사, 셀룰러 덕트 공사 | - |

**정답** ①

### 5. 케이블트레이 시스템

1) 케이블트레이 공사
   (1) 케이블을 지지하기 위한 구조물 공사
   (2) 금속재 또는 불연성 재료로 제작된다.
   (3) 구조에 따라 사다리형, 펀칭형, 메시형, 바닥 밀폐형 등이 있다

2) 케이블트레이 구조
   (1) 통풍 채널형 : 바닥통풍형, 바닥밀폐형 또는 두 가지 복합 채널형 구간으로 구성된 조립금속 구조로 폭이 150[mm] 이하인 케이블트레이를 말한다.
   (2) 사다리형 : 길이 방향의 양 측면 레일을 각각의 가로 방향 부재로 연결한 조립금속구조.
   (3) 바닥 밀폐형 : 일체식 또는 분리식 직선방향 옆면레일에서 바닥에 개구부가 없는 조립금속구조
   (4) 트로프형 : 일체식 또는 분리식 직선방향 옆면레일에서 바닥에 통풍구가 있는 것으로

폭이 100[mm]를 초과하는 조립 금속구조

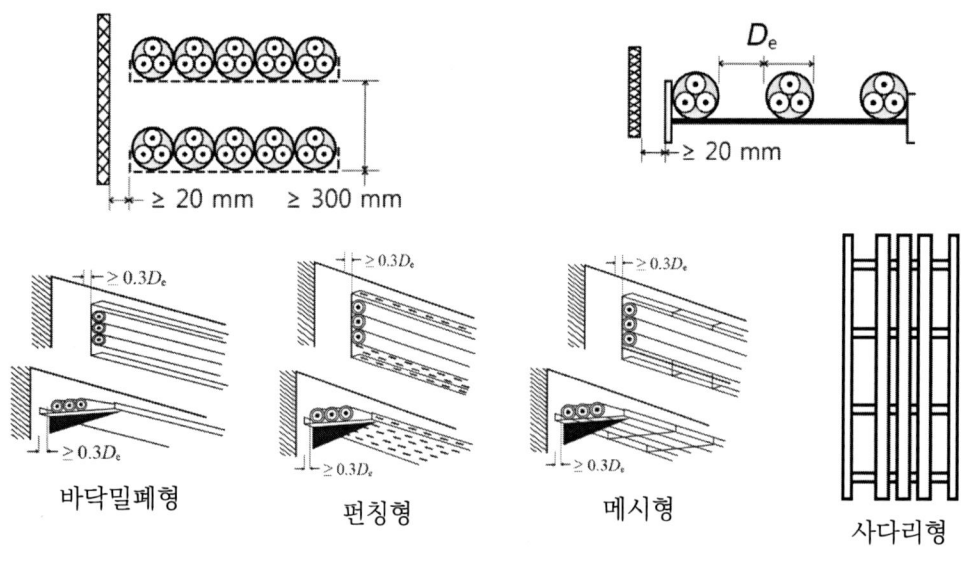

[수평트레이의 다심케이블 공사방법]

(2) 단심케이블 포설 시
① 케이블 지름의 합계는 트레이의 내측폭 이하로 하고 단층으로 시설한다 (단, 삼각포설 시에는 묶음단위 사이의 간격은 단심케이블 지름의 2배 이상 이격하여 포설).
② 벽면과의 간격 : 20[mm]이상 이격하여 설치

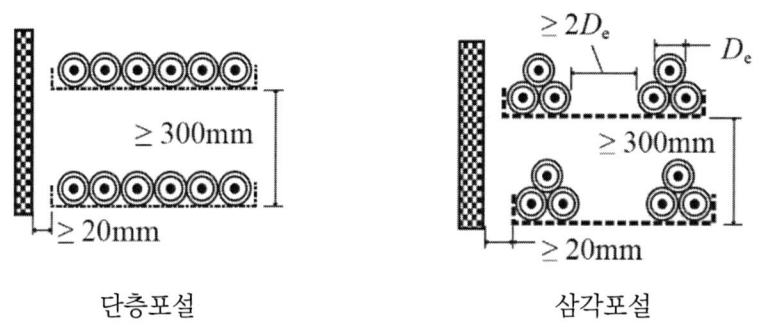

[수평트레이의 단심케이블 공사방법]

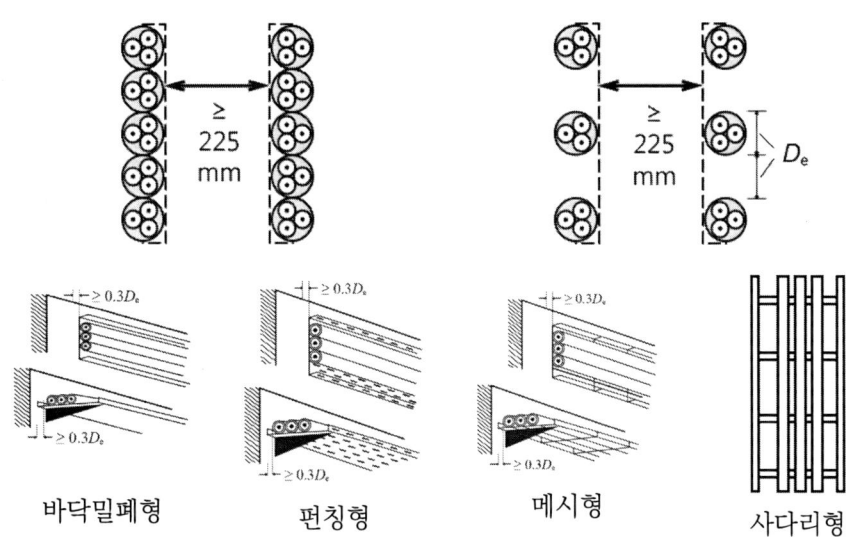

[수직트레이의 다심케이블 공사방법]

3) 수평트레이 공사의 시설조건
   (1) 다심케이블 포설 시
      ① 케이블 지름의 합계는 트레이의 내측폭 이하로 하고 단층으로 시설한다.
      ② 벽면과의 간격 : 20[mm]이상 이격하여 설치
   (2) 단심케이블 포설 시
      ① 케이블 지름의 합계는 트레이의 내측폭 이하로 하고 단층으로 포설 (단, 삼각포설 시에는 묶음단위 사이의 간격은 단심케이블 지름의 2배 이상 이격하여 설치)
      ② 벽면과의 간격 : 가장 굵은 단심케이블 바깥지름의 0.3배 이상 이격

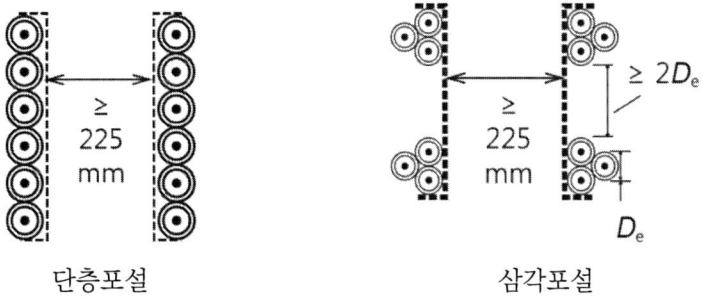

[수직트레이의 단심케이블 공사방법]

4) 케이블트레이의 선정
　⑴ 안전율 : 1.5 이상
　⑵ 금속재의 경우 내식성을 갖추어야 한다.
　⑶ 비금속재의 경우 난연성 재료이어야 한다.
　⑷ 금속제 트레이는 접지공사를 실시한다.

### 예제. 25

바닥통풍형, 바닥밀폐형 또는 두 가지 복합 채널형 구간으로 구성된 조립금속 구조로 폭이 150[mm] 이하이며, 주 케이블 트레이로부터 말단까지 연결되어 단일 케이블을 설치하는데 사용하는 케이블트레이는?

① 사다리형　　② 트로프형　　③ 일체형　　④ 통풍채널형

**해설** 케이블트레이

통풍 채널형 케이블 트레이는 바닥 통풍형과 바닥 밀폐형의 복합채널 부품으로 구성된 조립 금속 구조로 폭이 150[mm] 이하인 케이블 트레이이다.

**정답** ④

### 6. 버스바트렁킹 시스템

1) 버스덕트 공사 시설조건
　⑴ 나도체를 절연물로 지지하고, 강판 또는 알루미늄으로 만든 덕트 내에 수용한다.
　⑵ 덕트를 조영재에 붙이는 경우에는 덕트의 지지점 간 거리 : 3[m]
　　(취급자가 출입할 수 없도록 설비한 곳에서 수직으로 붙이는 경우 : 6[m])
　⑶ 환기형의 것을 제외하고 덕트의 끝부분은 막는다.
　⑷ 접지공사를 한다.

2) 버스덕트의 도체
　⑴ 단면적 20[$mm^2$]이상의 띠 모양의 구리
　⑵ 단면적 30[$mm^2$]이상의 띠 모양의 알루미늄
　⑶ 지름 5[mm]이상의 관모양이나 둥글고 긴 막대 모양의 동

## 예제. 26

다음 ( ) 안에 버스덕트공사에서 옳은 것은?

버스 덕트 배선에 의하여 시설하는 도체는 ( ㉮ ) [mm²] 이상의 띠 모양, 5[mm]의 관 모양이나 둥근 막대 모양의 동 또는 단면적 ( ㉯ )[mm²] 이상인 띠 모양의 알루미늄을 사용하여야 한다.

① ㉮ 10  ㉯ 20
② ㉮ 15  ㉯ 25
③ ㉮ 20  ㉯ 30
④ ㉮ 25  ㉯ 35

**해설** 버스덕트의 도체
- 구리(동)인 경우
  - 단면적 20[mm²]이상의 띠 모양
  - 지름 5[mm]이상의 관모양이나 둥글고 긴 막대 모양
- 알루미늄인 경우
  - 단면적 30[mm²]이상의 띠 모양

**정답** ③

3) 버스덕트의 선정
  (1) 도체 지지물은 절연성, 난연성 및 내수성이 있는 견고한 것으로 한다.
  (2) 덕트의 두께

| 덕트의 최대 폭[mm] | 덕트의 판 두께 [mm] | | |
|---|---|---|---|
| | 강판 | 알루미늄판 | 합성수지판 |
| 150이하 | 1.0 | 1.6 | 2.5 |
| 150초과 300이하 | 1.4 | 2.0 | 5.0 |
| 300초과 500이하 | 1.6 | 2.3 | - |
| 500초과 700이하 | 2.0 | 2.9 | - |
| 700초과 | 2.3 | 3.2 | - |

4) 버스덕트의 종류
  (1) 피더 버스덕트 : 중간에 부하를 접속하지 않는다.
  (2) 플러그인 버스덕트 : 중간에 플러그를 접속할 수 있다.
  (3) 트롤리 버스덕트 : 이동부하 접속시 사용한다.
  (4) 로우임피던스 버스덕트 : 전압강하 보상목적으로 사용한다.

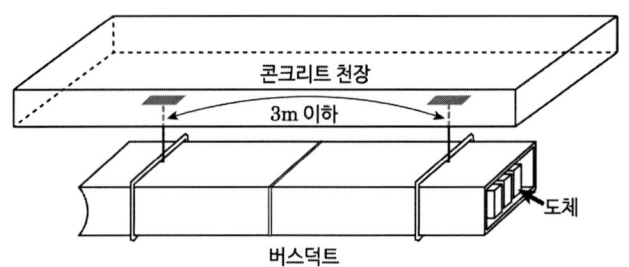

### 예제. 27

버스덕트공사에서 지지점의 최대간격은 몇 [m] 이하인가? (단, 취급자 이외의 자가 출 입할 수 없도록 설비한 장소로 수직으로 설치하는 경우이다.)

① 4    ② 5    ③ 6    ④ 7

**해설** 버스덕트공사의 지지점간 거리

버스 덕트는 3[m] 이하마다 견고하게 지지하여야 하나, 취급자 이외의 자가 출입할 수 없도록 설비 한 곳에서 수직으로 설치하는 경우에는 6[m] 이하로 할 수 있다.

**정답** ③

### 7. 파워트랙시스템

1) 라이팅덕트공사

   (1) 조명 기구나 소형 전기기기 등의 위치를 자주 바꾸는 곳에서 사용된다.

   (2) 지지점간의 거리 : 2[m]

   (3) 건조하고 노출된 장소 또는 점검할 수 있는 은폐 장소에 시설한다.

   (4) 덕트의 끝부분은 막는다.

   (5) 덕트는 조영재를 관통하여 시설하지 않는다.

   (6) 금속재를 피복한 덕트를 사용하는 경우 접지공사 실시한다.
       (단, 대지전압이 150[V]이하이고 덕트의 길이가 4[m]이하인 경우 제외)

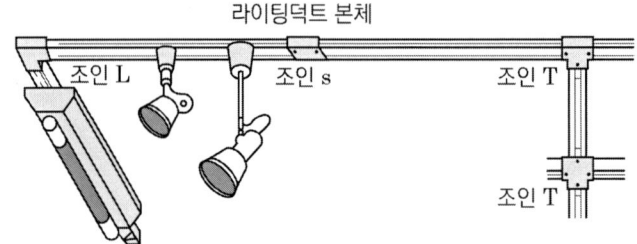

※ 각 배관 공사의 지지점간의 거리 정리

| 배관공사 명칭 | 금속제 가요전선관 | 합성수지관 | 라이팅 덕트 | 금속덕트/버스덕트 |
|---|---|---|---|---|
| 지지점간의 거리 | 1[m] | 1.5[m] | 2[m] | 3[m] / 취급자 출입X 6[m] |

> **예제. 28**
>
> 저압옥내 배선의 라이팅덕트 시설방법으로 틀린 것은?
>
> ① 조영재를 관통하는 경우에는 충분한 보호조치를 하여 시공한다.
> ② 라이팅덕트 상호 및 도체 상호는 견고하고 전기적 및 기계적으로 완전하게 접속 한다.
> ③ 조영재에 부착할 경우 지지점은 매 덕트 마다 2개소이상 및 지지점간의 거리는 2[m] 이하로 견고히 부착한다.
> ④ 라이팅덕트에 접속하는 부분의 배선은 전선관이나 몰드 또는 케이블배선에 의하여 전선이 손상을 받지 않게 시설한다.
>
> **해설** 라이팅덕트 시설방법
> - 지지점간의 거리 : 2[m]
> - 건조하고 노출된 장소 또는 점검할 수 있는 은폐 장소에 시설한다.
> - 덕트의 끝부분은 막는다.
> - 덕트는 조영재를 관통하여 시설하지 않는다.
> - 금속재를 피복한 덕트를 사용하는 경우 접지공사 실시한다.
>
> **정답** ①

## 2 배선공사

### 1. 애자사용 공사

1) 애자사용 공사의 특징
   (1) 애자를 사용한 배선공사로 옥내배선공사 방법의 일종이다.
   (2) 절연전선을 노브 애자에 감아서 배선하는 방식이다
   (3) 보통 목조 건물에 적합하며 접촉할 우려가 없도록 배선한다.
   (4) 애자의 구비조건 : 절연성, 난연성, 내수성

2) 애자사용 공사의 시공
   (1) 절연전선을 사용하지만 다음과 같은 경우는 나전선을 사용할 수 있다.
      ① 열에 의한 영향을 받는 장소
      ② 전선 피복이 부식되는 장소
      ③ 취급자 이외의 사람이 출입할 수 없는 장소
   (2) 애자 지지점간 거리 : 2 [m] 이하
   (3) 시공 전선 간 이격거리

| 구분 | 400 [V] 미만 | 400 [V] 이상 |
|---|---|---|
| 전선 상호간 거리 | 6 [cm] 이상 | 6 [cm] 이상 |
| 전선과 조영재의 거리 | 2.5 [cm] 이상 | 4.5 [cm] 이상 (건조한 곳은 2.5 cm 이상) |

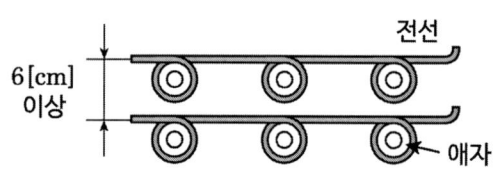

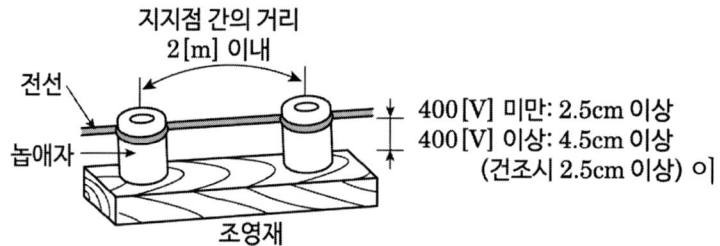

### 예제. 29

사용전압이 220[V]인 경우에 애자사용공사에서 전선과 조영재와의 이격거리는 최소 몇 [cm] 이상이어야 하는가?

① 2.5    ② 4.5    ③ 6.0    ④ 8.0

**해설** 애자사용 배선공사

- 전선 상호간 거리 : 6[cm] 이상
- 전선과 조영재와의 거리
  - 400[V] 이하 : 2.5[cm] 이상
  - 400[V] 초과 : 4.5[cm] 이상
    (건조한 곳은 2,5[cm] 이상)

**정답** ①

### 2. 몰드 배선공사

1) 합성 수지 몰드
   (1) 절연전선을 사용 (OW 제외)
   (2) 사용전압은 400[V]이하에 사용한다.
   (3) 지지점과의 거리 : 40~50[cm]
   (4) 몰드 안에는 전선의 접속점이 없도록 한다. (합성수지제 조인트 박스 사용 시 가능)

(5) 홈의 폭과 깊이가 35[mm] 이하, 두께 2[mm] 이상 (사람접촉이 없는 경우 폭 50[mm] 이하, 두께 1[mm] 이상)

### 예제. 30

합성수지몰드공사에 사용하는 몰드 홈의 폭과 깊이는 몇 [cm] 이하가 되어야 하는가? (단, 두께는 1.2[mm] 이상이다.)

① 1.5　　　② 2.5　　　③ 3.5　　　④ 4.5

**해설** 합성수지몰드공사

- 절연전선을 사용 (OW 제외)
- 사용전압은 400[V]이하에 사용한다.
- 지지점과의 거리 : 40~50[cm]
- 몰드 안에는 전선의 접속점이 없도록 한다. (합성수지제 조인트 박스 사용시 가능)
- 홈의 폭과 깊이가 35[mm] 이하, 두께 2[mm] 이상(사람접촉이 없는 경우 폭 50[mm] 이하, 두께 1[mm] 이상)

**정답** ③

2) 금속 몰드

(1) 전선은 절연전선(OW 제외)을 사용한다.
(2) 사용전압은 400 [V]이하에 사용한다.
(3) 지지점간 거리 : 1.5 [m]
(4) 1종 금속 몰드에 넣는 전선 수 : 10본 이하
(5) 몰드 안에는 전선의 접속점이 없도록 한다. (금속제 조인트 박스 사용 시 가능)
(6) 황동제 또는 동제의 몰드는 폭이 50[mm]이하, 두께 0.5[mm]이상

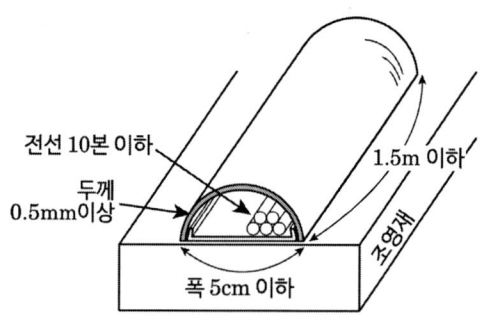

### 3. 케이블 배선 공사

1) 케이블 배선의 특징
   (1) 절연전선보다는 안정성 우수하여 많은 곳에 사용된다.
   (2) 다른 배선 방식에 비해 시공이 우수하다.

2) 케이블 배선의 시공
   (1) 강한 기계적 충격이나 과도한 압력을 받을 우려가 있는 곳은 피한다.
   (2) 마루바닥, 벽, 천장, 기둥 등에 직접 시설하지 않는다.
   (3) 케이블을 구부리는 경우 곡률 반지름
      ① 연피 없음 : 케이블 바깥지름의 6배(단심 8배) 이상
      ② 연피 있음 : 케이블 바깥지름의 12배(단심 15배) 이상
   (4) 케이블 지지점 간 거리 :
      ① 아랫면 또는 옆면에 따라 붙이는 경우 : 2[m] 이하
         (단, 캡타이어 케이블 : 1[m])
      ② 수직으로 붙이는 경우 : 6[m] 이하

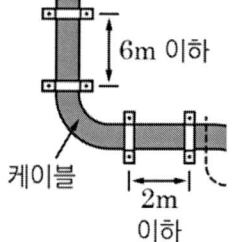

3) 수직케이블의 포설
   (1) 수직으로 시설에 적합한 케이블
      ① 비닐외장케이블 또는 클로로프렌외장케이블
         ㉠ 도체에 동을 사용하는 경우 : 공칭단면적 25[mm$^2$] 이상
         ㉡ 도체에 알루미늄을 사용하는 경우 : 공칭단면적 35[mm$^2$] 이상
      ② 강심알루미늄 도체 케이블
      ③ 수직조가용선 부(付)케이블
         ㉠ 인장강도 5.93[kN]이상의 금속선
         ㉡ 조가용선의 인장강도 : 케이블 중량의 4배
   (2) 수직케이블의 시설
      ① 안전율 : 4이상
      ② 충전부분이 노출되지 않도록 시설한다.
      ③ 분기부분에는 진동 방지장치를 시설한다.

### 예제. 31

**케이블 포설공사가 끝난 후 하여야 할 시험의 항목에 해당되지 않는 것은?**

① 절연저항 시험  ② 절연내력 시험
③ 접지저항 시험  ④ 유전체손 시험

**해설** 케이블의 포설공사

| | |
|---|---|
| 케이블 포설공사 후 시험항목 | 절연저항 시험 |
| | 접지저항 시험 |
| | 절연내력 시험 |
| | 상순 시험 |

**정답** ④

## 3 전선접속

### 1. 전선의 접속방법

1) 전선의 피복 벗기기
   (1) 사용 공구 : 칼 또는 와이어 스트리퍼
   (2) 고무 절연전선 및 비닐 절연전선은 연필 모양으로 벗김

2) 전선의 접속 시 유의점
   (1) 전선의 기계적 강도를 20 % 이상 감소시키지 말 것(=기계적 강도를 80%이상을 유지)
   (2) 전기적 저항을 증가시키지 않도록 한다.
   (3) 접속 부분의 절연은 전선 자체의 절연레벨 이상을 유지한다.
   (4) 접속 부분은 접속기구를 사용하거나 납땜한다.
   (5) 전기적 부식이 발생하지 않도록 한다.

### 예제. 32

**나전선 상호 또는 나전선과 절연전선, 캡타이어 케이블 또는 케이블과 접속하는 경우의 설명으로 옳은 것은?**

① 접속 슬리브(스프리트 슬리브 제외), 전선 접속기를 사용하여 접속하여야 한다.
② 접속부분의 절연은 전선 절연물의 80[%] 이상의 절연효력이 있는 것으로 피복하여야 한다.
③ 접속부분의 전기저항을 증가시켜야 한다.
④ 전선의 강도를 30[%] 이상 감소시키지 않는다.

**해설** 전선접속의 조건

- 전기적 저항을 증가시키지 않도록 한다.
- 기계적 강도를 20[%]이상 감소시키지 않는다.
- 접속점의 절연이 유지되도록 절연테이프나 접속커넥터를 사용한다.
- 전선의 접속은 박스 안에서 하고, 접속점에 장력이 가해지지 않도록 한다.

**정답** ①

## 2 전선의 접속종류

1) 단선의 접속

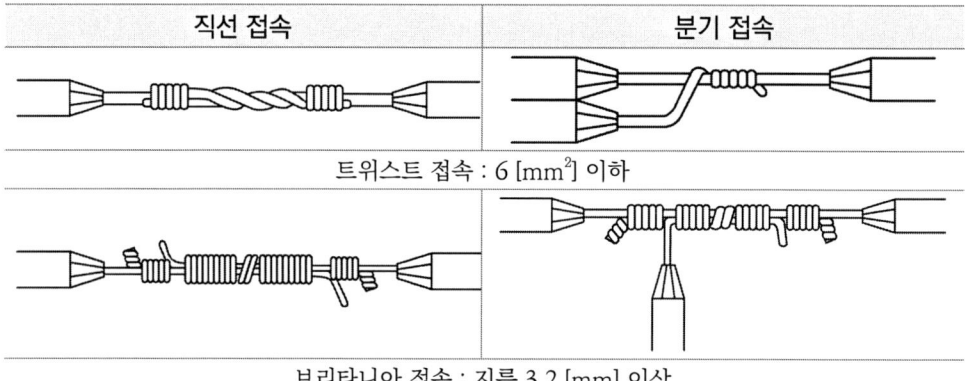

| 직선 접속 | 분기 접속 |
|---|---|
| 트위스트 접속 : 6 [mm²] 이하 | 브리타니아 접속 : 지름 3.2 [mm] 이상 |

2) 연선의 접속
   (1) 직선접속
      ① 단권직선접속 : 소선을 하나씩 감아서 접속
      ② 복권직선접속 : 소선을 한꺼번에 돌려서 접속
   (2) 분기접속
      ① 단권분기접속 : 소선을 차례로 감아서 접속
      ② 분할 단권분기접속 : 소선을 분할하여 접속
      ③ 분할 복권분기접속 : 소선을 여러 소선으로 분할하여 감아서 접속

3) 쥐꼬리 접속

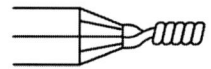

   (1) 조인트 박스 내에서 가는 전선을 접속할 때 사용
   (2) 전선 꼬임 횟수 : 2~3회
   (3) 배선과 기구심선 접속 시 : 5회 이상
   (4) 박스안에서 쥐꼬리 접속 후 와이어 커넥터를 사용한다.

---

### 예제. 33

주택배선에 금속관 또는 합성수지관공사를 할 때 전선을 2.5[mm²]의 단선으로 배선하려고 한다. 전선관의 접속함(정션 박스)내에서 비닐테이프를 사용하지 않고 직접 전선 상호간을 접속하는데 가장 편리한 재료는?

① 터미널 단자　　② 서비스 캡
③ 와이어 커넥터　④ 절연튜브

**해설** 와이어커넥터

전선관의 접속함 내에서 전선 상호간을 쥐꼬리 접속하고 접속부분을 절연하는 부품이다.

**정답** ③

### 3. 기타기구를 이용한 접속

1) 슬리브 접속
   (1) 종류에 따라 S형(옥내배선 시 납땜 안함), 관형이 있다.
   (2) 알루미늄 전선의 접속에는 C형, E형, H형의 접속기를 사용한다.

2) 납땜
   (1) 슬리브나 커넥터를 사용하지 않고 전선 접속 시 납땜을 한다.
   (2) 구성 : 납(50%) + 주석(50%)

3) 테이프

| 종류 | 실제모습 | 특징 |
|---|---|---|
| 면 테이프 | | 가제 테이프에 검은색 점착성의 고무 혼합물을 양면에 함침시킨 것이다. |
| 고무 테이프 | | 테이프를 2.5배 늘려 반 정도가 겹치도록 감는다. |
| 비닐 테이프 | | 염화비닐 콤파운드로 만든다. |
| | | 색종류 : 9종류, 너비 : 19 [mm] |
| 리노 테이프 | | 점착성이 없다. |
| | | 절연성, 내온성, 내유성이 우수하여 연피케이블 접속에 사용한다. |
| 자기융착 테이프 | | 내오존성, 내수성, 내약품성, 내온성이 우수하다. |
| | | 비닐외장케이블, 클로로프렌 외장케이블 접속에 사용한다. |

4) 전선과 기구 단자의 접속
   (1) 단선 10[mm$^2$], 연선 6[mm$^2$] 이하는 단자에 직접 접속한다.
      (그 이상의 전선은 압착단자를 이용)
   (2) 진동이 있는 기계기구의 접속 시 더블너트(2중너트) 또는 스프링 와셔를 사용한다.

## 4 시험, 운용 및 검사

### 1. 전로의 절연

1) 절연의 필요성
   (1) 누설 전류로 인한 화재 및 감전사고 방지
   (2) 전력 손실 방지
   (3) 지락전류에 의한 통신선에 유도장해 방지

2) 저압전로의 절연저항

| 전로의 사용전압 [V] | DC 시험전압 | 절연저항 [MΩ] |
|---|---|---|
| SELV 및 PELV | 250 | 0.5 |
| FELV, 500V 이하 | 500 | 1.0 |
| 500 V 초과 | 1,000 | 1.0 |

   (1) ELV(Extra Low Voltage, 특별저압)
   (2) SELV, PELV : 1,2차가 전기적으로 절연된 회로
   (3) FELV : 1,2차가 전기적으로 절연되지 않은 회로

---

**예제. 34**

220[V] 가정용 전기설비의 절연저항의 최솟값은 몇 [MΩ] 이상인가?

① 0.1  ② 0.5  ③ 1.0  ④ 1.5

**해설** 저압전로의 절연저항

| 전로의 사용전압 | DC 시험전압[V] | 절연저항 [MΩ] |
|---|---|---|
| SELV 및 PELV | 250 | 0.5 |
| FELV, 500V 이하 | 500 | 1.0 |
| 500 V초과 | 1,000 | 1.0 |

**정답** ②

---

3) 옥외 배선의 누설전류와 절연저항

   (1) 누설전류 $\leq \dfrac{최대 공급 전류}{2000}$

   (2) 옥외 배선의 절연저항 $\geq \dfrac{사용전압}{누설전류}$ $[\Omega]$

## 2. 전로의 시험전압

1) 시험 조건

   전로와 대지 사이에 연속하여 10분간 가하여 시험하였을 때 이에 견뎌야 한다.

| 최대전압 | | 시험전압 배율 | | 시험 최저전압 [V] |
|---|---|---|---|---|
| 중성점 비접지식 | 7 [kV] 이하 | 1.5 배 | | 500 |
| | 7 [kV] 초과 60 [kV] 이하 | 1.25 배 | | 10,500 |
| | 60 [kV] 초과 | 1.25 배 | | - |
| 중성점 접지식 | 7 [kV] 이하 | 1.5 배 | | 500 |
| | 7 [kV] 초과 25 [kV] 이하 | 0.92 배 | | - |
| | 25 [kV] 초과 60 [kV] 이하 | 1.25 배 | | - |
| | 60 [kV] 초과 170 [kV] 이하 | 접지식 | 1.1 배 | 75,000 |
| | | 직접접지식 | 0.72 배 | - |
| | 170 [kV] 초과 | 0.64 배 | | - |

## 3. 회전기 및 정류기의 시험전압

1) 시험 전압 인가 장소

   (1) 회전기 : 권선과 대지 사이

   (2) 변압기 : 권선과 권선, 권선과 철심, 권선과 외함 사이

   (3) 전기기구 : 충전부와 대지 사이

2) 기기의 시험전압

| 최대사용전압 | | | 시험전압 배율 | 시험 최저전압 [V] |
|---|---|---|---|---|
| 회전기 | 발전기 전동기 | 7[kV] 이하 | 1.5 배 | 500 |
| | | 7[kV] 초과 | 1.25 배 | 10,500 |
| | 회전변류기 | | 1 배 | 500 |
| 정류기 | 60 [kV] 이하 | | 1 배 | 500 |
| | 60 [kV] 초과 | | 1.1 배 | - |

---

### 예제. 35

최대사용전압 3300[V]의 고압 전동기가 있다. 이 전동기의 절연내력 시험전압은 몇 [V] 인가?

① 3630　　② 4125　　③ 4950　　④ 10500

**해설** 전동기의 절연내력

$$\therefore 3300[V] \times 1.5 = 4950[V]$$

**정답** ③

# CHAPTER 03 신재생에너지

## 1 태양광 발전

### 1. 태양광 발전

1) 태양광 발전의 특징
    (1) 발전기의 도움 없이 태양전지를 이용하여 태양빛을 직접 전기에너지로 변환시키는 발전방식이다.
    (2) 태양전지, 축전지, 전력변환장치로 구성되어 있다.
    (3) 태양광 발전원리 : 태양광 흡수 → 전하생성 → 전하분리 → 전하수집

2) 태양광 발전의 장점
    (1) 공해가 없다.
    (2) 환경오염의 우려가 없다.
    (3) 유지보수가 용이하다.

3) 태양광 발전의 단점
    (1) 전력생산량이 일조량에 결정된다.
    (2) 설치장소가 한정적이다.
    (3) 초기투자비용이 높다.

### 2. 태양광 발전 설비 설치

1) 발전설비 설치장소
    (1) 기기 등을 조작 또는 보수 점검할 수 있는 충분한 공간에 조명을 설치한다.
    (2) 실내온도의 과열 상승을 방지하기 위한 환기시설을 갖추어야 한다.
    (3) 옥외에 시설하는 경우 침수의 우려가 없도록 시설하여야 한다.

2) 안전 요구사항
    (1) 태양전지 모듈, 전선, 개폐기 및 기타 기구는 충전부분이 노출되지 않도록 한다.
    (2) 모든 접속함에는 내부의 충전부가 인버터로부터 분리된 후에도 여전히 충전상태일 수 있음을 나타내는 경고가 붙어 있어야 한다.
    (3) 태양광설비의 고장으로 인하여 문제가 있을 경우 회로분리를 위한 안전시스템이 있어야 한다.

### 3. 태양광설비의 시설

1) 간선의 시설
    (1) 접속점에 장력이 가해지지 않도록 한다.
    (2) 배선시스템은 외부영향에 잘 견디도록 시설한다.

⑶ 모듈의 출력배선은 극성별로 확인할 수 있도록 표시한다.
⑷ 모듈의 배선은 스트링 양극간의 배선간격이 최소가 되도록 배치한다.
⑸ 전선의 공칭단면적은 2.5 [mm$^2$]이상의 연동선 또는 이와 동등 이상의 세기 및 굵기의 것을 상용한다.

2) 전력변환장치의 시설
⑴ 인버터는 실내·실외용을 구분하여 설치한다.
⑵ 각 직렬군의 태양전지 개방전압은 인버터 입력전압 범위 이내로 한다.
⑶ 옥외에 시설하는 경우 방수등급은 IPX4 이상으로 한다.

3) 모듈의 지지물 재질
⑴ 용융아연
⑵ 스테인리스 스틸
⑶ 알루미늄 합금

4) 제어 및 보호
⑴ 어레이 출력 개폐기를 시설한다.
⑵ 과전류차단기 및 지락 보호장치를 시설한다.
⑶ 모듈의 프레임은 지지물과 전기적으로 완전하게 접속하여야 한다.
⑷ 수상에 시설하는 태양전기 모듈 등의 금속제는 접지를 해야 한다.

## 예제. 36

**다음은 태양광 발전의 특징에 대한 설명이다. 적합하지 않은 것은?**

① 무소음 무진동으로 환경오염을 일으키지 않는다.
② 한번 설치해 놓으면 유지비용이 거의 들지 않는다.
③ 햇빛이 있는 곳이면 어느 곳에서나 간단히 설치할 수 있다.
④ 높은 에너지 밀도로 다량의 전기를 생산 할 수 있는 최적의 발전 설비이다.

**해설** 태양광발전의 장단점

장점
- 규모에 관계없이 발전 효율이 일정하다.
- 확산광도 이용할 수 있다.
- 태양 빛이 있는 곳이라면 어디에서나 설치 할 수 있고 보수가 용이하다.
- 자원이 반 영구적이다.

단점
- 태양광의 에너지 밀도가 낮다.
- 비가 오거나 흐린 날씨에는 발전능력이 저하한다.

**정답** ④

## 2 전기저장장치

### 1. 전기저장장치

1) 전기저장장치의 특징
   (1) 발전기나 발전설비에서 생산된 전기를 배터리에 저장 및 변환하는 장치
   (2) 부하이동, 재생에너지 연계, 주파수 조정 등의 용도로 사용된다.
   (3) 배터리는 대부분 리튬이온 2차전지를 이용한다.
   (4) 갑작스런 정전사고나 전력공급이 원활하지 않을 때 대처가 가능하다.

2) 전기저장장치의 구성
   (1) 전력제어장치(PCS) : 전기의 특성을 변화하는 장치
   (2) 배터리 : 에너지를 저장하는 장치
   (3) 배터리 관리시스템(BMS) : 배터리의 충전과 방전을 제어하는 장치
   (4) 에너지 관리시스템(EMS) : 배터리의 최적 상태를 유지하기 위한 장치

### 2. 전기저장장치의 설치

1) 장치의 시설장소
   (1) 기기 등을 조작 또는 보수, 점검할 수 있는 충분한 공간에 조명을 설치한다.
   (2) 폭발성 가스의 축적을 방지하기 위한 환기시설을 갖춘다.
   (3) 침수의 우려가 없는 곳에 시설하여야 한다.
   (4) 일반인의 출입을 통제하기 위한 잠금장치 등을 설치하여야 한다.

2) 안전 요구사항
   (1) 충전부분은 노출되지 않도록 시설하여야 한다.
   (2) 비상상황 발생 또는 출력에 문제가 있을 경우 전기저장장치의 비상정지 스위치 같은 안전시스템이 있어야 한다.
   (3) 모든 부품은 충분한 내열성을 확보하여야 한다.

3) 옥내전로의 대지전압 제한
   다음과 같은 경우 600[V] 까지 적용할 수 있다.
   (1) 지락 발생 시 자동으로 전로를 차단하는 장치가 시설
   (2) 사람의 접촉할 우려가 없는 은폐된 장소(합성수지관, 금속관, 케이블 배선)

### 3. 전기저장장치의 시설

1) 전기배선
   (1) 전선 : 2.5 [mm$^2$] 이상의 연동선 또는 이와 동등 이상의 세기 및 굵기
   (2) 배선설비 공사 : 합성수지관, 금속관, 케이블 배선 공사를 실시한다.

2) 단자와 접속
   (1) 단자의 접속은 기계적, 전기적 안전성을 확보하도록 한다.
   (2) 너트나 나사는 풀림방지 기능이 있는 것을 사용한다.

⑶ 외부터미널과 접속하기 위해 필요한 접점의 압력이 사용기간 동안 유지되어야 한다.
⑷ 단자는 도체에 손상을 주지 않고 금속표면과 안전하게 체결되어야 한다.

3) 제어 및 보호
⑴ 개방상태를 육안으로 확인할 수 있는 전용의 개폐기를 시설하여야 한다.
⑵ 상용전원이 정전되었을 때 비상용 부하에 전기를 안정적으로 공급할 수 있는 시설을 갖춘다.
⑶ 전원유지시간 동안 비상용 부하에 전기를 공급할 수 있는 충전용량을 상시 보존하도록 시설한다.
⑷ 다음과 같은 때 자동으로 차단되는 장치를 시설해야 한다.
　① 과전압 또는 과전류가 발생한 경우
　② 제어장치에 이상이 발생한 경우
　③ 이차전지 모듈의 내부 온도가 급격히 상승할 경우

## 4. 특정 기술을 이용한 전기저장장치의 시설

20 [kWh]를 초과하는 리튬·나트륨·레독스플로우 계열의 이차전지를 이용한 전기저장장치

1) 전용건물에 시설하는 경우
⑴ 전기저장장치 시설장소의 바닥, 천장(지붕), 벽면 재료는 불연재여야 한다.
⑵ 전기저장장치 시설장소
　① 지표면을 기준으로 높이 22 [m] 이내
　② 해당 장소의 출구가 있는 바닥면을 기준으로 깊이 9 [m] 이내
　③ 주변 시설(도로, 건물, 가연물질 등)로부터 1.5 [m] 이상
　④ 다른 건물의 출입구나 피난계단 등으로부터는 3 [m] 이상
⑶ 이차전지는 벽면으로부터 1 [m] 이상 이격하여 설치하여야 한다.
⑷ 이차전지실 내부에는 가연성 물질을 두지 않아야 한다.

2) 전용건물 이외의 장소에 시설하는 경우
⑴ 옥상에는 설치할 수 없다.
⑵ 전기저장장치 시설장소는 내화구조이어야 한다.
⑶ 이차전지모듈의 용량
　① 직렬 연결체의 용량 : 50 [kWh] 이하
　② 건물 내 시설 가능한 이차전지의 총 용량 : 600 [kWh] 이하
⑷ 이차전지랙과 랙 사이 및 랙과 벽면 사이는 각각 1 [m] 이상
⑸ 이차전지실 이격거리
　① 건물 내 다른 시설(수전설비, 가연물질 등): 1.5 [m] 이상
　② 각 실의 출입구나 피난계단 등 이와 유사한 장소 : 3 [m] 이상

## 3 풍력발전

### 1. 풍력발전

1) 풍력발전의 특징
   (1) 바람의 운동에너지를 이용하여 전기 에너지를 생산하는 방식
   (2) 수십와트의 초소형에서 수백만 와트의 초대형까지 다양하다.
   (3) 풍력발전의 발전량은 바람 세기의 세(3)제곱에 비례한다.
   (4) 발전기의 높이가 높을수록 발전량이 증가한다.
   (5) 너무 강한 바람이 불 때 작동이 정지된다(고장이나 손상의 우려).

2) 풍력발전기의 구분
   (1) 수직축 발전기 : 변환효율이 떨어진다.
   (2) 수평축 발전기 : 주로 사용되는 발전기

3) 풍력발전의 장점
   (1) 대기오염이나 온실가스를 배출하지 않는 청정에너지이다.
   (2) 고갈되지 않고 경제성이 좋다.
   (3) 에너지 고갈에 대한 대안적 에너지이다.

4) 풍력발전의 단점
   (1) 자연경관을 변형시킨다.
   (2) 소음발생으로 인해 주변에 피해가 발생한다.
   (3) 일정한 바람의 속도가 필요하므로 위치적 제한이 있다.

### 2. 풍력발전의 시설

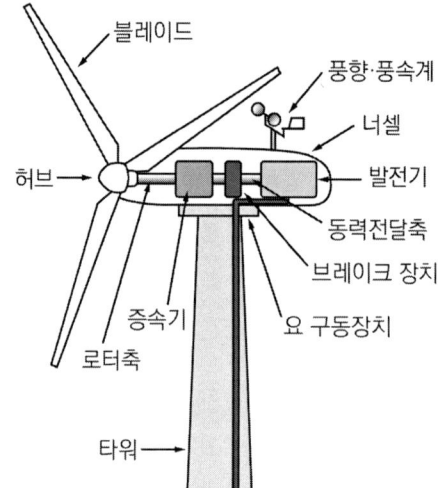

1) 풍력터빈의 시설기준
   (1) 출력배선은 CV선 또는 TFR-CV선을 사용하거나 동등 이상의 성능을 가진 제품을 사용하여야 한다.

(2) 풍력터빈의 선정에 있어서는 시설장소의 풍황(風況)과 환경, 적용규모 및 적용형태 등을 고려하여 선정하여야 한다.

(3) 풍력터빈의 유지, 보수 및 점검 시 작업자의 안전을 위한 잠금장치를 시설하여야 한다.

2) 풍력터빈 강도계산 시 고려사항

  (1) 사용조건
      ① 최대풍속
      ② 최대회전수
  (2) 강도조건
      ① 하중조건
      ② 강도계산의 기준
      ③ 피로하중

3) 풍력터빈을 지지하는 구조물

  (1) 풍력터빈을 지지하는 구조물은 자중, 적재하중, 적설, 풍압, 지진, 진동 및 충격을 고려하여야 한다.
  (2) 동결, 착설 및 분진의 부착 등에 의한 비정상적인 부식 등이 발생하지 않도록 고려하여야 한다.
  (3) 풍속변동, 회전수변동 등에 의해 비정상적인 진동이 발생하지 않도록 고려하여야 한다.

### 3. 제어 및 보호장치

1) 제어장치의 기능
  (1) 풍속에 따른 출력 조절
  (2) 출력제한
  (3) 회전속도제어
  (4) 계통과의 연계
  (5) 기동 및 정지
  (6) 계통 정전 또는 부하의 손실에 의한 정지
  (7) 요잉(Yawing)에 의한 케이블 꼬임 제한

2) 보호장치의 기능
  (1) 과풍속으로부터 보호
  (2) 발전기의 과출력 또는 고장에대한 보호
  (3) 이상진동에 대한 보호
  (4) 계통 정전 또는 사고로부터의 보호
  (5) 케이블의 꼬임 한계에 대한 보호

3) 접지설비
　(1) 통합접지공사를 실시한다.
　(2) 설비사이의 전위차가 없도록 등전위본딩을 해야 한다.

4) 피뢰설비
　(1) 수뢰부를 풍력터빈 선단부분 및 가장자리 부분에 배치하되 뇌격전류에 의한 발열에 용손되지 않도록 한다.
　(2) 인하도선은 쉽게 부식되지 않는 금속선으로 가능한 직선으로 시설한다.
　(3) 계측 센서용 케이블은 금속관 또는 차폐케이블 등을 사용하여 뇌유도과전압으로부터 보호해야 한다.
　(4) 피뢰설비(리셉터, 인하도선 등)의 기능저하로 인해 다른 기능에 영향을 미치지 않아야 한다.

5) 계측장치의 필요
　(1) 회전속도계
　(2) 나셀 내의 진동을 감시하기 위한 진동계
　(3) 풍속계
　(4) 압력계
　(5) 온도계

## 4 연료전지발전

### 1. 연료전지

1) 연료전지의 특징
　(1) 연료와 산화제를 전기 화학반응으로 전기에너지를 발생기키는 장치
　(2) 연료를 공급하는 동안 전기를 계속 생산할 수 있다.
　(3) 에너지 효율은 40~60% 이다.

2) 연료전지의 장점
　(1) 효율이 높다
　(2) 용량 조절이 가능하다
　(3) 다양한 연료를 사용할 수 있다
　(4) 배출 물질이 친환경에 가깝다.
　(5) 계속해서 충전이 가능하다.

3) 연료전지의 단점
　(1) 배출된 수소의 저장이나 운반이 한계가 있다.
　(2) 촉매의 성능 저하가 발생한다.
　(3) 오염물질이 사용될 경우 전해질이 독성을 가질 수 있다.

## 2. 연료전지설비의 시설

1) 설치장소

⑴ 연료전지를 설치할 주위의 벽 등은 화재에 안전하게 시설하여야 한다.

⑵ 가연성물질과 안전거리를 충분히 확보하여야 한다.

⑶ 침수 등의 우려가 없는 곳에 시설하여야 한다.

2) 연료전지 발전실의 가스 누설 대책

⑴ 연료가스를 통하는 부분은 최고사용 압력에 대하여 기밀성을 가지는 것이어야 한다.

⑵ 연료전지 설비를 설치하는 장소는 연료가스가 누설되었을 때 체류하지 않는 구조의 것이어야 한다.

⑶ 연료전지 설비로부터 누설되는 가스가 체류할 우려가 있는 장소에 해당 가스의 누설을 감지하고 경보하기 위한 설비를 설치하여야 한다.

3) 연료전지설비의 시험

|  | 최고사용압력[MPa] | 시험압력 |  | 시험조건 |
|---|---|---|---|---|
| 내압시험 | 0.1이상일 때 | 수압시험 | 1.5배 | 10분간 유지 |
|  |  | 비수압시험 | 1.25배 |  |
| 기밀시험 | 0.1이상일 때 | 1.1배 |  |  |

## 3. 제어 및 보호장치

1) 연료전지설비의 보호장치 작동

⑴ 연료전지에 과전류가 생긴 경우

⑵ 발전요소(發電要素)의 발전전압에 이상이 생겼을 경우

⑶ 연료가스 출구에서의 산소농도 또는 공기 출구에서의 연료가스 농도가 현저히 상승한 경우

⑷ 연료전지의 온도가 현저하게 상승한 경우

2) 접지설비

⑴ 접지도체

① 공칭단면적 16 $[mm^2]$ 이상의 연동선

② 저압 전로의 중성점에 시설하는 경우 : 공칭단면적 6 $[mm^2]$ 이상의 연동선

⑵ 접지도체에 접속하는 저항기·리액터 등은 고장 시 흐르는 전류를 안전하게 통할 수 있는 것을 사용한다.

⑶ 접지도체·저항기·리액터 등은 취급자 이외의 사람이 접촉할 우려가 없도록 시설한다.

모아바 www.moa-ba.com
모아소방전기학원 www.moate.co.kr

아우름 전기기능장 필기

# PART 05
# 송·배전 설비

# CHAPTER 01 송·배전방식과 전압

## 1 송·배전계통

### 1. 전력계통

1) 발전계통 : 발전소

2) 송전계통
   (1) 구성 : 송전선로, 변전소
   (2) 지지물 : 철탑
   (3) 송전방식 : 3상 3선식 (다도체 방식)

3) 배전계통
   (1) 구성 : 배전선로, 주상변압기
   (2) 지지물 : 전주, 철탑
   (3) 배전방식 : 3상 4선식 (단도체 방식)

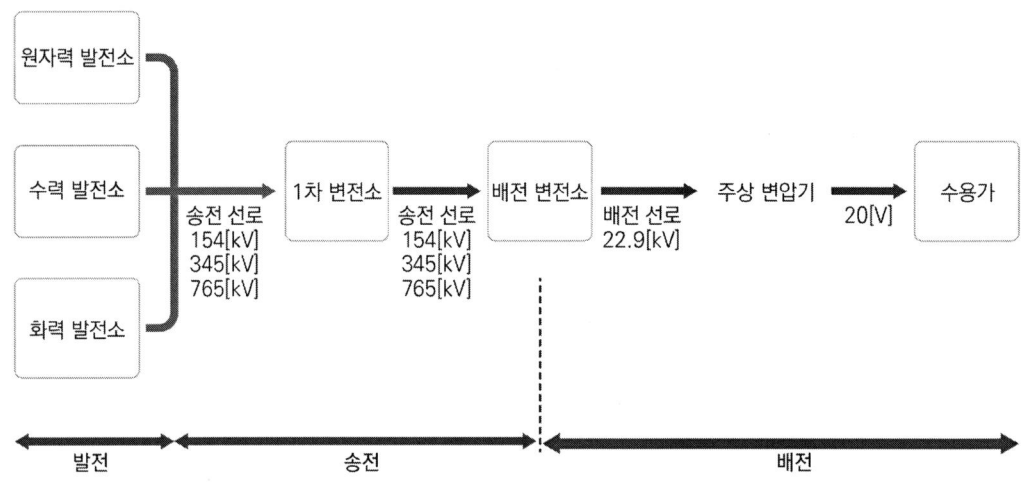

### 2. 송배전계통

1) 송전선로
   (1) 발전소, 변전소, 개폐소 상호간의 연결된 전선로
   (2) 발전된 전기를 수송하는 역할을 한다.
   (3) 주로 알루미늄 나전선을 사용한다.

2) 변전소
   (1) 전송받은 전기를 변성하거나 조정한다.
   (2) 변성된 전력을 다른 변전소나 수용장소로 보내는 역할을 한다.
3) 배전선로
   (1) 발전소나 변전소에서 직접 수용장소와 연결된 전선로
   (2) 수송된 전기를 각각의 수용가에 배분하는 역할을 한다.
   (3) 주로 알루미늄 절연전선을 사용한다.
4) 철탑 선로의 보호
   (1) 댐퍼 : 전선 진동방지 설비
   (2) 오프셋 (Off-Set) : 전선 도약에 의한 전선의 단락사고 방지를 위한 거리
   (3) 소호환 (Arcing Ring) : 선로의 섬락으로부터 애자를 보호
   (4) 현수애자 : 전선로와 지지물 사이의 절연 및 지지

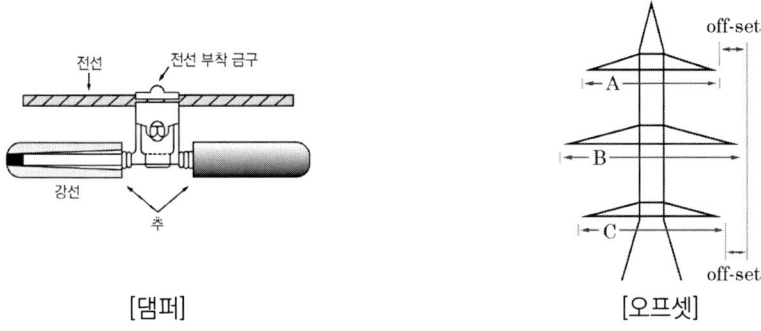

[댐퍼]     [오프셋]

## 예제. 01

송전 선로에서 소호환(Arcing Ring)을 설치하는 이유는?

① 전력 손실 감소
② 송전 전력 증대
③ 누설 전류에 의한 편열 방지
④ 애자에 걸리는 전압 분담을 균일

**해설** 소호환

애자련의 전압분담을 균등화하고, 전선의 이상 현상으로 인한 열적 파괴 방지

**정답** ④

## 2 송·배전 방식

### 1. 직류송전 방식

1) 직류송전 방식의 장점
   (1) 절연계급을 낮출 수 있어서 케이블 송전에 유리하다.

(2) 역률이 1이며 효율이 좋다.
　　　(3) 리액턴스의 영향이 없어 안정도가 높다.
　　　(4) 전력손실이 적다.
　　　(5) 유도장해가 적다.
　　　(6) 주파수에 관계없이 비동기 연계가 가능하다.
　2) 직류송전 방식의 단점
　　　(1) 설비비가 높다.
　　　(2) 대용량의 무효전력 보상설비가 필요하다 .
　　　(3) 전압변성이 어렵다.

### 2. 교류송전 방식

　1) 교류송전 방식의 장점
　　　(1) 전압의 승압, 강압이 용이해서 효율적인 전압변환이 가능하다.
　　　(2) 회전자계를 쉽게 얻을 수 있다.
　　　(3) 부하와 일관된 운용이 가능하다.
　　　(4) 직류발전기보다 구조가 간단하고 효율이 높은 발전기를 사용할 수 있다.
　2) 교류송전 방식의 단점
　　　(1) 표피 효과 때문에 실효저항이 증가하고 손실이 커진다.
　　　(2) 페란티 현상, 자기여자 현상 등이 발생한다.
　　　(3) 주위 통신선에 유도장해가 발생한다.
　　　(4) 주파수가 다르면 비동기 연계가 불가능하다.

## 3 송 · 배전 전압

### 1. 송배전전압의 특징

　1) 송배전전압의 관계
　　　(1) 전압의 제곱과 비례 : 송전전력
　　　(2) 전압의 제곱과 반비례 : 전선의 굵기, 전력손실, 전압강하율, 전압변동률
　2) 송전전압의 승압 특징
　　　(1) 보수유지비가 커진다.
　　　(2) 각종 주변기기 가격이 증가한다.
　　　(3) 송전손실이 감소한다.
　　　(4) 대용량 송전이 가능하다.

## 2. 전압의 분류

1) 공칭전압

   (1) 선로를 대표하는 선간전압이다.

   (2) 송배전 계통에서 사용되는 전압의 표준값이다.

2) 송전선로의 표준전압

   (1) 765 [kV] : 480[mm$^2$] : 6 복도체 방식

   (2) 345 [kV] : 480[mm$^2$] : 4 복도체 방식

   (3) 154 [kV] : 330[mm$^2$] : 2 복도체 방식

3) 배전선로의 표준전압

   (1) 22.9 [kV]

   ① 가공전선로 : 절연전선 사용

   ② 지중전선로 : 강심알루미늄연선 (ACSR)

   (2) 380/220 [V]

4) 선로의 최고전압

$$최고전압 = 공칭전압 \times \frac{1.15}{1.1}$$

# CHAPTER 02 가공 송·배전선의 전기적 특성

## 1 전선로

### 1. 선로정수

1) 선로정수의 개요
   (1) 송배전선로는 4개의 선로정수로 이루어진 연속된 전기회로이다.
   (2) 선로정수는 전선의 종류, 굵기, 배치에 따라 결정된다.
   (3) 선로정수는 송전전압, 전류, 역률 등에 영향을 받지 않는다.
   (4) 저항과 누설컨덕턴스는 무시할 정도로 크기가 작다.

2) 선로정수의 구성
   (1) 저항 (R)
   (2) 인덕턴스 (L)
   (3) 정전용량 (C)
   (4) 누설컨덕턴스 (G)

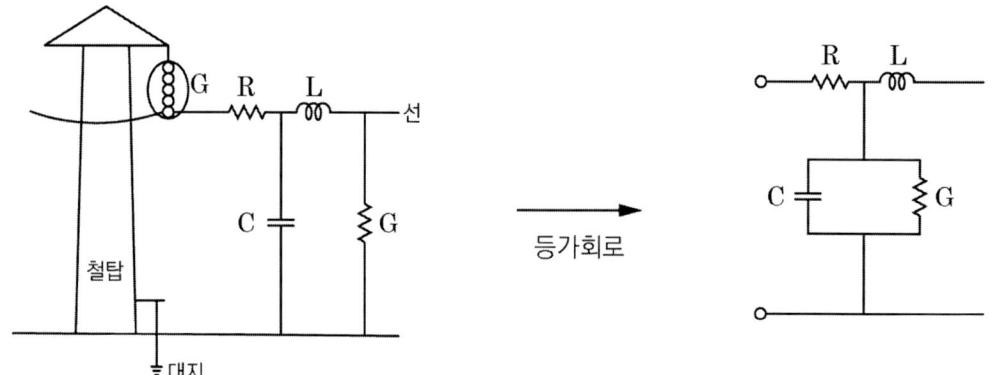

### 2. 복도체

1) 복도체방식
   (1) 1상분의 전선을 2,4,6개의 소도체로 분할한 방식이다.
   (2) 단면적은 변함없고 전선의 지름만 증가된다.

2) 복도체의 장점
   (1) 선로의 인덕턴스와 리액턴스가 감소된다.
   (2) 안정도가 향상되면 송전용량이 증가한다.
   (3) 코로나 현상을 방지한다.

3) 복도체의 단점
   (1) 페란티 현상이 발생한다.
   (2) 소도체간의 흡인력으로 충돌이 발생된다.
   (3) 시설비용이 증가한다.

## 예제. 01

송전선로에서 복도체를 사용하는 주된 목적은?

① 인덕턴스의 증가
② 정전용량의 감소
③ 코로나 발생의 감소
④ 전선 표면의 전위경도의 증가

**해설** 복도체의 사용목적

- 정전용량을 증가시켜 송전용량을 증가
- 인덕턴스와 리액턴스 감소
- 코로나 현상을 방지

**정답** ③

## 3. 저항

1) 저항

$$R = \rho \frac{l}{A} [\Omega]$$

$\rho$:고유저항    $l$:선로의 길이    $A$:전선의 단면적

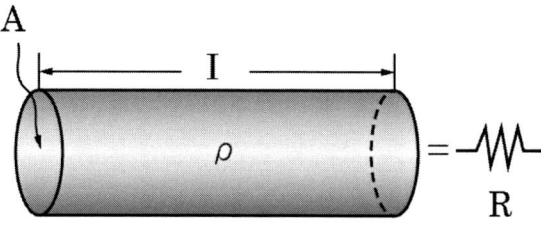

[고유저항과 저항의 관계]

2) 고유저항

(1) 연동선 $\rho = \dfrac{1}{58}$ [$\Omega \cdot mm^2/m$]

(2) 경동선 $\rho = \dfrac{1}{55}$ [$\Omega \cdot mm^2/m$]

(3) 알루미늄선 $\rho = \dfrac{1}{35}$ [$\Omega \cdot mm^2/m$]

**4. 인덕턴스**

1) 인덕턴스 (L)
   (1) 전류의 크기가 변화하면 전선에 발생되는 자속의 비율을 표시하는 양
   (2) 자속과 전류의 비례식을 등가식으로 변환시킬 때 필요한 비례상수
   (3) 인덕턴스가 크면 코일이 많이 감겨있고 자속이 많이 발생한다.
   (4) 전선에 1[A]의 전류가 흐를 때 주변에 1[wb]가 발생하는 비율

$$L = \dfrac{\phi}{I} [H]$$

2) 작용인덕턴스
   (1) 단도체 인덕턴스

$$L = 0.05 + 0.4605 \log_{10} \dfrac{D}{r} [mH/km]$$

r:전선의 반지름    D:등가선간거리

---

**예제. 02**

3상 송전선로에서 지름 5[mm]의 경동선을 간격 1[m]로 정삼각형 배치를 한 가공전선의 1선 1[km]당의 작용 인덕턴스는 약 몇 [mH/km]인가?

① 1.0   ② 1.25   ③ 1.5   ④ 2.0

**해설** 송전선로의 작용인덕턴스

$L = 0.05 + 0.4605 \log_{10} \dfrac{D}{r}$

$= 0.05 + 0.4605 \log_{10} \dfrac{1}{2.5 \times 10^{-3}} = 1.248 ≒ 1.25 [mH/km]$

**정답** ②

(2) 복도체 인덕턴스

$$L = \frac{0.05}{n} + 0.4605 \log_{10} \frac{D}{\sqrt[n]{rs^{n-1}}} \, [\text{mH/km}]$$

s:소도체 중심간의 거리    n:소도체수

① 2복도체 인덕턴스

$$L = \frac{0.05}{2} + 0.4605 \log_{10} \frac{D}{\sqrt{rs}} \, [\text{mH/km}]$$

② 복도체를 쓰게 되면 단도체를 쓸 때보다 인덕턴스가 감소한다.

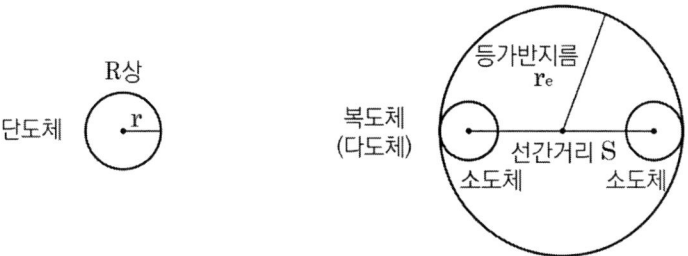

## 예제. 03

소도체 2개로 된 복도체 방식 3상 3선식 송전선로가 있다. 소도체의 지름 2[cm], 간격 36[cm], 등가 선간거리가 120 [cm]인 경우에 복도체 1[km]의 인덕턴스는 약 몇 [mH/km]인가?

① 1.536   ② 1.215
③ 0.957   ④ 0.624

**해설** 복도체의 인덕턴스

$$L_n = \frac{0.05}{n} + 0.4605 \log_{10} \frac{D}{\sqrt[n]{rs^{n-1}}} \, [\text{mH/km}] \text{에서}$$

$$L_2 = \frac{0.05}{2} + 0.4605 \log_{10} \frac{1.2}{\sqrt{0.01 \times 0.36}} = 0.624 [\text{mH/km}]$$

$r$ : 전선의 반지름, $D$ : 등가 선간 거리
$s$ : 소도체 간격,   $n$ : 소도체 수

정답 ④

## 5. 정전용량

1) 정전용량의 구분
    (1) 자기(대지)정전용량 : $C_s$
    (2) 선간(상호)정전용량 : $C_m$
    (3) 작용정전용량 : $C_w = C_s + C_m$

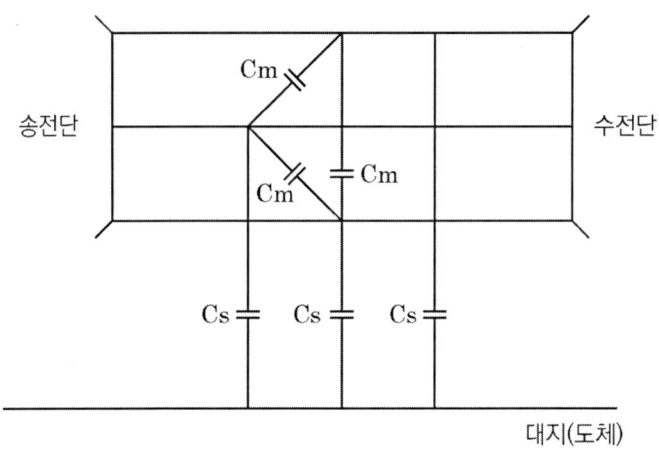

### 예제. 04

송배전선로의 작용 정전용량은 무엇을 계산하는데 사용되는가?

① 선간단락 고장 시 고장전류 계산
② 정상운전 시 전로의 충전전류 계산
③ 인접 통신선의 정전 유도 전압 계산
④ 비접지 계통의 1선 지락고장 시 지락 고장

**해설** 작용정전용량

자기정전용량(=대지정전용량)과 선간정전용량(=상호정전용량)의 합으로써 정상 운전 시 전로의 충전전류를 계산할 때 사용된다.

**정답** ②

2) 전기방식에 따른 작용정전용량
   (1) 단상 2선식 (1회선)

$$C_w = C_s + 2C_m$$

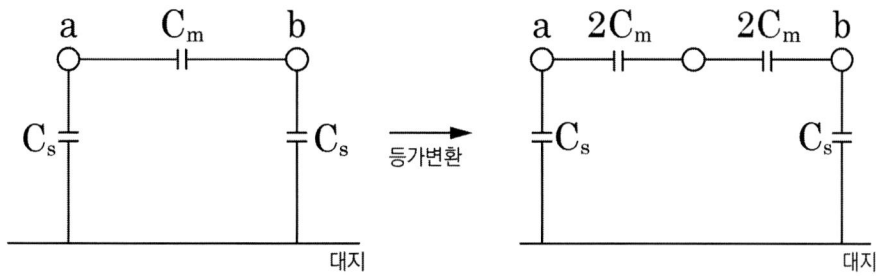

   (2) 3상 3선식 (1회선)

$$C_w = C_s + 3C_m$$

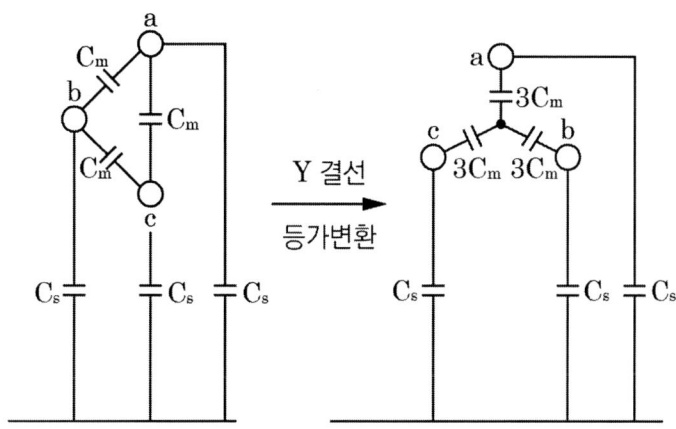

3) 작용 정전 용량값
   (1) 단도체 방식

$$C_w = \frac{0.02413}{\log_{10}\frac{D}{r}}\,[\mu\text{F/km}]$$

   (2) 복도체방식
      ① 2복도체 방식

$$C_w = \frac{0.02413}{\log_{10}\frac{D}{\sqrt{rs}}}\,[\mu\text{F/km}]$$

      ② 복도체를 사용하면 단도체 때 보다 정전용량이 증가한다.

### 예제. 05

소도체 두 개로 된 복도체 방식 3상 3선식 송전선로가 있다. 소도체의 지름이 2[cm], 소도체 간격 16[cm], 등가 선간거리가 200 [cm]인 경우 1상당 작용 정전용량은 약 몇 [μF/km]인가?

① 0.004   ② 0.014   ③ 0.065   ④ 0.092

**해설** 복도체의 작용정전용량

$$C = \frac{0.02413}{\log_{10}\frac{D}{\sqrt{rs}}} = \frac{0.02413}{\log_{10}\frac{2}{\sqrt{0.01 \times 0.16}}}$$
$$= 0.014 [\mu F/km]$$

**정답** ②

### 6. 누설컨덕턴스

1) 누설컨덕턴스
   (1) 송전선로의 누설저항 값의 역수이다.
   (2) 애자를 통하여 전류가 새는 것을 의미하는데 애자는 철탑을 통하여 대지로 연결되므로 전선과 대지간의 저항이라고 할 수 있다.

2) 누설컨덕턴스의 특징
   (1) 누설전류를 줄이기 위해 누설저항을 최대화한다.
   (2) 애자의 저항이 매우 크므로 누설 컨덕턴스는 매우 작다.
   (3) 실용상 고려할 필요가 적어서 무시한다.

## 2 표피작용 및 근접효과

### 1. 표피효과

1) 표피효과
   (1) 도체에 교류전류가 흐를 때 전류가 전선의 바깥쪽으로 흐르려는 현상
   (2) 전선의 중심부일수록 자속 쇄교수가 크기 때문에 전류밀도가 작다.

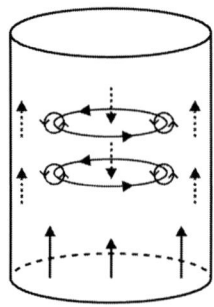

2) 표피효과의 영향
   (1) 침투 깊이

$$\delta = \frac{1}{\sqrt{\pi f \mu k}} [m]$$

① 침투 깊이가 감소할수록 표피효과는 커진다.
② 전선굵기, 주파수, 투자율, 도전율 이 클수록 표피효과는 커진다.
   (2) 표피효과를 줄이기 위해 직경이 작은 연선이나 중공연선 등을 사용한다.

## 2. 근접효과

1) 근접효과
   (1) 표피효과의 일종으로 복수도체에서 발생한다.
   (2) 전류의 크기와 방향, 주파수에 따라 도체 단면에 흐르는 전류의 밀도분포가 변화하는 현상이다.
   (3) 도체에 근접한 다른 도체가 양자간의 자속밀도를 증가시킬 때 발생한다.

2) 근접효과의 영향
   (1) 주파수과 높을수록 뚜렷하다.
   (2) 도체가 서로 가까울수록 뚜렷하다.

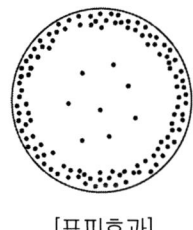
[표피효과]

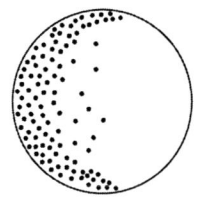 
[근접효과]

## 3 송·배전 특성

### 1. 단거리 송전선로 (R,L 회로)

1) 전압강하
   (1) 단상

$$e = I(R\cos\theta + X\sin\theta)$$

   (2) 3상

$$e = \sqrt{3}\,I(R\cos\theta + X\sin\theta)$$

2) 송전단전압

   (1) 단상

$$E_s = E_r + I(R\cos\theta + X\sin\theta)$$

   (2) 3상

$$V_s = V_r + \sqrt{3}\,I(R\cos\theta + X\sin\theta)$$

$V_s$: 송전단전압     $V_r$: 수전단전압

## 예제. 06

3상 3선식 선로에서 수전단 전압 6.6 [kv], 역률 80[%](지상), 600[kVA]의 3상 평형 부하가 연결되어 있다. 선로의 임피던스 $R = 3[\Omega]$, $X = 4[\Omega]$인 경우 송전단 전압은 약 몇 [V]인가?

① 6852      ② 6957      ③ 7037      ④ 7543

**해설** 송전선로의 송전단전압

$$\begin{aligned}
V_s &= V_r + \sqrt{3}\,I(R\cos\theta + X\sin\theta) \\
&= V_r + \sqrt{3} \times \frac{P}{\sqrt{3}\,V}(R\cos\theta + X\sin\theta) \\
&= 6600 + \frac{600 \times 10^3}{6600}(3 \times 0.8 + 4 \times 0.6) \\
&= 7036.36 \fallingdotseq 7037\,[V]
\end{aligned}$$

**정답** ③

3) 전압강하율

$$\epsilon = \frac{V_s - V_r}{V_r} \times 100 = \frac{e}{V_r} \times 100\ [\%]$$

## 예제. 07

수전단 전압 66[kV], 전류 100[A], 선로저항 10[Ω], 선로 리액턴스 15[Ω], 수전단 역률 0.8인 단거리 송전선로의 전압강하율은 약 몇 [%]인가?

① 1.34    ② 1.82    ③ 2.26    ④ 2.58

**해설** 송전선로의 전압강하율

$$\epsilon = \frac{V_s - V_r}{V_r} \times 100$$

송전단전압
$$V_s = V_r + I(R\cos\theta + X\sin\theta)$$
$$= 66000 + 100(10 \times 0.8 + 15 \times 0.6)$$
$$= 67700[V]$$

$$\therefore \epsilon = \frac{67700 - 66000}{66000} \times 100 ≒ 2.58[\%]$$

**정답** ④

4) 전압변동률

$$\epsilon = \frac{V_{ro} - V_{rn}}{V_{rn}} \times 100[\%]$$

$V_{ro}$ : 무부하 시 수전단전압    $V_{rn}$ : 부하 시 수전단전압

## 예제. 08

송전단 전압 66[kV], 수전단 전압 61[kV]인 송전 선로에서 수전단의 부하를 끊은 경우의 수전단 전압이 63[kV]면 전압변동률 은 약 %인가?

① 2.8    ② 3.3    ③ 4.8    ④ 8.2

**해설** 전압변동률

$$\varepsilon = \frac{V_o - V_n}{V_n} \times 100 = \frac{63 - 61}{61} \times 100$$
$$= 3.278 ≒ 3.3\%$$

**정답** ②

5) 전력과 전력손실
   (1) 전력 $P = \sqrt{3}\, VI\cos\theta [W]$
   (2) 전력손실

$$P_\ell = 3I^2R[\text{W}]$$

6) 승압 시 장,단점
   (1) 전선비용이 줄어든다.
   (2) 전력손실이 줄어든다.
   (3) 전압강하와 전압강하율이 작아진다.
   (4) 운전 유지비용이 올라간다.
   (5) 지지물, 애자 등 설비비용이 올라간다.

## 2. 중거리 송전선로 (R, L, C 회로)

1) 4단자 파라미터

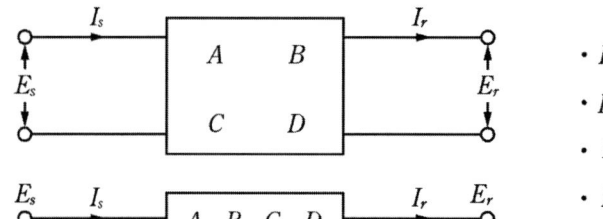

- $E_s$ : 송전단 전압[V]
- $E_r$ : 수전단 전압[V]
- $I_s$ : 송전단 전류[A]
- $I_r$ : 수전단 전류[A]

   (1) 4단자 정수의 행렬표현

$$\begin{bmatrix} E_s \\ I_s \end{bmatrix} = \begin{bmatrix} A & B \\ C & D \end{bmatrix} \begin{bmatrix} E_r \\ I_r \end{bmatrix}$$

   (2) 송전단 전압  $E_s = AE_r + BI_r$
   (3) 송전단 전류  $I_s = CE_r + DI_r$

2) 4단자 정수
   (1) 무부하(개방)시험과 단락시험을 통해서 구해낸다.
      ① 무부하(개방)시험 : $I_r = 0$
      ② 단락시험 : $E_r = 0$

   (2) $A = \dfrac{E_s}{E_r} \mid _{I_r = 0}$ : 수전단 무부하 시 전압비

   (3) $B = \dfrac{E_s}{I_r} \mid _{E_r = 0}$ : 수전단 단락 시 임피던스비

   (4) $C = \dfrac{I_s}{E_r} \mid _{I_r = 0}$ : 수전단 무부하 시 어드미턴스비

   (5) $D = \dfrac{I_s}{I_r} \mid _{E_r = 0}$ : 수전단 단락 시 전류비

   (6) 검산식 $AD - BC = 1$

## 3) 중거리 송전선로의 해석

### (1) 임피던스 회로

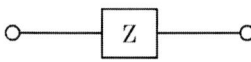

$$\begin{bmatrix} A & B \\ C & D \end{bmatrix} = \begin{bmatrix} 1 & Z \\ 0 & 1 \end{bmatrix}$$

### (2) 어드미턴스 회로

$$\begin{bmatrix} A & B \\ C & D \end{bmatrix} = \begin{bmatrix} 1 & 0 \\ Y & 1 \end{bmatrix}$$

### (3) T형 회로

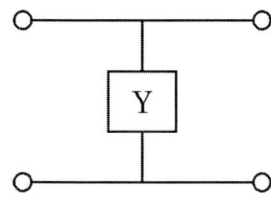

$$\begin{bmatrix} A & B \\ C & D \end{bmatrix} = \begin{bmatrix} 1+\dfrac{ZY}{2} & \left(1+\dfrac{ZY}{4}\right)Z \\ Y & 1+\dfrac{ZY}{2} \end{bmatrix}$$

### (4) π(파이)형 회로

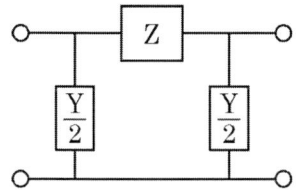

$$\begin{bmatrix} A & B \\ C & D \end{bmatrix} = \begin{bmatrix} 1+\dfrac{ZY}{2} & Z \\ \left(1+\dfrac{ZY}{4}\right)Y & 1+\dfrac{ZY}{2} \end{bmatrix}$$

## 4) 전력원선도

(1) 정전압 송전 방식에서 원의 반지름이 일정하고 송·수전 전력은 항상 원선도의 원주상에 존재하므로 그 크기를 알 수 있다.

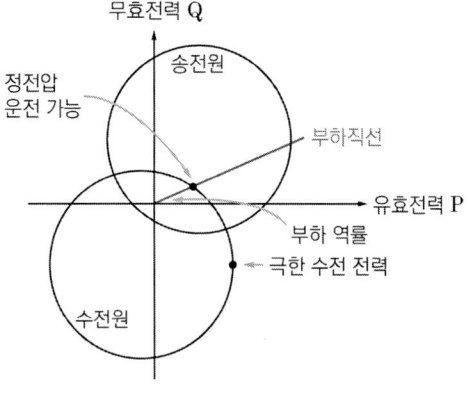

[전력 원선도]

## 예제. 09

정전압 송전방식에서 전력 원선도 작성 시 필요한 것으로 모두 옳은 것은?

① 조상기 용량, 수전단 전압
② 송전단 전압, 수전단 전압
③ 송·수전단 전압, 선로의 일반회로정수
④ 송·수전단 전류, 선로의 일반회로정수

**해설** 전력원선도 작성시 필요요소

- 송전단 전압
- 수전단 전압
- 선로의 일반회로 정수

정답 ③

(2) 원의 반지름

$$\rho = \frac{E_s E_r}{B}$$

$E_s$ : 송전단 전압, $E_r$ : 수전단 전압, $B$ : 임피던스비

## 예제. 10

Es, Er을 각각 송전단전압, 수전단전압, A, B, C, D를 4단자 정수라 할 때 전력원선도의 반지름은?

① $(Es \times Er)/D$
② $(Es \times Er)/C$
③ $(Es \times Er)/B$
④ $(Es \times Er)/A$

**해설** 전력원선도

전력 원선도 반지름 $\rho = \dfrac{E_s E_r}{B}$

$A$ : 수전단 무부하 시 전압비
$B$ : 수전단 단락 시 임비던스비
$C$ : 수전단 무부하 시 어드미턴스비
$D$ : 수전단 단락 시 전류비

정답 ③

(3) 원선도로 알 수 있는 것
   ① 가로축 : 유효전력
   ② 세로축 : 무효전력
   ③ 송·수전단 전압 간 상차각
   ④ 송·수전할 수 있는 최대전력(정태안정 극한전력)
   ⑤ 선로 손실과 송전효율
   ⑥ 수전단 역률
   ⑦ 조상용량
(4) 원선도로 알 수 없는 것
   ① 코로나 손실
   ② 과도 안정 극한 전력
   ③ 송전단 역률

## 예제. 11

전력 원선도에서 알 수 없는 것은?

① 조상 용량　　　　② 선로 손실
③ 과도안정 극한전력　④ 송수전단 전압간의 상차각

**해설** 전력원선도

전력원선도에서 구할 수 있는 것
- 정태안정 극한전력(최대 전력)
- 송수전단 전압간의 상차각
- 조상기 용량
- 수전단 역률
- 선로 손실
- 송전 효율

정답 ③

### 3. 장거리 송전선로 (R,L,C,G 회로)

1) 4단자 파라미터

   (1) 4단자 정수의 행렬표현

   $$\begin{bmatrix} E_s \\ I_s \end{bmatrix} = \begin{bmatrix} A & B \\ C & D \end{bmatrix} \begin{bmatrix} E_r \\ I_r \end{bmatrix}$$

   (2) 송전단 전압　$E_s = AE_r + BI_r$
   (3) 송전단 전류　$I_s = CE_r + DI_r$

2) 분포정수회로의 4단자 정수

    (1) $A = \cosh \gamma l$

    (2) $B = Z_0 \sinh \gamma l$

    (3) $C = \dfrac{1}{Z_0} \sinh \gamma l$

    (4) $D = \cosh \gamma l$

3) 전파특성

    (1) 장거리 송전선로의 시험

       ① 단락시험 : $Z = R + j\omega L$ 을 구한다.

       ② 무부하시험 : $Y = G + j\omega C$ 를 구한다.

    (2) 특성임피던스

$$Z_0 = \sqrt{\dfrac{Z}{Y}} \fallingdotseq \sqrt{\dfrac{L}{C}} = 138 \log_{10} \dfrac{D}{r} [\Omega]$$

    (3) 전파정수

$$\gamma = \sqrt{ZY} = \sqrt{(R+j\omega L)(G+j\omega C)} \, [\text{rad/km}]$$

## 4  코로나 현상과 페란티 현상

### 1. 코로나 현상

1) 코로나 현상

    (1) 승압시 발생되는 현상중 하나이다.

    (2) 공기의 절연이 파괴된다.

    (3) 부분방전으로 빛과 잡음이 발생한다.

2) 파열극한 전위경도

    (1) 공기의 절연을 파괴시키는 전압

    (2) 전위경도는 낮을수록 좋다.

    (3) 표준상태에서 전위경도의 한계

       ① 직류 : 30[kV/cm]

       ② 교류 : 21[kV/cm]

3) 코로나 임계전압

    (1) 코로나가 발생하기 시작하는 최저전압

    (2) 임계전압

$$E_0 = 24.3 m_0 m_1 \delta d \log_{10} \dfrac{D}{r} [\text{kV}]$$

$m_0$ : 전선 표면계수, $m_1$ : 기상계수, $\delta$ : 상대 공기밀도, $d$ : 전선 직경, $r$ : 전선반지름, $D$ : 선간거리

## 예제. 12

송전선로에서 코로나 임계전압[kV]의 식은? (단, $d$ 및 $r$ 은 전선의 지름 및 반지름, $D$는 전선의 평균 선간거리, 단위는 [cm]이며 다른 조건은 무시한다.)

① $24.3 d \log_{10} \dfrac{r}{D}$
② $24.3 d \log_{10} \dfrac{D}{r}$
③ $\dfrac{24.3}{d \log_{10} \dfrac{r}{D}}$
④ $\dfrac{24.3}{d \log_{10} \dfrac{D}{r}}$

**해설** 코로나의 임계전압

$$E_0 = 24.3 m_0 m_1 \delta d \log_{10} \dfrac{D}{r} [kV]$$ 에서

($m_0$ : 전선 표면계수, $m_1$ : 기상계수, $\delta$ : 상대 공기밀도) 를 무시하면

$$E_0 = 24.3 d \log_{10} \dfrac{D}{r} [kV]$$

**정답** ②

## 예제. 13

송전선로의 코로나 임계전압이 높아지는 것은?

① 기압이 낮아지는 경우
② 온도가 높아지는 경우
③ 전선의 지름이 큰 경우
④ 상대 공기밀도가 작은 경우

**해설** 임계전압

$$E_0 = 24.3 m_0 m_1 \delta d \log_{10} \dfrac{D}{r} [kV]$$

($m_0$ : 전선 표면계수, $m_1$ : 기상계수,
$\delta$ : 상대 공기밀도, $d$ : 전선의 지름,
$r$ : 전선의 반지름, $D$ : 전선의 평균 선간거리)
기압이 낮아지거나 온도가 높아지면 상대 공기밀도가 작아진다.
∴ 임계전압은 상대공기밀도와 비례하므로
• 기압이 높아지는 경우
• 온도가 낮아지는 경우
• 상대 공기밀도가 큰 경우
임계전압은 높아진다.

**정답** ③

4) 코로나 현상의 영향
⑴ 코로나 전력손실이 발생한다.
⑵ 오존($O_3$)과 산화질소에 의해 전선이 부식된다.
⑶ 고조파로 인한 통신선의 유도장해가 발생한다.

### 예제. 14

송전선로에 코로나가 발생하였을 때 장점은?

① 송전선로의 전력 손실을 감소시킨다.
② 전력선반송 통신설비에 잡음을 감소시킨다.
③ 송전선로에서의 이상전압 진행파를 감소시킨다.
④ 중성점 직접접지 방식의 송전선로 부근의 통신선에 유도장해를 감소시킨다.

**해설** 코로나 현상

① 코로나 전력손실이 발생
② 부분방전으로 빛과 잡음이 발생
④ 고조파로 인한 통신선의 유도장해가 발생

**정답** ③

### 예제. 15

송전선에 코로나가 발생하면 무엇에 의해 전선이 부식되는가?

① 수소     ② 아르곤     ③ 비소     ④ 산화질소

**해설** 코로나현상의 영향

- 코로나 전력손실이 발생한다.
- 오존($O_3$)과 산화질소에 의해 전선이 부식된다.
- 고조파로 인한 통신선의 유도장해가 발생한다.

**정답** ④

5) 코로나 현상 방지대책
⑴ 전위경도를 낮추고 임계전압을 높이기 위해 지름이 큰 전선을 사용한다.
① ACSR(강심 알루미늄 연선) 사용
② 중공연선 사용
⑵ 복도체 방식을 채용한다.
⑶ 낡은 전선이나 애자를 교체한다.

## 2. 페란티 현상

1) 페란티 현상
   (1) 수전단의 전압($E_s$)이 송전단 전압($E_r$)보다 높아지는 현상
   (2) 선로의 정전용량(C)이 커지고 인덕턴스(L)는 감소한다.
   (3) 진상전류, 충전전류로 인해 발생한다.

2) 페란티 현상의 방지대책
   (1) 전류가 지상이 되도록 해준다.
   (2) 수전단에 분로리액터(병렬리액터)를 설치한다.

## 5 가공 송·배전 선로의 구성설비

### 1. 전주의 시설

1) 장주
   (1) 지지물에 전선 그 밖의 기구를 고정시키기 위하여 완금, 완목, 애자 등을 장치하는 공정
   (2) 완금의 종류
      ① 완금의 종류 : 경(ㅁ형)완금, ㄱ형 완금
      ② 완금의 길이

[단위 : mm]

| 전선의 조수 | 특고압 | 고압 | 저압 |
|---|---|---|---|
| 2 | 1,800 | 1,400 | 900 |
| 3 | 2,400 | 1,800 | 1,400 |

### 예제. 16

22.9[kV] 가공 전선로에서 3상 4선식 선로의 직선주에 사용되는 크로스 완금의 표준 길이는?

① 900[mm]
② 1400[mm]
③ 1800[mm]
④ 2400[mm]

**해설** 완금의 길이

| 전선조수 | 특고압 | 고압 | 저압 |
|---|---|---|---|
| 2 | 1,800 | 1,400 | 900 |
| 3 | 2,400 | 1,800 | 1,400 |

정답 ④

(3) 완금의 고정
① 전주의 말구에서 25 [cm] 되는 곳에 1볼트, U볼트, 밴드를 사용하여 고정
② 암타이 : 완금이 상하로 움직이는 것을 방지
③ 암타이 밴드 : 암타이를 고정
(4) 래크(Rack)배선
저압선의 경우에 완금을 설치하지 않고 전주에 수직방향으로 애자를 설치하는 배선으로 중성선을 최상단에 설치한다.

### 예제. 17

22.9[kV] 배전선로 가선공사에서 주상의 경완금(경완철)에 전선을 가선작업 할 때 필요 없는 금구류 또는 자재는 다음 중 어느 것인가?

① 앵커쇄클
② 현수애자
③ 소켓아이
④ 데드엔드크램프

**해설** 완금의 설치재료
앵커쇄클은 ㄱ형 완철 설치재료이다.

**정답** ①

2) 주상 변압기
(1) 주상 변압기 설치
① 행거 밴드를 사용하여 고정
② 변압기 1차 측 전선 : 고압 절연 전선 또는 클로로프렌 외장 케이블을 사용
③ 변압기 2차 측 전선 : OW 또는 비닐 외장 케이블
(2) 변압기 보호
① 변압기 1차 측 : 컷아웃 스위치(COS) → 변압기의 단락을 보호
② 변압기 2차 측 : 캐치홀더
(3) 변압기 높이
① 시가지(도심지) : 4.5 [m] 이상
② 시가지 외 : 4 [m] 이상
(4) 구분 개폐기
전력계통의 수리, 화재 등의 사고 발생 시에 구분개폐기를 2[km] 이하마다 설치하여 파급효과를 제한한다.

### 예제. 18

주상변압기를 설치할 때 작업이 간단하고 장주하는데 재료가 덜 들어서 좋으나 전주 윗부분에는 무게가 가하여지므로 보통 20~30[kVA] 정도의 변압기에 널리 쓰이는 방법은?

① 변압기 거치법   ② 행거 밴드법
③ 변압기 탑법    ④ 앵글 지지법

**해설** 행거밴드

행거밴드는 철근콘크리트 전주에 주상변압기를 고정시키기 위한 밴드로 널리 사용된다.

정답 ②

## 2. 지선

1) 지선의 특징
   (1) 전주가 기우는 것을 방지하기 위해 설치하는 선
   (2) 폭풍에 견딜 수 있도록 5기마다 1기의 비율로 선로 방향으로 전주 양측에 설치

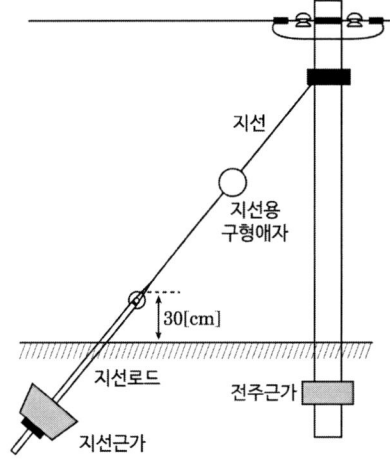

[지선의 구성요소]

2) 지선 시공
   (1) 지선 애자
      ① 위치 : 지표상 2.5 [m]
      ② 종류 : 구형애자 (지선애자, 옥애자)
   (2) 지선의 부착 각도 : 30° ~ 40°로 하되 60° 이하로 설치
   (3) 안전율 : 2.5 이상
   (4) 허용 인장 하중 : 440 [kg] 이상(4.31 kN 이상)
   (5) 지선에 연선을 사용하는 경우
      ① 소선 3가닥 이상이어야 한다.

② 소선 지름 2.6 [mm] 이상의 금속선(단, 소선의 지름이 2 [mm] 이상인 아연도금 강연선으로 소선의 인장강도가 0.68 kN/mm² 이상인 것)
(6) 도로 횡단 시 수평지선 높이 : 5 [m] 이상
(7) 지선로드
① 지표상 30 [cm]까지 나오게 시설한다.
② 내식성을 가져야 한다.
③ 아연도금한 철봉을 사용한다.

## 예제. 19

가공전선로의 지지물에 시설하는 지선의 시설기준이 아닌 것은?

① 소선 3가닥 이상의 연선일 것
② 지선의 안전율은 2.5 이상일 것
③ 소선의 지름이 2.6[mm] 이상의 금속선을 사용할 것
④ 도로를 횡단하여 시설하는 지선의 높이는 지표상 5.5[m] 이상으로 할 것

**해설** 지선의 시설

- 지선의 안전율 : 2.5 이상
- 허용 인장하중 : 4.31 [kN]이상
- 지선의 소선은 3 가닥 이상의 연선이어야 한다.
- 지선의 소선은 지름이 2.6 [mm] 이상의 금속선을 사용
- 지표상 0.3 [m] 까지의 부분에는 내식성이 있는 것 또는 아연도금을 한 철봉을 사용
- 수평지선의 높이

| 도로 | 보도 |
| --- | --- |
| 지표상 5 [m] 이상 | 2.5 [m] 이상 |

- 철탑은 지선을 사용해서는 안 된다.

**정답** ④

## 예제. 20

지선과 지선용 근가를 연결하는 금구는?

① U볼트    ② 지선 롯트    ③ 볼쇄클    ④ 지선 밴드

**해설** 지선롯트

전주의 지선과 근가, 지선용 타입 앵커를 연결하는데 사용하는 금구

**정답** ②

3) 지선의 종류

| 구분 | 특징 |
|---|---|
| 보통 지선 | 전주 길이의 1/2거리에 지선용 근가를 매설하여 설치 |
| 수평 지선 | 보통지선을 설치할 수 없는 경우에 전주와 전주 간, 전주와 지선주 간에 설치 |
| 공동 지선 | 두 개의 지지물에 공동으로 시설하는 지선 |
| Y 지선 | 다단 완금을 경우, 장력이 클 경우, H주일 경우에 보통지선을 2단으로 설치 |
| 궁지선 | 장력이 적고, 타 종류의 지선을 사용할 수 없는 경우에 설치 |

## 3. 가선공사

1) 가공전선
　⑴ 전기를 전주 같은 지지물을 통하여 수용가 등으로 전송하기 위한 전선
　⑵ 특고압 및 고압의 안전율은 2.2 이상으로 한다.(알루미늄선은 2.5이상)

2) 가공전선의 종류
　⑴ ACSR
　　① 강심 알루미늄 연선
　　② 두 종류 이상의 금속선을 꼬아서 만든 전선
　　③ 알루미늄은 구리보다 가벼우므로 중량이 감소된다.
　　④ 전선 중앙에 강심을 넣어 일반 전선보다 바깥지름이 크다.

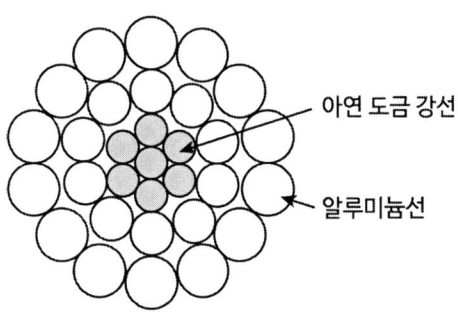

ACSR(강심 알루미늄 연선)

(2) 중공전선

200 [kV] 이상의 초고압 송전선로에서는 코로나 발생을 방지하기 위해 단면적은 증가시키지 않고, 전선의 바깥지름만 필요한 만큼 크게 만든 전선

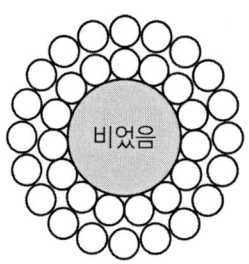

3) 가공전선로의 굵기

   (1) 400[V] 이하

      ① 절연전선인 경우 : 지름 2.6[mm] 이상의 경동선

      ② 나전선인 경우 : 지름 3.2[mm] 이상의 경동선

   (2) 400[V] 초과

      ① 시가지내 : 지름 5[mm] 이상의 경동선

      ② 시가지외 : 지름 4[mm] 이상의 경동선

   (3) 특고압

      ① 단면적 22[mm$^2$] 이상인 경동연선

      ② ACSR인 경우 : 32[mm$^2$] 이상

4) 전선의 이도

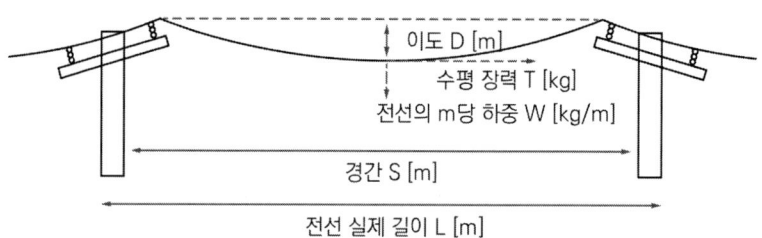

(1) 이도 : 전선 자체 중량 때문에 전선이 밑으로 처진 정도를 나타내는 크기

(2) 이도의 계산

$$D = \frac{WS^2}{8T} [m]$$

T : 수평장력 $\left( = \dfrac{\text{인장하중}}{\text{안전율}} \right)$ [kg]

W : 전선의 m당 하중 [kg/m]　　S : 경간 [m]

## 예제. 21

전주 사이의 경간이 50[m]인 가공 전선로에서 전선 1[m]의 하중이 0.37[kg], 전선의 이도가 0.8[m]라면 전선의 수평장력은 약 몇 [kg]인가?

① 80　　　② 230　　　③ 145　　　④ 165

**해설** 이도와 수평장력

이도 $D = \dfrac{WS^2}{8T}$ 에서

수평장력

$$T = \dfrac{WS^2}{8D} = \dfrac{0.37 \times 50^2}{8 \times 0.8} = 144.53[\text{kg}]$$

**정답** ③

(3) 전선 실제 길이 $L = S + \dfrac{8D^2}{3S}\,[m]$

(4) 전선 평균 높이 $H_0 = H - \dfrac{2}{3}D\,[m]$

5) 저·고압 가공 전선의 높이

(1) 저압 가공 전선의 높이

| 철도 또는 궤도 | 6.5 [m]이상 | |
|---|---|---|
| 도로 | 6 [m]이상 | |
| 횡단보도 | 3.5 [m]이상 | |
| | 저압절연전선, 케이블 | 3 [m]이상 |
| 그 외 | 5 [m]이상 | |
| | 교통에 지장이 없는 경우 | 4 [m]이상 |

(2) 고압 가공 전선의 높이

| 철도 또는 궤도 | 6.5 [m]이상 |
|---|---|
| 도로 | 6 [m]이상 |
| 횡단보도 | 3.5 [m]이상 |
| 그 외 | 5 [m]이상 |

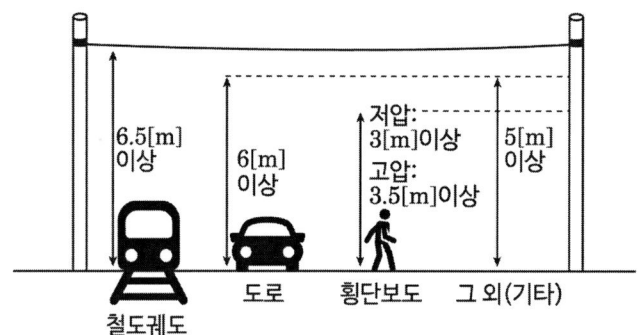

## 4. 조상설비

1) 조상설비

(1) 송전선을 일정 전압으로 운전하기 위해 필요한 무효전력을 공급하는 장치

(2) 조상설비의 종류

① 전력용 콘덴서

② 동기 조상기

③ 방전코일

④ 리액터

2) 전력용 콘덴서 (병렬 콘덴서, SC)

(1) 부하와 병렬로 접속하여 진상전류를 얻으며 부하 역률을 개선

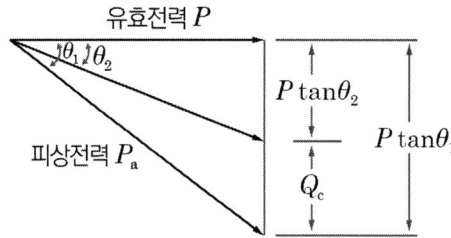

(2) 전력용 콘덴서의 용량

$$Q_c = P(\tan\theta_1 - \tan\theta_2) = P\left(\frac{\sqrt{1-\cos^2\theta_1}}{\cos\theta_1} - \frac{\sqrt{1-\cos^2\theta_2}}{\cos\theta_2}\right)$$

## 예제. 22

3상 배전선로의 말단에 늦은 역률 60[%], 120[kW]의 3상 부하가 있다. 부하점에 부하와 병렬로 전력용 콘덴서를 접속하여 선로손실을 최소화하려고 한다. 이 경우 필요한 콘덴서 용량은?(단, 부하단 전압은 변하지 않는 것으로 한다.)

① 60[kVA]   ② 80[kVA]
③ 135[kVA]  ④ 160[kVA]

**해설** 전력용 콘덴서의 용량

$$Q = P(\tan\theta_1 - \tan\theta_2)$$
$$= 120 \times \left(\frac{\sin\theta_1}{\cos\theta_1} - \frac{\sin\theta_2}{\cos\theta_2}\right)$$
$$= 120 \times \left(\frac{0.8}{0.6} - \frac{0}{1}\right) = 160 \text{[kVA]}$$

**정답** ④

(3) 콘덴서의 충전전류 및 충전용량

① 충전전류

$$I_C = \omega C E \ell = 2\pi f C \frac{V}{\sqrt{3}} \ell \ [A]$$

$C = C_0 + 3C_m$, $\ell$ : 거리

$E(\text{대지전압}) = \dfrac{V(\text{선간전압})}{\sqrt{3}}$

② 충전용량

$$Q_C = 3EI_C = 3\omega C E^2 = 3\omega C \left(\frac{V}{\sqrt{3}}\right)^2 = \omega C V^2$$

## 예제. 23

3상 송전선로 1회선의 전압이 22[kV], 주파수가 60[Hz]로 송전 시 무부하 충전전류는 약 몇 [A]인가? (단, 송전선의 길이는 20 [km]이고, 1선 1[km]당 정전용량은 0.5 [μF]이다.)

① 48   ② 36   ③ 24   ④ 12

**해설** 송전시 충전전류

$$I_C = \omega C E \ell = 2\pi f C \frac{V}{\sqrt{3}} \ell \ [A]$$
$$= 2 \times 3.14 \times 60 \times 0.5 \times 10^{-6} \times \frac{22}{\sqrt{3}} \times 10^3 \times 20$$
$$= 47.88 \fallingdotseq 48 [A]$$

**정답** ①

3) 직렬 콘덴서
   ⑴ 전압강하를 보상하기 위하여 부하와 직렬로 접속
   ⑵ 선로의 인덕턴스를 보상하여 정태안정도를 증가시킨다.
   ⑶ 수전단의 전압변동률을 줄인다.
   ⑷ 계통 역률을 개선시킬 정도의 큰 용량은 되지 못한다.

4) 리액터

| 리액터 종류 | 역할 |
|---|---|
| 분로 리액터(병렬 리액터) | 페란티 현상 방지 |
| 직렬 리액터 | 제5고조파 제거 |
| 한류 리액터 | 단락 전류 제한 |
| 소호 리액터 | 지락 아크 소호 |

5) 동기조상기
   ⑴ 계자전류를 변화시켜 진상·지상전류를 공급함으로써 역률을 개선한다.
   ⑵ 전력용 콘덴서와의 비교

| 구분 | 동기조상기 | 전력용 콘덴서 |
|---|---|---|
| 시충전 | 가능 | 불가능 |
| 전력손실 | 크다 | 작다 |
| 무효전력 조정 | 연속적 | 계단적 |
| 무효전력 | 진상·지상용 | 진상용 |

## 예제. 24

전력설비에 대한 설치 목적의 연결이 옳지 않은 것은?

① 소호 리액터 - 지락전류 제한
② 한류 리액터 - 단락전류 제한
③ 직렬 리액터 - 충전전류 방전
④ 분로 리액터 - 페란티 현상 방지

**해설** 전력설비

- 직렬 리액터 - 제5고조파 억제, 파형개선
- 방전코일 - 충전전류 방전

정답 ③

# CHAPTER 03 지중 송·배전선로

## 1 지중케이블의 종류

### 1. XLPE 케이블

1) XLPE 케이블
   (1) 전기가 흐르는 도체의 주위에 XLPE(가교 폴리에틸렌)로 절연한 케이블
   (2) 154[kV], 345[kV] 등의 특고압에 적용되고 있는 지중케이블

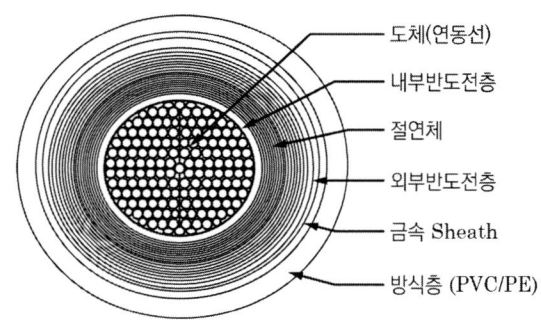

2) XLPE 케이블의 특징
   (1) 설비가 단순해서 시공과 보수가 간편하다.
   (2) 동급 규격케이블에 비해 송전 용량이 크다.
   (3) 절연유를 사용하지 않아 친환경적이다.
   (4) 난연성이 우수하다.

### 2. 동심중성선 CV 케이블

1) 동심중성선 CV 케이블의 특징
   (1) 기존의 폴리에틸렌 절연체를 가교 폴리에틸렌 절연체로 전환한 케이블
   (2) 다중접지계통의 중성선으로 사용한다.
   (3) 부하전류나 다중접지계통의 지락전류를 흘릴 수 있다.

2) 동심중성선 CV 케이블의 종류
   (1) 특고압 케이블
      ① 일반형 : 22.9[kV] CN/CV 케이블
      ② 수밀형 : 22.9[kV] CN/CV-W 케이블
      ③ 난연성형 : 22.9[kV] FR-CN/CV 케이블
   (2) 저압 케이블
      600[V] CV 케이블

## 2 지중선로의 부설방식

### 1. 지중선로

1) 지중선로
   (1) 케이블을 이용하여 땅속에 시설하는 전선로
   (2) 자연재해로부터 송전 선로를 보호하기위해 지하에 매설한다.
   (3) 가공전선로를 건설할 수 없거나 수용밀도가 높은 지역에 공급하는 경우 시설

2) 지중선로의 장,단점
   (1) 전력 사용의 안정도가 향상된다.
   (2) 도시 미관을 저해시키지 않는다.
   (3) 시설비가 많이 들고, 선로 사고 시 복구 시간이 많이 걸린다.

---

**예제. 01**

다음 중 지중 송전선로의 구성방식이 아닌 것은?

① 방사상 환상 방식
② 가지식 방식
③ 루프 방식
④ 단일 유닛 방식

**해설** 지중송전선로의 구성방식

가지식 방식은 배전선로에서 사용된다

**정답** ②

---

### 2. 지중선로의 시설방식

1) 직접매설식
   (1) 땅을 파서 트로프에 케이블을 직접 포설하는 방식
   (2) 지중 케이블의 상부에는 견고한 판 또는 경질 비닐판으로 덮어서 매설한다.
   (3) 케이블 회선수는 2회선 이하로 한다.
   (4) 케이블의 매설 깊이
      ① 차량 등 중량물의 압력이 있는 장소 : 1 [m] 이상
      ② 그 외 장소 : 0.6 [m] 이상

## 예제. 02

지중 전선로를 직접 매설식으로 시설하는 경우 차량 기타 중량물의 압력을 받을 우려가 있는 장소에는 깊이를 몇 [m] 이상으로 해야 하는가?

① 0.6[m]  ② 1.0[m]
③ 1.8[m]  ④ 2.0[m]

**해설** 지중전선로의 매설깊이

직접매설식과 관로식의 매설 깊이는 차량, 기타 중량물의 압력을 받을 우려가 있는 장소는 1[m] 이상, 기타 장소는 0.6[m] 이상이어야 한다.

**정답** ②

### 2) 관로식

(1) 케이블을 포설할 관로를 만들고, 그 안에 케이블을 포설하는 방식
(2) 케이블의 조수가 많은 장소 및 장래에 부하의 변경이 예상되는 장소에 사용한다.
(3) 케이블 회선수는 3회선 이상 8회선 이하로 한다.
(4) 관로의 매설깊이
　① 차량 등 중량물의 압력이 있는 장소 : 1[m] 이상
　② 그 외 장소 : 0.6 [m] 이상

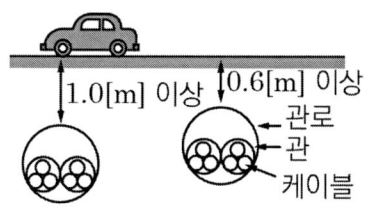

(5) 지중함의 시설
　① 지중함은 견고하고 압력에 충분히 견디는 구조로 만든다.
　② 지중함 안에 고인 물을 제거 가능해야 한다.
　③ 지중함의 크기는 1[m³] 이상이어야 한다.
　④ 지중함의 뚜껑은 시설자 외 쉽게 열 수 없도록 한다.

### 예제. 03

지중 전선로에 사용하는 지중함의 시설기준으로 틀린 것은?

① 지중함은 조명 및 세척이 가능한 구조로 할 것
② 지중함은 견고하고 차량 기타 중량물의 압력에 견디는 구조일 것
③ 지중함의 뚜껑은 시설자 이외의 자가 쉽게 열 수 없도록 시설할 것
④ 지중함은 그 안에 고인물을 제거할 수 있는 구조로 할 것

**해설** 지중함의 시설

- 지중함은 견고하고 압력에 충분히 견디는 구조로 만든다.
- 지중함 안에 고인 물을 제거 가능해야 한다.
- 지중함의 크기는 1[m³] 이상이어야 한다.
- 지중함의 뚜껑은 시설자 외 쉽게 열 수 없도록 한다.

**정답** ①

3) 암거식
   (1) 지중에 암거를 시설하고 그 속에 케이블을 포설하는 방식이다.
   (2) 케이블은 암거의 측벽에 받침대나 선반에 의해 지지하며, 작업자의 보행을 위한 통로를 확보하여 시설한다.
   (3) 케이블 회선수는 9회선 이상으로 한다.

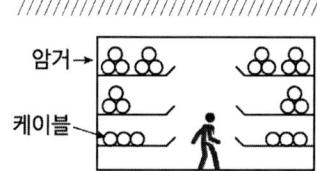

## 3 케이블 접속 및 보수

### 1. 케이블의 접속

1) 케이블의 접속
   (1) 수분침입을 피한다. - 워터트리현상 방지
   (2) 고압 및 특고압 케이블의 접속부에는 전기적 차폐층을 설치
   (3) 습기가 많고 접속박스가 없는 경우에는 애자를 사용하여 상호접속한다.
   (4) 연피케이블의 접속은 리노테이프를 이용

2) 케이블의 중간 접속부의 시설
   (1) 사람이 쉽게 접촉할 우려가 없는 곳이어야 한다.
   (2) 맨홀 내에 시설하는 경우
      ① 최소 오프셋(Off-Set) : 10[cm] 이상으로 한다.
      ② 측벽과의 간격 : 20[cm] 이상으로 한다.
   (3) 전용트로프 내에 접속하는 경우 각 이격거리는 1[m] 이상으로 한다.

3) 케이블의 종단 접속부의 시설
    (1) 울타리를 설치하여 사람의 접촉을 막는다.
    (2) 울타리 높이+ 울타리에서 충전부분까지의 거리 합계 : 5[m] 이상
    (3) 옥내 종단 접속부의 높이 : 4.5[m] (시가지 4[m])
    (4) 충전부분이 노출되지 않도록 한다. (콘크리트제 함 또는 접지된 금속함)

### 예제. 04

지중전선로 공사에서 케이블 포설 시 케이블 끝단에 설치하여 당길 수 있도록 하는 데 사용하는 것은?

① 풀링그립(Pulling Grip)
② 피시테이프(Fish Tape)
③ 강철 인도선(Steel Wire)
④ 와이어 로프(Wire Rope)

**해설** 공구

② 피시테이프 : 전선관에 전선을 넣을 때 사용하는 강철선
④ 와이어로프 : 경강선, 아연도금강선 등을 소선으로 해서 1층 또는 여러 층을 꼬아서 스트랜드를 만들고, 이 스트랜드 6개를 다시 심강(코어)의 둘레에 꼬아서 합친 것

**정답** ①

4) 케이블 전기적 부식 방지 대책
    (1) 희생 양극법
        ① 지중 또는 수중에 설치된 양극금속과 매설배관을 전선으로 연결
        ② 장점
            ㉠ 전원이 이용이 어려운 장소에서 적용가능하다.
            ㉡ 시공이 간단하고 유지관리가 좋다.
            ㉢ 비용이 경제적이며 소규모에 적합하다.
        ③ 단점
            ㉠ 효과범위가 작다.
            ㉡ 전류의 조절이 어렵다.
    (2) 외부 전원법
        ① 양극은 외부전원용 전극에 접속하고, 음극은 매설배관에 접속
        ② 장점
            ㉠ 수명이 길다.
            ㉡ 전류의 조절이 가능하다.
            ㉢ 좁은 장소에서 유용하다.
            ㉣ 자동화가 가능하며 방식 범위가 크다.

③ 단점
　　㉠ 전력공급과 유지관리가 필요하다.
　　㉡ 설계가 복잡하고 설치비용이 비싸다.
　　㉢ 인접한 타 시설물에 영향을 줄 수 있다.
(3) 강제 배류법
　① 선택 배류법과 외부 전원법을 합성한 것
　② 누설전류를 전기회로적으로 복귀시키는 방법
　③ 장점
　　㉠ 효과범위가 넓다.
　　㉡ 전압과 전류의 조정이 쉬우며 양극간의 간섭이 없다.
　④ 단점
　　㉠ 전원이 필요하다.
　　㉡ 다른 매설금속체에 장해를 일으킬 수 있다.

### 예제. 05

지중에 매설되어 있는 케이블의 전식을 방지하기 위하여 누설전류가 흐르도록 길을 만들어 금속표면의 부식을 방지하는 방법은?

① 희생 양극법　② 외부 전원법
③ 강제 배류법　④ 배양법

**해설** 전식방지법
- 희생 양극법
- 외부 전원법
- 직접 배류법
- 선택 배류법
- 강제 배류법

**정답** ③

## 2. 케이블의 선로이상탐지

1) 머레이 루프법
　(1) 휘스톤 브리지법을 이용하여 이상점까지의 거리 계산
　(2) 특징
　　① 정밀도가 높다 : 측정오차 1[%]이하
　　② 측정 조작 및 운반이 쉽다

(3) 적용이 어려운 경우
① 지락저항이 높은 경우
② 사고점이 방전되는 경우
③ 건전상이 없는 3상 단락사고 및 3상 지락사고 시

2) 펄스 레이터법
(1) 펄스를 보내 이상점에서 반사되는 시간을 측정하여 거리를 계산
(2) 특징
① 정밀도가 낮다 : 측정오차 2~5[%]
② 지락, 단락, 단선 등의 모든 사고에 사용 가능
③ 3상 동시 사고점 측정에 적합
④ 조작과 판독이 어렵다.

3) 정전 용량법
(1) 건전상일 때와 사고상 일때의 정전용량을 비교하여 사고점을 검출
(2) 특징
① 단선된 경우에만 적용가능하다.
② 환경에 따라 정전용량이 영향을 받아 정확한 측정이 어렵다.
③ 오차가 크다

4) 교류 브릿지법
(1) 사인파 교류에 의하여 작동하는 브릿지
(2) 교류 브릿지 회로를 사용하여 선로의 임피던스와 어드미턴스를 이용

모아바 www.moa-ba.com
모아소방전기학원 www.moate.co.kr

아우름 전기기능장 필기

# PART 06
# 한국전기설비규정

# CHAPTER 01 KEC 총칙

## 1 기술기준 총칙 및 KEC 총칙에 관한 사항

### 1. 전압의 구분

| 구분 | 교류 | 직류 |
|---|---|---|
| 저압 | 1 [kV] 이하 | 1.5 [kV] 이하 |
| 고압 | 저압 초과 7 [kV] 이하 | |
| 특고압 | 7 [kV] 초과 | |

### 2. 용어정리

1) "가공인입선"
   가공전선로의 지지물로부터 다른 지지물을 거치지 아니하고 수용장소의 붙임점에 이르는 가공전선을 말한다.

2) "가섭선(架涉線)"
   지지물에 가설되는 모든 선류를 말한다.

3) "계통연계"
   둘 이상의 전력계통 사이를 전력이 상호 융통될 수 있도록 선로를 통하여 연결하는 것으로 전력계통 상호간을 송전선, 변압기 또는 직류-교류변환설비 등에 연결하는 것을 말한다. 계통연락이라고도 한다.

4) "계통외도전부(Extraneous Conductive Part)"
   전기설비의 일부는 아니지만 지면에 전위 등을 전해줄 위험이 있는 도전성 부분을 말한다.

5) "계통접지(System Earthing)"
   전력계통에서 돌발적으로 발생하는 이상현상에 대비하여 대지와 계통을 연결하는 것으로, 중성점을 대지에 접속하는 것을 말한다.

6) "고장보호(간접접촉에 대한 보호, Protection Against Indirect Contact)"
   고장 시 기기의 노출도전부에 간접 접촉함으로써 발생할 수 있는 위험으로부터 인축을 보호하는 것을 말한다.

7) "관등회로"
   방전등용 안정기 또는 방전등용 변압기로부터 방전관까지의 전로를 말한다.

8) "내부 피뢰시스템(Internal Lightning Protection System)"
   등전위본딩 또는 외부피뢰시스템의 전기적 절연으로 구성된 피뢰시스템의 일부를 말한다.

9) "노출도전부(Exposed Conductive Part)"
충전부는 아니지만 고장 시에 충전될 위험이 있고, 사람이 쉽게 접촉할 수 있는 기기의 도전성 부분을 말한다.

10) "등전위본딩(Equipotential Bonding)"
등전위를 형성하기 위해 도전부 상호 간을 전기적으로 연결하는 것을 말한다.

11) "등전위본딩망(Equipotential Bonding Network)"
구조물의 모든 도전부와 충전도체를 제외한 내부설비를 접지극에 상호 접속하는 망을 말한다.

12) "리플프리(Ripple-free)직류"
교류를 직류로 변환할 때 리플성분의 실횻값이 10 % 이하로 포함된 직류를 말한다.

13) "보호도체(PE, Protective Conductor)"
감전에 대한 보호 등 안전을 위해 제공되는 도체를 말한다.

14) "보호등전위본딩(Protective Equipotential Bonding)"
감전에 대한 보호 등과 같이 안전을 목적으로 하는 등전위본딩을 말한다.

15) "보호본딩도체(Protective Bonding Conductor)"
보호등전위본딩을 제공하는 보호도체를 말한다.

16) "보호접지(Protective Earthing)"
고장 시 감전에 대한 보호를 목적으로 기기의 한 점 또는 여러 점을 접지하는 것을 말한다.

17) "분산형전원"
중앙급전 전원과 구분되는 것으로서 전력소비지역 부근에 분산하여 배치 가능한 전원을 말한다. 상용전원의 정전시에만 사용하는 비상용 예비전원은 제외하며, 신·재생에너지 발전설비, 전기저장장치 등을 포함한다.

18) "서지보호장치(SPD, Surge Protective Device)"
과도 과전압을 제한하고 서지전류를 분류하기 위한 장치를 말한다.

19) "수뢰부시스템(Air-termination System)"
낙뢰를 포착할 목적으로 돌침, 수평도체, 메시도체 등과 같은 금속 물체를 이용한 외부피뢰시스템의 일부를 말한다.

20) "스트레스전압(Stress Voltage)"
지락고장 중에 접지부분 또는 기기나 장치의 외함과 기기나 장치의 다른 부분 사이에 나타나는 전압을 말한다.

21) "옥내배선"
건축물 내부의 전기사용장소에 고정시켜 시설하는 전선을 말한다.

22) "옥외배선"
건축물 외부의 전기사용장소에서 그 전기사용장소에서의 전기사용을 목적으로 고정시켜 시설하는 전선을 말한다.

23) "옥측배선"
건축물 외부의 전기사용장소에서 그 전기사용장소에서의 전기사용을 목적으로 조영물에 고정시켜 시설하는 전선을 말한다.

24) "외부피뢰시스템(External Lightning Protection System)"
수뢰부시스템, 인하도선시스템, 접지극시스템으로 구성된 피뢰시스템의 일종을 말한다.

25) "이격거리"
떨어져야할 물체의 표면간의 최단거리를 말한다.

26) "인하도선시스템(Down-conductor System)"
뇌전류를 수뢰부시스템에서 접지극으로 흘리기 위한 외부피뢰시스템의 일부를 말한다.

27) "임펄스내전압(Impulse Withstand Voltage)"
지정된 조건하에서 절연파괴를 일으키지 않는 규정된 파형 및 극성의 임펄스전압의 최대 파고 값 또는 충격내전압을 말한다.

28) "접근상태"란 제1차 접근상태 및 제2차 접근상태를 말한다.
   (1) "제1차 접근상태"
   가공 전선이 다른 시설물과 접근(병행하는 경우를 포함하며 교차하는 경우 및 동일 지지물에 시설하는 경우를 제외한다. 이하 같다)하는 경우에 가공 전선이 다른 시설물의 위쪽 또는 옆쪽에서 수평거리로 가공 전선로의 지지물의 지표상의 높이에 상당하는 거리 안에 시설(수평 거리로 3 m 미만인 곳에 시설되는 것을 제외한다) 됨으로써 가공 전선로의 전선의 절단, 지지물의 도괴 등의 경우에 그 전선이 다른 시설물에 접촉할 우려가 있는 상태를 말한다.

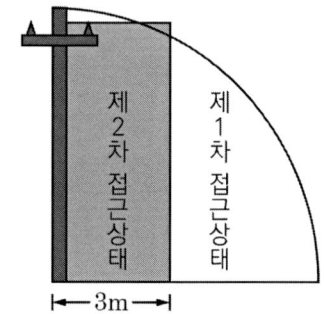

   (2) "제2차 접근상태"
   가공 전선이 다른 시설물과 접근하는 경우에 그 가공 전선이 다른 시설물의 위쪽 또는 옆쪽에서 수평 거리로 3 m 미만인 곳에 시설되는 상태를 말한다.

29) "접속설비"
공용 전력계통으로부터 특정 분산형전원 전기설비에 이르기까지의 전선로와 이에 부속하는 개폐장치, 모선 및 기타 관련 설비를 말한다.

30) "접지도체"
계통, 설비 또는 기기의 한 점과 접지극 사이의 도전성 경로 또는 그 경로의 일부가 되는 도체를 말한다.

31) "접지시스템(Earthing System)"
기기나 계통을 개별적 또는 공통으로 접지하기 위하여 필요한 접속 및 장치로 구성된 설비를 말한다.

32) "접지전위 상승(EPR, Earth Potential Rise)"
   접지계통과 기준대지 사이의 전위차를 말한다.

33) "접촉범위(Arm's Reach)"
   사람이 통상적으로 서있거나 움직일 수 있는 바닥면상의 어떤 점에서라도 보조장치의 도움 없이 손을 뻗어서 접촉이 가능한 접근구역을 말한다.

34) "정격전압"
   발전기가 정격운전상태에 있을 때, 동기기 단자에서의 전압을 말한다.

35) "중성선 다중접지 방식"
   전력계통의 중성선을 대지에 다중으로 접속하고, 변압기의 중성점을 그 중성선에 연결하는 계통접지 방식을 말한다.

36) "지락전류(Earth Fault Current)"
   충전부에서 대지 또는 고장점(지락점)의 접지된 부분으로 흐르는 전류를 말하며, 지락에 의하여 전로의 외부로 유출되어 화재, 사람이나 동물의 감전 또는 전로나 기기의 손상 등 사고를 일으킬 우려가 있는 전류를 말한다.

37) "지중 관로"
   지중 전선로·지중 약전류 전선로·지중 광섬유 케이블 선로·지중에 시설하는 수관 및 가스관과 이와 유사한 것 및 이들에 부속하는 지중함 등을 말한다.

38) "충전부(Live Part)"
   통상적인 운전 상태에서 전압이 걸리도록 되어 있는 도체 또는 도전부를 말한다. 중성선을 포함하나 PEN 도체, PEM 도체 및 PEL 도체는 포함하지 않는다.

39) "특별저압(ELV, Extra Low Voltage)"
   인체에 위험을 초래하지 않을 정도의 저압을 말한다.
   ① SELV(Safety Extra Low Voltage)는 비접지회로
   ② PELV(Protective Extra Low Voltage)는 접지회로

40) "피뢰등전위본딩(Lightning Equipotential Bonding)"
   뇌전류에 의한 전위차를 줄이기 위해 직접적인 도전접속 또는 서지보호장치를 통하여 분리된 금속부를 피뢰시스템에 본딩하는 것을 말한다.

41) "피뢰시스템(LPS, Lightning Protection System)"
   구조물 뇌격으로 인한 물리적 손상을 줄이기 위해 사용되는 전체시스템을 말하며, 외부피뢰시스템과 내부피뢰시스템으로 구성된다.

42) "피뢰시스템의 자연적 구성부재(Natural Component of LPS)"
   피뢰의 목적으로 특별히 설치하지는 않았으나 추가로 피뢰시스템으로 사용될 수 있거나, 피뢰시스템의 하나 이상의 기능을 제공하는 도전성 구성부재

43) "PEN 도체(Protective Earthing Conductor and Neutral Conductor)"
   교류회로에서 중성선 겸용 보호도체를 말한다.

44) "PEM 도체(Protective Earthing Conductor and a Mid-point Conductor)"
   직류회로에서 중간선 겸용 보호도체를 말한다.

45) "PEL 도체(Protective Rarthing Conductor and a Line Conductor)"
   직류회로에서 선도체 겸용 보호도체를 말한다.

---

### 예제. 01

보호선과 전압선의 기능을 겸한 전선은?

① DV선   ② PEM선
③ PEL선  ④ PEN선

**해설** 전선의 약호
- DV선 : 인입용 비닐절연전선
- PEM선 : 보호선과 중간선의 기능을 겸한 전선
- PEL선 : 보호선과 전압선의 기능을 겸한 전선
- PEN선 : 보호선과 중성전의 기능을 겸한 전선

**정답** ③

---

### 3. 안전을 위한 보호

1) 감전에 대한 보호
2) 열 영향에 대한 보호
3) 과전류에 대한 보호
4) 고장 전류에 대한 보호
5) 전원 공급 중단에 대한 보호

## 2 전선

### 1. 전선의 선정 및 식별

1) 전선 일반 요구사항 및 선정
   (1) 전선은 통상 사용 상태에서의 온도에 견디는 것이어야 한다.
   (2) 전선은 설치장소의 환경조건에 적절하고 발생할 수 있는 전기·기계적 응력에 견디는 능력이 있는 것을 선정하여야 한다.
   (3) 전선은 「전기용품 및 생활용품 안전관리법」의 적용을 받는 것 이외에는 한국산업표준(이하 "KS"라 한다)에 적합한 것을 사용하여야 한다.

2) 전선의 식별

(1) 전선의 색상

| 상(문자) | L1 | L2 | L3 | N | 보호도체 |
|---|---|---|---|---|---|
| 색상 | 갈색 | 흑색 | 회색 | 청색 | 녹색-노란색 |

(2) 색상 식별이 종단 및 연결 지점에서만 이루어지는 나도체 등은 전선 종단부에 색상이 반영구적으로 유지될 수 있는 도색, 밴드, 색 테이프 등의 방법으로 표시해야 한다.

## 2. 전선의 종류

1) 절연전선 및 케이블 종류

| 절연전선 | 저압케이블 | 고압케이블 |
|---|---|---|
| • 450/750V 비닐 절연전선<br>• 450/750V 저독 난연<br> - 폴리 올레핀 절연전선<br>• 450/750 V 저독성 난연 가교폴리올레핀절연전선<br>• 450/750V 고무 절연전선 | 0.6/1 [kV] 연피케이블<br>무기물 절연케이블<br>금속외장케이블<br>300/500V 연질<br>비닐시스케이블 | 연피케이블<br>알루미늄피케이블<br>콤바인덕트 케이블 |
| | 클로로프렌외장케이블<br>비닐외장케이블<br>저독성 난연 폴리올레핀 외장케이블<br>폴리에틸렌외장케이블 | |

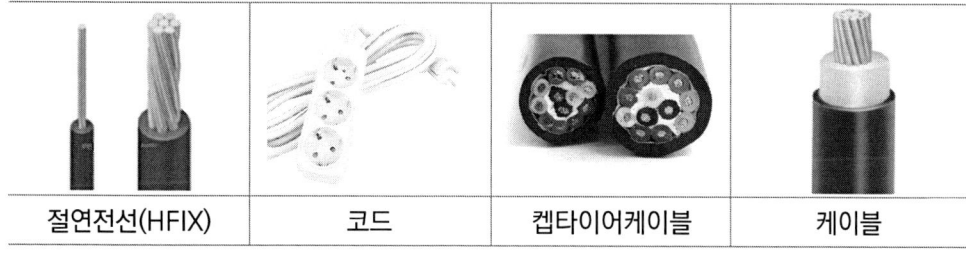

| 절연전선(HFIX) | 코드 | 캡타이어케이블 | 케이블 |

2) 특고압 전로의 전선

(1) 절연체가 에틸렌 프로필렌고무혼합물 또는 가교폴리에틸렌 혼합물인 케이블

(2) 선심 위에 금속제의 전기적 차폐층을 설치한 것이거나 파이프형 압력 케이블·연피케이블·알루미늄피케이블 그 밖의 금속피복을 한 케이블을 사용

(3) 다만, 물밑전선로의 시설에서 특고압 물밑전선로의 전선에 사용하는 케이블에는 절연체가 에틸렌 프로필렌고무혼합물 또는 가교폴리에틸렌 혼합물인 케이블로서 금속제의 전기적 차폐층을 설치하지 아니한 것을 사용할 수 있다.

3) 다중접지 지중 배전계통에 사용하는 동심중성선 전력케이블

(1) 최대사용전압 : 25.8 [kV] 이하

(2) 도체 : 연동선 또는 알루미늄선을 소선으로 구성한 원형 압축연선을 사용

(3) 도체 내부의 홈에는 물이 쉽게 침투하지 않도록 수밀 혼합물 (컴파운드, 파우더 또는 수밀 테이프) 을 충전한다.

(4) 중성선 수밀층 : 부풀음 테이프를 사용

(5) 중성선의 꼬임방향 : Z 또는 S-Z꼬임으로 한다.

4) 나전선

(1) 절연피복을 하지 않은 전선을 말하며, 옥내에는 감전위험으로 사용하지 않음

(2) 나전선 등 종류 : 나전선, 지선, 가공지선, 보호도체, 보호망, 전력보안통신용약전류전선, 기타 금속선 등

(3) 나전선 제외 도체 : 버스덕트, 구부리기 어려운 전선, 라이팅 덕트, 절연트롤리선

### 3. 전선의 접속

1) 전선 접속의 유의점

(1) 전선의 전기저항을 증가시키지 않아야 한다.

(2) 전선의 세기를 20 [%] 이상 감소시키지 않아야 한다.

(3) 접속부분은 절연성능이 있는 접속기를 사용하거나 절연테이프 등을 이용해 충분히 피복한다.

(4) 접속부분에 전기적 부식이 생기지 않도록 할 것.

---

**예제. 02**

나전선 상호 또는 나전선과 절연전선, 캡타이어케이블 또는 케이블과 접속하는 경우의 설명으로 옳은 것은?

① 속 슬리브(스프리트 슬리브 제외), 전선 접속기를 사용하여 접속하여야 한다.
② 접속부분의 절연은 전선 절연물의 80[%] 이상의 절연효력이 있는 것으로 피복하여야 한다.
③ 접속부분의 전기저항을 증가시켜야 한다.
④ 전선의 강도를 30[%] 이상 감소하지 않아야 한다.

**해설** 전선의 접속

- 전기적 저항을 증가시키지 않도록 한다.
- 기계적 강도를 20[%]이상 감소시키지 않는다.
- 접속점의 절연이 유지되도록 절연테이프나 접속커넥터를 사용한다.
- 전선의 접속은 박스 안에서 하고, 접속점에 장력이 가해지지 않도록 한다.

정답 ①

---

2) 두 개 이상의 전선을 병렬로 사용하는 경우

(1) 전선의 굵기 : 동선 50 [mm²] 이상 또는 알루미늄 70 [mm²] 이상

(2) 전선의 종류 : 같은 도체, 같은 재료, 같은 길이 및 같은 굵기의 것을 사용

(3) 같은 극의 각 전선은 동일한 터미널러그에 완전히 접속한다.

(4) 같은 극인 각 전선의 터미널러그는 동일한 도체에 2개 이상의 리벳 또는 2개 이상의 나사로 접속한다.

(5) 병렬로 사용하는 전선에는 각각에 퓨즈를 설치하지 않는다.

(6) 교류회로에서 병렬로 사용하는 전선은 금속관 안에 전자적 불평형이 생기지 않도록 시설한다.

## 예제. 03

전선의 접속법에서 두 개 이상의 전선을 병렬로 시설하여 사용하는 경우에 대한 사항으로 옳지 않은 것은?

① 병렬로 사용하는 각 전선의 굵기는 동선 50[mm²] 이상으로 하고, 전선은 같은 도체, 재료, 길이, 굵기의 것을 사용할 것
② 같은 극의 각 전선은 동일한 터미널러그에 완전히 접속할 것
③ 병렬로 사용하는 전선에는 각각에 퓨즈를 설치할 것
④ 교류회로에서 병렬로 사용하는 전선은 금속관 안에 전자적 불평형이 생기지 않도록 시설할 것

**해설** 전선의 병렬접속

- 전선의 굵기 : 동선 50[mm²] 이상 또는 알루미늄 70[mm²] 이상
- 전선의 종류 : 같은 도체, 같은 재료, 같은 길이 및 같은 굵기의 것을 사용
- 같은 극의 각 전선은 동일한 터미널러그에 완전히 접속
- 같은 극인 각 전선의 터미널러그는 동일한 도체에 2개 이상의 리벳 또는 2개 이상의 나사로 접속
- 병렬로 사용하는 전선에는 각각에 퓨즈 설치 금지
- 교류회로에서 병렬로 사용하는 전선은 금속관 안에 전자적 불평형이 생기지 않도록 시설

**정답** ③

## 3 전로의 절연

### 1. 전로의 절연 원칙

1) 대지로부터 절연을 하지 않는 곳

2) 전로는 다음 이외에는 대지로부터 절연하여야 한다.

(1) 수용장소의 인입구의 접지점
(2) 고압 또는 특고압과 저압의 혼촉에 의한 위험방지 시설, 전로의 중성점의 접지, 옥내의 네온 방전등 공사에 따라 전로의 중성점에 접지공사를 하는 경우의 접지점
(3) 계기용변성기의 2차측 전로의 접지에 따라 계기용변성기의 2차측 전로에 접지공사를 하는 경우의 접지점
(4) 저압 가공 전선의 특고압 가공 전선과 동일 지지물에 시설되는 부분에 접지공사를 하는 경우의 접지점
(5) 중성점이 접지된 특고압 가공선로의 중성선에 25 [kV] 이하인 특고압 가공전선로의 시설에 따라 다중 접지를 하는 경우의 접지점
(6) 파이프라인 등의 전열장치의 시설에 따라 시설하는 소구경관(박스를 포함한다)에 접지공사를 하는 경우의 접지점
(7) 저압전로와 사용전압이 300 [V] 이하의 저압전로를 결합하는 변압기의 2차측 전로에 접지공사를 하는 경우의 접지점
(8) 전기욕기·전기로·전기보일러·전해조 등 대지로부터 절연하는 것이 기술상 곤란한 것.
(9) 저압 옥내직류 전기설비의 접지에 의하여 직류계통에 접지공사를 하는 경우의 접지점

## 2. 전로의 절연저항 및 절연내력

표에서 정한 시험전압을 전로와 대지 사이에 연속하여 10분간 가하여 시험하였을 때 이에 견뎌야 한다.

| 최대전압 | | 시험전압 배율 | | 시험 최저 전압 [V] |
|---|---|---|---|---|
| 중성점 비접지식 | 7 [kV] 이하 | 1.5 배 | | 500 |
| | 7 [kV] 초과 60 [kV] 이하 | 1.25 배 | | 10,500 |
| | 60 [kV] 초과 | 1.25 배 | | - |
| 중성점 접지식 | 7 [kV] 이하 | 1.5 배 | | 500 |
| | 7 [kV] 초과 25 [kV] 이하 | 다중접지식 | 0.92 배 | - |
| | 25 [kV] 초과 60 [kV] 이하 | 1.25 배 | | - |
| | 60 [kV] 초과 170 [kV] 이하 | 접지식 | 1.1 배 | 75,000 |
| | | 직접접지식 | 0.72 배 | - |
| | 170 [kV] 초과 | 0.64 배 | | - |

## 3. 회전기 및 정류기의 절연내력

| 최대사용전압 | | | 시험전압 배율 | 시험 최저전압 [V] |
|---|---|---|---|---|
| 회전기 | 발전기 전동기 | 7 [kV] 이하 | 1.5 배 | 500 |
| | | 7 [kV] 초과 | 1.25 배 | 10,500 |
| | 회전변류기 | | 1 배 | 500 |
| 정류기 | 60 [kV] 이하 | | 1 배 | 500 |
| | 60 [kV] 초과 | | 1.1 배 | - |

### 예제. 04

220[V] 저압 전동기의 절연내력을 시험하고자 한다. ( ) 안의 알맞은 내용은?

권선과 대지 사이에 시험전압 ( ㉮ ) [V]를 연속하여 ( ㉯ )분간 가한다.

① ㉮ 330  ㉯ 10    ② ㉮ 330  ㉯ 1
③ ㉮ 500  ㉯ 10    ④ ㉮ 500  ㉯ 1

**해설** 절연내력 시험전압

220[V]×1.5=330[V]이나 7[kV] 이하의 전동기 최저 시험 전압은 500[V]이다.

**정답** ③

### 4. 연료전지 및 태양전지 모듈의 절연내력

| 시험전압 | 최저시험전압 | 시험 방법 |
|---|---|---|
| 1.5 배 직류전압 | 500 [V] | 충전부분과 대지 사이 연속 10분 |
| 1 배 교류전압 | | |

### 5. 변압기 전로의 절연내력

| 구분 | 최대사용전압 | 시험전압 | 최저시험전압 |
|---|---|---|---|
| 비접지식 | 7 [kV] 이하 | 1.5 배 | 500 [V] |
| | 7 [kV] 초과 | 1.25 배 | 10.5 [kV] |
| 중성선 다중접지 | 7 [kV] 초과 25 [kV] 이하 | 0.92 배 | - |
| 중성점 접지식 (성형결선, 스콧결선) | 60 [kV] 초과 | 1.1배 | 75 [kV] |
| 중성점 직접접지식 | 60 [kV] 초과 170 [kV] 이하 | 0.72 배 | - |
| | 170 [kV] 초과 | 0.64배 | - |

### 6. 기구 등의 전로의 절연내력

| 구분 | 최대사용전압 | 시험전압 | 최저시험전압 |
|---|---|---|---|
| 비접지식 | 7 [kV] 이하 | 1.5배 | 500 [V] |
| | 7 [kV] 초과 | 1.25배 | 10.5 [kV] |
| 중성선 다중접지 | 7 [kV] 초과 25 [kV] 이하 | 0.92배 | - |
| 중성점 접지식 | 60 [kV] 초과 | 1.1배 | 75 [kV] |
| 중성점 직접접지식 | 170 [kV] 초과 | 0.72배 0.64배 (발전소, 변전소) | - |
| 정류기의 교류 측 및 직류 측 전로에 접속하는 기구 등의 전로 | 60 [kV] 초과 | 1.1배 | - |

## 4 접지시스템

### 1. 접지시스템의 구분 및 종류

1) 접지시스템의 구분
   (1) 계통접지 - 중성점을 대지와 연결
   (2) 보호접지 - 기기외함이나 노출부를 감전사고로부터 예방
   (3) 피뢰시스템 접지 - 낙뢰에 대한 보호

2) 접지시스템의 종류
   (1) 단독접지 - 개별적 접지
   (2) 공통접지 - 전기설비의 접지
   (3) 통합접지 - 전기+통신+피뢰설비의 접지

3) 접지시스템 구성
   (1) 접지시스템은 접지극, 접지도체, 보호도체 및 기타 설비로 구성된다.
   (2) 접지극은 접지도체를 사용하여 주접지 단자에 연결하여야 한다.

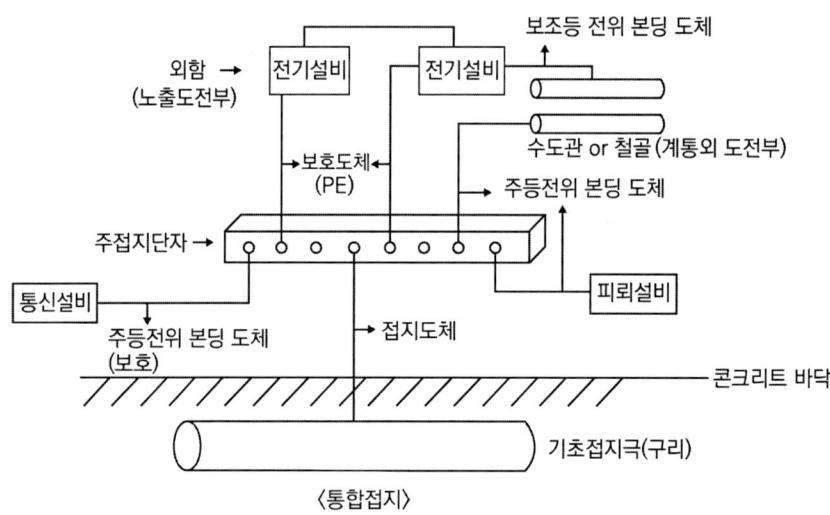

〈통합접지〉

## 2. 접지극의 시설 및 접지저항

1) 접지극의 시설
   (1) 콘크리트에 매입 된 기초 접지극
   (2) 토양에 매설된 기초 접지극
   (3) 토양에 수직 또는 수평으로 직접 매설된 금속전극(봉, 전선, 테이프, 배관, 판 등)
   (4) 케이블의 금속외장 및 그 밖에 금속피복
   (5) 지중 금속구조물(배관 등)
   (6) 대지에 매설된 철근콘크리트의 용접된 금속 보강재 (단, 강화콘크리트 제외)

2) 접지극의 매설
   (1) 매설하는 토양이 가능한 다습한 부분에 설치한다.
   (2) 매설깊이 : 지하 0.75 [m] 이상
   (3) 접지도체를 철주 기타의 금속체를 따라서 시설하는 경우에는 접지극을 철주의 밑면으로부터 0.3 [m] 이상의 깊이에 매설하는 경우 이외에는 접지극을 지중에서 그 금속체로부터 1 [m] 이상 떼어 매설하여야 한다.
   (4) 접지도체는 지하 0.75 [m] 부터 지표 상 2[m] 까지 부분은 합성수지관 (두께 2 [mm] 미만의 합성수지제 전선관 및 가연성 콤바인덕트관은 제외한다) 또는 이와 동등 이상의 절연효과와 강도를 가지는 몰드로 덮어야 한다.

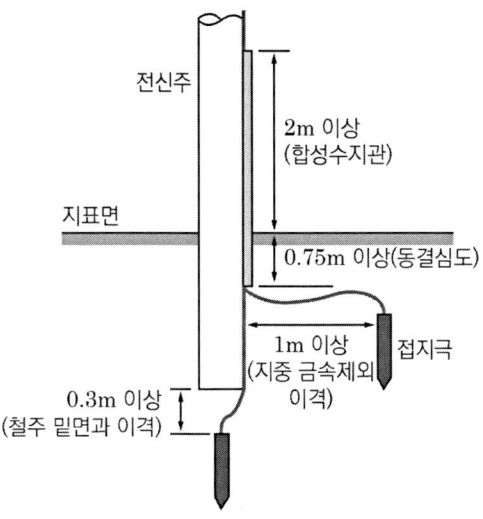

3) 접지시스템 부식에 대한 고려
   (1) 접지극에 부식을 일으킬 수 있는 폐기물 집하장 및 번화한 장소에 접지극 설치는 피해야 한다.
   (2) 서로 다른 재질의 접지극을 연결할 경우 전식을 고려하여야 한다.
   (3) 콘크리트 기초접지극에 접속하는 접지도체가 용융아연도금강제인 경우 접속부를 토양에 직접 매설해서는 안 된다.

4) 수도관 등을 접지극으로 사용하는 경우 (대지와의 저항이 3 [Ω] 이하)
   (1) 대지와의 저항이 3 [Ω] 이하인 경우
      ① 접지도체와 접속은 안지름 75 [mm] 이상으로 한다.
      ② 분기점으로부터 거리 : 5 [m] 이내 (수도관로의 안지름이 75 [mm] 미만)
      ③ 접속에 사용하는 금속제는 접속부에 전기적 부식이 생기지 않아야 한다.
      ④ 사람이 접촉할 우려가 있는 곳에 설치하는 경우 방호장치를 설치해야 한다.
      ⑤ 수도 수용가 측에 설치하는 경우 양측 수도관로를 등전위본딩 해야 한다.
   (2) 대지와의 저항이 2 [Ω] 이하인 경우
      ① 분기점으로부터 거리 : 5 [m] 이상도 가능
      ② 건축물·구조물의 철골 기타의 금속제를 접지극으로 사용할 수 있다.

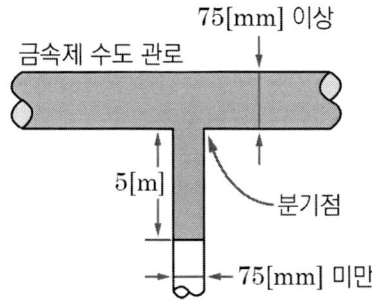

### 3. 접지도체와 보호도체

1) 접지도체

    (1) 접지도체의 최소단면적

    | 구분 | 큰 고장전류 흐르지 않는 경우 | 접지도체에 피뢰시스템이 접속 |
    |---|---|---|
    | 구리 | 6 [mm$^2$]이상 | 16 [mm$^2$]이상 |
    | 철제 | 50 [mm$^2$]이상 ||

    (2) 접지도체와 접지극의 접속

    ① 접속은 견고하고 전기적인 연속성이 보장되도록, 접속부는 발열성 용접, 압착접속, 클램프 또는 그 밖에 적절한 기계적 접속장치에 의해야 한다.
    ② 클램프를 사용하는 경우, 접지극 또는 접지도체를 손상시키지 않아야 한다.
    ③ 납땜에만 의존하는 접속은 사용해서는 안 된다.

    (3) 접지도체의 굵기

    ① 특고압, 고압 전기설비용 : 단면적 6 [mm$^2$] 이상 연동선
    ② 중성점 접지용 : 단면적 16 [mm$^2$] 이상 연동선

    | 일반적인 경우 | 16 [mm$^2$]이상 |
    |---|---|
    | 7 [kV] 이하의 전로<br>사용전압이 25 [kV]이하인 특고압 가공전선로 | 6 [mm$^2$]이상 |

    (4) 이동하여 사용하는 전기기계기구의 금속제 외함 등의 접지시스템의 경우

    | 특고압, 고압 및 중성점 접지용 | 저압 전기설비용 |
    |---|---|
    | 10 [mm$^2$]이상 캡타이어케이블 | 0.75 [mm$^2$] 이상 캡타이어케이블<br>1.5 [mm$^2$]이상 연동선 |

2) 보호도체 (PE 도체)

    (1) 보호도체의 최소단면적

    ① 선도체의 단면적에 의해 결정된다.

    | 선도체의 단면적 [mm$^2$] | 보호도체의 최소단면적 |
    |---|---|
    | 16 이하 | 선도체 단면적과 동일 |
    | 16 초과 35 이하 | 16 [mm$^2$] |
    | 35 초과 | 선도체 단면적의 1/2 |

    ② 보호도체가 케이블의 일부가 아닌 경우

    |  | 구리 [mm$^2$] | 알루미늄 [mm$^2$] |
    |---|---|---|
    | 기계적 손상에 보호가 되는 경우 | 2.5 이상 | 16 이상 |
    | 기계적 손상에 보호가 되지 않는 경우 | 4 이상 | 16 이상 |

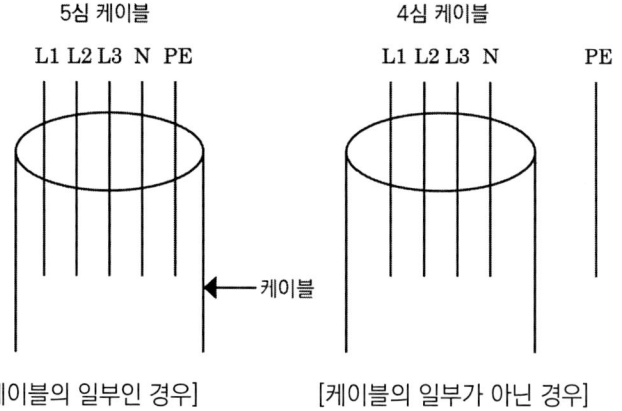

[케이블의 일부인 경우]　　[케이블의 일부가 아닌 경우]

(2) 보호도체 또는 보호본딩도체로 사용해서는 안 되는 것들

① 금속 수도관

② 가스·액체·분말과 같은 잠재적인 인화성 물질을 포함하는 금속관

③ 상시 기계적 응력을 받는 지지 구조물 일부

④ 가요성 금속배관. (단, 보호도체의 목적으로 설계된 경우는 예외)

⑤ 가요성 금속전선관

⑥ 지지선, 케이블트레이 및 이와 비슷한 것

(3) 보호도체의 특징

① 보호도체에는 어떠한 개폐장치도 연결해서는 안 된다

② 접속부는 납땜(Soldering)으로 접속해서는 안 된다.

③ 보호도체를 접속하는 나사는 다른 목적으로 겸용해서는 안 된다.

(4) 보호도체의 단면적 보강

① 보호도체에 10 [mA]를 초과하는 전류가 흐르는 경우 단면적

| 구리 | 알루미늄 |
|---|---|
| 10 [mm$^2$]이상 | 16 [mm$^2$]이상 |

(5) 보호도체와 계통도체 겸용

① 단면적은 구리 10 [mm$^2$] 또는 알루미늄 16 [mm$^2$] 이상이어야 한다.

② 중성선과 보호도체의 겸용도체는 전기설비의 부하 측으로 시설해서는 안 된다.

③ 폭발성 분위기 장소는 보호도체를 전용으로 하여야 한다.

④ 공칭전압과 같거나 높은 절연성능을 가져야 한다.

⑤ 겸용도체는 보호도체용 단자 또는 바에 접속되어야 한다.

⑥ 계통외도전부는 겸용도체로 사용해서는 안 된다.

3) 주접지단자

(1) 접지시스템은 주접지단자를 설치하고, 다음의 도체들을 접속하여야 한다.

① 등전위본딩도체

② 접지도체

③ 보호도체

④ 관련이 있는 경우, 기능성 접지도체

(2) 여러 개의 접지단자가 있는 장소는 접지단자를 상호 접속하여야 한다.

(3) 주접지단자에 접속하는 각 접지도체는 개별적으로 분리할 수 있어야 한다.

(4) 접지저항을 편리하게 측정할 수 있어야 한다.

## 4. 전기수용가 접지

1) 저압수용가 인입구 접지

(1) 추가 접지공사의 접지극

① 지중에 매설되어 있고 대지와의 전기저항 값이 3 [Ω]이하의 값을 유지하고 있는 금속제 수도관로

② 대지 사이의 전기저항 값이 3 [Ω] 이하인 값을 유지하는 건물의 철골

(2) 접지도체 : 6 [mm$^2$]이상의 연동선

2) 주택 등 저압수용장소 접지

(1) 중성선 겸용 보호도체(PEN)는 고정 전기설비에만 사용할 수 있고, 그 도체의 단면적이 구리는 10 [mm$^2$] 이상, 알루미늄은 16 [mm$^2$]이상이어야 한다.

(2) 감전보호용 등전위본딩을 하여야 한다.

## 5. 변압기 중성점 접지

1) 변압기의 중성점접지 저항 값

| 구분 | | 중성점 접지저항 값 |
|---|---|---|
| 일반적 저항 값 | | $R = \dfrac{150}{I_g}$ 이하 |
| 35 [kV] 이하 또는 고·특 전로가 저압 측 전로와 혼촉하고, 대지전압이 150 [V] 초과 | 1초 초과 2초 이내, 자동차단장치 설치 | $R = \dfrac{300}{I_g}$ 이하 |
| | 1초 이내, 자동차단장치 설치 | $R = \dfrac{600}{I_g}$ 이하 |

TIP $I_g$ : 1선 지락전류

## 6. 공통접지 및 통합접지

1) 고압과 저압 전기설비의 접지극이 서로 근접하여 시설되어 있는 변전소

(1) 위험전압이 발생하지 않도록 이들 접지극을 상호 접속하여야 한다.

(2) 고압 및 특고압 계통의 지락사고 시 저압계통에 가해지는 상용주파 과전압은 일정한 값을 초과해서는 안 된다.

| 고압계통에서 지락고장시간 (초) | 저압설비 허용 상용주파 과전압 (V) | 비고 |
|---|---|---|
| 5초 초과 | $U_0 + 250$ 이하 | 중성선 도체가 없는 계통에서 $U_0$는 선간전압을 의미 |
| 5초 이하 | $U_0 + 1,200$ 이하 | |

   2) 접지극을 공용하는 통합접지시스템으로 하는 경우
      (1) 접지극을 상호 접속하여야 한다.
      (2) 낙뢰에 의한 과전압 등으로부터 전기전자기기 등을 보호하기 위해 서지보호장치를 설치하여야 한다.
   3) 공통접지의 특징
      (1) 접지 저항값을 쉽게 얻을 수 있다.
      (2) 접지 공사비가 적다.
      (3) 접지 신뢰도가 높다.
      (4) 타 기기에 영향을 주고 받는다.
      (5) 보호 대상물 제한이 불가능하다.

### 예제. 05

공용접지의 특징으로 적합한 것은?

① 다른 기기 계통에 영향이 적다.
② 보호대상물을 제한할 수 있다.
③ 접지 전국수가 적어 시공면에서 경제적이다.
④ 접지 공사비가 상승한다.

**해설** 공용접지의 특징

- 타 기기 계통에 영향이 있다.
- 보호 대상물 제한이 불가능하다.
- 접지 공사비가 적게 든다.

**정답** ③

### 7. 기계기구의 철대 및 외함의 접지

   1) 전로에 시설하는 기계기구의 철대 및 금속제 외함에는 접지공사를 하여야 한다.
   2) 접지공사를 생략하는 경우
      (1) 사용전압이 직류 300 [V] 또는 교류 대지전압이 150 [V] 이하인 기계기구를 건조한 곳에 시설하는 경우
      (2) 건조한 목재의 마루, 이와 유사한 절연성 물건 위에서 취급하도록 시설하는 경우
      (3) 목주에 시설하는 경우

⑷ 절연대를 설치하는 경우

⑸ 고무, 합성수지 기타의 절연물로 피복한 경우

⑹ 이중절연구조로 되어 있는 기계기구를 시설하는 경우

⑺ 물기 없는 장소에 누전차단기를 설치하는 경우 (정격감도전류가 30 [mA] 이하, 동작시간이 0.03초 이하의 전류동작형)

## 5 감전보호용 등전위본딩

### 1. 등전위본딩의 적용

1) 건축물·구조물에서 접지도체, 주접지단자와 다음의 도전성부분은 등전위본딩 하여야 한다.
   ⑴ 수도관·가스관 등 외부에서 내부로 인입되는 금속배관
   ⑵ 건축물·구조물의 철근, 철골 등 금속보강재
   ⑶ 일상생활에서 접촉이 가능한 금속제 난방배관 및 공조설비 등 계통외도전부

### 2. 등전위본딩 시설

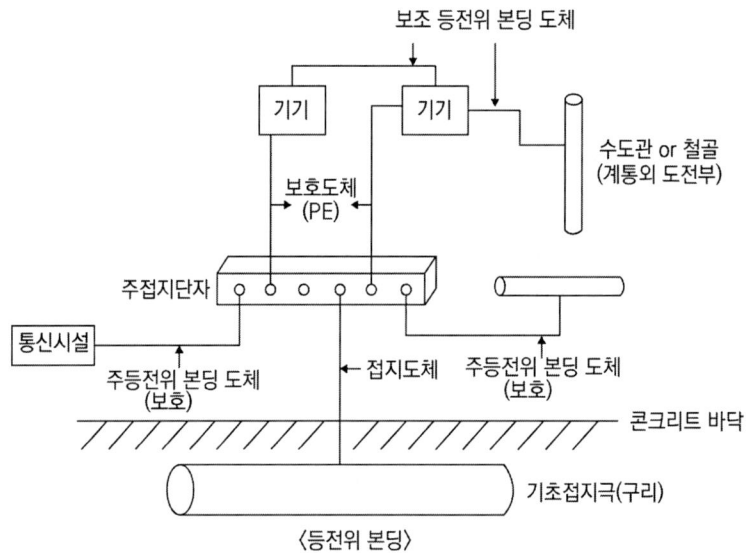

〈등전위 본딩〉

1) 보호 등전위본딩
   ⑴ 건축물·구조물의 외부에서 내부로 들어오는 각종 금속제 배관은 1개소에 집중하여 인입하고, 인입구 부근에서 서로 접속하여 등전위본딩 바에 접속하여야 한다.
   ⑵ 수도관·가스관의 경우 내부로 인입된 최초의 밸브 후단에서 등전위본딩을 하여야 한다.
   ⑶ 건축물·구조물의 철근, 철골 등 금속보강재는 등전위본딩을 하여야 한다.

2) 보조 보호 등전위본딩
   ⑴ 보조 보호등전위본딩의 대상은 전원자동차단에 의한 감전보호방식에서 고장 시 자동차단시간이 계통별 최대차단시간을 초과하는 경우이다.
   ⑵ 차단시간을 초과하고 2.5 [m] 이내에 설치된 고정기기의 노출도전부와 계통외도전부는 보조 보호등전위본딩을 하여야 한다.

3) 비접지 국부 등전위본딩 실시
　　⑴ 절연성 바닥으로 된 비접지 장소
　　　① 전기설비 상호 간이 2.5 [m] 이내인 경우
　　　② 전기설비와 이를 지지하는 금속체 사이
　　⑵ 전기설비 또는 계통외도전부를 통해 대지에 접촉하지 않아야 한다.

### 3. 등전위본딩 도체

1) 보호등전위본딩 도체
　　⑴ 주접지단자에 접속하기 위한 등전위본딩 도체는 설비 내에 있는 가장 큰 보호접지도체 단면적의 1/2 이상의 단면적을 가져야 하고 다음의 단면적 이상이어야 한다.

| 구리 | 알루미늄 | 강철 |
|---|---|---|
| 6 [mm$^2$] | 16 [mm$^2$] | 50 [mm$^2$] |

　　⑵ 주접지단자에 접속하기 위한 보호본딩도체의 단면적은 구리도체 25 [mm$^2$] 또는 다른 재질의 동등한 단면적을 초과할 필요는 없다.

2) 보조 보호등전위본딩 도체
　　⑴ 두 개의 노출도전부를 접속하는 경우 도전성은 두 개 중 작은 보호도체의 도전성보다 커야 한다.
　　⑵ 노출도전부를 계통외도전부에 접속하는 경우 도전성은 같은 단면적을 갖는 보호도체의 1/2 이상이어야 한다.
　　⑶ 케이블의 일부가 아닌 경우 또는 선로도체와 함께 수납되지 않은 본딩도체는 다음 값 이상 이어야 한다.

| 구분 | 구리 | 알루미늄 |
|---|---|---|
| 기계적 보호가 된 것 | 2.5 [mm$^2$] | 16 [mm$^2$] |
| 기계적 보호가 없는 것 | 4 [mm$^2$] | |

## 6 피뢰시스템

### 1. 피뢰시스템의 적용범위 및 구성

1) 피뢰시스템의 적용범위
　　⑴ 전기전자설비가 설치된 건축물·구조물로서 낙뢰로부터 보호가 필요한 것
　　⑵ 지상으로부터 높이가 20 [m] 이상인 것
　　⑶ 전기설비 및 전자설비 중 낙뢰로부터 보호가 필요한 설비

2) 피뢰시스템의 구성
　　⑴ 외부피뢰시스템 : 직격뢰로부터 대상물을 보호
　　⑵ 내부피뢰시스템 : 간접뢰 및 유도뢰로부터 대상물을 보호

## 2. 외부피뢰시스템

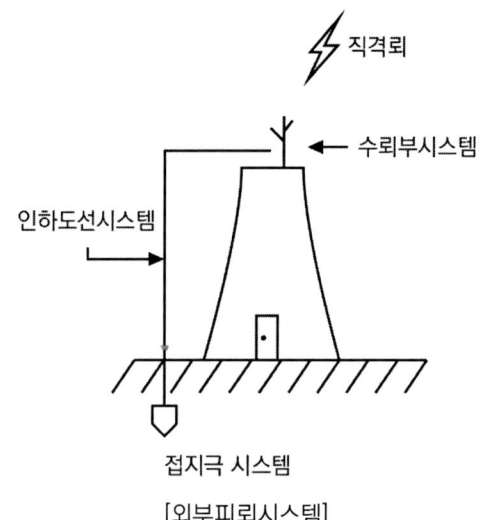

[외부피뢰시스템]

1) 수뢰부시스템
   (1) 수뢰부시스템 선정

   돌침, 수평도체, 메시도체 중에 한 가지 또는 조합한 형식

   (2) 수뢰부시스템 배치

   ① 보호각법, 회전구체법, 메시법 중 하나 또는 조합된 방법으로 배치
   ② 건축물·구조물의 뾰족한 부분, 모서리 등에 우선하여 배치

   (3) 수뢰부시스템의 시설

   ① 지상으로부터 높이 60 [m]를 초과하는 건축물·구조물에 측뢰 보호가 필요한 경우 시설한다. (건축물의 최상으로부터 20 [%]부분에 시설)
   ② 건축물·구조물과 분리되지 않고 지붕마감재가 불연성 재료로 된 경우 지붕표면에 시설할 수 있다.

| 지붕 마감재 | 시설 방법 | 이격거리 |
|---|---|---|
| 불연성 재료 | 지붕 표면에 시설 | - |
| 높은 가연성 재료 | 지붕 재료와 이격 | • 초가지붕 또는 유사 : 0.15 [m] 이상<br>• 다른 가연성 재료 : 0.1 [m] 이상 |

2) 인하도선시스템
   (1) 인하도선 시스템의 연결

   ① 수뢰부시스템과 접지시스템을 전기적으로 연결하는 것으로 복수의 인하도선을 병렬로 구성해야 한다.
   ② 도선경로의 길이가 최소가 되도록 한다.

(2) 인하도선 배치 방법

| 구조물과 분리된 경우 | 구조물과 분리되지 않은 경우 |
| --- | --- |
| • 뇌전류의 경로가 보호대상물에 접촉하지 않도록 하여야 한다.<br>• 별개의 지주에 설치되어 있는 경우 각 지주마다 1가닥 이상의 인하도선을 시설한다.<br>• 수평도체 또는 메시도체인 경우 지지구조물마다 1가닥 이상의 인하도선을 시설한다. | • 벽이 가연성 재료인 경우에는 0.1 [m] 이상 이격하고, 이격이 불가능 한 경우에는 도체의 단면적을 100 [$mm^2$] 이상으로 한다.<br>• 인하도선의 수는 2가닥 이상<br>• 노출된 모서리 부분에 우선 설치<br>• 병렬 인하도선의 최대 간격<br>  - I·II 등급은 10 [m]<br>  - III 등급은 15 [m]<br>  - IV 등급은 20 [m] |

(3) 인하도선시스템의 시설

① 경로는 가능한 한 루프 형성이 되지 않도록 하고, 최단거리로 곧게 수직으로 시설

② 처마 또는 수직으로 설치 된 홈통 내부에 시설불가

③ 철근을 인하도선으로 사용하기 위한 조건 : 전기저항 값은 0.2 [$\Omega$]이하

④ 접속방법 : 용접, 압착, 봉합, 나사조임, 볼트조임

3) 접지극시스템

(1) 접지극의 종류

① A형 접지극 : 수평 또는 수직접지극

② B형 접지극 : 환상도체 또는 기초접지극

(2) 접지극시스템의 배치

① A형 접지극은 최소 2개 이상을 균등한 간격으로 배치해야 한다.

② B형 접지극은 평균반지름이 최소길이 미만인 경우에는 해당하는 길이의 수평 또는 수직매설 접지극을 추가로 시설하여야 한다.

③ 접지극시스템의 접지저항이 10 [$\Omega$] 이하인 경우 최소 길이 이하로 할 수 있다.

(3) 접지극의 시설

① 지표면에서 0.75 [m] 이상 깊이로 매설한다.

② 대지가 암반지역으로 대지저항이 높거나 건축물·구조물이 전자통신시스템을 많이 사용하는 시설의 경우에는 환상도체접지극 또는 기초접지극으로 한다.

③ 접지극 재료는 대지에 환경오염 및 부식의 문제가 없어야 한다.

④ 철근콘크리트 기초 내부의 상호 접속된 철근 또는 금속제 지하구조물 등 자연적 구성부재는 접지극으로 사용할 수 있다.

### 7 내부피뢰시스템

#### 1. 전기전자설비 보호
1) 피뢰구역 경계부분에서는 접지 또는 본딩을 하여야 한다.
2) 전기전자설비를 보호하기 위해 접지를 시설해야 한다.
3) 전위차를 해소하고 자계를 감소시키기 위한 본딩을 구성하여야 한다.
4) 개별 접지시스템으로 된 복수의 건축물·구조물 등을 연결하는 콘크리트덕트·금속제 배관의 내부에 케이블(또는 같은 경로로 배치된 복수의 케이블)이 있는 경우 각각의 접지 상호 간은 병행 설치된 도체로 연결하여야 한다.
5) 전자·통신설비(또는 이와 유사한 것)에서 위험한 전위차를 해소하고 자계를 감소시킬 필요가 있는 경우 등전위본딩망을 시설하여야 한다.
6) 서지보호장치
   (1) 직접 본딩이 불가능한 경우 설치
   (2) 전기전자설비 등에 연결된 전선로를 통하여 서지가 유입되는 경우 설치
   (3) 지중 저압수전의 경우, 내부에 설치하는 전기전자기기의 과전압범주별 임펄스내전압이 규정 값에 충족하는 경우는 서지보호장치 생략 가능

#### 2. 피뢰등전위본딩
1) 피뢰시스템의 등전위화를 위한 접속요소
   (1) 외부 도전성 부분
   (2) 내부시스템
   (3) 금속제 설비
2) 등전위본딩의 상호접속
   (1) 자연적 구성부재로 인한 본딩으로 전기적 연속성을 확보할 수 없는 장소는 본딩도체로 연결
   (2) 본딩도체로 직접 접속할 수 없는 장소의 경우에는 서지보호장치를 이용
   (3) 본딩도체로 직접 접속이 허용되지 않는 장소의 경우에는 절연방전갭(ISG)을 이용
3) 인입설비의 등전위본딩
   (1) 인입구 부근에서 등전위본딩을 한다.
   (2) 전원선은 서지보호장치를 사용하여 등전위본딩을 한다.
   (3) 통신 및 제어선은 내부와의 위험한 전위차 발생을 방지하기 위해 직접 또는 서지보호장치를 통해 등전위본딩을 한다.
4) 등전위본딩 바
   (1) 설치위치는 짧은 도전성경로로 접지시스템에 접속할 수 있는 위치이어야 한다.
   (2) 접지시스템 (환상접지전극, 기초접지전극, 구조물의 접지보강재 등)에 짧은 경로로 접속하여야 한다.
   (3) 외부 도전성 부분, 전원선과 통신선의 인입점이 다른 경우 여러 개의 등전위본딩 바를 설치할 수 있다.

# CHAPTER 02 저압전기설비

## 1 통칙

### 1. 적용범위와 배전방식

1) 적용범위
   (1) 교류 1 [kV] 또는 직류 1.5 [kV] 이하인 저압의 전기를 공급하거나 사용하는 전기설비
   (2) 전기설비를 구성하거나, 연결하는 선로와 전기기계기구 등의 구성품
   (3) 저압 기기에서 유도된 1 [kV] 초과 회로 및 기기 (예: 저압 전원에 의한 고압방전등, 전기집진기 등)

2) 배전방식
   (1) 교류회로
   ① 3상 4선식의 중성선 또는 PEN 도체는 충전도체는 아니지만 운전전류를 흘리는 도체이다.
   ② 3상 4선식에서 파생되는 단상 2선식 배전방식의 경우 두 도체 모두가 선도체이거나 하나의 선도체와 중성선 또는 하나의 선도체와 PEN 도체이다.
   ③ 모든 부하가 선간에 접속된 전기설비에서는 중성선의 설치가 필요하지 않을 수 있다.
   (2) 직류회로
   ① PEL과 PEM 도체는 충전도체는 아니지만 운전전류를 흘리는 도체이다.
   ② 2선식 배전방식이나 3선식 배전방식을 적용한다.

### 2. 계통접지의 방식

1) 계통접지의 구성
   (1) TN 계통
   (2) TT 계통
   (3) IT 계통

2) 계통접지에서 사용되는 문자의 정의

| 구분 | 구성 | 문자 정의 |
|---|---|---|
| 제1문자 | 전원계통과 대지의 관계 | T : 한 점을 대지에 직접 접속 |
| | | I : 모든 충전부 대지와 절연 또는 높은 임피던스 접지 |
| 제2문자 | 전기설비의 노출도전부와 대지의 관계 | T : 노출도전부 대지로 직접접속 (전원계통 접지와 무관) |
| | | N : 노출도전부를 전원계통의 접지점에 직접 접속 (접지점 : 교류계통에서는 통상적으로 중성점, 중성점 없을 시 선도체) |
| 그 다음 문자 (문자가 있는 경우) | 중성선과 보호도체의 배치 | S : 중성선 또는 접지된 선도체 외에 별도 도체로 제공되는 보호 기능 |
| | | C : 중성선과 보호기능을 겸용(PEN 도체) |
| 기호 설명 | | 중성선(N), 중간도체(M) |
| | | 보호도체(PE) |
| | | 중성선과 보호도체겸용(PEN) |
| 약어 설명 | T | Terra (접지) |
| | N | Neutral (중성선) |
| | S | Separate (분리) |
| | C | Combine (결합) |
| | I | Isolate (격리) |

**3. 계통접지의 특성**

1) TN 계통

전원측의 한 점을 직접접지하고 설비의 노출도전부를 보호도체로 접속시키는 방식으로 중성선 및 보호도체(PE 도체)의 배치 및 접속방식에 따라 다음과 같이 분류한다.

(1) TN-S 계통

① 계통 전체에 대해 별도의 중성선 또는 PE 도체를 사용한다.

② 배전계통에서 PE 도체를 추가로 접지할 수 있다.

(2) TN-C 계통

① 계통 전체에 대해 중성선과 보호도체의 기능을 동일도체로 겸용한 PEN 도체를 사용

② 배전계통에서 PEN 도체를 추가로 접지할 수 있다.

(3) TN-C-S계통

① 계통의 일부분에서 PEN 도체를 사용하거나, 중성선과 별도의 PE 도체를 사용하는 방식이 있다.

② 배전계통에서 PEN 도체와 PE 도체를 추가로 접지할 수 있다.

2) TT 계통

    (1) 전원의 한 점을 직접 접지하고 설비의 노출도전부는 전원의 접지전극과 전기적으로 독립적인 접지극에 접속시킨다.

    (2) 배전계통에서 PE 도체를 추가로 접지할 수 있다.

3) IT 계통

    (1) 충전부 전체를 대지로부터 절연시키거나, 한 점을 임피던스를 통해 대지에 접속시킨다.

    (2) 전기설비의 노출도전부를 단독 또는 일괄적으로 계통의 PE 도체에 접속시킨다.

    (3) 배전계통에서 추가접지가 가능하다.

    (4) 계통은 충분히 높은 임피던스를 통하여 접지할 수 있다. 이 접속은 중성점, 인위적 중성점, 선도체 등에서 할 수 있다.

    (5) 중성선은 배선할 수도 있고, 배선하지 않을 수도 있다.

## 2 안전을 위한 보호

### 1. 감전에 대한 보호

1) 일반적 요구사항

    (1) 전압규정

        ① 교류전압은 실횻값으로 한다.

        ② 직류전압은 리플프리로 한다.

    (2) 고장보호에 관한 규정의 생략가능 기기

        ① 건물에 부착되고 접촉범위 밖에 있는 가공선 애자의 금속 지지물

        ② 가공선의 철근강화콘크리트주로서 그 철근에 접근할 수 없는 것

        ③ 볼트, 리벳트, 명판, 케이블 클립 등과 같이 크기가 작은 경우
           (약 50 [mm] × 50 [mm] 이내)

        ④ 전기기기를 보호하는 금속관 또는 다른 금속제 외함

2) 전원의 자동차단에 의한 보호대책

    (1) 일반적 요구사항

        ① 기본보호는 충전부의 기본절연 또는 격벽이나 외함에 의한다.

        ② 고장보호는 보호등전위본딩 및 자동차단에 의한다.

        ③ 추가적인 보호로 누전차단기를 시설할 수 있다.

        ④ 누설전류감시장치는 누설전류의 설정값을 초과하는 경우 음향 또는 음향과 시각적인 신호를 발생시켜야 한다.

    (2) 고장 시 자동차단 시간 (간선과 32 [A]이하 분기회로 제외)

| TN계통 | TT계통 |
| --- | --- |
| 5초 이하 | 1초 이하 |

(3) 누전차단기의 추가적 보호
   ① 정격전류 20 [A] 이하 콘센트
   ② 옥외에서 사용되는 정격전류 32 [A] 이하 이동용 전기기기
(4) 누전차단기의 시설대상
   ① 금속제 외함을 가지고 사용전압이 50 [V] 초과하는 전로
   ② 대지전압 150 [V] 이하인 기계기구를 물기가 있는 곳에 설치할 때
   ③ 누전차단기를 요구하는 주택의 인입구
   ④ 사용전압 400 [V] 이상의 저압전로

3) 전기적 분리에 의한 보호
   (1) 고장보호를 위한 요구사항
      ① 분리된 회로는 최소한 단순 분리된 전원을 통하여 공급되어야 한다
      ② 분리된 회로의 전압은 500 [V] 이하이어야 한다.
      ③ 분리된 회로의 충전부와 노출도전부는 다른 회로, 대지 또는 보호도체에 접속되어서는 안 된다.

4) SELV와 PELV를 적용한 특별저압에 의한 보호
   (1) 보호대책의 요구사항
      ① 특별저압 계통의 전압한계 상한 값

      | 교류 | 직류 |
      | --- | --- |
      | 50 [V] 이하 | 120 [V] 이하 |

      ② 특별저압 회로를 제외한 모든 회로로부터 특별저압 계통을 보호 분리하고, 특별저압 계통과 다른 특별저압 계통 간에는 기본절연을 하여야 한다.
      ③ SELV 계통과 대지간의 기본절연을 하여야 한다.
   (2) 기본보호를 하지 않는 경우

      |  | 일반적 | 건조한 상태 | |
      | --- | --- | --- | --- |
      | SELV | 교류 12 [V]이하<br>직류 30 [V]이하 | 교류 25 [V]이하<br>직류 60 [V]이하 | 도전부 및 충전부가 주 접지단자에 접속된경우 |
      | PELV | | | |

5) 감독관이 있는 설비의 보호
   (1) 비도전성 장소
      ① 노출도전부 상호간, 노출도전부와 계통외도전부 사이의 상대적 간격은 두 부분 사이의 거리가 2.5 [m] 이상으로 한다.
      ② 노출도전부와 계통외도전부 사이에 유효한 장애물을 설치한다.
      ③ 계통외도전부의 절연은 충분한 기계적 강도와 2 [kV] 이상의 시험전압에 견딜 수 있어야 하며, 누설전류는 통상적인 사용 상태에서 1 [mA]를 초과하지 말아야 한다.

(2) 비도전성 장소의 바닥과 벽면의 저항값

| 공칭전압이 500[V]이하 | 공칭전압이 500[V]이상 |
|---|---|
| 50 [kΩ]이상 | 100 [kΩ]이상 |

## 2. 과전류에 대한 보호

1) 회로의 특성에 따른 요구사항

(1) 선도체의 보호를 위한 대책

① 과전류 검출기 설치

(2) 중성선의 보호

① TT 계통 또는 TN 계통

㉠ 중성선의 단면적이 선도체의 단면적보다 작은 경우 과전류 검출기를 설치

㉡ 검출된 과전류가 설계전류를 초과하면 선도체를 차단 (중성선 차단제외)

② IT 계통

㉠ 중성선을 배선하는 경우 중성선에 과전류검출기를 설치

㉡ 과전류가 검출되면 중성선을 포함한 해당 회로의 모든 충전도체를 차단

(3) 퓨즈의 용단특성

| 정격전류 | 시간 | 정격전류의 배수 | |
|---|---|---|---|
| | | 불용단전류 | 용단전류 |
| 4 [A] 이하 | 60분 | 1.5배 | 2.1배 |
| 4 [A] 초과 16 [A] 미만 | | | 1.9배 |
| 16 [A] 이상 63 [A] 이하 | | 1.25배 | 1.6배 |
| 63 [A] 초과 160 [A] 이하 | 120분 | | |
| 160 [A] 초과 400 [A] 이하 | 180분 | | |
| 400 [A] 초과 | 240분 | | |

(4) 과전류 차단기 동작시간

| 정격전류 | 시간 | 정격전류의 배수 | | | |
|---|---|---|---|---|---|
| | | 주택용 | | 산업용 | |
| | | 부동작 전류 | 동작 전류 | 부동작 전류 | 동작 전류 |
| 63 [A] 이하 | 60분 | 1.13배 | 1.45배 | 1.05배 | 1.3배 |
| 63 [A] 초과 | 120분 | | | | |

(5) 주택용 차단기의 순시트립범위

| 형 | 순시트립 범위 |
| --- | --- |
| B | 3 $I_n$ 초과 ~ 5 $I_n$ 이하 |
| C | 5 $I_n$ 초과 ~ 10 $I_n$ 이하 |
| D | 10 $I_n$ 초과 ~ 20 $I_n$ 이하 |

※ B·C·D : 순시트립전류에 따른 차단기 분류    $I_n$ : 차단기 정격전류

2) 과부하 전류에 대한 보호

  (1) 과부하 보호장치의 설치 위치

    ① 도체의 허용전류 값이 줄어드는 곳 (분기점)

    ② 분기회로의 보호장치($P_2$)는 분기점으로부터 3 [m] 이내에 설치가능 (단, 단락보호가 이루어지고 있는 경우는 분기점(O)으로부터의 거리에 상관없이 설치가능)

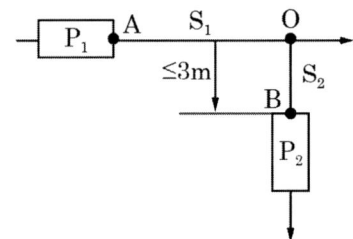

### 예제. 01

저압 옥내간선과의 분기점에서 전선의 길이가 몇 [m] 이하인 곳에 원칙적으로 개폐기 및 과전류 차단기를 시설하여야 하는가?

① 3    ② 4    ③ 5    ④ 8

**해설** 과전류차단기의 시설

개폐기 및 과전류차단기는 옥내 간선의 분기점에서 3m 이하의 장소에 시설하여야 한다.

정답 ①

  (2) 과부하 보호장치의 생략 가능한 경우

    ① 회전기의 여자회로

    ② 전자석 크레인의 전원회로

    ③ 전류변성기의 2차회로

    ④ 소방설비의 전원회로

    ⑤ 안전설비(주거침입경보, 가스누출경보 등)의 전원회로

(3) 단락전류에 대한 보호
　① 단락보호장치의 설치위치
　　㉠ 분기점에 설치한다.
　　㉡ 단락보호 장치는 분기점으로부터 3 [m] 까지 이동하여 설치가능 (단. 단락보호가 되는 경우에는 거리제한 없이 설치 가능)
　② 단락보호장치를 생략하는 이유
　　㉠ 발전기, 변압기, 정류기, 축전지와 보호장치가 설치된 제어반을 연결하는 도체
　　㉡ 전원차단이 설비의 운전에 위험을 가져올 수 있는 회로
　　㉢ 특정 측정회로
　③ 병렬도체의 단락보호를 위한 방법
　　㉠ 배선은 단락위험을 최소화 할 수 있는 방법으로 설치한다.
　　㉡ 병렬도체가 2가닥인 경우 단락보호장치를 각 병렬도체의 전원 측에 설치해야 한다.
　　㉢ 병렬도체가 3가닥 이상인 경우 단락보호장치는 각 병렬도체의 전원 측과 부하 측에 설치해야 한다.
　④ 케이블 및 절연도체의 단락전류
　　㉠ 회로의 임의의 지점에서 발생한 모든 단락전류는 케이블 및 절연도체의 허용 온도를 초과하지 않는 시간 내에 차단되도록 해야 한다.
　　㉡ 단락전류의 지속시간

$$t = \left(\frac{kS}{I}\right)^2$$

　　　　t : 단락전류 지속시간 (초)
　　　　S : 도체의 단면적 (㎟)
　　　　I : 유효 단락전류 (A, rms)
　　　　k : 도체 재료의 저항률, 온도계수, 열용량, 해당 초기온도와 최종온도를 고려한 계수

(4) 저압전로 중의 개폐기 및 과전류차단장치의 시설
　① 저압전로 중의 개폐기 시설
　　㉠ 저압전로 중의 개폐기는 각 극에 설치하여야 한다.
　　㉡ 사용전압이 다른 개폐기는 상호 식별이 용이하도록 시설한다.
　② 개폐기 시설을 생략해도 되는 경우
　　㉠ 사용전압이 400 [V] 이하인 옥내전로로서 다른 옥내전로(정격전류가 16 [A] 이하인 과전류 차단기 또는 정격전류가 16 [A]를 초과하고 20 [A] 이하인 배선차단기로 보호되고 있는 것에 한한다)에 접속하는 길이 15 [m] 이하의 전로에서 전기의 공급을 받는 경우
　　㉡ 저압 옥내전로에 접속하는 전원측의 전로(그 전로에 가공 부분 또는 옥상 부분이 있는 경우에는 그 가공 부분 또는 옥상 부분보다 부하측에 있는 부분에 한한다)의 그 저압 옥내 전로의 인입구에 가까운 곳에 전용의 개폐기를 쉽게 개폐할 수 있는 곳의 각 극에 시설하는 경우

③ 저압전로 중의 전동기 보호용 과전류보호장치의 시설
  ㉠ 과부하 보호장치로 전자접촉기를 사용할 경우에는 반드시 과부하계전기가 부착되어 있어야 한다.
  ㉡ 단락보호전용 차단기의 단락동작설정 전류 값은 전동기의 기동방식에 따른 기동돌입전류를 고려해야 한다.
  ㉢ 과부하 보호장치 설치하지 않아도 되는 경우
    · 정격출력이 0.2 [kW] 이하인 옥내에 시설하는 전동기
    · 정격전류가 16 [A]이하인 단상전동기
    · 정격전류가 20 [A] 이하인 배선차단기

### 예제. 02

옥내에 시설하는 전동기에는 전동기가 소손될 우려가 있는 과전류가 생겼을 때에 자동적으로 이를 저지하거나 경보하는 장치를 하여야 한다. 이 장치를 시설하지 않아도 되는 경우는?

① 전류 차단기가 없는 경우
② 정격 출력이 0.2 [kW] 이하인 경우
③ 정격 출력이 2 [kW] 이상인 경우
④ 전동기 출력이 0.5 [kW]이며, 취급자가 감시할 수 없는 경우

**해설** 과부하 보호장치 설치 예외
- 정격출력이 0.2 [kW] 이하인 옥내에 시설하는 전동기
- 정격전류가 16 [A]이하인 단상전동기
- 정격전류가 20 [A] 이하인 배선차단기

정답 ②

### 3. 열영향에 대한 보호

1) 적용범위
  (1) 전기기기에 의한 열적인 영향, 재료의 연소 또는 기능저하 및 화상의 위험
  (2) 화재 재해의 경우, 전기설비로부터 격벽으로 분리된 인근의 다른 화재 구획으로 전파되는 화염
  (3) 전기기기 안전 기능의 손상

2) 화재 및 화상방지에 대한 보호
  (1) 전기기기에 의한 화재방지
  (2) 전기기기에 의한 화상방지

| 접촉할 가능성이 있는 부분 | 접촉할 가능성이 있는 표면의 재료 | 최고표면온도 (℃) |
|---|---|---|
| 손으로 잡고 조작시키는 것 | 금속 | 55 |
| | 비금속 | 65 |
| 손으로 잡지 않지만 접촉하는 부분 | 금속 | 70 |
| | 비금속 | 80 |
| 통상 조작 시 접촉할 필요가 없는 부분 | 금속 | 80 |
| | 비금속 | 90 |

3) 과열에 대한 보호 대상
   (1) 강제 공기 난방시스템
   (2) 온수기 또는 증기발생기
   (3) 공기난방설비

## 3 전선로

### 1. 구내인입선

1) 저압 인입선의 시설
   (1) 전선은 절연전선 또는 케이블이어야 한다.
   (2) 인입용 비닐절연전선의 규격

   | 경간 | 지름 | 인장강도 |
   |---|---|---|
   | 15 [m]이하 | 2 [mm]이상 | 1.25 [kN]이상 |
   | 15 [m]초과 | 2.6 [mm]이상 | 2.30 [kN]이상 |

   (3) 전선의 높이

   | 구분 | 전선의 높이 ||
   |---|---|---|
   | 철도 또는 궤도를 횡단 | 6.5 [m] 이상 ||
   | 도로 횡단 | 노면상 5 [m] 이상 ||
   | | 교통에 지장이 없을 때 | 3 [m] 이상 |
   | 이 외 | 지표상 4 [m] ||
   | | 교통에 지장이 없을 때 | 2.5 [m] 이상 |
   | 횡단보도교의 위 | 노면상 3 [m] 이상 ||

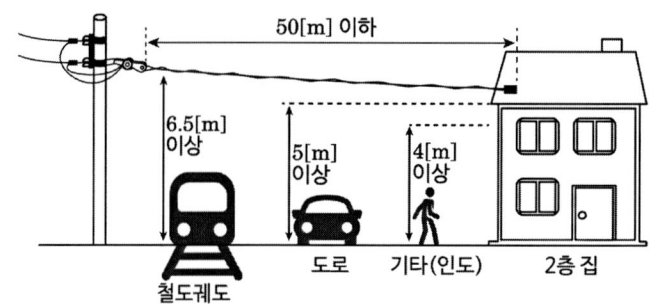

[저압 가공인입선]

### 예제. 03

저압가공 인입선의 시설 기준으로 옳지 않은 것은?

① 전선이 옥외용 비닐절연전선일 경우에는 사람이 접촉할 우려가 없도록 시설할 것
② 전선의 인장강도는 2.31 [kN] 이상일 것
③ 전선은 나전선, 절연전선, 케이블일 것
④ 철도 또는 궤도를 횡단하는 경우에는 레일면상 6.5 [m] 이상일 것

**해설** 저압가공인입선

전선은 절연전선 또는 케이블이어야 한다.

정답 ③

(4) 저압 가공인입선과 조영물의 구분에 따른 이격거리

| 시설물의 구분 | | 이격거리 | |
|---|---|---|---|
| 조영물의 상부 조영재 | 위쪽 | 옥외용 절연전선 | 2 [m] |
| | | 저압 절연전선 | 1 [m] |
| | | 고압, 특고압 또는 케이블 | 0.5 [m] |
| | 옆쪽 또는 아래쪽 | 옥외용 절연전선 | 0.3 [m] |
| | | 고압, 특고압 또는 케이블 | 0.15 [m] |
| 상부 조영재 이외의 부분 또는 조영물 이외의 시설물 | | 옥외용 절연전선 | 0.3 [m] |
| | | 고압, 특고압 또는 케이블 | 0.15 [m] |

2) 저압 연접 인입선의 시설
   (1) 인입선에서 분기하는 점으로부터 100 [m] 를 초과하지 않아야 한다.
   (2) 폭 5 [m]를 초과하는 도로를 횡단하지 말아야 한다.
   (3) 옥내를 통과하지 말아야 한다.

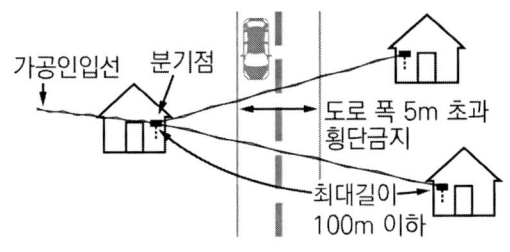

[연접인입선 시설기준]

### 예제. 04

저압 연접인입선은 인입선에서 분기하는 점으로부터 100[m]를 넘지 않는 지역에 시설하고 폭 몇 [m]를 초과하는 도로를 횡단하지 않아야 하는가?

① 4　　　　② 5　　　　③ 3　　　　④ 6.5

**해설** 저압연접인입선

폭 5[m]를 넘는 도로를 횡단금지

**정답** ②

### 2. 옥측전선로

1) 저압 옥측전선로의 공사방법
   (1) 애자공사 (전개된 장소에 한한다.)
   (2) 합성수지관 공사
   (3) 금속관공사 (목조 이외의 조영물에 시설하는 경우에 한한다.)
   (4) 버스덕트공사 (목조 이외의 조영물에 시설하는 경우에 한한다.)
   (5) 케이블공사 (연피 케이블, 알루미늄피 케이블 또는 무기물절연(MI) 케이블을 사용하는 경우에는 목조 이외의 조영물에 시설하는 경우에 한한다.)

2) 애자 공사에 의한 저압 옥측전선로
   (1) 전선의 공칭단면적 : 4 [mm$^2$]이상의 연동선 (OW, DV전선 제외)
   (2) 전선의 지지점 간의 거리
      ① 일반적으로 2 [m]이하
      ② 2 [m]를 초과하고 15 [m]이하로 하는 경우 (OW 전선 사용가능)
         ㉠ 전선에 인장강도 1.38 [kN] 이상의 것 또는 지름 2 [mm$^2$] 이상의 경동선을 사용
         ㉡ 전선 상호 간의 간격을 0.2 [m] 이상으로 시설
         ㉢ 전선과 옥측전선로를 시설한 조영재 사이의 이격거리를 0.3 [m] 이상으로 시설

(3) 시설 장소별 조영재 사이의 이격거리

| 시설 장소 | 전선 상호간의 간격 | | 전선과 조영재 사이의 거리 | |
|---|---|---|---|---|
| | 400 [V]이하 | 400 [V]초과 | 400 [V]이하 | 400 [V]초과 |
| 비에 젖지 않는 곳 | 6 [cm] | 6 [cm] | 2.5 [cm] | 2.5 [cm] |
| 비에 젖는 곳 | 6 [cm] | 12 [cm] | 2.5 [cm] | 4.5 [cm] |

### 예제. 05

사용전압이 220 [V]인 경우에 애자사용공사에서 전선과 조영재와의 이격거리는 최소 몇 [cm] 이상이어야 하는가?

① 2.5  ② 4.5  ③ 6.0  ④ 8.0

**해설** 애자사용 배선공사

- 전선 상호간 거리 : 6 [cm] 이상
- 전선과 조영재와의 거리
  - 400 [V] 이하 : 2.5 [cm] 이상
  - 400 [V] 초과 : 4.5 [cm] 이상 (건조한 곳은 2.5 [cm] 이상)

**정답** ①

(4) 저압 옥측전선로와 조영물의 구분에 따른 이격거리

| 시설물의 구분 | | 이격거리 | |
|---|---|---|---|
| 조영물의 상부 조영재 | 위쪽 | 연동 절연전선 | 2 [m] |
| | | 고압, 특고압 또는 케이블 | 1 [m] |
| | 옆쪽 또는 아래쪽 | 옥외용 절연전선 | 0.6 [m] |
| | | 고압, 특고압 또는 케이블 | 0.3 [m] |
| 상부 조영재 이외의 부분 또는 조영물 이외의 시설물 | | 옥외용 절연전선 | 0.6 [m] |
| | | 고압, 특고압 또는 케이블 | 0.3 [m] |

### 3. 옥상전선로

1) 저압 옥상전선로의 시설
   (1) 전선은 인장강도 2.30 [kN] 이상의 것 또는 지름 2.6 [mm] 이상의 경동선을 사용
   (2) 전선은 절연전선 (OW전선을 포함) 또는 이와 동등 이상의 절연성능이 있는 것을 사용
   (3) 전선은 조영재에 견고하게 붙인 지지주 또는 지지대에 절연성·난연성 및 내수성이 있는 애자를 사용하여 지지하고 그 지지점 간의 거리는 15 [m]이하로 한다.

2) 이격거리
   (1) 저압 절연전선과 조영재 : 2 [m]
   (2) 고압, 특고압 절연전선 케이블과 조영재 : 1 [m]
   (3) 옥상전선로의 전선이 다른 유사한 전선들과 접근하거나 교차하는 경우 : 1 [m]
   (4) 방호구에 넣어진 전선과 접근하거나 교차하는 경우 : 0.3 [m]
   (5) 옥상전선로의 전선이 다른 시설물과 접근하거나 교차하는 경우 : 0.6 [m]

### 예제. 06

저압 옥상전선로를 전개된 장소에 시설하고 자 할 때 다음 중 옳지 않은 것은?

① 전선은 조영재에 견고하게 붙인 지지대에 절연성, 난연성 및 내수성이 있는 애자를 사용하여 지지하고 또한 그 지지점간의 거리는 15[m] 이하로 한다.
② 전선은 인장강도 2.3[kN] 이상의 것 또는 지름 2.6[mm]의 경동선을 사용한다.
③ 전선과 그 저압 옥상 전선로를 시설하는 조영재와의 이격거리는 1.5[m] 이상으로 한다.
④ 전선은 상시 부는 바람 등에 의하여 식물에 접촉하지 아니하도록 시설하여야 한다.

**해설** 저압옥상전선로

저압 절연전선과 조영재와의 이격거리는 2.0[m] 이상이어야 한다.

**정답** ③

### 4. 저압 가공전선로

1) 저압 가공전선의 굵기 및 종류
   (1) 저압 가공전선은 나전선, 절연전선, 다심형 전선, 또는 케이블 사용
   (2) 저압 가공전선의 굵기

   | 400 [V]이하 | 케이블 제외 | | 인장강도 3.42 [kN]이상 지름 3.2 [mm]이상 |
   |---|---|---|---|
   | | 절연전선 | | 인장강도 2.30 [kN]이상 지름 2.6 [mm]이상 |
   | 400 [V]초과 | 케이블 제외 (DV전선 사용불가) | 시가지 | 인장강도 8.01[kN]이상 지름 5 [mm]이상 |
   | | | 시가지 외 | 인장강도 5.26 [kN]이상 지름 4[mm]이상 |

2) 저압 가공 전선의 안전율

   | 경동선 또는 내열 동합금선 | 그 밖의 전선 |
   |---|---|
   | 2.2이상 | 2.5이상 |

3) 저압 가공전선의 높이

| 철도 또는 궤도 | 6.5 [m]이상 | |
|---|---|---|
| 도로 | 6 [m]이상 | |
| 횡단보도 | 3.5 [m]이상 | |
| | 저압절연전선, 케이블 | 3 [m]이상 |
| 그 외 | 5 [m]이상 | |
| | 교통에 지장이 없는 경우 | 4 [m]이상 |

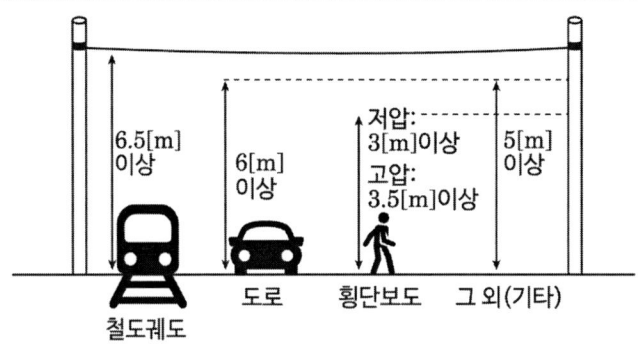

4) 저압 보안공사

(1) 전선

| 케이블 이외의 경우 | 사용전압이 400 [V]이하인 경우 |
|---|---|
| 인장강도 8.01 [kN]이상 또는 지름 5 [mm]이상 경동선 | 인장강도 5.26 [kN]이상 또는 지름 4 [mm]이상 경동선 |

(2) 목주
  ① 풍압하중에 대한 안전율 : 1.5 이상
  ② 목주의 굵기는 말구의 지름 : 0.12 [m] 이상

(3) 경간

| 지지물의 종류 | 경간 |
|---|---|
| 목주, A종 철주 또는 A종 철근 콘크리트주 | 100 [m]이하 |
| B종 철주 또는 B종 철근 콘크리트주 | 150 [m]이하 |
| 철탑 | 400 [m]이하 |

## 예제. 07

경간이 100미터인 저압 보안공사에 있어서 지지물의 종류가 아닌 것은?

① 철탑
② A종 철근 콘크리트주
③ A종 철주
④ 목주

**[해설]** 저압 보안공사의 경간

| 지지물의 종류 | 경간 |
|---|---|
| 목주, A종 철주 또는 A종 철근 콘크리트주 | 100 [m]이하 |

**정답** ①

5) 저압 가공전선 상호간의 접근 또는 교차

| 저압 가공전선과의 상태 | 이격거리 |
|---|---|
| 타 저압 가공전선과 접근상태일 때 | 0.6 [m]이상 |
| 고압, 특고압, 케이블과 접근상태일 때 | 0.3 [m]이상 |
| 다른 저압 가공전선로의 지지물 사이 | 0.3 [m]이상 |

6) 저압 가공전선과 건조물의 접근

| 건조물 조영재의 구분 | | | 이격거리 (이상) |
|---|---|---|---|
| 상부 조영재 | 위쪽 | | 2 [m] |
| | | 고압, 특고압 절연전선 또는 케이블인 경우 | 1 [m] |
| | 옆쪽 또는 아래쪽 | | 1.2 [m] |
| | | 접촉우려 없는 저압 | 0.8 [m] |
| | | 고압, 특고압 절연전선 또는 케이블인 경우 | 0.4 [m] |
| 기타의 조영재 | | | 1.2 [m] |
| | | 접촉우려 없는 저압 | 0.8 [m] |
| | | 고압, 특고압 절연전선 또는 케이블인 경우 | 0.4 [m] |

7) 저압 가공전선과 다른 시설물의 접근 또는 교차

| 시설물의 구분 | | 이격거리 (이상) | |
|---|---|---|---|
| 조영물의 상부 조영재 | 위쪽 | 2 [m] | |
| | | 고압, 특고압 절연전선 또는 케이블인 경우 | 1 [m] |
| | 옆쪽 또는 아래쪽 | 0.6 [m] | |
| | | 고압, 특고압 절연전선 또는 케이블인 경우 | 0.3 [m] |
| 상부 조영재 이외의 부분 또는 조영물 이외의 시설물 | | 0.6 [m] | |
| | | 고압, 특고압 절연전선 또는 케이블인 경우 | 0.3 [m] |

8) 농사용 저압 가공전선로
  (1) 사용전압 : 저압
  (2) 전선 : 인장강도 1.38 [kN] 이상의 것 또는 지름 2 [mm] 이상의 경동선
  (3) 시설 높이 : 3.5 [m] 이상 (단. 사람이 쉽게 출입하지 못하는 곳 : 3 [m])
  (4) 목주의 굵기 : 지름 9 [cm] 이상
  (5) 전선로의 지지점 간 거리 : 30 [m]이하
  (6) 접속점 가까이에 전용개폐기 및 과전류차단기(중성극 제외)를 각 극에 설치

9) 구내에 시설하는 저압 가공전선로
  (1) 전선 : 지름 2 [mm]이상의 경동선의 절연전선 또는 이와 동등 이상의 세기 및 굵기의 절연전선 (단, 경간이 10 [m] 이하인 경우에 한하여 공칭단면적 4 [mm$^2$]이상의 연동 절연전선 사용가능)
  (2) 전선로의 경간 : 30 [m]이하
  (3) 시설 높이
    ① 도로 횡단하는 경우 : 4 [m]이상 (교통에 지장이 없는 높이)
    ② 도로를 횡단하지 않는 경우 : 3 [m]이상
  (4) 다른 시설물과의 이격거리

| 시설물의 구분 | | 이격거리 | |
|---|---|---|---|
| 조영물의 상부 조영재 | 위쪽 | 1 [m] | |
| | 옆쪽 또는 아래쪽 | 저압 절연전선 | 0.6 [m] |
| | | 고압, 특고압 절연전선 또는 케이블인 경우 | 0.3 [m] |
| 상부 조영재 이외의 부분 또는 조영물 이외의 시설물 | | 저압 절연전선 | 0.6 [m] |
| | | 고압, 특고압 절연전선 또는 케이블인 경우 | 0.3 [m] |

## 4 배선 및 조명설비

### 1. 일반사항

1) 저압 옥내배선의 사용전선
   (1) 전선은 단면적 2.5 [mm$^2$]이상의 연동선 또는 이와 동등 이상의 강도 및 굵기의 것
   (2) 옥내배선의 사용 전압이 400 [V]이하인 경우 사용가능한 전선
      ① 단면적 1.5 [mm$^2$]이상의 연동선
      ② 전광표시장치 : 0.75 [mm$^2$]이상인 다심케이블 또는 다심 캡타이어케이블
      ③ 진열장, 이동전선, 전구선 : 0.75 [mm$^2$]이상인 코드 또는 캡타이어케이블

2) 중성선의 단면적
   (1) 단면적이 선도체의 단면적 이상이어야 하는 중성선
      ① 2선식 단상회로
      ② 선도체의 단면적이 구리선 16 [mm$^2$], 알루미늄선 25 [mm$^2$]이하인 다상 회로
      ③ 제3고조파 및 제3고조파의 홀수배수의 고조파 전류가 흐를 가능성이 높고 전류 종합고조파왜형률이 15~33 [%]인 3상회로
   (2) 단면적이 선도체의 단면적보다 작아도 되는 경우
      ① 중성선의 단면적이 구리선 16 [mm$^2$], 알루미늄선 25 [mm$^2$] 이상일 때
      ② 통상적인 사용 시에 상과 제3고조파 전류 간에 회로 부하가 균형을 이루고 있고, 제3고조파 홀수배수 전류가 선도체 전류의 15 [%]를 넘지 않을 때

3) 나전선의 사용가능
   (1) 전개된 곳의 애자공사
      ① 전기로용 전선
      ② 전선의 피복 절연물이 부식하는 장소에 시설하는 전선
      ③ 취급자 이외의 자가 출입할 수 없도록 설비한 장소에 시설하는 전선
   (2) 덕트공사
      ① 버스덕트공사
      ② 라이팅덕트공사
   (3) 접촉전선의 시설
      ① 이동용 기중기
      ② 유희용 자동차
      ③ 전차선

4) 옥내전로의 전압제한
   (1) 옥내전로의 대지전압 : 300 [V]이하
   (2) 옥내전로의 사용전압 : 400 [V]이하
   (3) 전로 인입구에 감전보호용 누전차단기를 시설한다.
   (4) 옥내배선공사 : 합성수지관공사, 금속관공사, 케이블공사

## 2. 배선설비

1) 배선설비 공사의 분류

| 종류 | 공사방법 |
|---|---|
| 전선관시스템 | 합성수지관공사, 금속관공사, 가요전선관공사 |
| 케이블트렁킹시스템 | 합성수지몰드공사, 금속몰드공사, 금속트렁킹공사 |
| 케이블덕팅시스템 | 플로어덕트공사, 셀룰러덕트공사, 금속덕트공사 |
| 애자공사 | 애자공사 |
| 케이블트레이시스템 | 케이블트레이공사 |
| 케이블공사 | 고정하지 않는 방법, 직접 고정하는 방법, 지지선 방법 |

2) 배선설비 시 고려사항
   (1) 회로구성
   ① 하나의 회로도체는 다른 케이블이나 전선관, 시스템을 통해 배선해서는 안된다.
   ② 여러 개의 주회로에 공통 중성선을 사용할 수 없다.
   (2) 전기적 접속 시 고려사항
   ① 도체와 절연재료
   ② 도체를 구성하는 소선의 가닥수와 형상
   ③ 도체의 단면적
   ④ 함께 접속되는 도체의 수
   (3) 접근이 가능하지 않아도 되는 전기적 접속부
   ① 지중매설용으로 설계된 접속부
   ② 충전재 채움 또는 캡슐 속의 접속부
   ③ 히팅시스템 등 발열체와 리드선과의 접속부
   ④ 적절한 제품표준에 적합한 기기의 일부를 구성하는 접속부

3) 옥내에 시설하는 저압 접촉전선 배선
   (1) 애자공사, 버스덕트공사, 또는 절연트롤리공사를 실시한다.
   (2) 저압 접촉전선을 애자공사에 의하여 옥내의 전개된 장소에 시설하는 경우
   ① 전선의 높이 : 3.5 [m]이상
   ② 전선의 최대 사용전압 : 60 [V]이하
   ③ 전선과의 이격거리 : 위쪽 2.3 [m]이상 옆쪽 1.2 [m]이상
   ④ 전선의 인장강도 :

| 400 [V]초과 | 400 [V]이하 |
|---|---|
| 인장강도 11.2 [kN] 이상 또는 지름 6 [mm] 이상의 경동선으로 단면적이 28 [mm$^2$] 이상 | 인장강도 3.44 [kN] 이상 또는 지름 3.2 [mm] 이상의 경동선으로 단면적이 8 [mm$^2$] 이상 |

⑤ 전선의 지지점간의 거리 : 6[m]이하
⑥ 전선 상호간의 간격

| 수평으로 배열하는 경우 | 그 외의 경우 |
|---|---|
| 0.14 [m]이상 | 0.2 [m]이상 |

(단, 은폐된 장소에 시설하는 경우는 0.12 [m]이상)

⑦ 전선과 조영재 사이의 이격거리

| 습기, 물기가 있는 곳 | 기타의 곳 |
|---|---|
| 45 [mm]이상 | 25 [mm]이상 |

(단, 은폐된 장소에 시설하는 경우는 45 [mm]이상)

⑧ 애자는 절연성, 난연성 및 내수성이 있는 것을 사용

(3) 저압 접촉전선을 버스덕트공사에 의하여 옥내에 시설하는 경우

① 도체는 단면적 20 [mm$^2$]이상의 띠 모양 또는 지름 5 [mm]이상의 관모양이나 둥글고 긴 막대 모양의 동 또는 황동을 사용해야 한다.
② 도체지지물은 절연성·난연성 및 내수성이 있는 견고한 것으로 한다.
③ 덕트의 개구부는 아래를 향하여 시설한다.
④ 덕트의 끝 부분은 충전부분이 노출되지 않는 구조로 한다.
⑤ 접지공사를 실시한다

| 사용전압 400 [V]초과 | 사용전압 400 [V]이하 |
|---|---|
| 특별 접지공사 | 접지공사 |

(4) 저압 접촉전선을 절연 트롤리 공사에 의하여 시설하는 경우

① 절연 트롤리선은 사람이 쉽게 접할 우려가 없도록 시설할 것.
② 절연트롤리선의 도체는 지름 6 [mm]의 경동선 또는 이와 동등 이상의 세기의 것으로서 단면적이 28 [mm$^2$]이상이어야 한다.
③ 절연 트롤리선의 개구부는 아래 또는 옆으로 향하여 시설한다.
④ 절연 트롤리선의 끝 부분은 충전부분이 노출되지 아니하는 구조로 한다.
⑤ 절연 트롤리선 지지점 간의 거리 : 6 [m]이하

| 단면적의 구분 | 지지점 간격 |
|---|---|
| 500 [mm$^2$]미만 | 2 [m]이상(굴곡 반지름이 3 [m]이하인 곡선 부분에서 1 [m]) |
| 500 [mm$^2$]이상 | 3 [m]이상(굴곡 반지름이 3 [m]이하인 곡선 부분에서 1 [m]) |

## 3. 조명설비

1) 코드 및 이동전선
   (1) 코드는 사용전압 : 400 [V] 이하
   (2) 조명용 전원코드 또는 이동전선은 단면적 : 0.75 [mm$^2$]이상
   (3) 전선을 나사로 고정할 경우 나사가 진동 등으로 헐거워질 우려가 있는 장소는 2중 너트, 스프링와셔 및 나사풀림 방지기구가 있는 것을 사용

2) 콘센트의 시설
   (1) 노출형 콘센트는 기둥과 같은 내구성이 있는 조영재에 견고하게 부착한다.
   (2) 콘센트를 조영재에 매입할 경우는 매입형의 것을 견고한 금속제 또는 난연성 절연물로 된 박스 속에 시설한다.
   (3) 콘센트를 바닥에 시설하는 경우는 방수구조의 플로어박스에 설치한다.
   (4) 욕실 또는 화장실 등은 누전차단기 (정격감도전류 15 [mA]이하, 동작시간 0.03초 이하의 전류동작형)가 부착된 콘센트를 시설한다.

3) 점멸기의 시설
   (1) 점멸기를 조영재에 매입할 경우 금속제 또는 난연성 절연물 박스에 넣어 시설
   (2) 욕실 내에는 점멸기를 시설하지 않는다.
   (3) 타임스위치의 시설
      ① 숙박시설의 객실 입구등 : 1분 이내에 소등
      ② 일반주택 및 아파트 각 호실 현관등 : 3분 이내에 소등

4) 진열장 또는 이와 유사한 것의 내부 배선
   (1) 사용전압 : 400 [V]이하
   (2) 배선은 단면적 0.75 [mm$^2$]이상의 코드 또는 캡타이어케이블

5) 옥외등
   (1) 전로의 사용전압 : 대지전압은 300 [V]이하
   (2) 옥외등과 옥내등을 병용하는 분기회로는 20 [A] 과전류 차단기로 한다.
   (3) 옥외등에 이르는 인하선의 공사방법
      ① 애자공사 (지표상 2 [m] 이상의 높이에서 노출된 장소에 시설할 경우)
      ② 합성수지관공사
      ③ 금속관공사
      ④ 케이블공사 (알루미늄피 등 금속제 외피가 있는 것은 목조 이외의 조영물에 시설하는 경우에 한한다.)
   (4) 개폐기, 과전류차단기, 기타 이와 유사한 기구는 옥내에 시설한다.
   (5) 누전차단기를 시설해야 한다.

6) 전주외등
   (1) 대지전압 300 [V]이하의 형광등, 고압방전등, LED등 등을 배전선로의 지지물 등에 시설하는 경우에 적용

(2) 기구의 인출선 : 도체단면적이 0.75 [mm$^2$] 이상일 것.

(3) 배선공사

① 단면적 2.5 [mm$^2$]이상의 절연전선 사용

② 합성수지관공사, 금속관공사, 케이블공사 방법으로 시설

③ 1.5 [m]이내마다 새들(Saddle) 또는 밴드로 지지

(4) 전로의 사용전압이 150 [V]를 초과하는 경우 누전차단기를 시설한다.

7) 1 [kV]이하 방전등

(1) 관등회로의 사용전압이 1 [kV]이하인 방전등을 옥내에 시설할 경우에 적용

(2) 대지전압 : 300 [V]이하

(3) 방전등용 안정기는 조명기구에 내장하여야 한다.

(4) 관등회로의 사용전압이 400 [V]초과인 경우 : 방전등용 변압기 사용

(5) 관등회로의 배선

① 사용전압이 400 [V]이하 : 공칭단면적이 2.5 [mm$^2$]이상인 연동선

② 사용전압이 400 [V]초과 1 [kV]이하

| 시설장소의 구분 | | 공사방법 |
|---|---|---|
| 전개된 장소 | 건조한 장소 | 애자공사, 합성수지몰드공사, 금속몰드공사 |
| | 기타의 장소 | 애자공사 |
| 점검 가능한 은폐된 장소 | 건조한 장소 | 금속몰드공사 |

(6) 애자공사의 시설

① 전선 상호간의 거리 : 60 [mm]이상

② 전선과 조영재의 거리 : 25 [mm]이상 (습기많은 장소는 45 [mm]이상)

③ 전선지지점간의 거리

| 관등회로의 전압 | 지지점간거리 |
|---|---|
| 400 [V]초과 600 [V]이하 | 2 [m]이하 |
| 600 [V]초과 1 [kV]이하 | 1 [m]이하 |

(7) 금속관, 금속몰드공사는 접지공사를 실시(단. 길이가 4 [m]이하는 제외)

(8) 접지공사를 생략하는 경우

① 관의 길이가 4 [m]이하인 금속제 관이나 몰드공사

② 관등회로 시설조건에 따라

| 관등회로의 사용전압 | 시설 조건 |
|---|---|
| 150 [V]이하 | 건조한 장소에 시공할 때 |
| 400 [V]이하 | 외함에 넣고 전기적으로 접속되지 않을 때 |

③ 변압기의 2차 단락전류 또는 회로의 동작전류가 50 [mA]이하 일 때

8) 네온방전등
    (1) 네온방전등에 공급하는 전로의 대지전압 : 300 [V]이하
    (2) 네온변압기는 2차측을 직렬 또는 병렬로 접속하여 사용하지 않아야 한다.
    (3) 네온방전등의 관등회로
        ① 배선은 애자공사로 시설
        ② 전선은 네온관용 전선을 사용
        ③ 전선 상호간의 이격거리 : 60 [mm]이상
        ④ 전선의 지지점간의 거리 : 1 [m]이하
        ⑤ 전선과 조영재 이격거리

| 전압 구분 | 이격거리 |
|---|---|
| 6 [kV]이하 | 20 [mm]이상 |
| 6 [kV]초과 9 [kV]이하 | 30 [mm]이상 |
| 9 [kV]초과 | 40 [mm]이상 |

9) 수중조명등
    (1) 수중조명등에 전기를 공급하기 위해서는 절연변압기를 사용한다.
    (2) 절연변압기의 사용전압
        ① 절연변압기의 1차측 전로 : 400 [V]이하
        ② 절연변압기의 2차측 전로 : 150 [V]이하
    (3) 수중조명등의 전원장치 (절연변압기)
        ① 절연변압기의 2차 측 전로는 접지하지 않는다.
        ② 교류 5 [kV]의 시험전압으로 절연내력 시험을 1분간 견디어야 한다.
        ③ 2차측 배선은 금속관공사에 의하여 시설한다.
        ④ 이동전선 : 단면적 2.5 [$mm^2$]이상의 고무절연 클로프렌 캡타이어케이블
    (4) 절연변압기의 접지와 차단기

| 2차측 전로의 사용전압 | 시설 내용 |
|---|---|
| 30 [V] 이하 | 혼촉방지판 설치, 접지공사 |
| 30 [V] 초과 | 정격감도전류 30 [mA]이하의 누전차단기를 시설 |

    (5) 사람 출입의 우려가 없는 수중조명등의 시설
        ① 전로의 대지전압 : 150 [V]이하
        ② 전선에는 접속점이 없어야 한다.
    (6) 수중조명등의 용기
        ① 녹이 슬지 않는 금속으로 견고하게 제작한다.
        ② 내부의 적당한 곳에 접지용 단자를 설치한다.
            (접지단자의 나사 지름: 4 [mm] 이상)

③ 완성품은 도전부분 이외의 부분과의 사이에 2 [kV]의 교류전압을 연속하여 1분간 가하여 절연내력을 시험하였을 때에 이에 견디어야 한다.

④ 완성품은 30분씩 전기를 공급, 중단 조작을 6회 반복할 때 물이 스며드는 등 이상이 없어야 한다.

10) 교통신호등

(1) 2차측 배선의 최대사용전압 : 300 [V]이하

(2) 전선

① 케이블 또는 공칭단면적 2.5 [mm$^2$] 이상의 연동선

② 450/750 [V] 일반용 단심 비닐절연전선

③ 450/750 [V] 내열성에틸렌아세테이트 고무절연전선

(3) 조가용선

① 인장강도 3.7 [kN]이상의 금속선 또는 지름 4 [mm]이상의 아연도철선을 2가닥 이상 꼰 금속선을 사용

② 케이블은 조가용선의 시설을 제외한다.

(4) 가공전선의 높이

| 철도 또는 궤도 | 6.5 [m]이상 | |
|---|---|---|
| 도로 | 6 [m]이상 | |
| 횡단보도 | 3.5 [m]이상 | |
| | 저압절연전선, 케이블 | 3 [m]이상 |
| 그 외 | 5 [m]이상 | |
| | 교통에 지장이 없는 경우 | 4 [m]이상 |

(5) 교통신호등의 인하선의 높이 : 2.5 [m] (금속관, 케이블공사 제외)

(6) 제어장치 전원 측에 전용 개폐기 및 과전류차단기를 각 극에 시설한다.

(7) 사용전압이 150 [V]를 넘는 경우 누전차단기를 시설한다.

## 5 특수시설

### 1. 특수시설

1) 전기울타리

(1) 사용전압 : 250 [V]이하

(2) 전기울타리의 시설

① 전선 : 인장강도 1.38 [kN]이상의 것 또는 지름 2 [mm]이상의 경동선

② 전선과 이를 지지하는 기둥 사이의 이격거리 : 25 [mm]이상

③ 전선과 다른 시설물(가공 전선을 제외) 또는 수목과의 이격거리는 : 0.3 [m]이상

(3) 접지

① 전기울타리 전원장치의 외함 및 변압기의 철심은 접지공사를 하여야 한다.

② 접지전극과 다른 접지 계통의 접지전극의 거리는 2 [m]이상이어야 한다.

③ 가공전선로의 아래를 통과하는 전기울타리의 금속부분은 교차지점의 양쪽으로부터 5 [m]이상의 간격을 두고 접지하여야 한다.

2) 전기욕기

(1) 전원장치에 내장되는 전원 변압기의 2차측 전로의 사용전압 : 10 [V]이하

(2) 변압기의 2차측 배선

| 배선재료 | 공사방법 |
|---|---|
| • 공칭단면적 2.5 [mm$^2$]이상의 연동선(OW제외),<br>• 케이블<br>• 공칭단면적 1.5 [mm$^2$]이상의 캡타이어케이블 | • 합성수지관공사<br>• 금속관 공사<br>• 케이블공사 |
| • 공칭단면적 1.5[mm$^2$]이상의 캡타이어 코드 | • 합성수지관공사<br>• 금속관공사 |

(3) 욕기내의 전극간의 거리 : 1 [m]이상

3) 전극식 온천온수기

(1) 사용전압 : 400 [V]이하

(2) 절연변압기는 교류 2 [kV]의 시험전압으로 1분간 절연내력을 시험하였을 때에 이에 견디는 것이어야 한다.

(3) 전극식 온천온수기의 시설

① 온천수 유입구 및 유출구에는 차폐장치를 설치해야 한다.

② 차폐장치와의 거리

| 차폐장치와 전극식 온천온수기 | 0.5 [m]이상 |
|---|---|
| 차폐장치와 욕탕 | 1.5 [m] 이상 |

(4) 절연변압기 1차측 전로에 전용 개폐기 및 과전류차단기 (다선식의 중성극을 제외)를 각 극에 시설해야 한다.

4) 전기온상

(1) 대지전압 : 300 [V]이하

(2) 발열선의 시설

① 전선은 전기온상선을 사용한다.

② 발열선은 그 온도가 80 ℃를 넘지 않도록 시설한다.

③ 전로에는 전용 개폐기 및 과전류차단기 (다선식전로의 중성극을 제외)를 각 극에 시설해야 한다.

(3) 발열선을 공중에 시설하는 경우
　① 발열선을 애자로 지지한다.
　② 발열선은 노출장소에 시설한다.

| 발열선과의 관계 | 거리 | |
|---|---|---|
| 상호간격 | 0.03 [m]이상 | |
| | 함 내에 시설하는 경우 | 0.02 [m]이상 |
| 조영재와의 간격 | 0.025 [m]이상 | |
| 함 내에 시설시 함과의 간격 | 0.01 [m]이상 | |
| 지지점간의 거리 | 1 [m]이하 | |
| | 선 상호간 간격이 0.06 [m]이상 일 때 | 2 [m]이하 |

5) 엑스선 발생장치
　(1) 제1종 엑스선 발생장치
　　① 2.5[m] 초과하여 설치되거나 그 외에는 노출된 충전부분이 없으며 엑스선관에 절연성 피복을 하고 금속체로 둘러싼 엑스선 발생장치
　　② 전선 높이

| 최대사용전압 | 높이 |
|---|---|
| 100 [kV]이하 | 2.5 [m]이상 |
| 100 [kV]초과 | 2.5 [m]+초과분 10 [kV]마다 0.02 [m]이상 |

　　③ 전선과 조영재간의 이격거리

| 최대사용전압 | 높이 |
|---|---|
| 100[kV]이하 | 0.3 [m]이상 |
| 100[kV]초과 | 0.3 [m]+초과분 10 [kV]마다 0.02 [m]이상 |

　　④ 전선 상호간의 간격

| 최대사용전압 | 높이 |
|---|---|
| 100[kV]이하 | 0.45 [m]이상 |
| 100[kV]초과 | 0.45 [m]+초과분 10 [kV]마다 0.03 [m]이상 |

　　⑤ 2개 이상의 엑스선관을 사용하는 경우에는 분기점(分岐點)에 가까운 곳에 각각 개폐기를 시설해야 한다.
　　⑥ 엑스선 발생장치의 특고압 전로는 그 최대 사용전압 1.05배의 시험전압으로 1분간의 절연내력 시험을 견디어야 한다.

(2) 제2종 엑스선 발생장치
　① 엑스선관 도선은 금속 피복을 한 케이블을 사용
　② 엑스선관 충전부분과 조영재, 금속체 부분과의 이격거리

| 최대사용전압 | 이격거리 |
| --- | --- |
| 100 [kV]이하 | 0.15 [m]이상 |
| 100 [kV]초과 | 0.15 [m]+초과분 10 [kV]마다 0.02 [m]이상 |

　③ 연동연선을 사용하는 엑스선관도선의 노출된 충전부에 1 [m]이내로 접근하는 금속체는 접지공사를 한다.
　④ 엑스선관은 인체에 0.2 [m]이내로 접근하여 사용하는 경우는 그 엑스선관에 절연성 피복을 하고 이것을 금속체로 둘러싸야 한다.

6) 전격살충기
　(1) 지표 또는 바닥에서 3.5 [m] 이상의 높은 곳에 시설
　　(단, 2차측 개방 전압이 7 [kV]이하의 절연변압기를 사용하고 1차측 전로를 자동적으로 차단하는 보호장치를 시설한 것은 지 1.8 [m] 까지 감할 수 있다.)
　(2) 다른 시설물(가공전선은 제외) 또는 식물과의 이격거리는 0.3 [m] 이상

7) 유희용 전차
　(1) 사용하는 변압기의 1차 전압은 400 [V]이하
　(2) 전원장치의 2차측 단자의 최대사용전압
　　① 직류 : 60 [V]이하
　　② 교류 : 40 [V]이하
　(3) 2차측 배선은 제3레일 방식에 의하여 시설한다.
　(4) 승압하려는 경우 절연변압기의 2차 전압은 150 [V]이하로 한다.
　(5) 전로의 절연
　　① 접촉전선과 대지사이의 절연저항은 누설전류가 레일의 연장 1 [km]마다 100 [mA]를 넘지 않도록 유지
　　② 전차안의 전로와 대지 사이의 절연저항은 사용전압에 대한 누설전류가 규정 전류의 5,000분의 1을 넘지 않도록 유지

8) 아크 용접기
　(1) 용접변압기의 1차측 전로의 대지전압 : 300 [V]이하
　(2) 1차측 전로에는 용접 변압기에 가까운 곳에 쉽게 개폐할 수 있는 개폐기를 시설한다.
　(3) 용접기 외함 및 피용접재 등의 금속체는 접지공사를 하여야 한다.

9) 도로 등의 전열장치
　(1) 대지전압 : 300 [V]이하
　(2) 발열선은 온도가 80 ℃를 넘지 아니하도록 시설한다.
　　(단, 금속피복을 한 발열선을 시설할 경우에는 발열선의 온도를 120 ℃이하)

10) 비행장 등화배선
    (1) 직접매설 차량 기타 중량물의 압력을 받을 우려가 없는 장소
        ① 전선은 클로로프렌외장케이블을 사용
        ② 전선의 매설장소를 표시하는 적당한 표시를 한다.
        ③ 매설깊이는 항공기 이동지역에서 0.5 [m], 그 밖의 지역은 0.75 [m]이상
    (2) 활주로, 기타 포장된 노면
        ① 전선 : 공칭단면적 4 [mm$^2$]이상의 연동선
        ② 보호 피복의 두께 : 0.2 [mm]이상
        ③ 보호피복의 융점 : 210 ℃ 이상

11) 소세력 회로
    (1) 정의 : 전자 개폐기의 조작회로 또는 초인벨·경보벨 등에 접속하는 전로
    (2) 최대사용전압 : 60 [V]이하
    (3) 소세력 회로에 전기를 공급하기 위한 절연변압기의 사용전압 : 300 [V]이하
    (4) 절연 변압기의 2차 단락전류 (단, 아래와 같은 과전류 차단기를 시설 시 예외)

| 소세력 회로의 최대 사용전압 | 2차 단락전류 | 과전류 차단기의 정격전류 |
|---|---|---|
| 15 [V] 이하 | 8 [A]이하 | 5 [A] |
| 15 [V] 초과 30 [V] 이하 | 5 [A]이하 | 3 [A] |
| 30 [V] 초과 60 [V] 이하 | 3 [A]이하 | 1.5 [A] |

   (5) 소세력 회로의 배선
        ① 조영재에 붙여서 시설하는 경우
            ㉠ 전선은 케이블인 경우 이외에는 공칭단면적 1 [mm$^2$]이상의 연동선
            ㉡ 애자로 지지하는 경우 조영재 사이의 이격거리를 6 [mm]이상으로 한다.
        ② 지중에 시설하는 경우
            ㉠ 전선 : 450/750[V] 일반용 단심 비닐절연전선, 캡타이어케이블 또는 케이블
            ㉡ 매설깊이 : 0.3 [m] 이상 (차량 기타 압력을 받을 우려가 있는 장소는 1.2 [m]이상)
        ③ 가공으로 시설하는 경우
            ㉠ 전선은 인장강도 508 [N/mm$^2$]이상의 것 또는 지름 1.2 [mm]의 경동선
            ㉡ 전선이 케이블인 경우에는 지름 3.2 [mm]의 아연도금 철선 또는 이와 동등 이상의 세기의 금속선으로 매달아 시설할 것 (단, 지지점간의 거리 10 [m]이하인 경우 제외)
            ㉢ 전선의 지지점간의 거리 : 15 [m]이하
            ㉣ 전선에 나전선을 사용하는 경우 식물과의 이격거리 : 0.3[m]이상

ⓓ 전선의 높이

| 철도 또는 궤도를 횡단하는 경우 | 6.5 [m]이상 |
|---|---|
| 도로를 횡단하는 경우 | 6 [m]이상 |
| 그 외 | 4 [m]이상 |
| 위험의 우려가 없는 도로 이외 | 2.5 [m]이상 |

12) 임시시설

(1) 사용전압

| 옥내 | 옥측 | 옥외 | 콘크리트 |
|---|---|---|---|
| 400 [V] 이하 | 400 [V] 이하 | 150 [V] 이하 | 400 [V] 이하 |

(2) 사용전선

| 옥내 | 옥측 | 옥외 | 콘크리트 |
|---|---|---|---|
| 절연전선 (OW제외) | | | 케이블 |

(3) 옥측의 시설시 전선 상호간, 조영재의 이격거리

| 시설장소 | 전선 | 전선 상호간의 거리 | 전선과 조영재의 거리 |
|---|---|---|---|
| 비 또는 이슬에 맞는 전개된 장소 | 절연전선 (OW, DV 제외) | 0.03[m]이상 | 6[mm]이상 |
| 그러지 아니한 전개된 장소 | 절연전선 (OW 제외) | 이격거리 없이 시설 가능 | |

13) 전기부식방지 회로

(1) 전기부식방지 회로의 전압

① 사용전압 : 직류 60 [V]이하

② 지중에 매설하는 양극의 매설깊이 : 0.75 [m]이상

③ 수중에 시설하는 양극과 1 [m]이내의 거리에 있는 임의점과의 전위차는 10 [V]를 넘지 않아야 한다.

④ 지표 또는 수중에서 1 [m] 간격의 임의의 2점간의 전위차가 5 [V]를 넘지 않아야 한다.

(2) 2차측 배선

① 가공으로 시설하는 부분

㉠ 전선은 케이블인 경우 이외에는 지름 2 [mm]의 경동선을 사용한다.

㉡ 저압 가공전선과의 이격거리는 0.3 [m] 이상으로 한다.(케이블 제외)

② 지중에 시설하는 부분
　㉠ 전선은 공칭단면적 4 [mm$^2$]의 연동선(다만, 양극에 부속하는 전선은 공칭단면적 2.5 [mm$^2$]이상의 연동선)
　㉡ 전선의 매설깊이

| 중량물의 압력을 받을 우려가 있는곳 | 기타의 곳 |
|---|---|
| 1 [m]이상 | 0.3 [m]이상 |

③ 회로의 전선 중 입상부분에는 지표상 2.5 [m]미만의 부분에는 방호장치를 설치한다.

14) 전기자동차 전원설비
　(1) 전기자동차의 충전장치 시설
　　① 충전부분이 노출되지 않도록 시설하고, 외함은 접지공사를 실시한다.
　　② 외부 기계적 충격에 대한 충분한 기계적 강도를 갖는 구조로 만든다.
　　③ 충전장치는 쉽게 열 수 없는 구조여야 한다.
　(2) 충전 케이블의 설치높이

| 구분 | 옥내 | 옥외 |
|---|---|---|
| 케이블 거치대 또는 수납공간 | 0.45 [m]이상 | 0.6 [m]이상 |
| 충전케이블의 인출부 | 0.45 [m]이상 1.2 [m]이내 | 0.6 [m]이상 |

## 2. 특수장소

1) 분진위험 장소
　(1) 사용전압 : 400 [V]이하
　(2) 분진위험 장소에 따른 공사방법

| 장소 | 공사방법 |
|---|---|
| 폭연성 분진 위험장소 | • 금속관공사<br>• 케이블공사(캡타이어케이블 사용제외) |
| 가연성 분진 위험장소 | • 합성수지관공사(두께 2 [mm]이상)<br>• 금속관공사<br>• 케이블공사 |
| 먼지가 많은 그 밖의 위험장소 | • 애자공사<br>• 합성수지관공사<br>• 금속관공사<br>• 케이블공사<br>• 금속덕트공사<br>• 버스덕트공사 (환기형 제외) |

## 예제. 08

소맥분, 전분, 기타의 가연성 분진이 존재하는 곳의 저압 옥내배선으로 적합하지 않은 공사방법은?

① 가요전선관 공사
② 금속관 공사
③ 합성수지관 공사
④ 케이블 공사

**해설** 가연성 분진 위험장소의 공사방법

- 합성수지관공사 (두께 2 [mm]이상)
- 금속관공사
- 케이블공사

**정답** ①

## 예제. 09

폭연성 분진 또는 화약류의 분말이 전기설비의 발화원이 되어 폭발할 우려가 있는 곳의 저압 옥내배선의 공사 방법으로 적당한 것은?

① 애자 사용 공사 또는 가요 전선관 공사
② 금속몰드 공사
③ 금속관 공사
④ 합성수지관 공사

**해설** 연성분진 위험장소 공사방법

- 금속관공사
- 케이블공사(캡타이어케이블 사용제외)

**정답** ③

(3) 분진 방폭 특수 방진구조
 ① 조작축과 용기 사이의 접합면에 들어가는 깊이 : 10 [mm]이상
 ② 나사 결합부분을 통하여 외부로부터 먼지가 침입할 우려가 있는 경우에는 5턱 이상으로 조여준다.
 ③ 전선·절연물·패킹 및 외함 상호의 접촉면에 들어가는 깊이

| 접촉면의 외주의 구분 | 접촉면에 들어가는 깊이 |
|---|---|
| 0.3 [m]이하 | 5 [mm] |
| 0.3 [m]초과 0.5 [m]이하 | 8 [mm] |
| 0.5 [m]초과 | 10 [mm] |

2) 가연성 가스 등의 위험장소
   (1) 공사방법 : 금속관공사, 케이블공사
   (2) 관 상호간 및 관과 박스 등은 5턱 이상의 나사조임으로 접속한다.
3) 위험물 등이 존재하는 장소
   (1) 셀룰로이드, 성냥, 석유류 등 위험한 물질을 제조하거나 저장하는 곳
   (2) 공사방법 : 합성수지관공사 (두께 2 [mm]이상), 금속관공사, 케이블공사
4) 화약류 저장소 등의 위험장소
   (1) 공사방법 : 금속관공사, 케이블공사
   (2) 화약류 저장소에서 전기설비의 시설
      ① 대지전압 : 300 [V]이하
      ② 전기기계기구는 전폐형의 것으로 한다.
      ③ 화약류 저장소 이외의 곳에 전용 개폐기 및 과전류 차단기를 각 극에 시설
      ④ 전로에 지락이 생겼을 때에 자동적으로 전로를 차단하거나 경보하는 장치를 시설

### 예제. 10

화약류 저장장소에 있어서의 전기설비 시설에 대한 기준으로 적합한 것은?

① 전선로의 대지전압 400 [V] 이하일 것
② 전기기계기구는 개방형일 것
③ 인입구의 전선은 비닐절연전선으로 노출 배선으로 한다.
④ 지락차단장치 또는 경보장치를 시설한다.

**해설** 화약류 저장소의 전기설비

- 대지전압 : 300 [V]이하
- 전기기계기구는 전폐형의 것으로 한다.
- 인입구 전선은 지중전선으로 한다.

**정답** ④

(3) 화약류 제조소에서 전기설비 시설
   ① 전열 기구 이외의 전기기계기구는 전폐형(全閉型)이어야 한다.
   ② 전열 기구는 시스선 및 기타의 충전부가 노출되어 있지 않은 발열체를 사용한다.
   ③ 온도의 현저한 상승 및 기타의 위험이 생길 우려가 있는 경우에 전로를 자동적으로 차단하는 장치가 되어 있어야 한다.

## 예제. 11

**화약류 등의 제조소 내에 전기설비를 시공할 때 준수할 사항이 아닌 것은?**

① 전열기구 이외의 전기기계기구는 전폐형으로 할 것
② 배선은 두께 1.6 [mm] 합성수지관에 넣어 손상 우려가 없도록 시설할 것
③ 전열기구는 시스선 등의 충전부가 노출 되지 않는 발열체를 사용할 것
④ 온도가 현저히 상승 또는 위험발생 우려가 있는 경우 전로를 자동 차단하는 장치를 갖출 것

**해설** 화약류저장소 등의 공사

화약류저장소 등의 위험장소에는 금속 전선관 공사 또는 케이블 공사에 의하여 시설할 수 있다.

**정답** ②

---

5) 전시회 및 공연장의 전기설비
    (1) 사용전압 : 400 [V]이하
    (2) 배선설비
        ① 배선용 케이블은 구리 도체로 최소 단면적이 1.5[mm$^2$]
        ② 회로 내에 접속이 필요한 경우를 제외하고 케이블의 접속 개소는 없어야 한다.
    (3) 플라이덕트
        ① 내부배선에 사용하는 전선은 절연전선(OW 제외)
        ② 덕트의 두께 : 0.8 [mm]이상

$$t \geq \frac{270}{\sigma} \times 0.8$$

t : 사용금속판 두께 (㎜)
$\sigma$ : 사용금속판의 인장강도 (N/㎟)

        ③ 덕트의 안쪽과 외면은 녹이 슬지 않게 하기 위하여 도금 또는 도장을 한다.
        ④ 덕트의 끝부분은 막는다.
        ⑤ 전선을 외부로 인출할 경우는 0.6/1 [kV]비닐절연 비닐캡타이어케이블을 사용한다.
    (4) 조명기구
        ① 바닥으로부터 높이 2.5 [m]이하에 시설되는 경우 사람의 상해 또는 물질의 발화위험을 방지할 수 있는 위치에 설치하거나 방호하여야 한다.
        ② 절연 관통형 소켓은 케이블과 소켓이 호환되고 또한 소켓을 케이블에 한번 부착하면 떼어낼 수 없는 경우에만 사용할 수 있다.
    (5) 콘센트 및 플러그
        ① 플로어 콘센트를 시설하는 경우에는 콘센트에 물이 침입되지 않도록 한다.
        ② 플러그에 사용하는 가요 케이블 또는 코드는 접속점이 없어야 한다.
        ③ 삽입식 멀티 어댑터는 사용금지

④ 이동형 멀티탭은 고정 콘센트 1개당 1개로 시설하고 코드의 최대길이는 2 [m] 이내로 한다.

6) 터널, 갱도 기타 이와 유사한 장소
   (1) 사람이 상시 통행하는 터널 안의 배선
      ① 공칭단면적 2.5 [mm$^2$]의 연동선 및 절연전선(OW, DV 제외)
      ② 노면상 2.5 [m]이상의 높이로 시설한다.
      ③ 터널의 입구에서 가까운 곳에 전용개폐기를 시설한다.
   (2) 광산 기타 갱도안의 시설
      ① 사용전압은 저압 또는 고압
      ② 저압배선 : 케이블, 공칭단면적 2.5 [mm$^2$]이상의 연동선 및 절연전선(사용전압이 400 [V]이하 일 때)
      ③ 고압배선 : 케이블
      ④ 터널의 입구에서 가까운 곳에 전용개폐기를 시설한다.
   (3) 터널 등의 전구선 또는 이동전선 등의 시설
      ① 사용전압이 400[V]이하
         ㉠ 전구선은 단면적 0.75 [mm$^2$] 이상의 300/300 [V] 편조 고무코드 또는 0.6/1 [kV] EP 고무 절연 클로로프렌 캡타이어케이블일 것.
         ㉡ 용접용 케이블을 사용하는 경우 이외에는 300/300 [V] 편조 고무코드, 비닐 코드 또는 캡타이어케이블일 것.
      ② 사용전압이 400 [V]초과
         ㉠ 이동전선은 0.6/1 [kV] EP 고무 절연 클로로프렌 캡타이어케이블로서 단면적이 0.75 [mm$^2$]이상인 것일 것.
      ③ 특고압의 이동전선은 터널 등에 시설해서는 안 된다.

7) 이동식 숙박차량 정박지, 야영지
   (1) 표준전압 : 220/380 [V]이하
   (2) 배선은 지중케이블 및 가공케이블 또는 가공절연전선을 사용한다.
      ① 지중케이블의 매설 깊이

      | 차량 기타 중량물의 압력을 받을 우려가 있는 곳 | 기타 장소 |
      | --- | --- |
      | 1 [m]이상 | 0.6 [m]이상 |

      ② 가공케이블 또는 가공절연전선의 높이

      | 차량이 이동하는 모든 지역 | 그 외 지역 |
      | --- | --- |
      | 6 [m]이상 | 4 [m]이상 |

   (3) 모든 콘센트는 정격감도전류가 30 [mA]이하인 누전차단기에 의하여 개별적으로 보호되어야 한다.

(4) 콘센트의 시설

① 정격전압 : 200~250 [V]

② 정격전류 : 16 [A]

③ 설치높이 : 지면으로부터 0.5~1.5 [m]

8) 의료장소

(1) 적용범위

| 그룹 0 | 그룹 1 | 그룹 2 |
|---|---|---|
| 일반병실, 진찰실, 검사실, 처치실, 재활치료실 | 분만실, MRI실, X선 검사실, 회복실, 구급처치실, 인공투석실, 내시경실 | 관산동맥질환 처치실, 심혈관조영실, 중환자실, 마취실, 수술실, 회복실 |
| 장착부를 사용하지 않는 의료장소 | 장착부를 신체의 내,외부에 장착시켜 사용하는 의료장소(심장부위 제외) | 장착부를 환자의 심장 부위에 삽입 또는 접촉시켜 사용하는 의료장소 |

(2) 의료장소별 계통접지

| 그룹 0 | 그룹 1 | 그룹 2 |
|---|---|---|
| TT계통, TN계통 | TT계통, TN계통 | IT계통 |
| | 중대한 의료행위 (IT계통 적용가능) | 일반의료용(TT계통, TN계통 적용가능) |

\* TN-C 계통으로 시설하지 말 것

(3) 의료장소의 안전을 위한 보호설비

① 절연저항이 50 [kΩ] 까지 감소하면 경보발생

② 특별저압 (SELV 또는 PELV)회로를 시설하는 경우에는 사용전압은 교류 실횻값 25 [V] 또는 리플프리(Ripple-Free)직류 60 [V]이하로 한다.

③ 의료장소의 전로에는 정격 감도전류 30 [mA]이하, 동작시간 0.03초 이내의 누전차단기를 설치한다.

(4) 비단락보증 절연변압기

① 2차측 전로는 접지하지 않는다.

② 충전부가 노출되지 않도록 함 속에 설치

③ 의료장소의 내부 또는 가까운 외부에 설치

④ 2차측 정격전압 : 교류 250 [V]이하

⑤ 공급방식 : 단상 2선식

⑥ 정격출력 : 10 [kVA]이하

(5) 의료장소 내의 접지설비

① 의료장소마다 등전위본딩 바를 설치한다. (단, 의료장소와의 바닥 면적 합계가 50 [m$^2$]이하인 경우에는 등전위본딩 바를 공용할 수 있다.)

② 콘센트 및 접지단자의 보호도체는 등전위본딩 바에 직접 접속한다.
③ 등전위본딩 시행
  ㉠ 그룹 2의 의료장소에서 환자환경 내에 있는 계통외 도전부
  ㉡ 전기설비 및 의료용 전기기기의 노출도전부
  ㉢ 전자기장해(EMI) 차폐선
  ㉣ 도전성 바닥

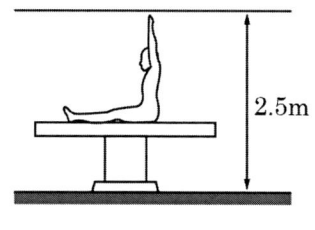
의료장소의 바닥 위
2.5m 이내의 범위

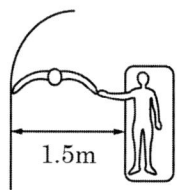
환자가 점유하는 장소로부터
수평거리 1.5m 이내의 범위

[환자환경]

④ 접지도체의 공칭단면적은 등전위본딩 바에 접속된 보호도체 중 가장 큰 것 이상으로 한다.
⑤ 철골, 철근 콘크리트 건물에서는 철골 또는 2조 이상의 주철근을 접지도체의 일부분으로 활용할 수 있다.

(6) 의료장소 내의 비상전원

| 절환시간 | 비상전원을 공급하는 장치 |
| --- | --- |
| 0.5초 이내 | • 0.5초 이내에 전력공급이 필요한 생명유지장치<br>• 그룹 1 또는 그룹 2의 의료장소의 수술등, 내시경, 수술실 테이블, 기타 필수 조명 |
| 15초 이내 | • 15초 이내에 전력공급이 필요한 생명유지장치<br>• 그룹 2의 의료장소에 최소 50%의 조명, 그룹 1의 의료장소에 최소 1개의 조명 |
| 15초 초과 | • 병원기능을 유지하기 위한 기본 작업에 필요한 조명<br>• 그 밖의 병원 기능을 유지하기 위하여 중요한 기기 또는 설비 |

9) 엘리베이터 등의 승강로 안의 저압 옥내배선
  (1) 사용전압 : 400[V]이하

### 3. 저압 옥내 직류전기설비

1) 축전지실 등의 시설
  (1) 30 [V]를 초과하는 축전지는 비접지측 도체에 쉽게 차단할 수 있는 곳에 개폐기를 시설하여야 한다.
  (2) 옥내전로에 연계되는 축전지는 비접지측 도체에 과전류보호장치를 시설하여야 한다.
  (3) 축전지실 등은 폭발성의 가스가 축적되지 않도록 환기장치 등을 시설하여야 한다.

2) 저압 옥내 직류전기설비의 접지
   (1) 접지의 시설위치
      ① 직류 2선식의 임의의 한 점
      ② 변환장치의 직류측 중간점
      ③ 태양전지의 중간점
   (2) 직류 2선식에서 접지시설의 예외
      ① 사용전압이 60 [V]이하인 경우
      ② 접지검출기를 설치하고 특정구역내의 산업용 기계기구에만 공급하는 경우
      ③ 교류전로로부터 공급을 받는 정류기에서 인출되는 직류계통
      ④ 최대전류 30 [mA]이하의 직류화재경보회로
      ⑤ 절연감시장치 또는 절연고장점검출장치를 설치하여 관리자가 확인할 수 있도록 경보장치를 시설하는 경우

### 4. 비상용 예비전원설비

1) 비상용 예비전원설비의 조건 및 분류

| | |
|---|---|
| 무순단 | 과도시간 내에 연속적인 전원공급이 가능한 것 |
| 순단 | 0.15초 이내 자동 전원공급이 가능한 것 |
| 단시간 차단 | 0.5초 이내 자동 전원공급이 가능한 것 |
| 보통 차단 | 5초 이내 자동 전원공급이 가능한 것 |
| 중간 차단 | 15초 이내 자동 전원공급이 가능한 것 |
| 장시간 차단 | 자동 전원공급이 15초 이후에 가능한 것 |

2) 시설기준
   (1) 비상용 예비전원의 시설
      ① 비상용 예비전원은 고정설비로 한다.
      ② 기능자 및 숙련자만 접근 가능하도록 설치하여야 한다.
      ③ 충분히 환기되어야 한다.
      ④ 비상용 예비전원의 유효성이 손상되지 않는 경우에만 비상용 예비전원설비 이외의 목적으로 사용할 수 있다.
   (2) 비상용 예비전원설비의 배선
      ① 전로는 다른 전로로부터 독립되어야 한다.
      ② 전로는 그들이 내화성이 아니라면, 어떠한 경우라도 화재의 위험과 폭발의 위험에 노출되어 있는 지역을 통과해서는 안 된다.
      ③ 전로는 엘리베이터 샤프트 또는 굴뚝같은 개구부에 설치해서는 안 된다.
      ④ 직류로 공급될 수 있는 비상용 예비전원설비 전로는 2극 과전류 보호장치를 구비하여야 한다.

# CHAPTER 03 고압, 특고압 설비

## 1 통칙

### 1. 적용범위

| 구분 | 교류 | 직류 |
|---|---|---|
| 저압 | 1 [kV] 이하 | 1.5 [kV] 이하 |
| 고압 | 저압 초과 7 [kV] 이하 | |
| 특고압 | 7 [kV] 초과 | |

### 2. 기본원칙

1) 전기적 요구사항

 (1) 중성점 접지방식 선정 시 고려사항

  ① 전원공급의 연속성 요구사항
  ② 지락고장에 의한 기기의 손상제한
  ③ 고장부위의 선택적 차단
  ④ 고장위치의 감지
  ⑤ 접촉 및 보폭전압
  ⑥ 유도성 간섭
  ⑦ 운전 및 유지보수 측면

 (2) 그 외의 전기적 요구사항

  ① 전압 등급     ② 정상운전전류
  ③ 단락전류     ④ 정격 주파수
  ⑤ 코로나      ⑥ 전계 및 자계
  ⑦ 과전압      ⑧ 고조파

2) 전기적 외 요구사항

 (1) 기계적 요구사항

  ① 기기 및 지지구조물   ② 인장하중
  ③ 빙설하중       ④ 풍압하중
  ⑤ 개폐전자기력     ⑥ 단락전자기력
  ⑦ 도체 인장력의 상실  ⑧ 지진하중

⑵ 기후 및 환경조건
① 주어진 기후 및 환경조건에 적합한 기기를 선정
② 정상적인 운전이 가능하도록 설치
⑶ 특별요구사항
① 작은 동물과 미생물의 활동으로 인한 안전에 영향이 없도록 설치

## 2 접지설비

### 1. 고압, 특고압 접지계통

1) 고압과 저압 전기설비의 접지극이 서로 근접하여 시설되어 있는 변전소
   ⑴ 위험전압이 발생하지 않도록 이들 접지극을 상호 접속하여야 한다.
   ⑵ 고압 및 특고압 계통의 지락사고 시 저압계통에 가해지는 상용주파 과전압은 일정한 값을 초과해서는 안 된다.

| 고압계통에서<br>지락고장시간 (초) | 저압설비<br>허용 상용주파 과전압 (V) | 비고 |
|---|---|---|
| 5초 초과 | $U_0$ + 250 이하 | 중성선 도체가 없는 계통에서<br>$U_0$는 선간전압을 의미 |
| 5초 이하 | $U_0$ + 1,200 이하 | |

2) 접지극을 공용하는 통합접지시스템으로 하는 경우
   ⑴ 접지극을 상호 접속하여야 한다.
   ⑵ 낙뢰에 의한 과전압 등으로부터 전기전자기기 등을 보호하기 위해 서지보호장치를 설치하여야 한다.

### 2. 혼촉에 의한 위험 방지시설

1) 고압 또는 특고압과 저압의 혼촉에 의한 위험방지 시설
   ⑴ 고압전로 또는 특고압전로와 저압전로를 결합하는 변압기의 저압측 중성점에 접지공사를 시행한다. (단 사용전압이 300 [V]이하인 경우 저압측 1단자에 시행)
   ⑵ 접지공사는 변압기의 시설장소마다 시행해야 한다.
   ⑶ 토지상황에 의해 접지공사가 어려운 경우 가공공동지선을 설치할 수 있다.
   ⑷ 가공공동지선에는 인장강도 5.26 [kN]이상 또는 지름 4 [mm]이상의 경동선을 사용한다.

2) 혼촉방지판이 있는 변압기에 접속하는 저압 옥외전선의 시설 등
   (1) 저압전선은 1구내에만 시설한다.
   (2) 저압전선은 케이블을 사용한다.
   (3) 저압 가공전선과 고압 또는 특고압의 가공전선을 동일 지지물에 시설하지 않는다.
      (단 고압, 특고압전선이 케이블인 경우 제외)

3) 특고압과 고압의 혼촉 등에 의한 위험방지 시설
   (1) 변압기에 의하여 특고압전로에 결합되는 고압전로에는 사용전압의 3배 이하인 전압이 가하여진 경우에 방전하는 장치를 그 변압기의 단자에 가까운 1극에 설치하여야 한다.

4) 전로의 중성점의 접지
   (1) 접지극은 고장 시 다른 시설물에 위험을 줄 우려가 없도록 시설할 것.
   (2) 접지도체의 공칭단면적

   | 고압, 특고압 전로 | 저압전로 |
   |---|---|
   | 16 [mm²]이상의 연동선 | 6 [mm²]이상의 연동선 |

   (3) 고저항 중성점접지계통 적합조건
      ① 접지저항기는 계통의 중성점과 접지극 도체와의 사이에 설치
      ② 중성선은 동선 10 [mm²]이상, 알루미늄선은 16 [mm²]이상의 절연전선을 사용
      ③ 계통의 중성점은 접지저항기를 통하여 접지해야 한다.
      ④ 변압기 또는 발전기의 중성점과 접지저항기 사이의 중성선은 별도로 배선해야 한다.
      ⑤ 최초 개폐장치 또는 과전류보호장치와 접지저항기의 접지측 사이의 기기 본딩 점퍼(기기접지도체와 접지저항기 사이를 잇는 것)는 도체에 접속점이 없어야 한다.
   (4) 접지극 도체를 접지 저항기에 연결 시 기기 본딩 점퍼의 굵기

   | 상전선 최대 굵기 [mm²] | 접지극 전선 [mm²] |
   |---|---|
   | 30이하 | 10 |
   | 38 또는 50 | 16 |
   | 60 또는 80 | 25 |
   | 80초과 175이하 | 35 |
   | 175초과 300이하 | 50 |
   | 300초과 550이하 | 70 |
   | 550초과 | 95 |

   ① 접지극 전선이 접지봉, 관, 판으로 연결될 때는 16 [mm²]이상
   ② 콘크리트 매입 접지극으로 연결될 때는 25 [mm²]이상
   ③ 접지링으로 연결되는 접지극 전선은 접지링과 같은 굵기 이상이어야 한다.

⑸ 접지극 도체가 최초 개폐장치 또는 과전류장치에 접속 시
  ① 기기 본딩 점퍼의 굵기는 10 [mm$^2$]이상으로서 접지저항기의 최대전류 이상의 허용전류를 갖는 것이어야 한다.

## 3 전선로

### 1. 전선로 일반 및 구내, 옥측, 옥상 전선로

1) 가공전선 및 지지물의 시설
   ⑴ 가공전선의 분기 : 전선의 지지점에서 분기
   ⑵ 철탑오름 및 전주오름 방지 : 발판 볼트는 지표상 1.8 [m] 이상에 설치

2) 풍압하중의 종별과 적용
   ⑴ 갑종 풍압하중 ( 투영면적 1 [m$^2$]에 대한 풍압)

| 풍압을 받는 구분 | | | | 구성재의 수직 투영면적 1 m$^2$에 대한 풍압 |
|---|---|---|---|---|
| 지지물 | 목주 | | | 588 Pa |
| | 철주 | 원형 | | 588 Pa |
| | | 삼각형 또는 마름모형 | | 1,412 Pa |
| | | 강관에 의하여 구성되는 4각형 | | 1,117 Pa |
| | | 기타 | | 복재가 전·후면에 겹치는 경우 : 1,627 Pa<br>기타의 경우 : 1784 Pa |
| | 철근콘크리트주 | 원형 | | 588 Pa |
| | | 기타 | | 882 Pa |
| | 철탑 | 단주(완철류는 제외함) | 원형 | 588 Pa |
| | | | 기타 | 1,117 Pa |
| | | 강관으로 구성(단주는 제외) | | 1,255 Pa |
| | | 기타 | | 2,157 Pa |
| 전선 기타 가섭선 | 다도체를 구성하는 전선 | | | 666 Pa |
| | 기타 | | | 745 Pa |
| 애자장치(특고압 전선용의 것에 한함) | | | | 1,039 Pa |
| 목주·철주(원형의 것에 한함) 및 철근 콘크리트주의 완금류(특고압 전선로용의 것에 한함) | | | | 단일재 : 1,196 Pa<br>기타 : 1,627 Pa |

## 예제. 01

배전선로에 사용하는 원형 콘크리트주의 수직 투영면적 1[m²]에 대한 풍압을 기초로 하여 계산한 갑종 풍압하중은 얼마인가?

① 372 Pa     ② 588 Pa     ③ 882 Pa     ④ 1255 Pa

**해설** 풍압하중

1[m²] 풍압하중이 588[Pa]인 지지물
- 목주
- 원형 철주
- 원형 철근콘크리트주
- 원형 단주 철탑

**정답** ②

(2) 을종 풍압하중

전선 기타의 가섭선(架涉線) 주위에 두께 6 [mm], 비중 0.9의 빙설이 부착된 상태에서 수직 투영면적 372 Pa (다도체를 구성하는 전선은 333 Pa), 그 이외의 것은 갑종풍압하중의 2분의 1을 기초로 하여 계산한 것.

(3) 병종 풍압하중

갑종풍압하중의 2분의 1을 기초로 하여 계산한 것.

(4) 풍압하중의 적용

| 구분 | | 고온계절 | 저온계절 |
|---|---|---|---|
| 인가가 많이 연접되어 있는 장소 | | | 병종 풍압하중 |
| 빙설이 많은 지방 이외의 지방 | | 갑종 풍압하중 | 병종 풍압하중 |
| 빙설이 많은 지방 | 일반 | | 을종 풍압하중 |
| | 해안지방 | | 갑종 풍압하중, 을종 풍압하중 중 큰 것 |

(5) 병종 풍압하중의 적용

인가가 많이 연접되어 있는 장소에 다음과 같은 경우 적용가능하다.

① 저압 또는 고압 가공전선로의 지지물 또는 가섭선

② 사용전압이 35 [kV] 이하의 전선에 특고압 절연전선 또는 케이블을 사용하는 특고압 가공전선로의 지지물, 가섭선 및 특고압 가공전선을 지지하는 애자장치 및 완금류

## 예제. 02

다음은 풍압하중과 관련된 내용이다. ㉮, ㉯의 알맞은 내용으로 옳은 것은?

> 빙설이 많은 지방이외의 지방에서는 고온 계절에는 ( ㉮ ) 풍압하중, 저온계절에는 ( ㉯ ) 풍압하중을 적용한다.

① ㉮ 갑종,   ㉯ 갑종
② ㉮ 갑종,   ㉯ 을종
③ ㉮ 갑종,   ㉯ 병종
④ ㉮ 을종,   ㉯ 병종

**해설** 풍압하중의 적용

| 구분 | | 고온계절 | 저온계절 |
|---|---|---|---|
| 인가근처 | | 병종 | 병종 |
| 빙설이 많은 지방 이외 | | 갑종 | 병종 |
| 빙설지방 | 일반 | | 을종 |
| | 해안지방 | | 갑종, 을종 중 큰 것 |

**정답** ③

### 3) 가공전선로 지지물의 기초의 안전율

(1) 하중을 받는 지지물의 기초의 안전율은 2 이상이어야 한다.
(2) 이상 시 상정하중에 대한 철탑의 기초에 대하여는 1.33 이상이어야 한다.
(3) 기초안전율을 적용하지 않아도 되는 경우

| 설계하중 [kN] | 지지물 | 전체의 길이 [m] | 매설깊이 |
|---|---|---|---|
| 6.8 이하 | 목주, 철주, 철근 콘크리트주 | 15 이하 | 전체길이의 1/6 이상 |
| | | 15 초과 16 이하 | 2.5 m 이상 |
| 6.8 이하 | 철근 콘크리트주 | 16 초과 20 이하 | 2.8 m 이상 |
| 6.8 ~ 9.8 이하 | | 14 이상 15 이하 | 전체길이의 1/6 에서 0.3 m 가산 |
| | | 15 초과 20 이하 | 2.8 m 이상 |
| 9.81 ~ 14.72 이하 | | 14 이상 15 이하 | 전체길이의 1/6 에서 0.5 m를 더한 값 이상 |
| | | 15 초과 18 이하 | 3 m 이상 |
| | | 18 초과 | 3.2 m 이상 |

### 예제. 03

가공전선로의 지지물에 하중이 가해지는 경우에 그 하중을 받는 지지물의 기초 안전율은 2이상 이어야 한다. 다음과 같은 경우 예외로 하고 있다. (    )안의 내용으로 알맞은 것은?

> 철근 콘크리트주로서 그 전체의 길이가 16 [m] 초과 20 [m] 이하이고, 설계하중이 6.8[kN] 이하의 것을 논이나 그 밖의 지반이 연약한 곳 이외에 그 묻히는 깊이를 (    ) [m] 이상으로 시설하는 경우

① 2.2  ② 2.5  ③ 2.8  ④ 3.0

**해설** 철근콘크리트주 매설깊이

| 설계하중 [kN] | 전체의 길이 [m] | 매설깊이 |
|---|---|---|
| 6.8 이하 | 16 초과 20 이하 | 2.8 [m] 이상 |

정답 ③

4) 지선의 시설
　(1) 지선의 안전율 : 2.5 이상
　(2) 허용 인장하중의 최저는 4.31 [kN]으로 한다.
　(3) 지선의 소선
　　① 3 가닥 이상의 연선이어야 한다.
　　② 지름이 2.6 [mm] 이상의 금속선을 사용
　(4) 지선로드
　　① 지표상 30 [cm]까지 나오게 시설한다.
　　② 내식성을 가져야 한다.
　　③ 아연도금한 철봉을 사용한다.
　(5) 수평지선의 높이

| 도로 | 보도 |
|---|---|
| 지표상 5 [m] 이상 | 2.5 [m] 이상 |

(6) 철탑은 지선을 사용해서는 안된다.

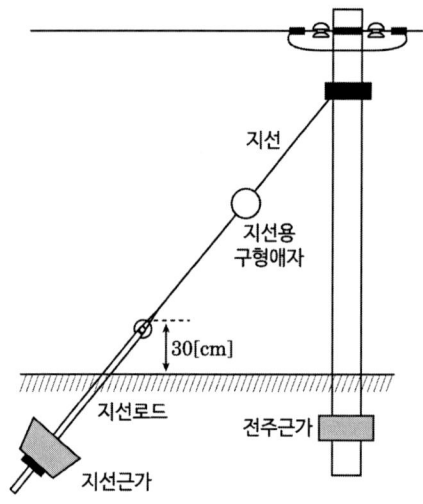

[지선의 구성요소]

## 예제. 04

다음 ( )안의 알맞은 내용으로 옳은 것은?

> 가공전선로의 지지물에 시설하는 지선의 안전율은 ( ㉠ ) 이상이어야 하고 허용 인장하중 의 최저는 ( ㉡ ) [kN]으로 한다.

① ㉠ 2.0,  ㉡ 3.81
② ㉠ 2.0,  ㉡ 34.05
③ ㉠ 2.5,  ㉡ 4.31
④ ㉠ 2.5,  ㉡ 4.51

해설 가공전선로의 안전율

지지물 지선의 안전율은 2.5 이상, 허용인장 하중의 최저값은 4.31[kN] 이상으로 한다.

정답 ③

5) 구내인입선
  (1) 고압 가공인입선
    ① 전선
      ㉠ 전선에는 인장강도 8.01 [kN]이상의 고압 절연전선, 특고압 절연전선
      ㉡ 지름 5 [mm] 이상의 경동선의 고압 절연전선, 특고압 절연전선
      ㉢ 인하용 절연전선을 애자사용배선에 의하여 시설
      ㉣ 케이블
    ② 연접인입선은 시설할 수 없다.

(2) 특고압 가공인입선
① 사용전압 : 100 [kV]이하
② 사용전압이 35 [kV]이하인 경우 시설높이 : 4 [m]
③ 연접인입선은 시설할 수 없다.

(3) 전선의 높이

| 구분 | 저압인입선 | 고압 및 특고압인입선 |
|---|---|---|
| 철도 궤도 횡단 | 6.5 [m] | 6.5 [m] |
| 도로 횡단 | 5 [m] | 6 [m] |
| 기타(인도) | 4 [m] | 5 [m] |
| 횡단보도 | 3 [m] | 3.5 [m] |

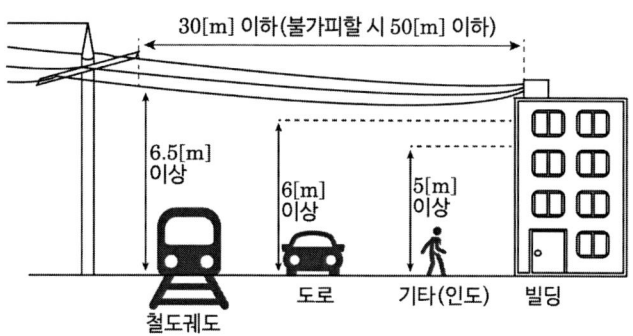

[고압·특고압 가공인입선]

6) 옥측전선로
(1) 고압 옥측전선로의 시설
① 전선 : 케이블 (관 또는 트라프에 넣어서 시설)
② 케이블의 지지점간의 거리

| 옆면 또는 아랫면에 따라 붙일 경우 | 수직으로 붙일 경우 |
|---|---|
| 2 [m] | 6 [m] |

③ 케이블을 넣는 장치의 금속제 부분은 접지공사를 실시 (대지와의 전기저항 값이 10 [Ω]이하인 부분은 제외)
④ 수관, 가스관과의 이격거리 : 0.15 [m]이상 ( 그 외 0.3 [m]이상)

(2) 특고압 옥측전선로의 시설
① 특고압 옥측전선로는 시설하면 안된다. (인입선의 옥측부분은 제외)
② 사용전압이 100 [kV]이하인 경우는 시설가능하다.

7) 옥상전선로
(1) 고압 옥상전선로의 시설 조건
① 케이블을 사용

② 조영재와의 이격거리 : 1.2 [m]이상

③ 다른 시설물과의 이격거리 : 0.6 [m]이상

④ 식물과 접촉하지 않도록 시설

(2) 특고압 옥상전선로는 시설해서는 안된다. (인입선의 옥상부분은 제외)

## 2. 고압 가공전선로

1) 가공약전류전선로(통신선)의 유도장해 방지

    (1) 전선과 약전류전선 간의 이격거리 : 2 [m]이상

    (2) 시설기준

        ① 가공전선과 가공약전류전선 간의 이격거리를 증가시킬 것.

        ② 교류식 가공전선로의 경우에는 가공전선을 적당한 거리에서 연가할 것.

        ③ 가공전선과 가공약전류전선 사이에 인장강도 5.26 [kN] 이상의 것 또는 지름 4 [mm] 이상인 경동선의 금속선 2가닥 이상을 시설하고 접지공사를 할 것.

2) 가공케이블의 시설

    (1) 가공전선에 케이블을 사용하는 경우

        ① 케이블은 조가용선에 행거로 시설할 것. (행거의 간격은 0.5 [m] 이하)

        ② 조가용선은 인장강도 5.93 [kN] 이상의 것 또는 단면적 22 [$mm^2$] 이상인 아연도금 강연선일 것.

        ③ 조가용선 및 케이블의 피복에 사용하는 금속체에는 접지공사를 할 것

    (2) 조가용선의 케이블에 금속 테이프 등을 감을 때 간격 : 0.2 [m] 이하

3) 고압 가공전선의 안전율과 굵기

    (1) 가공전선의 안전율

        ① 경동선 또는 내열 동합금선 : 2.2 이상

        ② 그 밖의 전선 : 2.5 이상

    (2) 가공전선의 굵기 : 지름 5 [mm]이상의 경동선

    (3) 가공지선의 굵기 : 지름 4 [mm]이상의 나경동선

4) 고압 가공전선의 높이

| 철도 또는 궤도 | 6.5 [m]이상 |
|---|---|
| 도로 | 6 [m]이상 |
| 횡단보도 | 3.5 [m]이상 |
| 그 외 | 5 [m]이상 |

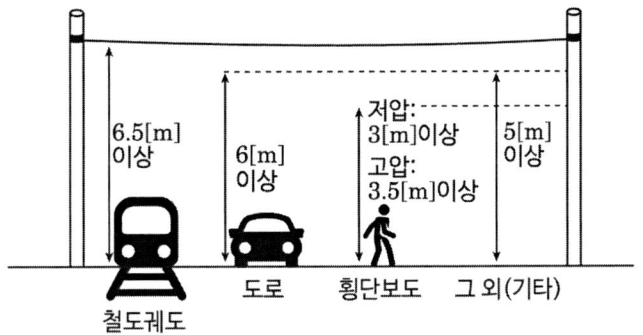

5) 고압 가공전선로의 지지물의 강도
   (1) 목주
       ① 풍압하중에 대한 안전율

| 저압 | 고압 | 특고압 |
| --- | --- | --- |
| 1.2 이상 | 1.3 이상 | 1.5 이상 |

   ② 굵기 : 말구(末口) 지름 0.12 [m]이상일 것.
   (2) 철주, 철근 콘크리트주, 철탑
       ① 풍압하중, 수직하중, 상정하중에 견디는 강도를 가져야 한다.

6) 고압 가공전선 등의 병행설치
   (1) 저압 가공전선과 고압 가공전선을 동일 지지물에 시설하는 경우
       ① 저압 가공전선을 고압 가공전선의 아래로 하고 별개의 완금류에 시설한다.
       ② 저압과 고압 가공전선 사이의 이격거리 : 0.5 [m]이상
       ③ 고압가공전선이 케이블인 경우 이격거리 : 0.3 [m]이상
   (2) 저압 또는 고압 가공전선과 교류전차선을 동일 지지불에 시설하는 경우
       ① 수평거리 : 1 [m]이상
       ② 수직거리 : 수평거리의 1.5배 이하

7) 고압 가공전선과 가공약전류전선 등의 공용설치
   (1) 목주의 풍압하중에 대한 안전율 : 1.5이상
   (2) 가공전선을 가공약전류전선의 위쪽으로 별개의 완금류에 시설한다.
   (3) 가공약전류전선과의 이격거리

| 구분 | 이격거리 | |
| --- | --- | --- |
| 저압 가공전선 | 0.75 [m]이상 | |
| | 절연전선, 케이블인 경우 | 0.3 [m]이상 |
| 고압 가공전선 | 1.5 [m]이상 | |
| | 케이블인 경우 | 0.5 [m]이상 |

8) 고압 가공전선로 경간의 제한

| 지지물의 종류 | 표준 경간 | 전선단면적 22[mm$^2$]이상인 경우 |
|---|---|---|
| 목주, A종주 | 150 [m]이하 | 300 [m]이하 |
| B종주 | 250 [m]이하 | 500 [m]이하 |
| 철탑 | 600 [m]이하 | |

9) 고압 보안공사
    (1) 굵기 : 인장강도 8.01 [kN]이상 또는 지름 5 [mm] 이상의 경동선
    (2) 목주의 안전율 : 1.5 이상
    (3) 고압 보안공사 경간 제한

| 지지물의 종류 | 표준 경간 |
|---|---|
| 목주, A종 철주, A종 철근 콘크리트주 | 100 [m]이하 |
| B종 철주, B종 철근 콘크리트주 | 150 [m]이하 |
| 철탑 | 400 [m]이하 |

(단면적 38 [mm$^2$] 이상의 경동연선 사용하는 경우 제외)

### 예제. 05

가공전선이 건조물·도로 횡단 보도교·철도·가공 약전류 전선·안테나, 다른 가공전선, 기타의 공작물과 접근 교차하여 시설하는 경우에 일반 공사보다 강화하는 것을 보안공사라 한다. 고압 보안공사에서 전선을 경동선으로 사용하는 경우 몇 [mm] 이상의 것을 사용하여야 하는가?

① 3 [mm]    ② 4 [mm]    ③ 5 [mm]    ④ 6 [mm]

**해설** 고압보안공사 전선

케이블인 경우를 제외하고 인장강도
8.01 [kN] 이상 또는 지름 5 [mm] 이상의 경동선을 사용

**정답** ③

10) 가공전선과 건조물의 접근
    (1) 저압 가공전선과 건조물의 조영재 사이의 이격거리

| 건조물 조영재의 구분 | | 이격거리 (이상) | |
|---|---|---|---|
| 상부 조영재 | 위쪽 | 저압 절연전선 | 2 [m] |
| | | 고압, 특고압 절연전선 또는 케이블인 경우 | 1 [m] |
| | 옆쪽 또는 아래쪽 | 저압 절연전선 | 1.2 [m] |
| | | 접촉우려 없는 경우 | 0.8 [m] |
| | | 고압, 특고압 절연전선 또는 케이블인 경우 | 0.4 [m] |
| 기타의 조영재 | | 저압 절연전선 | 1.2 [m] |
| | | 접촉우려 없는 경우 | 0.8 [m] |
| | | 고압, 특고압 절연전선 또는 케이블인 경우 | 0.4 [m] |

(2) 고압 가공전선과 건조물의 조영재 사이의 이격거리

| 건조물 조영재의 구분 | | 이격거리 (이상) | |
|---|---|---|---|
| 상부 조영재 | 위쪽 | 고압 절연전선 | 2 [m] |
| | | 케이블인 경우 | 1 [m] |
| | 옆쪽 또는 아래쪽 | 고압 절연전선 | 1.2 [m] |
| | | 접촉우려 없는 경우 | 0.8 [m] |
| | | 케이블인 경우 | 0.4 [m] |
| 기타의 조영재 | | 저압 절연전선 | 1.2 [m] |
| | | 접촉우려 없는 경우 | 0.8 [m] |
| | | 케이블인 경우 | 0.4 [m] |

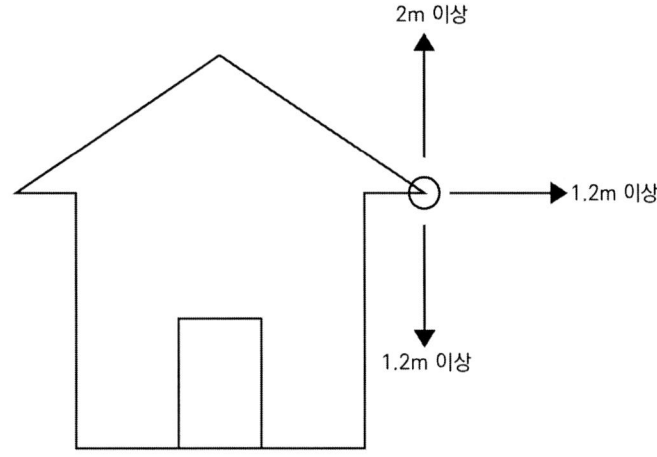

(3) 저압, 고압 가공전선이 건조물의 아래쪽에 시설 될 때

| 가공전선의 종류 | 이격거리 (이상) | |
|---|---|---|
| 저압 가공전선 | 0.6 [m] | |
| | 고압, 특고압 절연전선 또는 케이블인 경우 | 0.3 [m] |
| 고압 가공전선 | 0.8 [m] | |
| | 케이블인 경우 | 0.4 [m] |

11) 가공전선과 도로 등의 접근 또는 교차

(1) 저압 가공전선과 도로 등의 이격거리

| 도로 등의 구분 | 이격거리 (이상) | |
|---|---|---|
| 도로, 횡단보도, 철도, 궤도 | 3 [m] | |
| 삭도, 저압 전차선 | 0.6 [m] | |
| | 고압, 특고압 절연전선 또는 케이블인 경우 | 0.3 [m] |
| 저압 전차선의 지지물 | 0.3 [m] | |

(단, 수평 이격거리가 1 [m]이상인 경우는 예외)

(2) 고압 가공전선과 도로 등의 이격거리

| 도로 등의 구분 | 이격거리 (이상) | |
|---|---|---|
| 도로, 횡단보도, 철도, 궤도 | 3 [m] | |
| 삭도, 저압 전차선 | 0.8 [m] | |
| | 케이블인 경우 | 0.4 [m] |
| 저압 전차선의 지지물 | 0.6 [m] | |
| | 케이블인 경우 | 0.3 [m] |

(단, 수평 이격거리가 1.2 [m]이상인 경우는 예외)

12) 가공전선과 기타시설물의 접근 또는 교차

(1) 약전류전선, 안테나, 가공전선 상호간 이격거리

| 가공전선의 종류 | 이격거리 (이상) | |
|---|---|---|
| 저압 가공전선 | 0.6 [m] | |
| | 고압, 특고압 절연전선 또는 케이블인 경우 | 0.3 [m] |
| 고압 가공전선 | 0.8 [m] | |
| | 케이블인 경우 | 0.4 [m] |

⑵ 식물과의 이격거리 : 접촉만 안되면 된다.

13) 고압 가공전선과 교류전차선 등의 접근 또는 교차
   ⑴ 가공전선과 교류전차선이 접근하는 경우
      ① 가공전선은 교류전차선의 위쪽에 시설해서는 안된다. (단, 수평거리가 3 [m]이상인 경우 예외)
      ② 저압 가공전선은 지름 5 [mm]이상의 경동선을 사용한다.
   ⑵ 가공전선과 교류전차선이 교차하는 경우
      ① 저압가공전선은 케이블을 사용
      ② 고압가공전선은 케이블 또는 단면적 38 [mm$^2$]이상의 경동연선을 사용
      ③ 케이블 이외 고압 가공전선 상호간의 간격 : 0.65 [m]이상
      ④ 가공전선로 지지물에 사용하는 목주의 안전율 : 2이상
      ⑤ 가공전선로의 경간

| 목주, A종 철주 및 콘크리트주 | B종 철주 및 콘크리트주 |
|---|---|
| 60 [m] 이하 | 120 [m] 이하 |

      ⑥ 교류 전차선과의 이격거리 : 2 [m]이상

14) 고압 가공전선과 다른 시설물의 접근 또는 교차

| 시설물의 구분 | | 이격거리(이상) | |
|---|---|---|---|
| 조영물의 상부 조영재 | 위쪽 | 2 [m] | |
| | | 케이블인 경우 | 1 [m] |
| | 옆쪽 또는 아래쪽 | 0.8 [m] | |
| | | 케이블인 경우 | 0.4 [m] |
| 상부 조영재 이외의 부분 또는 조영물 이외의 시설물 | | 0.8 [m] | |
| | | 케이블인 경우 | 0.4 [m] |

## 3. 특고압 가공전선로

1) 시가지 등에서 특고압 가공전선로의 시설
   ⑴ 사용전압이 170 [kV]이하 인 전선로
      ① 전선을 지지하는 애자장치의 조건
         ㉠ 50% 충격섬락전압 값이 그 전선의 근접한 다른 부분을 지지하는 애자장치 값의 110% (사용전압이 130 [kV]를 초과하는 경우는 105%) 이상인 것.
         ㉡ 아크 혼을 붙인 현수애자·장간애자(長幹碍子) 또는 라인포스트애자를 사용하는 것.
         ㉢ 2련 이상의 현수애자 또는 장간애자를 사용하는 것.
         ㉣ 2개 이상의 핀애자 또는 라인포스트애자를 사용하는 것.
      ② 지지물에는 철주·철근 콘크리트주 또는 철탑을 사용 ( 목주는 사용금지)
      ③ 사용전압이 100 [kV]를 초과하는 특고압 가공전선에 지락 또는 단락이 생겼을 때에는

1초 이내에 자동적으로 이를 전로로부터 차단하는 장치를 시설해야 한다.

④ 특고압 가공전선로의 경간 제한

| 지지물의 종류 | | 표준 경간 |
|---|---|---|
| A종 철주, A종 철근 콘크리트주 | | 75 [m]이하 |
| B종 철주, B종 철근 콘크리트주 | | 150 [m]이하 |
| 철탑 | 단주가 아닌 경우 | 400 [m]이하 |
| | 단주인 경우 | 300 [m]이하 |
| | 전선상호간의 거리가 4 [m]미만 | 250 [m]이하 |

(2) 사용전압이 170 [kV]초과하는 전선로

① 전선을 지지하는 애자장치에는 아크 혼을 부착한 현수애자, 장간애자를 사용

② 현수애자 장치에 의하여 전선을 지지하는 부분에는 아머로드를 사용

③ 지지물은 철탑을 사용

④ 경간 거리는 600 [m] 이하

⑤ 전선로에는 가공지선을 시설

(3) 특고압 가공전선로 전선의 단면적

| 사용전압의 구분 | 단면적 |
|---|---|
| 100 [kV]미만 | 단면적 55 [mm$^2$]이상의 경동연선 |
| 100 [kV]이상 | 단면적 150 [mm$^2$]이상의 경동연선 |

(4) 특고압 가공전선로의 높이

| 사용전압의 구분 | 높이 | |
|---|---|---|
| 35 [kV]이하 | 10 [m]이상 | |
| | 특고압 절연전선 | 8 [m]이상 |
| 35 [kV]초과 | 10 [m] + (초과10 [kV]마다 0.12[m]) | |

2) 유도장해의 방지

(1) 가공전화선로의 시설

① 사용전압이 60 [kV] 이하인 경우에는 전화선로의 길이 12 [km] 마다 유도전류가 2 [$\mu$A]를 넘지 않아야 한다.

② 사용전압이 60 [kV]를 초과하는 경우에는 전화선로의 길이 40 [km] 마다 유도전류가 3 [$\mu$A]를 넘지 않아야 한다.

3) 특고압 가공케이블의 시설
    (1) 가공전선에 케이블을 사용하는 경우
        ① 케이블은 조가용선에 행거로 시설한다. (행거의 간격은 0.5 [m] 이하)
        ② 조가용선은 인장강도 13.93 [kN] 이상의 것 또는 단면적 22 [mm$^2$] 이상인 아연도 금강연선이어야 한다.
        ③ 조가용선 및 케이블의 피복에 사용하는 금속체에는 접지공사를 실시한다.
    (2) 조가용선의 케이블에 금속 테이프 등을 감을 때 간격 : 0.2 [m] 이하
4) 특고압 가공전선의 안전율 및 굵기
    (1) 가공전선과 가공지선의 안전율
        ① 경동선 또는 내열 동합금선 : 2.2 이상
        ② 그 밖의 전선 : 2.5 이상
    (2) 가공전선을 지지하는 애자장치의 안전율 : 2.5이상
    (3) 가공전선의 굵기

| 구분 | | | 굵기 |
|---|---|---|---|
| 저압 | 400 [V]이하 | | 지름 3.2 [mm]이상의 경동선 |
| | | 절연전선 | 지름 2.6 [mm]이상의 경동선 |
| | 400 [V]초과 | 시내 | 지름 5 [mm]이상의 경동선 |
| | | 시외 | 지름 4 [mm]이상의 경동선 |
| 고압 | | | 지름 5 [mm]이상의 경동선 |
| 특고압 | | | 단면적 22 [mm$^2$]이상의 경동연선 |
| | 시가지 | 100 [kV]미만 | 단면적 55 [mm$^2$]이상의 경동연선 |
| | | 100 [kV]이상 | 단면적 150 [mm$^2$]이상의 경동연선 |

    (4) 가공지선의 굵기
        ① 단면적이 22 [mm$^2$] 이상의 나경동연선 , 아연도금강연선
        ② 지름 5 [mm]이상의 나경동선

5) 특고압 가공전선과 지지물 등의 이격거리

| 사용전압 | 이격거리 (이상) |
|---|---|
| 15 kV 미만 | 0.15 [m] |
| 15 kV 이상  25 kV 미만 | 0.2 [m] |
| 25 kV 이상  35 kV 미만 | 0.25 [m] |
| 35 kV 이상  50 kV 미만 | 0.3 [m] |
| 50 kV 이상  60 kV 미만 | 0.35 [m] |
| 60 kV 이상  70 kV 미만 | 0.4 [m] |
| 70 kV 이상  80 kV 미만 | 0.45 [m] |
| 80 kV 이상  130 kV 미만 | 0.65 [m] |
| 130 kV 이상  160 kV 미만 | 0.9 [m] |
| 160 kV 이상  200 kV 미만 | 1.1 [m] |
| 200 kV 이상  230 kV 미만 | 1.3 [m] |
| 230 kV 이상 | 1.6 [m] |

6) 특고압 가공전선의 높이

| 사용전압의 구분 | 지표상의 높이 ([m]이상) | | | | |
|---|---|---|---|---|---|
| | 철도횡단 | 도로횡단 | 산지 | 횡단보도 | 그 외(평지) |
| 35 [kV]이하 | 6.5 | 6 | 5 | 4 | 5 |
| 35 [kV]초과 160 [kV]이하 | 6.5 | 6 | 5 | 5 | 6 |
| 160 [kV]초과 | 최고 높이 + (초과 10 [kV]마다 0.12[m]) | | | | |

### 예제. 06

345[kV]의 가공송전선을 사람이 쉽게 들어 갈 수 없는 산지에 시설하는 경우 가공 송전선의 지표상 높이는 최소 몇 [m]인가?

① 5.28   ② 6.28   ③ 7.28   ④ 8.28

**해설** 특고압가공전선의 높이

초과전압 $\dfrac{345-160}{10} = 18.5 \rightarrow 19$

$\therefore h = 5 + (19 \times 0.12) = 7.28[m]$

**정답** ③

7) 특고압 가공전선로의 목주 시설
    (1) 풍압하중에 대한 안전율

    | 저압 | 고압 | 특고압 |
    | --- | --- | --- |
    | 1.2 이상 | 1.3 이상 | 1.5 이상 |

    (2) 굵기 : 말구(末口) 지름 0.12 [m]이상일 것.

8) 특고압 가공전선로의 철주·철근 콘크리트주 또는 철탑의 종류
    (1) 지지물의 종류

    | 구분 | 특징 |
    | --- | --- |
    | 직선형 | 전선로의 직선부분 사용 (수평각도 3° 이하) |
    | 각도형 | 전선로중 3°를 초과하는 수평각도를 이루는 곳에 사용 |
    | 인류형 | 전가섭선을 인류하는 곳에 사용 |
    | 내장형 | 전선로의 지지물 양쪽의 경간의 차가 큰 곳에 사용 |
    | 보강형 | 전선로의 직선부분에 그 보강을 위하여 사용 |

    (2) B종 철주 또는 B종 콘크리트주를 연속하여 사용하는 부분
        ① 내장형 : 10기 이하마다 1기를 시설
        ② 보강형 : 5기 이하마다 1기를 시설

9) 특고압 가공전선과 저고압 가공전선 등의 병행설치
    (1) 사용전압이 35 [kV]이하인 경우
        ① 특고압 가공전선은 연선이어야 한다.
        ② 가공전선로의 경간이 50 [m]이하인 경우 : 4 [mm]이상의 경동선
        ③ 가공전선로의 경간이 50 [m]초과인 경우 : 5 [mm]이상의 경동선
    (2) 사용전압이 35 [kV]초과 100 [kV]미만인 경우
        ① 특고압 가공전선로는 제2종 특고압 보안공사에 의한다.
        ② 특고압 가공전선 : 인장강도 21.67 [kN]이상 또는 50 [mm$^2$]이상인 경동연선
        ③ 지지물로 목주는 사용불가
    (3) 특고압 가공전선과 저압 또는 고압의 가공전선을 동일 지지물에 시설하는 경우

    | 사용전압의 구분 | | 이격거리 | |
    | --- | --- | --- | --- |
    | | | 일반전선 | 특고압이 케이블인 경우 |
    | 저,고압 병행설치 | | 0.5 [m]이상 | 0.3 [m]이상 |
    | 특고압 병행설치 | 35 [kV]이하 | 1.2 [m]이상 | 0.5 [m]이상 |
    | | 35 [kV]초과 100 [kV]미만 | 2 [m]이상 | 1 [m]이상 |
    | | 100 [kV]이상 | 동일지지물에 시설금지 | |

(4) 특고압 가공전선과 특고압 가공전선로의 지지물에 시설하는 저압의 전기기계기구에 접속하는 저압 가공전선을 동일 지지물에 시설하는 경우

| 사용전압의 구분 | 이격거리 | |
|---|---|---|
| | 일반전선 | 특고압이 케이블인 경우 |
| 35 [kV]이하 | 1.2 [m]이상 | 0.5 [m]이상 |
| 35 [kV]초과 60 [kV]이하 | 2 [m]이상 | 1 [m]이상 |
| 60 [kV]초과 | 2 [m]+(초과10[kV]마다 0.12[m])이상 | 1 [m]+(초과10[kV]마다 0.12[m])이상 |

10) 특고압 가공전선과 가공약전류전선 등의 공용설치
  (1) 사용전압이 35 [kV]이하인 특고압 가공전선인 경우
    ① 특고압 가공전선로는 제2종 특고압 보안공사에 의한다.
    ② 특고압 가공전선은 가공약전류전선의 위로 하고 별개의 완금류에 시설한다.
    ③ 특고압 가공전선은 인장강도 21.67 [kN]이상의 연선 또는 단면적이 50 [mm$^2$] 이상인 경동연선이어야 한다(케이블인 경우 제외).
  (2) 특고압 가공전선과 가공약전류전선 등을 동일 지지물에 시설하는 경우

| 사용전압의 구분 | | 이격거리 | |
|---|---|---|---|
| | | 일반전선 | 특고압이 케이블인 경우 |
| 저압 병행설치 | | 0.75 [m]이상 | 0.3 [m]이상 |
| 고압 병행설치 | | 1.5 [m]이상 | 0.5 [m]이상 |
| 특고압 병행설치 | 35 [kV]이하 | 2 [m]이상 | 0.5 [m]이상 |
| | 35 [kV]초과 | 동일지지물에 시설금지 | |

11) 특고압 가공전선로의 경간 제한

| 지지물 | | 경간 | 단면적 50 [mm$^2$] 이상인 경우 |
|---|---|---|---|
| 목주, A종 철주 및 철근콘크리트주 | | 150 [m]이하 | 300 [m]이하 |
| B종 철주 및 철근콘크리트주 | | 250 [m]이하 | 500 [m]이하 |
| 철탑 | 단주 아닌 경우 | 600 [m]이하 | 제한 없음 |
| | 단주인 경우 | 400 [m]이하 | |

12) 특고압 보안공사
    (1) 제1종 특고압 보안공사 - 2차 접근상태에서 사용전압이 35[kV] 초과인 경우
        ① 전선의 단면적

| 사용전압의 구분 | | 인장강도 | 단면적 |
|---|---|---|---|
| 400 [V]이하 | | 5.26 [kN]이상 | 지름 4 [mm]이상 |
| 400 [V]초과, 고압 | | 8.01 [kN]이상 | 지름 5 [mm]이상 |
| 특고압 | 100 [kV]미만 | 21.67 [kN]이상 | 단면적 55 [mm$^2$]이상 |
| | 100 [kV]이상 300 [kV]미만 | 58.84 [kN]이상 | 단면적 150 [mm$^2$]이상 |
| | 300 [kV]이상 | 77.47 [kN]이상 | 단면적 200 [mm$^2$]이상 |

   ② 목주, A종주 사용금지
   ③ 전선로에 가공지선을 시설한다.
   ④ 지락 또는 단락이 생겼을 때 3초이내 자동차단장치 시설 (100 [kV]이상인 경우 2초)
   (2) 제2종 특고압 보안공사 - 2차 접근상태에서 사용전압이 35[kV] 이하인 경우
        ① 특고압 가공전선은 연선으로 한다.
        ② 목주의 풍압하중에 대한 안전율 : 2 이상
   (3) 보안공사의 경간의 제한

| 지지물 | 제1종 특고압 | 제2종 특고압 | 제3종 특고압 |
|---|---|---|---|
| 목주, A종 철주 및 철근콘크리트주 | 사용불가 | 100 [m]이하 | 100 [m]이하 |
| B종 철주 및 철근콘크리트주 | 150 [m]이하 | 200 [m]이하 | 200 [m]이하 |
| 철탑 | 400 [m]이하 | 400 [m]이하 | 400 [m]이하 |

13) 특고압 가공전선과 건조물의 접근
    (1) 1차 접근상태 인 경우 제3종 특고압 보안공사를 실시한다.
    (2) 상부조영재와의 이격거리

| 사용전압의 구분 | | 이격거리 | |
|---|---|---|---|
| | | 위쪽 | 옆, 아래쪽 |
| 35 [kV]이하 | 특고압 절연전선 | 2.5 [m]이상 | 1.5 [m]이상 |
| | 케이블 | 1.2 [m]이상 | 0.5 [m]이상 |
| | 기타전선 | 3 [m]이상 | |
| 35 [kV]초과 | 모든전선 | 각 제한값 + (초과 10 [kV]마다 0.15 [m]) 이상 | |

14) 특고압 가공전선과 도로 등의 접근 또는 교차
    (1) 제3종 특고압 보안공사를 실시하는 경우
        ① 도로 등과 1차 접근상태로 시설되는 경우
    (2) 제2종 특고압 보안공사를 실시하는 경우
        ① 도로 등과 제2차 접근상태로 시설되는 경우
        ② 도로 등과 교차하는 경우
    (3) 특고압 가공전선과 도로 등과 이격거리

| 사용전압의 구분 | 이격거리 |
| --- | --- |
| 35 [kV]이하 | 3 [m] 이상 |
| 35 [kV]초과 | 3 [m] + (초과 10 [kV]마다 0.15 [m]) |

(단, 수평 이격거리가 1.2 [m]이상인 경우는 예외)

15) 특고압 가공전선과 삭도의 접근 또는 교차

| 사용전압의 구분 | 이격거리 | |
| --- | --- | --- |
| 35 [kV]이하 | 2 [m]이상 | |
| | 특고압 절연전선 | 1 [m]이상 |
| | 케이블 | 0.5 [m]이상 |
| 35 [kV]초과 60 [kV]이하 | 2 [m]이상 | |
| 60 [kV]초과 | 2 [m] + (초과 10 [kV]마다 0.12 [m]) | |

16) 특고압 가공전선과 저고압 가공전선 등의 접근 또는 교차

| 사용전압의 구분 | 이격거리 |
| --- | --- |
| 60 [kV]이하 | 2 [m]이상 |
| 60 [kV]초과 | 2 [m] + (초과 10 [kV]마다 0.12 [m]) |

17) 특고압 가공전선 상호 간의 접근 또는 교차

| 사용전압의 구분 | 이격거리 | |
| --- | --- | --- |
| 35 [kV]이하 | 케이블 상호간 | 0.5 [m]이상 |
| | 절연전선 상호간 | 1 [m]이상 |
| 35 [kV]초과 60 [kV]이하 | 2 [m]이상 | |
| 60 [kV]초과 | 2 [m] + (초과 10 [kV]마다 0.12 [m]) | |

18) 특고압 가공전선과 다른 시설물의 접근 또는 교차
    (1) 다른 시설물 : 특고압 가공전선이 건조물·도로·횡단보도교·철도·궤도·삭도·가공약전류전선로 등·저압 또는 고압의 가공전선로·저압 또는 고압의 전차선로 및 다른 특고압 가공전선로 이외의 시설물

| 다른 시설물의 구분 | | 이격거리 | |
|---|---|---|---|
| 조영물의 상부조영재 | 위쪽 | 2 [m]이상 | |
| | | 케이블인 경우 | 1.2 [m]이상 |
| | 옆쪽 또는 아래쪽 | 1 [m]이상 | |
| | | 케이블인 경우 | 0.5 [m]이상 |
| 그 외 | | 1 [m]이상 | |
| | | 케이블인 경우 | 0.5 [m]이상 |

19) 25 kV 이하인 특고압 가공전선로의 시설
  (1) 접지도체의 단면적 : 6 [mm$^2$]이상의 연동선
  (2) 접지한곳 상호간의 거리

| 사용전압의 구분 | 이격거리 |
|---|---|
| 15 [kV]이하 | 300 [m]이하 |
| 15 [kV]초과 25 [kV]이하 | 150 [m]이하 |

  (3) 전기저항 값

| 사용전압의 구분 | 각 접지점의 대지저항 값 | 1km마다 합성 저항값 |
|---|---|---|
| 15 [kV]이하 | 300 [$\Omega$]이하 | 30 [$\Omega$]이하 |
| 15 [kV]초과 25 [kV]이하 | 300 [$\Omega$]이하 | 15 [$\Omega$]이하 |

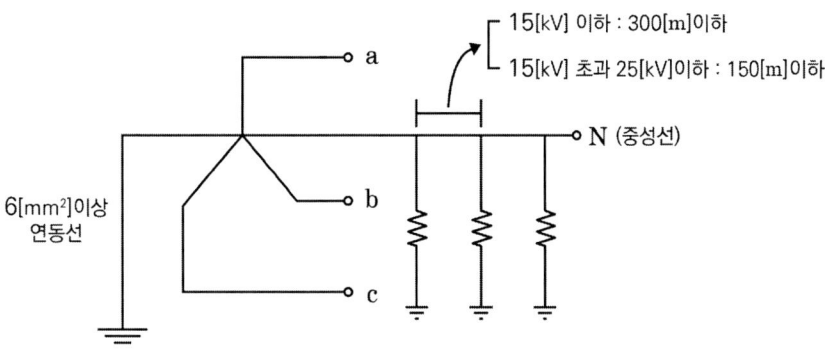

[22.9[kV] 중성점 다중접지방식]

## 4. 지중 전선로

1) 지중전선로의 시설방식
  (1) 직접매설식
    ① 땅을 파서 트로프에 케이블을 직접 포설하는 방식 (단, 컴바인덕트 케이블은 트로프를 사용하지 않아도 된다.)
    ② 지중 케이블의 상부에는 견고한 판 또는 경질 비닐판으로 덮어서 매설한다.
    ③ 케이블 회선수는 2회선 이하로 한다.

(2) 관로식
  ① 케이블을 포설할 관로를 만들고, 그 안에 케이블을 포설하는 방식
  ② 케이블의 조수가 많은 장소 및 장래에 부하의 변경이 예상되는 장소에 사용한다.
  ③ 케이블 회선수는 3이상 8회선 이하로 한다.

(3) 암거식
  ① 지중에 암거를 시설하고 그 속에 케이블을 포설하는 방식이다.
  ② 케이블은 암거의 측벽에 받침대나 선반에 의해 지지하며, 작업자의 보행을 위한 통로를 확보하여 시설한다.
  ③ 케이블 회선수는 9회선 이상으로 한다.

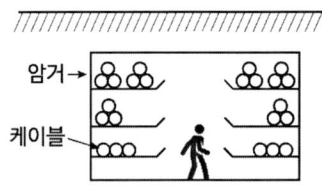

(4) 직접매설식과 관로식의 매설깊이
  ① 차량 등 중량물의 압력이 있는 장소 : 1[m] 이상
  ② 그 외 장소 : 0.6 [m] 이상

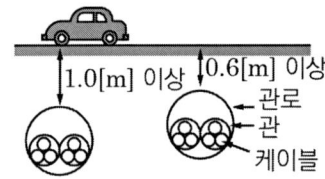

(5) 관로식 지중함의 시설
  ① 지중함은 견고하고 압력에 충분히 견디는 구조로 만든다.
  ② 지중함 안에 고인 물을 제거 가능해야 한다.
  ③ 지중함의 크기는 1[m$^3$] 이상이어야 하고 통풍장치를 시설한다.
  ④ 지중함의 뚜껑은 시설자 외 쉽게 열 수 없도록 한다.

2) 케이블 가압장치의 시설
  (1) 가압장치의 시험압력
    ① 유압, 수압 : 최고사용 압력의 1.5배
    ② 기압 : 최고사용 압력의 1.25배
  (2) 시험시간 : 연속하여 10분간
  (3) 압력관의 최고 사용압력 : 394 [kPa] 이상

3) 지중전선 상호간의 이격거리

　(1) 저압 지중전선과 고압 지중전선 : 0.15 [m] 이상

　(2) 저압, 고압의 지중전선과 특고압 지중전선 : 0.3 [m] 이상

4) 내화성 격벽의 설치

　(1) 지중전선과 지중약전류전선과의 이격거리

　　① 저압 또는 고압의 지중전선 : 0.3 [m]이하 일 때

　　② 특고압 지중전선 : 0.6 [m]이하 일 때

　(2) 특고압 지중전선과 관과의 이격거리

　　① 가연성, 유독성의 유체를 내포하는 관 : 1 [m]이하 일 때

　　② 그 이외의 관 : 0.3 [m]이하 일 때

### 예제. 07

저압의 지중전선이 지중 약전류 전선 등과 접근하거나 교차하는 경우 상호 간의 이격 거리가 몇 [cm] 이하인 때에는 지중전선과 지중 약전류 전선 등 사이에 견고한 내화성의 격벽을 설치하는가?

① 20 [cm]　　② 30 [cm]　　③ 50 [cm]　　④ 60 [cm]

**해설** 내화성 격벽설치 조건

지중전선과 약전류 전선의 접근 또는 교차 시 상호 이격거리
- 저압 또는 고압의 지중전선 : 30 [cm] 이하
- 특고압 지중전선 : 60 [cm] 이하

정답 ②

### 5. 특수장소의 전선로

1) 터널 안 전선로의 시설

|  | 전선굵기 | 시설높이 | 시설방법 |
|---|---|---|---|
| 저압 | 지름 2.6 [mm]이상 경동선 | 2.6 [m]이상 | 애자공사 |
| 고압 | 지름 4 [mm]이상 경동선 | 3 [m]이상 | 애자공사<br>케이블공사 |

2) 수상전선로의 시설

　(1) 사용전선

　　① 저압 : 클로로프렌 캡타이어 케이블

　　② 고압 : 캡타이어 케이블

(2) 접속점의 위치에 따른 높이

| 접속점의 위치 | 저압 | 고압 |
|---|---|---|
| 육상 | 5 [m]이상<br>(단, 도로외는 4 [m]이상) | 5 [m]이상 |
| 수면상 | 4 [m]이상 | 5 [m]이상 |

## 4 기계, 기구 시설 및 옥내배선

### 1. 기계 및 기구

1) 기계기구의 시설
   (1) 시설 높이
      ① 고압용 : 4.5 [m] 이상 (시가지 외 4[m] 이상)
      ② 특고압용 : 5 [m]이상
   (2) 특고압용 충전부분의 높이

| 사용전압의 구분 | 울타리의 높이와 울타리로부터 충전부분까지의 거리 합계 또는 지표상의 높이 |
|---|---|
| 35 [kV]이하 | 5 [m]이상 |
| 35 [kV]초과 160 [kV]이하 | 6 [m]이상 |
| 160 [kV]초과 | 6 [m] + (초과 10 [kV]마다 0.12 [m]) |

2) 과전류 차단기의 시설
   (1) 포장 퓨즈 : 정격전류의 1.3배에 견디고 2배의 전류로 120분안에 용단
   (2) 비포장 퓨즈 : 정격전류의 1.25배에 견디고 2배의 전류로 2분안에 용단

---

**예제. 08**

과전류차단기로 시설하는 퓨즈 중 고압전로에 사용하는 포장 퓨즈는 정격전류의 몇 배의 전류에 견디어야 하는가? (단, 전기설비 기술기준의 판단기준에 의한다.)

① 1.1배　　② 1.3배　　③ 1.5배　　④ 2.0배

**해설** 고압 퓨즈의 용단
- 비포장 퓨즈 : 1.25배에 견디고, 2배의 전류에 2분 안에 용단
- 포장 퓨즈 : 1.3배에 견디고, 2배의 전류에 120분 안에 용단

정답 ②

3) 피뢰기의 시설

   (1) 피뢰기 시설장소

   ① 발전소·변전소 또는 이에 준하는 장소의 가공전선 인입구 및 인출구

   ② 특고압 가공전선로에 접속하는 배전용 변압기의 고압측 및 특고압측

   ③ 고압 및 특고압 가공전선로로부터 공급을 받는 수용장소의 인입구

   ④ 가공전선로와 지중전선로가 접속되는 곳

   (2) 피뢰기의 접지저항 값 : 10 [Ω]이하

## 예제. 09

고압 또는 특고압 가공전선로에서 공급을 받는 수용장소의 인입구 또는 이와 근접한 곳에는 무엇을 시설하여야 하는가?

① 동기 조상기
② 직렬리액터
③ 정류기
④ 피뢰기

**해설** 피뢰기 시설장소

- 발전소·변전소 또는 이에 준하는 장소의 가공전선 인입구 및 인출구
- 특고압 가공전선로에 접속하는 배전용 변압기의 고압측 및 특고압측
- 고압 및 특고압 가공전선로로부터 공급을 받는 수용장소의 인입구
- 가공전선로와 지중전선로가 접속되는 곳

**정답** ④

### 2. 고압, 특고압 옥내설비의 시설

1) 고압 옥내배선 등의 시설

   (1) 고압 옥내배선 공사 종류

   ① 애자사용배선

   ② 케이블배선

   ③ 케이블트레이배선

   (2) 애자사용배선 공사의 시설

   ① 전선 : 단면적 6 [$mm^2$]이상의 연동선

   ② 지지점 간의 거리 : 6 [m]이하 ( 조영재 면을 따라 붙이는 경우 2 [m]이하)

   ③ 전선 상호간의 간격 : 8 [cm]이상

   ④ 전선과 조영재 사이의 이격거리 : 5 [cm]이상

   ⑤ 애자는 절연성, 난연성 및 내수성 이어야 한다.

### 예제. 10

애자사용공사에 의한 고압 옥내배선의 시설에 있어서 적당하지 않는 것은?

① 전선이 조영재를 관통할 때에는 난연성 및 내수성이 있는 절연관에 넣을 것
② 애자사용 공사에 사용하는 애자는 난연성일 것
③ 전선과 조영재와 이격거리는 4.5[cm]로 할 것
④ 고압 옥내배선은 저압 옥내배선과 쉽게 식별되도록 시설할 것

**해설** 고압옥내배선의 애자사용공사

- 전선과 조영재 사이의 이격거리 : 5 [cm]이상

**정답** ③

2) 옥내에 시설하는 고압접촉전선 공사
   (1) 애자사용배선 공사
      ① 전선 : 지름 10 [mm]이상, 단면적 70 [mm$^2$]이상 경동선
      ② 전선 지지점 간의 거리 : 6 [m]이하
      ③ 전선 상호 간의 간격 : 30 [cm]이상
      ④ 전선과 조영재 와의 이격거리 : 20 [cm]이상
   (2) 다른 옥내 전선·약전류 전선 등 또는 수관·가스관이나 이와 유사한 것과 접근 또는 교차하는 경우
      ① 상호간의 이격거리 : 60 [cm]이상
      ② 사이에 견고한 격벽이 설치된 경우 이격거리 : 30 [cm]이상

## 5 발전소, 변전소, 개폐소 등의 전기설비

### 1. 발전소, 변전소, 개폐소 등의 전기설비

1) 발전소 등의 울타리, 담 등의 시설
   (1) 시설조건
      ① 울타리, 담 등의 높이 : 2 [m]이상
      ② 지표면과 울타리, 담 등의 하단사이의 간격 : 0.15 [m]이하

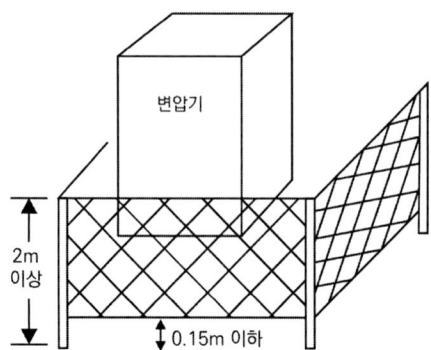

(2) 이격거리

| 사용전압의 구분 | 울타리, 담 등의 높이와 울타리, 담 등으로부터 충전부분까지의 거리 합계 |
|---|---|
| 35 [kV]이하 | 5 [m]이상 |
| 35 [kV]초과 160 [kV]이하 | 6 [m]이상 |
| 160 [kV]초과 | 6 [m] + (초과 10 [kV]마다 0.12 [m]) |

2) 특고압전로의 상 및 접속 상태의 표시
   (1) 발전소, 변전소 또는 이에 준하는 곳의 특고압전로에 각전선에 상별표시를 한다.
   (2) 발전소, 변전소 또는 이에 준하는 곳의 특고압전로에 대하여는 그 접속 상태를 모의모선(模擬母線)의 방법에 의하여 표시하여야 한다. (단, 2회선 이하의 단일모선은 예외)

## 2. 각종 기계기구 보호장치와 계측장치

1) 발전기 등의 보호장치
   (1) 자동차단장치의 시설
      ① 발전기에 과전류나 과전압이 생긴 경우
      ② 용량이 100 [kVA] 이상의 발전기를 구동하는 풍차
      ③ 용량이 500 [kVA] 이상의 발전기를 구동하는 수차
      ④ 용량이 2,000 [kVA] 이상인 수차 발전기
      ⑤ 용량이 10,000 [kVA] 이상인 발전기의 내부에 고장이 생긴 경우
      ⑥ 정격출력이 10,000 [kW]를 초과하는 증기터빈

2) 특고압용 변압기의 보호장치

| 뱅크용량의 구분 | 동작조건 | 작동장치 |
|---|---|---|
| 5,000 [kVA] 이상 10,000 [kVA] 미만 | 변압기내부고장 | 자동차단장치 또는 경보장치 |
| 10,000 [kVA] 이상 | 변압기내부고장 | 자동차단장치 |
| 타냉식 변압기 | 냉각장치고장 또는 변압기의 온도가 현저히 상승 | 경보장치 |

## 예제. 11

특고압용 변압기의 냉각방식이 타냉식인 경우 냉각장치의 고장으로 인하여 변압기의 온도가 상승하는 것을 대비하기 위하여 시설하는 장치는?

① 방진장치
② 회로차단장치
③ 경보장치
④ 공기정화장치

**해설** 타냉식변압기의 보호장치

타냉식변압기는 냉각장치고장 또는 변압기의 온도가 현저히 상승하게 되면 경보장치가 작동한다.

**정답** ③

3) 조상설비의 보호장치

| 설비종별 | 뱅크용량의 구분 | 자동차단장치 |
|---|---|---|
| 콘덴서, 리액터 | 500 [kVA] 초과 15,000 [kVA] 미만 | 내부고장, 과전류가 생긴 경우 |
| | 15,000 [kVA] 이상 | 내부고장, 과전류, 과전압이 생긴 경우 |
| 조상기 | 15,000 [kVA] 이상 | 내부고장이 생긴 경우 |

## 예제. 12

조상기의 내부고장이 생긴 경우 자동적으로 전로를 차단하는 장치를 설치하여야 하는 용량의 기준은?

① 15,000 [kVA] 이상
② 20,000 [kVA] 이상
③ 30,000 [kVA] 이상
④ 50,000 [kVA] 이상

**해설** 조상기의 자동차단 용량기준

조상기는 뱅크용량이 15,000 [kVA] 이상 일 때, 내부고장이 생긴 경우 작동하는 자동차단장치를 시설해야 한다.

**정답** ①

## 예제. 13

전기설비기술기준의 판단기준에 의하여 전력용 커패시터의 탱크용량이 15,000 [kVA] 이상인 경우에는 자동적으로 전로로부터 자동 차단하는 장치를 시설하여야 한다. 장치를 시설하여야 하는 기준으로 틀린 것은?

① 과전류가 생긴 경우에 동작하는 장치
② 과전압이 생긴 경우에 동작하는 장치
③ 내부에 고장이 생긴 경우에 동작하는 장치
④ 절연유가 농도변화가 있는 경우에 동작 하는 장치

**해설** 전력용 콘덴서의 차단

콘덴서는 탱크용량이 15,000 [kVA] 이상인 경우 내부고장, 과전류, 과전압이 생긴 경우 동작하는 자동차단장치를 시설해야 한다.

**정답** ④

4) 계측장치의 시설
   (1) 발전소에서 계측해야할 내용
      ① 발전기, 연료전지 또는 태양전지 모듈의 전압 및 전류 또는 전력
      ② 발전기의 베어링 및 고정자(固定子)의 온도
      ③ 주요 변압기의 전압 및 전류 또는 전력
      ④ 특고압용 변압기의 온도
   (2) 변전소에서 계측해야할 내용
      ① 주요 변압기의 전압 및 전류 또는 전력
      ② 특고압용 변압기의 온도
   (3) 동기조상기에서 계측해야할 내용
      ① 동기조상기의 전압 및 전류 또는 전력
      ② 동기조상기의 베어링 및 고정자의 온도
   (4) 동기검정장치를 시설해야하는 것 (위상이 일치하는지 검사하는 장치)
      ① 동기발전기
      ② 동기조상기

### 3. 수소냉각식 발전기

1) 수소냉각식 발전기의 시설
    (1) 기밀구조로 폭발의 압력에 견디는 강도로 만든다.
    (2) 누설된 수소 가스를 안전하게 외부에 방출할 수 있는 장치를 시설한다.
    (3) 수소의 순도가 85 [%] 이하로 저하한 경우에 이를 경보하는 장치를 시설한다.
    (4) 압력이 현저히 변동한 경우에 이를 경보하는 장치를 시설한다.
    (5) 수소의 온도를 계측하는 장치를 시설한다.

### 4. 상주 감시를 하지 않아도 되는 시설

1) 발전소의 시설
    (1) 출력 500 [kW] 미만의 발전소로서 (연료개질계통설비의 압력이 100 [kPa] 미만의 인산형) 전기공급에 지장을 주지 않고 기술원이 그 발전소를 수시 순회하는 경우
    (2) 발전소를 원격감시 제어하는 제어소에 기술원이 상주하여 감시하는 경우

2) 변전소의 시설
    (1) 사용전압이 170 [kV] 이하의 변압기를 시설하는 변전소로서 기술원이 수시로 순회하거나 그 변전소를 원격감시 제어하는 제어소에서 상시 감시하는 경우
    (2) 사용전압이 170 [kV]를 초과하는 변압기를 시설하는 변전소로서 변전제어소에서 상시 감시하는 경우

아우름 전기기능장 필기

# PART 07
# 디지털공학

# CHAPTER 01  수의 진법 및 코드화

## 1 수의 진법

### 1. 진수의 변환

1) 10진수와 8진수, 16진수
   10진수와 2진수 변환 방법이 동일하다.

   (1) 8진수 → 10진수 변환

   8진수 $237_8$을 10진수로 변환

   $237_8 = 2 \times 8^2 + 3 \times 8^1 + 7 \times 8^0 = 128 + 24 + 7 = 159_{10}$

   (2) 10진수 → 8진수 변환

   10진수 153을 8진수로 변환

   ```
   8 | 153
   8 |  19  ----- 나머지 1
         2  ----- 나머지 3
   ```

   답] $231_8$

2) 10진수와 2진수

   2진수는 0과 1, 두 개의 기호를 사용하여 데이터나 신호의 유무를 판단한다. 10진수를 2진수로 변환하는 경우는 10진수를 2진수로 나누어 몫과 나머지를 구하고 그 몫이 0이 될 때까지 그 과정을 반복한 다음 나머지를 역순으로 작성해 나간다. 2진수를 10진수로 변환하는 경우 2진수 각 자리의 가중치를 적용하게 되면 2진수를 10진수로 변환할 수 있다.

   (1) 2진수 → 10진수 변환의 방법

   2진수 $100101_2$를 10진수로 변환

   $100101_2 = 1 \times 2^5 + 0 \times 2^4 + 0 \times 2^3 + 1 \times 2^2 + 0 \times 2^1 + 1 \times 2^0$

   $= 32 + 0 + 0 + 4 + 0 + 1 = 37_{10}$

   (2) 10진수 → 2진수 변환

   10진수 53을 2진수로 변환

   ```
   2 | 53
   2 | 26  ----- 나머지 1
   2 | 13  ----- 나머지 0
   2 |  6  ----- 나머지 1
   2 |  3  ----- 나머지 0
         1  ----- 나머지 1
   ```

   정답] $110101_2$

3) 8진수 → 2진수 변환

   2진수 $101110100110_2$을 16진수로 변환

   | 1011 | 1010 | 0110 |
   |:---:|:---:|:---:|
   | ↓ | ↓ | ↓ |
   | B | A | 6 |

   $101110100110_2$ ➡ $BA6_{16}$          정답 $BA6_{16}$

4) 16진수 → 2진수 변환

   16진수 $8E5_{16}$을 2진수로 변환

   | 8 | E | 5 |
   |:---:|:---:|:---:|
   | ↓ | ↓ | ↓ |
   | 1000 | 1110 | 0101 |

   $8E5_{16}$ ➡ $100011100101_2$          정답 $100011100101_2$

## 2. 2진수의 연산

1) 4칙 연산

   (1) 덧셈과 뺄셈

   | 덧셈 | 뺄셈 |
   |:---:|:---:|
   | 0 + 0 = 0 | 0 - 0 = 0 |
   | 0 + 1 = 1 | 1 - 0 = 1 |
   | 1 + 0 = 1 | 1 - 1 = 0 |
   | 1 + 1 = 10 자리올림(carry) | 10 - 1 = 1 자리빌림(borrow) |

   (2) 곱셈과 나눗셈

   10진수와 같이 곱하는 수의 하위 자리(오른쪽 자리)부터 곱셈을 수행하여 차례로 상위 자리(왼쪽 자리)로 이동하며 최종적으로 결과를 덧셈하면 된다.

   나눗셈은 10진수와 같은 방법으로 하면 되고 곱셈 또는 나눗셈하는 수가 항상 0이나1이기 때문에 간단히 연산을 수행할 수 있다.

2) 보수의 개념과 음수

   (1) 1의 보수 방식

   ① 주어진 값을 11111111에서 0을 1로, 1을 0으로 시킨 것과 같은 결과를 나타낸다.

   ② 00001101의 1의 보수는 11110010

   (2) 2의 보수 방식

   ① 디지털 시스템에서 음수를 표현하기 위해 가장 흔히 사용되는 방식으로 1의 보수를 구한 다음 1을 더하는 방식법이다.

②  00001101의 2의 보수는 먼저 1의 보수를 구하면 11110010 이고 여기에 1을 더하면 2의 보수를 구 할 수 있는데 결국 11110011 이 된다.

(3) 2의 보수를 이용한 덧셈과 뺄셈

① 보수를 이용한 방식에서 1의 보수와 2의 보수 방식은 거의 같지만 1의 보수 방식에서 값의 표현은 +0, -0 등 두 가지가 존재하지만 2의 보수 방식 표현에서는 0 값은 하나만 존재한다. 일반적으로 2의 보수방식이 많이 사용한다.

② 뺄셈의 원리를 보면 A-B 대신에 A+(B의 2의 보수)를 계산하는 것이며 A+(10000000-B)를 계산하는 것인데 결국 100000000(괄호 안의 가장 왼쪽 비트)은 8비트 자릿수 초과로 없어지게 되고 결과적으로 A-B를 얻게 된다.

(4) 부호-절대값 방식

부호-절대값 방식(부호 크기 방식)은 기억 소자에 음수를 저장할 때 사용하며 8비트 중 가장 왼쪽의 비트를 부호 비트로 하여 그 값이 0이면 양수, 1이면 음수로 정하고 나머지 7개의 비트를 이용하여 크기를 나타내는 방식

(5) 2진화 10진수(BCD)

10진수 1자리를 2진수 4자리 (4bit)로 표시한 것으로 자리의 위치에 따라 8, 4, 2, 1의 가중치를 가지고 있다.

## 2 디지털 코드

### 1. 디지털 코드의 분류

1) BCD 코드

(1) 10진수 0~9까지를 2진화 코드로 실제 표기는 2진수이지만 10진수처럼 사용한다.

① 모든 코드의 기본이 된다.
② 0과 1로만 표현되어 디지털 시스템에 바로 적용 가능하다.
③ 2진수 4비트가 10진수의 한 자리에 1대 1로 대응되므로 상호 변환이 용이하다.

| 10진수 | BCD 코드 | 10진수 | BCD 코드 |
|---|---|---|---|
| 0 | 0000 | 10 | 0001 0000 |
| 1 | 0001 | 11 | 0001 0001 |
| 2 | 0010 | 12 | 0001 0010 |
| 3 | 0011 | 13 | 0001 0011 |
| 4 | 0100 | 14 | 0001 0100 |
| 5 | 0101 | 15 | 0001 0101 |
| 6 | 0110 | 16 | 0001 0110 |
| 7 | 0111 | 17 | 0001 0111 |
| 8 | 1000 | 18 | 0001 1000 |
| 9 | 1001 | 19 | 0001 1001 |

## 2) 3초과 코드

⑴ BCD 코드의 변형된 형태로 BCD 코드에 10진수 3(2진수로 0011)을 각각 더한 것으로 표현할 수 있다.

⑵ 10진수의 BCD와 3초과 코드의 표현방법

| 10진수 | 0 | 1 | 2 | 3 | 4 | 5 | 6 | 7 | 8 | 9 |
|---|---|---|---|---|---|---|---|---|---|---|
| BCD코드 | 0000 | 0001 | 0010 | 0011 | 0100 | 0101 | 0110 | 0111 | 1000 | 1001 |
| 3초과 코드 | 0011 | 0100 | 0101 | 0110 | 0111 | 1000 | 1001 | 1010 | 1011 | 1100 |

⑶ 10진수 357의 BCD와 3초과 코드 표현방법

| 10진수 | BCD | | | 3초과 코드 | | |
|---|---|---|---|---|---|---|
| 357 | 3 | 5 | 7 | 3 | 5 | 7 |
| | 0011 | 0101 | 0111 | 0110 | 1000 | 1010 |

## 3) 그레이(Gray) 코드

⑴ 사칙연산에는 부적당하지만 서로 이웃하는 숫자와 1개의 비트만 변하는 코드로 입력 코드로 사용할 때 오류가 적다.

⑵ 간단히 2진수 코드로 바꿀 수 있어 입출력 장치, 데이터 전송, A/D 변환기 등에 주로 이용된다.

## 4) 패리티 비트

⑴ 패리티 비트는 문자 코드 내의 전체 1의 비트가 짝수 개가 되거나 홀수 개가 되도록 그 코드에 덧붙이는 비트이다.

⑵ 데이터의 끝 부분에 추가된 여분의 비트로 하나의 문자 혹은 문자 블록 내의 1비트 오류를 검사할 때 사용한다.

⑶ 오류검사는 수행하나 오류는 정정할 수 없다.

## 5) ASCII 코드

1968년 ISO 위원회에서 제정한 개인용 컴퓨터 및 데이터 통신에서 주로 사용하는 문자 코드이다.

⑴ 문자 연산이 가능하며 데이터 통신에 널리 사용된다.

⑵ 1개의 영숫자 코드가 7비트로 구성되어 있으나 실제 사용 시에는 자료 전송 시에 발생하는 오류 검사를 위해 1비트의 패리티 비트를 포함시켜 8비트로 구성하여 이용한다.

## 6) 해밍(Hamming) 코드

⑴ 패리티 비트의 기능을 확장하여 오류를 검사하고, 정정하는 코드이다.

⑵ 두 개의 비트가 동시에 오류가 된 경우는 에러를 발견하지 못할 수도 있다.

⑶ 4개의 순수한 정보 비트에 3개의 체크 비트를 추가하여 총 7비트를 만들어 전송한다.

⑷ 해밍 코드 원본 데이터 외에 추가적으로 많은 비트가 필요하므로 많은 양의 데이터 전달이 필요하다.

7) EBCDIC 코드
   ⑴ IBM의 System/360에 처음 사용되어 표준 BCD 코드를 확장하여 만들어졌다.
   ⑵ 대형 컴퓨터 등에 많이 사용되는 코드로 8비트의 조합에서 1자를 표현하는 부호체계로, 이 8비트를 1바이트라 하며, 1바이트로 영자(A~Z), 숫자(0~9), 특수기호, 등 256종의 문자를 표현할 수 있다.
   ⑶ 숫자는 4비트를 사용하여 16진법으로 표현 하고 있다.

# CHAPTER 02 불대수 및 논리회로

## 1 논리 게이트

### 1. 논리회로의 연산

1) AND(논리곱) 연산

   (1) 2개 이상의 논리 변수들을 논리적으로 곱하는 연산으로, 입력 논리 변수의 값이 동시에 모두 1이면 그 출력 결과는 1이고 그 외의 출력 결과는 0이다.

   (2) AND 연산의 진리표

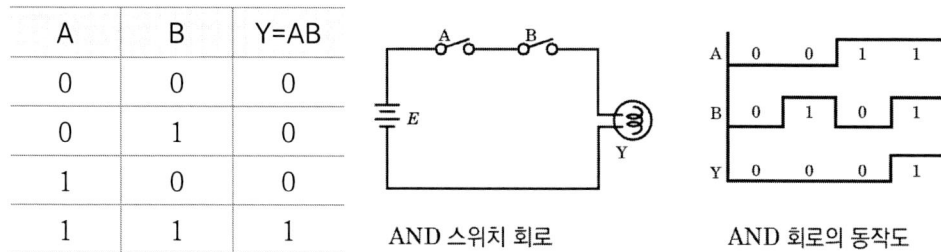

   | A | B | Y=AB |
   |---|---|------|
   | 0 | 0 | 0 |
   | 0 | 1 | 0 |
   | 1 | 0 | 0 |
   | 1 | 1 | 1 |

   AND 스위치 회로     AND 회로의 동작도

   (3) AND 게이트의 논리 기호 및 논리식

   | 논리기호 | 논리식 |
   |---------|--------|
   | A, B → Y | $Y = AB = A \cdot B = A \times B$ |

2) OR(논리합) 연산

   (1) 2개 이상의 논리 변수들을 논리적으로 합하는 연산으로, 입력 논리 변수의 값 중에서 하나라도 1이면 그 출력 결과는 1이 되는 연산이다.

   (2) OR 연산의 진리표

   | A | B | Y=A+B |
   |---|---|-------|
   | 0 | 0 | 0 |
   | 0 | 1 | 1 |
   | 1 | 0 | 1 |
   | 1 | 1 | 1 |

   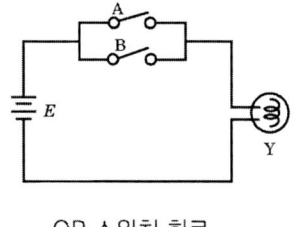 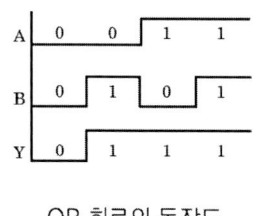

   OR 스위치 회로     OR 회로의 동작도

   (3) OR 게이트의 논리 기호 및 논리식

   | 논리기호 | 논리식 |
   |---------|--------|
   | A, B → Y | $Y = A + B$ |

## 3) NOT 연산

(1) 하나의 논리 변수에 대하여 부정을 하는 연산으로, 입력 논리 변수의 값이 1이면 그 출력 결과는 0이고 입력 논리 변수의 값이 0이면 그 출력 결과는 1이다.

(2) NOT 게이트는 인버터(Inverter)라고도 불리며 입력에 대한 보수(complement)를 얻을 수 있다.

(3) NOT 연산의 진리표

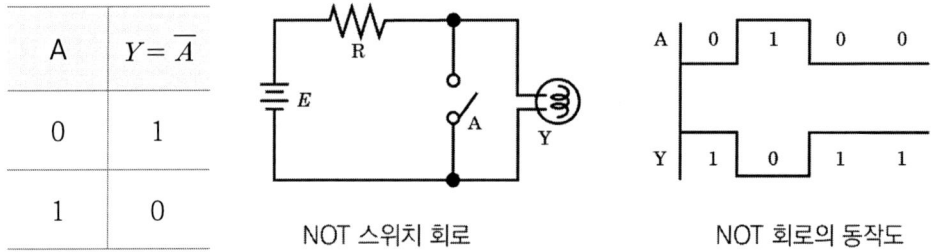

| A | $Y = \overline{A}$ |
|---|---|
| 0 | 1 |
| 1 | 0 |

NOT 스위치 회로  　　NOT 회로의 동작도

(4) NOT 게이트의 논리 기호 및 논리식

| 논리기호 | 논리식 |
|---|---|
| A ─▷○─ Y | $Y = \overline{A}$ |

## 4) NAND 연산

(1) AND 연산의 결과에 NOT 연산을 결합한 것으로 AND 연산에 대한 부정(또는 보수)이다. 입력 값 중 어느 것 하나라도 0이면 출력 값이 1인 연산을 하고, 모든 입력 값이 1일 때에만 0을 출력한다.

(2) NAND 연산의 진리표

| A | B | $Y = \overline{AB}$ |
|---|---|---|
| 0 | 0 | 1 |
| 0 | 1 | 1 |
| 1 | 0 | 1 |
| 1 | 1 | 0 |

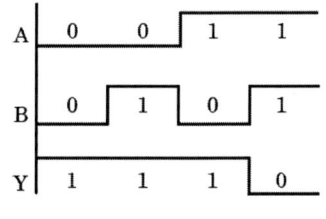

NAND 게이트의 동작도

(3) NOT 게이트의 논리 기호 및 논리식

| 게이트 구성 | 논리기호 | 논리식 |
|---|---|---|
| A, B ─▷─○─ Y | A, B ─▷○─ Y | $Y = \overline{AB}$ <br> $= \overline{A \cdot B}$ <br> $= \overline{A \times B}$ |

5) NOR 연산
   (1) OR 연산의 결과에 NOT 연산을 결합한 것으로 OR 연산에 대한 부정이다. 입력 값 중 어느 것 하나라도 1이면 출력 값이 0인 연산을 하고, 모든 입력 값이 0일 때에만 1을 출력한다.
   (2) NOR 연산의 진리표

| A | B | $Y = \overline{A+B}$ |
|---|---|---|
| 0 | 0 | 1 |
| 0 | 1 | 0 |
| 1 | 0 | 0 |
| 1 | 1 | 0 |

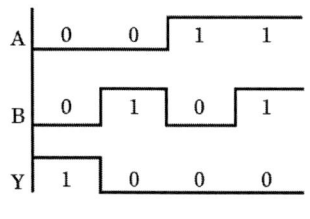

NOR 게이트의 동작도

   (3) NOR 게이트의 논리 기호 및 논리식

| 게이트 구성 | 논리기호 | 논리식 |
|---|---|---|
|  |  | $Y = \overline{A+B}$ |

6) XOR 연산
   (1) XOR(EXOR, 배타적-OR, exclusive-OR) 연산은 두 입력 변수의 값이 같을 때에는 출력이 0이 되고 입력 변수의 값이 서로 다를 때에는 출력 값이 1이 되는 연산이다.
   (2) 반일치 회로라고도 하며 보수 회로에 응용된다.
   (3) XOR 연산의 진리표

| A | B | $Y = A \oplus B$ |
|---|---|---|
| 0 | 0 | 0 |
| 0 | 1 | 1 |
| 1 | 0 | 1 |
| 1 | 1 | 0 |

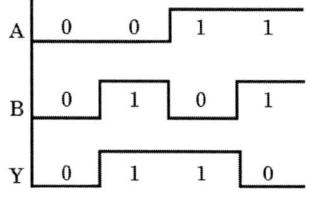

XOR 게이트의 동작도

   (4) XOR 게이트의 논리 기호 및 논리식

| 게이트 구성 | 논리기호 | 논리식 |
|---|---|---|
|  |  | $Y = A\overline{B} + \overline{A}B$ $= A \oplus B$ |

## 7) XNOR 연산

(1) XNOR(EXNOR, 배타적-NOR, exclusive-NOR) 연산은 XOR 연산을 부정한 것으로 두 입력 변수의 값이 같을 때에는 출력이 1이 되고 입력 변수의 값이 서로 다를 때에는 출력 값이 0이 되는 연산이다. 일치 회로라고도 하며 비교 회로에 응용된다.

(2) XNOR 연산의 진리표

| A | B | $Y = \overline{A \oplus B}$ |
|---|---|---|
| 0 | 0 | 1 |
| 0 | 1 | 0 |
| 1 | 0 | 0 |
| 1 | 1 | 1 |

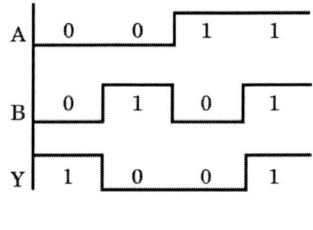

XNOR 게이트의 동작도

(3) XNOR 게이트의 논리 기호 및 논리식

| 게이트 구성 | 논리기호 | 논리식 |
|---|---|---|
|  |  | $Y = \overline{AB} + AB$ <br> $= \overline{A \oplus B}$ <br> $= A \odot B$ |

## 8) 버퍼

(1) 입력 값이 출력 값으로 그대로 나타나는 것으로, 논리적으로 무의미해 보이나 실제로 회로에서는 중요한 기능을 가진다.

(2) 감쇄 신호의 회복 기능으로, 도선 및 여러 게이트의 통과로 약해진 신호를 버퍼의 출력으로 감쇄된 신호가 회복된다. 입력 신호를 그대로 통과시키는 것이 아 니라 입력 신호를 감지해서 정격 출력 신호를 내보낸다.

(3) 지연 시간(Delay Time) 기능으로 입력된 신호가 버퍼를 통해서 출력되는 데 전달 지연 시간이 있다.

(4) 버퍼연산의 진리표

| A | Y=A |
|---|---|
| 0 | 0 |
| 1 | 1 |

(5) 버퍼 게이트의 논리 기호 및 논리식

| 논리기호 | 논리식 |
|---|---|
|  | Y=A |

## 1 논리 게이트

### 1. 불대수의 정리

1) 불 대수 공리 : 모든 항목은 0 또는 1을 가진다.

| 구 분 | 내 용 |
|---|---|
| P1 | X = 0 혹은 X = 1 |
| P2 | 0 · 0 = 0 |
| P3 | 1 · 1 = 1 |
| P4 | 0 + 0 = 0 |
| P5 | 1 + 1 = 1 |
| P6 | 1 · 0 = 0 · 1 = 0 |
| P7 | 1+0 = 0+1 = 1 |

2) 각종 법칙의 종류

| 구분 | 내용 |
|---|---|
| 기본법칙 | X+0 = 0+X = X |
| | X·1 = 1·X = X |
| | X+1 = 1+X = 1 |
| | X·0 = 0·X = 0 |
| | X+X = X |
| | X·X = X |
| | $X+\overline{X} = 1$ |
| | $X \cdot \overline{X} = 0$ |
| | $\overline{\overline{X}} = X$ |
| 교환법칙 | X+Y = Y+X |
| | X·Y = Y·X |
| 결합법칙 | (X+Y)+Z = X+(Y+Z) |
| | (X·Y)·Z = Z·(Y·Z) |
| 분배법칙 | X·(Y+Z)=X·Y+X·Z |
| | X+Y·Z=(X+Y)·(X+Z) |
| 드모르간의 정리 | $\overline{X+Y} = \overline{X} \cdot \overline{Y}$ |
| | $\overline{X \cdot Y} = \overline{X} + \overline{Y}$ |
| 흡수법칙 | X+X·Y = X |
| | X·(X+Y) = X |

3) 드 모르간의 정리

　　⑴ 제1정리 : 논리합의 전체 부정은 각 변수의 부정을 논리곱 한 것과 같다.

$$\overline{A+B} = \overline{A} \cdot \overline{B}$$

　　⑵ 제2정리 : 논리곱의 전체 부정은 각 변수의 부정을 논리합 한 것과 같다.

$$\overline{A \cdot B} = \overline{A} + \overline{B}$$

4) 논리식 쌍대성

　　⑴ 논리 변수의 문자는 그대로 사용한다.

　　⑵ 논리곱(AND)은 논리합(OR)으로, 논리합 (OR)은 논리곱(AND)으로 대치한다.

　　⑶ "0"은 "1"로, "1"은 "0"으로 대치할 수 있다.

**2. 논리함수의 간소화**

1) 불대수에 의한 논리식의 간소화

　　⑴ $Y = AB + A\overline{B} + \overline{A}B$ 를 간소화 하면

| | |
|---|---|
| $= A(B+\overline{B}) + \overline{A}B$ | (분배 법칙) |
| $= A + \overline{A}B$ | (보수성의 법칙) |
| $= A(1+B) + \overline{A}B$ | (흡수의 법칙) |
| $= A + B(A+\overline{A})$ | (분배 법칙) |
| $= A + B$ | (보수성의 법칙) |

　　⑵ $Y = AC + AC + A\overline{C} + \overline{A} + B + ABC + \overline{A}BC$ 를 간소화 하면

| | |
|---|---|
| $= A + A(C+\overline{C}) + \overline{A}B + BC(A+\overline{A})$ | (분배 법칙) |
| $= A + A + \overline{A}B + BC$ | (보수성의 법칙) |
| $= A + \overline{A}B + BC$ | (동일 법칙) |
| $= (A+\overline{A})(A+B) + BC$ | (분배 법칙) |
| $= A + B + BC$ | (보수성의 법칙) |
| $= A + B(1+C)$ | (분배 법칙) |
| $= A + B$ | (흡수 법칙) |

2) 카르노 맵에 의한 논리식의 간소화

　　⑴ 진리표를 도식적으로 나타내어 적은 수의 변수(2~4개 정도)를 가지는 논리식을 단순화시키는 데 편리하다.

　　⑵ 카르노 도는 고개의 변수로 표현될 수 있는 최소항 또는 최대항을 나타내기 위한 $2^n$개의 사각형(셀)들로 구성된다. 상하 또는 좌우에 인접된 셀에는 하나의 변수값만이 다르게 표현된 최소항 또는 최대항이 배치되도록 한다.

　　⑶ 논리식의 간소화 방법

　　　① 논리식을 최소항의 합 형태로 전개

② 카르노 도로 논리식의 최소항을 1로 표기하고 나머지는 0으로 표기
③ 불대수 정리를 이용하여 인접한 셀과의 변수를 단순화.
④ 최소항이 1인 인접한 셀을 가능하면 2, 4, 8, 16 단위로 묶는다.
⑤ 논리식의 최대항 함수는 0으로 된 셀을 묶고 소거한 함수에 드모르간 정리 적용

(4) 2변수 카르노 도

(a) 최소항 : 모든 변수가 한번씩 나타나 곱의 형태를 이룬다.

| A\B | 0 | 1 |
|---|---|---|
| 0 | $m_0$ | $m_1$ |
| 1 | $m_2$ | $m_3$ |

| A\B | 0 | 1 |
|---|---|---|
| 0 | $\overline{A}\overline{B}$ | $\overline{A}B$ |
| 1 | $A\overline{B}$ | $AB$ |

(b) 최대항 : 모든 변수가 한번씩 나타나 합의 형태를 이룬다.

| A\B | 0 | 1 |
|---|---|---|
| 0 | $M_0$ | $M_1$ |
| 1 | $M_2$ | $M_3$ |

| A\B | 0 | 1 |
|---|---|---|
| 0 | $A+B$ | $A+\overline{B}$ |
| 1 | $\overline{A}+B$ | $\overline{A}+\overline{B}$ |

(5) 3변수 카르노 도

| A\BC | 00 | 01 | 11 | 10 |
|---|---|---|---|---|
| 0 | $m_0$ | $m_1$ | $m_3$ | $m_2$ |
| 1 | $m_4$ | $m_5$ | $m_7$ | $m_8$ |

| A\BC | 00 | 01 | 11 | 10 |
|---|---|---|---|---|
| 0 | $\overline{A}\overline{B}\overline{C}$ | $\overline{A}\overline{B}C$ | $\overline{A}BC$ | $\overline{A}B\overline{C}$ |
| 1 | $A\overline{B}\overline{C}$ | $A\overline{B}C$ | $ABC$ | $AB\overline{C}$ |

# CHAPTER 03 순서논리회로

## 1 플립플롭

### 1. RS 래치와 RS플립플롭

1) RS 래치

   (1) NOR 게이트를 이용한 RS 래치회로
   
   ① 입력단자로 Reset과 Set이 있으며 입력의 상태에 따라서 출력이 정해진다.
   
   ② 출력 상태가 정해지면 입력이 "0"으로 변해도 출력 상태는 그대로 유지되기 때문에 래치회로라고 하며 입력 신호는 액티브 하이(Active High)를 사용한다.
   
   ③ 입력 R=0, S=0 이면 출력(Q)은 전 상태를 유지하고(불변상태),
   
   ④ 입력 R=0, S=1 이면 출력 (Q)은 "1",
   
   ⑤ 입력 R=1, S=0 이면 출력(Q)은 "0",
   
   ⑥ R=S=1은 사용하지 않는다.

   (2) NOR 게이트를 이용한 RS 래치회로

   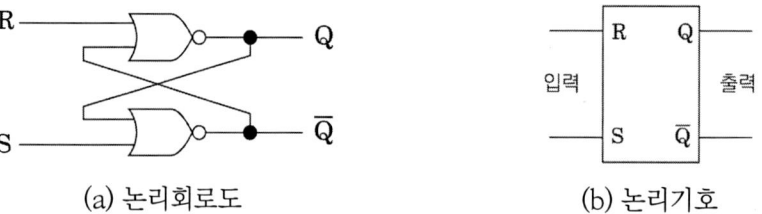

   (a) 논리회로도 　　　　　　　　(b) 논리기호

   (3) RS 래치의 진리표

   | R | S | Q |
   |---|---|---|
   | 0 | 0 | 불변 |
   | 0 | 1 | 1 |
   | 1 | 0 | 0 |
   | 1 | 1 | 금지 |

2) RS 플립플롭

   (1) 특징
   
   ① 플립플롭은 입력이 변해도 클록이 변하지 않으면 출력도 변하지 않는 회로로, 클록 신호가 변할 때에만 동작하는 RS 래치 회로를 RS 플립플롭이라 한다.
   
   ② CP 입력(클럭 펄스 또는 트리거 펄스)이 0에서 1로 변하는 것을 상승 에지라 하고, 1에서 0으로 변하는 것을 하강 에지라 하며, 상승 에지일 때에만 RS-F/F와 같은 동작을 하고 하강 에지일 때에는 입력 R, S의 상태에 무관하여 주어진 앞의 상태를 계속 유지한다.
   
   ③ 3개의 입력 (R, S, CP)을 가지는 플립플롭이며 RST플립플롭 이라 부른다.

(2) 동작설명

① RS 플립플롭 블록도

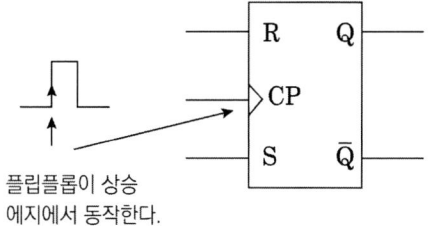

플립플롭이 상승 에지에서 동작한다.

② RS 플립플롭 동작도

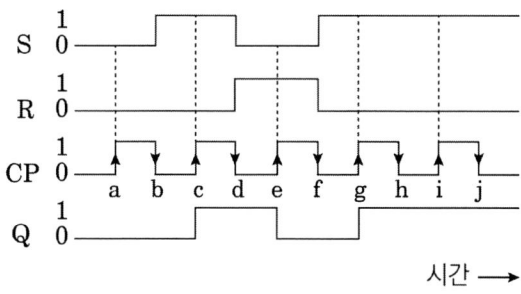

(3) RS 플립플롭 논리 회로도

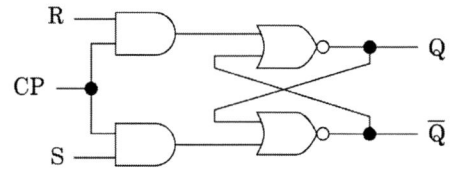

## 2. JK 플립플롭

1) 특징
   (1) RS 플립플롭의 결점인 R=S=1일 때에 출력이 정의되지 않는 점을 개선한 것
   (2) J=1, K=1의 입력인 경우 출력이 토글되는데, "토글"이란 0은 1로, 1은 0으로 각각 반전되는 것을 의미를 말한다.

2) 동작 설명
   (1) J=0, K=0, 클록 발생, 출력(Q) 불변
   (2) J=1, K=0, 클록 발생, 출력(Q)의 값 "1"
   (3) J=0, K=1, 클록 발생, 출력(Q)의 값 "0
   (4) J=1, K=1, 클록 발생, 출력(Q)의 값 토글
   (5) 출력 쪽의 입력에 Feedback이 되어 있기 때문에 J=K=1 일 때 출력이 반전된 후에도 클럭 펄스가 "1" 의 상태를 유지하면 출력이 계속 토글되는 레이싱 현상이 발생되어 마스터-슬래브 JK 플립플롭으로 레이싱 현상을 방지하였으나 최근에는 에지에서만 플립플롭이 동작하도록 설계한 에지 트리거 플립플롭으로 레이싱 현상을 방지하고 있다.

(6) JK 플립플롭 동작도

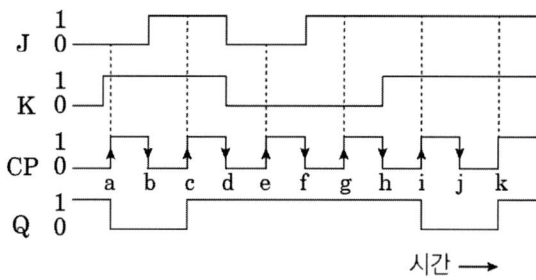

3) 논리기호와 진리표

(1) 논리기호

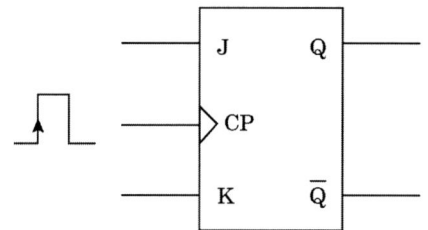

(2) 진리표

| J | K | CP | Q |
|---|---|---|---|
| 0 | 0 | ↑ | $Q_0$(불변) |
| 1 | 0 | ↑ | 1 |
| 0 | 1 | ↑ | 0 |
| 1 | 1 | ↑ | $\overline{Q_0}$(불변) |

(3) JK 플립플롭 논리 회로도

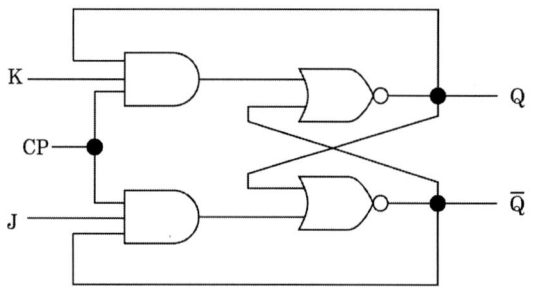

## 3. T 플립플롭

1) 특징

(1) 토글 또는 보수(Complement) 플립플롭으로서 JK 플립플롭의 J와 K를 묶어 데이터 입력(T)으로 하고 입력 T가 0일 경우에는 상태가 불변한다.

(2) T가 1일 때에는 JK 플립플롭에서 J=1, K=1이 되어 클럭이 발생하면 출력은 반전된다.

(3) 클럭 펄스가 발생할 때마다 출력이 반전하므로 계수기에 사용된다.

2) 동작설명

(1) 논리기호

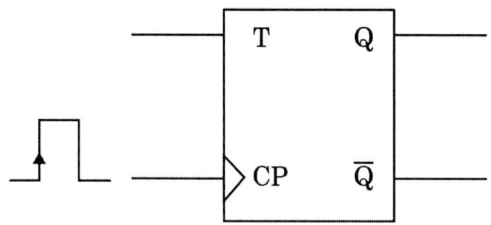

(2) 진리표

| T | CP | Q(t+1) |
|---|----|--------|
| 0 | ↑ | 0(불변) |
| 1 | ↑ | 1(반전) |

(3) T 플립플롭 동작도

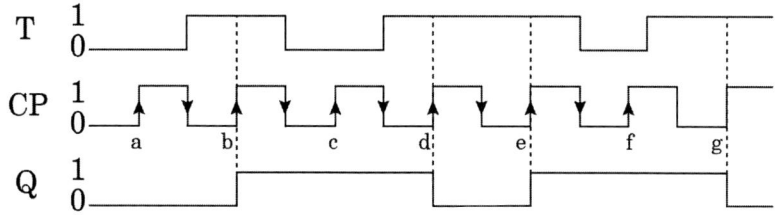

3) 논리 회로도

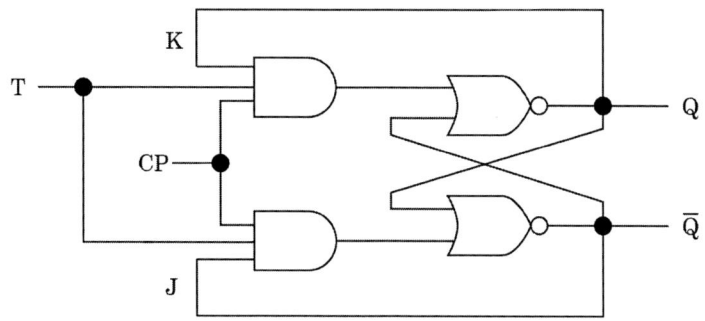

## 2 레지스터

### 1. 레지스터

1) 여러 개의 플립플롭을 사용하여 1비트 이상의 2진 정보를 기억하며 플립플롭과 게이트들로 구성되어 있는데, 플립플롭은 2진 정보를 저장하고 게이트는 새로운 정보를 레지스터로 전송할 시점과 방법을 제어한다.

2) 레지스터는 주로 외부로 부터 들어오는 정보를 저장하거나 이동하는 목적으로 사용하며, 카운터, 여러 비트의 일시적인 저장, 저장된 비트를 이동시켜 2진수의 보수를 구하거나 곱셈 및 나눗셈 연산 등에 사용된다.

3) 입출력의 기능을 바꾸어 오른쪽으로 시프트 하거나 왼쪽으로 시프트 할 수 있도록 하는데 이와 같은 것을 범용 레지스터라고 한다.

4) 시프트 레지스터는 2진수를 직렬로 1비트씩 차례로 입력시키면 레지스터가 기억하고 있는 데이터를 오른쪽 또는 왼쪽으로 한 자리씩 이동시킬 수 있는 레지스터이다.

**2. 직렬 시프트 레지스터**

1) 직렬 시프트 레지스터

데이터를 직렬로 입력하여 직렬로 출력하며, 모뎀에 사용된다.

2) 순환 레지스터

(1) 클럭 신호가 주어지면 시프트 레지스터와 같은 방법으로 비트가 이동된다.

(2) 순환 레지스터는 마지막 플립플롭의 출력 신호가 첫째 번 플립플롭의 입력 신호로 다시 돌아가는 점이 다르며, 각각의 출력 신호가 주기적으로 반복하게 되며 링 카운터라고도 한다.

(3) 4비트 직렬 시프트 레지스터

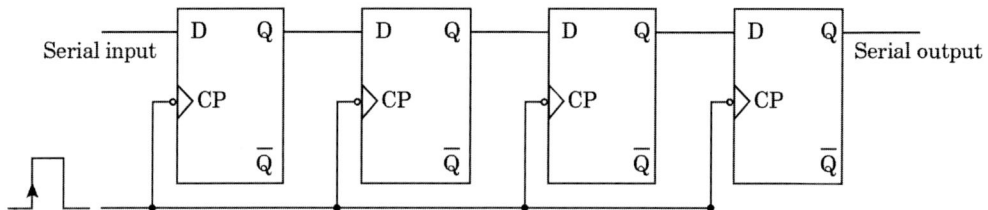

3) 직렬 입력, 병렬 입력 시프트 레지스터

(1) 레지스터의 모든 비트를 클럭 펄스에 의해 데이터를 직렬로 입력하여 병렬로 출력한다.

(2) 직렬 데이터 통신에 사용하며, 데이터를 1비트씩 직렬로 수신한 후에 1바이트가 되면 데이터를 병렬로 변환하여 컴퓨터 내부로 읽어 들인다

(3) 비트 병렬 시프트 레지스터

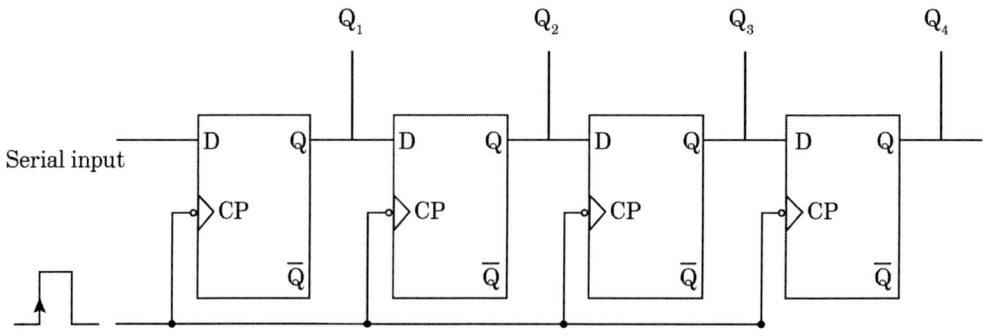

# CHAPTER 04 조합논리회로

## 1 가산기와 감산기

### 1. 가산기

1) 반가산기 (Half-Adder)
   (1) 1비트로 구성된 2개의 2진수를 덧셈할 때 사용한다. 즉, 하위 자리에서 발생한 자리 올림 수를 포함하지 않고 덧셈을 수행한다. 2개의 2진수 입력과 2개의 2진수 출력을 가진다.
   (2) 출력 변수는 합(S, sum)과 자리 올림 수 (C, carry)가 있고, 출력 변수의 합(S)는 2개의 입력 중 하나만 1일 때 1이 되며, 자리 올림 수(C)는 입력 (A, B)이 모두 1인 경우에만 1이 된다.
   ① 합 : $S = \overline{A}B + A\overline{B} = A \oplus B$
   ② 자리 올림 수 : $C = AB$
   (3) 논리기호와 회로도

   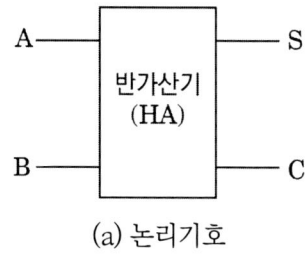 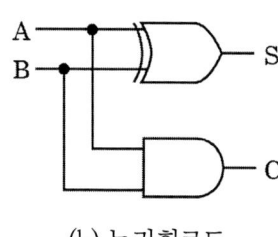

   (a) 논리기호        (b) 논리회로도

   (4) 진리표

   | A | B | S | C |
   |---|---|---|---|
   | 0 | 0 | 0 | 0 |
   | 0 | 1 | 1 | 0 |
   | 1 | 0 | 1 | 0 |
   | 1 | 1 | 0 | 1 |

2) 전가산기(Full-Adder)
   (1) 1비트로 구성된 2개의 2진수와 1비트의 자리 올림 수를 더할 때 사용한다. 즉, 하위 자리에서 발생한 자리 올림 수를 포함하여 덧셈을 수행한다. 3개의 입력(A, B, Z)과 2개의 출력(S, C)으로 구성된다.

(2) 합(S)은 3개의 입력 중 1이 홀수 개인 경우에만 1이 되며, 자리 올림 수(C)는 3개의 입력 중 2개 이상이 1인 경우에 1이 된다.

① 합 : $S = \overline{A}\overline{B}Z + \overline{A}B\overline{Z} + A\overline{B}\overline{Z} + ABZ = A \oplus B \oplus Z$

② 자리 올림 수 : $C = \overline{A}BZ + A\overline{B}Z + AB\overline{Z} + ABZ = AB + (A \oplus B)Z$

(3) 논리기호와 회로도

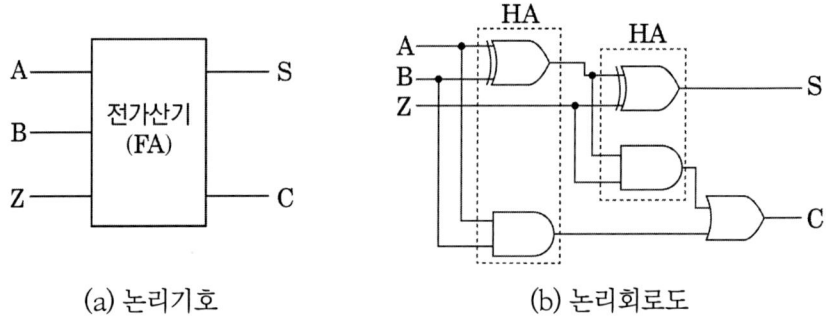

(a) 논리기호  (b) 논리회로도

(4) 진리표

| A | B | Z | S | C |
|---|---|---|---|---|
| 0 | 0 | 0 | 0 | 0 |
| 0 | 0 | 1 | 1 | 0 |
| 0 | 1 | 0 | 1 | 0 |
| 0 | 1 | 1 | 0 | 1 |
| 1 | 0 | 0 | 1 | 0 |
| 1 | 0 | 1 | 0 | 1 |
| 1 | 1 | 0 | 0 | 1 |
| 1 | 1 | 1 | 1 | 1 |

(5) 전가산기의 논리회로는 반가산기와 OR 게이트 각각 1개로 구성되어 있다.

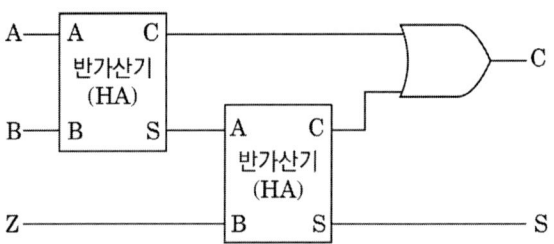

## 2. 감산기

1) 반감산기(Half-Subtracter)
   (1) 1비트로 구성된 2개의 2진수를 뺄셈할 때 사용한다. 2개의 2진수 입력과 2개의 2진수 출력을 가진다. 반감산기는 뺄셈을 할 때 하위 자리에 빌려 준 자리 빌림 수는 고려하지 않기 때문에 2개의 입력 변수를 가진다.
   (2) 출력 변수는 차(D, Difference)와 1을 빌려왔는지 나타내는 자리 빌림 수(b, borrow)가 있다.
      ① 차 : $D = \overline{A}B + A\overline{B} = A \oplus B$
      ② 자리 빌림 수 : $b = \overline{A}B$
   (3) 논리기호와 회로도

   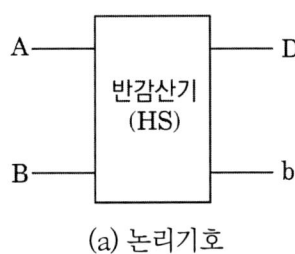 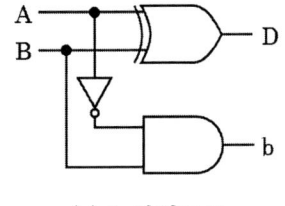

   (a) 논리기호  (b) 논리회로도

   (4) 진리표

   | A | B | D | b |
   |---|---|---|---|
   | 0 | 0 | 0 | 0 |
   | 0 | 1 | 1 | 1 |
   | 1 | 0 | 1 | 0 |
   | 1 | 1 | 0 | 0 |

2) 전감산기(Full-Subtracter)
   (1) 1비트로 구성된 2개의 2진수와 1비트의 자리 빌림 수를 뺄 때 사용한다. 즉, 하위 자리에서 빌려 준 자리 빌림 수를 포함하여 뺄셈을 수행한다.
   (2) 따라서 3개의 입력(A, B, Y) 과 2개의 출력(D, b)으로 구성된다.
      ① 차 : $D = \overline{A}\overline{B}Y + \overline{A}B\overline{Y} + A\overline{B}\overline{Y} + ABY = A \oplus B \oplus Y$
      ② 자리 빌림 수 : $b = \overline{A}\overline{B}Y + \overline{A}B\overline{Y} + \overline{A}BY + ABY = \overline{A}B + (\overline{A \oplus B})Y$
   (3) 논리기호와 회로도

   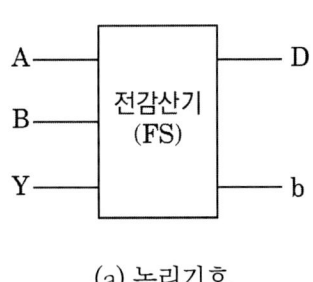 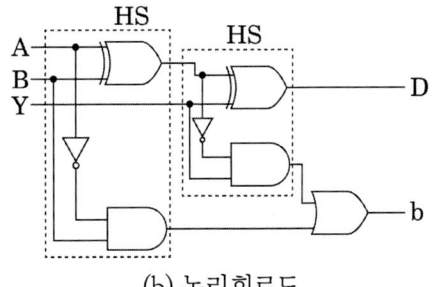

   (a) 논리기호  (b) 논리회로도

⑷ 진리표

| A | B | Y | D | b |
|---|---|---|---|---|
| 0 | 0 | 0 | 0 | 0 |
| 0 | 0 | 1 | 1 | 1 |
| 0 | 1 | 0 | 1 | 1 |
| 0 | 1 | 1 | 0 | 1 |
| 1 | 0 | 0 | 1 | 0 |
| 1 | 0 | 1 | 0 | 0 |
| 1 | 1 | 0 | 0 | 0 |
| 1 | 1 | 1 | 1 | 1 |

⑸ 전감산기 논리회로는 반감산기와 OR 게이트 각각 1개로 구성되어 있다.

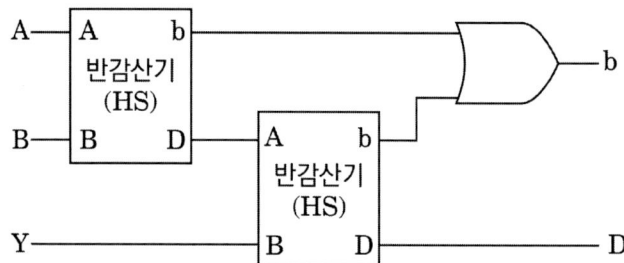

## ２ 인코더와 디코더

### 1. 인코더

1) 인코더(Encoder)
   ⑴ 부호기라고도 하며 10진수나 다른 진수를 2진수로 바꿀 때 사용한다.
   ⑵ 디코더의 반대 기능을 수행하며 $2^n$ 비트의 입력 정보를 2진 코드로 변환하여 n비트 출력으로 내보내는 회로이다.
   ⑶ 따라서 8×3 인코더의 경우 8개의 입력($2^3$ 비트)을 2진 코드로 변환하여 3개(3비트)의 2진수로 변환하여 출력한다.

2) 2×1 인코더
   ⑴ 2개의 입력(2 비트)과 1개의 출력(1비트)을 가지며 입력 신호에 따라 0이나 1을 출력한다.
   ⑵ $D_0$는 의미가 없으며 $D_1$이 1일 때만 출력이 1이 된다.
   ⑶ 논리식  $Y = D_1$
   ⑷ 회로도

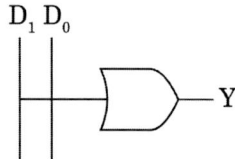

(5) 진리표

| $D_1$ | $D_0$ | Y |
|---|---|---|
| 0 | 1 | 0 |
| 1 | 0 | 1 |

3) 4×2 인코더

   (1) 4개의 입력($2^2$비트)과 2개의 출력($2^1$비트)을 가지며 입력 신호 중 2개 이상이 동시에 1이 되지 않아야 한다.

   (2) 논리식 $Y_0 = D_1 + D_3$, $Y_1 = D_2 + D_3$

   (3) 회로도

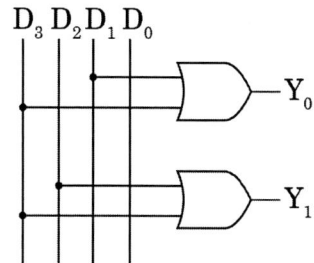

   (4) 진리표

| $D_3$ | $D_2$ | $D_1$ | $D_0$ | $Y_1$ | $Y_0$ |
|---|---|---|---|---|---|
| 0 | 0 | 0 | 1 | 0 | 0 |
| 0 | 0 | 1 | 0 | 0 | 1 |
| 0 | 1 | 0 | 0 | 1 | 0 |
| 1 | 0 | 0 | 0 | 1 | 1 |

## 2. 디코더(Decoder)

1) 디코더

   (1) 복호기 또는 해독기라고도 불리며 2진수를 10진수나 다른 진수로 바꿀 때 사용한다.

   (2) 인코더의 반대 기능을 수행하며 n비트의 입력 정보를 $2^n$비트 출력으로 만들어 준다.

   (3) 3×8 디코더의 경우 3개의 입력(3비트)을 8개($2^3$ 비트)의 출력으로 변환한다.

   (4) 디코더는 컴퓨터의 중앙처리장치 내에서 번지의 해독, 명령의 해독, 제어 등에 사용되며 타이프라이터 등에서는 중앙처리장치로부터 들어온 2진 코드를 문자로 변환하여 인쇄할 때 사용되고 있다.

2) 1×2 디코더

   (1) 1개의 입력 (1비트)과 2개의 출력($2^1$ 비트)을 가지며 1개의 입력에 따라 2개의 출력 중 1개가 선택된다.

   (2) 논리식 $Y_0 = \overline{A}$, $Y_1 = A$

(3) 회로도

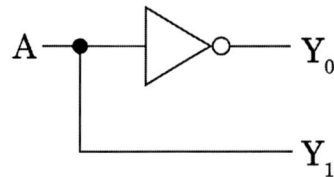

(4) 진리표

| $A$ | $Y_1$ | $Y_0$ |
|---|---|---|
| 0 | 0 | 1 |
| 1 | 1 | 0 |

3) 2×4 디코더

(1) 2개의 입력(2비트)과 4개의 출력($2^2$ 비트)을 가지며 2개의 입력에 따라 4개의 출력 중 1개가 선택된다.

(2) 논리식 $Y_0 = \overline{A}\,\overline{B},\ Y_1 = A\overline{B},\ Y_2 = \overline{A}B,\ Y_3 = AB$

(3) 회로도

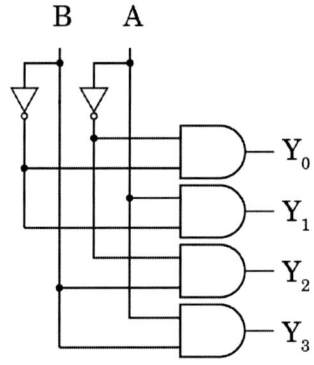

(4) 진리표

| B | A | $Y_3$ | $Y_2$ | $Y_1$ | $Y_0$ |
|---|---|---|---|---|---|
| 0 | 0 | 0 | 0 | 0 | 1 |
| 0 | 1 | 0 | 0 | 1 | 0 |
| 1 | 0 | 0 | 1 | 0 | 0 |
| 1 | 1 | 1 | 0 | 0 | 0 |

모아바 www.moa-ba.com
모아소방전기학원 www.moate.co.kr

## 출제예상문제

**1.** 64가지의 각기 다른 자료를 나타내려고 하면 최소한 몇 비트(bit)가 필요한가?

① 1개 ② 6개
③ 5개 ④ 8개

해설 | 문자열 비트 수 계산
최소 6개가 필요하다.

**2.** 2진수 $(1011)_2$와 $(101)_2$를 더하여 8진수로 변환한 것은?

① 5 ② 20
③ 11 ④ 16

해설 | 2진수의 연산
$1011_2 + 101_2 = 10000_2 \rightarrow 16_{10} \rightarrow 20_8$

**3.** 2진수 101001의 1의 보수는?

① 010110 ② 011000
③ 110110 ④ 101010

해설 | 2진수의 연산
1의 보수는 0을 1로, 1을 0으로 변환하는 것이므로 010110이다.

**4.** 2진수 110101에서 011001을 뺄셈한 것은?

① 11101 ② 01010
③ 10010 ④ 11100

해설 | 2진수의 연산

```
  110101
- 011001
  ------
   11100
```

**5.** 10진수 53을 2진수 8비트로 표현하여 1의 보수로 변환한 것은?

① 11110000 ② 11011010
③ 00111011 ④ 11001010

해설 | 10진수의 연산

```
2 | 53
2 | 26  ----- 나머지 1
2 | 13  ----- 나머지 0
2 |  6  ----- 나머지 1
2 |  3  ----- 나머지 0
     1  ----- 나머지 1
```

10진수 53을 2진수 8비트로 표현하면 00110101이므로 1의 보수는 각 자리를 1을 0으로, 0을 1로 변환하는 것으로 1의 보수는 11001010이다.

**6.** 2진수 1001의 1의 보수는?

① 0110 ② 1011
③ 1111 ④ 1001

해설 | 2진수의 연산
1의 보수는 1을 0으로 0을 1로 변환하면 된다.

정답 01 ② 02 ② 03 ① 04 ④ 05 ④ 06 ①

**07.** 감산은 기본적으로 무엇에 가산으로 귀착되는가?

① 보수   ② 여수
③ 2진수   ④ 16진수

해설 | 보수의 개념
감산은 보수로 귀착이 된다.

**08.** 컴퓨터에서 보수를 사용하는 이유는 무엇인가?

① 제산에서의 불필요한 과정을 없애기 위해
② 가산의 결과를 체크하기 위해
③ 감산에서 보수를 가산법으로 처리하기 위해
④ 승산에서 연산과정을 심플하게 하기 위해

해설 | 보수 표현법
감산에서 보수를 가산법으로 처리하기 위해 보수를 사용한다.

**09.** 주로 IBM의 대형 장비에서 사용되는 하나의 영숫자 코드가 8비트로 구성되어 있는 것은?

① 6비트 Code   ② EBCDIC Code
③ 3초과 코드   ④ ASCII Code

해설 | 확장 이진화 십진법 교환 부호
IBM의 대형 컴퓨터 등에 많이 사용되는 코드는 EBCDIC Code 이다.

**10.** 10진수 $753_{10}$을 8진수로 변환한 것은?

① 1361   ② 357
③ 1250   ④ 7361

해설 | 10진수의 연산

8 | 753
8 | 94   나머지 1
8 | 11   나머지 6
   1    나머지 3

## 출제예상문제

**1.** 다음과 같은 논리회로에서 단자 A에 "0000" 단자 B에 "1010"이 입력된다고 할 때 그 출력(P)의 값은 무엇인가?

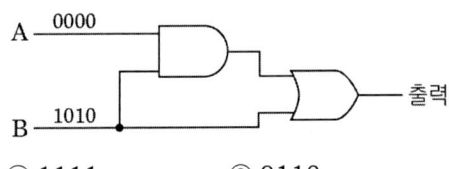

① 1111　　② 0110
③ 1010　　④ 0101

해설 | 논리회로의 연산
P = AB + B = (0000) · (1010) + 1010
　= 0000 + 1010 = 1010

**2.** 그림과 같이 카르노도를 이용하여 간략화된 논리식은 무엇인가?

| CD\AB | 00 | 01 | 11 | 10 |
|---|---|---|---|---|
| 00 | 0 | 0 | 0 | 1 |
| 01 | 1 | 1 | 0 | 1 |
| 11 | 1 | 1 | 0 | 0 |
| 10 | 0 | 0 | 0 | 0 |

① $A\overline{D} + \overline{A}BC$　　② $\overline{A}\overline{D} + \overline{B}C$
③ $\overline{A}\overline{D} + BCD$　　④ $\overline{A}D + A\overline{B}\overline{C}$

해설 | 카르노 맵에 의한 논리식의 간소화
카르노도를 이용하여 간소화하면
$$\overline{A}D + A\overline{B}\overline{C}$$

| CD\AB | 00 | 01 | 11 | 10 |
|---|---|---|---|---|
| 00 | 0 | 0 | 0 | 1 |
| 01 | 1 | 1 | 0 | 1 |
| 11 | 1 | 1 | 0 | 0 |
| 10 | 0 | 0 | 0 | 0 |

**3.** 다음 진리표를 논리식으로 표현한 것은?

| A | B | C | Y |
|---|---|---|---|
| 0 | 0 | 0 | 1 |
| 0 | 0 | 1 | 0 |
| 0 | 1 | 0 | 0 |
| 0 | 1 | 1 | 1 |
| 1 | 0 | 0 | 0 |
| 1 | 0 | 1 | 1 |
| 1 | 1 | 0 | 0 |
| 1 | 1 | 1 | 1 |

① $Y = \overline{A}\overline{B}C + \overline{A}BC + AB\overline{C} + ABC$
② $Y = \overline{A}BC + \overline{A}B\overline{C} + AB\overline{C} + ABC$
③ $Y = \overline{A}BC + \overline{A}B\overline{C} + AB\overline{C} + ABC$
④ $Y = \overline{A}\overline{B}\overline{C} + \overline{A}BC + A\overline{B}C + ABC$

해설 | 진리표를 활용한 논리회로 구현
출력 Y가 1인 조건에서 0 이면 $\overline{A}$, $\overline{B}$, $\overline{C}$ 으로, 1이면 A, B, C로 표시한다.

정답　01 ③　02 ④　03 ④

4. $Y = \overline{A}\,\overline{B}\,\overline{C} + A\overline{B}\,\overline{C} + \overline{A}BC + ABC$ 과 같은 논리식을 간소화한 것은?

① $Y = \overline{A}\,\overline{B} + AB$
② $Y = \overline{B}\,\overline{C} + BC$
③ $Y = \overline{A}\,\overline{C} + A\overline{C}$
④ $Y = \overline{A}\,\overline{C} + AC$

해설 | 논리식의 간소화
$Y = \overline{B}\,\overline{C}(\overline{A} + A)BC(\overline{A} + A) = \overline{B}\,\overline{C} + BC$
$(\overline{A} + A = 1)$

5. 그림과 같은 논리회로의 출력 Y는?

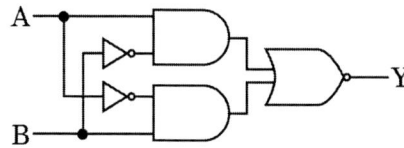

① $A + \overline{B}$
② $A \cdot \overline{B}$
③ $\overline{A} + B$
④ $\overline{A} \cdot B$

해설 | 논리 기호 및 논리식
$Y = A\overline{B} + \overline{A}B = A\overline{B} + A + \overline{B}$
$\quad = A(\overline{B} + 1) + \overline{B} = A + \overline{B}$

6. 다음 그림은 어떤 논리 회로인가?

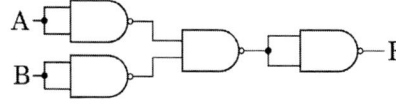

① NAND
② NOT
③ E-OR
④ E-NOR

해설 | 논리회로의 연산
$F = \overline{\overline{\overline{A} \cdot \overline{B}}} = \overline{A} \cdot \overline{B} = \overline{A + B}$ 로 표현되므로 NOR 회로로 간략이 표현된다.

7. 그림과 같은 논리회로를 논리함수로 바꾼 것은 무엇인가?

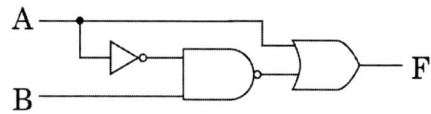

① $\overline{A} + B$
② $\overline{A} + \overline{B}$
③ $A + \overline{B}$
④ $A + B$

해설 | 논리회로의 연산
$F = \overline{\overline{A}B} + A = A + \overline{B} + A = A + \overline{B}$

8. 다음 논리기호와 등가인 논리 기호는?

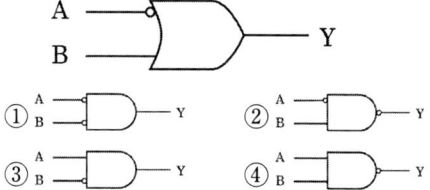

해설 | 드 모르간의 정리
$Y = \overline{A} + B$
① $Y = \overline{\overline{A} \cdot \overline{B}} = \overline{\overline{A}} + \overline{\overline{B}} = A + B$
② $Y = \overline{\overline{A} \cdot B} = \overline{\overline{A}} + \overline{B} = A + \overline{B}$
③ $Y = \overline{A \cdot \overline{B}} = \overline{A} + \overline{\overline{B}} = \overline{A} + B$
④ $Y = \overline{A \cdot B} = \overline{A} + \overline{B}$

**9.** 다음 그림과 같은 다이오드 게이트의 출력식은 무엇인가?

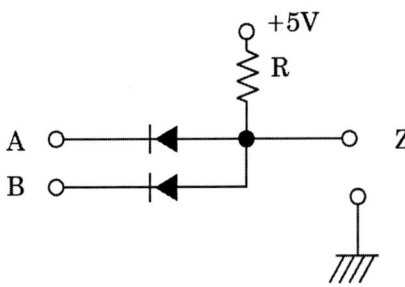

① $Z = AB$
② $Z = \overline{AB}$
③ $Z = A + B$
④ $Z = \overline{A} + \overline{B}$

해설 | AND(논리곱) 연산
AND 게이트 전자소자로서 논리식은 Z = AB

**10.** 다음 그림과 같은 유접점 회로를 무접점 디지털 논리식으로 바꾼 것은?

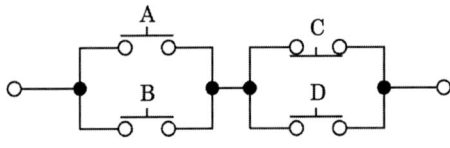

① $(A + B)(\overline{C} + D)$
② $(A + \overline{C})(B + D)$
③ $AB + \overline{C}D$
④ $(B + \overline{C})(A + D)$

해설 | 유접점 회로의 무접점 논리회로 전환
논리식은 $(A + B)(\overline{C} + D)$

# 출제예상문제

**순서논리회로** | 전기기능장 필기

**1.** 카운터를 설계하는데 가장 많이 사용하는 플립플롭은 무엇인가?

① D 플립플롭
② SR 플립플롭
③ T 플립플롭
④ MS 플립플롭

해설 | T플립플롭의 특징
카운터 설계 시에 T플립플롭 DMF 가장 많이 활용된다.

**2.** 현재 출력 ($Q_n$)과 관계없이 다음 출력 ($Q_{n+1}$)이 "0"이 되기 위해 입력이 "0"이 되어야 하는 플립플롭은?

① T 플립플롭
② JK 플립플롭
③ RS 플립플롭
④ D 플립플롭

해설 | D플립플롭의 특징
D=0에서 클럭이 발생하면 Q=0이고, D=1에서 클럭이 발생하면 Q=1이 되는 것이 D 플립플롭이다.

**3.** 플레지스터의 데이터를 입·출력 방식 4종류 중 틀린 것은?

① 직렬입력-병렬입력
② 직렬입력-병렬출력
③ 병렬입력-직렬출력
④ 병렬입력-병렬출력

해설 | 플레지스터의 입·출력 방식
4가지 기본유형은
직렬입력-병렬출력
직렬입력-병렬출력
병렬입력-직렬출력
병렬입력-병렬출력

**4.** 일련의 순차적인 수를 세는 회로는 무엇인가?

① 디코더
② 인코더
③ 바이브레이터
④ 카운터

해설 | 카운터 회로
카운터는 일련의 순차적 수를 세는 회로이다.

**5.** NAND 게이트를 활용한 래치 회로에서 $\overline{S}=0$, $\overline{R}=1$일 때, $Q=1$, $\overline{Q}=0$라면 동작 상태는 어떤 것인가?

① 세트
② 기억유지
③ 리셋
④ 금지입력

해설 | NAND 게이트를 이용한 래치 회로
세트 상태는 출력이 1이다.

정답  01 ③  02 ④  03 ①  04 ④  05 ①

## 6. 비동기형 10진 계수기를 T 플립플롭으로 구성할 때 플립플롭이 필요한 수량은?

① 6
② 2
③ 8
④ 4

해설 | 비동기 10진 카운터
10진 계수기에는 n 단일 때 $2^n$ 개의 플립플롭이 필요하므로 $2^4 = 16$이므로 4개가 필요하다.

해설 | 순차논리회로
D 플립플롭은 D = 0에서 출력이 발생하면 Q = 0이고, D = 1에서 출력이 발생하면 Q = 1이 된다.

## 7. RS 플립플롭을 D 플립플롭으로 변환하는 조건에 맞는 것은?

① S에서 NOT를 통하여 R에 연결하고 S를 D로 대체한다.
② Q를 S에 궤환하고, S를 D로 대체한다.
③ $\overline{Q}$를 R에 궤환하고 S를 D로 대체한다.
④ Q를 R에 궤환하고 S를 D로 대체한다.

해설 | 논리회로 플립플롭 변환
RS 플립플롭에서 S에서 NOT 게이트를 통하여 R에 연결되고 S를 D로 대체하면 D 플립플롭과 같은 동작을 할 수 있다.

## 8. D 플립플롭의 현재 상태가 0일 때 다음 상태를 1로 하기 위한 D의 입력 조건은?

① 0
② 1
③ 1과 0 모두 가능
④ 1에서 0으로 바뀌는 펄스

# 출제예상문제

**1.** 그림과 같은 회로의 기능을 무엇이라 하는가?

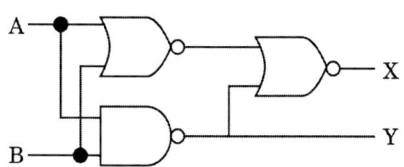

① 반일치회로   ② 반가산기
③ 감산기       ④ 부호기

해설 | 반가산기(Half-Adder)
$X = \overline{\overline{A+B}+AB} = (A+B)(\overline{A}+\overline{B})$
$= A\overline{A} + A\overline{B} + \overline{A}B + B\overline{B} = A\overline{B} + \overline{A}B$
Carry(자리올림) $Y = AB$ 로 반가산기이다.

**2.** 어느 시스템 프로그램에 있어서 특정한 부호와 신호에 대해서만 응답하는 장치 해독기로서 다른 신호에는 응답 하지 않는 것은 무엇인가?

① 산술 연산기 (ALU)
② 멀티플렉서(Multiplexer)
③ 인코더(Encoder)
④ 디코더(Decoder)

해설 | 디코더의 특징
디코더는 자료를 해독하는 장치이다.

**3.** 다음의 진리표를 만족하는 논리회로는?
{단, A, B는 입력이고, 출력 S(Sum), $C_0$(Carry)임}

| A | B | S | $C_0$ |
|---|---|---|---|
| 0 | 0 | 0 | 0 |
| 0 | 1 | 1 | 0 |
| 1 | 0 | 1 | 0 |
| 1 | 1 | 0 | 1 |

① EX-OR 회로
② 비교 회로
③ 반가산기 회로
④ Latch 회로

해설 | 반가산기의 논리회로
합(S) $= \overline{A}B + A\overline{B}$
자리 올림($C_0$) $= A \cdot B$로 반가산기회로이다.

**4.** 다음 중 전가산기(Full - Adder) 회로의 기본적인 구성은?

① 입력 2개, 출력 2개로 구성
② 입력 2개, 출력 3개로 구성
③ 입력 3개, 출력 2개로 구성
④ 입력 3개, 출력 3개로 구성

해설 | 전가산기 회로의 입·출력 구성요소
1비트로 구성된 2개의 2진수와 1비트의 자리 올림으로 2진수 3개를 더하는 조합회로이다.

5. 다음 그림과 같은 회로의 명칭은?

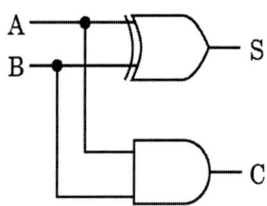

① 플립플롭회로
② 반가산기
③ 전가산기 회로
④ 배타적 논리합 회로

해설 | 반가산기의 논리회로도
한자리 2진수 2개를 입력하여 합(Carry)과 자리올림(Carry)를 계산하는 덧셈회로이다.

6. 데이터 선이 3개라면 최대 몇 가지 상태로 나타낼 수 있는가?

① 3가지   ② 88가지
③ 16가지  ④ 8가지

해설 | 문자열 비트 수 계산
$2^n$가지의 상태로 나타낼 수 있으므로 $2^3 = 8$가지 상태로 나타낼 수 있다.

7. 멀티플렉서(MUX, Multiplexer)란 무슨 의미인가?

① n비트의 2진수를 입력하여 최대 $2^2$비트로 구성된 정보를 출력하는 조합 논리회로이다.
② $2^2$비트로 성된 정보를 입력하여 출력하는 조합 논리회로이다.
③ 여러 개의 압력선 중에서 하나를 선택하여 단일 출력선으로 연결하는 조합 논리회로이다.
④ 하나의 입력선으로부터 정보를 받아 여러 개의 출력단자의 출력선으로 정보를 출력하는 회로이다.

해설 | 멀티플렉서
멀티플렉서는 여러 개의 입력선 중에서 하나를 선택하여 단일 출력선에 연결하는 조합 논리회로이며 데이터 선택기라고도 한다.

8. 다음 중 조합논리회로가 아닌 것은?

① 플립플롭
② 반가산기
③ 디코더
④ 멀티플렉서

해설 | 조합논리회로의 종류
조합논리회로의 종류로는 반가산기, 전가산기, 디코더, 멀티플렉서 등이 있다.

9. 마이크로프로세서 내에서 산술연산의 기본연산은 무엇인가?

① 나눗셈   ② 곱셈
③ 뺄셈     ④ 덧셈

해설 | 디지털 시스템의 기본연산
기본연산은 덧셈이다.

아우름 전기기능장 필기

# PART 08
# 공업경영

# CHAPTER 01 품질관리

## 1 품질관리

### 1. 품질관리 기초

1) 품질관리의 정의
   (1) 품질은 용도에 대한 적합성이라 정의하고, 제품의 필수적 요건은 그 제품을 사용하는 사람들의 요구를 충족시키는 것이므로 용도에 대한 적합성 개념을 모든 제품과 서비스에 보편적으로 적용할 수 있다.
   (2) 품질이란 제품이나 서비스의 사용에서 소비자의 기대에 부응하는 마케팅, 기술제조 및 보전에 관한 여러 가지 특정의 전체적인 구성을 뜻 한다.
   (3) 물품 또는 서비스가 사용목적을 만족시키고 있는지의 여부를 결정하기 위한 평가 대상이 되는 고유의 성질·성능의 전체다.

2) 품질관리의 분류
   (1) 요구품질
      소비자의 기대품질로 "당연히 있어야 할 품질이다(목표품질).
   (2) 설계품질
      요구품질을 실현하기 위해 제품을 기획하고 그 결과를 시방으로 정리하여 도면화한 품질이다.
   (3) 제조품질
      실제로 제조된 품질특성 "실현되는 품질"이다.
   (4) 시장품질
      소비자가 원하는 기간동안 제품의 품질이 지속적으로 유지될 때 소비자가 만족하게 되는 품질이다.(소비자품질)

3) TQM(Total Quality Management)의 정의
   (1) TQM의 정의
      전사적 품질 경영(TQM, Total Quality Management) 또는 종합 품질 관리란 기업 활동의 전반적인 부분의 품질을 높여 고객 만족을 달성하기 위한 경영 방식이라고 정의할 수 있다.
   (2) TQM의 특징
      ① TQM에서는 조직 및 업무의 관리에도 중점을 두어 구성원 모두가 품질 향상을 위해 반드시 노력하여야 한다.
      ② 제품 및 서비스 생산과정 개선, 지속적인 종업원 교육, 바람직한 기업 문화 창출, 미래 경영 환경 대비, 신기술 개발 등을 통해 경쟁력을 높이고 장기적인 성장을 도모할 수 있다.

③ 조직의 공동목적 달성을 위해서 전체 구성원의 결집된 노력으로 품질경영 활동이 전개되는 전사차원의 종합적인 품질경영이 필요한 것이다

(3) 활동 예상 효과

① 운영효율과 수익성 증대

② 기업문화와 구성원 행동의 변화

③ 불량과 낭비의 예방

④ 고객의 만족

⑤ 시장점유율의 유지와 증대

⑥ 조직구성원의 잠재력 함양

⑦ 제품서비스의 품질, 제품안전, 신뢰성 향상

⑧ 안전, 건강, 환경의 개선

4) PDCA 사이클(관리사이클)

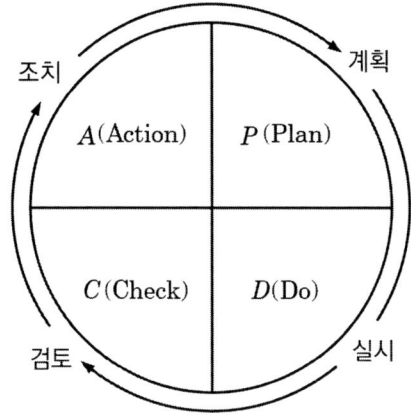

(1) Plan (계획)

① Plan 단계에서는 목표를 설정하고, 각자의 역할과 책임을 정하고, 일의 범위와 절차를 설정하고, 실행 성과를 어떻게 측정할지를 결정한다.

② 이런 활동들을 수행하기에 앞서 가장 중요한 것은 "진짜 중요한 문제 가 무엇인가"를 인지하는 것이 중요하다.

(2) Do (실행)

① Do 단계에서는 Plan 단계에서 계획한 바를 실행한다.

② Do 단계에서 그 '문제'에 대한 '해결책'을 실제로 실행하는 것이다.

③ 즉 "전면적 실행"이 아니라 "부분적 실행"을 하는 단계이다.

(3) Check (검증)

① Do 단계에서 '문제'에 대한 '해결책'을 부분적 실행하였다.

② Check 단계에서는 Do 단계의 실험 결과가 Plan 단계에서 가정한 것에 부합되는지 체크하는 단계이다.

(4) Action (개선)
　① Action 단계에서는 체크한 바를 토대로 부분적 실험의 범위를 넓혀 한 번 더 실험하거나, 전면적 실행을 하게 된다.
　② 대개 PDCA로 1번의 부분적 실험을 한 후, 다음 PDCA로 전면적 실행을 하는 경우가 대부분이다.

## 2. 품질 코스트

1) 품질코스트의 종류

(1) 적합 코스트

예방비용과 평가비용에 투입된 비용으로 실패 방지를 위해 투입된 비용이다.

| 구 분 | 정 의 | 내 용 |
| --- | --- | --- |
| 예방 비용 | 부적합비용의 발생을 미연에 방지하기 위한 비용 | ① 교육이나 각종 사전 개선 활동비<br>② 조직 운영에 따른 인건비<br>③ 사무기기, 자문, 기술사용료 등 |
| 평가 비용 | 부적합사항을 사전 판정 또는 적출하여 후공정이나 고객에게 부적합사항이 발생하지 아니하도록 투입된 비용 | ① 관련 인건비<br>② 경비, 실험비용, 계측기 관련비용<br>③ 각종 평가비용 |

(2) 부적합 코스트

실패비용과 Hidden 비용(겉으로 나타나지 않는 비용)을 합한 비용으로 직간접적 손실비용이다.

| 구 분 | 정 의 | 내 용 |
| --- | --- | --- |
| 사내실패비용 | 사내에서 발생된 손실비용 | ① 제품불량폐기, 재작업손실<br>② 자재수율손실, 초과서비스손실<br>③ 설계 부실로 인한 추가 작업 손실 |
| 사외실패비용 | 사외에서 발생된 손실비용 | ① 클레임에 관한 손실비용<br>② 부적합에 대비하기 위한 비용<br>③ 클레임 대책비 |
| Hidden 비용 | 직접적 원가 손실은 없음 | ① 시장의 기대 손실비용<br>② 협력업체의 손실비용<br>③ 상대적 목표 미달 비용 |

2) 적합품질과 코스트의 상관성

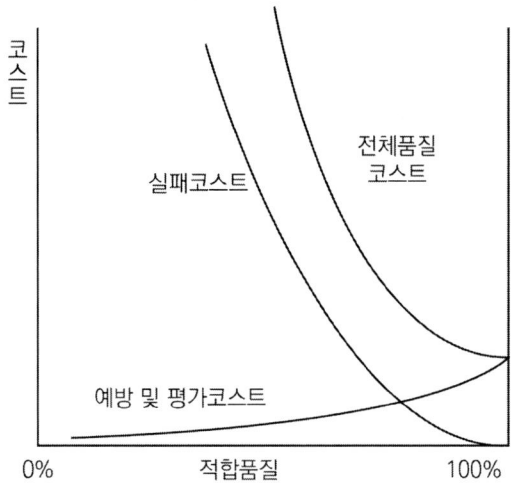

## 3. 6시그마

1) 정의

6시그마란 제품의 설계와 제조뿐만 아니라 사무간접, 지원 등을 포함하는 모든 종류의 프로세스에서 결함을 제거하고 목표로 부터의 이탈을 최소화하여 조직의 이익창출과 함께 고객만족을 극대화 하고자 하는 혁신전략을 의미한다.

2) 6시그마의 4단계(MAIC)

(1) 1단계 (측정 : Measurement )

주요 제품 특성치(종속변수)를 선택하고, 필요한 측정을 실시하여 품질수준을 조사하며, 그 결과를 공정관리 카드에 기록하고, 단기 또는 장기 공정능력을 추정하는 단계이다.

(2) 2단계 (분석 : Analysis)

최고 수준의 제품이 성공적인 성능을 내기위한 요인이 무엇인가를 조사하고 목표를 설정하는 단계이다.

(3) 3단계 (개선 : Improvement)

설정된 목표를 달성하기 위하여 개선되어야 할 성능 특성치를 먼저 선택하고, 이 특성치에 대한 변동의 주요 요인을 진단한다. 다음으로 실험계획법, 회귀분석 등의 통계적 방법을 통하여 공정변수를 찾고, 이들의 최적조건(새로운 공정조건)을 구한다. 그리고 각 공정변수가 특성치에 영향을 주는 영향 관계를 알아내고, 각 공정 변수에 대한 운전규격을 정하는 단계이다.

(4) 4단계 (관리 : Control)

새로운 공정조건을 표준화시키고 통계적 공정관리 방법으로 그 변화를 탐지하고 표준으로 공정이 안정되면 공정능력을 재평가하는 단계이다.

## 2 통계적 방법

### 1. 데이터의 종류

1) 계수치

셀 수 있는 데이터로서 사고 발생 건수, 불량 개수 등이 있다.

2) 계량치 데이터

계수치와는 달리 셀 수 없는 데이터로서 연속적인 량으로 측정되는 품질 특성치를 의미한다.

### 2. 문제해결 도구

1) 특성요인도

(1) 정의

일의 결과 (특성)와 그것에 영향을 미치는 원인 (요인)을 계통적으로 정리한 그림으로 특성에 대해 어떤 요인이 어떤 관계로 영향을 미치고 있는가를 명확히 하여 원인 추구를 쉽게 한 내용으로 공정의 여러 가지 문제( 불량, 납기, 원가, 재해 등)에 대한 발생원인을 분석 정리하여 해결방안의 수립을 유도하기 위해 작성한다.

(2) 용도

① 개선 해석용
② 공정 관리용
③ 작업표준 작성용
④ 품질관리용 및 교육용

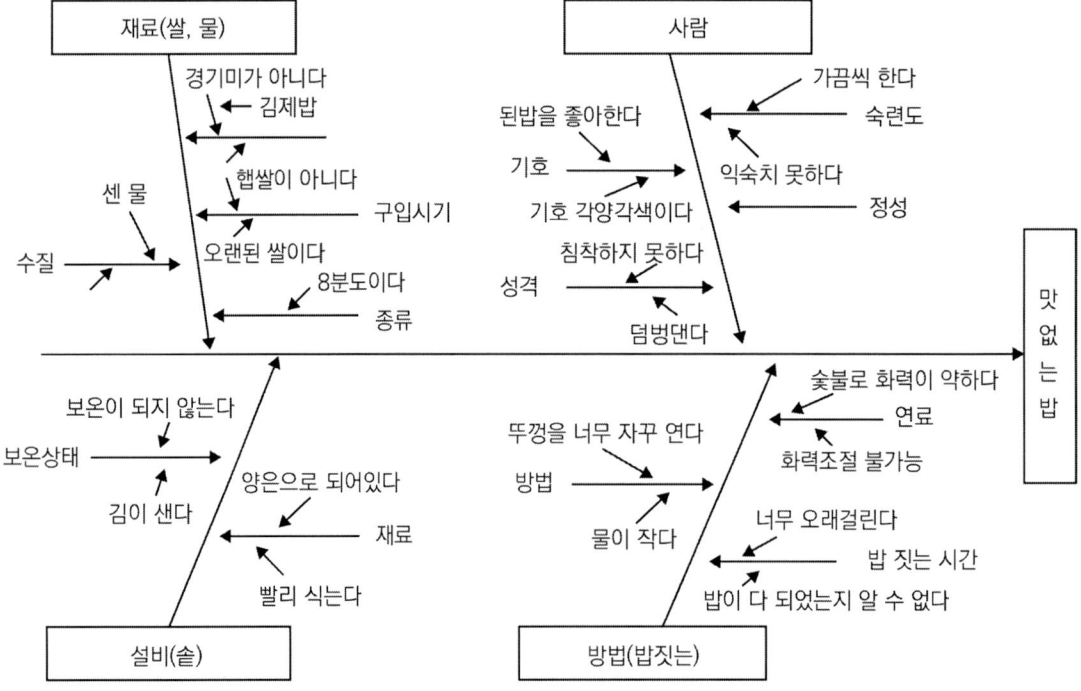

2) 파레토도
    (1) 정의
        어디에 어떤 조치를 취하여야 하는가를 판단할 목적으로 불량이나 결점 등의 내용을 분류하여 크기 순서대로 배열하는 동시에 누적수를 표시한 그림
    (2) 작성 순서
        ① Data를 수집한다.
        ② 누적수, 비율, 누적비율을 산출한다.
        ③ 그래프를 그린다.
        ④ 누적 꺾은선 그래프를 그린다.
        ⑤ 누적비율의 눈금을 표시한다.

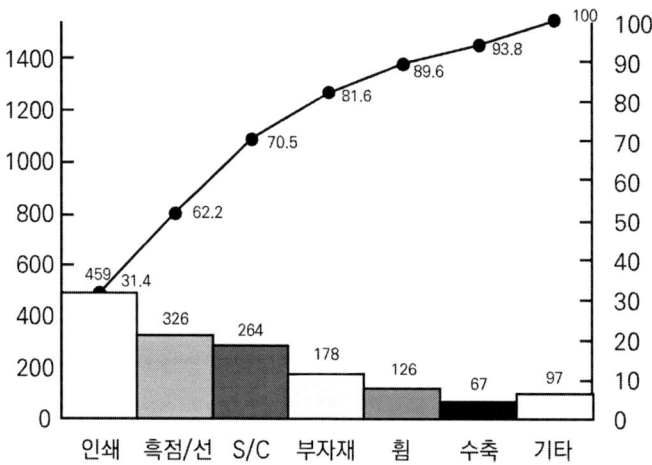

3) 히스토그램
    (1) 정의
        균일한 양질의 제품을 만들려고 하지만 실제로는 같은 공정, 같은 설비, 같은 작업표준, 같은 재료에 의해 만들어도 완성된 제품의 품질에는 산포가 생기는데, 이때 품질의 특성으로 얻어지는 Data는 어떤 값을 중심으로 가장 많으며 중심에서 떨어짐에 따라 그 비율이 줄어드는 제품의 분포, 산포를 알 수 있는데, 데이터 군의 질을 효과적으로 알기 위한 기법이다.
    (2) 작성 순서
        ① Data를 수집한다.
        ② Data 의 최대값, 최소값 을 구한다.
        ③ 구간의 수(기둥), 폭, 경계값을 구한다
        ④ 구간의 중심값을 구한다.
        ⑤ 히스토그램을 그린다
        ⑥ 특이사항을 기입한다.

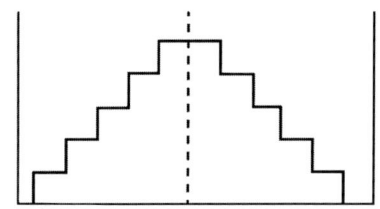
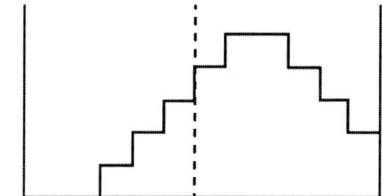

4) 그래프
  (1) 정의
      Data를 도형으로 나타내어 수량의 크기를 비교하거나 수량의 변화하는 상태를 알기 쉽게 한 것이다.
  (2) 특징
      ① 시각적인 효과 : 숫자보다 그림이 알기 쉽다.
      ② 각 Data 간의 비교가 용이
      ③ 전체적인 Data 파악에 용이
      ④ 알아보기 쉽고 구체적인 판단을 할 수 있다.

5) 산점도
  (1) 정의
      대응하는 2종류의 Data 를 가로축과 세로축에 잡아 타점하여 상호간의 관계를 보는 그래프이다.
  (2) 특징
      ① 대응하는 2 종류의 Data 가 서로 관계가 있는가, 없는가를 확인이 가능하다.
      ② 만약 관계성이 있다면 어떤 특성치를 규격치의 범위에 넣기 위해서는 요인을 어떤 값으로 조절하면 좋은가를 조사하는데 사용된다.

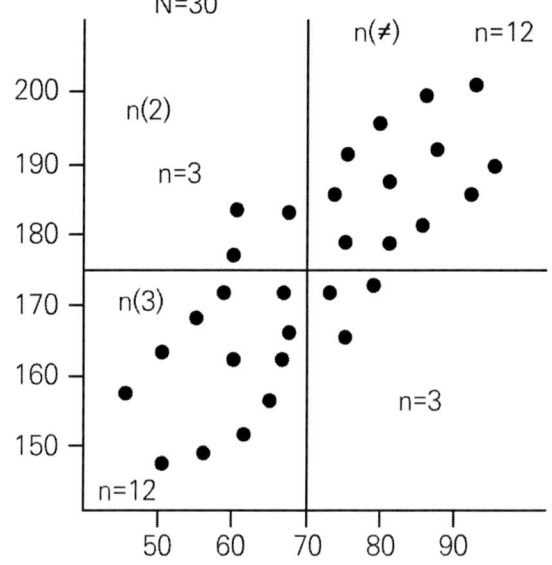

6) 관리도
   (1) 정의
   공정을 관리 하면서 생기는 공정의 산포 중 이상 원인에 의해서 생기는 문제의 원인을 찾아내어 원인을 찾아내어 제거할 때 사용되어지는 그래프이다.
   (2) 관리도의 구조

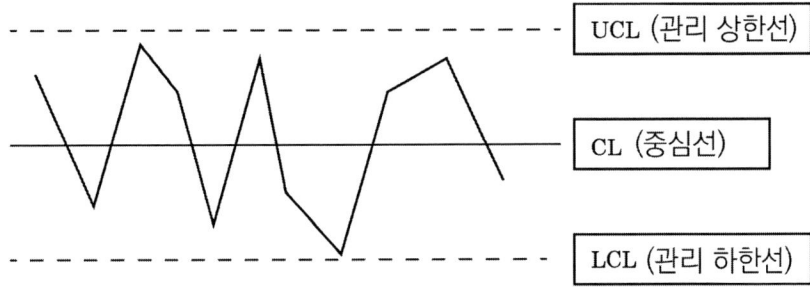

7) 체크시트
   (1) 정의
   종류별로 Data를 취하거나 확인단계에서 누락, 착오 등을 없애기 위해 간단히 체크하여 결과를 알 수 있도록 만든 도표이다.
   (2) 종류

   | 구 분 | 내 용 |
   | --- | --- |
   | 기록용 체크 시트 | Data를 간단히 기호로 표시하여 정리함으로써 현상파악을 용이하게 한 체크 시트 |
   | 점검용 체크 시트 | 작업수행 시 사고나 착오를 방지하기 위하여 점검이나 확인사항 등을 미리 정하고 그것을 하나하나 체크할 때 사용하는 체크 시트 |

## 3 관리도

### 1. 관리도의 정의 및 활용도

1) 정의
   (1) 공정이 안정한 상태에서 혹은 불안정한 상태에서 진행이 되는지를 조사하기 위해 이용하는 그림
   (2) 품질을 Chart로 나타낸다.
   (3) 보통의 그래프와 다른 점은 관리 한계선(상한, 하한)과 중심선으로 표시한다.

2) 활용도
   (1) 여러 방법의 데이터분석을 통해서 개선이나 관리해야 할 품질특성이 정해지면 개선과 관리방법을 알기 위해 관리도를 활용한다.
   (2) 제품들의 품질특성을 측정하여 그 평균과 산포를 근거로 관리 한계선을 정하고 그 한계선을 벗어나면 공정에 문제가 발생한 것으로 판단한다.

3) 관리도의 종류

| 데이터 | 분포 | 관리도 |
|---|---|---|
| 계수치 | 이항분포 | nP 관리도<br>P 관리도 |
| 계수치 | 포아송분포 | c 관리도<br>u 관리도 |
| 계량치 | 정규분포 | $\overline{X}$-R 관리도<br>X 관리도<br>x-R 관리도 |

4) 계수치 관리도

수량을 셀 수 있는 수치와 그에 따른 불량률을 측정하는데 활용하는 관리도

(1) 불량계수(nP) 관리도

이항분포에 따르는 계수치의 관리도로 n개로 이루어진 표본중에서 불량품의 개수로 관리하는 것으로 합격여부 판정에 이용된다.

① 불량개수 $(\overline{nP}) = \dfrac{\sum nP}{k}$ )

② 관리 상한선 $(UCL) = \overline{nP} + 3\sqrt{\overline{nP}(1-\overline{P})}$

③ 관리 하한선 $(LCL) = \overline{nP} - 3\sqrt{\overline{nP}(1-\overline{P})}$

(2) 불량률(p) 관리도

제품의 품질을 불량률에 따라 관리하는 경우에 사용되는 관리도로써 계수형 관리도가 가장 많이 사용된다.

(3) 결점수(c) 관리도

① 일정 단위중에 나타나는 결점수를 관리하기 위한 관리도

② 중심선 $cL = \overline{c} = \dfrac{\sum c}{k}$

③ 관리 상한선 $(UCL) = \overline{c} + 3\sqrt{\overline{c}}$

④ 관리 하한선 $(LCL) = \overline{c} - 3\sqrt{\overline{c}}$

(4) 단위당 결점수(u) 관리도

① 중심선 $cL = \overline{u} = \dfrac{\sum c}{\sum n}$

② 관리 상한선 $(UCL) = \overline{u} + 3\sqrt{\dfrac{\overline{u}}{n}}$

③ 관리 하한선 $(LCL) = \overline{u} - 3\sqrt{\dfrac{\overline{u}}{n}}$

## 5) 계량치 관리도

(1) 전류, 전압, 강도, 무게등 연속적으로 변하는 량을 측정하는 관리도

(2) $\bar{x}$-R 관리도

① 평균치의 변화를 관리하는 $\bar{x}$ 관리도와 편차의 변화를 관리하는 R관리도를 조합한 것으로 가장 많이 사용된다.

② 어느 공정에서 일정기간마다 관리도에 기입해서 관리상태를 파악하고, 한계를 벗어나는 경우에는 이상이 발생한 것으로 판단한다.

(3) x 관리도

① 데이터 군을 분리하지 않고 한 개의 측정치를 그대로 사용하여 공정을 관리할 경우에 사용하는 관리도

② 시간이 많이 소요되는 화학 분석치 등에 활용된다.

(4) x-R 관리도

① R 관리도보다 취급이 간단하며 길이, 무게, 시간 등 계량값으로 나타내는 공정에서 활용된다.

(5) R 관리도

① 공정의 산포를 관리하는 곳에 사용되며 R값은 최댓값-최소값으로 표현한다.

## 6) 관리도 판독법

(1) 주기

관리도의 점이 주기적으로 상, 하로 변동하는 파형처럼 나타나는 현상이다.

(2) 런(RUN)

① 관리도 중심선의 한쪽에 연속해서 나타난 점

② 길이가 5~6런에서는 공정 진행의 "주의"로 판단함.

③ 길이가 7런에서는 공정 진행의 "이상"으로 판단함.

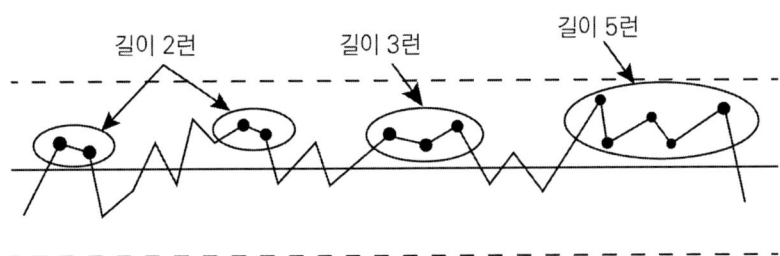

(3) 경향

연속해서 7점 이상 올라가거나 내려가는 상태

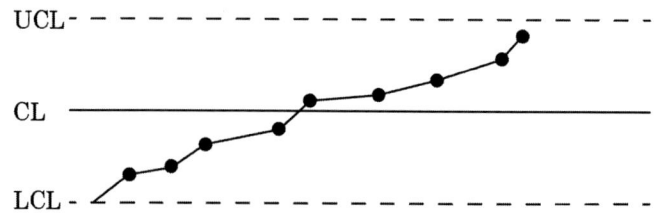

(4) 산포

수집된 자료값이 평균을 중심으로 흩어져 있는 상태를 나타내는 값

## 4 샘플링 검사

### 1. 샘플링 검사

1) 샘플링 검사의 목적
   (1) 검사 비용의 절감
   (2) 공정의 변화 검증
   (3) 품질향상의 자극
   (4) 규격 미달품 Lot의 불합격
   (5) 검사원의 정확성
   (6) 측정기기의 정밀도 측정

### 2. 샘플링 검사의 분류

1) 검사 형태에 따른 분류
   (1) 규준형 샘플링 검사
      ① 생산자, 구매자의 동시 만족
      ② 최초 거래 시 활용
   (2) 계수값 샘플링 검사
      ① 구매자 측에서 샘플링 난이도 조정
      ② 고품질 Lot에 대해 샘플의 크기를 작게 하여 검사비용을 절감
   (3) 선별형 샘플링 검사

   샘플링 검사에서 불합격된 Lot속에 모든 제품을 전수검사하여 양품과 불량품을 선별하는 방법

   (4) 연속 생산형 샘플링 검사

   Lot 구분하지 않고 연속해서 생산되어 나오는 제품의 특성을 고려하여 선별하는 방법

(5) 조정형 샘플링 검사

양질의 제품에는 쉬운 검사를 불량이 많은 제품에는 까다로운 검사를 실시하여 조정하는 방법으로 생산자에게 품질향상을 권장하는 샘플링 검사

2) 검사 장소에 따른 분류
   (1) 정위치 검사        (2) 순회검사        (3) 출장검사

3) 검사 성질에 따른 분류
   (1) 관능검사          (2) 파괴검사        (3) 비파괴검사

4) 검사 횟수에 따른 분류
   (1) 1회    (2) 2회    (3) 다회    (4) 축차

5) 검사 항목에 따른 분류

| 구 분 | 내 용 |
|---|---|
| 수량 검사 | 규정된 수량을 확인하는 검사 |
| 외관 검사 | 외관 상태가 기준에 적합한지를 확인하는 검사 |
| 치수 검사 | 길이 등 단위로 표시하는 품질의 특성을 확인하는 검사 |
| 중량 검사 | 제품의 중량을 확인하는 검사 |
| 성능 검사 | 기계적, 전기적 등 제품의 목적에 적합한 성능인지 확인하는 검사 |

6) 공정에 따른 분류

| 구 분 | 내 용 |
|---|---|
| 수입 검사 | 현장에 투입되는 부품, 원재료의 적합성 검사 |
| 구입 검사 | 제시된 Lot의 제품을 구입해도 되는지 품질상태를 검사 |
| 공정 검사 | 공정간 이동 시 불량품이 진행되지 않도록 하는 검사 |
| 최종 검사 | 생산 제품이 요구되는 사항이 적합한지를 검사 |
| 출하 검사 | 완제품 출하 전에 출하여부를 결정하는 검사 |

7) 판정에 따른 분류

| 구 분 | 내 용 |
|---|---|
| 관리샘플링 검사 | 공정관리, 조정 및 검사의 체크를 목적으로 함. |
| Lot별 샘플링 검사 | Lot 별 시료를 채취하여 Lot 합격 여부를 판단하는 검사 |
| 전수 검사 | 제품 전량을 검사하여 합격 여부를 판단하는 검사 |
| 자주 검사 | 공정내에서 품질관리 규정에 따라 자율로 하는 검사 |
| 무 검사 | 검사는 실시하지 않고 성적서로 대체하는 검사 |

8) 샘플링 검사와 전수검사의 특징
    (1) 샘플링 검사
        ① 전수 검사가 불가한 경우
        ② 기술적으로 의미가 없는 경우
        ③ 생산자에서 자극을 주어 품질향상을 유도하기 위한 경우
    (2) 전수 검사
        ① 불량품이 발생하지 않아야 하는 경우
        ② 검사 항목수 적고 Lot이 크기가 적은 경우

### 3. 샘플링 방법

1) 랜덤 샘플링검사
    (1) 단순 랜덤 샘플링검사
        N 크기의 Lot로부터 n개의 시료를 랜덤하게 선정하는 방법
    (2) 계통 샘플링검사
        N개의 물품 중 k개 단위의 샘플링 중 1개를 선정하고, 계속 k번째를 선택하여 n개의 시료를 선정하는 방법
    (3) 지그재그 샘플링검사
        ① 주기성을 갖고 치우침의 발생 위험을 방지하기 위한 방법
        ② 샘플링 간격 $k = \dfrac{N(모집단)}{n(시료수)}$
        ③ 채취 비율 $= \dfrac{n(시료수)}{N(모집단)}$

2) 2단계 샘플링검사
    (1) 전체 모집단이 여러 개의 하위 모집단으로 구성되어 있을 때 1차는 n시료를 샘플링으로 선정하고 n개에서 2차로 랜덤하게 샘플링하는 방법
    (2) 용이하나 랜덤 샘플링보다 추정 정밀도가 낮다.

3) 층별 샘플링검사
    (1) 전체 모집단이 서로 다른 이질적인 하위 모집단 층으로 구성되어 있을 때 모든 하위 모집단에서 샘플링하는 방법
    (2) 정밀도가 우수하고, 샘플링 조작이 수월하다.

4) 집락(취락) 샘플링검사
    전체의 모집단이 동질적인 하위 모집단일 경우 1차 샘플링을 랜덤하게 하위 모집단을 선택 후 2차 샘플링에서는 하위 모집단 전체를 선택해서 하는 방법

## 4. OC(Operating Characteristic) 곡선

1) 정의

(1) OC곡선은 검사특성곡선의 의미로써 부적합품률 또는 특정치에 따라 Lot 자체가 얼마나 합격할 수 있는지 예측하는 프로그램이다.

(2) 가로축 - Lot의 부적합품률p(%)-계수치, 특성치(m) - 계량치
세로축 - Lot가 합격할 확률L(p)-계수치, L(m)-계량치

① $P_0$ : 가급적 합격시키고 싶은 Lot 부적합품률의 상한
② $P_1$ : 가급적 불합격시키고 싶은 Lot 부적합품률의 하한
③ $\alpha$ : 좋은 Lot가 불합격될 확률
④ $\beta$ : 나쁜 Lot가 합격될 확률

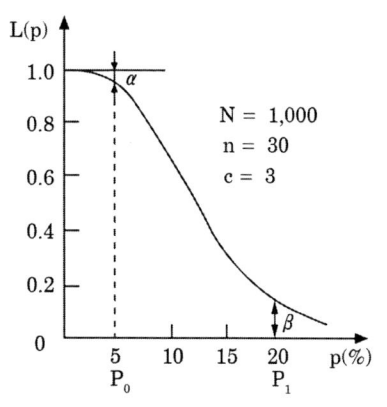

2) OC 곡선의 특징

(1) N이 변하는 경우(c, n 일정)

① OC곡선에 큰 영향을 미치지는 않는다.
② N이 클 경우는 작을 경우보다 다소 시료의 크기를 적게 해서 좋은 Lot가 불합격되는 위험을 최소화하는 편이 경제적이다.

(2) %샘플링검사 ($\frac{c/n}{N}$ = 일정)

① 적절치 못한 샘플링 검사방법이다.
② 나쁜 Lot 혹은 좋은 Lot의 합격률에 많은 영향을 준다.
③ 품질보증(QA)의 정도가 달라져 일정한 품질을 보증하기가 어렵다.

(3) n이 증가하는 경우(N, c 일정)

① OC곡선의 기울기 형상이 급경사, 즉 기울기가 급해진다.
② $\alpha$(생산자 위험)는 커지고 $\beta$(소비자 위험)은 감소한다.

(4) c가 감소하는 경우(N, n일정)

① OC곡선의 기울기가 n이 증가하는 경우의 반대로 완만하다.
② $\alpha$(생산자 위험)는 감소하고 $\beta$(소비자 위험)은 증가한다.

## 5 설비 보전

### 1. 설비보전의 종류와 조직

1) 설비보전의 종류

   (1) 예방보전
   
   ① 예방보전(豫防保全, PM)은 정기적인 설비의 검사와 설비의 정비업무의 둘로 크게 나눌 수가 있다.
   
   ② PM의 총비용=생산정지에 의한 손실+보전비용
   
   ③ PM수리·돌발고장 수리의 발생횟수는 PM검사주기에 따라 다르게 되고, 주기가 짧으면 수리횟수는 증가되어 사전보수(事前補修)가 많이 발생하는 반면 돌발고장의 기회는 감소된다.

   (2) 정기보전
   
   정기보전은 매일 또는 매주마다 행하는 설비의 점검·조정·급유·대체 등을 뜻한다.

   (3) 개량보전
   
   개량보전(CM : Corrective Maintenance)은 설비가 고장난 후 보수하는 것뿐만 아니라, 소규모 설계변경·재료개선·부품대체 등 설비수명 연장, 노후화 방지를 위한 보전활동을 말한다.

   (4) 보전예방
   
   ① 설비보전은 PM, CM 등의 보전활동만이 목적이 아니고, 설비의 설계단계에서부터 보전을 요하지 않는 설비를 설계할 필요가 있다.
   
   ② 신뢰성이 높은 설비를 설계·제작하고자 하는 활동이다.
   
   ③ 설비의 신뢰도와 보전도를 효율적으로 설계하여 설비의 가동률을 높이는 활동을 말한다.

2) 설비보전 조직

   (1) 집중보전
   
   1인의 보전책임자 밑에서 보전 활동을 집중적으로 수행하는 조직
   
   (2) 지역보전
   
   조직상으로는 집중보전과 동일하나, 제품별·제조부문별 또는 지리적으로 보전업무가 분산 배치되는 조직
   
   (3) 부문보전
   
   보전업무는 각 제조부문에 분산되고, 제조부문의 책임자에 의하여 보전 업무가 지시·감독되는 조직
   
   (4) 절충보전
   
   집중보전, 지역보전, 부문보전의 복합적인 조직

## 2. 설비 결함

1) 물리적 잠재결함
   (1) 물리적으로 눈에 띄지 않기 때문에 방치되고 있는 결함
   (2) 분해하지 않으면 안 보이는 결함
   (3) 부착 위치가 나빠서 보이지 않는 결함
   (4) 찌꺼기, 더러움 때문에 보이지 않는 결함

2) 심리적 잠재결함
   (1) 오퍼레이터나 보전원의 의식과 기능부족으로 발견할 수가 없어서 방치하고 있는 결함
   (2) 무관심
   (3) 결함인줄 모른다.
   (4) 이 정도는 괜찮다고 무시한다.

3) 고장의 종류

| 구 분 | 내 용 |
| --- | --- |
| 기능 정지형 고장 | 설비의 기능이 돌발적으로 완전히 멈춰 버림 |
| 기능 저하형 고장 | 설비는 움직이고 있지만 잠깐정지, 속도 저하 등의 로스를 발생시키는 고장으로 설비의 기능이 완전히 발휘되지 않는 경우 |

# CHAPTER 02 생산관리

## 1 생산계획

### 1. 생산관리의 정의

1) 생산관리의 정의
특정기업 및 사업장에서 생산된 제품이나 서비스를 창출하여 시스템의 디자인의 운영, 개선을 하여 고객 만족을 달성할 수 있도록 하는 일련의 생산 활동 및 과정을 체계적으로 관리하는 것이다.

2) 생산관리의 목적
   (1) 비용관리
   (2) 품질관리
   (3) 납기관리
   (4) 유연성

3) 생산관리의 핵심
   (1) 원가관리
   세부적인 원가 계산을 근거로 하여 경영 전반에 합리적이고, 원가절감을 극대화하도록 하는 경영활동 관리이다.
   (2) 공정관리
   제조공장에서 일정한 품질, 수량의 제품을 일정한 시간 안에 가장 효율적으로 생산하기 위해 제조공장의 모든 활동을 총괄적으로 관리하는 행위이다
   (3) 품질관리
   기업 경영에 있어서 가장 유리하다고 생각되는 품질을 보장하고 이것을 가장 경제적으로 제품을 생산하는 방법이다.

### 2. 생산계획 정보의 종류 및 원칙

1) 생산계획 정보의 종류

| 구 분 | 내 용 |
|---|---|
| 기업 내부의 정보 | 작업능력, 설비능력, 고용수준, 재고수준, 생산자원등 |
| 기업 외부의 정보 | 제도, 기준, 법규, 경제현황, 경쟁업체의 정보, 고객요구, 시장성 등 |

2) 생산계획의 목표
   (1) 이윤의 극대화(최대화)
   (2) 생산비용의 최소화
   (3) 재고량의 최소화
   (4) 고객 서비스의 최적화(고객 만족)
   (5) 설비이용의 최대화
   (6) 생산변동의 최소화
   (7) 고용변동의 최소화
   (8) 잔업의 최소화(근로시간의 효율화)

3) 생산관리의 3S 원칙
   (1) 표준화(Standardization)
      ① 과학적이고 안정된 표준을 설정
      ② 대량 생산으로 생산원가 절감 및 품질향상
   (2) 단순화(Simplification)
      ① 생산 기간의 단축 및 재료손실 감소, 재고관리 용이
      ② 생산기간이나 작업 방법의 단순화
   (3) 전문화(Specialization)
      ① 각각의 작업별, 공정별로 분리하여 전문성을 극대화
      ② 설비의 전문화 와 숙련도 향상으로 생산능력의 증대효과

4) 생산활동 요소
   (1) 생산의 3요소(3M)
      ① 노동(Man)
      ② 기계(Machine)
      ③ 원자재(Material)
   (2) 생산의 5요소(5M)
      ① 노동(Man)
      ② 기계(Machine)
      ③ 원자재(Material)
      ④ 방법(Method)
      ⑤ 관리(Management)

## 2 생산통계

### 1. 생산방식의 분류

1) 제품의 종류 및 양에 의한 생산
   (1) 주문 생산
      주문을 받아서 생산하는 방식으로 다품종 소량생산에 적합하다.
   (2) 예정생산
      제품의 수요를 예측하여 생산하는 방식으로 소품종 대량생산에 적합하다.

2) 제조 방법에 따른 분류

| 구 분 | 내 용 |
|---|---|
| 개별생산 | 주문생산과 유사한 개별 생산방식으로 고가품의 경우 적용 |
| Lot 생산 | 동일제품, 부품을 생산계획에 맞게 나누어서 생산하는 방법 |
| 연속생산 | 오토메이션 방법으로 동일제품을 대량으로 생산하는 방식 |

3) 생산방침에 따른 분류
   (1) 수주생산
   (2) 계획생산

4) 제조기술에 따른 분류
   (1) 분해 연속생산
   (2) 조립생산

### 2. 공수계획

1) 공정관리의 목표
   (1) 납기이행
   (2) 공정시간의 최소화
   (3) 생산시간의 최소화
   (4) 원료조달시간(구매)의 최소화
   (5) 각 공정의 재고 최소화
   (6) 생산비용의 최소화

2) 합리적 공수계획 수립조건
   (1) 가동률 향상
   (2) 부하와 능력의 균형화
   (3) 일정별 부하변동 최소화
   (4) 적정배치
   (5) 부하와 능력의 여유
   (6) 전문화

3) 부하계산
   (1) 공수 체감현상
   
   대량생산으로 동종 작업이 계속적으로 반복될 때 작업시간은 일정한 것이 아니고 시간이 경과함에 따라 숙력도 향상으로 작업시간이 단축되는 현상
   
   (2) 부하계산
   
   부품 한 개당 작업시간(표준공수)×당월의 생산 수
   
   (3) 능력계산
   
   ① 작업자의 능력 = 1개월 실동시간×가동률×환산 인원수
   ② 실동시간 = 직접 작업시간+간접 작업시간
   ③ 가동률=직접 작업률= $\dfrac{\text{직접 작업시간}}{\text{실 노동시간}}$ = 출근률×(1-간접 가동률)
   ④ 환산 인원(실제인원을 표준능력 인원으로 환산) = 작업자 수×능력환산계수
   ⑤ 기계능력=1개월 실동시간×가동률×기계대수
   ⑥ 여력 = $\dfrac{\text{능력} - \text{부하}}{\text{능력}}$

4) 제조 Lot의 결정
   (1) Lot의 정의
   
   단위 수량으로서 여러 개의 구량을 한 묶음이나 한 단위로 하여 생산이 이루어지는 것을 의미한다.
   
   (2) Lot의 수
   
   제조 횟수를 나타내는 의미로 생산 목표량을 몇 회로 분할 할 것인지 결정할 때 활용된다.
   
   (3) Lot 크기
   
   Lot 크기 = $\dfrac{\text{생산 목표량}}{Lot\text{의 수}}$
   
   (4) 경제적 Lot 산출
   
   경제적 발주량 (Lot 크기)
   $Q = \sqrt{\dfrac{2RP}{CI}}$
   
   R : 소비예측(연간 소비량)   P : 준비비(1회 발주비용)
   C : 단위비(구입단가)        I : 단위당 연간 재고 유지비

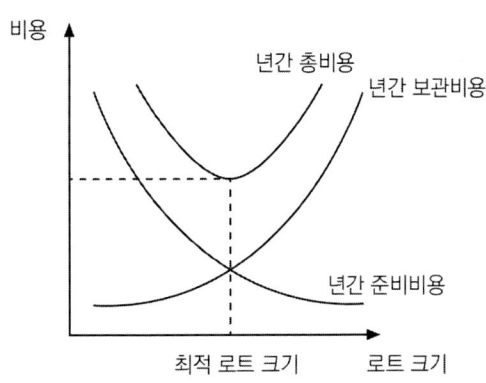

## 3. 일정계획

1) 일정

   (1) 일정

   ① 실제 작업을 착수하여 종료될 때 까지의 시간

   ② 실제 작업시간 + 정체시간(여유시간)

   (2) 부품가공일정

   ① 작업시간 전, 후에 정체시간이 존재

   ② 일정계산은 0.5일 혹은 1일 단위로 계산

2) PERT / CPM기법

   (1) 비용구배

   $$비용구배 = \frac{특급비용 - 정상비용}{정상시간 - 특급시간}$$

   (2) PERT

   경영자가 사업목적을 달성하기 위해 수행하는 기본계획, 세부계획, 통계기능에 도움을 줄 수 있는 수적 기법

   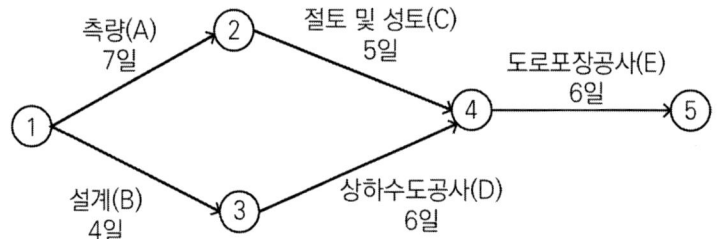

   (3) CPM

   각 활동의 소요 일수 대비 비용의 관계를 조사하여 최소비용으로 공사계획이 수립되도록 하여 이윤을 극대화하는 기법

   (4) 3점 견적법

   ① 낙관 시간치(A) : 평상 시 잘 진행될 때의 소요시간

   ② 정상 시간치(M) : 작업활동 완성 시 까지의 정상 소요시간

   ③ 비관 시간치(B) : 돌발적인 문제가 야기 될 때를 고려한 시간

   ④ 기대 시간치(Te) : 낙관, 정상, 비관 시간치의 평균

   $$Te = \frac{A + 4M + B}{6}$$

   ⑤ 분산($\delta^2$) :

   $$\delta 2 = \left(\frac{B - A}{6}\right)^2$$

3) 단계계산에 의한 일정계산
   (1) TL(Latest allowable time) : 가장 바른 예정시기
   (2) TE(Eraliest expected time) : 가장 늦은 허용시기
   (3) 단계여유계산
   ① 정여유 : TL-TE 〉 0, S 〉 0
   ② 영여유 : TL-TE=0, S=0
   ③ 부여유 : TL-TE 〈 0, S 〈 0
   (4) 애로공정(CP)
   ① TL-TE를 계산하여 각 단계의 여유시간 값이 "0"이 되는 단계를 연결하면 애로 공정이 된다.
   ② 끊김이 없이 시작부터 끝까지 연결이 되어야 한다.
   (5) 확률적 검토
   ① 예정달성일(TS)이 주어지는 경우, 성공확률을 추정할 필요성이 있다.
   ② 성공확률에 따라 적정 배분을 하여야 한다.

## 3 수요예측

### 1. 수요예측의 목적과 방법종류

1) 수요예측의 목적
   (1) 생산설비의 신설이나 증설의 필요성 유무의 검토 및 신설규모의 확정
   (2) 기존설비에서 생산되는 복수 품목 전체의 기간 생산계획량 결정
   (3) 기존설비에서 각 제품마다의 월별 생산계획량 결정

2) 수요예측 방법
   (1) 정성적 판단법
   ① 시계열 분석법, 인과형 예측법에 대칭하는 접근방법
   ② 신제품 출시할 때 예측자료가 부족할 때 사용(시장조사법, 판매원 의견법 등)
   (2) 시계열 판단법
   ① 시계열에 의하여 과거의 자료를 근거로 하여 추세나 경향을 분석하는 방법
   ② 이동 평균법, 지수평활법, 최소자승법, 박스-젠키스방법 등
   (3) 인과형 판단법
   ① 수학적으로 인과관계를 나타내는 모델
   ② 희구모델, 선행지표법, 계량경제모델법, 투입 산출 모델법 등

### 2. 정성적 수요예측 방법

1) 델파이법
   (1) 신제품의 수요예측(단기, 장기)에 사용되는 기법

(2) 전문가에게 의견서를 받아 수집
(3) 중장기 계획 수립 시 정성적으로 정확도가 가장 높다

2) 시장 조사법
(1) 제품 출시 전에 소비자에 대한 시장조사로 수요를 예측하는 방법
(2) 단기예측은 우수하나 장기예측은 신뢰도가 떨어짐.

3) 전문가 의견법
(1) 관련 전문가, 판매 담당자로부터 의견을 수집하여 예측하는 방법
(2) 단기 예측은 우수하나 주관적으로 판단 될 우려가 내포됨.

### 3. 시계열 분석에 의한 수요예측 방법

1) 시계열의 정의
판매량이나 매출액과 같이 반복적인 관찰치를 발생한 순서대로 나열한 것

2) 시계열적 변동에 의한 분류

| 구 분 | 내 용 |
|---|---|
| 추세변동 | 장기적 변동의 추세를 나타내는 변동 |
| 순환변동 | 일정한 주기없이 사이클 형태로 나타나는 현상 |
| 계절변동 | 계절에 따라 반복되는 현동 |
| 불규칙변동 | 원인 불명, 돌발적 인으로 일어나는 연변동 |

3) 시계열적 분석방법에 의한 분류
(1) 전기 수용법
최근의 사용 실적으로 미래의 수요를 예측
(2) 절반 평균법
시계열의 각 항을 이등분하여 양쪽에 속하는 각 항을 각각 평균하여 그 평균값을 연결하는 방법
(3) 이동평균법
① 과거의 실적치 전체를 대상으로 산술평균하여 미래의 수요를 예측
② 예측치 $(Ft) = \dfrac{기간의\ 실적치}{기간의\ 수}$
(4) 최소자승법
수요 예측 변동을 분석하는 방법으로써 실제 기준변인과 직선적 가정에 의하여 예언된 기준변인과의 거리의 제곱의합이 최소가 되도록 하는 기준으로 한다.
(5) 지수평활법
이동평균법과 흡사한 방법으로 평균법을 보완하여 과거의 실적치를 최근에 가장 가까운 실적치에 상대적으로 큰 비중을 두어 수요를 예측하는 방법

# CHAPTER 03  작업관리

## 1 작업방법

### 1. 작업관리

1) 작업관리
   (1) 현장의 작업방법과 조건을 조사, 연구하여 낭비의 최소화로 작업을 원활히 하는 행위
   (2) 기업과 작업자의 입장에서 최선의 방법을 찾아내고, 적용하는 활동이다.

2) 생산성
   (1) 생산요소가 생산 활동에 얼마나 중요하게 사용 되었는지를 나타내는 하나의 척도로 입력은 감소시키고, 출력을 최대화 시키는 것이다.
   (2) 생산성 = 출력/입력
   (3) 입력과 출력의 종류

   | 구 분 | 종 류 |
   |---|---|
   | 입력 | 자본, 원료, 노동, 기계, 설비등 생산 요소의 투입량 |
   | 출력 | 생산활동을 한 결과로 나타난 산출량 |

3) 작업시스템의 7요소
   (1) 과업
   (2) 작업공정
   (3) 투입
   (4) 산출
   (5) 인간
   (6) 설비
   (7) 환경

### 2. 공정분석

1) 사무공정분석
   (1) 서류를 중심으로 업무가 이루어지는 사무실의 사무제도, 업무현황이나 정보의 분석, 기록 및 보관에 관련된 일을 분석하는 것 등이 사무업무이다.
   (2) 사무에 관련된 기록 체계를 간소화시키고 서류의 흐름을 효율화 시킨다.

2) 제품공정분석
   (1) 원재료 투입에서 제품으로 되는 과정에서 발생되는 공정내용을 공정도 기호로 표시한 것.
   (2) 설비계획, 운반계획, 일정계획, 인원계획, 재고계획 등에 활용되는 분석기법

3) 작업자 공정분석
   (1) 작업자가 다른 장소로 이동하면서 수행하는 일련의 행동, 행위를 분석
   (2) 운반업무, 창고업무, 작업자 등의 행동분석을 통해 업무범위와 경로 등을 개선
4) 작업공정도
   원재료와 부품이 공정에 투입되는 점과 모든 작업과 검사의 계열을 표현하는 도표
5) 공정도 기호

| 공정분류 | 공정기호 | 내 용 |
|---|---|---|
| 가 공 | ○ | 원료, 부품 또는 제품의 모양, 성질에 변화를 주는 과정 |
| 운 반 | ⇨ | 원료, 재료, 부품 또는 제품의 위치에 변화를 주는 과정 |
| 대 기 | D | 원료, 재료, 부품 또는 제품의 계획 차질로 체류된 상태 |
| 저 장 | ▽ | 원료, 재료, 부품 또는 제품을 계획에 따라 저장하고 있는 과정 |
| 수량검사 | □ | 원료, 재료, 부품 또는 제품의 양 또는 개수를 계량하여 그 결과를 기준과 비교하여 차이를 아는 과정 |
| 흐름선 | │ | 요소 공정의 순서를 나타냄 |
| 구 분 | ∿ | 공정계열에서 관리상의 구분을 나타냄 |
| 생 략 | ⋲ | 공정계열의 일부분 생략을 나타냄 |
| 질 중심의 양 검사 | ◇안에□ | 품질검사를 주로 하면서 수량검사도 함 |
| 양 중심의 질 검사 | □안에◇ | 수량검사를 주로 하면서 품질검사도 함 |
| 가공하면서 양 검사 | ○안에□ | 가공을 주로 하면서 수량검사도 함 |
| 가공하면서 운반 | ○안에⇨ | 가공을 주로 하면서 운반도 함 |
| 작업 중 일시대기 | ✡ | 작업 중 일시적으로 대기함 |
| 공정 간의 대기 | ▽▽ | 공정 간 이동 시 대기함. |
| 폐기 | ↓× | 부품, 제품등을 폐기함. |

6) 흐름 공정도

| 구 분 | 종류 | |
|---|---|---|
| 흐름공정도 검토항목 | ① 자재운반 및 취급 <br> ③ 설비배치 | ② 정체 및 수대기 상황 <br> ④ 재고상황 |
| 공정도 개선원칙(ECRS) | ① 배제(Eliminate) <br> ③ 재배치(Rearrange) | ② 결합(Combine) <br> ④ 간소화(Simplify) |
| 작업개선의 적용 원칙 | ① 레이아웃의 원칙 <br> ③ 동작경제의 원칙 | ② 자재운반, 취급의 원칙 |

7) 배치의 원칙

 (1) 단거리 배치의 원칙

 (2) 총합의 원칙

 (3) 유동의 원칙

 (4) 입체의 원칙

### 3. 작업분석

1) 여유시간

작업을 하는데 있어서 인적, 물적으로 필요한 요소나 발생방법이 불규칙적, 우발적인 것으로 편의상 발생의 평균시간 등을 조사, 측정하여 이것을 정미시간에 보상하는 시간

2) 피로의 여유시간

$$합계 여유율 = (A+B) \times C+D$$

A : 육체적 노력에 대한 여유율   B : 정신적 노력에 대한 여유율
C : 유휴시간에 대한 회복계수   D : 단조감(단조로움)에 대한 여유

3) 양수작업분석

현장 작업자의 양수 동작의 프로세스를 양자의 관련성을 고려하면서 분석, 개선하는 수법

4) 연합 작업 분석의 종류

 (1) 인간-기계 분석표

 (2) 조작업 분석표

 (3) 조-기계 분석표

### 4. 동작분석

1) 목시동작분석(Therblig Analysis)

 (1) 작업자의 행위나 동작을 몇 가지 기본동작으로 나누고 이 동작요소를 다시 18종류의 세부동작(서블리그)으로 정하여 이를 토대로 작업동작을 분석하는 기법

(2) 서블리그에 의한 분석결과는 작업의 재선과 표준화, 작업원의 교육, 훈련의 기초가 된다

2) 미세동작연구
대상작업을 촬영하여 프레임별로 분석함으로써 동작내용, 시간, 순서등을 명확하게 하여 작업개선에 도움을 주기위한 기법

3) 동작 경제의 3원칙
(1) 신체 사용에 관한 원칙
(2) 작업장 배치에 관한 원칙
(3) 설비나 공구의 설계에 관한 원칙

4) 신체 사용에 관한 원칙
(1) 양손 사용 시 동시에 시작하고, 동시에 끝내야 한다.
(2) 휴식시간 이외는 양손을 동시에 쉬어서는 안된다.
(3) 팔의 동작은 서로 반대 즉, 대칭적 방향으로 동시에 행하여야 한다.
(4) 손과 몸의 동작은 일에 만족스럽게 할 수 있는 가장 단순한 동작에 한정되어야 한다.
(5) 물체의 관성을 활용하고, 근육운동으로 작업을 수행하는 경우를 최소한으로 줄여야한다.

## 2 작업시간

### 1. 표준시간

1) 정의
부과된 작업을 바르게 수행하는데 소요되는 시간

2) 표준시간
(1) 표준시간 = 정미시간 + 여유시간
(2) 외경법과 내경법

| 구 분 | 특 징 |
|---|---|
| 외경법 | • 정미시간을 기준으로 여유율을 산정하는 방식(국제기준)<br>• 표준시간 = 정미시간 $\times (1 + 여유율)$ |
| 내경법 | • 근무시간을 기준으로 여유율을 산정하는 방식<br>• 표준시간 = 정미시간 $\times (\dfrac{1}{1-여유율})$ |

(3) 정미시간
① 작업수행에 직접 필요한 시간으로서 반복적, 규칙적으로 소요되는 시간
② 수정 정미시간 = 관측시간×(평정치/정상작업페이스)

(4) 여유시간
작업 수행 중 불규칙적으로 발생하는 물적, 인적요소로서 작업이 지연되는 시간

3) 정상시간
　⑴ 관측자가 작업 장면을 관측할 때는 요소작업의 시간치를 측정할 뿐만 아니라 요소 작업별로 작업자에 대한 능률평정을 해야한다.
　⑵ 능률평정은 단순히 표준화 또는 레이팅이라고도 하는데 이것은 작업자의 능률 또는 작업속도를 판정하는 것을 말한다.

**2. 표준시간측정**

1) 스톱워치(Stop Watch)법
　⑴ 정의
　　작업자의 작업수행을 직접 관찰하면서 스톱워치로 작업의 소요시간을 측정하고, 이것을 근거로 그 작업의 표준시간을 결정하는 방법
　⑵ 작업측정의 목적
　　① 작업 시스템의 설계 및 개선
　　② 과업관리
　⑶ 관측대상의 결정 및 층별화

| 구 분 | 내 용 |
|---|---|
| 기계 | 기종별, 대수별, 재공품별, 능력별, 설치 장소별, 구입 시기별 등 |
| 사람 | 숙련도별, 직무별, 조별, 교체 번호별, 작업장별 등 |
| 제품 | 품종별, 기종별, 가공의 난이도별, 크기별, 중량별 등 |

　⑷ 관측방법의 종류

| 종 류 | 내 용 |
|---|---|
| 계속시간 관측법 | 스톱워치를 도중에 정지시키지 않고 계속 측정하는 방법 |
| 반복시간 관측법 | 작업 측정 시간마다 스톱워치를 "0"으로 하고, 완료되면 시간을 기록하고 다시 "0"으로 되돌리는 방법을 반복 |
| 순환법 | 작업시간이 너무 짧아서 개별적 측정이 곤란한 경우 사용하는 방법 |
| 누적법 | 작업관측에 2개의 스톱워치를 사용하는 방법 |

　⑸ 스톱워치의 시간 단위
　　1/100분 = 1DM
　⑹ 작업의 요소분할 사유
　　① 작업방법의 세부를 명확히 하기 위해서
　　② 작업방법의 작은 변화라도 발견, 개선하기 위해서
　　③ 다른 작업에도 공통되는 요소가 있으면 비교 또는 표준화하기 위해
　　④ 레이팅을 보다 정확히하기 위해서

2) WS(Work Sampling)법
   (1) 작업자, 기계, 설비에 관한 특정 상황을 임의의 시간 간격으로 관측, 기록해서 그 특성을 통계적 이론에 의해 추계하는 방법이다.
   (2) 가동분석의 한 방법으로서 가동률 혹은 조업도 등의 추계에 활용된다.

3) 경험 견적법
   작업주기가 길고, 작업내용이 확실치 않고, 유사작업의 경험이 전부인 경우에 이용된다.

4) 필름분석 VTR 분석법
   짧은 사이클 빈도가 높은 작업에 적당하다.

5) PTS(Predetermined Time Standard)법
   (1) 모든 작업을 기본동작으로 분석하고, 각 동작의 기초 시간치를 사용하여 기본동작의 소요시간을 구하고 이를 집계하여 정미시간을 구하는 간접 관찰법이다.
   (2) MTM(Method Time Measurement)법
       ① PTS법의 대표적인 방법중 하나이다.
       ② 기본적으로는 WF법과 동일한 관점에서 실시되는 것이지만, 시간표에서 각 요소동작을 조건과 형태에 따라 더 세분하고, 그 각각에 대하여 동작의 크기(거리 · 각도)마다 시간치를 표시하고 있다.
       ③ MTM법의 시간단위 1TMU는 0.00001시간(0.036초, 0.0006분)이다.
   (3) WF(Work Factor)법
       ① 표준시간 설정의 위해 정밀계측 시계를 이용하여 극소동작에 대한 상세한 데이터를 취하고, 움직인 거리, 사용한 신체부위, 취급물의 중량 혹은 저항, 인위적 조절등과 같은 영향을 미치는 요인들에 대해 자세한 분석과 연구를 한 결과 만족할 만한 기초적인 동작시간 공식을 작성하여 분석하는 방법이다.
       ② WF법의 변수 4가지는 신체사용 부위, 이동거리, 취급중량 혹은 저항, 인위적 조건이다.
       ③ 1WFU = 0.006초 = 0.0001분 = 0.0000017시간

모아바 www.moa-ba.com
모아소방전기학원 www.moate.co.kr

# 출제예상문제

**공업경영**

## 1. 품질관리의 4대 기능이 아닌 것은?

① 공정관리　② 품질조사
③ 품질보증　④ 공정혁신

해설 | 품질관리의 4대 기능
4대 기능은 품질설계, 공정관리, 품질보증, 품질조사

## 2. 품질보증에 대한 설명으로 옳지 않은 것은?

① 품질이 소정의 수준에 있음을 보증하는 것.
② 제품에 대한 소비자와 하나의 약속.
③ 품질기준에 일치시키기 위하여 공정의 세부요소를 관리하는 기능이다.
④ 소비자에게 제품이 만족스럽고 신뢰할 수 있으며 경제적임을 보증하는 것.

해설 | 품질보증의 개념
품질보증은 소비자가 요구하는 품질이 충분히 만족하는지를 보충하기 위하여 생산자가 실시하는 체계적인 활동

## 3. 파레토도 그리는 방법이 잘못된 것은?

① 데이터의 누적수를 그래프로 그린다.
② 불량항목이 많은 것부터 왼쪽에서 오른쪽으로 항목을 정한다.
③ 세로축은 불량개수, 결점수 등을 나타낸다.
④ 분류항목이 많이 있을 경우 적은 항목은 몇 개씩 모아서 기타로 하여 오른쪽 끝에 그릴 수 있다.

해설 | 파레토도 작성 방법
파레토도는 불량이나 수정 손실, 크레임 손실 등에 따라 금액이나 건수 또는 백분율을 원인별로 분석 하여 크기순으로 나열하고 막대그래프와 누계치 의 꺽은 선 그래프로 나타내는 그림

## 4. 표준이 유지되도록 관리하기 위하여 이용되는 것은?

① 체크시트
② 전문화
③ 특성 요인도
④ 관리도, 히스토그램

해설 | 히스토그램의 정의
히스토그램은 도수분포표로 정리된 변수의 분포 특징이 한눈에 보이도록 기둥 모양으로 나타낸 것

정답　01 ④　02 ③　03 ①　04 ④

## 5. 다음 중 관리도 설명에 적합한 것은?

① 이전의 데이터 해석에도 사용된다.
② 작업표준을 만들면 관리도는 불필요하다.
③ 표준화가 안 된 공정에는 사용할 수 없다.
④ 작업표준을 작성할 때까지만 유효하다.

해설 | **관리도의 정의 및 활용도**
관리도는 품질관리를 통계적으로 하는 경우 보조가 되는 그림이다.

## 6. 관리도의 설명 중 맞는 것은?

① 연속 10점이 중심선 한쪽에 있을 경우
② 5 연속 20점 중 1점이 관리한계를 벗어날 경우
③ 연속 30점 중 한계를 벗어나는 점이 9점 이내일 경우
④ 연속 100점 중 한계를 벗어나는 점이 2점 이내일 경우

해설 | **판정 기준**
관리도는 연속 100점 중 한계를 벗어나는 점이 2점 이내일 경우가 해당된다.

## 7. 계수치 관리도 중 포아송 분포 사용에 해당되지 않는 것은?

① P 관리도  ② MPP 관리도
③ c 관리도  ④ u 관리도

해설 | **포아송 분포**
정규분포의 포아송 분포는 계수치(P 관리도, c 관리도, u 관리도)이다.

## 8. 샘플링 방법에 해당되지 않는 것은?

① 랜덤 샘플링  ② 지그재그 샘플링
③ 취락 샘플링  ④ 2단계 샘플링

해설 | **샘플링 방법의 종류**
샘플링 방법에는 랜덤 샘플링, 2단계 샘플링, 층별 샘플링, 취락(집락) 샘플링 등이 있다.

## 9. 샘플링 검사로 적합하지 않은 것은?

① 검사항목이 많은 경우
② 검사비용이 많이 드는 경우
③ 생산자에게 품질 향상의 자극을 주고 싶은 경우
④ 치명적인 장점을 포함하고 있는 제품의 경우

해설 | **샘플링 검사가 필요한 경우**
- 검사항목이 많은 경우
- 검사비용을 적게 하는 편이 이익이 되는 경우
- 생산자에게 품질향상의 자극을 주고 싶을 때
- 불완전한 전수검사에 비해 높은 신뢰성이 얻어질 때
- 다수, 다량의 것으로 어느 정도 불량품이 섞여도 허용되는 경우

## 10. 동일 시료를 무한횟수 측정하였을 때 데이터는 흩어지게 되는데 그 데이터의 분포 폭의 크기는 무엇인가?

① 오류　　② 정확성
③ 정밀도　④ 신뢰성

해설 | 계측기 정밀도
정밀도 : 데이터 분포 폭의 크기

## 11. 샘플링 방법 중 층별의 의미는 무엇인가?

① 관리도를 종류별로 구분하는 일
② 군의 규모를 바꾸는 것
③ 데이터를 측정 순서대로 구분하는 일
④ 측정치를 요인별로 나누는 일

해설 | 층별 샘플링검사
층별은 품질의 분산이나 불량 원인에 대해 기계·작업자·재료 등 각각의 자료를 요인별로 모아 몇 개의 층으로 나누어 해석하는 것

## 12. 샘플링 합법화에서 목적의 명확화에 해당되지 않는 것은?

① 표준분산의 명확화
② 필요 정보량의 명확화
③ 판정기준의 명확화
④ 모집단의 명확화

해설 | 샘플링 목적의 명확화
샘플링 목적의 명확화에는 모집단의 명확화, 필요한 정보량의 명확화, 판정기준의 영화화, 행동기준의 명확화 등이 있다.

## 13. 워크샘플링의 장점이 아닌 것은?

① 비 반복적인 작업에 유리하다.
② 적은 표본수로도 가능하다.
③ 긴 작업 적용에 용이하다.
④ 작업분석에 유용하다.

해설 | 워크샘플링의 정의
워크 샘플링은 인간, 기계, 재료에 관한 문제점을 돌출하는데 사용된다.

## 14. 사내 표준화의 추진 순서로 적합한 것은?

① 계획 - 운영 - 평가 - 조치
② 계획 - 운영 - 조치 - 평가
③ 운영 - 계획 - 평가 - 조치
④ 운영 - 계획 - 조치 - 평가

해설 | PDCA 사이클(관리사이클)
관리 사이클은 P(Plan) → D(Do) → C(Check) → A(Action).

## 15. ISO 9001과 ISO 9002의 차이점은 무엇인가?

① 경영 책임　② 설계 관리
③ 품질 시스템　④ 계약 검토

해설 | 품질경영시스템 인증
ISO 9001 : 설계/개발, 제조 및 부대 서비스에 관한 품질보증
ISO 9002 : ISO 9001로부터 설계/개발과 부대 서비스를 제외한 품질보증

**16.** 설비의 경제성 향상을 위하여 개량비와 열화 손실 및 보전비가 최소가 되도록 하는 것은 무슨 활동인가?

① 개량보전  ② 사후보전
③ 예방보전  ④ 집중예방

해설 | 개량보전의 정의
개량보전은 보다 좋은 부품교체 등을 통하여 설비의 열화, 마모의 방지는 물론 수명의 연장을 기하도록 하는 활동.

**17.** 고장이 없는 설비나 조기 수리가 가능한 설비의 설계 등에 적용하는 보전방식은 무엇이라 하는가?

① 보전예방  ② 개량보전
③ 예방보전  ④ 사후보전

해설 | 보전예방의 특징
보전예방은 설비를 새로이 계획·설계하는 단계에서 보전 정보나 새로운 기술을 채용해서 신뢰성, 보전성, 경제성, 조작성, 안전성 등을 고려하여 보전비나 열화 손실을 적게 하는 활동이다.

**18.** TQC(Total Quality Control)에서 가장 핵심적인 계층은 어느 계층을 말하는가?

① 최고 경영자  ② 중간 관리자
③ 작업 감독자  ④ 일선 작업자

해설 | 전사적 품질관리
TQC는 설계, 제조, 판매 등의 각 부문은 물론 총무나 인사 등 직접 제품에 관계하지 않는 부문까지 포함해서 제품을 잘 만들어 보자는 전사적 운동이다.

**19.** 제품의 유용성을 정하는 성질 혹은 제품이 그 사용목적을 수행하기 위한 여러 품질 특성의 집합체는 무엇인가?

① 품질관리  ② 품질보증
③ 품질설계  ④ 품질

해설 | 품질의 정의
품질이란 생산된 제품이나 서비스 산업이 제공하는 서비스가 가지는 성질과 바탕을 말한다

**20.** 다음 중 품질의 종류에 해당되지 않는 것은 무엇인가?

① 시장품질  ② 설계품질
③ 가치품질  ④ 제조품질

해설 | 품질의 종류
품질의 종류는 시장품질, 설계품질, 제조품질 등이다.

**21.** 국제 규격 표준의 종류에 해당되지 않는 것은 무엇인가?

① IEC  ② ISO
③ SOS  ④ DIN

해설 | 국제표준의 종류
국제표준의 종류는 IEC, ISO, DIN 등이다.

**22.** 평가 코스트로 적절치 않은 것은?

① 수입검사 코스트
② 시험 코스트
③ 영업 코스트
④ 공정검사 코스트

해설 | 평가코스트의 종류
평가코스트의 종류에는 수입검사, 시험, 테스트, 공정검사 등이 있다.

**23.** 다음 중 도수분포의 수량적 표시방법에 속하지 않는 것은 무엇인가?

① 정치적 경향
② 흩어짐 또는 산포
③ 편차의 정도
④ 분포의 모양

해설 | 도수분포
도수분포는 산포, 분포, 편차의 정도와 같이 수량적 표시방법의 종류가 있다.

**24.** 시료의 어떠한 특성을 측정하여 얻은 측정치의 함수는 무엇인가?

① 모수
② 모집단
③ 시료
④ 통계량

해설 | 통계량의 정의
통계량이란 시료의 특성을 측정하여 그 값의 함수를 나타내는 것이다.

**25.** 계수치 관리에서 이항분포에 적용되는 것은 무엇인가?

① u 관리도
② X 관리도
③ C 관리도
④ Pn 관리도

해설 | 불량계수(nP) 관리도
이항분포의 적용하는 것은 Pn관리도이다.

**26.** 관리도의 점이 중심선 한쪽에 지속적으로 나타나는 점을 무엇이라 말 하는가?

① 아이클
② 주기
③ 경향
④ 런

해설 | 관리도 판독법
런이란 관리도에서 어느 점이 중심선의 한쪽에 지속적으로 나타나는 점

**27.** 품질관리기능의 사이클에 맞지 않는 것은 무엇인가?

① O    ② D
③ C    ④ A

해설 | PDCA 사이클(관리사이클)
품질관리 사이클은 P-D-C-A 이다.

## 28. ISO 9000 시스템에서 사내의 교육. 훈련 대상자는 누구를 말하는가?

① 전원
② 최고 재무 관리자
③ 품질 책임자
④ 품질분야 기술자격자

해설 | 품질경영시스템 인증
ISO 9000시스템의 교육, 훈련대상자는 최고경영자로부터 일선작업자에 이르기까지 모두가 해당된다.

## 29. 다음 중 사내 표준화 효과가 아닌 것은 무엇인가?

① 생산능률의 증진과 생산비의 저하
② 품질의 향상 및 균일화
③ 표준원가 및 표준작업공수의 산정
④ 소비경향의 혁신화

해설 | 사내 표준화의 효과
혁신과 표준화효과는 거리가 멀다.

# 출제예상문제

**1. 다음 중 생산관리의 일반원칙이 아닌 것은?**
① 표준화　② 규격화
③ 전문화　④ 단순화

해설 | 생산관리의 3S 원칙
생산관리의 3S는 표준화, 단순화, 전문화이다.

**2. 표준화의 분류방법이 아닌 것은?**
① 규격표준화　② 물적표준화
③ 방법표준화　④ 관리표준화

해설 | 표준화의 분류방법
표준화 : 관리표준화, 물적표준화, 방법표준화

**3. 전문화의 효과로 부적절한 것은 어느 것인가?**
① 생산능력 증대　② 업무책임 감소
③ 인력 증가　④ 설비의 특수화

해설 | 표준화의 효과
전문화의 효과는 생산능력 증대, 업무책임 감소, 설비의 특수화

**4. 시스템의 공통적 성질에 해당되지 않는 것은?**
① 집합성　② 목적 추구성
③ 환경 적응성　④ 기술 혁신성

해설 | 시스템의 공통적 성질
시스템의 공통적인 성질은 집합성, 관련성, 목적 추구성, 환경 적응성

**5. 다음 중 공수의 단위로 많이 적용되는 것은?**
① Man-Sec　② Man-Minute
③ Man-Hour　④ Man-Day

해설 | 공수계획
공수의 단위로는 Man-Hour가 많이 사용된다.

**6. 다음 중 작업시스템에 속하지 않는 것은 어느 것인가?**
① 작업공정　② 사람
③ 제품　④ 폐업

해설 | 작업시스템의 7요소
작업 시스템에는 과업, 작업공정, 사람, 투입, 산출 제품, 설비, 환경 등이 필요하다.

**7. 생산관리의 목표에 해당되지 않는 것은?**
① 최소의 원가 제조
② 적기 제조
③ 최고의 품질제조
④ 수 많은 양의 제품을 제조

정답　01 ②　02 ①　03 ③　04 ④　05 ③　06 ④　07 ④

해설 | 생산관리의 목적
생산관리의 목표는 최소의 원가, 최고의 품질, 최단 시간 납기, 소비자의 요구에 대한 유연성 등 이다.

**8.** Lot의 크기에 따라 증가하는 비용을 무엇이라 말하는가?

① 원가비  ② 준비비
③ 고정비  ④ 년간 보관비

해설 | 경제적 Lot 산출
제조 Lot의 크기에 따라 증가하는 비용으로는 년간 보관비가 있다.

**9.** 제조 Lot의 정의는 무엇인가?

① 시간당의 제조 수량
② 1회 제조 수량
③ 1일 제조 수량
④ 제조횟수를 표시하는 개념

해설 | Lot의 정의
제조 Lot는 1회 제조 수량을 말한다.

**10.** ABC 분석이란 무엇을 말 하는가?

① 중점관리  ② 효율관리
③ 일부관리  ④ 설비관리

해설 | Deckie의 재고관리 기법
ABC분석은 통계적 방법에 의해 관리대상을 A, B, C 그룹으로 나누고, 먼저 A그룹을 최중점 관리대 상으로 선정하여 관리노력을 집중함으로써 관리 효과를 높이려는 분석방법

**11.** 다음 중 합리적인 공수계획을 수립하기 위한 조건이 아닌 것은?

① 부하와 능력에 여유를 줄 것
② 일정별의 부하변동을 방지할 것
③ 설비의 배치로 통일화를 기할 것
④ 부하와 능력의 균형화를 기할 것

해설 | 합리적인 공수계획을 수립하기 위한 조건
• 부하와 능력의 균형화를 기할 것
• 일정별 부하 변동을 방지할 것
• 부하와 능력에 여유를 둘 것

**12.** 작업 분배 시 고려할 필요가 없는 것은 무엇인가?

① 생산원가에 대한 관리
② 기술적인 문제의 발생
③ 불량품에 대한 조치
④ 능력 이상의 작업을 할당하지 말 것

해설 | 작업 분배 시 고려사항
공정 계획과 일정 계획에 의해 작업 명령서와 진도표를 발행하여 작업자나 기계에 구체적으로 작업 을 할당하고 착수할 것을 지시하는 것을 작업 분배 또는 작업 통제라고 한다. 작업 분배는 생산을 실제로 추진시키는 지휘 기능을 가진다.

### 13. 다음 중 공정대기의 의미는 무엇인가?

① 가공  ② 운반
③ 저장  ④ 정체

해설 | 공정대기의 정의
공정대기는 생산 중 정체를 의미한다.

### 14. 다음 중 표준자료법의 결정단위가 아닌 것은 무엇인가?

① 요소작업  ② 행동단위
③ 공정단위  ④ 제품단위

해설 | 표준자료법의 결정단위
표준 자료법의 결정 단위에는 요소작업, 공정단위, 제품단위 등이 있다.

### 15. 흐름작업을 편성하는 공정에서 최종공정에서 완성품이 나오는 시간의 간격을 무엇이라고 하는가?

① 정미시간
② 표준시간
③ 통제시간
④ 피치타임

해설 | 라인 공정 작업관리
피치타임이란 최종공정에서 완성품이 나오는 시간의 간격을 말한다.

### 16. 시간 측정방법에서 간접법에 속하지 않는 것은 무엇인가?

① PP법
② PTS법
③ 표준자료법
④ 경험견적법

해설 | 시간 측정방법에서의 간접법
시간 측정방법중 간접법으로는 Time법, PTS법, 표준자료법, 경험견적법등이 있다.

### 17. 작업측정의 기법으로 볼 수 없는 것은 무엇인가?

① 토론법
② 시간연구법
③ PTS법
④ 워크샘플링법

해설 | 작업측정 기법
작업측정의 기법에는 시간연구법, PTS법, 워크샘플링법이 있다.

### 18. 다음 중 생산에 5M 과 관계가 없는 것은 무엇인가?

① 기계 설비  ② 관리
③ 방법  ④ 투자비

해설 | 생산관리의 5요소(5M)
5M : Man, Machine, Material, Method, Management

정답  13 ④  14 ②  15 ④  16 ①  17 ①  18 ④

**19.** 다음 중 인간노동의 생산성향상과 관계가 먼 것은 무엇인가?

① 재료절감
② 작업방법
③ 고용의 안전성
④ 노동조합 참여

해설 | 인간노동의 생산성향상 요소
노동 생산성 향상 시 작업방법, 고용의 안정, 노조의 참여를 고려해야한다.

**20.** Work Factor법의 주요변수가 아닌 것은 어느 것인가?

① 이동거리
② 사용신체부위
③ 인위적 조건
④ 용량 및 저항

해설 | WF(Work Factor)법
Work Factor법의 주요변수로는 이동거리, 인위적 조건, 사용신체부위 등이 있다.

**21.** 다음 중 생산계획 시 실행계획에 해당하는 것은 무엇인가?

① 제조계획
② 준비계획
③ 작업계획
④ 선행생산계획

해설 | 생산계획
제조계획은 생산계획 수립 시 실행계획에 해당된다.

**22.** 생산계획에서 How에 해당하는 것은 무엇인가?

① 자재계획
② 대일정계획
③ 인원계획
④ 공수계획

해설 | 생산계획 단계
생산계획에서 HOW의 의미는 공수계획을 말한다.

**23.** 기능저하형 열화와 관계가 있는 것은 무엇인가?

① 기술적 열화
② 금전적 열화
③ 물리적 열화
④ 상대적 열화

해설 | 열화의 종류
열화의 종류 중 물리적열화는 기능저하형에 해당된다.

**24.** 설비가 노후하여 갱신이 필요한 열화는 무엇인가?

① 기능적 열화
② 물리적 열화
③ 절대적 열화
④ 화폐적 열화

해설 | 열화의 종류
절대적 열화는 설비가 노후되어 갱신이 필요하다고 판단되는 열화의 종류이다.

정답  19 ①  20 ④  21 ①  22 ④  23 ③  24 ③

**25.** 생산관리의 목표에 속하지 않는 것은 무엇인가?

① 우수한 품질제조
② 적기에 제조
③ 싸게 제조
④ 대량의 제품을 제조

해설 | 생산관리의 목적
품질, 납기, 최소원가가 생산관리의 목표이다.

**26.** 설비의 성능 열화 현상과 관계가 먼 것은 무엇인가?

① 마모   ② 구형
③ 파손   ④ 오손

해설 | 성능열화의 종류
설비의 성능열화의 종류 : 마모, 파손, 오손

**27.** ABC분석은 1951년 누구에 의해 제창된 재고관리 기법인가?

① Deckie   ② Morrow
③ Arrow    ④ Terborgh

해설 | ABC분석
Deckie는 ABC분석이라는 재고관리 기법을 연구, 제시한 인물이다.

**28.** 납기를 준수하기 위한 요건이 아닌 것은 무엇인가?

① 다량의 재고 가질 것
② 충분한 능력을 가질 것
③ 준수 가능한 납기를 결정할 것
④ 통제능력 및 생산의 여력을 가질 것

해설 | 납기준수의 요건
납기준수의 필요요건으로는 충분한 생산능력, 납기의 가능 실현성, 통제능력 등이다.

**29.** 생산활동에서 "부하"란 무엇인가?

① 최대 작업량
② 최소 작업량
③ 할당된 작업량
④ 평균 작업량

해설 | 부하계산
생산활동에 있어서 부하의 의미는 할당된 작업량이다.

**30.** 재료의 원단위 산정을 표현하는 식은 무엇인가?

① $\dfrac{원재료 투입량}{제품 소비량} \times 100$

② $\dfrac{원재료 투입량}{제품 생산량} \times 100$

③ $\dfrac{제품 생산량}{재료 투입량} \times 100$

④ $\dfrac{원료 투입량}{제품 소비량} \times 100$

해설 | 재료의 원단위 표현식
재료의 원단위 $= \dfrac{원재료 투입량}{제품 생산량} \times 100$

정답  25 ④  26 ②  27 ①  28 ①  29 ③  30 ②

# 출제예상문제

**전기기능장 필기 / 공업경영**

**1.** 다음 에서 가장 작은 작업구분 단위는?

① 단위작업　② 공정
③ 동작요소　④ 요소작업

해설 | 작업 크기의 구분
공정 > 단위작업 > 요소작업 > 동작요소

**2.** 방법연구에 해당하지 않는 것은?

① 연화작업분석　② 동작분석
③ 기준자료법　④ 공정분석

해설 | 방법연구의 해당 요소
방법연구에 이용되는 수법에는 연합 작업분석, 동작분석, 공정분석이 있다.

**3.** 작업 크기 구분에서 개개의 단위로 보통 1분 이상의 길이를 가진 작업을 무엇이라 하는가?

① 동작요소　② 공정
③ 요소작업　④ 단위작업

해설 | 작업크기의 구분
단위작업은 하나로 통합된 작업을 세부단위로 분해하여 가장 작은 단위의 작업

**4.** 작업분석 중 요소작업에 대한 효과적인 개선활동을 위한 원리 중 ECRS의 내용에 맞지 않는 것은?

① E : Eliminate(배제)
② C : Combine(결합)
③ R : Remember(기억)
④ S : Simplify(단순화)

해설 | 공정도 개선원칙(ECRS)
E : Eliminate(배제)
C : Combine(결합)
R : Rearrangement(재배열)
S : Simplify(단순화)

**5.** 작업연구의 기능에 해당되지 않는 것은?

① 원자재의 적정 재고량 결정
② 표준시간의 결정
③ 생산성의 측정
④ 작업표준의 설정

해설 | 작업연구의 기능
작업연구는 기업이 생산과정에서 일정한 품질과 제품의 수량을 경제적으로 생산하기 위하여, 생산에 필요한 작업 · 공정 등에 관하여 주로 실제로 작업하는 종사자를 주체로 조사 · 연구하는 일

정답　01 ③　02 ③　03 ④　04 ③　05 ①

6. 작업과 관련된 인간의 신체동작과 눈의 움직임을 분석하여 불필요한 동작을 제거하고 가장 합리적인 작업방법을 연구하는 기법을 무슨 기법이라 하는가?

① 공정분석　　② 표준자료법
③ 연합작업분석　④ 동작연구

해설 | 미세동작연구
동작연구란 작업동작을 최소의 요소단위로 분해하여, 그 단위의 변이를 측정해서 불필요한 동작을 제거하고 가장 합리적인 표준 작업방법을 알아내기 위한 연구로써, 시동연구라고도 한다.

7. 연합작업분석의 종류로 적당한 것은 어는 것인가?

① 인간 - 기계분석표
② 조 - 작업 분석표
③ 조 - 기계분석표
④ 팀 - 인간분석표

해설 | 연합 작업 분석의 종류
① 인간 - 기계분석표
② 조 - 작업 분석표
③ 조 - 기계분석표

8. 다음 중 '부하 〈 능력'일 때의 상황을 적절하게 표현한 것은?

① 기계나 작업원을 쉬게 한다.
② 공정대기가 발생한다.
③ 기계나 작업원을 늘린다.
④ 외주를 준다.

해설 | 능력계산
작업 공정의 여유가 있는 상황으로 기계나 작업원을 쉬게 한다.

9. 생산라인 평형분석에서 애로공정이란?

① 가장 큰 작업량을 가진 공정
② 가장 큰 여력이 있는 공정
③ 가장 작은 애로가 존재하는 공정
④ 가장 적은 작업량을 가진 공정

해설 | 애로공정(CP)
하나의 생산라인으로 연결하여 생산할 경우 가장 시간이 많이 걸리는 공정에 의해 생산속도가 결정된다. 이렇게 시간이 많이 걸리는 공정을 애로공정 이라하며 공정의 능률을 좌우한다.

10. 배치의 원칙에 해당하지 않는 것은?

① 총합의 원칙　② 유동의 원칙
③ 입체의 원칙　④ 물류의 원칙

해설 | 배치의 원칙
• 총합의 원칙
• 단거리의 원칙
• 유동의 원칙
• 입체의 원칙

정답  06 ④  07 ④  08 ①  09 ①  10 ④

**11.** 재료가 출고되고 제품으로 출하되기까지의 공정계획을 체계적으로 도표를 작성하여 분석하는 방법은 무엇인가?

① 작업분석 ② 공정분석
③ Therblig 분석 ④ 입체의 원칙

해설 | 공정분석의 정의
공정분석은 재료가 가공되어 제품으로 될 때까지의 과정을 가공·운반·정체·검사 4개의 상태로 나누어서 그것들이 제작 과정에서 어떻게 연속하고 있는지를 조사하는 작업

**12.** 원재료 및 부품이 공정에 투입되는 점 및 모든 작업과 검사의 계열을 표현한 도표를 무엇이라 하는가?

① 공정도 ② 흐름공정도
③ Therblig ④ 작업공정도

해설 | 작업공정도의 정의
작업공정도는 원재료 및 부품이 공정에 투입되는 점 및 모든 작업과 검사의 계열을 표현한 도표

**13.** 다음 중 공정분석에서 사용하는 주된 분석 기법이 아닌 것은?

① 사무 공정분석
② 작업자 공정분석
③ 제품 공정분석
④ 우선 공정분석

해설 | 공정분석의 종류
공정분석 종류로는 제품공정분석, 사무공정분석, 작업자 공정분석이 있다.

**14.** 최소의 피로로써 최대의 효과를 얻기 위한 법칙은 무엇인가?

① 만족감의 법칙
② 총합의 법칙
③ 융통성의 원칙
④ 동작경제의 원칙

해설 | 작업개선의 적용 원칙
동작경제의 원칙이란 신체, 배치, 디자인 등으로 3가지 분야에 대하여 작업동작을 최적화, 최소화시키기 위한 원칙

**15.** 생산합리화의 기본목표와 관계가 먼 것은 무엇인가?

① 생산의 신속화
② 품질의 균일화
③ 생산의 표준화
④ 원가 유지

해설 | 생산합리화의 기본목표
생산의 신속화, 원가유지, 품질의 균일화

### 16. 작업측정 중 층별화 및 관측대상의 결정이 아닌 것은?

① 기계　　② 사람
③ 제품　　④ 방법

해설 | 관측대상의 결정 요인
① 기계
② 사람
③ 제품

### 17. 흐름작업을 편성하는 공정계열 중 최종 공정에서 완성품이 나오는 시간간격은?

① 정미시간　　② 피치타임
③ 통제시간　　④ 표준시간

해설 | 피치타임의 정의
피치타임은 일관작업에서 물품과 물품과의 시간적 간격을 말하며, 인덱스 타임, 택트 타임이라고도 한다.

### 18. 한 사람의 작업자가 동시에 여러 기계를 담당하는 시간이 무엇인가?

① 관리여유　　② 기계간섭여유
③ 장려여유　　④ 기계간섭시간

해설 | 기계간섭시간의 정의
기계간섭시간은 한사람의 작업자가 동시에 여러 기계를 담당할 때 기계가 공회전 또는 정지한 시간

### 19. 피로의 발생 원인이 아닌 것은?

① 작업강도에 의한 피로
② 환경에 의한 피로
③ 육체적 근육노동에 의한 피로
④ 장기간 수면에 의한 피로

해설 | 피로 발생 원인
작업시간의 경과에 따라 작업 능률이 저하되는 것을 회복하기 위한 여유가 필요하며 작업강도, 작업 조건, 육체적, 정신적 조건, 작업환경 등이 피로의 원인이 된다.

### 20. 작업속도에 영향이 큰 요소는?

① 작업의 착실성　　② 노력도
③ 작업조건　　　　④ 숙련도

해설 | 숙련도
작업속도의 변동요인(평준계수)으로는 숙련도, 노력도, 환경조건, 일치성 등이 있으며 작업속도에 가장 영향을 미치는 것은 숙련도이다.

### 21. 대상 작업의 기본적인 내용으로써 규칙적으로 반복되는 시간은?

① 준비시간　　② 여유시간
③ 정미시간　　④ 표준시간

해설 | 정미시간
정미시간은 작업수행에 직접 필요한 시간으로 시작부터 완료까지의 시간에서 고장 및 조정, 교체, 휴식 등의 정지시간을 제외한 시간

정답  16 ④　17 ②　18 ④　19 ④　20 ④　21 ③

## 22. 정미시간이 아닌 것은?

① 주요시간 + 부수시간
② 가공시간 + 중간시간
③ 실동시간 + 수대기시간
④ 주요시간 + 휴식시간

해설 | 정미시간의 분석 기법
정미시간은 작업수행에 직접 필요한 시간

## 23. 표준시간 측정방법 중 PTS법이란 무엇을 말하는가?

① 작업측정에 통계적 기법을 사용한다
② 컴퓨터를 이용하여 작업측정을 하는 방법이다.
③ Planning-Training & System의 약자이다.
④ 기본동작에 소요되는 시간에 미리 작성된 시간치를 적용하여 개개의 작업시간을 합산하는 방법

해설 | PTS(Predetermined Time Standard)법
PTS법은 인간이 행하는 모든 작업을 구성하는 기본동작으로 분해하여 각 기본동작에 대해 그 동작의 성질과 조건에 따라 미리 정해진 시간치를 적용하는 수법

## 24. 동일종류에 속하는 과업의 작업내용을 정수, 변수요소로 분류하여 작업측정요인과 시간치와의 관계를 해석하여 표준시간을 구하는 방법은?

① VTR 분석
② PTS법
③ 경험 견적법
④ 표준자료법

해설 | 작업측정 기법
표준자료법은 동일 종류에 속하는 과업의 작업내용을 정수 요소와 변수 요소로 나누어 미리 그 작업을 측정하여 변동요인과 시간치의 관계를 해석하고 시간공식 또는 시간자료를 만들어 개개 작업시간을 설정할 때 그때마다 측정하지 않고 그 자료를 사용하여 표준시간을 측정하는 방법

## 25. 통계적 추론을 이용하기 위하여 사람과 기계의 움직임을 순간적으로 관측하여 작업량을 측정하는 방법은?

① 표준시간
② PTS법
③ 스톱워치법
④ 워크샘플링

해설 | 워크샘플링 기법
WS법은 작업자·기계·설비에 관한 특정 상황을 임의의 시간 간격으로 관측·기록·정리해 그 특성을 통계적 이론에 의해 추계하는 방법을 말한다. 가동분석의 한 방법으로써 가동률이나 조업도 등의 추계에 이용된다. 작업 주기가 긴 작업, 비 사이클 작업, 그룹 작업, 간접부분의 작업 등에 활용한다.

## 26. 작업측정 기법으로 볼 수 없는 것은?

① 추정법
② PTS법
③ 워크샘플링법
④ 시간연구법

해설 | 작업측정 예외 기법
작업측정방법에는 PTS법, 워크샘플링법, 시간연구법, 표준자료법, 경험 견적법, 필름분석 VTR 분석법, 스톱워치법, 내경법, 외경법 등이 있다.

정답 22 ④ 23 ④ 24 ④ 25 ④ 26 ①

## 27. 스톱워치 측정방법의 1DM은?

① $\dfrac{1}{1000분}$   ② $\dfrac{1}{100초}$

③ $\dfrac{1}{100분}$   ④ $\dfrac{1}{1000시간}$

해설 | 1DM의 정의
스톱워치의 시간 단위 : $\dfrac{1}{100분}$ = 1DM

## 28. 워크팩터법의 시간단위는?

① 0.001초   ② 0.0001시간
③ 0.001분   ④ 3600초

해설 | 워크팩터법의 시간단위
워크팩터법은 작업의 표준시간 설정을 위해 정밀계측시계를 이용하여 극소동작에 대한 상세 데이터를 분석한 결과를 기초적인 동작시간 공식을 작성하여 분석하는 방법

## 29. 워크팩터법의 사용 신체부위가 아닌 것은?

① 손가락   ② 몸통
③ 머리     ④ 앞팔 선회

해설 | 워크팩터법의 정의
워크팩터법은 표준 작업 시간을 산정하는 수법의 하나. 미리 측정 대상 작업자의 동작을 표로 하고 이 표를 바탕으로 작업 시간을 측정하여 분석하는 방법

아우름 전기기능장 필기

# PART 09
# 과년도 기출문제

## 제63회 기출문제

**2018년 1회**

**01.** 유도성 부하에 단상 100[V]의 전압을 가하면 30[A] 전류가 흐르고 1.8[kW]의 전력을 소비한다고 한다. 이 유도성 부하와 병렬로 콘덴서를 접속하여 회로의 합성역률을 100[%]로 하기 위한 용량성 리액턴스는 약 몇 [Ω]이면 되는가?

① 2.32  ② 3.24
③ 4.17  ④ 5.28

해설 | 전력용 콘덴서
전력 $P = VI\cos\theta$ 에서
$$\cos\theta = \frac{1,800}{100 \times 30} = 0.6$$
콘덴서 용량
$$Q = P(\tan\theta_1 - \tan\theta_2)$$
$$= 1.8 \times \left(\frac{\sin\theta_1}{\cos\theta_1} - \frac{\sin\theta_2}{\cos\theta_2}\right)$$
$$= 1.8 \times \left(\frac{\sqrt{1-0.6^2}}{0.6} - \frac{\sqrt{1-1^2}}{1}\right)$$
$$= 2.4[kVA]$$
용량성 리액턴스
$$X_c = \frac{V^2}{Q} = \frac{100^2}{2400} = 4.17[\Omega]$$

**02.** 그림과 같은 병렬회로에서 저항 r = 3[Ω], 유도 리액턴스 X = 4[Ω]이다. 이 회로 a-b 간의 역률은?

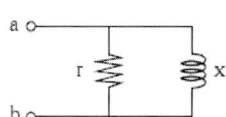

① 0.8  ② 0.6
③ 0.5  ④ 0.4

해설 | R-L 병렬회로의 역률
$$\cos\theta = \frac{X_L}{\sqrt{R^2 + X_L^2}}$$
$$= \frac{4}{\sqrt{3^2 + 4^2}} = \frac{4}{5} = 0.8$$

**03.** 그림과 같은 RLC 병렬 공진회로에 관한 설명 중 옳지 않은 것은? (단, Q는 전류 확대율이다.)

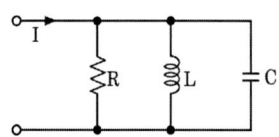

① R이 작을수록 Q가 커진다.
② 공진 시 입력 어드미턴스는 매우 작아진다.
③ 공진 주파수 이하에서의 입력 전류는 전압 보다 위상이 뒤진다.
④ 공진 시 L 또는 C를 흐르는 전류는 입력 전류 크기의 4배가 된다.

해설 | R-L-C 병렬공진회로
• 어드미턴스는 최소
• 임피던스는 최대
• 전류는 최소
• 공진 주파수 $f_0 = \dfrac{1}{2\pi\sqrt{LC}}[Hz]$
• 선택도 $Q = \dfrac{R}{w_0 L} = w_0 CR = R\sqrt{\dfrac{C}{L}} \therefore$

R이 클수록, 선택도(전류확대비)는 작아진다.

정답 01 ③  02 ①  03 ①

4. 환상 솔레노이드의 원환 중심선의 반지름 a=50[mm], 권수 N=1000회이고, 여기에 20[mA]의 전류가 흐를 때, 중심선의 자계의 세기는 약 몇 [AT/m]인가?

① 52.2　　② 63.7
③ 72.5　　④ 85.6

해설 | 환상솔레노이드 자계의 세기

$$H = \frac{NI}{2\pi r} = \frac{1,000 \times 20 \times 10^{-3}}{2 \times 3.14 \times 50 \times 10^{-3}}$$
$$= 63.69 [AT/m]$$

5. 그림의 회로에서 5[Ω]의 저항에 흐르는 전류[A]는? (단, 각각의 전원은 이상적인 것으로 본다.)

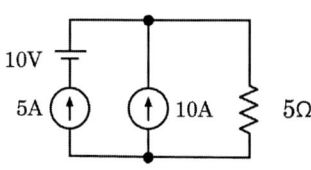

① 10　　② 15
③ 20　　④ 25

해설 | 중첩의 원리
전압원은 단락, 회로는 병렬로 연결되어 있으므로 5[Ω]에 흐르는 전류
$I = 5 + 10 = 15 [A]$

6. 순서회로 설계의 기본인 JK-FF 진리표에서 현재 상태의 출력 $Q_n$이 "0"이고, 다음 상태의 출력 $Q_{n+1}$이 '1'일 때 필요 입력 J 및 K의 값은? (단, x는 "0" 또는 "1"이다.)

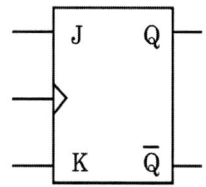

① J = 0, K = 0　　② J = 0, K = 1
③ J = 0, K = x　　④ J = 1, K = x

해설 | JK 플립플롭 진리표

| J | K | Q |
|---|---|---|
| 0 | 0 | 변하지 않는다 |
| 0 | 1 | 0 |
| 1 | 0 | 1 |
| 1 | 1 | 반전 |

• J = 1, K = 0인 경우 : 다음출력 1
• J = K = 1인 경우 : 반전되서 출력 1
∴ J=1이고 K= 0 또는 1

**07.** 그림과 같은 $v=100\sin wt$[V]인 정현파 교류전압의 반파 정류파에서 사선부분의 평균값은 약 몇 [V] 인가?

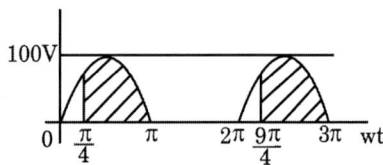

① 51.69  ② 37.25
③ 27.17  ④ 16.23

해설 | 반파정현파의 평균값
$wt=\theta$로 치환, 주기는 $2\pi$

$$V_{av} = \frac{1}{T}\int_{\frac{\pi}{4}}^{\pi} 100\sin\theta\, d\theta = \frac{100}{2\pi}\int_{\frac{\pi}{4}}^{\pi}\sin\theta\, d\theta$$

$$= \frac{100}{2\pi}[-\cos\theta]_{\frac{\pi}{4}}^{\pi} = \frac{100}{2\pi}\left(1+\frac{\sqrt{2}}{2}\right)$$

$$\approx 27.17[V]$$

**08.** 콘덴서 용량이 $C_1, C_2$인 2개를 병렬로 연결했을 때 합성용량은?

❶ $C_1+C_2$  ② $C_1C_2$
③ $\dfrac{C_1C_2}{C_1+C_2}$  ④ $\dfrac{C_1+C_2}{C_1C_2}$

해설 | 콘덴서의 합성용량
- 콘덴서 병렬연결 시 $C=C_1+C_2$
- 콘덴서 직렬연결 시 $C=\dfrac{C_1C_2}{C_1+C_2}$

**09.** 이상 변압기를 포함하는 그림과 같은 회로의 4단자 정수 $\begin{bmatrix}AB\\CD\end{bmatrix}$는?

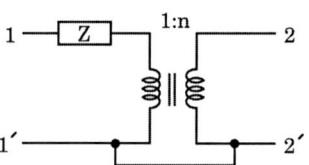

① $\begin{bmatrix} n & 0 \\ Z & \dfrac{1}{n} \end{bmatrix}$  ② $\begin{bmatrix} 0 & \dfrac{1}{n} \\ nZ & 1 \end{bmatrix}$

③ $\begin{bmatrix} \dfrac{1}{n} & nZ \\ 0 & n \end{bmatrix}$  ④ $\begin{bmatrix} n & 0 \\ \dfrac{Z}{n} & Z \end{bmatrix}$

해설 | 4단자정수

$$\begin{vmatrix}A & B\\ C & D\end{vmatrix} = \begin{vmatrix}1 & Z\\ 0 & 1\end{vmatrix}\begin{vmatrix}\dfrac{1}{n} & 0\\ 0 & n\end{vmatrix} = \begin{vmatrix}\dfrac{1}{n} & nZ\\ 0 & n\end{vmatrix}$$

**10.** 다음 그림에서 코일에 인가되는 전압의 크기 $V_L$은 몇 [V]인가?

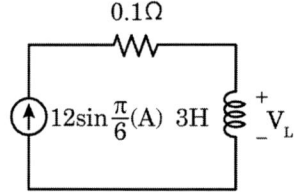

① $2\pi\sin\dfrac{\pi}{6}t$  ② $4\pi\sin\dfrac{\pi}{6}t$
③ $6\pi\sin\dfrac{\pi}{6}t$  ④ $12\pi\sin\dfrac{\pi}{6}t$

해설 | 코일에 인가되는 전압

$$v_L = L\frac{dt}{dt} = 3\times\frac{d(12\sin\frac{\pi}{6}t)}{dt}$$

$$= 3 \times 12 \times \frac{\pi}{6} \times \cos\frac{\pi}{6}t = 6\pi\cos\frac{\pi}{6}t$$

## 11. 회로에 접속된 콘덴서(C)와 코일(L)에서 실제적으로 급격하게 변할 수 없는 것은?

① 코일(L) : 전압, 콘덴서(C) : 전류
② 코일(L) : 전류, 콘덴서(C) : 전압
③ 코일(L), 콘덴서(C) : 전류
④ 코일(L), 콘덴서(C) : 전압

해설 | 전압과 전류의 모순
$t = 0$일 때, $v_L = L\dfrac{di}{dt}$에서 전류가 급격히 변화하면 $v_L$이 무한대가 되고, $i_C = C\dfrac{dv}{dt}$에서 전압이 급격히 변화하면 $i_C$이 무한대가 된다.

## 12. 많은 입력선 중의 필요한 데이터를 선택하여 단일 출력선으로 연결시켜 주는 회로는?

① 인코드　　② 디코드
③ 멀티플렉서　④ 디멀티플렉서

해설 | 멀티플렉서
- 여러 개의 입력선 중에서 하나를 선택하여 출력선에 연결하는 회로
- 데이터선택기라고도 하며 $2^n$개의 입력선(D)과 n개의 선택선(S) 그리고 하나의 출력선으로 구성되어 있다.

## 13. 전계내의 임의의 한 점에 단위전하 +1[C]을 놓았을 때 이에 작용하는 힘을 무엇이라 하는가?

① 전위　　　② 전위차
③ 전속밀도　④ 전계의 세기

해설 | 전계의 세기
전계 중에 단위 양전하를 두었을 때 그 전하가 받는 힘의 크기
$$E = \frac{1}{4\pi\epsilon_0\epsilon_s} \times \frac{Q}{r^2} = 9 \times 10^9 \times \frac{Q}{\epsilon_s r^2}$$
[V/m]

## 14. 유도 기전력에 관한 렌츠의 법칙을 맞게 설명한 것은?

① 유도 기전력의 크기는 자기장의 방향과 전류의 방향에 의하여 결정된다.
② 유도 기전력은 자속의 변화를 방해하려는 방향으로 발생한다.
③ 유도 기전력의 크기는 코일을 지나는 자속의 매초 변화량과 코일의 권수에 비례 한다.
④ 유도 기전력은 자속의 변화를 방해하려는 역방향으로 발생한다.

해설 | 렌츠의 법칙
유도 기전력의 방향은 코일 면을 통과하는 자속의 변화를 방해하는 방향으로 나타난다.

정답　11 ②　12 ③　13 ④　14 ②

**15.** $C_1 = 1[\mu F]$, $C_2 = 2[\mu F]$, $C_3 = 3[\mu F]$인 3개의 콘덴서를 직렬로 접속하여 500[V]의 전압을 가할 때 $C_1$ 양단에 걸리는 전압은 약 몇 [V]인가?

① 91  ② 136  ③ 272  ④ 327

해설 | 콘덴서의 직렬접속
$Q = CV$ 에서
$V_1 = \dfrac{Q}{C_1}[V]$, $V_2 = \dfrac{Q}{C_2}[V]$, $V_3 = \dfrac{Q}{C_3}[V]$,

$V_1 : V_2 : V_3 = \dfrac{1}{1} : \dfrac{1}{2} : \dfrac{1}{3} = 6 : 3 : 2$

$V_1 = \dfrac{6}{11} \times 500 = 272.7[V]$

**16.** 카르노도에서 간략화된 논리함수를 구하면?

|  | $\overline{A}\overline{B}$ | $\overline{A}B$ | $AB$ | $A\overline{B}$ |
|---|---|---|---|---|
| $\overline{C}\overline{D}$ | 1 | 1 | 1 | 1 |
| $\overline{C}D$ | 1 | 1 | 1 | 1 |
| $CD$ | 1 | 1 |  |  |
| $C\overline{D}$ | 1 | 1 |  | 1 |

① $\overline{A} + \overline{C} + \overline{B}\overline{D}$  ② $A + C + \overline{B}\overline{D}$
③ $\overline{B} + \overline{D} + AC$  ④ $\overline{B} + D + \overline{A}\,\overline{C}$

해설 | 카르노도표

|  | $\overline{A}\overline{B}$ | $\overline{A}B$ | $AB$ | $A\overline{B}$ |
|---|---|---|---|---|
| $\overline{C}\overline{D}$ | ①1 | 1 | 1 | ①1 |
| $\overline{C}D$ | 1 | 1 | 1 | 1 |
| $CD$ | 1 | 1 |  |  |
| $C\overline{D}$ | ①1 | 1 |  | ① |

∴ $\overline{A} + \overline{C} + \overline{B}\overline{D}$

**17.** 자기인덕턴스가 50[mH]인 코일에 흐르는 전류가 0.01초 사이에 5[A]에서 3[A]로 감소하였다. 이 코일에 유기되는 기전력은 몇 [V]인가?

① 10  ② 15  ③ 20  ④ 25

해설 | 코일의 유기기전력
$e = -L\dfrac{di}{dt} = 50 \times 10^{-3} \times \dfrac{5-3}{0.01} = 10[V]$

**18.** 101101 에 대한 2의 보수는?

① 010001  ② 010011
③ 101110  ④ 010010

해설 | 2의 보수
1의 보수는 0 → 1로, 1 → 0으로 변환
1의 보수 : 101101 → 010000
2의 보수 = 1의 보수 + 1
∴ 010010 +1 = 010011

**19.** 동일 정격의 다이오드를 병렬로 연결하여 사용하면?

① 역전압을 크게 할 수 있다.
② 순방향 전류를 증가시킬 수 있다.
③ 절연효과를 향상시킬 수 있다.
④ 필터 회로가 불필요하게 된다.

해설 | 다이오드의 연결
• 직렬 연결 : 과전압을 보호
• 병렬 연결 : 과전류를 보호

정답  15 ③  16 ①  17 ①  18 ②  19 ②

**20.** 아래 그림의 3상 인버터 회로에서 온(On)되어 있는 스위치들이 $S_1, S_6, S_2$ 오프(Off)되어 있는 스위치들이 $S_3, S_5, S_4$ 라면 전원의 중성점 $g$와 부하의 중성점 $N$이 연결되어 있는 경우 부하의 각 상에 공급되는 전압은?

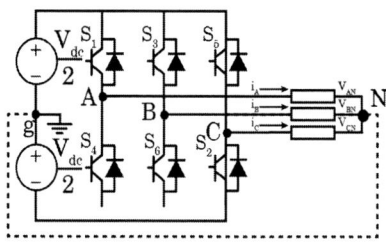

① $v_{AN} = -\dfrac{V_{dc}}{2}, v_{BN} = \dfrac{V_{dc}}{2},$
  $v_{CN} = \dfrac{V_{dc}}{2}$

② $v_{AN} = \dfrac{3V_{dc}}{2}, v_{BN} = \dfrac{3V_{dc}}{2},$
  $v_{CN} = -\dfrac{3V_{dc}}{2}$

③ $v_{AN} = \dfrac{V_{dc}}{2}, v_{BN} = -\dfrac{V_{dc}}{2},$
  $v_{CN} = -\dfrac{V_{dc}}{2}$

④ $v_{AN} = \dfrac{2V_{dc}}{2}, v_{BN} = -\dfrac{2V_{dc}}{3},$
  $v_{CN} = \dfrac{2V_{dc}}{3}$

해설 | 3상인버터회로
$S_1$ 스위치 On 시 $v_{AN} = \dfrac{V_{dc}}{2}$,
$S_6$ 스위치 On 시 $v_{BN} = -\dfrac{V_{dc}}{2}$,
$S_2$ 스위치 On 시 $v_{CN} = -\dfrac{V_{dc}}{2}$

**21.** 변압기의 등가회로 작성에 필요 없는 것은?

① 단락시험  ② 반환부하법
③ 무부하시험  ④ 저항측정시험

해설 | 변압기의 등가회로
변압기 등가회로도 작성에 필요한 시험
- 저항측정시험
- 단락시험
- 무부하시험

**22.** 출력 3[kW], 회전수 1,500[rpm]인 전동기의 토크는 약 몇 [kg·m]인가?

① 2  ② 3  ③ 5  ④ 15

해설 | 전동기의 토크
$\tau = \dfrac{60}{2\pi} \times \dfrac{P_0}{N} = 9.55 \times \dfrac{3 \times 10^3}{1,500}$
$= 19.1 [N \cdot m]$
$\therefore \tau = \dfrac{1}{9.8} \times 19.1 \fallingdotseq 1.95 [kg \cdot m]$

**23.** 150[kVA]의 전부하 동손이 2[kW], 철손이 1[kW]일 때 이 변압기의 최대효율은 전부하의 몇 [%]일 때 인가?

① 50  ② 63  ③ 70.7  ④ 141.4

해설 | 변압기의 최대효율
최대효율 조건 $P_i = \dfrac{1}{m^2} P_c$ 이므로
최대효율일 때 부하율
$\dfrac{1}{m} = \sqrt{\dfrac{P_i}{P_c}} = \sqrt{\dfrac{1}{2}} = 0.707$
$\therefore$ 전부하의 70.7[%]

정답 20 ③ 21 ② 22 ① 23 ③

**24.** 전압 스너버(snubber) 회로에 관한 설명으로 틀린 것은?

① 저항(R)과 커패시터(C)로 구성된다.
② 전력용 반도체 소자와 병렬로 접속된다.
③ 전력용 반도체 소자의 보호회로로 사용된다.
④ 전력용 반도체 소자와 전류상승률 ($\frac{di}{dt}$)을 저감하기 위한 것이다.

해설 | 스너버회로
급격한 변화를 누그러뜨리고, 입력 신호에서 원하지 않는 노이즈 등을 제거하기 위하여 사용하는 완충회로로 반도체 소자의 전압상승률을 제한한다.

**25.** 직류 복권전동기 중에서 무부하 속도와 전부하 속도가 같도록 만들어진 것은?

① 과복권   ② 부족복권
③ 평복권   ④ 차동복권

해설 | 직류발전기

| 구분 | 전압관계 | 용도 |
|---|---|---|
| 과복권 | $V_0 < V$ | 전압강하 보상용 |
| 직권 | $V_0 < V$ | 직류 승압용 |
| 평복권 | $V_0 = V$ | 직류전원 및 여자기 |
| 타여자 | $V_0 > V$ | 내압 시험 전원 |
| 분권 | $V_0 > V$ | 축전지 충전용 |
| 차동복권 | $V_0 > V$ | 아크 용접기 |

**26.** 동기발전기를 병렬 운전할 때 동기검정기(synchro scope)를 사용하여 측정이 가능한 것은?

① 기전력의 크기   ② 기전력의 파형
③ 기전력의 진폭   ④ 기전력의 위상

해설 | 동기검정기
계통과 투입하는 발전기 사이의 주파수와 위상이 일치하고 있는지를 검출하는 장치를 말한다.

**27.** 정격출력 P[kW], 역률 0.8, 효율 0.82로 운전하는 3상 유도전동기에 V 결선 변압기로 전원을 공급할 때 변압기 1대의 최소 용량은 몇 [kVA]인가?

① $\frac{2P}{0.8 \times 0.82 \times \sqrt{3}}$

② $\frac{P}{0.8 \times 0.82 \times 3}$

③ $\frac{\sqrt{3}\,P}{0.8 \times 0.82 \times 2}$

④ $\frac{P}{0.8 \times 0.82 \times \sqrt{3}}$

해설 | V결선
V결선출력 $P_V = \sqrt{3}\,P_1$
정격출력 $P = P_V \cos\theta \times \eta$
$\therefore P_1 = \dfrac{P}{\sqrt{3} \times 0.8 \times 0.82}$

### 28. 기동 토크가 큰 특성을 가지는 전동기는?

① 직류 분권전동기
② 직류 직권전동기
③ 3상 농형 유도 전동기
④ 3상 동기 전동기

해설 | 직권전동기
- 속도 조정이 쉽고 정출력 특성이 있다.
- 토크는 전류의 제곱에 비례($T \propto I_a^2$)
- 전기철도에 사용한다.

### 29. 변류기의 오차 경감시키는 방법은?

① 암페어 턴을 감소시킨다.
② 철심의 단면적을 크게 한다.
③ 도자율이 작은 철심을 사용한다.
④ 평균 자로의 길이를 길게 한다.

해설 | 변류기의 오차경감방법
- 철심 단면적을 크게 한다.
- 암페어 턴 수를 증가시킨다.
- 투자율이 큰 철심 사용한다.
- 평균 자로의 길이를 짧게 한다.

### 30. 서보(servo) 전동기에 대한 설명으로 틀린 것은?

① 회전자의 직경이 크다.
② 교류용과 직류용이 있다.
③ 속응성이 높다.
④ 기동·정지 및 정회전·역회전을 자주 반복할 수 있다.

해설 | 서보모터
- 서보모터는 모터와 구동시스템을 포함하는 것을 칭한다.
- AC모터, DC모터 등을 사용하여 적절한 구동시스템을 구축한다.
- 기동 토크가 커야하고 수하특성을 가져야 한다.
- 응답이 빠르다.
- 회전자가 가늘고 길다.

### 31. n차 고조파에 대하여 동기 발전기의 단절 계수는? (단, 단절권의 권선 피치와 자극 간격과의 비를 $\beta$라 한다.)

① $\sin \dfrac{n\beta\pi}{2}$  ② $\cos \dfrac{n\beta\pi}{2}$
③ $\sin \dfrac{n\beta\pi}{3}$  ④ $\cos \dfrac{n\beta\pi}{3}$

해설 | 단절계수
n차 고조파에 대한 단절 계수
$$K_p = \frac{\sin n\beta\pi}{2}$$

정답  28 ②  29 ②  30 ①  31 ①

**32.** 아래 그림과 같은 반파 다이오드 정류기의 상용 입력전압이 $v_s = V_m \sin\theta$ 라면 다이오드에 걸리는 최대 역전압(Peak Inverse Voltage)은 얼마인가?

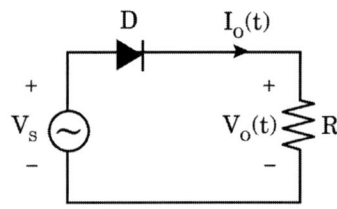

① $\dfrac{V_m}{\pi}$   ② $V_m$   ③ $\dfrac{V_m}{2}$   ④ $\dfrac{V_m}{\sqrt{2}}$

해설 | 단상반파정류회로
다이오드를 이용한 반파정류회로의 최대 역전압은 $PIV = \sqrt{2}\, V = V_m$ 이다.

**33.** 벅 부스트 컨버터(Buck-Boost Converter)에 대한 설명으로 옳지 않은 것은?

① 벅 부스트 컨버터의 출력전압은 입력전압보다 높을 수도 있고 낮을 수도 있다.
② 스위칭 주기(T)에 대한 스위치의 온(On) 시간($t_{on}$)의 비인 듀티비 D가 0.5보다 클 때 벅-컨버터와 같이 출력전압이 입력전압에 비해 낮아진다.
③ 출력전압의 극성은 입력전압을 기준으로 했을 때 반대 극성으로 나타난다.
④ 벅 - 부스트 컨버터의 입출력 전압비의 관계에 따르면 스위칭 주기(T)에 대한 스위치 온(On) 시간($t_{on}$)의 비인 듀티비 D가 0.5인 경우는 입력전압과 출력전압의 크기가 같게 된다.

해설 | 벅-부스트 컨버터의 전압비
$$\dfrac{V_0}{V_s} = \dfrac{T_{on}}{T_{off}} = \dfrac{T_{on}}{T - T_{on}} = \dfrac{D}{1-D}$$

**34.** 60[Hz]의 전원에 접속된 4극, 3상 유도전동기 슬립이 0.05일 때 회전속도[rpm]는?

① 90   ② 1710
③ 1890   ④ 36000

해설 | 유도전동기의 슬립
$$N_s = \dfrac{120f}{P} = \dfrac{120 \times 60}{4} = 1{,}800\,[\text{rpm}]$$
$$N = (1-s)N_s = (1-0.05) \times 1{,}800 = 1{,}710\,[\text{rpm}]$$

**35.** 포화하고 있지 않은 직류 발전기의 회전수가 $\dfrac{1}{2}$로 감소되었을 때 기전력을 전과 같은 값으로 하자면 여자를 속도 변화 전에 비하여 몇 배로 하여야 하는가?

① 1.5배   ② 2배
③ 3배   ④ 4배

해설 | 직류발전기의 유기기전력
$$E = \dfrac{PZ\phi N}{60a}\,[\text{V}]$$
$$E = \dfrac{PZ(2\phi)\left(\dfrac{1}{2}N\right)}{60a}$$

**36.** 3상 발전기의 전기자 권선에 Y결선을 채택 하는 이유로 볼 수 없는 것은?

① 상전압이 낮기 때문에 코로나, 열화 등이 적다.
② 권선의 불균형 및 제3고조파 등에 의한 순환전류가 흐르지 않는다.
③ 중성점 접지에 의한 이상 전압 방지의 대책이 쉽다.
④ 발전기 출력을 더욱 증대할 수 있다.

해설 | Y결전
- 중성점을 접지하면 보호 계전기 동작이 확실하고, 간편해진다.
- 이상전압의 방지대책이 용이하다.
- 권선의 불평형 및 제3고조파에 의한 순환전류가 흐르지 않는다.
- $\Delta$결선에 비해 상전압이 $\frac{1}{\sqrt{3}}$배이므로 권선의 절연이 용이하다.
- 코로나 발생을 억제한다.

**37.** 전기설비가 고장이 나지 않는 상태에서 대지 또는 회로의 노출 도전성 부분에 흐르는 전류는?

① 접촉전류
② 누설전류
③ 스트레스 전류
④ 계통의 도전성 전류

해설 | 누설전류
전선의 피복 또는 전기기기의 절연물이 열화 되거나 기계적인 손상 등을 입게 되어 금속체를 통하여 대지로 흘러나가는 전류

**38.** 동기조상기에 유입되는 여자전류를 정격보다 적게 공급시켜 운전했을 때의 현상으로 옳은 것은?

① 콘덴서로 작용한다.
② 저항부하로 작용한다.
③ 앞선 전류가 흐른다.
④ 뒤진 전류가 흐른다.

해설 | 위상특성곡선

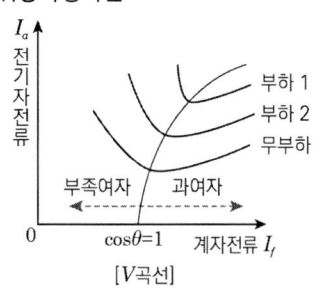

- 부족여자 : 지상, 리액터 역할
- 과여자 : 진상, 콘덴서 역할

**39.** 다음은 풍압하중과 관련된 내용이다. ㉮, ㉯의 알맞은 내용으로 옳은 것은?

> 빙설이 많은 지방이외의 지방에서는 고온 계절에는 ( ㉮ ) 풍압하중, 저온계절에는 ( ㉯ ) 풍압하중을 적용한다.

① ㉮ 갑종, ㉯ 갑종
② ㉮ 갑종, ㉯ 을종
③ ㉮ 갑종, ㉯ 병종
④ ㉮ 을종, ㉯ 병종

해설 | 풍압하중의 적용

| 구분 | | 고온계절 | 저온계절 |
|---|---|---|---|
| 인가근처 | | 병종 | |
| 빙설이 많은 지방 이외 | | 갑종 | 병종 |
| 빙설 지방 | 일반 | | 을종 |
| | 해안 지방 | | 갑종, 을종 중 큰 것 |

**40.** 저압 연접 인입선의 시설에 대한 기준으로 틀린 것은?

① 옥내를 통과하지 아니할 것
② 폭 5[m]를 초과하는 도로를 횡단하지 아니할 것
③ 인입선에서 분기하는 점으로부터 100[m]를 초과하는 지역에 미치지 아니할 것
④ 철도 또는 궤도를 횡단하는 경우에는 노면성 5[m]를 초과하지 아니할 것

해설 | 저압연접인입선 시설기준
- 인입선의 분기점에서 100[m]를 초과하지 말 것
- 폭 5[m]를 넘는 도로를 횡단금지
- 옥내 관통금지
- 지름 2.6 [mm]이상의 비닐절연전선을 사용

**41.** 평균 구면광도 200cd]의 전구 10개를 지름 10[m]인 원형의 방에 점등할 때 방의 평균조도는 약 몇 [lx]인가? (단, 조명률은 0.5, 감광보상률은 1.5 이다.)

① 26.7　② 53.3
③ 80.1　④ 106.7

해설 | 조명의 계산
$UNF = EAD$ 에서
조명률 $U = 0.5$, 등 수 $N = 10$
광속 $F = 4\pi I = 4\pi \times 200 = 2512$,
실내면적 $A = \pi r^2 = \pi \times \left(\dfrac{10}{2}\right)^2 = 78.5$
감광보상율 $D = 1.5$
$E = \dfrac{UNF}{AD} = \dfrac{0.5 \times 10 \times 2512}{78.5 \times 1.5} = 106.7$
[lx]

**42.** 애자사용 공사에 의한 고압 옥내배선의 시설에 있어서 적당하지 않은 것은?

① 전선 상호간의 간격은 8[cm] 이상일 것
② 전선의 지지점 간의 거리는 6[m] 이하일 것
③ 전선과 조영재와의 이격거리는 4[cm] 이상일 것
④ 전선이 조영재를 관통할 때에는 난연성 및 내수성이 있는 절연관에 넣을 것

해설 | 고압옥내배선의 애자사용공사
- 전선 : 단면적 6 [mm²]이상의 연동선
- 지지점 간의 거리 : 6 [m]이하 (조영재 면을 따라 붙이는 경우 2 [m]이하)
- 전선 상호간의 간격 : 8 [cm]이상
- 전선과 조영재 사이의 이격거리 : 5 [cm] 이상
- 애자는 절연성, 난연성 및 내수성 이어야 한다.

**43.** 2종 가요전선관을 구부리는 경우 노출장소 또는 점검 가능한 은폐장소에서 관을 시설 하고 제거하는 것이 부자유하거나 또는 점검이 불가능한 경우는 곡률 반지름을 2종 가요전선관 안지름의 몇 배 이상으로 하여야 하는가?

① 3배
② 6배
③ 8배
④ 12배

해설 | 금속제가요전선관 곡률반지름
- 관을 시설하고 제거하는 것이 자유로운 경우 전선관 안지름의 3배 이상
- 관을 시설하고 제거하는 것이 부자유하거나 점검 불가능한 경우 전선관 안지름의 6배 이상

**44.** 저압, 고압 및 특고압 수전의 3상 3선식 또는 3상 4선식에서 불평형 부하의 한도는 단상 접속부하로 계산하여 설비불평형률을 30[%] 이하로 하는 것을 원칙으로 한다. 다음 중 제한에 따르지 않아도 되는 경우가 아닌 것은?

① 저압 수전에서 전용변압기 등으로 수전 하는 경우
② 고압 및 특고압 수전에서 100[kVA] 이하의 단상부하인 경우
③ 특고압 수전에서 100[kVA] 이하의 단상 변압기, 3대로 △결선하는 경우
④ 고압 및 특고압 수전에서 단상 부하용량의 최대와 최소의 차가 100[kVA] 이하인 경우

해설 | 설비불평형률의 예외
- 특고압 수전에서 100[kVA] 이하의 단상 변압기 2대로 역V결선하는 경우

**45.** 소도체 2개로 된 복도체 방식 3상 3선식 송전선로가 있다. 소도체의 지름 2[cm], 간격 36[cm], 등가 선간거리가 120[cm]인 경우에 복도체 1[km]의 인덕턴스는 약 몇 [m/km]인가?

① 1.536
② 1.215
③ 0.957
④ 0.624

해설 | 복도체의 인덕턴스
$$L_n = 0.46505\log_{10}\frac{D}{\sqrt[n]{rs^{n-1}}} + \frac{0.05}{n}$$
[mH/km]에서
$$L_2 = 0.46505\log_{10}\frac{1,200}{\sqrt[n]{10\times 360}} + \frac{0.05}{2}$$
$= 0.624$[mH/km]
$r$ : 전선의 반지름, $D$ : 등가 선간 거리
$s$ : 소도체 간격, $n$ : 복도체 수

**46.** 과전류차단기로 시설하는 퓨즈 중 고압전로에 사용하는 포장 퓨즈는 정격전류의 몇 배의 전류에 견디어야 하는가? (단, 전기설비 기술기준의 판단기준에 의한다.)

① 1.1배
② 1.3배
③ 1.5배
④ 2.0배

해설 | 고압 퓨즈의 용단
- 비포장 퓨즈 : 1.25배에 견디고, 2배의 전류에 2분 안에 용단
- 포장 퓨즈 : 1.3배에 견디고, 2배의 전류에 120분 안에 용단

정답 43 ② 44 ③ 45 ④ 46 ②

**47.** 가공 송전선로에서 단도체보다 복도체를 많이 사용하는 이유는?

① 인덕턴스의 증가
② 정전용량의 감소
③ 코로나 손실 감소
④ 선로 계통의 안정도 감소

해설 | **복도체의 장점**
- 정전용량을 증가시켜 송전용량을 증가
- 인덕턴스와 리액턴스 감소
- 코로나 현상을 방지

**48.** 가공전선로의 지지물에 시설하는 지선의 시설기준이 아닌 것은?

① 소선 3가닥 이상의 연선일 것
② 지선의 안전율은 2.5 이상일 것
③ 소선의 지름이 2.6[mm] 이상의 금속선을 사용할 것
④ 도로를 횡단하여 시설하는 지선의 높이는 지표상 5.5[m] 이상으로 할 것

해설 | **지선의 시설**
- 지선의 안전율 : 2.5 이상
- 허용 인장하중 : 4.31 [kN]이상
- 지선의 소선은 3 가닥 이상의 연선이어야 한다.
- 지선의 소선은 지름이 2.6 [mm] 이상의 금속선을 사용
- 지표상 0.3 [m] 까지의 부분에는 내식성이 있는 것 또는 아연도금을 한 철봉을 사용
- 수평지선의 높이

| 도로 | 보도 |
| --- | --- |
| 지표상 5 [m] 이상 | 2.5 [m] 이상 |

- 철탑은 지선을 사용해서는 안 된다.

**49.** 송전 선로에서 소호환(Arcing Ring)을 설치하는 이유는?

① 전력 손실 감소
② 송전 전력 증대
③ 누설 전류에 의한 편열 방지
④ 애자에 걸리는 전압 분담을 균일

해설 | **소호환**
애자련의 전압분담을 균등화하고, 전선의 이상 현상으로 인한 열적 파괴 방지한다.

**50.** 저압의 전선로 중 절연부분의 전선과 대지 사이 및 전선의 심선 상호 간의 절연저항은 사용전압에 대한 누설전류가 최대 공급전류의 얼마를 넘지 않도록 하여야 하는가?

① $\dfrac{1}{500}$
② $\dfrac{1}{1,000}$
③ $\dfrac{1}{2,000}$
④ $\dfrac{1}{4,000}$

해설 | **누설전류**

누설전류 ≤ $\dfrac{최대공급전류}{2000}$

**51.** 전력 원선도에서 알 수 없는 것은?

① 조상 용량
② 선로 손실
③ 과도안정 극한전력
④ 송수전단 전압간의 상차각

해설 | 전력원선도
전력원선도에서 구할 수 있는 것
- 정태안정 극한전력(최대 전력)
- 송수전단 전압간의 상차각
- 조상기 용량
- 수전단 역률
- 선로 손실
- 송전 효율

($m_0$ : 전선 표면계수, $m_1$ : 기상계수, $\delta$ : 상대 공기밀도, $d$ : 전선의 지름, $r$ : 전선의 반지름, $D$ : 전선의 평균 선간거리)
기압이 낮아지거나 온도가 높아지면 상대 공기밀도가 작아진다.
∴ 임계전압은 상대공기밀도와 비례하므로
- 기압이 높아지는 경우, 온도가 낮아지는 경우, 상대 공기밀도가 큰 경우 임계전압은 높아진다.

## 52. 
소도체 두 개로 된 복도체 방식 3상 3선식 송전선로가 있다. 소도체의 지름이 2[cm], 소도체 간격 16[cm], 등가 선간거리가 200 [cm]인 경우 1상당 작용 정전용량은 약 몇 [μF/km]인가?

① 0.004　② 0.014
③ 0.065　④ 0.092

해설 | 복도체의 작용정전용량

$$C = \frac{0.02413}{\log_{10}\frac{D}{\sqrt{rs}}} = \frac{0.02413}{\log_{10}\frac{200}{\sqrt{1 \times 16}}}$$
$$= 0.014 [\mu F/km]$$

## 53.
송전선로의 코로나 임계전압이 높아지는 것은?

① 기압이 낮아지는 경우
② 온도가 높아지는 경우
③ 전선의 지름이 큰 경우
④ 상대 공기밀도가 작은 경우

해설 | 임계전압

$$E_0 = 24.3 m_0 m_1 \delta d \log_{10}\frac{D}{r}[kV]$$

## 54.
가요전선관과 금속관을 접속하는데 사용하는 것은?

① 플렉시블 커플링
② 앵글 박스 커넥터
③ 컴비네이션 커플링
④ 스트렛 박스 커넥터

해설 | 가요전선관의 접속
- 가요전선관과 금속관을 접속 : 컴비네이션 커플링
- 가요전선관과 박스의 접속 : 스트레이트 박스 커넥터, 앵글박스 커넥터

**55.** Ralph M. Barnes 교수가 제시한 동작경제의 원칙 중 작업장 배치에 관한 원칙(Arrangement of the workplace)이 되지 않는 것은?

① 가급적이면 낙하식 운반방법을 이용한다.
② 모든 공구나 재료는 지정된 위치에 있도록 한다.
③ 적절한 조명을 하여 작업자가 잘 보면서 작업할 수 있도록 한다.
④ 가급적 용이하고 자연스런 리듬을 타고 일할 수 있도록 작업을 구성하여야 한다.

해설 | 작업장배치에 관한 원칙
- 모든 공구는 지정된 위치에 둔다.
- 공구와 재료는 사용위치 가까이 배치한다.
- 재료의 공급, 운반 시 가능한 중력을 이용한다.
- 공구와 재료는 작업 순서대로 정리한다.
- 작업대와 의자높이 조정이 가능하게 한다.
- 작업면에 적절한 조명을 비춘다.

**56.** 다음 데이터의 제곱합(Sum of Squares)은 약 얼마인가?

| 데이터 | 18.8 | 19.1 | 18.8 | 18.2 |
| | 18.4 | 18.3 | 19.0 | 18.6 | 19.2 |

① 0.129
② 0.338
③ 0.359
④ 1.029

해설 | 데이터의 제곱합
표본 평균

$$\frac{\{18.8+19.1+18.8+18.2+18.4 + 18.3+19+18.6+19.2\}}{9} = 18.71$$

제곱합(편차제곱의 합)
$(18.8-18.71)^2 + (19.1-18.71)^2$
$+ (18.8-18.71)^2 - (18.2-18.71)^2$
$+ (18.4-18.71)^2 + (18.3-18.71)^2$
$+ (19-18.71)^2 + (18.6-18.71)^2$
$+ (19.2-18.71)^2 = 1.029$

**57.** 전수검사와 샘플링검사에 관한 설명으로 맞는 것은?

① 파괴검사의 경우에는 전수검사를 적용한다.
② 검사항목이 많을 경우 전수검사보다 샘플링검사가 유리하다.
③ 샘플링검사는 부적합품이 섞여 들어가서는 안되는 경우에 적용한다.
④ 생산자에게 품질향상의 자극을 주고 싶을 경우 전수검사가 샘플링검사보다 더 효과적이다.

해설 | 전수검사의 실시
- 불량품이 있어서는 안되는 경우
- 검사항목수가 적고 로트의 크기가 작을 경우

정답 55 ④ 56 ④ 57 ②

**58.** 어떤 회사의 매출액이 80,000원, 고정비가 15,000원, 변동비가 40,000원일 때 손익분기점 매출액은 얼마인가?

① 25,000원　② 30,000원
③ 40,000원　④ 55,000원

해설 | 손익분기점 매출액

$$손익분기점\ 매출액 = \frac{고정비}{한계이익률} = \frac{고정비}{1-\frac{변동비}{매출액}} = \frac{15000}{1-\frac{40000}{80000}} = 30{,}000원$$

**59.** 국제 표준화의 의의를 지적한 설명 중 직접적인 효과로 보기 어려운 것은?

① 국제간 규격 통일로 상호 이익도모
② KS 표시품 수출 시 상대국에서 품질인증
③ 개발도상국에 대한 기술개발의 촉진을 유도
④ 국가 간의 규격 상이로 인한 무역장벽의 제거

해설 | 국제표준화의 의의
KS(Korean industrial Standards) 인증은 국내산업인증 마크이다.

**60.** 직물, 금속, 유리 등의 일정 단위 중 나타나는 홈의 수, 핀홀 수 등 부적합수에 관한 관리도를 작성하려면 가장 적합한 관리도는?

① $c$ 관리도　② $np$ 관리도
③ $p$ 관리도　④ $\overline{X}-R$ 관리도

해설 | 관리도의 종류
① c관리도 : 일정 단위중에 나타나는 결점수를 관리하기 위한 관리도
② np관리도 : 이항분포에 따르는 계수치의 관리도로 n개로 이루어진 표본중에서 불량품의 개수로 관리
③ p관리도 : 제품의 품질을 불량률에 따라 관리하는 경우에 사용되는 관리도
④ x-R관리도 : 평균치의 변화를 관리하는 x 관리도와 편차의 변화를 관리하는 R 관리도를 조합한 것

# 제62회 기출문제

**2017년 2회**

1. 히스테리시스 곡선에서 종축은 무엇을 나타내는가?

   ① 자계의 세기
   ② 자속밀도
   ③ 기전력
   ④ 자속

   해설 | 히스테리시스 곡선

   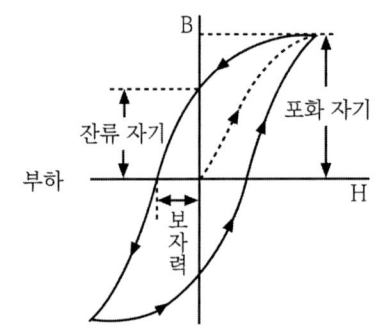

   B : 자속밀도, H : 자기장의 세기

2. 3상 유도전동기의 회전력은 단자전압과 어떤 관계가 있는가?

   ① 단자전압에 무관하다.
   ② 단자전압에 비례한다.
   ③ 단자전압의 2제곱에 비례한다.
   ④ 단자전압의 $\frac{1}{2}$ 제곱에 비례한다.

   해설 | 유도전동기의 토크
   슬립 s가 일정하면 $\tau \propto V^2$
   ∴ 토크는 공급전압 $V^2$에 비례

3. 동기발전기의 권선을 분포권으로 할 때 나타나는 현상으로 옳은 것은?

   ① 집중권에 비하여 합성 기기전력이 커진다.
   ② 전기자 반작용이 증가한다.
   ③ 권선의 리액턴스가 커진다.
   ④ 기전력의 파형이 좋아진다.

   해설 | 동기전동기의 분포권
   • 권선의 누설 리액턴스 감소한다.
   • 권선의 과열을 방지한다.
   • 고조파를 감소시켜 파형을 개선한다.
   • 매극 매상 슬롯 수 : 2 이상
   • 집중권에 비해 유도기전력이 감소한다.

4. 단상 회로에 교류 전압 220[V]를 가한 결과 위상이 45° 뒤진 전류가 15[A] 흘렸다. 이 회로의 소비 전력은 약 몇 [W]인가?

   ① 1335   ② 2333
   ③ 3335   ④ 4333

   해설 | 교류회로의 소비전력
   $P = VI\cos\theta = 220 \times 15 \times \cos 45°$
   $= 2333.45 ≒ 2333[W]$

**정답** 01 ② 02 ③ 03 ④ 04 ②

5. 동기전동기의 위상특성곡선에서 횡축은 무엇을 나타내는가?
   ① 역률  ② 효율
   ③ 계자전류  ④ 전기자전류

   해설 | 위상특성곡선

   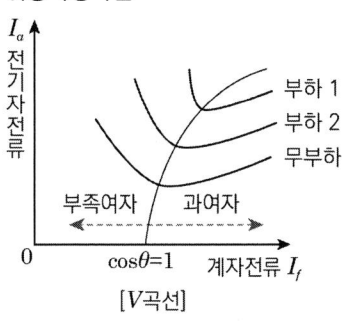

   • 부족여자 : 지상, 리액터 역할
   • 과여자 : 진상, 콘덴서 역할

6. 그림과 같이 단상 반파 정류 회로에서 저항 $R$에 흐르는 전류는 약 몇 [A] 인가?
   (단, $v = 200\sqrt{2}\sin wt[V]$, $R = 10\sqrt{2}[\Omega]$이다.)

   ① 3.18
   ② 6.37
   ③ 9.26
   ④ 12.74

   해설 | 단상반파 정류회로
   $E_d = 0.45E = 0.45 \times 200 = 90[V]$
   $I = \dfrac{90}{10\sqrt{2}} = 6.363 ≒ 6.37[A]$

7. 송전선로에 코로나가 발생하였을 때 장점은?
   ① 송전선로의 전력 손실을 감소시킨다.
   ② 전력선반송 통신설비에 잡음을 감소시킨다.
   ③ 송전선로에서의 이상전압 진행파를 감소시킨다.
   ④ 중성점 직접접지 방식의 송전선로 부근의 통신선에 유도장해를 감소시킨다.

   해설 | 코로나 현상
   ① 코로나 전력손실이 발생
   ② 부분방전으로 빛과 잡음이 발생
   ④ 고조파로 인한 통신선의 유도장해가 발생

8. 저압 가공 인입선의 금속관 공사에서 엔트런스캡의 주된 사용 장소는?
   ① 전선관의 끝부분
   ② 부스 덕트의 마감재
   ③ 케이블 헤드의 끝부분
   ④ 케이블 트레이의 마감재

   해설 | 엔트런스 캡
   저압 인입선 공사 시 전선관에 빗물 등이 들어가지 않도록 하기위해 전선관의 끝부분에 설치한다.

**9.** 그림과 같은 논리회로에서의 출력식은?

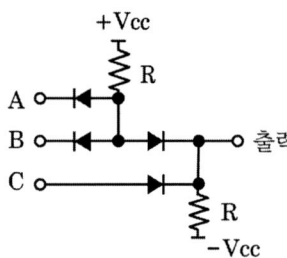

① ABC
② A+B+C
③ AB+C
④ (A+B)C

해설 | 논리회로
입력 A와 B가 모두 1인 경우와 입력 C가 1인 경우 출력이 1이 되므로 AB + C 이다.

**10.** 직렬회로에서 저항 6[Ω], 유도리액턴스 8[Ω]의 부하에 비정현파 전압 $v = 200\sqrt{2}\sin wt + 100\sqrt{2}\sin 3wt [V]$를 가했을 때, 이 회로에서 소비되는 전력은 의 기능저하, 오존으로 인한 전선의 부식, 전선의 코로나 진동, 통신선의 유도장해, 소호 리액터의 약 몇 [W]인가?

① 2456
② 2498
③ 2534
④ 2562

해설 | 직렬회로의 소비전력
$P = I_1^2 R + I_2^2 R$
$I_1 = \dfrac{200}{\sqrt{6^2+8^2}} = 20$
$I_2 = \dfrac{100}{\sqrt{6^2+(3\times 8)^2}} = 4.04$
∴ $P = 20^2 \times 6 + 4.04^2 \times 6 = 2497.9$
≒ $2498[W]$

**11.** 스위칭 주기(T)에 대한 스위치의 온(On) 시간($t_{on}$)의 비인 듀티비를 D라 하면 정상상태에서 벅-부스트 컨버터의 입력전압 ($V_s$) 대 출력전압 ($V_0$)의 비($\dfrac{V_0}{V_s}$)를 나타낸 것으로 올바른 것은?

① $D-1$
② $1-D$
③ $\dfrac{D}{1-D}$
④ $\dfrac{D}{1+D}$

해설 | 벅-부스트 컨버터의 전압비
$\dfrac{V_0}{V_s} = \dfrac{T_{on}}{T_{off}} = \dfrac{T_{on}}{T-T_{on}} = \dfrac{D}{1-D}$

**12.** 정격전류가 55[A]인 전동기 1대와 정격전류 10[A]인 전동기 5대에 전력을 공급하는 간선의 허용전류의 최솟값은 몇 [A]인가?

① 94.5
② 105.5
③ 115.5
④ 131.3

해설 | 간선의 허용전류

| 전동기 정격전류 | 허용전류 계산 |
| --- | --- |
| 50 [A] 이하 | 정격전류의 합 × 1.25배 |
| 50 [A] 초과 | 정격전류의 합 × 1.1배 |

정격전류의 합 = $55 + (10 \times 5) = 105[A]$
∴ $105 \times 1.1 = 115.5[A]$

**13.** 동기발전기에서 발생하는 자기여자 현상을 방지하는 방법이 아닌 것은?

① 단락비를 감소시킨다.
② 발전기를 2대 이상을 병렬로 모선에 접속 시킨다.
③ 송전선로의 수전단에 변압기를 접속 시킨다.
④ 수전단에 부족 여자를 갖는 동기 조상기를 접속시킨다.

해설 | 동기발전기의 자기여자현상 방지방법
- 발전기를 병렬 접속
- 수전단에 동기조상기 설치
- 수전단에 변압기 병렬접속
- 수전단에 리액턴스 병렬접속
- 단락비가 큰 발전기를 채용

**14.** 다음 논리회로의 논리식 Z의 출력을 간략화 하면?

$Z = \overline{A}\overline{B}\overline{C} + \overline{A}\overline{B}C + \overline{A}B\overline{C} + \overline{A}BC + A\overline{B}C + ABC$

① $\overline{A} + BC$
② $\overline{B} + C$
③ $\overline{A}\overline{B} + A\overline{C}$
④ $\overline{A}(B+C)$

해설 | 논리식의 간소화
$Z = (\overline{A}\overline{B}\overline{C} + \overline{A}\overline{B}C) + (\overline{A}B\overline{C} + \overline{A}BC)$
$\quad + (\overline{A}BC + ABC)$
$= (\overline{A}\overline{B} + \overline{A}B) + BC$
$= \overline{B} + BC = (\overline{B} + B)(\overline{B} + C)$
$= \overline{B} + C$

**15.** 가공전선로에 사용하는 애자가 갖춰야 하는 구비 조건이 아닌 것은?

① 가해지는 외력에 기계적으로 견딜 수 있을 것
② 전기적, 기계적 성능이 저하되지 않을 것
③ 표면 저항을 가지고 누설전류가 클 것
④ 코로나 방전을 일으키지 않을 것

해설 | 애자의 구비조건
- 절연 내력이 클 것
- 절연 저항이 클 것
- 기계적 강도가 클 것
- 누설전류가 적을 것

**16.** 동기전동기 12극, 60[Hz] 회전자계의 속도는 몇[m/s] 인가? (단, 회전자계의 극 간격 은 1[m]이다.)

① 60  ② 90
③ 120  ④ 180

해설 | 회전자계의 속도
$v = \pi D N_s$ [m/min] $= \pi D n_s$ [m/sec]
$n_s = \dfrac{2f}{P} = \dfrac{2 \times 60}{12} = 10 [rps]$
$\pi D$ = 회전자계 둘레 = 12극 × 1[m]
$\therefore v = 10 \times 12 = 120 [m/s]$

정답 13 ① 14 ② 15 ③ 16 ③

**17.** 전력변환 장치에서 턴온(Turn On) 및 턴오프(Turn Off) 제어가 모두 가능한 반도체 스위칭 소자가 아닌 것은?

① GTO  ② SCR
③ IGBT  ④ MOSFET

해설 | SCR의 특징
- 열의 발생이 작다.
- 과전압에 약하다.
- 열용량이 적어서 고온에 약하다.
- 전류가 흐르고 있을 때 양극의 전압강하가 작다.
- 전류기능을 갖는 단방향성 3소자이다.
- 역률각 이하에서는 제어가 되지 않는다.
- Gate를 이용한 소호가 불가하다.
- 직류, 교류 사용이 가능하다

**18.** 서지보호장치(SPD)를 기능에 따라 분류할 때 포함되지 않는 것은?

① 복합형 SPD
② 전압 제한형 SPD
③ 전압 스위칭형 SPD
④ 전류 스위칭형 SPD

해설 | 서지보호장치의 분류
- 전압 스위칭형 : 일정전압 초과시 낮은 전압으로 스위칭작용
- 전압 제한형 : 전압을 일정수준까지 제한
- 복합형 : 전압스위치형과 전압제한형의 복합장치

**19.** 그림과 같은 전기회로에서 단자 a-b에서 본 합성저항은 몇 [Ω] 인가? (단, 저항 R은 3[Ω]이다.)

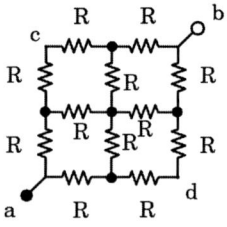

① 1.0  ② 1.5
③ 3.0  ④ 4.5

해설 | 합성저항의 계산

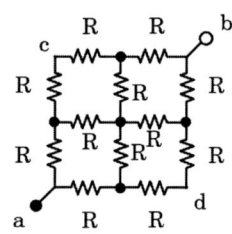

$$\therefore R_{ab} = 3 \times \frac{3}{2} = 4.5[\Omega]$$

**20.** 전기회로에서 전류에 의해 만들어지는 자기장의 자기력선 방향을 나타내는 법칙은?

① 암페어의 오른나사 법칙
② 플레밍의 왼손법칙
③ 가우스의 법칙
④ 렌츠의 법칙

해설 | 앙페르의 오른나사 법칙
(1) 직선 도체에 의한 자기장의 방향
  - 엄지 : 전류의 방향
  - 나머지 손가락 : 자기장의 방향
(2) 코일의 자기장의 방향
  - 엄지 : 자기장의 방향
  - 나머지 손가락 : 전류의 방향

정답 17 ② 18 ④ 19 ④ 20 ①

**21.** 3상 회로에서 2개의 전력계를 사용하여 평형부하의 역률을 측정하고자 한다. 전력계의 지시가 각각 2[kW] 및 8[kW]라 할 때, 이 회로의 역률은 약 몇 %인가?

① 49　　② 59
③ 69　　④ 79

해설 | 2전력계법

$$\cos\theta = \frac{P_1 + P_2}{2\sqrt{P_1^2 + P_2^2 - P_1 P_2}}$$

$$= \frac{2+8}{2\sqrt{2^2+8^2-(2\times 8)}} = 0.693$$

∴ 약 69[%]

**22.** RC 직렬회로에서 $t=0$일 때 직류전압 10[V]를 인가하면 $t=0.1\text{sec}$ 일 때 전류는 약 몇 [mA] 인가? (단, $R=1000[\Omega]$, $C=50[\mu F]$이고, 초기 정전용량은 0이다.)

① 2.25　　② 1.85
③ 1.55　　④ 1.35

해설 | R-C 직렬회로

$$i(t) = \frac{E}{R} e^{-\frac{1}{RC}t}$$

$$\frac{1}{RC}t = \frac{1}{1000 \times 50 \times 10^{-6}} \times 0.1 = 2$$

$$i(t) = \frac{10}{1000} e^{-2} \fallingdotseq 0.001353[\text{A}]$$

∴ $i(t) = 1.353[\text{mA}]$

**23.** 정전압 송전방식에서 전력 원선도 작성 시 필요한 것으로 모두 옳은 것은?

① 조상기 용량, 수전단 전압
② 송전단 전압, 수전단 전압
③ 송·수전단 전압, 선로의 일반회로정수
④ 송·수전단 전류, 선로의 일반회로정수

해설 | 전력원선도 작성 시 필요요소
- 송전단 전압
- 수전단 전압
- 선로의 일반회로 정수

**24.** 동기 발전기를 병렬운전 하고자 하는 경우의 조건에 해당되지 않는 것은?

① 기전력의 위상이 같을 것
② 기전력의 파형이 같을 것
③ 기전력의 주파수가 같을 것
④ 기전력의 임피던스가 같을 것

해설 | 동기발전기의 병렬운전조건
- 기전력의 크기가 같을 것
- 기전력의 위상이 같을 것
- 기전력의 주파수가 같을 것
- 기전력의 파형이 같을 것
- 기전력의 상회전이 같을 것(3상일 경우)

**25.** 전기공사 시 정부나 공공기관에서 발주하는 물량 산출 시 전기재료의 할증률 중 옥외 케이블은 일반적으로 몇 [%] 이내로 하여야하는가?

① 1　　② 3
③ 4　　④ 10

정답　21 ③　22 ④　23 ③　24 ④　25 ②

해설 | 전선의 할증률

| | | 할증률(%) |
|---|---|---|
| 전선 | 옥내 | 10 |
| | 옥외 | 5 |
| 케이블 | 옥내 | 5 |
| | 옥위 | 3 |

**26.** 반도체 소자 다이오드를 병렬로 접속하는 주된 목적은?

① 고전압화   ② 고주파화
③ 대용량화   ④ 저손실화

해설 | 다이오드의 접속
- 다이오드 직렬 추가 : 과전압으로부터 보호하여 입력 전압 증가
- 다이오드 병렬 추가 : 과전류로부터 보호하여 허용 전류 증가

**27.** 아래 논리회로에서 출력 F로 나올 수 없는 것은?

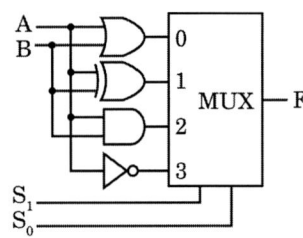

① $AB$   ② $A+B$
③ $AB+\overline{A}\overline{B}$   ④ $\overline{A}B+A\overline{B}$

해설 | 논리회로의 출력

| | 0 | 1 | 2 | 3 |
|---|---|---|---|---|
| 출력 | $A+B$ | $\overline{A}B+A\overline{B}$ | $AB$ | $\overline{A}$ |

**28.** 전력변환 방식 중 직류전압을 높은 전압에서 낮은 전압으로 변환하는 장치는?

① 인버터
② 반파정류
③ 벅 컨버터
④ 부스트 컨버터

해설 | 초퍼의 종류
- 벅 컨버터 : 강압용
- 부스트 컨버터 : 승압용

**29.** 전기 공급설비 및 전기 사용설비에서 전선의 접속법에 대한 설명으로 틀린 것은?

① 접속부분은 접속관, 기타의 기구를 사용한다.
② 전선의 세기를 20[%] 이상 감소시키지 않는다.
③ 전선의 전기저항이 증가되도록 접속하여야 한다.
④ 접속부분은 절연전선의 절연물과 동등 이상의 절연 효력이 있도록 충분히 피복한다.

해설 | 전선의 접속
- 전기적 저항을 증가시키지 않도록 한다.
- 기계적 강도를 20[%]이상 감소시키지 않는다.
- 접속점의 절연이 유지되도록 절연테이프나 접속커넥터를 사용한다.
- 전선의 접속은 박스 안에서 하고, 접속점에 장력이 가해지지 않도록 한다.

정답  26 ③  27 ③  28 ④  29 ③

**30.** 그림과 같은 블록선도에서 C/R을 구하면?

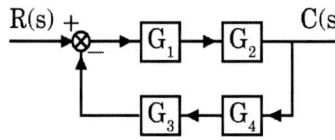

① $\dfrac{G_1 G_2}{1 + G_1 G_2 + G_3 G_4}$

② $\dfrac{G_3 G_4}{1 + G_1 G_2 + G_3 G_4}$

③ $\dfrac{G_1 G_2}{1 + G_1 G_2 G_3 G_4}$

④ $\dfrac{G_3 G_4}{1 + G_1 G_2 G_3 G_4}$

해설 | 블록선도
메이슨 공식
$G(s) = \dfrac{C(s)}{R(s)} = \dfrac{\Sigma \text{전방향경로}}{1 - \Sigma \text{폐경로}}$

$\dfrac{C(s)}{R(s)} = \dfrac{G_1 G_2}{1 + G_1 G_2 G_3 G_4}$ 이다.

**31.** 3상 권선형 유도전동기에서 2차측 저항을 2배로 할 경우 최대 토크의 변화는?

① 2배로 된다.
② $\dfrac{1}{2}$로 줄어든다.
③ $\sqrt{2}$ 배가 된다.
④ 변하지 않는다.

해설 | 권선형유도전동기의 최대토크
2차회로에 가변저항기를 접속하여 비례추이 원리를 이용하면 큰 기동 토크를 얻으면서 기동전류도 줄일 수 있고 속도를 제어할 수 있지만 최대토크는 항상 일정하다.

**32.** 220/380[V] 겸용 3상 유도 전동기의 리드선은 몇 가닥을 인출하는가?

① 3    ② 4
③ 6    ④ 8

해설 | 유도전동기의 리드선
3상 유도전동기의 리드선은 1상당 2가닥이므로 6가닥을 인출하여야 한다.

**33.** 변압기의 누설 리액턴스를 감소시키는데 가장 효과적인 방법은?

① 권선을 동심 배치시킨다.
② 권선을 분할하여 조립한다.
③ 코일의 단면적을 크게 한다.
④ 철심의 단면적을 크게 한다.

해설 | 변압기의 누설리액턴스
누설 리액턴스를 줄이기 위해 변압기의 권선을 분할하여 조립하는 방법이 있다.

**34.** 콘덴서 인가전압이 20[V]일 때 콘덴서에 800[μC]이 축적되었다면 이때 축적되는 에너지는 [J]인가?

① 0.008    ② 0.016
③ 0.08     ④ 0.16

해설 | 콘덴서의 축적에너지
$W = \dfrac{1}{2} QV$
$= \dfrac{1}{2} \times 800 \times 10^{-6} \times 20 = 0.008 [J]$

**35.** 3상 유도전동기의 1차 접속을 △결선에서 Y결선으로 바꾸면 기동 시의 1차 전류는?

① $\frac{1}{3}$로 감소한다.

② $\frac{1}{\sqrt{3}}$로 감소한다.

③ 3배로 증가한다.

④ $\sqrt{3}$배로 증가한다.

해설 | Y-△기동법

Y기동 시 $I_Y = \frac{1}{3} I_\triangle$ 이므로

- 기동 전류 : $\frac{1}{3}$배
- 기동토크 : $\frac{1}{3}$배
- 정격전압 : $\frac{1}{\sqrt{3}}$배

**36.** 송전선로에서 코로나 임계전압[kV]의 식은? (단, $d$ 및 $r$은 전선의 지름 및 반지름, $D$는 전선의 평균 선간거리, 단위는 [cm]이며 다른 조건은 무시한다.)

① $24.3 d \log_{10} \frac{r}{D}$

② $24.3 d \log_{10} \frac{D}{r}$

③ $\frac{24.3}{d \log_{10} \frac{r}{D}}$

④ $\frac{24.3}{d \log_{10} \frac{D}{r}}$

해설 | 코로나의 임계전압

$E_0 = 24.3 m_0 m_1 \delta d \log_{10} \frac{D}{r} [kV]$ 에서

($m_0$ : 전선 표면계수, $m_1$ : 기상계수, $\delta$ : 상대 공기밀도) 를 무시하면

$E_0 = 24.3 d \log_{10} \frac{D}{r} [kV]$

**37.** 직류 분권전동기에서 전압의 극성을 반대로 공급하였을 때 다음 중 옳은 것은?

① 회전 방향은 변하지 않는다.
② 회전 방향이 반대로 된다.
③ 회전하지 않는다.
④ 발전기로 된다.

해설 | 직류분권전동기
직류분권전동기는 전원의 극성을 바꾸면 계자전류와 전기자 전류의 방향이 동시에 바뀌므로 회전방향에는 변화가 없다.

**38.** 자기용량 10[kVA]의 단권변압기를 이용해서 배전전압 3000[V]를 3300[V]로 승압하고 있다. 부하역률이 80[%]일 때 공급할 수 있는 부하 용량은 약 몇 [kW]인가? (단, 단권변압기의 손실은 무시한다.)

① 58   ② 68
③ 78   ④ 88

해설 | 단권변압기의 용량비

$\frac{자기용량}{부하용량} = \frac{V_h - V_l}{V_h}$

부하용량 $= 자기용량 \times \frac{V_h}{V_h - V_l}$

$= 10 \times \frac{3300}{(3300-3000)} = 110 [kVA]$

부하역률이 80[%]이므로

∴ $110 \times 0.8 = 88 [kW]$

**39.** 그림과 같은 전기회로에서 전류는 몇 [A] 인가?

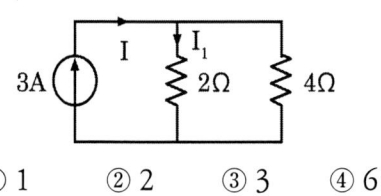

① 1  ② 2  ③ 3  ④ 6

해설 | 전기분배법칙
$$I_1 = \frac{R_2}{R_1 + R_2} I$$
$$\therefore I_1 = \frac{4}{2+4} \times 3 = 2[A]$$

**40.** 3상 송전선로에서 지름 5[mm]의 경동선을 간격 1[m]로 정삼각형 배치를 한 가공전선의 1선 1[km]당의 작용 인덕턴스는 약 몇 [mH/km]인가?

① 1.0  ② 1.25  ③ 1.5  ④ 2.0

해설 | 송전선로의 작용인덕턴스
$$L = 0.4605 \log_{10} \frac{D}{r} + 0.05$$
$$= 0.4605 \log_{10} \frac{1}{2.5 \times 10^{-3}} + 0.05$$
$$= 1.248 ≒ 1.25 [mH/km]$$

**41.** 전력변환 장치의 반도체 소자 SCR이 턴온(Turn On)되어 20[A]의 전류가 흐를 때 게이트 전류를 1/2로 줄이면 SCR의 애노드와 캐소드에 흐르는 전류는?

① 40[A]  ② 20[A]
③ 10[A]  ④ 5[A]

해설 | SCR
• ON 상태로 유지하기 위한 최소전류를 유지전류라 한다.(20[mA] 이상)
• 도통된 후 Gate 전류를 차단해도 도통 상태가 유지된다.
• 역전압이 걸리면 소호된다.
• 소호 후 순방향 전압을 인가해도 Gate를 점호하기 전까지는 도통되지 않는다.

**42.** 저압 옥내배선 공사에서 금속관 공사로 시공할 경우 특징이 아닌 것은?

① 전선은 연선일 것
② 전선은 절연전선일 것
③ 전선은 금속관 안에서 접속점이 없을 것
④ 콘크리트에 매설하는 것은 관의 두께가 1.2[mm] 이하일 것

해설 | 금속관공사 관의 두께
• 콘크리트에 매설 시 : 1.2[mm] 이상
• 기타 : 1[mm] 이상
• 이음매가 없는 길이 4[m]이하인 것 : 0.5[mm]이상

정답 39 ②  40 ②  41 ②  42 ④

**43.** 345[kV]의 가공송전선을 사람이 쉽게 들어 갈 수 없는 산지에 시설하는 경우 가공송전선의 지표상 높이는 최소 몇 [m]인가?

① 5.28　② 6.28
③ 7.28　④ 8.28

해설 | 특고압가공전선의 높이

| 사용전압 | 높이 ([m]이상) | | |
|---|---|---|---|
| | 산지 | 횡단 보도 | 그 외 (평지) |
| 35 [kV]이하 | 5 | 4 | 5 |
| 35 [kV]초과 160 [kV]이하 | 5 | 5 | 6 |
| 160 [kV]초과 | 최고 높이 + (초과 10 [kV]마다 0.12[m]) | | |

초과전압 $\frac{345-160}{10} = 18.5 \to 19$

∴ $h = 5 + (19 \times 0.12) = 7.28[m]$

**44.** 3상 송전선로 1회선의 전압이 22[kV], 주파수가 60[Hz]로 송전시 무부하 충전전류는 약 몇 [A]인가? (단, 송전선의 길이는 20 [km]이고, 1선 1[km]당 정전용량은 0.5 [μF]이다.)

① 48　② 36　③ 24　④ 12

해설 | 송전 시 무부하충전전류

$I_c = wClE = 2\pi f lE$

$= 2 \times 3.14 \times 60 \times 0.5 \times 10^{-6} \times 20 \times \frac{22}{\sqrt{3}} \times 10^3$

$= 47.88 ≒ 48[A]$

**45.** 동기 전동기의 전기자 권선을 단절권으로 하는 이유는?

① 역률을 좋게 한다.
② 절연을 좋게 한다.
③ 고조파를 제거한다.
④ 기전력의 크기가 높아진다.

해설 | 동기발전기의 단절권
- 코일간격이 극 간격보다 작다.
- 고조파를 제어하여 기전력의 파형을 개선한다.
- 구리(동)량이 적게 든다.
- 전절권에 비해 유도기전력이 감소한다.

**46.** 500[kVA]의 단상변압기 4대를 사용하여 과부하가 되지 않게 사용할 수 있는 3상 최대전력은 몇 [kVA]인가?

① $500\sqrt{3}$　② 1500
③ $1000\sqrt{3}$　④ 2000

해설 | V결선의 3상 출력

$P_V = \sqrt{3}P = 500\sqrt{3}[kVA]$

변압기 4대는 V결선 2Bank

∴ $P_m = 2 \times 500\sqrt{3} = 1000\sqrt{3}[kVA]$

**47.** 그림과 같은 논리회로를 1개의 게이트로 표현하면?

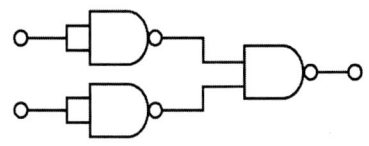

① NOT  ② OR  ③ AND  ④ NOR

해설 | OR논리회로
$\overline{\overline{A}\ \overline{B}} = \overline{\overline{A}} + \overline{\overline{B}} = A + B$

**48.** 저압 연접인입선은 인입선에서 분기하는 점으로부터 100[m]를 넘지 않는 지역에 시설하고 폭 몇 [m]를 초과하는 도로를 횡단하지 않아야 하는가?

① 4  ② 5  ③ 6  ④ 7

해설 | 저압연접인입선
- 인입선의 분기점에서 100[m]를 초과하지 말 것
- 폭 5[m]를 넘는 도로를 횡단금지
- 옥내 관통금지
- 지름 2.6 [mm]이상의 비닐절연전선을 사용

**49.** 그림에서 1차 코일의 자기인덕턴스 $L_1$, 2차 코일의 자기인덕턴스 $L_2$, 상호인덕턴스를 M이라 할 때 $L_A$의 값으로 옳은 것은?

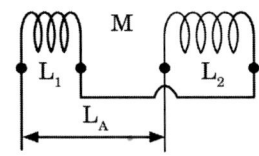

① $L_1 + L_2 + 2M$   ② $L_1 - L_2 + 2M$
③ $L_1 + L_2 - 2M$   ④ $L_1 - L_2 - 2M$

해설 | 인덕턴스의 접속
- 차동접속 $L_A = L_1 + L_2 - 2M$
- 가동접속 $L_A = L_1 + L_2 + 2M$
- 가동접속 - 차동접속 = $4M$

**50.** 어떤 정현파 전압의 평균값이 220[V]이면 최댓값은 약 몇 [V] 인가?

① 282  ② 315  ③ 345  ④ 445

해설 | 정현파 전압의 관계식
- 최댓값과 실횻값
$V_m = \sqrt{2}\, V = 1.414\, V$
- 최댓값과 평균값
$V_m = \dfrac{\pi}{2} V_{av} = 1.57\, V_{av}$
- 실횻값과 평균값
$V = \dfrac{\pi}{2\sqrt{2}} V_{av} = 1.11\, V_{av}$

∴ $V_m = 1.57\, V_{av} = 1.57 \times 220 = 345.4$

**51.** 22.9[kV] 배전선로 가선공사에서 주상의 경완금(경완철)에 전선을 가선작업 할 때 필요 없는 금구류 또는 자재는 다음 중 어느 것인가?

① 앵커쇄클     ② 현수애자
③ 소켓아이     ④ 데드엔드크램프

해설 | 완금의 설치재료
앵커쇄클은 ㄱ형완철 설치재료이다.

**52.** 변압기의 내부저항과 누설 리액턴스의 % 강하율은 2[%], 3[%]이다. 부하의 역률이 80[%]일 때 이 변압기의 전압변동률은 몇 [%] 인가?

① 1.6  ② 1.8  ③ 3.4  ④ 4.0

해설 | 변압기의 전압변동률
$\epsilon = p\cos\theta + q\sin\theta$
$= 2 \times 0.8 + 3 \times 0.6 = 3.4[\%]$

**53.** 다음 중 브레인스토밍(Brainstorming)과 가장 관계가 깊은 것은?

① 특성요인도  ② 파레토도
③ 히스토그램  ④ 회귀분석

해설 | 브레인스토밍의 특징
여러 사람이 모여 문제 해결을 위한 다양한 아이디어를 자유롭게 제시하고, 이러한 아이디어들을 취합·수정·보완해 정상적인 사고방식으로는 생각 해낼 수 없는 독창적인 아이디어를 얻는 방법

**54.** 다음 그림의 AOA(Activity-on-Arc) 네트워크에서 E 작업을 시작하려면 어떤 작업들이 완료되어야 하는가?

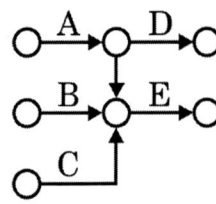

① B        ② A, B
③ B, C     ④ A, B, C

해설 | AOA네트워크
D작업을 시작하기 위해서는 A 작업이 완료되어야 하며, E작업을 시작하기 위해서는 A, B, C의 작업이 완료되어야 한다.

**55.** 다음 데이터로부터 통계량을 계산한 것 중 틀린 것은?

> 21.5,  23.7,  24.3,  27.2,  29.1

① 범위(R) = 7.6
② 제곱합(S) = 7.59
③ 중앙값(Me) = 24.3
④ 시료분산($s^2$) = 8.988

해설 | 데이터 통계량
① 범위(R) = 최대값 - 최소값 = 29.1 - 21.5 = 7.6
② 제곱합(S) = $\sum(편차)^2$ = 35.952
③ 중앙값 (Me) : 통계집단의 변량을 크기의 순서로 늘어놓았을 때, 중앙에 위치하는 값 = 24.3
④ 시료분산
$(S^2) = \dfrac{\sum(편차)^2}{자료의 수 - 1}$
$= \dfrac{\begin{Bmatrix}(21.5-25.16)^2 + (23.7-25.16)^2 + \\ (24.3-25.16)^2 + (27.2-25.16)^2 + \\ (29.1-25.16)^2\end{Bmatrix}}{5-1}$
$= 8.988$

정답  52 ③  53 ①  54 ④  55 ②

## 56. 표준시간을 내경법으로 구하는 수식으로 맞는 것은?

① 표준시간 = 정미시간 + 여유시간
② 표준시간 = 정미시간 × (1 + 여유율)
③ 표준시간 = 정미시간 × $\left(\dfrac{1}{1-\text{여유율}}\right)$
④ 표준시간 = 정미시간 × $\left(\dfrac{1}{1+\text{여유율}}\right)$

해설 | 표준시간의 내경법
- 내경법
  표준시간 = 정미시간 × $\left(\dfrac{1}{1-\text{여유율}}\right)$
- 외경법
  표준시간 = 정미시간(1 + 여유율)

## 57. 검사특성곡선(OC Curve)에 관한 설명으로 틀린 것은? (단, N : 로트의 크기, n : 시료의 크기, c : 합격판정개수이다.)

① N, n이 일정할 때 c가 커지면 나쁜 로트의 합격률이 높아진다.
② N, n이 일정할 때 n이 커지면 좋은 로트의 합격률이 낮아진다.
③ N/n/c의 비율이 일정하게 증가하거나 감소하는 퍼센트 샘플링 검사 시 좋은 로트의 합격률은 영향이 없다.
④ 일반적으로 로트의 크기 N이 시료 n에 비해 10배 이상 크다면, 로트의 크기를 증가시켜도 나쁜 로트의 합격률은 크게 변화하지 않는다.

해설 | 검사특성곡선(OC곡선)
(1) N이 변하는 경우(c, n 일정)
- OC곡선에 큰 영향을 미치지는 않는다.
- N이 클 경우는 작을 경우보다 다소 시료의 크기를 적게표해서 좋은 Lot가 불합격되는 위험을 최소화하는 편이 경제적이다.

(2) %샘플링검사 ($\dfrac{c/n}{N}$ = 일정)
- 적절치 못한 샘플링 검사방법이다.
- 나쁜 Lot 혹은 좋은 Lot의 합격률에 많은 영향을 준다.
- 품질보증(QA)의 정도가 달라져 일정한 품질을 보증하기가 어렵다.

(3) n이 증가하는 경우(N, c 일정)
- OC곡선의 기울기 형상이 급경사, 즉 기울기가 급해진다.
- $\alpha$(생산자 위험)는 커지고 $\beta$(소비자 위험)은 감소한다.

(4) c가 감소하는 경우(N, n일정)
- OC곡선의 기울기가 n이 증가하는 경우의 반대로 완만하다.
- $\alpha$(생산자 위험)는 감소하고 $\beta$(소비자 위험)은 증가한다.

## 58. 품질특성에서 X관리도로 관리하기에 가장 거리가 먼 것은?

① 볼펜의 길이
② 알코올 농도
③ 1일 전력소비량
④ 나사길이의 부적합품 수

해설 | X관리도
- 데이터 군을 분리하지 않고 한 개의 측정치를 그대로 사용하여 공정을 관리할 경우에 사용하는 관리도
- 시간이 많이 소요되는 화학 분석치 등에 활용된다.
- X관리도는 계량치 관리도이며 나사길이의 부적합 품수는 계수치 관리도로 관리하는 것이 적합하다.

## 제61회 기출문제

**2017년 1회**

**1.** Es, Er을 각각 송전단전압, 수전단전압, A, B, C, D를 4단자 정수라 할 때 전력원선도의 반지름은?

① $(Es \times Er)/D$
② $(Es \times Er)/C$
③ $(Es \times Er)/B$
④ $(Es \times Er)/A$

해설 | 전력원선도

전력 원선도 반지름 $\rho = \dfrac{E_s E_r}{B}$

**2.** 동기전동기에 관한 설명 중 옳지 않은 것은?

① 기동 토크가 작다.
② 역률을 조정할 수 없다.
③ 난조가 일어나기 쉽다.
④ 여자기가 필요하다.

해설 | 동기전동기의 특징
- 효율이 좋고 역률 조정이 가능하다.
- 공극이 넓어 기계적으로 튼튼하고 보수가 용이하다.
- 정속도 전동기(속도불변)
- 기동장치와 여자전원이 필요하고 난조가 일어나기 쉽다.

**3.** 직류 분권전동기가 있다. 단자 전압이 215[V], 전기자 전류가 60[A], 전기자 저항이 0.1[Ω], 회전속도 1500[rpm]일 때 발생하는 토크는 약 몇 [kg·m]인가?

① 6.58    ② 7.92
③ 8.15    ④ 8.64

해설 | 직류분권전동기

토크 $\tau = \dfrac{P}{w} = 0.975\dfrac{P}{N} = 0.975\dfrac{EI}{N}$

$E = V - I_a R_a = 215 - (60 \times 0.1) = 209$

$\tau = 0.975 \times \dfrac{209 \times 60}{1500} ≒ 8.15 [kg \cdot m]$

**4.** 그림과 같은 브리지가 평형되기 위한 임피던스 Zx의 값은 약 몇 [Ω]인가? (단, $Z_1 = 3+j2[\Omega]$, $R_2 = 4[\Omega]$, $R_3 = 5[\Omega]$이다.)

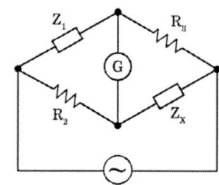

① $4.62 - j3.08$   ② $3.08 + j4.62$
③ $4.24 - j3.66$   ④ $3.66 + j4.24$

해설 | 휘스톤브리지

휘스톤브리지 평형조건 $Z_1 \cdot Z_X = R_2 \cdot R_3$

$Z_X = \dfrac{R_2 R_3}{Z_1} = \dfrac{4 \times 5}{3+j2} = \dfrac{20(3-j2)}{(3+j2)(3-j2)}$

$= 4.62 - j3.08$

정답  01 ③  02 ②  03 ③  04 ①

5. 길이 5[m]의 도체를 0.5[Wb/m]의 자장 중에서 자장과 평행한 방향으로 5[m/s]의 속도로 운동시킬 때, 유기되는 기전력 [V]은?

① 0  ② 2.5  ③ 6.25  ④ 12.5

해설 | 유기기전력
자장과 평행한 방향이므로 $\theta$는 0°
$e = BlV\sin\theta = 0.5 \times 5 \times 5 \times \sin 0° = 0$

6. 다음과 같은 블록선도의 등가 합성 전달 함수는?

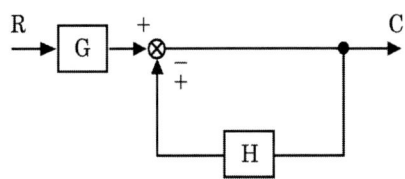

① $\dfrac{1}{1 \pm GH}$   ② $\dfrac{G}{1 \pm GH}$

③ $\dfrac{G}{1 \pm H}$   ④ $\dfrac{1}{1 \pm H}$

해설 | 블록선도의 전달함수
메이슨 공식
$G(s) = \dfrac{C(s)}{R(s)} = \dfrac{\Sigma 전방향경로}{1 - \Sigma 폐경로}$

$\dfrac{C(s)}{R(s)} = \dfrac{G}{1 - (\mp H)} = \dfrac{G}{1 \pm H}$

7. 스너버(snubber) 회로에 관한 설명이 아닌 것은?

① R, C 등으로 구성된다.
② 스위칭으로 인한 전압스파이크를 완화시킨다.
③ 전력용 반도체 소자의 보호 회로로 사용 된다.
④ 반도체 소자의 전류 상승률(di/dt)만을 저감하기 위한 것이다.

해설 | 스너버회로
급격한 변화를 누그러뜨리고, 입력 신호에서 원하지 않는 노이즈 등을 제거하기 위하여 사용하는 완충회로로 반도체 소자의 전압상승률을 제한한다.

8. 권수비 1 : 2의 단상 센터탭형 전파정류 회로에서 전원 전압이 220[V]라면 출력 직류전압은 약 몇 [V] 인가?

① 95  ② 124  ③ 180  ④ 198

해설 | 단상전파 정류회로
단상 전파 정류회로의 출력전압
$E_d = 0.9E = 0.9 \times 220 = 198[V]$

**9.** 수전용 변전설비의 1차측에 설치하는 차단기의 용량은 주로 어느 것에 의하여 정해지는가?

① 수전계약 용량
② 부하설비의 용량
③ 정격차단전류의 크기
④ 수전전력의 역률과 부하율

해설 | 수변전설비의 차단기
차단용량= $\sqrt{3}$×정격전압×정격차단전류

**10.** 해독기(Decoder)에 대한 설명이다. 틀린 것은?

① 멀티플렉서로 쓸 수 있다.
② 기억회로로 구성되어 있다.
③ 입력을 조합하여 한 조합에 대하여 한 출력선만 동작하게 할 수 있다.
④ 2진수로 표시된 입력의 조합에 따라 1개의 출력만 동작하도록 한다.

해설 | 디코더
인코더(Encoder)로 부호화했거나 형식을 바꾼 전기 신호를 원상태로 회복시키는 장치. 복조 장치 혹은 해독기라고도 한다.

**11.** 8극 동기전동기의 기동방법에서 유도전동기로 기동하는 기동법을 사용하려면 유도전동기의 필요한 극수는 몇 극으로 하면 되는가?

① 6   ② 8   ③ 10   ④ 12

해설 | 동기전동기의 기동
유도전동기로 기동 시 $N_s = \dfrac{120f}{P}$ 에서 극수를 늘려 동기속도를 빠르게 하기위해 동기전동기보다 2극 적게 한다.

**12.** $R=5[\Omega], L=20[mH]$ 및 가변 콘덴서 $C[\mu F]$로 구성된 RLC 직렬회로에 주파수 1000[Hz]인 교류를 가한 다음 콘덴서를 가변시켜 직렬 공진시킬 때 C의 값은 약 몇 [μF] 인가?

① 1.27   ② 2.54   ③ 3.52   ④ 4.99

해설 | 직렬공진
공진 주파수 $f_0 = \dfrac{1}{2\pi\sqrt{LC}}$ 에서

$C = \dfrac{1}{4\pi^2 L f_0^2}$

$= \dfrac{1}{4 \times 3.14^2 \times 20 \times 10-3 \times 1000^2} = 1.27[\mu F]$

**13.** 저항 $10\sqrt{3}[\Omega]$, 유도리액턴스 $10[\Omega]$인 직렬회로에 교류 전압을 인가할 때 전압과 이 회로에 흐르는 전류와의 위상차는 몇 도인가?

① 60°   ② 45°
③ 30°   ④ 0°

해설 | 직렬회로의 위상차
$\tan\theta = \dfrac{10}{10\sqrt{3}} = \dfrac{\sqrt{3}}{3}$ 이므로
$\therefore \theta = 30°$

## 14. 송배전선로의 작용 정전용량은 무엇을 계산하는데 사용되는가?

① 선간단락 고장 시 고장전류 계산
② 정상운전 시 전로의 충전전류 계산
③ 인접 통신선의 정전 유도 전압 계산
④ 비접지 계통의 1선 지락고장 시 지락 고장

해설 | 작용정전용량
자기정전용량(=대지정전용량)과 선간정전용량(=상호정전용량)의 합으로써 정상 운전 시 전로의 충전전류를 계산할 때 사용된다.

## 15. 코일의 성질을 설명한 것 중 틀린 것은?

① 전자석의 성질이 있다.
② 상호 유도 작용이 있다.
③ 전원 노이즈 차단 기능이 있다.
④ 전압의 변화를 안정시키려는 성질이 있다.

해설 | 코일의 성질
코일은 전류의 변화를 안정시키려는 성질이 있다.

## 16. 전기자의 반지름이 0.15[m]인 직류발전기가 1.5[kW]의 출력에서 회전수가 1500[rpm]이고, 효율은 80[%]이다. 이 때 전기자 주변속도는 몇 [m/s]인가? (단, 손실은 무시한다.)

① 11.78
② 18.56
③ 23.56
④ 30.04

해설 | 전기자 주변속도
전기자 주변속도

$$v = \pi D \frac{N}{60}$$

$$= 3.14 \times 2 \times 0.15 \times \frac{1500}{60} \fallingdotseq 23.56 [\text{m/s}]$$

## 17. 그림과 같은 회로에서 20[Ω]에 흐르는 전류는 몇 [A]인가?

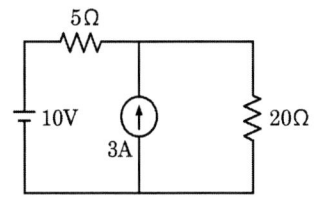

① 0.4   ② 0.6   ③ 1.0   ④ 1.2

해설 | 중첩의 원리
• 전류원은 개방

$$I_1 = \frac{V}{R} = \frac{10}{25} = 0.4[A]$$

• 전압원은 단락

$$I_2 = 3 \times \frac{5}{25} = 0.6[A]$$

$$\therefore I = I_1 + I_2 = 0.4 + 0.6 = 1[A]$$

**18.** 금속관 공사 시 관을 접지하는데 사용하는 것은?

① 엘보  ② 터미널 캡
③ 어스 클램프  ④ 노출 배관용 박스

해설 | 금속관공사의 접지재료
① 엘보 : 노출 배관 공사 시 관을 직각으로 굽히는 곳에 사용
② 터미널 캡 : 수평으로 부설된 전선관의 빗물의 침입을 방지하거나 전선을 보호

**19.** 고압 또는 특고압 가공전선로로부터 공급을 받는 수용장소의 인입구 또는 이와 근접한 곳에 시설하여야 하는 것은?

① 정류기  ② 피뢰기
③ 동기조상기  ④ 직렬리액터

해설 | 피뢰기의 시설장소
- 발전소·변전소 또는 이에 준하는 장소의 가공전선 인입구 및 인출구
- 특고압 가공전선로에 접속하는 배전용 변압기의 고압측 및 특고압측
- 고압 및 특고압 가공전선로로부터 공급을 받는 수용장소의 인입구
- 가공전선로와 지중전선로가 접속되는 곳

**20.** 표준 상태에서 공기의 절연이 파괴되는 전위 경도는 교류(실횻값)로 약 몇 [kv/cm]인가?

① 10  ② 21  ③ 30  ④ 42

해설 | 공기의 절연파괴 전위경도의 한계
- 교류 21[kV/cm]
- 직류 30[kV/cm]

**21.** 변압기의 효율이 회전기의 효율보다 좋은 이유는?

① 동손이 적기 때문이다.
② 철손이 적기 때문이다.
③ 기계손이 없기 때문이다.
④ 동손과 철손이 모두 적기 때문이다.

해설 | 변압기의 효율
변압기는 정지기이므로 기계손이 없다.

**22.** 다음 ( ) 안에 알맞은 내용으로 옳은 것은?

> 버스 덕트 배선에 의하여 시설하는 도체는 ( ㉮ ) [mm²] 이상의 띠 모양, 5[mm]의 관 모양이나 둥근 막대 모양의 동 또는 단면적 ( ㉯ )[mm²] 이상인 띠 모양의 알루미늄을 사용하여야 한다.

① ㉮ 10  ㉯ 20  ② ㉮ 15  ㉯ 25
③ ㉮ 20  ㉯ 30  ④ ㉮ 25  ㉯ 35

해설 | 버스덕트의 도체
- 단면적 20[mm²]이상의 띠 모양
- 지름 5[mm]이상의 관모양이나 둥글고 긴 막대 모양의 동
- 단면적 30[mm²]이상의 띠 모양의 알루미늄

정답  18 ③  19 ②  20 ②  21 ③  22 ③

## 23. %동기 임피던스가 130[%]인 3상 동기 발전기의 단락비는 약 얼마인가?

① 0.66  ② 0.77
③ 0.88  ④ 0.99

해설 | 동기발전기의 단락비
$$K_s = \frac{100}{\%Z} = \frac{100}{130} = 0.77$$

## 24. 송전선에 코로나가 발생하면 무엇에 의해 전선이 부식되는가?

① 수소  ② 아르곤
③ 비소  ④ 산화질소

해설 | 코로나현상의 영향
- 코로나 전력손실이 발생한다.
- 오존($O_3$)과 산화질소에 의해 전선이 부식된다.
- 고조파로 인한 통신선의 유도장해가 발생한다.

## 25. 현수애자 4개를 1련으로 한 66[kV] 송전선로가 있다. 현수애자 1개의 절연저항이 2000[MΩ] 이라면 표준경간을 200[m]로 할 때 1[km] 당의 누설 컨덕턴스는 약 몇 [℧] 인가?

① $0.58 \times 10^{-9}$  ② $0.63 \times 10^{-3}$
③ $0.73 \times 10^{-9}$  ④ $0.83 \times 10^{-9}$

해설 | 현수애자의 누설컨덕턴스
1련의 저항 $R_1 = 2000 \times 4 = 8000[M\Omega]$

1[km] 당 저항 $R = \frac{8000}{5} = 1600[M\Omega]$

(∵ 합성저항은 5련의 현수애자가 병렬 연결)

$$\therefore G = \frac{1}{R} = \frac{1}{1600 \times 10^6} \fallingdotseq 0.63 \times 10^{-9}$$

## 26. 3상 유도전동기가 입력 50[kW], 고정자 철손 2[kW]일 때 슬립 5[%]로 회전하고 있다면 기계적 출력은 몇 [kW]인가?

① 45.6  ② 47.8
③ 49.2  ④ 51.4

해설 | 유도전동기의 출력
$$P_o = P - (P_i + P_c)$$
$$P_c = sP_2 = 0.05 \times 48 = 2.4[kW]$$
$$\therefore P_o = 50 - (2 + 2.4) = 45.6[kW]$$

## 27. 그림은 변압기의 단락시험 회로이다. 임피던스 전압과 정격전류를 측정하기 위해 계측기를 연결해야 할 단자와 단락결선을 하여야 하는 단자를 옳게 나타낸 것은?

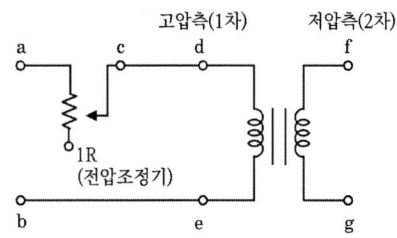

① 임피던스 전압(a-b), 정격 전류(e-d), 단락(e-g)
② 임피던스 전압(a-b), 정격 전류(d-e), 단락(f-g)
③ 임피던스 전압(d-e), 정격 전류(f-g), 단락(d-f)
④ 임피던스 전압(d-e), 정격 전류(c-d), 단락(f-g)

해설 | 변압기의 단락시험
- 단락전압, 정격전류, 동손, 내부 임피던스, 권선저항, 누설 자속, 임피던스 와트(동손), 임피던스전압, 전압변동률 측정
- 2차측을 단락하며 전압계와 전류계는 1차측에 연결한다.

## 28. 보호선과 전압선의 기능을 겸한 전선은?

① DV선   ② PEM선
③ PEL선  ④ PEN선

해설 | 전선의 약호
- DV선 : 인입용 비닐절연전선
- PEM선 : 보호선과 중간선의 기능을 겸한 전선
- PEL선 : 보호선과 전압선의 기능을 겸한 전선
- PEN선 : 보호선과 중성전의 기능을 겸한 전선

## 29. 10[kW]의 농형 유도전동기의 기동방법으로 가장 적당한 것은?

① 전전압 기동법
② Y-△ 기동법
③ 기동 보상기법
④ 2차 저항 기동법

해설 | 농형유도전동기의 기동법
- 전전압 기동법 : 5 [kW] 이하에 사용
- Y-△기동법 : 5~15 [kW] 정도에 사용
- 기동 보상 기법 : 15 [kW] 이상에 사용
- 2차 저항 기동법 : 권선형 유도전동기의 기동법

## 30. 1 전자볼트[eV]는 약 몇 [J]인가?

① $1.60 \times 10^{-19}$
② $1.67 \times 10^{-21}$
③ $1.72 \times 10^{-24}$
④ $1.76 \times 10^{9}$

해설 | 1전자볼트의 정의
전자 1개가 1[V]의 전기장에서 얻는 에너지
$1[eV] = 1.602 \times 10^{-19}[C] \times 1[V]$
$= 1.602 \times 10^{-19}[J]$

## 31. 다음 그림은 어떤 논리 회로인가?

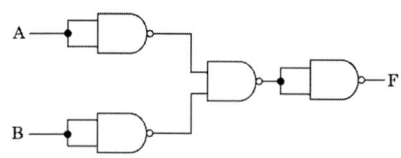

① NOR
② NAND
③ exclusive OR(XOR)
④ exclusive NOR(XNOR)

해설 | NOR논리회로
$F = \overline{\overline{A \cdot B}} = \overline{\overline{A} \cdot \overline{B}} = \overline{A+B}$
∴ NOR 회로이다.

**32.** 평형 3상 △부하에 선간전압 300[V]가 공급 될 때 선전류가 30[A] 흘렀다. 부하 1상의 임피던스는 몇 [Ω] 인가?

① 10  ② $10\sqrt{3}$
③ 20  ④ $30\sqrt{3}$

해설 | △결선
선간전압 = 상전압
선전류 = $\sqrt{3}$ 상전류
$$Z_p = \frac{V_p}{I_p} = \frac{300}{\frac{30}{\sqrt{3}}} = 10\sqrt{3}\,[\Omega]$$

**33.** 그림의 회로에서 입력 전원($v_s$)의 양(+)의 반주기 동안에 도통하는 다이오드는?

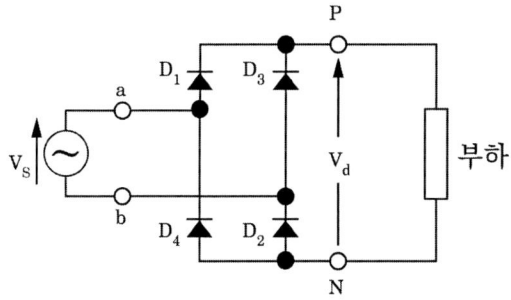

① $D_1, D_2$  ② $D_2, D_3$
③ $D_4, D_1$  ④ $D_1, D_3$

해설 | 다이오드 브리지회로
- 양(+)의 반주기 동안에는 $D_1, D_2$가 도통
- 음(-)의 반주기 동안에는 $D_3, D_4$가 도통

**34.** 저압 가공 인입선의 시설기준이 아닌 것은?

① 전선은 나전선, 절연전선, 케이블을 사용 할 것
② 전선이 케이블인 경우 이외에는 인장강도 2.30[kN] 이상일 것
③ 전선의 높이는 철도 또는 궤도를 횡단하는 경우에는 레일면상 6.5[m] 이상일 것
④ 전선이 옥외용 비닐절연전선일 경우에는 사람이 접촉할 우려가 없도록 시설할 것

해설 | 저압가공인입선
저압 가공 인입전선은 나전선을 사용해서는 안된다.

**35.** 전기회로에서 전류는 자기회로에서 무엇과 대응 되는가?

① 자속  ② 기자력
③ 자속밀도  ④ 자계의 세기

해설 | 전기회로와 자기회로의 대응관계
- 기전력 - 기자력
- 전류 - 자속
- 전기저항 - 자기저항
- 도전율 - 투자율

**36.** 전압계의 측정범위를 확대하기 위해 콘스탄탄 또는 망가닌선의 저항을 전압계에 직렬로 접속하는데 이때의 저항을 무엇이라고 하는가?

① 분류기  ② 배율기
③ 분압기  ④ 정류기

해설 | 분류기와 배율기
- 분류기 : 전류계의 측정 범위의 확대하기 위해 전류계와 병렬로 접속하는 저항기
- 배율기 : 전압계의 측정 범위를 확대하기 위해 전압계와 직렬로 접속하는 저항기

**37.** 220[V]인 3상 유도전동기의 전부하 슬립이 3[%]이다. 공급전압이 200[V]가 되면 전부하 슬립은 약 몇 [%]가 되는가?

① 3.6  ② 4.2
③ 4.8  ④ 5.4

해설 | 유도전동기의 슬립

전 부하 슬립 $s \propto \dfrac{1}{V^2}$

$s' = s\left(\dfrac{220}{200}\right)^2 \times 100 = 0.03 \times \left(\dfrac{220}{200}\right)^2 \times 100$
$= 3.6[\%]$

**38.** GTO의 특성으로 옳은 것은?

① 게이트(gate)에 역방향 전류를 흘려서 주전류를 제어한다.
② 소스(source)에 순방향 전류를 흘려서 주전류를 제어한다.
③ 드레인(drain)에 역방향 전류를 흘려서 주전류를 제어한다.
④ 드레인(drain)에 순방향 전류를 흘려서 주전류를 제어한다.

해설 | GTO
- 오프(off) 상태에서는 양방향 전압저지능력이 있다.
- 자기소호능력이 있다.
- 게이트에 정(+)의 게이트전류를 흘리면 턴온(Turn-on) 된다.
- 게이트에 부(-)의 게이트전류를 흘리면 턴오프(Turn-off) 된다.

**39.** 전력설비에 대한 설치 목적의 연결이 옳지 않은 것은?

① 소호 리액터 - 지락전류 제한
② 한류 리액터 - 단락전류 제한
③ 직렬 리액터 - 충전전류 방전
④ 분로 리액터 - 페란티 현상 방지

해설 | 전력설비
- 직렬 리액터 - 제5고조파 억제, 파형개선
- 방전코일 - 충전전류 방전

**40.** 다음은 어떤 게이트의 설명인가?

> 게이트의 입력에 서로 다른 입력이 들어올 때 출력이 1이 되고(입력이 "0"과 "1" 또는 "과 "0"이면 출력이 "1"), 게이트의 입력에 같은 입력이 들어올 때 출력이 0이 되는 회로(입력이 "0"과 "O" 또는 "1"과 "1"이면 출력이 "0")이다.

① OR 게이트  ② AND 게이트
③ NAND 게이트  ④ EX-OR 게이트

해설 | XOR논리회로

| 입력 | | 출력 |
|---|---|---|
| A | B | F |
| 0 | 0 | 0 |
| 0 | 1 | 1 |
| 1 | 0 | 1 |
| 1 | 1 | 0 |

**41.** 파형률과 파고율이 같고 그 값이 1인 파형은?

① 고조파  ② 삼각파
③ 구형파  ④ 사인파

해설 | 파형률과 파고율에 따른 파형

| 파 형 | 파형률 | 파고율 |
|---|---|---|
| 정현파 | 1.11 | 1.414 |
| 반파정현파 | 1.57 | 2 |
| 구형파 | 1 | 1 |
| 반파구형파 | 1.41 | 1.41 |
| 삼각파, 톱니파 | 1.15 | 1.73 |

**42.** 지중에 매설되어 있는 케이블의 전식을 방지하기 위하여 누설전류가 흐르도록 길을 만들어 금속표면의 부식을 방지하는 방법은?

① 회생 양극법  ② 외부 전원법
③ 강제 배류법  ④ 배양법

해설 | 전식방지법
- 희생 양극법
- 외부 전원법
- 직접 배류법
- 선택 배류법
- 강제 배류법

**43.** 하나의 철심에 동일한 권수로 자기 인덕턴스 $L$[H]의 코일 두 개를 접근해서 감고, 이것을 자속 방향이 동일하도록 직렬 연결할 때 합성 인덕턴스[H]는? (단, 두 코일의 결합계수는 0.5이다.)

① L  ② 2L
③ 3L  ④ 4L

해설 | 합성인덕턴스
가동접속 합성인덕턴스
$$L = L_1 + L_2 + 2M$$
$$= L + L + 2k\sqrt{L \cdot L}$$
$$= 3L$$

정답 40 ④  41 ③  42 ③  43 ③

**44.** 고·저압 진상용 콘덴서(SC)의 설치위치로 가장 효과적인 것은?

① 부하와 중앙에 분산 배치하여 설치하는 방법
② 수전 모선단에 중앙 집중으로 설치하는 방법
③ 수전 모선단에 대용량 1개를 설치하는 방법
④ 부하 말단에 분산하여 설치하는 방법

해설 | 진상용 콘덴서
진상용 콘덴서는 각 부하마다 분산해서 부하에 가까운 쪽에 설치하는 방법이 가장 효과적이다.

**45.** 정격전압이 200[V], 정격출력 50[kW]인 직류 분권 발전기의 계자 저항이 20[Ω]일 때 전기자 전류는 몇 [A] 인가?

① 10
② 20
③ 130
④ 260

해설 | 분권발전기
계자전류 $I_f = \dfrac{V}{R_f} = \dfrac{200}{20} = 10[A]$,

부하전류 $I = \dfrac{P}{V} = \dfrac{50000}{200} = 250[A]$

전기자 전류
$I_a = I + I_f = 250 + 10 = 260[A]$

**46.** 전압원 인버터에서 암 단락(arm short)을 방지하기 위한 방법은?

① 데드타임 설정
② 스위칭 소자 양단에 커패시터 접속
③ 스위칭 소자 양단에 서지 흡수기 접속
④ 스위칭 소자 양단에 역병렬로 다이오드 접속

해설 | 암단락
암의 두 개의 스위치가 모두 ON상태가 되는 것을 암단락이라고 하고 이를 방지하기 위해서는 데드타임을 설정한다.

**47.** 16진수 $B85_{16}$를 10진수로 표시하면?

① 738
② 1475
③ 2213
④ 2949

해설 | 16진수의 변환
$$B85_{16} = 11 \times 16^2 + 8 \times 16^1 + 5 \times 16^0 = 2949_{10}$$

정답 44 ④  45 ④  46 ①  47 ④

**48.** 진공 중에 2[m] 떨어진 2개의 무한 평형 도선에 단위 길이당 $10^{-7}$[N]의 반발력이 작용할 때, 도선에 흐르는 전류는?

① 각 도선에 1[A]가 반대 방향으로 흐른다.
② 각 도선에 1[A]가 같은 방향으로 흐른다.
③ 각 도선에 2[A]가 반대 방향으로 흐른다.
④ 각 도선에 2[A]가 같은 방향으로 흐른다.

해설 | 무한평행도선
- 반발력 : 각 평행도선에 흐르는 전류의 방향은 반대
- 흡인력 : 각 평행도선에 흐르는 전류의 방향이 동일

$$F = \frac{2I_1 I_2}{r} \times 10^{-7} [N/m]$$

$$10^{-7} = \frac{2I^2}{2} \times 10^{-7} [N/m]$$

$$\therefore I = 1[A]$$

**49.** 철근콘크리트주로서 그 전체의 길이가 16[m] 초과 20[m] 이하이고, 설계하중이 6.8[kN] 이하인 것을 지반이 연약한 곳 이외에 시설하려고 한다. 지지물의 기초 안전율을 고려하지 않고 철근 콘크리트주를 시설하려면 묻히는 깊이를 몇 [m] 이상으로 시설하여야 하는가?

① 2.5    ② 2.8
③ 3.0    ④ 3.2

해설 | 철근콘크리트주의 시설깊이

| 설계하중 [kN] | 전체의 길이 [m] | 매설깊이 |
|---|---|---|
| 6.8 이하 | 16 초과 20 이하 | 2.8 m 이상 |
| 6.8 ~ 9.8 이하 | 14 이상 15 이하 | 전체길이의 1/6 + 0.3 m |
| | 15 초과 20 이하 | 2.8 m 이상 |
| 9.81 ~ 14.72 이하 | 14 이상 15 이하 | 전체길이의 1/6 + 0.5 m 이상 |
| | 15 초과 18 이하 | 3 m 이상 |
| | 18 초과 | 3.2 m 이상 |

**50.** 여자기(Exciter)에 대한 설명으로 옳은 것은?

① 주파수를 조정하는 것이다.
② 부하 변동을 방지하는 것이다.
③ 직류 전류를 공급하는 것이다.
④ 발전기의 속도를 일정하게 하는 것이다.

해설 | 여자기
주발전기 또는 주전동기의 계자권선에 여자 전류를 공급하기 위한 직류 전원 공급장치

**51.** 변압기의 병렬운전 조건에 대한 설명으로 틀린 것은?

① 극성이 같아야 한다.
② 권수비, 1차 및 2차의 정격 전압이 같아야 한다.
③ 각 변압기의 저항과 누설 리액턴스비가 같아야 한다.
④ 각 변압기의 임피던스가 정격 용량에 비례하여야 한다.

해설 | 변압기의 병렬운전 조건
- 극성이 같을 것
- 권수비, 1차와 2차의 정격 전압이 같을 것
- %임피던스 강하가 같을 것
- 내부저항과 누설 리액턴스 비가 같을 것
- 상회전 방향 및 위상 변위가 같을 것(3상일 때)

**52.** 전력 원선도에서 구할 수 없는 것은?

① 선로손실
② 송전효율
③ 수전단 역률
④ 과도안정 극한전력

해설 | 전력원선도
전력원선도에서 구할 수 있는 것
- 정태안정 극한전력(최대 전력)
- 송수전단 전압간의 상차각
- 조상기 용량
- 수전단 역률
- 선로 손실
- 송전 효율

**53.** $f(t) = \dfrac{e^{at} + e^{-at}}{2}$ 의 라플라스 변환은?

① $\dfrac{s}{s^2 - a^2}$   ② $\dfrac{s}{s^2 + a^2}$
③ $\dfrac{a}{s^2 - a^2}$   ④ $\dfrac{a}{s^2 + a^2}$

해설 | 라플라스 변환
$$f(t) = \dfrac{e^{at} + e^{-at}}{2} = \dfrac{1}{2}(e^{at} + e^{-at})$$
$$F(s) = \dfrac{1}{2}\left(\dfrac{1}{s-a} + \dfrac{1}{s+a}\right)$$
$$= \dfrac{1}{2}\left(\dfrac{s-a+s+a}{s^2-a^2}\right)$$
$$= \dfrac{s}{s^2-a^2}$$

**54.** 공사원가를 구성하고 있는 순공사 원가에 포함되지 않는 것은?

① 경비     ② 재료비
③ 노무비   ④ 일반관리비

해설 | 공사원가
- 순공사 원가 = 재료비 + 노무비 + 경비
- 총공사 원가 = 순공사원가 + 일반관리비 + 이윤

정답  51 ④  52 ④  53 ①  54 ④

## 55.
$3\sigma$법의 $\overline{X}$ 관리도에서 공정이 관리 상태에 있는데도 불구하고 관리상태가 아니라고 판정하는 제1종 과오는 약 몇[%]인가?

① 0.27　　② 0.54
③ 1.0　　　④ 1.2

해설 | 3시그마법
3시그마법은 평균치의 좌우로 표준 편차의 3배에 대한 범위를 잡은 한계에서 관리 상태를 판단하는 방법으로 그 범위에 99.73[%]가 들어가고 범위에 포함되지 않는 0.27[%]를 제1종 과오로 판단한다.

## 56.
검사의 종류 중 검사공정에 의한 분류에 해당되지 않는 것은?

① 수입검사　　② 출하검사
③ 출장검사　　④ 공정검사

해설 | 검사공정
- 수입(구입)검사
- 공정(중간)검사
- 최종(완성)검사
- 출하검사

## 57.
워크 샘플링에 관한 설명 중 틀린 것은?

① 워크 샘플링은 일명 스냅리딩(Snapp Reading)이라 불린다.
② 워크 샘플링은 스톱워치를 사용하여 관측 대상을 순간적으로 관측하는 것이다.
③ 워크 샘플링은 영국의 통계학자 L.H.C. Tippet가 가동률 조사를 위해 창안한 것
④ 워크 샘플링은 사람의 상태나 기계의 가동 상태 및 작업의 종류 등을 순간적으로 관측하는 것이다.

해설 | 워크샘플링
시간 연구에 발췌검사법을 적용하여 측정시간·횟수를 전체시간 중에서 임의로 선택하여 능률화·간소화를 기하는 방식이다.

## 58.
부적합품률이 20[%]인 공정에서 생산되는 제품을 매시간 10개씩 샘플링 검사하여 공정을 관리하려고 한다. 이 때 측정되는 시료의 부적합품 수에 대한 기댓값과 분산은 약 얼마인가?

① 기댓값 : 1.6, 분산 : 1.3
② 기댓값 : 1.6, 분산 : 1.6
③ 기댓값 : 2.0, 분산 : 1.3
④ 기댓값 : 2.0, 분산 : 1.6

해설 | 이항분포
- 기댓값 $\mu = nP = 10 \times 0.2 = 2$
- 분산 $V = nP(1-P) = 2 \times 0.8 = 1.6$

## 59. 설비배치 및 개선의 목적을 설명한 내용으로 가장 관계가 먼 것은?

① 재공품의 증가
② 설비투자 최소화
③ 이동거리의 감소
④ 작업자 부하 평준화

해설 | 설비 배치의 원칙
- 총합의 원칙
- 단거리의 원칙
- 유동의 원칙
- 입체의 원칙

## 60. 설비보전조직 중 지역보전의 장·단점에 해당하지 않는 것은?

① 현장 왕복 시간이 증가한다.
② 조업요원과 지역보전요원과의 관계가 밀접해진다.
③ 보전요원이 현장에 있으므로 생산 본위가 되며 생산의욕을 가진다.
④ 같은 사람이 같은 설비를 담당하므로 설비를 잘 알며 충분한 서비스를 할 수 있다.

해설 | 지역보전
각 지역별로 보전작업자가 있어 현장 왕복 시간이 단축된다.

모아바 www.moa-ba.com
모아소방전기학원 www.moate.co.kr

## 제60회 기출문제

전기기능장 필기 2016년 2회

**01.** 35[kV] 이하의 가공전선이 철도 또는 궤도를 횡단하는 경우 지표상(레일면상)의 높이는 몇 [m] 이상이어야 하는가?

① 4　　② 5
③ 6　　④ 6.5

해설 | 특고압 가공전선의 높이

| 사용전압의 구분 | 지표상의 높이 ([m]이상) | | | | |
|---|---|---|---|---|---|
| | 철도 횡단 | 도로 횡단 | 산지 | 횡단 보도 | 그외 평지 |
| 35[kV]이하 | 6.5 | 6 | 5 | 4 | 5 |
| 35[kV]초과 160[kV]이하 | 6.5 | 6 | 5 | 5 | 6 |
| 160[kV]초과 | 최고 높이 + (초과 10 [kV]마다 0.12[m]) | | | | |

**02.** 사이리스터의 병렬 연결시 발생하는 전류 불평형에 관한 설명으로 틀린 것은?

① 자기적으로 결합된 인덕터를 사용하여 전류 분담을 일정하게 한다.
② 사이리스터에 저항을 병렬로 연결하여 전류 분담을 일정하게 한다.
③ 전류가 많이 흐르는 사이리스터는 내부 저항이 감소한다.
④ 병렬 연결된 사이리스터가 동시에 턴 온 되기 위해서는 점호 펄스의 상승 시간이 빨라야 한다.

해설 | 사이리스터의 병렬연결
병렬 연결된 사이리스터의 전류 분담을 일정하게 하기 위해서는 인덕터를 연결한다.

**03.** PWM 인버터의 특징이 아닌 것은?

① 전압 제어 시 응답성이 좋다.
② 스위칭 손실을 줄일 수 있다.
③ 여러 대의 인버터가 직류전원을 공용할 수 있다.
④ 출력에 포함되어 있는 저차 고조파 성분을 줄일 수 있다.

해설 | PWM 인버터의 특징
• 회로가 간단하고 응답성이 좋다
• 인버터 계통의 효율이 매우 높다.
• 고차 고조파 노이즈는 크지만 저차 고조파 노이즈는 적다.
• 다수의 인버터가 직류를 공용으로 사용할 수 있다.
• 유도성 부하만을 사용할 수 있으며 스위칭 소자는 이용률이 낮다.

**04.** 동기발전기의 자기여자현상의 방지법이 아닌 것은?

① 발전기의 단락비를 적게 한다.
② 수전단에 변압기를 병렬로 접속한다.
③ 수전단에 리액턴스를 병렬로 접속한다.
④ 발전기 여러 대를 모선에 병렬로 접속한다.

해설 | 동기발전기의 자기여자현상 방지방법
• 발전기를 병렬 접속
• 수전단에 동기조상기 설치
• 수전단에 변압기 병렬접속
• 수전단에 리액턴스 병렬접속
• 단락비가 큰 발전기를 채용

정답　01 ④　02 ③　03 ②　04 ①

5. 2진수 $(10101110)_2$을 16진수로 변환하면?

   ① 174
   ② 1014
   ③ AE
   ④ 9F

   해설 | 2진수의 변환

   | 2진수 | 1010 | 1110 |
   |---|---|---|
   | 16진수 | A | E |

6. 송전선로에서 복도체를 사용하는 주된 목적은?

   ① 인덕턴스의 증가
   ② 정전용량의 감소
   ③ 코로나 발생의 감소
   ④ 전선 표면의 전위경도의 증가

   해설 | 복도체의 사용목적
   - 정전용량을 증가시켜 송전용량을 증가
   - 인덕턴스와 리액턴스 감소
   - 코로나 현상을 방지

7. 3상 배전선로의 말단에 늦은 역률 80[%], 200[kW]의 평형 3상 부하가 있다. 부하점에 부하와 병렬로 전력용 콘덴서를 접속하여 선로손실을 최소화 하려고 한다. 이 경우 필요한 콘덴서의 용량 [kVA]은? 단, 부하단 전압은 변하지 않는 것으로 한다.

   ① 105
   ② 112
   ③ 135
   ④ 150

   해설 | 전력용 콘덴서 용량
   선로손실의 최소화 = 역률 100[%]로 개선
   $Q = P(\tan\theta_1 - \tan\theta_2)$
   $= 200 \times \left(\dfrac{\sin\theta_1}{\cos\theta_1} - \dfrac{\sin\theta_2}{\cos\theta_2}\right)$
   $= 200 \times \left(\dfrac{\sqrt{1-0.8^2}}{0.8} - \dfrac{\sqrt{1-1^2}}{1}\right)$
   $= 150[kVA]$

8. 선간거리 $2D$[m], 지름이 $d$[m]인 3상 3선식 가공전선로의 단위 길이당 대지정전용량 [$\mu$F/km]은?

   ① $\dfrac{0.02413}{\log_{10}\dfrac{D}{d}}$
   ② $\dfrac{0.02413}{\log_{10}\dfrac{2D}{d}}$
   ③ $\dfrac{0.02413}{\log_{10}\dfrac{4D}{d}}$
   ④ $\dfrac{0.02413}{\log_{10}\dfrac{4D}{3d}}$

   해설 | 대지정전용량
   $C = \dfrac{0.02413}{\log_{10}\dfrac{D}{r}}$ 에서

   선간거리 : 2D, 반지름 : d/2
   $C = \dfrac{0.02413}{\log_{10}\dfrac{D}{r}} = \dfrac{0.02413}{\log_{10}\dfrac{2D}{\frac{d}{2}}} = \dfrac{0.02413}{\log_{10}\dfrac{4D}{d}}$

정답 05 ③ 06 ③ 07 ④ 08 ③

**9.** 극수 4, 회전수 1800[rpm], 1상의 코일 수 83, 1극의 유효자속 0.3[Wb]의 3상 동기발전기가 있다. 권선계수가 0.960이고, 전기자 권선을 Y결선으로 하면 무부하 단자전압은 약 몇 [kV]인가?

① 8  ② 9
③ 11 ④ 12

해설 | 동기발전기의 유도기전력
유도기전력 $E = 4.44fN\phi K_w[V]$

$N_s = \dfrac{120f}{P}$ 이므로

$f = \dfrac{N_s P}{120} = \dfrac{1800 \times 4}{120} = 60[Hz]$

$E = 4.44 \times 60 \times 82 \times 0.3 \times 0.96$
$\fallingdotseq 6368[V]$ 이다.

Y결선 선간(단자)전압 $= \sqrt{3} \times$ 상전압
∴ 선간(단자)전압 $= \sqrt{3} \times 6368 \fallingdotseq 11[kV]$

**10.** 2중 농형 유도전동기가 보통 농형 전동기에 비하여 다른 점은?

① 기동전류 및 기동토크가 모두 크다.
② 기동전류 및 기동토크가 모두 적다.
③ 기동 전류가 적고, 기동 토크도 크다.
④ 기동 전류가 크고, 기동 토크도 적다.

해설 | 2중 농형유도전동기
2중 농형유도전동기는 농형권선을 안과 밖에 2중으로 설치한 것으로 기동전류는 적고, 기동토크는 크다. 농형유도전동기는 2중 농형유도전동기에 비해 기동전류가 크고 기동토크가 작다.

**11.** 다음 그림에서 계기 X가 지시하는 것은?

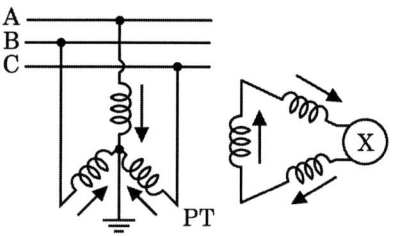

① 영상전압  ② 역상전압
③ 정상전압  ④ 정상전류

해설 | 계기용변압기
선로에 지락이 발생하였을 때 영상전압을 지시한다.

**12.** SCR을 완전히 턴-온 하여 온 상태로 된 후, 양극 전류를 감소시키면 양극 전류의 어떤 값에서 SCR은 온 상태에서 오프 상태로 된다. 이때의 양극전류는?

① 래칭 전류  ② 유지 전류
③ 최대 전류  ④ 역저지 전류

해설 | SCR의 유지전류
SCR을 ON 상태로 유지하기 위한 최소전류(20[mA] 이상)를 유지전류라 한다.

**13.** 그림과 같은 회로에서 전압비의 전달함수는?

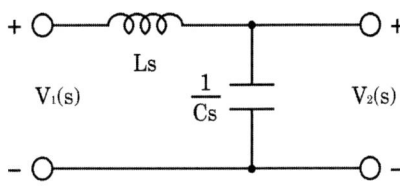

① $\dfrac{1}{LC + C_S}$  ② $\dfrac{sC}{s^2(s+LC)}$

③ $\dfrac{1}{\dfrac{1}{L_S}+C_S}$  ④ $\dfrac{\dfrac{1}{LC}}{s^2 + \dfrac{1}{LC}}$

해설 | 전달함수

출력전달함수 = $\dfrac{출력전압\ V_2(s)}{입력전압\ V_1(s)}$

$= \dfrac{\dfrac{1}{Cs}}{Ls + \dfrac{1}{Cs}} = \dfrac{1}{LCs^2 + 1} = \dfrac{\dfrac{1}{LC}}{s^2 + \dfrac{1}{LC}}$

**14.** 자기인덕턴스가 $L_1$, $L_2$ 상호인덕턴스가 $M$인 두 회로의 결합계수가 1인 경우 $L_1$, $L_2$, $M$의 관계는?

① $L_1 \cdot L_2 = M$  ② $L_1 \cdot L_2 < M^2$
③ $L_1 \cdot L_2 > M^2$  ④ $L_1 \cdot L_2 = M^2$

해설 | 상호인덕턴스
$M = k\sqrt{L_1 L_2} = 1 \times \sqrt{L_1 L_2} = \sqrt{L_1 L_2}$ ∴
$L_1 \cdot L_2 = M^2$

**15.** 권수비 50인 단상변압기가 전부하에서 2차 전압이 115[V], 전압변동률이 2[%]라 한다. 1차 단자전압[V]은?

① 3381  ② 3519
③ 4692  ④ 5865

해설 | 변압기의 전압변동률
$\epsilon = \dfrac{V_{20} - V_{2n}}{V_{2n}} \times 100[\%]$ 에서

$2 = \dfrac{V_{20} - 115}{115} \times 100[\%]$

$V_{20} = 115 \times 0.02 + 115 = 117.3[V]$

$a = \dfrac{V_1}{V_2}$,  $V_1 = aV_2$ 이므로

∴ $V_1 = 50 \times 117.3 = 5865[V]$ 이다.

**16.** 주택배선에 금속관 또는 합성수지관공사를 할 때 전선을 2.5[mm²]의 단선으로 배선하려고 한다. 전선관의 접속함(정션박스)내에서 비닐테이프를 사용하지 않고 직접 전선 상호간을 접속하는데 가장 편리한 재료는?

① 터미널 단자
② 서비스 캡
③ 와이어 커넥터
④ 절연튜브

해설 | 와이어커넥터
전선관의 접속함 내에서 전선 상호간을 쥐꼬리 접속하고 접속부분을 절연하는 부품이다.

정답 13 ④  14 ④  15 ④  16 ③

**17.** 비투자율 3000인 자로의 평균 길이 50[cm], 단면적 30[cm]인 철심에 감긴, 권수 425 회의 코일에 0.5[A]의 전류가 흐를 때 저축되는 전자에너지는 약 몇 [J]인가?

① 0.25  ② 0.51
③ 1.03  ④ 2.07

해설 | 축적되는 전기에너지

$W = \dfrac{1}{2}LI^2$, $\quad L = \dfrac{\mu A}{l}N^2$

$L = \dfrac{4\pi \times 10^{-7} \times 3000 \times (30 \times 10^{-4}) \times 425^2}{50 \times 10^{-2}}$

$= 4.08[H]$

$W = \dfrac{1}{2}LI^2 = \dfrac{1}{2} \times 4.08 \times 0.5^2 = 0.51[J]$

**18.** 단상 교류 위상제어 회로의 입력 전원전압이 $v_s = V_m \sin\theta$이고, 전원 $v_s$ 양의 반주기 동안 사이리스터 $T_1$을 점호각 $\alpha$에서 턴온 시키고, 전원의 음의 반주기 동안에는 사이리스터 $T_2$를 턴온 시킴으로써 출력전압 $(v_o)$의 파형을 얻었다면 단상 교류 위상제어 회로의 출력전압에 대한 실횻값은?

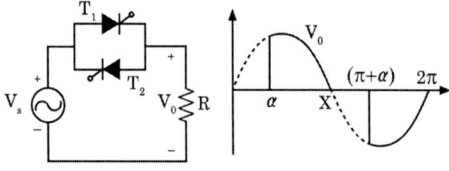

① $\dfrac{V_m}{\sqrt{2}}\sqrt{1 - \dfrac{\alpha}{\pi} + \dfrac{\sin 2\alpha}{2\pi}}$

② $V_m\sqrt{1 - \dfrac{\alpha}{\pi} + \dfrac{\sin 2\alpha}{2\pi}}$

③ $V_m\sqrt{1 - \dfrac{2\alpha}{\pi} + \dfrac{\sin 2\alpha}{2\pi}}$

④ $\dfrac{V_m}{\sqrt{2}}\sqrt{1 - \dfrac{2\alpha}{\pi} + \dfrac{\sin 2\alpha}{2\pi}}$

해설 | 단상 교류 위상제어 회로에서 출력전압의 실효값

$V = \sqrt{\dfrac{1}{2}\int_{\alpha}^{\pi}(V_m \sin wt)^2 d(wt)}$

$= \dfrac{V_m}{\sqrt{2}}\sqrt{1 - \dfrac{\alpha}{\pi} + \dfrac{\sin 2\alpha}{2\pi}}$

**19.** 전동기의 외함과 권선 사이의 절연상태를 점검하고자 한다. 다음 중 필요한 것은 어느 것인가?

① 접지저항계  ② 전압계
③ 전류계  ④ 메거

해설 | 메거
절연저항을 측정하는 계측기이다.

**20.** MOS-FET의 드레인 전류는 무엇으로 제어하는가?

① 게이트 전압
② 게이트 전류
③ 소스 전류
④ 소스 전압

해설 | MOS-FET 제어
MOS-FET는 게이트와 소스 사이의 전압을 제어함으로써 드레인 전류를 제어한다.

정답 17 ② 18 ① 19 ④ 20 ①

**21.** 2대의 직류 분권발전기 $G_1$, $G_2$를 병렬 운전시킬 때, $G_1$의 부하 분담을 증가시키려면 어떻게 하여야 하는가?

① $G_1$의 계자를 강하게 한다.
② $G_2$의 계자를 강하게 한다.
③ $G_1$, $G_2$의 계자를 똑같이 강하게 한다.
④ 균압선을 설치한다.

해설 | 직류발전기의 부하분담
직류 발전기 $G_1$, $G_2$를 병렬운전 시 $G_1$ 발전기의 회전수를 올리거나 계저전류를 증가시켜 기전력을 높이면 $G_1$의 부하분담이 증가하게 되며 $G_2$의 부하분담은 감소한다.

**22.** 반파 정류 회로에서 직류 전압 220[V]를 얻는데 필요한 변압기 2차 상전압은 약 몇 [V]인가? 단, 부하는 순저항이고, 변압기 내의 전압강하는 무시하며, 정류기 내의 전압강하는 50[V]로 한다.

① 300  ② 450
③ 600  ④ 750

해설 | 단상반파 정류회로
단상반파 정류회로 $E_d = 0.45E - 50$
$$\therefore E = \frac{E_d}{0.45} = \frac{220+50}{0.45} = 600[V]$$

**23.** 단상 전파 정류회로를 구성한 것으로 옳은 것은?

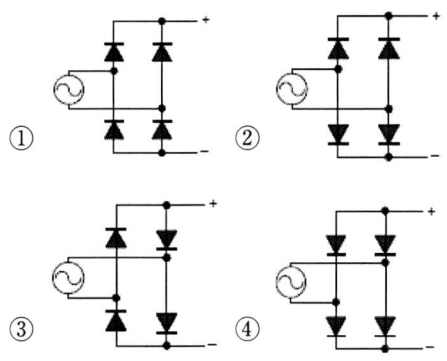

해설 | 단상전파 정류회로
애노드(+), 캐소드(-) 극이므로 캐소드쪽의 극이 (+) 여야 한다.

**24.** 전기자 권선에 의해 생기는 전기자 기자력을 없애기 위하여 주 자극의 중간에 작은 자극으로 전기자 반작용을 상쇄하고 또한 정류에 의한 리액턴스 전압을 상쇄하여 불꽃을 없애는 역할을 하는 것은?

① 보상권선  ② 공극
③ 전기자권선  ④ 보극

해설 | 보극
정류 코일 내에 유기되는 리액턴스 전압과 반대 방향으로 별도의 자극을 주어 전기자 반작용을 감소시킴으로 양호한 정류를 얻을 수 있다.

**25.** 화약류 저장소 안에는 전기설비를 시설하여서는 아니되나 백열전등이나 형광등 또는 이들에 전기를 공급하기 위한 전기설비를 금속관 공사에 의한 규정 등을 준수하여 시설하는 경우에는 설치할 수 있다. 설치할 수 있는 시설기준으로 틀린 것은?

① 전기기계기구는 전폐형의 일 것
② 전로의 대지전압은 300[V] 이하일 것
③ 케이블을 전기기계기구에 인입할 때에는 인입구에서 케이블이 손상될 우려가 없도록 시설할 것
④ 전기설비에 전기를 공급하는 전로에는 과전류 차단기를 모든 작업자가 쉽게 조작할 수 있도록 설치할 것

해설 | 화약류 저장소의 전기설비
- 대지전압 : 300 [V]이하
- 전기기계기구는 전폐형의 것으로 한다.
- 화약류 저장소 이외의 곳에 전용 개폐기 및 과전류 차단기를 각 극에 시설한다.
- 전로에 지락이 생겼을 때에 자동적으로 전로를 차단하거나 경보하는 장치를 시설한다.

**26.** 가로 25[m], 세로 8[m]되는 면적을 갖는 상가에 사용전압 220[V], 15[A] 분기회로로 할 때, 표준부하에 의하여 분기회로수를 구하면 몇 회로로 하면 되는가?

① 1회로
② 2회로
③ 3회로
④ 4회로

해설 | 분기회로수
상가의 표준부하밀도 = 30[VA/m²]

부하산정용량 = 면적 × 표준부하밀도
= 25 × 8 × 30 = 6000[VA]

분기회로수[N] = 부하산정용량[VA] / (전압[V] × 분기회로정격[A])

= 6000 / (220 × 15) = 1.81

∴ 2회로

**27.** 그림의 트랜지스터 회로에 [V] 펄스 1개를 $R_B$ 저항을 통하여 인가하면 출력 파형 $V_o$ 는?

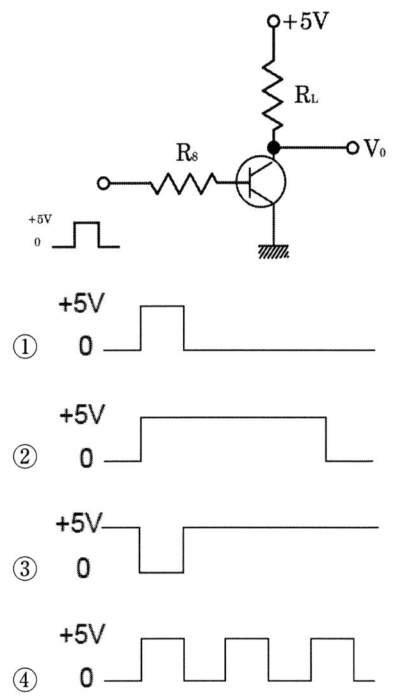

해설 | NOT회로
입력이 0 → 출력은 1
입력이 1 → 출력은 0

## 28. 전력원선도의 가로축과 세로축은 각각 무엇을 나타내는가?

① 단자전압과 단락전류
② 단락전류와 피상전력
③ 단자전압과 유효전력
④ 유효전력과 무효전력

해설 | 전력원선도
- 가로축 : 유효전력
- 세로축 : 무효전력

## 29. 그림과 같은 회로에서 저항 $R_2$에 흐르는 전류는 약 몇 [A]인가?

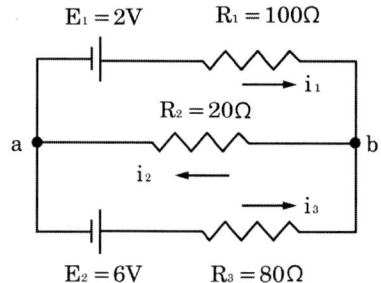

① 0.066
② 0.096
③ 0.483
④ 0.655

해설 | 밀만의 정리

$$V_{ab} = \frac{\frac{E_1}{R_1}+\frac{E_2}{R_3}}{\frac{1}{R_1}+\frac{1}{R_2}+\frac{1}{R_3}} = \frac{\frac{2}{100}+\frac{6}{80}}{\frac{1}{100}+\frac{1}{20}+\frac{1}{80}}$$

$$= \frac{\frac{16+60}{800}}{\frac{8+40+10}{800}} = \frac{76}{58} \fallingdotseq 1.31[V]$$

$$I_2 = \frac{V_{ab}}{R_2} = \frac{1.31}{20} \fallingdotseq 0.066[A]$$

## 30. 부하를 일정하게 유지하고 역률 1로 운전 중인 동기전동기의 계자전류를 감소시키면?

① 아무 변동이 없다.
② 콘덴서로 작용한다.
③ 뒤진 역률의 전기자 전류가 증가한다.
④ 앞선 역률의 전기자 전류가 증가한다.

해설 | 동기전동기의 위상특성곡선

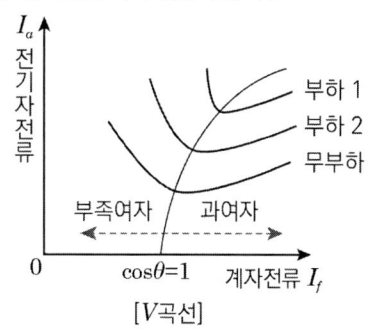

[V곡선]

- 부족여자 : 지상, 리액터 역할
- 과여자 : 진상, 콘덴서 역할

## 31. 엔트런스 캡의 주된 사용 장소는 다음 중 어느 것인가?

① 저압 인입선 공사시 전선관 공사로 넘어 갈 때 전선관의 끝부분
② 케이블 헤드를 시공할 때 케이블 헤드의 끝부분
③ 케이블 트레이 끝부분의 마감재
④ 부스 덕트 끝부분의 마감재

해설 | 엔트런스 캡
저압 인입선 공사 시 전선관에 빗물 등이 들어가지 않도록 하기위해 전선관의 끝부분에 설치한다.

정답 28 ④ 29 ① 30 ③ 31 ①

**32.** 정격출력 20[kVA], 정격전압에서의 철손 150[W], 정격전류에서 동손 200[W]의 단상변압기에 뒤진 역률 0.8인 어느 부하를 걸었을 경우 효율이 최대라 한다. 이때 부하율은 약 [%]인가?

① 75      ② 87
③ 90      ④ 97

해설 | 최변압기의 최대효율

최대효율 조건 $P_i = \dfrac{1}{m^2}P_c$ 이므로

최대효율일 때 부하율

$\dfrac{1}{m} = \sqrt{\dfrac{P_i}{P_c}} = \sqrt{\dfrac{150}{200}} = 0.866$

∴ 약 87[%]

---

**33.** 정류회로에서 교류 입력 상(Phase) 수를 크게 했을 경우의 설명으로 옳은 것은?

① 맥동 주파수와 맥동률이 모두 증가한다.
② 맥동 주파수와 맥동률이 모두 감소한다.
③ 맥동 주파수는 증가하고 맥동률은 감소한다.
④ 맥동 주파수는 감소하고 맥동률은 증가한다.

해설 | 맥동주파수

※ 맥동률 : 파형이 출렁이는 정도

| 구분 | 정류효율 [%] | 맥동률 [%] | 맥동주파수 |
|---|---|---|---|
| 단상 반파 | 40.6 | 121 | $f_0 = f_i$ |
| 단상 전파 | 81.2 | 48.2 | $f_0 = 2f_i$ |
| 3상 반파 | 117 | 18.3 | $f_0 = 3f_i$ |
| 3상 전파 | 135 | 4.2 | $f_0 = 6f_i$ |

---

**34.** 수전단 전압 66[kV], 전류 100[A], 선로저항 10[Ω], 선로 리액턴스 15[Ω], 수전단 역률 0.8인 단거리 송전선로의 전압강하율은 약 몇 [%]인가?

① 1.34      ② 1.82
③ 2.26      ④ 2.58

해설 | 송전선로의 전압강하율

$\epsilon = \dfrac{V_s - V_r}{V_r} \times 100$

송전단전압

$V_s = V_r + I(R\cos\theta + X\sin\theta)$
$= 66000 + 100(10 \times 0.8 + 15 \times 0.6)$
$= 67700[V]$

$\therefore \epsilon = \dfrac{67700 - 66000}{66000} \times 100 ≒ 2.58[\%]$

---

**35.** 3300/110[V] 계기용 변압기(PT)의 2차측 전압을 측정하였더니 105[V]였다. 1차측 전압은 몇 [V]인가?

① 3450      ② 3300
③ 3150      ④ 3000

해설 | 변압기의 권수비

$V_1 = aV_2 = \dfrac{3300}{110} \times 105 = 3150[V]$

**36.** 전기자 전류 20[A]일 때 100[N·m]의 토크를 내는 직류 직권 전동기가 있다. 전기자 전류가 40[A]로 될 때 토크는 약 몇 [kg·m]인가?

① 20.4  ② 40.8
③ 61.2  ④ 81.6

해설 | 직권전동기의 토크
직권전동기는 전기자전류의 제곱에 비례

$\tau_2 = r_1\left(\dfrac{I_2}{I_1}\right)^2 = 100 \times \left(\dfrac{40}{20}\right)^2 = 400[N \cdot m]$

$400[N \cdot m] = \dfrac{400}{9.8}[kg \cdot m] = 40.8[kg \cdot m]$

**37.** 그림과 같은 회로에서 스위치 S를 $t=0$에서 닫았을 때 $(V_L)_{t=0} = 60[V]$, $\left(\dfrac{di}{dt}\right)_{t=0} = 30[A/s]$이다. $L$의 값은 몇 [H]인가?

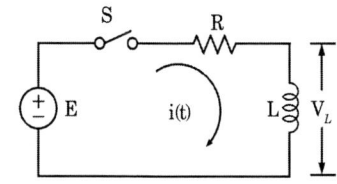

① 0.5  ② 1.0
③ 1.25  ④ 2.0

해설 | R-L 직렬회로
코일에 걸리는 전압 $V_L = L\dfrac{di}{dt}$이므로

$(V_L)_{t=0} = 60[V]$, $\left(\dfrac{di}{dt}\right)_{t=0} = 30[A/s]$

$60 = 30L$, $\therefore L = 2[H]$

**38.** 다음 논리식을 간략화 하면?
$F = AB\overline{C} + A\overline{B}\overline{C} + \overline{A}\,\overline{B}\,C + A\overline{B}C + ABC$

① $AB + \overline{C}$  ② $AB + \overline{B}\,\overline{C}$
③ $A + \overline{B}\,\overline{C}$  ④ $B + A\overline{C}$

해설 | 논리식의 간소화
$A + \overline{B}\,\overline{C}$
$F = AB\overline{C} + A\overline{B}\overline{C} + \overline{A}\,\overline{B}\,C + A\overline{B}C + ABC$
$= AB(\overline{C}+C) + A\overline{B}(\overline{C}+C) + \overline{A}\,\overline{B}\,C$
$= AB + A\overline{B} + \overline{A}\,\overline{B}\,C$
$= A + \overline{A}\,\overline{B}\,C$
$= (A+\overline{A})(A+\overline{B})(A+C)$
$= (A+\overline{B})(A+C)$
$= A + A\overline{B} + AC + \overline{B}\,C$
$= A(1+\overline{B}+C) + \overline{B}\,C = A + \overline{B}\,C$

**39.** 단상 3선식 220/440[V] 전원에 다음과 같이 부하가 접속되었을 경우 설비불평형률은 약 몇 [%]인가?

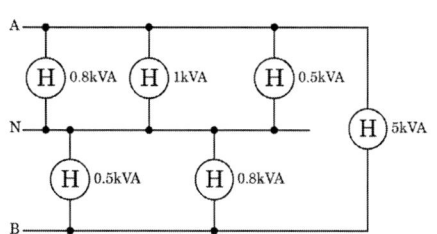

① 23.3  ② 26.2  ③ 32.6  ④ 42.5

해설 | 설비불평형률
$= \dfrac{(0.8+1+0.5)-(0.5+0.8)}{\dfrac{(0.8+1+0.5+0.5+0.8+5)}{2}} \times 100$

$\fallingdotseq 23.3[\%]$

정답 36 ② 37 ④ 38 ③ 39 ①

**40.** 평행판 콘덴서에서 전압이 일정할 경우 극판 간격을 2배로 하면 내부의 전계의 세기는 어떻게 되는가?

① 4배로 된다.
② 2배로 된다.
③ $\frac{1}{4}$ 배로 된다.
④ $\frac{1}{2}$ 배로 된다.

해설 | 전기장의 세기
$E = \frac{V}{l}$ [V/m]에서 극판 간격에 반비례
∴ $\frac{1}{2}$ 배가 된다.

**41.** 옥내에 시설하는 전동기에는 전동기가 소손될 우려가 있는 과전류가 생겼을 때에 자동적으로 이를 저지하거나 경보하는 장치를 하여야 한다. 이 장치를 시설하지 않아도 되는 경우는?

① 전류 차단기가 없는 경우
② 정격 출력이 0.2[kW] 이하인 경우
③ 정격 출력이 2[kW] 이상인 경우
④ 전동기 출력이 0.5[kW]이며, 취급자가 감시할 수 없는 경우

해설 | 과부하 보호장치 설치 예외
- 정격출력이 0.2 [kW] 이하인 옥내에 시설하는 전동기
- 정격전류가 16 [A] 이하인 단상전동기
- 정격전류가 20 [A] 이하인 배선차단기

**42.** 500[lm]광속을 발산하는 전등 20개를 1000[m²] 방에 점등하였을 경우 평균조도는 약 몇 [lx]인가? 단, 조명률은 0.5, 감광 보상률은 1.5이다.

① 3.33    ② 4.24
③ 5.48    ④ 6.67

해설 | 조명의 계산
$UNF = EAD$ 에서
$E = \frac{UNF}{AD} = \frac{0.5 \times 20 \times 500}{1000 \times 1.5} ≒ 3.33$ [lx]

**43.** 변압기 단락시험에서 2차측을 단락하고 1차 측에 정격전압을 가하면 큰 단락전류가 흘러 변압기가 소손된다. 이에 따라 정격주파수의 전압을 서서히 증가시켜 1차 정격전류가 될 때의 변압기 1차측 전압을 무엇이라 하는가?

① 부하전압    ② 절연내력 전압
③ 정격주파 전압   ④ 임피던스 전압

해설 | 임피던스전압
- 정격전류에 의한 변압기 내의 전압 강하
- 변압기 2차 측 단락 상태에서, 1차 측에 정격전류가 흐르게 하기 위한 1차측 인가전압

**44.** 다음 논리식을 간소화하면?

$$F = \overline{\overline{(A+B)} \cdot \overline{B}}$$

① $F = \overline{A} + B$  ② $F = A + \overline{B}$
③ $F = A + B$  ④ $F = \overline{A} + \overline{B}$

해설 | 논리식의 간소화
$$F = \overline{\overline{(A+B)} \cdot \overline{B}} = \overline{(A+B)} + \overline{\overline{B}}$$
$$= \overline{\overline{A}}\,\overline{B} + B = A\overline{B} + B$$
$$= A\overline{B} + B(1+A) = A\overline{B} + B + AB$$
$$= A(B+\overline{B}) + B = A + B$$

**45.** 접지재료의 구비 조건이 아닌 것은?

① 전류용량  ② 내부식성
③ 시공성  ④ 내전압성

해설 | 접지재료의 구비조건
- 전류용량
- 내부식성
- 시공성

**46.** 인버터 제어라고도 하며 유도전동기에 인가되는 전압과 주파수를 변환시켜 제어하는 방식은?

① VVVF 제어방식
② 궤환 제어방식
③ 1단속도 제어방식
④ 워드레오나드 제어방식

해설 | VVVF(가변전압 가변주파수 제어)
인버터 등의 교류 전력을 출력하는 전력 변환 장치에 두어, 출력되는 교류 전력의 실효 전압과 주파수를 임의로 가변 제어하는 기술

**47.** 그림의 부스트 컨버터 회로에서 입력전압($V_s$)의 크기가 20[V]이고 스위칭 주기($T$)에 대한 스위치(SW)의 온(On) 시간($t_{on}$)의 비인 듀티비($D$)가 0.6이었다면, 부하저항($R$)의 크기가 10[Ω]인 경우 부하저항에서 소비되는 전력[W]은?

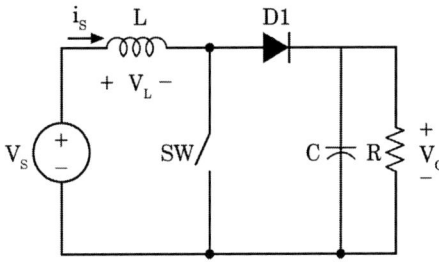

① 100
② 150
③ 200
④ 250

해설 | 부스트컨버터
$$P = \frac{\left(\dfrac{V}{1-D}\right)^2}{R} = \frac{\left(\dfrac{20}{1-0.6}\right)^2}{10}$$
$$= \frac{50^2}{10} = 250[W]$$

**48.** 인버터의 스위칭 소자와 역병렬 접속된 다이오드에 관한 설명으로 가장 적합한 것은?

① 스위칭 소자에 내장된 다이오드이다.
② 부하에서 전원으로 에너지가 회생될 때 경로가 된다.
③ 스위칭 소자에 걸리는 전압 스트레스를 줄이기 위한 것이다.
④ 스위칭 소자의 역방향 누설 전류를 흐르게 하기 위한 경로이다.

정답 44 ③ 45 ④ 46 ① 47 ④ 48 ②

해설 | 귀환다이오드
스위칭 소자가 개로될 때 역병렬로 접속된 다이오드를 통하여 부하로부터 전원으로 에너지가 회생된다.

해설 | 그레이코드
그레이 코드는 2진수의 최상위 비트는 변하지 않고 두 번째 비트부터 앞숫자와 같으면 0, 다르면 1로 변환하는 코드이다.

### 49. 크기가 다른 3개의 저항을 병렬로 연결했을 경우의 설명으로 옳은 것은?

① 각 저항에 흐르는 전류는 모두 같다.
② 각 저항에 걸리는 전압은 모두 같다.
③ 합성저항값은 각 저항의 합과 같다.
④ 병렬연결은 도체저항의 길이를 늘이는 것과 같다.

해설 | 저항의 연결
① 직렬도 연결할 때 각 저항에 흐르는 전류의 크기가 같다.
② 병렬로 연결할 때 각 저항에 걸리는 전압의 크기가 같다.
③ 합성 저항값은 각 저항의 역수의 합을 구한 후 그 값에 역수를 취한다.
④ 병렬연결은 도체저항의 길이와는 관계가 없다.

### 51. 지중에 매설되어 있는 케이블의 전식(전기적인 부식)을 방지하기 위한 대책이 아닌 것은?

① 희생 양극법
② 외부 전원법
③ 선택 배류법
④ 자립 배양법

해설 | 전식방지법
- 희생 양극법
- 외부 전원법
- 직접 배류법
- 선택 배류법
- 강제 배류법

### 52. 지선과 지선용 근가를 연결하는 금구는?

① U볼트          ② 지선 롯트
③ 볼쇄클         ④ 지선 밴드

해설 | 지선롯트
전주의 지선과 근가, 지선용 타입 앵커를 연결하는데 사용하는 금구

### 50. 그림과 같은 회로의 기능은?

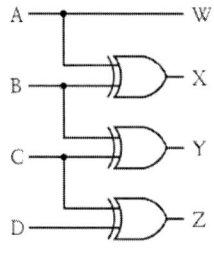

① 크기 비교기
② 디멀티플렉서
③ 홀수 패리티 비트 발생기
④ 2진 코드의 그레이코드 변환기

## 53. 유도 전동기의 슬립이 커지면 커지는 것은?

① 회전수　② 2차 주파수
③ 2차 효율　④ 기계적 출력

해설 | 유도전동기의 슬립
① 회전수 $N = (1-s)N_s$
② 2차 주파수 $f_2 = sf_1$
③ 2차 효율 $\eta_2 = \dfrac{P_0}{P_2} = (1-s)$
④ 기계적 출력
$P_0 = P_2 - P_{2c} = P_2 - sP_2 = P_2(1-s)$

## 54. 이항분포(binomial distribution)에서 매회 A가 일어나는 확률이 일정한 값 $P$일 때, $n$회의 독립시행 중 사상 A가 $x$회 일어날 확률 $P(x)$를 구하는 식은? (단, $N$은 로트의 크기, $n$은 시료의 크기, $P$는 로트의 모부적합품률이다.

① $P(x) = \dfrac{n!}{x!(n-x)!}$

② $P(x) = e^{-x} \cdot \dfrac{(np)^x}{x!}$

③ $P(x) = \dfrac{\binom{NP}{x}\binom{N-NP}{n-x}}{\binom{N}{n}}$

④ $P(x) = \binom{n}{x} P^x (1-P)^{n-x}$

해설 | 이항분포
$n$번 시행 중에 $x$번 성공할 확률인 독립시행 확률에 대한 분포
$P(x) = {}_nC_r p^x (1-p)^{n-x}$
$\binom{n}{x} = {}_nC_r = \dfrac{n!}{x!(n-x)!}$

$\therefore P(x) = \binom{n}{x} p^x (1-p)^{n-x}$

## 55. 다음 표는 어느 자동차 영업소의 월별 판매 실적을 나타낸 것이다. 5개월 단순이동 평균법으로 6월의 수요를 예측하면 몇 대인가?

| 월 | 1월 | 2월 | 3월 | 4월 | 5월 |
|---|---|---|---|---|---|
| 판매량 | 100대 | 110대 | 120대 | 130대 | 140대 |

① 120대
② 130대
③ 140대
④ 150대

해설 | 단순이동평균법
최근 5개월 실적만 반영한 평균
$= \dfrac{(100+110+120+130+140)}{5} = \dfrac{600}{5} = 120$

## 56. 샘플링에 관한 설명으로 틀린 것은?

① 취락 샘플링에서는 취락 간의 차는 작게, 취락 내의 차는 크게 한다.
② 조공정의 품질특성에 주기적인 변동이 있는 경우 계통 샘플링을 적용하는 것이 좋다.
③ 시간적 또는 공간적으로 일정 간격을 두고 샘플링하는 방법을 계통 샘플링이라고 한다.
④ 모집단을 몇 개의 층으로 나누어 각 층마다 랜덤하게 시료를 추출하는 것을 층별 샘플링이라고 한다.

해설 | 샘플링방법
① 취락샘플링 : 모집단을 여러개의 집단으로 나눈 후 집단을 랜덤추출 후 전수조사

정답　53 ②　54 ④　55 ①　56 ②

② 지그재그샘플링 : 공정이나 품질이 변화하는 주기와는 다른 간격으로 추출
③ 계통샘플링 : 일정한 간격으로 추출
④ 층별샘플링 : 모집단을 여러개의 집단으로 나눈 후 각 집단에서 샘플을 추출

## 57. 다음 내용은 설비보전조직에 대한 설명이다. 어떤 조직의 형태에 대한 설명인가?

> 보전작업자는 조직상 각 제조부분의 감독자 밑에 둔다.
> - 단점 : 생산우선에 의한 보전작업 경시, 보전 기술 향상의 곤란성
> - 장점 : 운전자와 일체감 및 현장감독의 용이성

① 집중보전  ② 지역보전
③ 부문보전  ④ 절충보전

해설 | 설비보전조직
① 집중보전 : 모든 보전작업자를 한 명의 감독자 밑에 둔다.
② 지역보전 : 특정 지역에 보전작업자를 배치한다.
④ 절충보전 : 여러 보전을 조합하여 장, 단점을 적용한다.

## 58. 표준시간 설정 시 미리 정해진 표를 활용하여 작업자의 동작에 대해 시간을 산정하는 시간연구법에 해당되는 것은?

① PTS법        ② 스톱워치법
③ 워크샘플링법  ④ 실적자료법

해설 | PTS법
하나의 작업이 실제로 시작되기 전 미리 작업에 필요한 소요시간을 작업방법에 따라 이론적으로 정해 나가는 방법

## 59. 다음은 관리도의 사용 절차를 나타낸 것이다. 관리도의 사용 절차를 순서대로 나열한 것은?

> ㉠ 관리하여야 할 항목의 선정
> ㉡ 관리도의 선정
> ㉢ 관리하려는 제품이나 종류선정
> ㉣ 시료를 채취하고 측정하여 관리도를 작성

① ㉠ → ㉡ → ㉢ → ㉣
② ㉠ → ㉢ → ㉣ → ㉡
③ ㉢ → ㉠ → ㉡ → ㉣
④ ㉢ → ㉣ → ㉠ → ㉡

해설 | 관리도의 사용절차
제품, 종류 선정 → 항목 선정 → 관리도 선정 → 관리도 작성

# 제59회 기출문제

**2016년 1회**

## 1. 고압 보안공사에서 전선을 경동선으로 사용하는 경우 지름 몇 [mm] 이상의 것을 사용하여야 하는지 그 기준으로 옳은 것은?

① 8  ② 6  ③ 5  ④ 3

해설 | 고압보안공사 사용전선
고압 보안공사에서 케이블인 경우 이외에는 인장 강도 8.01[kN] 이상 또는 지름 5[mm] 이상의 경동선을 사용

## 2. 그림과 같은 회로에서 전류 $I$[A]는?

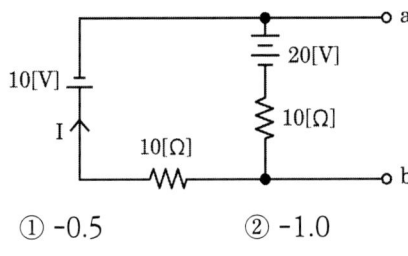

① -0.5  ② -1.0
③ -1.5  ④ -2.0

해설 | 중첩의 원리
$$I_1 = \frac{V_1}{R_1+R_2} = \frac{-10}{10+10} = -0.5[A]$$
$$I_2 = \frac{V_2}{R_1+R_2} = \frac{-20}{10+10} = -1[A]$$
$$\therefore I = I_1 + I_2 = -1.5[A]$$

## 3. 일반 변전소 또는 이에 준하는 곳의 주요 변압기에 시설하여야 하는 계측장치로 옳은 것은?

① 전류, 전력, 주파수
② 전압, 주파수 또는 역률
③ 전력, 주파수 또는 역률
④ 전압, 전류 또는 전력

해설 | 변전소의 계측장치
일반 변전소 또는 이에 준하는 변압기에는 전압계, 전류계 또는 전력량을 측정할 수 있는 계측장치를 시설

## 4. 교류와 직류 양쪽 모두에 사용 가능한 전동기는?

① 단상 분권 정류자 전동기
② 단상 반발 전동기
③ 세이딩 코일형 전동기
④ 단상 직권 정류자 전동기

해설 | 단상직권정류자전동기
- 직류와 교류를 모두 사용할 수 있다.
- 전기자 코일과 정류자편 사이 고저항의 도선을 사용하여 변압기 기전력에 의한 단락전류를 제한한다.
- 속도가 증가할수록 역률 개선된다.
- 철손을 줄이기 위해 고정자와 회전자의 자로를 성층철심으로 한다.
- 만능전동기로 불린다.

정답 01 ③  02 ③  03 ④  04 ④

**05.** 송전단 전압 66[kV], 수전단 전압 61 [kV]인 송전 선로에서 수전단의 부하를 끊은 경우의 수전단 전압이 63[kV]면 전압변동률은 약 몇 %인가?

① 2.8  ② 3.3
③ 4.8  ④ 8.2

해설 | 전압변동률

$$\varepsilon = \frac{V_o - V_n}{V_n} \times 100 = \frac{63-61}{61} \times 100$$
$$= 3.278 ≒ 3.3\%$$

**06.** 동기 전동기를 무부하로 하였을 때, 계자전류를 조정하면 동기기는 $L$과 $C$소자와 같이 작동하고, 계자전류를 어떤 일정 값 이하의 범위에서 가감하면 가변 리액턴스가 되고, 어떤 일정값 이상에서 가감하면 가변 커패시터로 작동한다. 이와 같은 목적으로 사용되는 것은?

① 변압기  ② 균압환
③ 제동권선  ④ 동기 조상기

해설 | 동기조상기
계자전류의 가감으로 위상을 변화시킬 수 있는 무부하 동기전동기로 과여자로 운전하면 진상전류가 흐르고, 부족여자로 운전하면 지상전류가 흐른다.

**07.** 단권 변압기에 대한 설명이다. 틀린 것은?

① 3상에는 사용할 수 없다는 단점이 있다.
② 1차 권선과 2차 권선의 일부가 공통으로 되어 있다
③ 동일 출력에 대하여 사용 재료 및 손실이 적고 효율이 높다.
④ 단권 변압기는 권선비가 1에 가까울수록 보통 변압기에 비해 유리하다.

해설 | 단권변압기
- 하나의 철심에 1차권선과 2차권선의 일부를 서로 공유하는 변압기로 분로권선과 직렬권선으로 구분된다.
- 종류에는 단상과 3상이 있다.
- 여자전류가 적다.
- 동량을 절약할 수 있어서 싸고, 소형이다.
- 효율이 좋고 전압 변동률이 작다.

정답  05 ②  06 ④  07 ①

## 8. JK FF에서 현재상태의 출력 $Q_n$을 1로 하고, J입력에 0, K입력에 0을 클럭펄스 CP에 rising edge의 신호를 가하게 되면 다음 상태의 출력 $Q_{n+1}$은 무엇이 되는가?

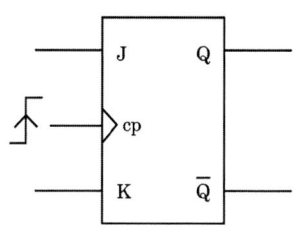

① 1
② 0
③ X
④ $\overline{Q_n}$

해설 | J-K플립플롭

| J | K | Q |
|---|---|---|
| 0 | 0 | 변하지 않는다 |
| 0 | 1 | 0 |
| 1 | 0 | 1 |
| 1 | 1 | 반전 |

## 9. 합성수지몰드공사에 사용하는 몰드 홈의 폭과 깊이는 몇 [cm] 이하가 되어야 하는가? (단, 두께는 1.2[mm] 이상이다.)

① 1.5
② 2.5
③ 3.5
④ 4.5

해설 | 합성수지몰드공사
- 절연전선을 사용 (OW 제외)
- 사용전압은 400[V]이하에 사용한다.
- 지지점과의 거리 : 40~50[cm]
- 몰드 안에는 전선의 접속점이 없도록 한다. (합성수지제 조인트 박스 사용 시 가능)
- 홈의 폭과 깊이가 35[mm] 이하, 두께 2[mm] 이상(사람접촉이 없는 경우 폭 50[mm] 이하, 두께 1[mm] 이상)

## 10. 3상 유도전동기의 2차 입력, 2차동손 및 슬립을 각각 $P_2, P_{2c}, s$라 하면 이들 관계식은?

① $s = P_{2c} + P_2$
② $s = P_{2c} - P_2$
③ $s = P_{2c} \times P_2$
④ $s = \dfrac{P_{2c}}{P_2}$

해설 | 유도전동기의 손실
$P_2 : P_{2c} : P_o = 1 : s : (1-s)$
$P_2 : P_{2c} = 1 : s$
$\therefore s = \dfrac{P_{2c}}{P_2}$

## 11. $f(t) = \sin\cos t$를 라플라스 변환하면?

① $\dfrac{1}{s^2+2}$
② $\dfrac{1}{s^2+4}$
③ $\dfrac{1}{(s^2+2)^2}$
④ $\dfrac{1}{(s^2+4)^2}$

해설 | 라플라스변환
$\mathcal{L}[\sin\cos t] = \mathcal{L}\left[\dfrac{1}{2}\sin 2t\right]$
$= \dfrac{1}{2} \times \dfrac{2}{s^2+2^2} = \dfrac{1}{s^2+4}$

정답 08 ① 09 ③ 10 ④ 11 ②

**12.** 선간거리 $D$[m], 반지름이 $r$[m]인 선로의 인덕턴스 $L$[mH/km]은?

① $L = 0.4605\log_{10}\dfrac{D}{r} + 0.5$

② $L = 0.4605\log_{10}\dfrac{D}{r} + 0.05$

③ $L = 0.4605\log_{10}\dfrac{r}{D} + 0.5$

④ $L = 0.4605\log_{10}\dfrac{r}{D} + 0.05$

해설 | 인덕턴스
단도체의 인덕턴스
$L = 0.4605\log_{10}\dfrac{D}{r} + 0.05$ [mH/km]

복도체의 인덕턴스
$L_n = 0.4605\log_{10}\dfrac{D}{\sqrt{rs^{n-1}}} + \dfrac{0.05}{n}$
[mH/km]

**13.** 변압기에서 여자전류를 감소시키려면?

① 접지를 한다.
② 우수한 절연물을 사용한다.
③ 코일의 권회수를 증가시킨다.
④ 코일의 권화수를 감소시킨다.

해설 | 변압기의 특징
권수비 $a = \dfrac{N_1}{N_2} = \dfrac{I_2}{I_1}$에 의해 권수와 전류는 서로 반비례하므로 여자전류를 감소시키기 위해서는 코일의 권회수를 증가시켜 임피던스를 증가하면 된다.

**14.** 역률을 개선하면 전력요금의 절감과 배전선의 손실경감, 전압강하의 감소, 설비여력의 증가 등을 기할 수 있으나, 너무 과보상하면 역효과가 나타난다. 즉, 경부하시에 콘덴서가 과대 삽입되는 경우의 결점에 해당되는 사항이 아닌 것은?

① 송전손실의 증가
② 전압 변동폭의 감소
③ 모선 전압의 과상승
④ 고조파 왜곡의 증대

해설 | 콘덴서의 과대삽입
경부하시 콘덴서가 과대 삽입되는 경우 결점
• 앞선 역률에 의한 전력손실
• 모선 전압의 과상승
• 고조파 왜곡의 증대
• 설비용량이 감소로 인한 과부하 우려

**15.** 전기설비기술기준의 판단기준에 의하여 전력용 커패시터의 탱크용량이 15000[kVA] 이상인 경우에는 자동적으로 전로로부터 자동 차단하는 장치를 시설하여야 한다. 장치를 시설하여야 하는 기준으로 틀린 것은?

① 과전류가 생긴 경우에 동작하는 장치
② 과전압이 생긴 경우에 동작하는 장치
③ 내부에 고장이 생긴 경우에 동작하는 장치
④ 절연유가 농도변화가 있는 경우에 동작 하는 장치

해설 | 전력용 콘덴서의 차단
조상설비의 자동차단 용량기준

| | 뱅크용량의 구분 | 자동차단장치 |
|---|---|---|
| 콘덴서, 리액터 | 500 [kVA] 초과 15,000 [kVA] 미만 | 내부고장, 과전류가 생긴 경우 |
| | 15,000 [kVA] 이상 | 내부고장, 과전류, 과전압이 생긴 경우 |
| 조상기 | 15,000 [kVA] 이상 | 내부고장이 생긴 경우 |

## 16. 그림은 동기발전기의 특성을 나타낸 곡선이다. 단락곡선은 어느 것인가? (단, $V_n$은 정격전압, $I_n$은 정격전류, $I_f$는 계자전류, $I_s$는 단락전류이다.)

① A
② B
③ C
④ D

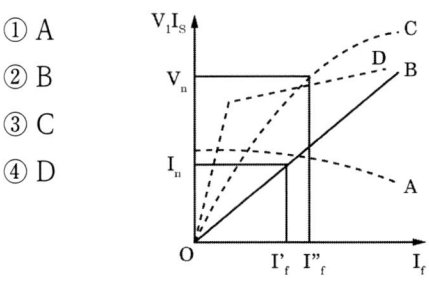

해설 | 동기발전기의 단락곡선
동기발전기의 모든 단자를 단락시키고 정격속도로 운전할 때 계자전류와 단락전류와의 관계곡선
③ C : 무부하 포화곡선

## 17. 변압기의 철손과 동손을 측정 할 수 있는 시험으로 옳은 것은?

① 철손 : 무부하시험, 동손 : 단락시험
② 철손 : 부하시험, 동손 : 유도시험
③ 철손 : 단락시험, 동손 : 극성시험
④ 철손 : 무부하시험, 동손 : 절연내력시험

해설 | 변압기 시험
• 무부하시험 : 철손, 여자전류, 여자어드미턴스
• 단락시험 : 단락전압, 정격전류, 동손, 내부 임피던스, 권선저항, 누설 자속, 임피던스 와트(동손), 임피던스전압, 전압변동률

## 18. 합성수지관 공사에 의한 저압 옥내배선의 시설 기준으로 틀린 것은?

① 전선은 옥외용 비닐 절연 전선을 사용할 것
② 습기가 많은 장소에 시설하는 경우 방습 장치를 할 것
③ 전선은 합성수지관 안에서 접속점이 없도록 할 것
④ 관의 지지점간의 거리는 1.5[m] 이하로 할 것

해설 | 합성수지관공사
• 전선은 옥외용 비닐 절연전선(OW전선)을 제외한 절연전선을 사용한다.
 ⓐ 단선일 때 구리선 10[mm²] 알루미늄선 16 [mm²] 이하 사용
 ⓑ 그 이상은 연선 사용
• 관의 지지점 간의 거리 : 1.5[m] 이하
• 관 상호 접속은 커플링을 이용하며 커플링에 삽입하는 관의 길이는 관 바깥지름의 1.2배 이상으로 한다. (접착제를 사용시 0.8배 이상)

**19.** 전등 및 소형기계기구의 용량합계가 25 [kVA], 대형 기계기구 8 [kVA]의 학교에 있어서 간선의 전선 굵기 산정에 필요한 최대 부하는 몇 [kVA] 인가? (단, 학교의 수용률은 70[%] 이다)

① 18.5　　② 28.5
③ 38.5　　④ 48.5

해설 | 간선의 수용률
전등 및 소형기계기구의 용량합계가 10 [kVA] 를 초과 할 때는 초과분에만 수용율을 적용하므로 최대부하
$P = 10 + 15 \times 0.7 + 8 = 28.5 [kVA]$

**20.** 다음과 같은 회로에서 저항 $R$이 0[Ω]인 것을 사용하면 무슨 문제가 발생하는가?

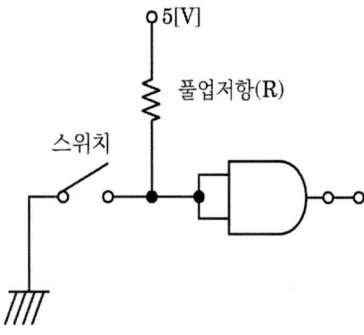

① 저항 양단의 전압이 커진다.
② 저항 양단의 전압이 작아진다.
③ 낮은 전압이 인가되어 문제가 없다.
④ 스위치를 ON 했을 때 회로가 단락된다.

해설 | 단락회로
풀업저항이 0[Ω]일 때 전압을 직접 연결하면 스위치를 닫을 때 단락상태가 되어 과도한 전류가 흐른다.

**21.** 그림과 같은 직렬형 인버터에 대해서 $L = 1 [mH]$, $C = 8 [\mu F]$일 때 출력 주파수를 1[kHz]로 할 경우 거의 정현파의 출력전압이 얻어 진다. 이 때 부하 저항 R은 몇 [Ω]인가?

① 13.5
② 18.5
③ 23.0
④ 27.5

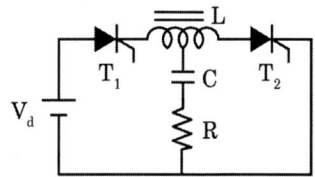

해설 | 직렬형인버터
$f = \dfrac{1}{2\pi} \sqrt{\dfrac{1}{LC} - \left(\dfrac{R}{2L}\right)^2}$ 에서

$10^3 = \dfrac{1}{2\pi} \sqrt{\dfrac{1}{10^{-3} \times 8 \times 10^{-6}} - \left(\dfrac{R}{2 \times 10^{-3}}\right)^2}$

$(2\pi \times 10^3)^2 = \dfrac{1}{8 \times 10^{-9}} - \dfrac{R^2}{4 \times 10^{-6}}$

$R^2 = \dfrac{1}{2 \times 10^{-3}} - 16\pi^2 = 342.1$

∴ $R = 18.5 [\Omega]$

**22.** AND 게이트 1개와 배타적 OR 게이트 1개로 구성되는 회로는?

① 전가산기 회로
② 반가산기 회로
③ 전비교기 회로
④ 반비교기 회로

해설 | 반가산기회로
반가산기의 합(Sum) $S = \overline{A}B + A\overline{B}$
자리올림수(Carry) $C_0 = AB$

## 23. 3상 전류원 인버터(CSI)에 관한 설명이다. 틀린 것은?

① 입력이 3상 교류이다.
② 일종의 병렬 인버터이다.
③ 출력 전류의 파형이 구형파이다.
④ 입력 임피던스의 값이 클수록 좋다.

해설 | 전류원인버터
- 출력전압파형 : 톱니파
- 출력전류파형 : 구형파
- 직류 측에 정전류원이 되도록 리액터가 직렬로 접속된다.
- 비교적 큰 부하에 사용되며 부하의 변동에 따라 전압이 변한다.
- 직류전원은 고임피던스의 전류원(전류 리액터)을 갖는다.
- 단상 전류원 인버터는 입력이 직류전원이나 3상 전류원 인버터는 입력이 3상 교류이다.

## 24. 영상 변류기(ZCT)를 사용하는 계전기는?

① OCR
② SGR
③ UVR
④ DFR

해설 | 계전기의 약호
① OCR : 과전류계전기
② SGR : 방향성 지락계전기
③ UVR : 부족전압계전기
④ DFR : 차동계전기

## 25. 10진수 $742_{10}$을 3초과 코드로 표시하면?

① 101001110101
② 011101000010
③ 010000010000
④ 111111111111

해설 | 2진수의 표현
$742_{10}$을 3초과 코드로 표현하면
- 7+3 → 1010
- 4+3 → 0111
- 2+3 → 0101
∴ 101001110101

## 26. 평균 구면 광도 100[cd]의 전구 5개를 지름 10[m]인 원형의 방에 점등할 때 이 방의 평균 조도는 약 몇 [lx]인가? (단, 조명률 0.5, 감광보상율은 1.5이다.)

① 24.5
② 26.7
③ 32.6
④ 48.2

해설 | 조명의 계산
$UNF = EAD$ 에서
조명률 $U = 0.5$, 등 수 $N = 5$
광속 $F = 4\pi I = 4\pi \times 100 = 1256$,
실내면적 $A = \pi r^2 = \pi \times \left(\dfrac{10}{2}\right)^2 = 78.5$
감광보상율 $D = 1.5$
$E = \dfrac{UNF}{AD} = \dfrac{0.5 \times 5 \times 1256}{78.5 \times 1.5} = 26.667$
≒ 26.7[lx]

**27.** 직류기에서 전기자 반작용을 방지하기 위한 보상권선의 전류방향은?

① 계자 전류 방향과 같다.
② 계자 전류 방향과 반대이다.
③ 전기자 전류 방향과 같다.
④ 전기자 전류 방향과 반대이다.

해설 | 보상권선
보상권선에 전기자 전류와 반대방향으로 전류를 흘려보내 전기자 전류와 상쇄시켜 기자력을 약화시킴으로써 전기자반작용을 방지한다.

**28.** 병렬 운전 중의 A, B 두 동기 발전기에서 A 발전기의 여자를 B보다 강하게 하면 A 발전기는 어떻게 변화되는가?

① $\frac{\pi}{2}$ 앞선 전류가 흐른다.
② $\frac{\pi}{2}$ 뒤진 전류가 흐른다.
③ 동기화 전류가 흐른다.
④ 부하 전류가 증가한다.

해설 | 동기발전기의 병렬운전
A 발전기를 과여자로 하면 기전력이 커져 90° 뒤진(지상분) 무효순환전류가 흐른다.

**29.** 코로나 방지 대책으로 적당하지 않는 것은?

① 가선 금구를 개량한다.
② 복도체 방식을 채용한다.
③ 선간 거리를 증가시킨다.
④ 전선의 외경을 증가시킨다

해설 | 코로나 방지대책
• 코로나 임계전압을 크게 한다.
• 굵은 전선(ACSR)을 사용한다.
• 복도체를 사용한다.
• 가선 금구를 개량한다.
• 전선 표면을 매끄럽게 한다.

**30.** 30[V/m]인 전계 내의 50[V] 점에서 1[C]의 전하를 전계 방향으로 70[cm] 이동한 경우 그 점의 전위는 몇 [V]인가?

① 71     ② 29
③ 21     ④ 19

해설 | 전계내의 전위차
$V_B = V_A - V$
$= 50 - (30 \times 0.7) = 29[V]$

**31.** 60[Hz], 20극, 11400[W]의 3상 유도전동기가 슬립 5[%]로 운전될 때 2차 동손이 600[W]이다. 이 전동기의 전부하시의 토크는 약 몇 [kg·m]인가?

① 32.5     ② 28.5
③ 24.5     ④ 20.5

해설 | 유도전동기의 토크
동기속도
$N_s = \frac{120f}{P} = \frac{120 \times 60}{20} = 360[\text{rpm}]$
$N = (1-s)N_s = (1-0.05) \times 360 = 342[\text{rpm}]$
$\tau = \frac{1}{9.8} \times \frac{60}{2\pi} \times \frac{P_0}{N}$

정답  27 ④  28 ②  29 ③  30 ②  31 ①

$$= 0.975 \times \frac{11400}{342} = 32.48 [\text{kg·m}]$$

## 32. 용량이 같은 두 개의 콘덴서를 병렬로 접속하면 직렬로 접속할 때보다 용량은 어떻게 되는가?

① 2배 증가한다.
② 4배 증가한다.
③ $\frac{1}{2}$로 감소한다.
④ $\frac{1}{4}$로 감소한다.

해설 | 콘덴서의 접속
병렬접속 $C_p = C + C = 2C$
직렬접속 $C_s = \frac{C \times C}{C + C} = \frac{C}{2}$
$\frac{C_p}{C_s} = \frac{2C}{\frac{C}{2}} = 4$
∴ 4배 증가

## 33. 100[mH]의 자기 인덕턴스에 220[V], 60[Hz]의 교류 전압을 가하였을 때 흐르는 전류는 약 몇 [A]인가?

① 1.86
② 3.66
③ 5.84
④ 7.24

해설 | 유도성리액턴스
$X_L = 2\pi f L = 2\pi \times 60 \times 100 \times 10^{-3}$
$= 37.7[\Omega]$
$I = \frac{V}{X_L} = \frac{220}{37.7} ≒ 5.84[A]$

## 34. 그림과 같은 회로는?

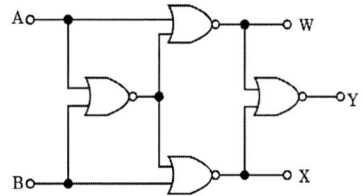

① 비교 회로
② 가산 회로
③ 반일치 회로
④ 감산 회로

해설 | 비교회로
비교 회로는 두 수의 일치여부를 비교하는 회로로 논리 회로를 조합시켜서 만든다.
$W = \overline{\overline{A+B}+A} = \overline{A}B$
$X = \overline{\overline{A+B}+B} = A\overline{B}$
$Y = \overline{\overline{A}B + A\overline{B}} = \overline{\overline{A}B} \cdot \overline{A\overline{B}}$
$= (A+\overline{B}) \cdot (\overline{A}+B) = AB + \overline{A}\overline{B}$

## 35. 1500[kW], 6000[V], 60[Hz]의 3상 부하의 역률이 75[%](뒤짐)이다. 이 때 이 부하의 무효분은 약 몇 [kVar] 인가?

① 1092
② 1278
③ 1323
④ 1754

해설 | 무효전력
$\cos\theta = \frac{\text{유효전력}}{\text{피상전력}}$
피상전력 $= \frac{\text{유효전력}}{\cos\theta} = \frac{1500}{0.75} = 2000[\text{kVA}]$
$\sin\theta = \sqrt{1-\cos^2\theta} = \sqrt{1-0.75^2} = 0.661$
무효전력 = 피상전력 $\times \sin\theta$
$= 2000 \times 0.661 ≒ 1323[kVar]$

정답 32 ② 33 ③ 34 ① 35 ③

**36.** 그림과 같은 회로에서 스위치 S를 닫을 때 t초 후의 R에 걸리는 전압은?

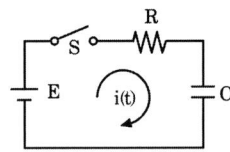

① $Ee^{-\frac{C}{R}t}$  ② $E(1-e^{-\frac{C}{R}t})$

③ $Ee^{-\frac{1}{CR}t}$  ④ $E(1-e^{-\frac{1}{RC}t})$

해설 | R-C직렬회로

과도전류 $i(t) = \frac{E}{R}e^{-\frac{1}{RC}t}[A]$

저항 R에 걸리는 전압

$V = Ri(t) = Ee^{-\frac{1}{RC}t}$

**37.** 그림과 같은 회로는 어떤 논리동작을 하는가? (단, A, B는 입력이며, F는 출력이다.)

① NAND
② NOR
③ AND
④ OR

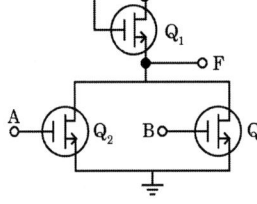

해설 | NOR논리회로

| 입력 | | 출력 |
|---|---|---|
| A | B | F |
| 0 | 0 | 1 |
| 0 | 1 | 0 |
| 1 | 0 | 0 |
| 1 | 1 | 0 |

**38.** 직류 발전기의 극수가 10극이고, 전기자 도체수가 500, 단중 파권일 때 매극의 자속수가 0.01[Wb]이면 600[rpm]의 속도로 회전할 때의 기전력은 몇 [V]인가?

① 200  ② 250
③ 300  ④ 350

해설 | 직류발전기의 유도기전력

$E = \frac{PZ\phi N}{60a} = \frac{10 \times 500 \times 0.01 \times 600}{60 \times 2}$
$= 250[V]$

**39.** 그림과 같은 논리회로의 논리함수는?

① 0
② 1
③ A
④ $\overline{A}$

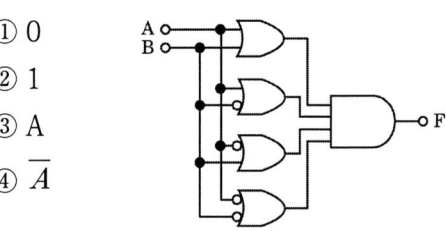

해설 | 논리함수의 간소화

$F = (A+B)(A+\overline{B})(\overline{A}+B)(\overline{A}+\overline{B})$
$= (AA+A\overline{B}+AB+B\overline{B})(\overline{A}\overline{A}+\overline{A}\overline{B}+\overline{A}B+\overline{B})$
$= A(A+\overline{B}+B)\overline{A}(\overline{A}+\overline{B}+B)$
$= A\overline{A} = 0$

**40.** 전격살충기를 시설할 경우 전격격자와 시설물 또는 식물 사이의 이격거리는 몇 [cm] 이상이어야 하는가?

① 10  ② 20
③ 30  ④ 40

해설 | 전격살충기의 시설
전격살충기의 전격격자와 다른 시설물 (가

정답 36 ③ 37 ② 38 ② 39 ① 40 ③

공전선을 제외한다) 또는 식물사이의 이격거리는 30[cm] 이상일 것

## 41. 저압 연접인입선의 시설기준으로 옳은 것은?

① 옥내를 통과하여 시설할 것
② 폭 4[m]를 초과하는 도로를 횡단하지 말 것
③ 지름은 최소 1.5[mm²] 이상의 경동선을 사용할 것
④ 인입선에서 분기하는 점으로부터 100[m]를 초과하지 말 것

해설 | 저압연접인입선
- 인입선의 분기점에서 100[m]를 초과하지 말 것
- 폭 5[m]를 넘는 도로를 횡단금지
- 옥내 관통금지
- 지름 2.6 [mm]이상의 비닐절연전선을 사용

## 42. 소맥분, 전분, 기타의 가연성 분진이 존재하는 곳의 저압 옥내배선 공사방법으로 적합 하지 않는 것은?

① 합성수지관 공사
② 금속관 공사
③ 가요전선관 공사
④ 케이블 공사

해설 | 가연성 분진 위험장소 공사방법
- 합성수지관공사(두께 2 [mm]이상)
- 금속관공사
- 케이블공사

## 43. 3상 3선식 선로에서 수전단 전압 6.6[kv], 역률 80[%](지상), 600[kVA]의 3상 평형 부하가 연결되어 있다. 선로의 임피던스 $R=3[\Omega]$, $X=4[\Omega]$인 경우 송전단 전압은 약 몇 [V]인가

① 6852
② 6957
③ 7037
④ 7543

해설 | 송전선로의 송전단전압
$$V_s = V_r + \sqrt{3}I(Rcos\theta + Xsin\theta)$$
$$= V_r + \sqrt{3} \times \frac{P}{\sqrt{3}V}(Rcos\theta + Xsin\theta)$$
$$= 6600 + \frac{600 \times 10^3}{6600}(3 \times 0.8 + 4 \times 0.6)$$
$$= 7036.36 ≒ 7037[V]$$

## 44. 다음 중 SCR에 대한 설명으로 가장 옳은 것은?

① 게이트 전류로 애노드 전류를 연속적으로 제어할 수 있다.
② 쌍방향성 사이리스터이다.
③ 게이트 전류를 차단하면 애노드 전류가 차단된다.
④ 단락상태에서 애노드 전압을 0 또는 부 (-)로 하면 차단상태가 된다.

해설 | SCR
- ON 상태로 유지하기 위한 최소전류를 유지전류라 한다.(20[mA] 이상)
- 도통된 후 Gate 전류를 차단해도 도통 상태가 유지된다.
- 역전압이 걸리면 소호된다.
- 소호 후 순방향 전압을 인가해도 Gate를 점호하기 전까지는 도통되지 않는다.

정답 41 ④ 42 ③ 43 ③ 44 ④

## 45. 최대 사용전압이 7[kV] 이하인 발전기의 절연내력을 시험하고자 한다. 최대사용전압의 몇 배의 전압으로 권선과 대지사이에 연속하여 몇 분간 가하여야 하는지 그 기준을 옳게 나타낸 것은?

① 1.5배, 10분
② 2배, 10분
③ 1.5배, 1분
④ 2배, 1분

해설 | 절연내력 시험전압

| 최대사용전압 | | 시험전압 배율 | 시험 최저 전압 [V] |
|---|---|---|---|
| 발전기 전동기 | 7 [kV] 이하 | 1.5 배 | 500 |
| | 7 [kV] 초과 | 1.25 배 | 10,500 |
| 회전변류기 | | 1 배 | 500 |

권선과 대지 사이에 연속으로 10분간 가하여 이에 견디어야 한다.

## 46. 전력 원선도에서 구할 수 없는 것은?

① 조상용량
② 과도안정 극한전력
③ 송전손실
④ 정태안정 극한전력

해설 | 전력원선도
전력원선도에서 구할 수 있는 것
- 정태안정 극한전력(최대 전력)
- 송수전단 전압간의 상차각
- 조상기 용량
- 수전단 역률
- 선로 손실
- 송전 효율

## 47. 3상 유도 전동기의 제동방법 중 슬립의 범위를 1~2 사이로 하여 제동하는 방법은?

① 역상제동
② 직류제동
③ 단상제동
④ 회생제동

해설 | 역상제동
- 급제동 시 사용하는 방법이다.
- 계자 또는 전기자 전류의 방향을 역전시켜 반대 방향의 토크를 발생시켜 제동한다.
- 슬립의 영역 $1 < s < 2$

## 48. 방향 계전기의 기능에 대한 설명으로 옳은 것은?

① 예정된 시간지연을 가지고 응동하는 것을 목적으로 한 계전기이다.
② 계전기가 설치된 위치에서 보는 전기적 거리 등을 판단해서 동작한다.
③ 보호구간으로 유입하는 전류와 보호구간 에서 유출되는 전류와의 벡터차와 출입 하는 전류와의 관계비로 동작하는 계전기이다
④ 2개 이상의 벡터량 관계 위치에서 동작하며 전류가 어느 방향으로 흐르는 가를 판정하는 것을 목적으로 하는 계전기이다.

해설 | 계전기의 구분
① 지연경보계전기
② 거리계전기
③ 차동계전기
④ 방향계전기

**49.** 나전선 상호 또는 나전선과 절연전선, 캡타이어케이블 또는 케이블과 접속하는 경우의 설명으로 옳은 것은?

① 속 슬리브(스프리트 슬리브 제외), 전선접속기를 사용하여 접속하여야 한다.
② 접속부분의 절연은 전선 절연물의 80[%] 이상의 절연효력이 있는 것으로 피복하여야 한다.
③ 접속부분의 전기저항을 증가시켜야 한다.
④ 전선의 강도를 30[%] 이상 감소하지 않아야 한다.

해설 | 전선의 접속
- 전기적 저항을 증가시키지 않도록 한다.
- 기계적 강도를 20[%]이상 감소시키지 않는다.
- 접속점의 절연이 유지되도록 절연테이프나 접속커넥터를 사용한다.
- 전선의 접속은 박스 안에서 하고, 접속점에 장력이 가해지지 않도록 한다.

**50.** 출력 10[kVA], 정격 전압에서의 철손이 85[W], 뒤진 역률 0.8, $\frac{3}{4}$ 부하에서 효율이 가장 큰 단상 변압기가 있다. 역률이 1일 때 최대 효율은 약 몇 %인가?

① 96.2　② 97.8
③ 98.8　④ 99.1

해설 | 변압기의 최대효율

$\frac{1}{m}$ 부하시 효율

$$\eta_{\frac{1}{m}} = \frac{\frac{1}{m}V_{2n}I_{2n}\cos\theta}{\frac{1}{m}V_{2n}I_{2n}\cos\theta + P_i + \left(\frac{1}{m}\right)^2 P_c} \times 100[\%]$$

최대효율조건이 $P_i = \left(\frac{1}{m}\right)^2 P_c$ 이므로

$$\eta_{\frac{3}{4}} = \frac{\frac{3}{4}V_{2n}I_{2n}\cos\theta}{\frac{3}{4}V_{2n}I_{2n}\cos\theta + 2P_i} \times 100[\%]$$

$$= \frac{\frac{3}{4} \times 10000 \times 0.8}{\frac{3}{4} \times 10000 \times 0.8 + 2 \times 85} \times 100$$

$\fallingdotseq 97.8[\%]$

**51.** 총 설비용량 80[kW], 수용률 60[%], 부하율 75[%]인 부하의 평균전력은 몇 [kW]인가?

① 36　② 64　③ 100　④ 178

해설 | 부하설비용량

| 구분 | 수식 |
|---|---|
| 부하율 | $\frac{(부하의)평균전력}{최대수용전력} \times 100[\%]$ |
| 수용률 | $\frac{최대수용전력}{총 부하설비 용량합계} \times 100[\%]$ |

평균전력 = 부하율 × 수용률 × 총설비용량
∴ 평균전력 = $0.75 \times 0.6 \times 80 = 36[kW]$

정답 49 ① 50 ② 51 ①

**52.** 3상 전파 정류회로에서 부하는 100[Ω]의 순저항 부하이고, 전원 전압은 3상 220[V](선간전압), 60[Hz]이다. 평균 출력전압 [V] 및 출력전류[A]는 각각 얼마인가?

① 149[V], 1.49[A]
② 297[V], 2.97[A]
③ 381[V], 3.81[A]
④ 419[V], 4.19[A]

해설 | 3상전파정류회로
$E_d = 1.35E = 1.35 \times 220 = 297[V]$
$I_d = \dfrac{E_d}{R} = \dfrac{297}{100} = 2.97[A]$

**53.** 어떤 작업을 수행하는데 작업소요시간이 빠른 경우 5시간, 보통이면 8시간, 늦으면 12시간 걸린다고 예측되었다면 3점 견적법에 의한 기대 시간치와 분산을 계산하면 약 얼마인가?

① $te = 8.0$, $\sigma^2 = 1.17$
② $te = 8.2$, $\sigma^2 = 1.36$
③ $te = 8.3$, $\sigma^2 = 1.17$
④ $te = 8.3$, $\sigma^2 = 1.36$

해설 | 작업소요시간의 계산
기대시간치
$t_e = \dfrac{빠른시간 + 4 \times 보통시간 + 늦은시간}{6}$
$= \dfrac{5 + 4 \times 8 + 12}{6} = 81.67$
∴ 약 8.2시간

분산 $\sigma^2 = \left(\dfrac{늦은시간 - 빠른시간}{6}\right)^2$
$= \left(\dfrac{12-5}{6}\right)^2 = 1.36$

**54.** 계량값 관리도에 해당되는 것은?

① c 관리도
② u 관리도
③ R 관리도
④ np 관리도

해설 | 관리도의 분류
- 계량형 관리도 : $\overline{x} - R$ 관리도, x 관리도, x-R 관리도, R 관리도
- 계수형 관리도 : nP 관리도, p 관리도, c 관리도, u 관리도

**55.** 작업측정의 목적 중 틀린 것은?

① 작업개선
② 표준시간 설정
③ 과업관리
④ 요소작업 분할

해설 | 작업측정의 목적
- 작업시스템의 개선
- 작업시스템의 설계
- 효율적인 생산, 운영관리

**56.** 일반적으로 품질코스트 가운데 가장 큰 비율을 차지하는 것은?

① 평가코스트
② 실패코스트
③ 예방코스트
④ 검사코스트

해설 | 품질관리비용
- 예방코스트 : 약 10[%],
- 평가 코스트 : 약 25[%],
- 실패코스트 : 50~75[%]

**57.** 계수 규준형 샘플링 검사의 OC 곡선에서 좋은 로트를 합격시키는 확률을 뜻하는 것은? (단, $\alpha$는 제1종 과오, $\beta$는 제2종 과오이다.)

① $\alpha$  ② $\beta$
③ $1-\alpha$  ④ $1-\beta$

해설 | OC곡선

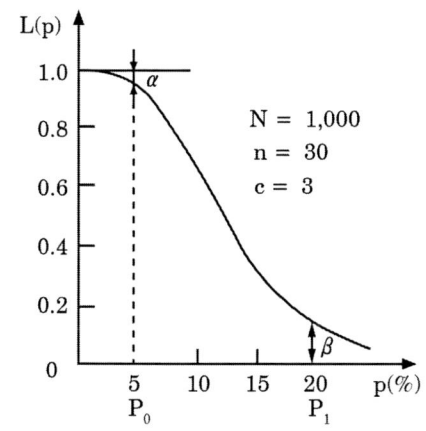

발취검사에서 발취방법을 평가하기 위해 사용하는 곡선
- $\alpha$ : 생산자 위험, 합격되어야 할 로트를 불합격이라고 판정할 확률
- $\beta$ : 소비자 위험, 불합격이 되어야 할 로트를 합격이라고 판정할 확률

**58.** 정규분포에 관한 설명 중 틀린 것은?

① 일반적으로 평균치가 중앙값보다 크다.
② 평균을 중심으로 좌우대칭의 분포이다.
③ 대체로 표준편차가 클수록 산포가 나쁘다고 본다.
④ 평균치가 0 이고 표준편차가 1인 정규분포를 표준정규분포라 한다.

해설 | 정규분포
- 평균을 중심으로 좌우 대칭의 형태
- 평균은 시료에 따라 중앙값보다 클 수도 작을 수도 있다.

## 제58회 기출문제

**전기기능장 필기 2015년 2회**

**1.** 내부저항이 15[kΩ]이고 최대 눈금이 150[V]인 전압계와 내부저항이 10[kΩ]이고 최대 눈금이 150[V]인 전압계가 있다. 두 전압계를 직렬 접속하여 측정하면 최대 몇 [V]까지 측정할 수 있는가?

① 300  ② 250
③ 200  ④ 150

해설 | 전압분배법칙

$$V_1 = \frac{R_1}{R_1+R_2} \times V, \quad 150 = \frac{15}{15+10} \times V$$

$$V = 150 \times \frac{25}{15} = 250[V]$$

**2.** 논리식 $Z = \overline{\overline{(A+C)} \cdot \overline{(B+\overline{D})}}$ 를 간소화 하면?

① $A\overline{C}$  ② $\overline{B}D$
③ $A\overline{C} + \overline{B}D$  ④ $\overline{A}\ \overline{C} + \overline{B}\ \overline{D}$

해설 | 논리식의 간소화

$$Z = \overline{\overline{(A+C)}} + \overline{\overline{(B+\overline{D})}} = \overline{\overline{A}} \cdot \overline{C} + \overline{B} \cdot \overline{\overline{D}}$$
$$= A\overline{C} + \overline{B}D$$

**3.** 공기 중에서 일정한 거리를 두고 있는 두 점 전하 사이에 작용하는 힘이 20[N]이었는데, 두 전하 사이에 비유전율이 4인 유리를 채웠다. 이때 작용하는 힘은 어떻게 되는가?

① 작용하는 힘은 변하지 않는다.
② 0[N]으로 작용하는 힘이 사라진다.
③ 5[N]으로 힘이 감소되었다.
④ 40[N]으로 힘이 두 배 증가되었다.

해설 | 쿨롱의 법칙

$$F_1 = \frac{1}{4\pi\epsilon_0} \times \frac{Q_1 Q_2}{r^2} = 20[N]$$

$$F_2 = \frac{1}{4\pi\epsilon_0\epsilon_s} \times \frac{Q_1 Q_2}{r^2} = \frac{F_1}{\epsilon_s} = \frac{20}{4} = 5[N]$$

**4.** 그림과 같은 기본회로의 논리동작은?

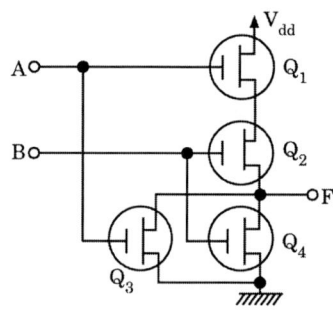

① NAND 게이트  ② NOR 게이트
③ AND 게이트  ④ OR 게이트

해설 | NOR논리회로

**정답** 01 ②  02 ③  03 ③  04 ②

| 입력 | | 출력 |
|---|---|---|
| A | B | F |
| 0 | 0 | 1 |
| 0 | 1 | 0 |
| 1 | 0 | 0 |
| 1 | 1 | 0 |

해설 | 전선의 접속방법
장력이 가해지는 직선개소에서 ACSR전선 상호간 접속은 알루미늄선용 압축슬리브를 사용하여 접속한다.

**5.** 그림과 같은 혼합브리지 회로의 부하로 $R=8.4[\Omega]$의 저항이 접속되었다. 평활 리액턴스 $L$을 ∞로 가정할 때 직류 출력 전압의 평균값 $V_d$는 약 몇 [V]인가? (단, 전원전압의 실횻값 $V=100[V]$, 점호각 $\alpha=30°$로 한다.)

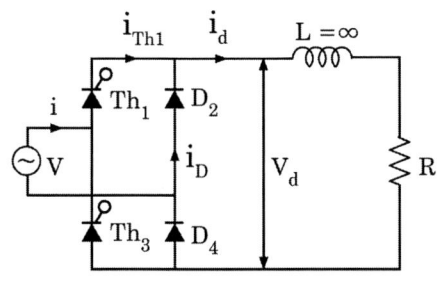

① 22.5　　② 66.0
③ 67.5　　④ 84.0

해설 | 단상전파 정류회로
$$V_d = 0.9V\left(\frac{1+\cos\alpha}{2}\right) = 0.9 \times 100\left(\frac{1+\cos 30°}{2}\right)$$
$$\fallingdotseq 84[V]$$

**6.** 22.9[kV] 배전선로에서 Al 전선을 접속할 때 장력이 가해지는 직선개소에서의 접속방법으로 옳은 것은?

① 조임 클램프 사용접속
② 활선 클램프 사용접속
③ 보수 슬리브 사용접속
④ 압축 슬리브 사용접속

**7.** 10[kVA], 2000/100[V] 변압기에서 1차로 환산한 등가 임피던스가 $6.2+j7[\Omega]$이다. 이 변압기의 %리액턴스 강하는?

① 0.18　　② 0.35
③ 1.75　　④ 3.5

해설 | %리액턴스 강하
1차 정격전류
$$I_{1n} = \frac{P}{V_{1n}} = \frac{10 \times 10^3}{2000} = 5[A]$$
$$\%X = \frac{I_{1n}X_{12}}{V_{1n}} \times 100 = \frac{5 \times 7}{2000} \times 100$$
$$= 1.75[\%]$$

**8.** 전부하에서 2차 전압이 120[V]이고 전압변동률이 2[%]인 단상변압기가 있다. 1차 전압은 몇 [V] 인가? (단, 1차 권선과 2차 권선의 권수비는 20 : 1 이다.)

① 1224　　② 2448
③ 2888　　④ 3142

해설 | 변압기의 등가회로
1차 단자전압
$$V_{1n} = a(1+\epsilon)V_{2n} = 20(1+0.02) \times 120$$
$$= 2448[V]$$

정답　05 ④　06 ④　07 ③　08 ②

9. 동기 발전기의 무부하 포화곡선에서 횡축은 무엇을 나타내는가?
   ① 계자 전류   ② 전기자 전류
   ③ 전기자 전압   ④ 자계의 세기

   해설 | 동기발전기 무부화 포화곡선

   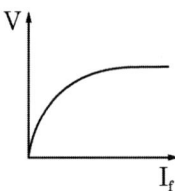

   발전기를 무부하 상태에서 정격속도 회전 시 계자전류와 단자 전압의 관계를 나타낸 곡선

10. $R=8[\Omega]$, $X_L=10[\Omega]$, $X_C=20[\Omega]$이 병렬로 접속된 회로에 240[V]의 교류 전압을 가하면 전원에 흐르는 전류는 약 몇 [A] 인가?

    ① 18   ② 24   ③ 32   ④ 46

    해설 | R-L-C 병렬회로

    $V = IZ = \dfrac{I}{Y}$ 에서 $I = YV$

    $I = \sqrt{\left(\dfrac{1}{R}\right)^2 + \left(\dfrac{1}{X_L} - \dfrac{1}{X_C}\right)^2} \times V$

    $= \sqrt{\left(\dfrac{1}{8}\right)^2 + \left(\dfrac{1}{10} - \dfrac{1}{20}\right)^2} \times 240 = 32.3 ≒ 32[A]$

11. 다음 중 계통에 연결되어 운전 중인 변류기를 점검할 때 2차측을 단락하는 이유는?
    ① 측정오차 방지
    ② 2차 측의 절연보호
    ③ 1차 측의 과전류 방지
    ④ 2차 측의 과전류 방지

    해설 | 변류기의 단락
    2차측을 개방하게 되면 고전압이 유기되어 2차측의 절연이 파괴된다. 이를 방지를 위해 2차측을 단락하여야 한다.

12. J-K FF에서 현재상태의 출력 $Q_n$을 0으로 하고, J입력에 0, K입력에 1, 클럭펄스 C.P 에 ⎍ (Rising Edge)의 신호를 가하게 되면 다음 상태의 출력 $Q_{n+1}$은?

    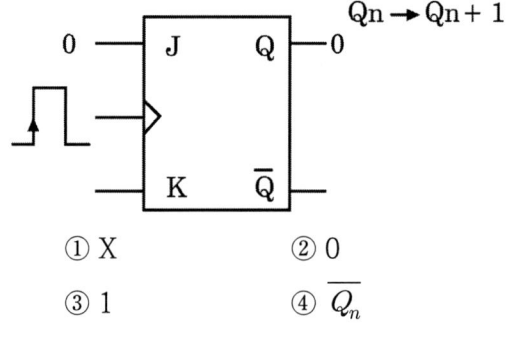

    ① X   ② 0
    ③ 1   ④ $\overline{Q_n}$

    해설 | J-K플립플롭

    | J | K | Q |
    | --- | --- | --- |
    | 0 | 0 | 변하지 않는다 |
    | 0 | 1 | 0 |
    | 1 | 0 | 1 |
    | 1 | 1 | 반전 |

**13.** 단상 배전선로에서 그 인출구 전압은 6600[V]로 일정하고 한 선의 저항은 15[Ω], 한 선의 리액턴스는 12[Ω]이며, 주상변압기 1차측 환산 저항은 20[Ω], 리액턴스는 35[Ω]이다. 만약 주상변압기 2차측에서 단락이 생기면 이때의 전류는 약 몇 [A]인가? (단, 주상변압기의 전압비는 6600/220[V] 이다.)

① 2575　② 2560
③ 2555　④ 2540

해설 | 변압기의 등가회로
한 선의 임피던스가 $15+j12$이므로
$Z_l = 2(15+j12) = 30+j24$이고
$Z_{12} = 20+j35$ 이므로
합성임피던스
$Z = (30+20)+j(24+35) = 50+j59$
$|Z| = \sqrt{50^2+59^2} = 77.33[\Omega]$
1차측 전류 $I_1 = \dfrac{V}{|Z|} = \dfrac{6600}{77.33}$
$≒ 85.35[A]$이므로
2차측 단락전류
∴ $I_2 = aI_1 = 30 \times 85.35 ≒ 2560[A]$

**14.** 직접 콘크리트에 매입하여 시설하거나 전용의 불연성 또는 난연성 덕트에 넣어야만 시공할 수 있는 전선관은?

① CD관
② PF관
③ PF-P관
④ 두께 2mm 합성수지관

해설 | CD전선관 (합성수지 가요전선관)
• 가요성이 뛰어나 굴곡된 배관작업이 용이하다.
• 관의 내면이 파부형이므로 마찰계수가 적어 굴곡이 많은 배관에도 전선 인입이 용이하다.
• 결로현상이 적어서 0℃ 이하에서도 사용 가능하다.
• 관의 굵기 : 14, 16, 22, 28, 36, 42

**15.** 저항 20[Ω]인 전열기로 21.6[kcal]의 열량을 발생시키려면 5[A]의 전류를 약 몇 분간 흘려주면 되는가?

① 3분　② 5.7분
③ 7.2분　④ 18분

해설 | 줄의 법칙
$H = 0.24I^2Rt$에서
$t = \dfrac{H}{0.24I^2R} = \dfrac{21.6 \times 10^3}{0.24 \times 5^2 \times 20} = 180초 = 3분$

**16.** 어떤 전지의 외부회로에 5[Ω]의 저항을 접속하였더니 8[A]의 전류가 흘렀다. 외부회로에 5[Ω] 대신에 15[Ω]의 저항을 접속하면 전류는 4[A]로 떨어진다. 전지의 기전력은 몇 [V]인가?

① 40　② 60　③ 80　④ 120

해설 | 옴의 법칙
$V = IR$ 에서
$R$=내부저항+외부저항　($r$:내부저항)
$V = 8(5+r) = 4(15+r)$에서 $r = 5[\Omega]$
∴ $V = IR = 8(5+5) = 80[V]$

정답　13 ②　14 ①　15 ①　16 ③

**17.** 다음 논리회로의 논리식으로 옳은 것은?

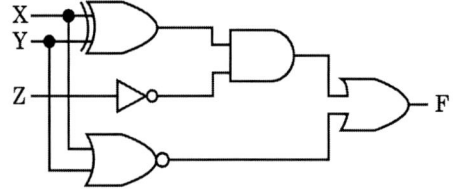

① $F = \overline{(X \oplus Y)} + \overline{(XY)}\,\overline{Z}$
② $F = \overline{(X+Y)} + (X \oplus Y)\overline{Z}$
③ $F = \overline{(X \oplus Y)} + \overline{(X+Y)}\,Z$
④ $F = \overline{(X+Y)} + (X+Y)\overline{Z}$

해설 | 논리회로의 논리식
$F = (X \oplus Y)\overline{Z} + \overline{(X+Y)}$

**18.** 저압옥내 배선의 라이팅덕트 시설방법으로 틀린 것은?

① 조영재를 관통하는 경우에는 충분한 보호조치를 하여 시공한다.
② 라이팅덕트 상호 및 도체 상호는 견고하고 전기적 및 기계적으로 완전하게 접속 한다.
③ 조영재에 부착할 경우 지지점은 매 덕트 마다 2개소이상 및 지지점간의 거리는 2[m] 이하로 견고히 부착한다.
④ 라이팅덕트에 접속하는 부분의 배선은 전선관이나 몰드 또는 케이블배선에 의하여 전선이 손상을 받지 않게 시설한다.

해설 | 라이팅덕트 시설방법
• 지지점간의 거리 : 2[m]
• 건조하고 노출된 장소 또는 점검할 수 있는 은폐 장소에 시설한다.
• 덕트의 끝부분은 막는다.
• 덕트는 조영재를 관통하여 시설하지 않는다.
• 금속재를 피복한 덕트를 사용하는 경우 접지공사 실시한다.

**19.** 전류원 인버터(CSI: Current Source Inverter)와 비교할 때 전압원 인버터(VSI: Voltage Source Inverter)의 장점이 아닌 것은?

① 대용량에도 적합한 방식이다.
② 용량성 부하에도 사용할 수 있다.
③ 제어회로 및 이론이 비교적 간단하다.
④ 유도 전동기 구동 시 속도제어 범위가 더 넓다.

해설 | 전압원 인버터
• 모든 부하에서 정류가 확실하다.
• 인버터 계통의 효율이 매우 높다.
• 제어회로 및 이론이 비교적 간단하다.
• 대용량에도 적합하나 주로 중용량 부하에 사용한다.
• 유도성 부하만을 사용할 수 있다.
• 출력전압의 파형은 구형파
• 출력전류의 파형은 톱니파

**20.** 계자 철심에 잔류자기가 없어도 발전할 수 있는 직류기는?

① 직권기       ② 복권기
③ 분권기       ④ 타여자기

해설 | 타여자발전기
타여자 발전기는 외부에서 독립된 직류 전원을 이용하여 계자 권선에 전원을 공급하여 계자를 여자시키는 방식

## 21. 다음과 같은 회로의 기능은?

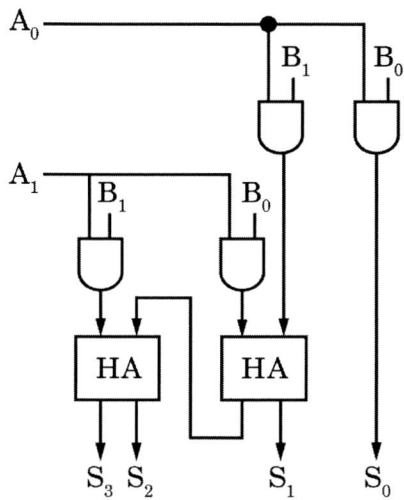

① 2진 승산기  ② 2진 제산기
③ 2진 감산기  ④ 전가산기

해설 | 2진승산기
2진 승산기는 2개의 반가산기와 4개의 2입력 AND 게이트가 필요하다.

## 22. 실리콘정류기의 동작 시 최고 허용온도를 제한하는 가장 주된 이유는?

① 정격 순 전류의 저하 방지
② 역방향 누설전류의 감소 방지
③ 브레이크 오버(break over) 전압의 저하 방지
④ 브레이크 오버(break over) 전압의 상승 방지

해설 | 실리콘정류기
실리콘 정류기 브레이크 오버전압(사이리스터가 도통되기 시작하는 최소전압)의 저하 방지를 위해 실리콘 정류기의 최고 허용온도를 제한한다.

## 23. 회로를 여러 개 병렬로 접속하면 그 연결 개수만큼 2진수를 기억할 수 있다. 일반적으로 이와 같은 플립플롭 일정 개수를 모아서 연산이나 누계에 사용하는 플립플롭의 특수한 모임은 무엇인가?

① 게이트(Gate)
② 컨버터(Converter)
③ 카운터(Counter)
④ 레지스터(Register)

해설 | 레지스터
극히 소량의 데이터나 처리중인 중간 결과를 일시적으로 기억해 두는 고속의 전용 영역으로써 여러 개의 플립플롭으로 구성되어 있으며 데이터를 저장할 수 있다.

## 24. UPS의 기능으로서 가장 옳은 것은?

① 가변주파수 공급
② 고조파방지 및 정류평활
③ 3상 전파정류 방식
④ 무정전 전원공급 가능

해설 | UPS
UPS(Uninterrupted Power Supply)는 무정전 전원 공급장치이다.

정답 21 ①  22 ③  23 ④  24 ④

**25.** 공사원가는 공사시공 과정에서 발생한 항목의 합계액을 말하는데 여기에 포함되지 않는 것은?

① 경비  ② 재료비
③ 노무비  ④ 일반관리비

해설 | 공사원가
재료비, 노무비, 경비의 합계

**26.** 그림과 같이 3상 유도 전동기를 접속하고 3상 대칭 전압을 공급할 때 각 계기의 지시가 $W_1 = 2.6$[kW], $W_2 = 6.4$[kW], $V = 200$[V], $A = 32.19$[A]이었다면 부하의 역률은?

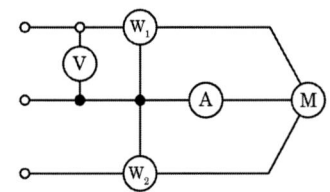

① 0.577  ② 0.807
③ 0.867  ④ 0.926

해설 | 2전력계법
단상 전력계 두 개로 3상 전력을 측정
$P = P_1 + P_2 = \sqrt{3} \, VI\cos\theta$ 에서
$\cos\theta = \dfrac{P_1 + P_2}{\sqrt{3}\,VI} = \dfrac{2600 + 6400}{\sqrt{3} \times 200 \times 32.19} = 0.807$

**27.** 4극 직류발전기가 전기자 도체수 600, 매극당 유효자속 0.035[Wb], 회전수가 1800[rpm] 일 때 유기되는 기전력은 몇 [V] 인가? (단, 권선은 단중 중권이다.)

① 220  ② 320
③ 430  ④ 630

해설 | 직류발전기의 유도기전력
$E = \dfrac{PZ\phi N}{60a} = \dfrac{4 \times 600 \times 0.035 \times 1800}{60 \times 4}$
$= 630[V]$

**28.** 10진수 77을 2진수로 표시한 것은?

① 1011001
② 1110111
③ 1011010
④ 1001101

해설 | 2진수의 표현

```
2 | 77
2 | 38 ----- 나머지 1
2 | 19 ----- 나머지 0
2 |  9 ----- 나머지 1
2 |  4 ----- 나머지 1
2 |  2 ----- 나머지 0
    1  ----- 나머지 0
```

정답  25 ④  26 ②  27 ④  28 ④

**29.** 다음 논리함수를 간략화하면 어떻게 되는가?

$$Y = \overline{A}BCD + \overline{A}\overline{B}C\overline{D} + A\overline{B}C\overline{D} + A\overline{B}CD$$

|  | $\overline{A}\overline{B}$ | $\overline{A}B$ | $AB$ | $A\overline{B}$ |
|---|---|---|---|---|
| $\overline{C}\overline{D}$ | 1 |  |  | 1 |
| $\overline{C}D$ |  |  |  |  |
| $CD$ |  |  |  |  |
| $C\overline{D}$ | 1 |  |  | 1 |

① $\overline{B}\overline{D}$   ② $B\overline{D}$
③ $\overline{B}D$   ④ $BD$

해설 | 논리함수의 간소화
$Y = \overline{B}\,\overline{D}(\overline{A}\,\overline{C} + \overline{A}C) + \overline{B}\,\overline{D}(A\overline{C} + AC)$
$= \overline{B}\,\overline{D}(\overline{A}\,\overline{C} + \overline{A}C + A\overline{C} + AC)$
$= \overline{B}\,\overline{D}\{\overline{A}(\overline{C}+C) + A(\overline{C}+C)\}$
$= \overline{B}\,\overline{D}(\overline{A}+A) = \overline{B}\,\overline{D}$

**30.** 어떤 변압기를 운전하던 중에 단락이 되었을 때 그 단락전류가 정격전류의 25배가 되었다. 면 이 변압기의 임피던스 강하는 몇[%]인가?

① 2   ② 3   ③ 4   ④ 5

해설 | %임피던스
$I_s = \dfrac{100}{\%Z}I_n$ 에서 $I_s = 25I_n$ 이므로
$25I_n = \dfrac{100}{\%Z}I_n$
$\therefore \%Z = \dfrac{100}{25} = 4[\%]$

**31.** 유니온 커플링의 사용 목적은?

① 금속관과 박스의 접속
② 안지름이 다른 금속관 상호의 접속
③ 금속관 상호를 나사로 연결하는 접속
④ 돌려 끼울 수 없는 금속관 상호의 접속

해설 | 유니온커플링
• 유니온 커플링 : 금속관 상호접속
• 스플릿 커플링 : 가요 전선관 상호접속
• 콤비네이션 커플링 : 가요 전선관과 금속관의 접속

**32.** SSS의 트리거에 대한 설명 중 옳은 것은?

① 게이트에 빛을 비춘다.
② 게이트에 (+) 펄스를 가한다.
③ 게이트에 (-) 펄스를 가한다.
④ 브레이크 오버전압을 넘는 전압의 펄스를 양단자 간에 가한다.

해설 | SSS (양방향 2단자 사이리스터)
• 2개의 역저지 3단자 사이리스터를 역병렬 접속시킨 소자
• 게이트 단자가 없다.
• 옥외용 네온사인 등에 사용된다.

정답 29 ① 30 ③ 31 ④ 32 ④

**33.** 그림과 같은 회로의 합성 정전용량은?

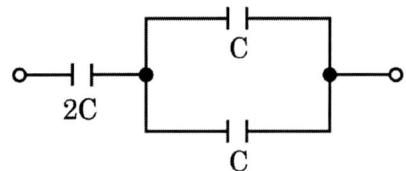

① C   ② 2C   ③ 3C   ④ 4C

해설 | 합성정전용량
병렬회로 $C_1 = C + C = 2C$
직렬회로 $C_2 = \dfrac{4C^2}{2C+2C} = C$

**34.** 기전력 1[V], 내부저항 0.08[Ω]인 전지로, 2[Ω]의 저항에 10[A]의 전류를 흘리려고 한다. 전지 몇 개를 직렬접속 시켜야 하는가?

① 88   ② 94
③ 100  ④ 108

해설 | 합성저항
전체저항 $= R + nr = 2 + 0.08n$
전체전압 $= nE = n$
$V = IR$에서
$n = 10(2 + 0.08n) = 20 + 0.8n$이므로
∴ $n = 100$개

**35.** 변압기의 전부하 동손이 240[W], 철손이 160[W]일 때, 이 변압기를 최고 효율로 운전하는 출력은 정격출력의 몇[%]가 되는가?

① 60.00   ② 66.67
③ 81.65   ④ 92.25

해설 | 변압기의 최대효율
최대효율 조건 $P_i = \dfrac{1}{m^2} P_c$ 이므로
최대효율일 때 부하율
$\dfrac{1}{m} = \sqrt{\dfrac{P_i}{P_c}} = \sqrt{\dfrac{160}{240}} = 0.8165$
∴ 정격출력의 81.65%

**36.** 그림과 같은 연산 증폭기에서 입력에 구형파 전압을 가했을 때 출력파형은?

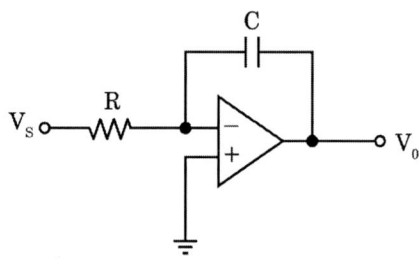

① 구형파   ② 삼각파
③ 정현파   ④ 톱니파

해설 | 연산증폭기
연산증폭기 R-C적분기로서 구형파의 입력을 가하면 삼각파 출력이 발생한다.

**37.** 전산기에서 음수를 처리하는 방법은?

① 보수 표현
② 지수적 표현
③ 부동 소수점 표현
④ 고정 소수점 표현

해설 | 전산기의 표현
보수 표현은 디지털 시스템에서 음수를 표현하기 위해 가장 흔히 사용되는 방식이다.

**38.** 금속 전선관을 쇠톱이나 커터로 절단한 다음, 관의 단면을 다듬을 때 사용하는 공구는?

① 리머  ② 홀소
③ 클리퍼  ④ 클릭볼

해설 | 공구
① 리머 : 금속관을 쇠톱이나 커터로 절단 후 관구의 가공
② 홀소 : 캐비닛 등과 같은 강철판에 구멍을 원형으로 뚫을 때 사용
③ 클리퍼 : 굵은 전선을 절단할 때 사용
④ 클릭볼 : 목공용 구멍 뚫는 공구

**39.** 평형 도선에 같은 크기의 왕복 전류가 흐를 때 두 도선 사이에 작용하는 힘과 관계되는 것으로 옳은 것은?

① 전류의 제곱에 비례한다.
② 간격의 제곱에 반비례한다.
③ 주위 매질의 투자율에 반비례한다.
④ 간격의 제곱에 비례하고 투자율에 반비례한다.

해설 | 도체 사이에 작용하는 힘
$F = \dfrac{2I_1 I_2}{r} \times 10^{-7}$ [N/m]에서 $I_1 = I_2$이므로 두 도선 사이에 작용하는 힘은 전류의 제곱에 비례한다.

**40.** 2중 농형 전동기가 보통농형 전동기에 비해서 다른 점은?

① 기동전류가 크고, 기동회전력도 크다.
② 기동전류가 적고, 기동회전력도 적다.
③ 기동전류는 적고, 기동회전력은 크다.
④ 가동전류는 크고, 기동회전력은 적다.

해설 | 2중 농형유도전동기
2중 농형유도전동기는 농형권선을 안과 밖에 2중으로 설치한 것으로 기동전류는 적고, 기동토크는 크다. 농형유도전동기는 2중 농형유도전동기에 비해 기동전류가 크고 기동토크가 작다.

**41.** 동기조상기에 대한 설명으로 옳은 것은?

① 유도부하와 병렬로 접속한다.
② 부하전류의 가감으로 위상을 변화시켜 준다.
③ 동기전동기에 부하를 걸고 운전하는 것이다.
④ 부족여자로 운전하여 잔상전류를 흐르게 한다.

해설 | 동기조상기

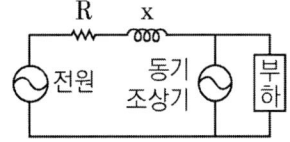

전압조정과 역률의 개선을 위하여 송전 계통에 접속한 무부하의 동기전동기로 부하와 병렬로 접속한다. 과여자로 운전하면 진상전류가 흐르고, 부족여자로 운전하면 지상전류가 흐른다.

**42.** 동기발전기에 회전 계자형을 사용하는 경우가 많다. 그 이유로 적합하지 않는 것은?

① 기전력의 파형을 개선한다.
② 전기자 권선은 고전압으로 결선이 복잡하다.
③ 계자회로는 직류 저전압으로 소요 전력이 적다.
④ 전기자보다 계자극을 회전자로 하는 것이 기계적으로 튼튼하다.

해설 | 동기발전기가 회전계자형인 이유
- 전기자보다 계자극을 회전자로 하는 것이 기계적으로 튼튼하다.
- 계자는 소요전력이 작고, 절연이 용이하다.
- 구조가 간단하다.
- 고전압, 대전류용에 사용된다.

**43.** 동기전동기의 기동을 다른 전동기로 할 경우에 대한 설명으로 옳은 것은?

① 유도전동기를 사용할 경우 동기전동기의 극수보다 2극 정도 적은 것을 택한다.
② 유도전동기의 극수를 동기전동기의 극수와 같게 한다
③ 다른 동기전동기로 기동시킬 경우 2극 정도 많은 전동기를 택한다.
④ 유도전동기로 기동시킬 경우 동기전동기 보다 2극 정도 많은 것을 택한다.

해설 | 동기전동기의 기동
유도전동기로 기동 시 $N_s = \dfrac{120f}{P}$ 에서 극수를 늘려 동기속도를 빠르게 하기위해 동기전동기보다 2극 적게 한다.

**44.** 변압기의 누설리액턴스를 줄이는 가장 효과적인 방법은?

① 권선을 동심 배치한다.
② 권선을 분할하여 조립한다.
③ 코일의 단면적을 크게 한다.
④ 철심의 단면적을 크게 한다.

해설 | 변압기의 누설리액턴스
누설리액턴스를 줄이기 위한 방법으로 권선을 분할하여 조립한다.

**45.** 단상유도전동기에서 주권선과 보조권선을 전기각 2π(rad)로 배치하고 보조권선의 권수를 주권선의 1/2로 하여 인덕턴스를 적게 하여 기동하는 방식은?

① 분상기동형　② 콘덴서기동형
③ 셰이딩코일형　④ 권선기동형

해설 | 분상기동형 단상유도전동기
주권선과 90° 위치에 보조권선(기동권선)을 두고, 두 권선 위상차에 의해 기동토크가 발생한다.

## 46. 다음 중 상자성체는 어느 것인가?

① 알루미늄　② 니켈
③ 코발트　　④ 철

해설 | 자성체의 종류

| | |
|---|---|
| 강자 성체 | 니켈(Ni), 코발트(Co), 철(Fe), 망간(Mn)<br>자기 유도에 의해 강하게 자화되어 쉽게 자석이 되는 물질 |
| 상자 성체 | 알루미늄(Al), 산소(O), 백금(Pt), 텅스텐(W)<br>강자성체와 같은 방향으로 약하게 자화되는 물질 |
| 반자 성체 | 비스무트(Bi), 구리(Cu), 아연(Zn), 납(Pb)<br>강자성체와는 반대로 자화되는 물질 |

## 47. 가공전선로의 지지물에 하중이 가해지는 경우에 그 하중을 받는 지지물의 기초 안전율은 2이상 이어야 한다. 다음과 같은 경우 예외로 하고 있다. ( )안의 내용으로 알맞은 것은?

> 철근 콘크리트주로서 그 전체의 길이가 16[m] 초과 20[m] 이하이고, 설계하중이 6.8[kN] 이하의 것을 논이나 그 밖의 지반이 연약한 곳 이외에 그 묻히는 깊이를 (　) [m] 이상으로 시설하는 경우

① 2.2　　② 2.5
③ 2.8　　④ 3.0

해설 | 철근콘크리트주 매설깊이

| 설계하중 [kN] | 전체의 길이 [m] | 매설깊이 |
|---|---|---|
| 6.8 이하 | 16 초과 20 이하 | 2.8 m 이상 |
| 6.8 ~ 9.8 이하 | 14 이상 15 이하 | 전체길이의 1/6 + 0.3 m |
| 6.8 ~ 9.8 이하 | 15 초과 20 이하 | 2.8 m 이상 |
| 9.81 ~ 14.72 이하 | 14 이상 15 이하 | 전체길이의 1/6 + 0.5 m 이상 |
| 9.81 ~ 14.72 이하 | 15 초과 18 이하 | 3 m 이상 |
| 9.81 ~ 14.72 이하 | 18 초과 | 3.2 m 이상 |

## 48. 동심구의 양도체 사이에 절연내력이 30[kV/mm]이고, 비유전율 5인 절연액체를 넣으면 공기인 경우의 몇 배의 전기량이 축척되는가?

① 5　　② 10
③ 20　　④ 40

해설 | 전기량
$Q = CV$,　$C = \epsilon_0 \epsilon_s C_0$ 이므로
$\epsilon_s = 5$
∴ 전하량은 5배가 된다.

정답　46 ①　47 ③　48 ①

**49.** 22.9[kV] 가공 전선로에서 3상 4선식 선로의 직선주에 사용되는 크로스 완금의 표준 길이는?

① 900[mm]  ② 1400[mm]
③ 1800[mm]  ④ 2400[mm]

해설 | 완금의 길이

| 전선조수 | 특고압 | 고압 | 저압 |
|---|---|---|---|
| 2 | 1,800 | 1,400 | 900 |
| 3 | 2,400 | 1,800 | 1,400 |

**50.** 전원과 부하가 다같이 △결선된 3상 평형 회로가 있다. 전원 전압이 200[V], 부하 임피던스가 $6+j8[\Omega]$인 경우 선전류는 몇 [A] 인가?

① 10  ② 20
③ $10\sqrt{3}$  ④ $20\sqrt{3}$

해설 | △결선의 선전류
$Z = \sqrt{6^2+8^2} = 10$,
상전류 $I_p = \dfrac{V}{Z} = \dfrac{200}{10} = 20[A]$
선전류 $I_l = \sqrt{3} \times I_p$ 이므로
∴ $I_l = 20\sqrt{3}$ [A]

**51.** 권선형 유도전동기의 기동 시 회전자회로에 고정저항과 가포화 리액터를 병렬접속 삽입하여 기동초기 슬립이 클 때 저전류 고 토크로 기동하고 점차 속도상승으로 슬립이 작아져 양호한 기동이 되는 기동법은?

① 2차 저항 기동법
② 2차 임피던스 기동법
③ 1차 직렬 임피던스 기동법
④ 콘도르퍼(Kondorfer) 기동방식

해설 | 권선형유도전동기의 기동법
① 2차 저항 기동법
• 2차 회로에 가변 저항기를 접속하고 비례추이의 원리에 의하여 기동전류를 억제하고 큰 기동토크를 얻는 방법
• 기동초기에는 저항을 작게 하여 기동하고 최종적으로 단락하여 기동한다.
② 2차 임피던스 기동법
• 회전자 회로에 고정저항과 리액터를 병렬접속한 것을 삽입하여 기동한다.
• 기동초기에는 전류가 저항으로 흐르고 점차 인덕턴스로 이동하여 기동한다.

**52.** 도수분포표에서 알 수 있는 정보로 가장 거리가 먼 것은?

① 로트 분포의 모양
② 100 단위당 부적합 수
③ 로트의 평균 및 표준편차
④ 규격과의 비교를 통한 부적합품률의 추정

해설 | 도수분포표
자료의 분표를 몇 개의 구간으로 나누고, 나누어진 각 구간에 속하는 자료가 몇 개인지 정리한 표

**53.** 자전거를 셀 방식으로 생산하는 공장에서, 자전거 1대당 소요공수가 14.5[H]이며, 1일 8[H], 월 25일 작업을 한다면 작업자 1명 당 월 생산 가능 대수는 몇 대인가? (단, 작업자의 생산종합효율은 80[%]이다.)

① 10대　② 11대
③ 13대　④ 14대

해설 | 생산종합효율
1인당 월 생산 가능 대수
$= \dfrac{\text{총 작업시간}}{\text{1대당 작업시간}} \times \text{효율}$
$= \dfrac{8 \times 25}{14.5} \times 0.8 = 11[\text{대}]$

**54.** 미리 정해진 일정단위 중에 포함된 부적합 수에 의거하여 공정을 관리할 때 사용되는 관리도는?

① c 관리도　② P 관리도
③ X 관리도　④ nP 관리도

해설 | 관리도의 분류
① c관리도 : 일정 단위중에 나타나는 결점 수를 관리하기 위한 관리도
② P관리도 : 제품의 품질을 불량률에 따라 관리하는 경우에 사용되는 관리도
③ X관리도 : 데이터군을 분리하지 않고 한 개의 측정치를 그대로 사용하여 공정을 관리
④ nP관리도 : 이항분포에 따르는 계수치의 관리도로 n개로 이루어진 표본중에서 불량품의 개수로 관리

**55.** TPM 활동 체제 구축을 위한 5가지 기둥과 가장 거리가 먼 것은?

① 설비초가관리체제 구축 활동
② 설비효율화의 개별개선 활동
③ 운전과 보전의 스킬 업 훈련 활동
④ 설비경제성검토를 위한 설비투자분석 활동

해설 | TPM의 5가지 활동
• 설비 효율화의 개별개선 활동
• 운전 보전의 교육 훈련 활동
• 자주보전 체계 구축 활동
• MP(보전예방) 설계 활동
• 초기 유동관리 체계 구축 활동

**56.** ASME(American Society of Mechanical Engineers)에서 정의하고 있는 제품공정 분석표에 사용되는 기온 중 "저장(Storage)"을 표현한 것은?

① ○　② □
③ ▽　④ ⇨

해설 | 제품공정기호

| 공정종류 | 공정기호 |
|---|---|
| 가공 | ○ |
| 정체 | D |
| 저장 | ▽ |
| 검사 | □ |

정답　53 ②　54 ①　55 ④　56 ③

**57.** 로트에서 랜덤하게 시료를 추출하여 검사한 후 그 결과에 따라 로트의 합격, 불합격을 판정하는 검사방법을 무엇이라 하는가?

① 자주검사
② 간접검사
③ 전수검사
④ 샘플링검사

해설 | 샘플링검사
한 로트의 물품 중에서 발췌한 시료를 조사하고 그 결과를 판정 기준과 비교하여 그 로트의 합격 여부를 결정하는 검사

# 제57회 기출문제

**2015년 1회**

**1.** $\phi = \phi_m \sin wt (Wb)$인 정현파로 변화하는 자속이 권수 N인 코일과 쇄교할 때의 유기 기전력의 위상은 자속에 비해 어떠한가?

① $\dfrac{\pi}{2}$ 만큼 빠르다. ② $\dfrac{\pi}{2}$ 만큼 느리다.

③ $\pi$ 만큼 빠르다. ④ 동위상이다.

해설 | 유도기전력의 위상
$$e = -N\dfrac{d\phi}{dt} = -N\dfrac{d}{dt}(\phi_m \sin wt)$$
$$= -N\phi_m \sin wt = -wN\phi_m \cos wt$$
$$= -wN\phi_m \sin(wt + \dfrac{\pi}{2}) = wN\phi_m \sin(wt - \dfrac{\pi}{2})$$

∴ 위상은 $\dfrac{\pi}{2}$ 만큼 늦다

**2.** 단상 반파 위상제어 정류회로에서 220[V], 60[Hz]의 정현파 단상 교류전압을 점호각 60°로 반파 정류하고자 한다. 순저항 부하 시 평균전압은 약 몇 [V]인가?

① 74  ② 84
③ 92  ④ 110

해설 | 단상반파 정류회로
$$E_d = 0.45 V(\dfrac{1+\cos\alpha}{2})$$
$$= 0.45 \times 220(\dfrac{1+\cos 60°}{2}) = 74.25[V]$$

**3.** 동기발전기의 권선을 분포권으로 하면?

① 난조를 방지한다.
② 파형이 좋아진다.
③ 권선의 리액턴스가 커진다.
④ 집중권에 비하여 합성유도 기전력이 높아진다.

해설 | 동기발전기의 분포권
- 권선의 누설 리액턴스 감소한다.
- 권선의 과열을 방지한다.
- 고조파를 감소시켜 파형을 개선한다.
- 매극 매상 슬롯 수 : 2 이상
- 집중권에 비해 유도기전력이 감소한다.

**4.** 60[Hz], 4극, 3상 유도전동기의 슬립이 4[%]라면 회전수는 몇 [rpm]인가?

① 1690  ② 1728
③ 1764  ④ 1800

해설 | 유도전동기의 회전수
$$N = (1-S)N_s = (1-S)\dfrac{120f}{P}$$
$$= (1-0.04)\dfrac{120 \times 60}{4} = 1728[rpm]$$

정답  01 ②  02 ①  03 ②  04 ②

**05.** 인버터의 스위칭 소자와 역병렬 접속된 다이오드에 관한 설명으로 옳은 것은?

① 스위칭 소자에 걸리는 전압을 정류하기 위한 것이다.
② 부하에서 전원으로 에너지가 회생될 때 경로가 된다.
③ 스위칭 소자에 걸리는 전압 스트레스를 줄이기 위한 것이다.
④ 스위칭 소자의 역방향 누설전류를 흐르게 하기 위한 경로이다.

해설 | 환류다이오드
환류다이오드는 역병렬 접속된 다이오드를 말하며 부하에서 전원으로 에너지가 회생될 때 도통되어 전류가 흐르는 경로가 된다.

**06.** RLC 직렬회로에서 L 및 C의 값을 고정시켜놓고 저항 R의 값만 큰 값으로 변화시킬 때 올바르게 설명한 것은?

① 공진 주파수는 커진다.
② 공진 주파수는 작아진다.
③ 공진 주파수는 변화하지 않는다.
④ 이 회로의 양호도 $Q$는 커진다.

해설 | 직렬회로의 공진주파수
공진주파수 $f_0 = \dfrac{1}{2\pi\sqrt{LC}}$ [Hz]
∴ 저항과는 무관하다.

**07.** 3상 권선형 유도 전동기의 2차 회로에 저항을 삽입하는 목적이 아닌 것은?

① 속도 제어를 하기 위하여
② 기동 토크를 크게 하기 위하여
③ 기동 전류를 줄이기 위하여
④ 속도는 줄어지지만 최대 토크를 크게 하기 위하여

해설 | 권선형유도전동기의 최대토크
2차회로에 가변저항기를 접속하여 비례추이 원리를 이용하면 큰 기동 토크를 얻으면서 기동전류도 줄일 수 있고 속도를 제어할 수 있지만 최대토크는 항상 일정하다.

**08.** 2개의 단상 변압기(200/6000V)를 그림과 같이 연결하여 최대 사용전압 6600[V]의 고압전동기의 권선과 대지 사이의 절연내력 시험을 하는 경우 입력전압(V)과 시험전압(E)은 각각 얼마로 하면 되는가?

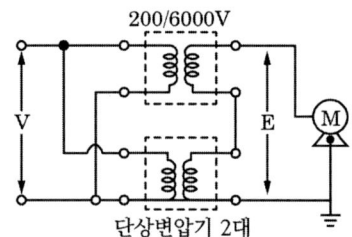

① V=137.5[V], E=8250[V]
② V=165[V], E=9900[V]
③ V=200[V], E=12000[V]
④ V=220[V], E=13200[V]

해설 | 단상변압기 절연내력시험
• 절연내력 시험전압 (2차측)
$E = 6600 \times 1.5 = 9900$[V]
• 입력전압 (1차측)
권수비가 1/30이고 단상 변압기 2대

$$V = 9900 \times \frac{1}{30} \times \frac{1}{2} = 165[V]$$

**9.** 진상용 고압 콘덴서에 방전 코일이 필요한 이유는?

① 역률 개선
② 전압 강하의 감소
③ 잔류 전하의 방전
④ 낙뢰기로부터 기기 보호

해설 | 방전코일
콘덴서가 계통에서 분리될 때, 단시간에 전하를 방전시키는 장치로서 콘덴서에 걸리는 과전압을 방지하기 위하여 방전코일을 설치한다.

**10.** 100[V], 25[W]와 100V], 50[W]의 전구 2개가 있다. 이것을 직렬로 접속하여 100[V]의 전압을 인가하였을 때 두 전구의 합성저항은 몇 [Ω] 인가?

① 150
② 200
③ 400
④ 600

해설 | 합성저항

$P = VI = \dfrac{V^2}{R}$ 에서

$R_1 = \dfrac{V^2}{P_1} = \dfrac{100^2}{25} = 400[\Omega]$

$R_2 = \dfrac{V^2}{P_2} = \dfrac{100^2}{50} = 200[\Omega]$

∴ $R = R_1 + R_2 = 400 + 200 = 600[\Omega]$

**11.** 정현파 교류의 실횻값을 계산하는 식은? (단, T는 주기이다.)

① $I = \dfrac{1}{T}\displaystyle\int_0^T i\,dt$

② $I = \sqrt{\dfrac{2}{T}\displaystyle\int_0^T i\,dt}$

③ $I = \sqrt{\dfrac{1}{T}\displaystyle\int_0^T i^2\,dt}$

④ $I = \sqrt{\dfrac{2}{T}\displaystyle\int_0^T i^2\,dt}$

해설 | 실횻값
실횻값은 순싯값 제곱의 평균을 제곱근하여 계산한다.

**12.** 2개의 전하 $Q_1$[C]과 $Q_2$[C]를 r[m]의 거리에 놓았을 때 작용하는 힘의 크기를 옳게 설명한 것은?

① $Q_1, Q_2$의 곱에 비례하고 r에 반비례한다.
② $Q_1, Q_2$의 곱에 반비례하고 r에 비례한다.
③ $Q_1, Q_2$의 곱에 반비례하고 r에 제곱에 비례한다.
④ $Q_1, Q_2$의 곱에 반비례하고 r에 제곱에 반비례한다.

해설 | 쿨롱의 법칙

$F = \dfrac{1}{4\pi\epsilon_0} \times \dfrac{Q_1 Q_2}{r^2} = 9 \times 10^9 \times \dfrac{Q_1 Q_2}{r^2}[N]$

∴ 두 전하의 크기에 비례하고 거리의 제곱에 반비례한다.

**13.** 0.6/1[kV] 비닐절연 비닐시스 제어케이블의 약호로 옳은 것은?

① VCT   ② CVV
③ NFI   ④ NRI

해설 | 케이블의 약호
① VCT : 비닐 캡타이어 케이블
③ NFI : 300/500[V] 기기 배선용 유연성 단심 비닐 절연 전선
④ NRI : 300/500[V] 기기 배선용 단심 비닐 절연전선

**14.** 2진수$(1111101011111010)_2$를 16진수로 변환한 값은?

① $(FAFA)_{16}$   ② $(EAEA)_{16}$
③ $(FBFB)_{16}$   ④ $(AFAF)_{16}$

해설 | 16진수의 변환값
4자리씩 변환하면
$(1111\ 1010\ 1111\ 1010) = (FAFA)_{16}$

**15.** 4극 직류 분권 전동기의 전기자에 단중 파권 권선으로 된 420개의 도체가 있다. 1 극당 0.025[Wb]의 자속을 가지고 1400[rpm]으로 회전시킬 때 발생되는 역기전력과 단자전압은? (단, 전기자 저항 0.2[Ω], 전기자 전류는 50[A]이다.)

① 역기전력 : 490[V], 단자전압 : 500[V]
② 역기전력 : 490[V], 단자전압 : 480[V]
③ 역기전력 : 245[V], 단자전압 : 500[V]
④ 역기전력 : 245[V], 단자전압 : 480[V]

해설 | 분권전동기의 역기전력
역기전력
$$E = \frac{PZ\phi N}{60a} = \frac{4 \times 420 \times 0.025 \times 1400}{60 \times 2}$$
$$= 490[V]$$
단자전압
$$V = E_c + I_a R_a = 490 + 50 \times 0.2 = 500[V]$$

**16.** 20극, 360[rpm]의 3상 동기 발전기가 있다. 전 슬롯수 180, 2층권, 각 코일의 권수 4, 전기자 권선은 성형이며 단자전압이 6600[V]라고 한다. 이 코일과 병렬로 콘덴서를 접속 인 경우 1극의 자속 [Wb]은 얼마인가? (단, 권선계수는 0.9이다.)

① 0.0375   ② 0.0662
③ 0.3751   ④ 0.6621

해설 | 동기발전기의 이론
$N = \frac{120f}{P}$ 에서
$$f = \frac{NP}{120} = \frac{360 \times 20}{120} = 60[Hz]$$
1상의 권수
$$n = \frac{\text{총도체수}}{\text{상수} \times \text{병렬회로수}} = \frac{180 \times 2 \times 4}{3 \times 2} = 240$$
$$\phi = \frac{E}{4.44fnk_w} = \frac{\frac{6600}{\sqrt{3}}}{4.44 \times 60 \times 240 \times 0.9}$$
$$= 0.0662[Wb]$$

**17.** 동기형 RS 플립플롭을 이용한 동기형 J-K 플립플롭에서 동작이 어떻게 개선되었는가?

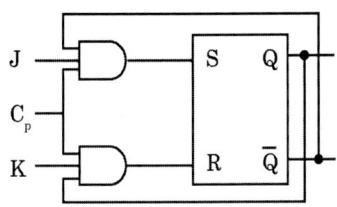

① $J=1, K=1, C_p=0$ 일 때 $Q_n$
② $J=0, K=0, C_p=1$ 일 때 $Q_n$
③ $J=1, K=1, C_p=1$ 일 때 $\overline{Q_n}$
④ $J=0, K=0, C_p=0$ 일 때 $Q_n$

해설 | J-K 플립플롭

| J | K | Q |
|---|---|---|
| 0 | 0 | 변하지 않는다 |
| 0 | 1 | 0 |
| 1 | 0 | 1 |
| 1 | 1 | 반전 |

**18.** 코일에 단상 100[V]의 전압을 가하면 30[A]의 전류가 흐르고 1.8[kW]의 전력을 소비한다고 한다. 이 코일과 병렬로 콘덴서를 접속하여 회로의 합성역률을 100[%]로 하기 위한 용량 리액턴스는 약 몇 [Ω] 이면 되는가?

① 2.32
② 3.24
③ 4.17
④ 5.28

해설 | 용량리액턴스
$P_a = VI = 100 \times 30 = 3 [kVA]$,
$P_a = \sqrt{P^2 + P_r^2}$
$P_r = \sqrt{P_a^2 - P^2} = \sqrt{3^2 - 1.8^2} = 2.4 [kVA]$
$P_r = \dfrac{V^2}{X_L}$
$X_L = \dfrac{V^2}{P_r} = \dfrac{100^2}{2.4 \times 10^3} = 4.167 [\Omega]$
합성역률이 100[%]면 $X_L = X_C$ 이다.
∴ $X_C = 4.167 [\Omega]$

**19.** 다음 전력계통의 기기 중 절연 레벨이 가장 낮은 것은?

① 피뢰기
② 애자
③ 변압기 부싱
④ 변압기 권선

해설 | 절연레벨순서
피뢰기 〈 변압기 〈 부싱 〈 애자

**20.** 주상변압기를 설치할 때 작업이 간단하고 장주하는데 재료가 덜 들어서 좋으나 전주 윗부분에는 무게가 가하여지므로 보통 20~30[kVA] 정도의 변압기에 널리 쓰이는 방법은?

① 변압기 거치법
② 행거 밴드법
③ 변압기 탑법
④ 앵글 지지법

해설 | 행거밴드
행거밴드는 철근콘크리트 전주에 주상변압기를 고정시키기 위한 밴드로 널리 사용된다.

정답 17 ③ 18 ③ 19 ① 20 ②

## 21. 변압기의 정격을 정의한 것으로 가장 옳은 것은?

① 2차 단자 간에서 얻을 수 있는 유효전력을 [kW]로 표시한 것이 정격 출력이다.
② 정격 2차 전압은 명판에 기재되어 있는 2차 권선의 단자 전압이다.
③ 정격 2차 전압을 2차 권선의 저항으로 나눈 것이 2차 전류이다.
④ 전부하의 경우는 1차 단자 전압을 정격 1차 전압이라 한다.

해설 | 변압기의 정격
① 변압기의 출력단위는 [VA]
③ 2차전류는 1차전류에 권수비를 곱한 값
④ 전압변동률 때문에 1차 단자전압과 1차 정격전압 사이에는 차이가 존재한다.

## 22. 동일 정격의 다이오드를 병렬로 연결하여 사용하면?

① 역전압을 크게 할 수 있다.
② 순방향 전류를 증가시킬 수 있다.
③ 절연효과를 향상시킬 수 있다.
④ 필터 회로가 불필요하게 된다.

해설 | 다이오드의 연결
• 직렬 연결 : 과전압을 보호
• 병렬 연결 : 과전류를 보호
∴ 다이오드 도통 시 순방향 전류를 증가시킬 수 있다.

## 23. 바닥통풍형, 바닥밀폐형 또는 두 가지 복합 채널형 구간으로 구성된 조립금속 구조로 폭이 150[mm] 이하이며, 주 케이블 트레이로부터 말단까지 연결되어 단일 케이블을 설치하는데 사용하는 케이블트레이는?

① 사다리형   ② 트로프형
③ 일체형    ④ 통풍채널형

해설 | 케이블트레이
통풍 채널형 케이블 트레이는 바닥 통풍형과 바닥 밀폐형의 복합채널 부품으로 구성된 조립금속 구조로 폭이 150mm 이하인 케이블 트레이이다.

## 24. 진리표와 같은 입력조합으로 출력이 결정되는 회로는?

| 입력 | | 출력 | | | |
|---|---|---|---|---|---|
| A | B | $X_0$ | $X_1$ | $X_2$ | $X_3$ |
| 0 | 0 | 1 | 0 | 0 | 0 |
| 0 | 1 | 0 | 1 | 0 | 0 |
| 1 | 0 | 0 | 0 | 1 | 0 |
| 1 | 1 | 0 | 0 | 0 | 1 |

① 멀티플렉서   ② 인코더
③ 디코더      ④ 카운터

해설 | 디코더회로
2×4 디코더는 2개의 입력(2비트)에 따라 4개의 출력($2^2$비트)으로 해독되며 2개의 입력에 따라 4개의 출력 중 1개가 선택된다.
$X_0 = \overline{A}\overline{B}$, $X_1 = A\overline{B}$,
$X_2 = \overline{A}B$, $X_3 = AB$

## 25. 다음 회로의 명칭은?

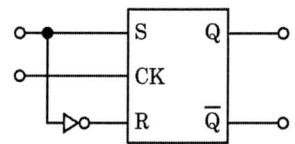

① D 플립플롭   ② T 플립플롭
③ J-K 플립플롭   ④ R-S 플립플롭

해설 | D 플립플롭
D 플립플롭은 입력 상태를 일정 시간만큼 출력에 늦게 전달할 때 사용
- S = 0, R = 1일 때 클럭이 발생 : Q = 0
- S = 1, R = 0일 때 클럭이 발생 : Q = 1

## 26. 논리회로가 뜻하는 논리게이트의 명칭은?

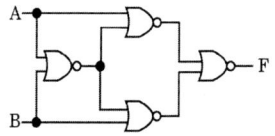

① EX-NOR   ② EX-OR
③ INHIBIT   ④ OR

해설 | EX-NOR 진리표

| 입력 | | 출력 |
| --- | --- | --- |
| A | B | F |
| 0 | 0 | 1 |
| 0 | 1 | 0 |
| 1 | 0 | 0 |
| 1 | 1 | 1 |

## 27. 주택, 기숙사, 여관, 호텔, 병원, 창고 등의 옥내배선 설계에 있어서 간선의 굵기를 선 정할 때 전등 및 소형 전기기계기구의 용량 합계가 10[kVA]를 초과하는 것은 그 초과량 에 대하여 수용률을 몇[%]로 적용할 수 있도록 규정하고 있는가?

① 30   ② 50
③ 70   ④ 100

해설 | 간선의 수용률

| 대상 | 10 [kVA] 이하 | 10 [kVA] 초과 |
| --- | --- | --- |
| 주택, 아파트, 기숙사, 여관, 호텔, 병원 | 100 [%] | 50 [%] |
| 사무실, 은행, 학교 | 100 [%] | 70 [%] |

## 28. 사이리스터의 턴오프에 관한 설명이다. 가장 적합한 것은?

① 사이리스터가 순방향 도전상태에서 역방향 저지상태로 되는 것
② 사이리스터가 순방향 도전상태에서 순방향 저지상태로 되는 것
③ 사이리스터가 순방향 저지상태에서 역방향 도전상태로 되는 것
④ 사이리스터가 순방향 저지상태에서 순방향 도전상태로 되는 것

해설 | SCR 턴오프
사이리스터가 순방향 도전상태에서 역방향 저지상태로 되는 것을 턴오프라 한다.

정답 25 ① 26 ① 27 ② 28 ①

**29.** 특정 전압 이상이 되면 ON 되는 반도체인 바리스터의 주된 용도는?

① 온도 보상
② 전압의 증폭
③ 출력전류의 조절
④ 서지전압에 대한 회로보호

해설 | 바리스터
- 과전압을 억제하기 위한 서지흡수용으로 사용한다.
- 통신선로의 피뢰침, 전자기기 충격전압흡수, 과전압보호 등에 사용된다.

**30.** 다음 ( )안의 알맞은 내용으로 옳은 것은?

> 변압기의 등가회로에서 2차 회로를 1차 회로로 환산하는 경우 전류는 ( ㉮ )배, 저항과 리액턴스는 ( ㉯ ) 배가 된다.

① ㉮ $\frac{1}{a}$, ㉯ $a^2$   ② ㉮ $\frac{1}{a}$, ㉯ $a$
③ ㉮ $a^2$, ㉯ $\frac{1}{a}$   ④ ㉮ $a^2$, ㉯ $a$

해설 | 변압기 등가회로
2차 회로를 1차 회로로 환산하는 경우
- $V_1 = aV_2$
- $I_1 = \frac{I_2}{a}$
- $Z_1 = a^2 Z_2$

**31.** 금속(후강) 전선관 22[mm]를 90°로 굽히는데 소요되는 최소 길이[mm]는 약 얼마이면 되는가? (단, 곡률반지름 $r \geq 6d$로 한다.)

| 관의 호칭 | 안지름(d) | 바깥지름(D) |
|---|---|---|
| 22 | 21.9[mm] | 26.5[mm] |

① 145   ② 228
③ 245   ④ 268

해설 | 곡률반지름
$$r = 6d + \frac{D}{2} = 6 \times 21.9 + \frac{26.5}{2} = 144.65 \text{ [mm]}$$
$$L = \frac{2\pi r}{4} = \frac{2 \times 3.14 \times 144.65}{4} = 227.2 \text{ [mm]}$$

**32.** 34극, 60[MVA], 역률 0.8, 60[Hz], 22.9[kV] 수차 발전기의 전부하 손실이 1600[kW]이면 전부하 효율은 약 몇[%]인가?

① 92.4[%]   ② 94.6[%]
③ 96.8[%]   ④ 98.2[%]

해설 | 발전기의 효율
$$\eta_G = \frac{출력}{출력 + 손실} \times 100$$
$$= \frac{60 \times 10^6 \times 0.8}{60 \times 10^6 \times 0.8 + 1600 \times 10^3} \times 100$$
$$\fallingdotseq 96.8 [\%]$$
∵ 출력 $P = VI\cos\theta = 60 \times 10^6 \times 0.8$

정답  29 ④  30 ①  31 ②  32 ③

해설 | 전가산기의 논리식

합
$$S = \overline{x}\overline{y}z + \overline{x}y\overline{z} + x\overline{y}\overline{z} + xyz = x \oplus y \oplus z$$

자리 올림 수
$$C = \overline{x}yz + x\overline{y}z + xy\overline{z} + xyz = xy + (x \oplus y)z$$

**42.** 그림과 같이 내부저항 0.1[Ω], 최대 지시 1[A]의 전류계에 분류기 R을 접속하여 측정범위를 15[A]로 확대하려면 R의 저항값은 몇 [Ω]으로 하면 되는가?

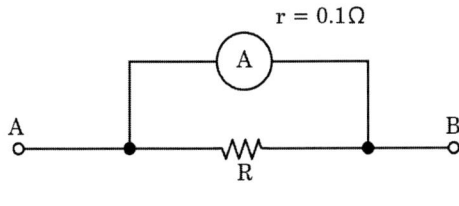

① $\dfrac{1}{150}$   ② $\dfrac{1}{140}$   ③ 1.4   ④ 1.5

해설 | 분류기의 배율
$$n = \frac{r+R}{R} = \frac{r}{R} + 1 = \frac{0.1}{R} + 1 = 15$$
$$R = \frac{0.1}{14} = \frac{1}{140} [\Omega]$$

**43.** 3상 발전기의 전기자 권선에 Y결선을 채택 하는 이유로 볼 수 없는 것은?

① 상전압이 낮기 때문에 코로나, 열화 등이 적다.
② 권선의 불균형 및 제3고조파 등에 의한 순환전류가 흐르지 않는다.
③ 중성점 접지에 의한 이상 전압 방지의 대책이 쉽다.
④ 발전기 출력을 더욱 증대할 수 있다.

해설 | Y결선의 특징

- 중성점을 접지하면 보호 계전기 동작이 확실하고, 간편해진다.
- 이상전압의 방지대책이 용이하다.
- 권선의 불평형 및 제3고조파에 의한 순환전류가 흐르지 않는다.
- Δ결선에 비해 상전압이 $\dfrac{1}{\sqrt{3}}$ 배이므로 권선의 절연이 용이하다.
- 코로나 발생을 억제한다.

**44.** 송배전 계통에 사용되는 보호계전기의 반한시 특성이란?

① 동작전류가 커질수록 동작시간이 길어진다.
② 동작전류가 작을수록 동작시간이 짧다.
③ 동작전류와 관계없이 동작시간은 일정하다.
④ 동작전류가 커질수록 동작시간이 짧아진다.

해설 | 보호계전기의 특성

- 반한시 계전기 : 동작전류가 작을수록 동작시간이 길어지며 동작전류가 커질수록 동작시간은 짧아진다.
- 정한시 계전기 : 최소 동작전류가 흐를 시 일정한 시간이 지난 후 동작된다.
- 순한시 계전기 : 고장 즉시 동작된다.

**45.** 자속밀도 1[wb/m²]인 평등 자계의 방향과 수직으로 놓인 50[cm]의 도선을 자계와 30° 방향으로 40[m/s]의 속도로 움직일 때 도선에 유기되는 기전력은 몇 [V]인가?

① 5   ② 10
③ 20   ④ 40

해설 | 유기기전력
$e = Blv\sin\theta = 1 \times 0.5 \times 40 \times \sin 30° = 10$ [V]

**46.** 극판의 면적이 10[cm], 극판의 간격이 1[mm], 극판 간에 채워진 유전체의 비유전율이 $\epsilon_s = 2.5$ 인 평행판 콘덴서에 100[V]의 전압을 가할 때 극판의 전하량은 몇 [nC]인가?

① 0.6   ② 1.2
③ 2.2   ④ 4.4

해설 | 평행판 콘덴서의 충전용량
$C = \dfrac{\epsilon_0 \epsilon_s S}{d} = \dfrac{8.855 \times 10^{-12} \times 2.5 \times 10 \times 10^{-4}}{10^{-3}}$
$= 22 \times 10^{-12} [F]$
전하량
$Q = CV = 22 \times 10^{-12} \times 100 = 2.2 [nC]$

**47.** 그림의 파형이 나타날 수 있는 소자는? (단, $v_s$는 입력전압, $i_G$는 게이트 전류, $v_0$는 출력 전압이다.)

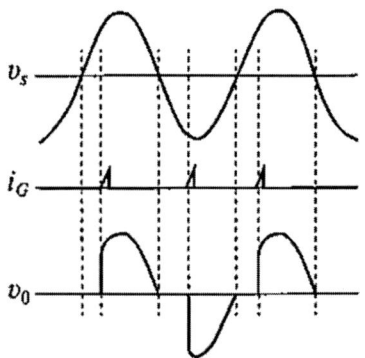

① GTO   ② SCR
③ DIODE   ④ TRIAC

해설 | TRIAC
- Gate에 전류를 흘리면 어느 방향이건 전압이 높은 쪽에서 낮은 쪽으로 도통된다.
- 전류 방향이 바뀌면 소호되고, 소호된 후 다시 점호할 때까지 차단 상태를 유지한다.
- 턴 온(Turn-on) 되면 전류가 '0'으로 떨어진 후 스위칭이 가능하다.
- 고전류, 고전압에서 사용할 수 없다.

**48.** 생산보전(PM : productive maintenance)의 내용에 속하지 않는 것은?

① 보전예방   ② 안전보전
③ 예방보전   ④ 개량보전

해설 | 생산보전 내용
- 보전예방
- 예방보전
- 개량보전
- 사후보전

**49.** 모든 작업을 기본동작으로 분해하고, 각 기본 동작에 대하여 성질과 조건에 따라 미리 정해 놓은 시간치를 적용하여 정미시간을 산정하는 방법은?

① PTS법  ② Work Sampling법
③ 스톱워치법  ④ 실적자료법

해설 | PTS법
하나의 작업이 실제로 시작되기 전 미리 작업에 필요한 소요시간을 작업방법에 따라 이론적으로 정해 나가는 방법

**50.** 관리도에서 측정한 값을 차례로 타점했을 때 점이 순차적으로 상승하거나 하강하는 것을 무엇이라 하는가?

① 연(run)  ② 주기(cycle)
③ 경향(trend)  ④ 산포(dispersion)

해설 | 관리도의 용어
① 연 : 중심선의 한쪽에 연속해서 나타남
② 주기 : 점이 주기적으로 상,하 파형을 이루는 현상
④ 산포 : 수집된 자료값과 대푯값의 차이의 정도를 나타냄

**51.** 품질특성을 나타내는 데이터 중 계수치 데이터에 속하는 것은?

① 무게  ② 길이
③ 인장강도  ④ 부적합품률

해설 | 품질특성 데이터
• 계수치 데이터 : 셀 수 있는 데이터로서 불량개수, 홈의 수, 결점 수, 사고건수 등
• 계량치 데이터 : 셀 수 없는 데이터로서 길이, 무게, 두께, 시간, 온도, 강도, 함유량 등

**52.** 어떤 공장에서 작업을 하는데 있어서 소요 되는 기간과 비용이 다음 표와 같을 때 비용구배는? (단, 활동시간의 단위는 일(日)로 계산한다.

| 정상작업 | | 특급작업 | |
|---|---|---|---|
| 기간 | 비용 | 기간 | 비용 |
| 15일 | 150만원 | 10일 | 200만원 |

① 50000원  ② 100000원
③ 200000원  ④ 500000원

해설 | 비용구배
$$\text{비용구배} = \frac{\text{특급비용} - \text{정상비용}}{\text{정상시간} - \text{특급시간}}$$
$$= \frac{200만원 - 150만원}{15일 - 10일} = 100000$$

**53.** 200개 들이 상자가 15개 있을 때 각 상자로부터 제품을 랜덤하게 10개씩 샘플링 할 경우, 이러한 샘플링 방법을 무엇이라 하는가?

① 층별 샘플링  ② 계통 샘플링
③ 취락 샘플링  ④ 2단계 샘플링

해설 | 샘플링의 분류
① 층별샘플링 : 모집단을 여러개의 집단으로 나눈 후 각 집단에서 샘플을 추출
② 계통샘플링 : 일정한 간격으로 추출
③ 취락샘플링 : 모집단을 여러개의 집단으로 나눈 후 집단을 랜덤추출 후 전수조사
④ 2단계샘플링 : 모집단을 여러개의 집단으로 나눈 후 집단을 랜덤선택한 후 그 집단에서 다시 샘플을 추출

정답 49 ① 50 ③ 51 ④ 52 ② 53 ①

## 제56회 기출문제

**1.** 단상 유도전압조정기의 동작 원리 중 가장 적당한 것은?

① 교번자계의 전자유도 작용을 이용한다.
② 두 전류 사이에 작용하는 힘을 이용한다.
③ 충전된 두 물체 사이에 작용하는 힘을 이용한다.
④ 회전자계에 의한 유도작용을 이용하여 2차 전압의 위상, 전압조정에 따라 변화한다.

해설 | 단상유도전압조정기의 동작원리
회전자를 1차, 고정자를 2차로 하여 1차 권선과 2차 권선을 공유하며 교번자계의 전자유도 작용을 이용한다.

**2.** 2중 농형 유도전동기가 보통 농형 전동기에 비하여 다른 점은?

① 기동 전류가 크고, 기동 토크도 크다.
② 기동 전류는 크고, 기동 토크는 적다
③ 기동 전류가 적고, 기동 토크도 적다.
④ 기동 전류는 적고, 기동 토크는 크다.

해설 | 농형유도전동기
2중 농형유도전동기는 농형권선을 안과 밖에 2중으로 설치한 것으로 기동전류는 적고, 기동토크는 크다. 농형유도전동기는 2중 농형유도전동기에 비해 기동전류가 크고 기동토크가 작다

**3.** 그림과 같은 DTL 게이트의 출력 논리식은?

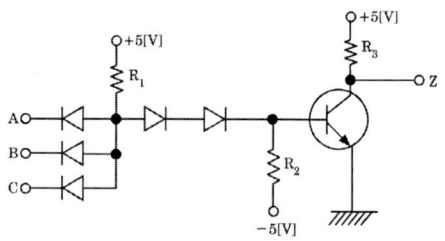

① $Z = \overline{ABC}$  ② $Z = ABC$
③ $Z = A + B + C$  ④ $Z = \overline{A + B + C}$

해설 | DTL게이트
$X = ABC$
출력 Z는 입력 A,B,C 중 하나라도 0이면 즉, $X = 0$이면 출력은 1이 된다.
$Z = \overline{X} = \overline{ABC}$

**4.** 게르게스현상은 다음 중 어느 기기에서 일어나는가?

① 직류 작권전동기
② 단상 유도전동기
③ 3상 농형 유도전동기
④ 3상 권선형 유도전동기

해설 | 게르게스현상
3상 권선형 유도 전동기의 2차 회로가 1선이 단선된 경우 슬립이 0.5 정도에서 더 이상 가속되지 않는 현상

정답  01 ①  02 ④  03 ①  04 ④

**5.** $v = 100\sqrt{2}\sin(wt + \dfrac{\pi}{6})$[V]를 복소수로 표시하면?

① $50\sqrt{3} + j50$  ② $50 + j50\sqrt{3}$
③ $50\sqrt{3} + j50\sqrt{3}$  ④ $50 + j50$

해설 | 정현파의 복소수표현
$V = |V|(\cos\theta + j\sin\theta)$
$V = 100(\cos 30^0 + j\sin 30^0) = 50\sqrt{3} + j50$ [V]

**6.** 동기 전동기는 유도전동기에 비하여 어떤 장점이 있는가?

① 기동특성이 양호하다.
② 속도를 자유롭게 제어할 수 있다.
③ 구조가 간단하다.
④ 역률을 1로 운전할 수 있다.

해설 | 동기전동기의 특징
• 효율이 좋고 역률 조정이 가능하다.
• 공극이 넓어 기계적으로 튼튼하고 보수가 용이하다.
• 정속도 전동기(속도불변)
• 기동장치와 여자전원이 필요하고 난조가 일어나기 쉽다.

**7.** 그림과 같은 회로에 입력 전압 220[V]를 가할 때 30[Ω] 저항에 흐르는 전류는 몇 [A] 인가?

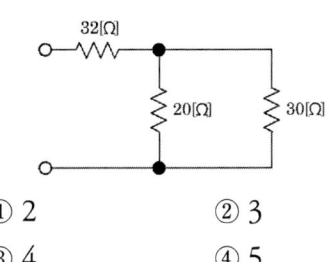

① 2  ② 3
③ 4  ④ 5

해설 | 전류의 분배법칙
합성저항 $R = 32 + \dfrac{20 \times 30}{20 + 30} = 44[\Omega]$
전류 $I = \dfrac{220}{44} = 5[A]$
30[Ω]에 흐르는 전류는 분배법칙에 의해
$I_2 = 5 \times \dfrac{20}{20 + 30} = 2[A]$

**8.** 다음 사이리스터 중 순방향 전압에서 양(+)의 전류에 의하여 턴-온 시킬 수 있고, 음(-)의 전류로 턴-오프 할 수 있는 것은?

① GTO  ② BJT
③ UJT  ④ FET

해설 | GTO
• 오프(off) 상태에서는 양방향 전압저지능력이 있다.
• 자기소호능력이 있다.
• 게이트에 정(+)의 게이트전류를 흘리면 턴온(Turn-on) 된다.
• 게이트에 부(-)의 게이트전류를 흘리면 턴오프(Turn-off) 된다.

**9.** 다음 중 바리스터(Varister)의 주된 용도는?

① 서지전압에 대한 회로 보호용
② 전압증폭용
③ 출력전류 조정용
④ 과전류방지 보호용

해설 | 바리스터
• 과전압을 억제하귀 위한 서지흡수용으로 사용한다.

정답  05 ①  06 ④  07 ①  08 ①  09 ①

• 통신선로의 피뢰침, 전자기기 충격전압흡수, 과전압보호 등에 사용된다.

**10.** 과전류 차단기로 저압전로에 사용하는 퓨즈를 수평으로 붙인 경우, 퓨즈의 정격전류가 30[A]를 넘고 60[A] 이하일 때 몇 분 이내로 용단되어야 하는가?

① 30분  ② 60분  ③ 120분  ④ 180분

해설 | 저압퓨즈의 용단시간

| 정격 전류의 구분 | 시간 |
|---|---|
| 4 A 이하 | 60분 |
| 4 A 초과 16 A 미만 | 60분 |
| 16 A 이상 63 A 이하 | 60분 |
| 63 A 초과 160 A 미만 | 120분 |
| 160 A 초과 400 A 미만 | 180분 |
| 400 A 초과 | 240분 |

**11.** 저압 옥상전선로를 전개된 장소에 시설하고자 할 때 다음 중 옳지 않은 것은

① 전선은 조영재에 견고하게 붙인 지지대에 절연성, 난연성 및 내수성이 있는 애자를 사용하여 지지하고 또한 그 지지점간의 거리는 15[m] 이하로 한다.
② 전선은 인장강도 2.3[kN] 이상의 것 또는 지름 2.6[mm]의 경동선을 사용한다.
③ 전선과 그 저압 옥상 전선로를 시설하는 조영재와의 이격거리는 1.5[m] 이상으로 한다.
④ 전선은 상시 부는 바람 등에 의하여 식물에 접촉하지 아니하도록 시설하여야 한다.

해설 | 저압옥상전선로
저압 절연전선과 조영재와의 이격거리는 2.0[m] 이상이어야 한다.

**12.** 3300[V], 60[Hz] 용 변압기의 와류손이 620[W]이다. 이 변압기를 2650[V], 50[Hz]의 주파수에 사용할 때 와류손은 약 몇 [W]인가?

① 500  ② 400
③ 312  ④ 210

해설 | 변압기의 와류손
주파수에 무관하고 전압의 제곱에 비례

$$P_e = 620 \times \left(\frac{2650}{3300}\right)^2 = 399.8$$

≒ 400[W]

**13.** 10진수 45를 2진수로 나타낸 것은?

① 101101  ② 110010
③ 110101  ④ 100110

해설 | 2진수 변환

```
2 | 45
2 | 22 ----- 나머지 1
2 | 11 ----- 나머지 0
2 | 5  ----- 나머지 1
2 | 2  ----- 나머지 1
    1  ----- 나머지 0
```

## 14. 동기 발전기에서 부하가 갑자기 변화할 때 발전기의 회전속도가 동기속도 부근에서 진동하는 현상을 무엇이라 하는가?

① 탈조
② 공조
③ 난조
④ 복조

해설 | 동기발전기의 난조
병렬운전하고 있는 발전기에 부하가 갑자기 변하면 발전기는 동기화력에 의하여 새로운 부하에 대응하는 속도가 되려고 한다. 이때 진동주기가 고유진동에 가까워서 공진작용으로 진동이 증대하는 현상을 난조라고 한다.

## 15. 저압 인입선의 인입용으로 수직 배관 시 비의 침입을 막는 금속관공사의 재료는 다음 중 어느 것인가?

① 유니버셜 캡
② 와이어 캡
③ 엔트런스 캡
④ 유니온 캡

해설 | 엔트런스 캡
저압 인입선 공사 시 전선관에 빗물 등이 들어가지 않도록 하기위해 전선관의 끝부분에 설치한다.

## 16. 모든 전기 장치에 접지시키는 근본적인 이유는?

① 지구는 전류를 잘 통하기 때문이다.
② 영상전하를 이용하기 때문이다.
③ 편의상 지면을 영전위로 보기 때문이다.
④ 지구의 정전용량이 커서 전위가 거의 일정하기 때문이다.

해설 | 접지의 이유
전기 장치에 대지와 접지시키는 근본적인 이유는 지구의 정전용량이 커서 전위가 거의 일정하기 때문이다.

## 17. 이상적인 전압 전류원에 관하여 옳은 것은?

① 전압원, 전류원의 내부저항은 흐르는 전류에 따라 변한다.
② 전압원의 내부저항은 0 이고 전류원의 내 발전기의 회전속도가 동기속도 부근에서 진부저항은 ∞ 이다.
③ 전압원의 내부저항은 ∞ 이고 전류원의 내부저항은 0 이다.
④ 전압원의 내부저항은 일정하고 전류원의 내부저항은 일정하지 않다.

해설 | 이상적인 전압원, 전류원
이상적인 전압원의 내부저항은 0, 전류원의 내부저항은 ∞ 이다.

## 18. 저항정류의 역할을 하는 것은?

① 보상권선
② 보극
③ 리액턴스 코일
④ 탄소브러시

해설 | 저항정류
저항정류를 위해서는 접촉 저항이 큰 탄소질이나 전기 흑연질의 브러시를 사용하여 정류한다. 전압정류를 위해서는 보극을 설치한다.

**19.** 유기기전력 110[V], 단자전압 100[V]인 5[kW] 분권 발전기의 계자저항이 50[Ω] 라면 전기자저항은 약 몇 [Ω] 인가?

① 0.12
② 0.19
③ 0.96
④ 1.92

해설 | 분권발전기의 유도기전력
$E = V + I_a R_a = V + (I + I_f) R_a$ 에서
$I = \dfrac{P}{V} = \dfrac{5000}{100} = 50[A]$,
$I_f = \dfrac{V}{R_f} = \dfrac{100}{50} = 2[A]$, $I_a = 52[A]$,
$\therefore R_a = \dfrac{E - V}{I_a} = \dfrac{110 - 100}{52} = 0.19[\Omega]$

**20.** 1200[lm]의 광속을 갖는 전등 10개를 120[m$^2$]의 사무실에 설치할 때 조명률이 0.5 이고 감광보상률이 1.5 이면 이 사무실의 평균조도는 약 몇 [lx]인가?

① 7.5  ② 15.2
③ 33.3  ④ 66.6

해설 | 조명의 계산
$UNF = EAD$ 에서
조명률 $U = 0.5$, 등 수 $N = 10$
광속 $F = 1200$,
실내면적 $A = 120$
감광보상율 $D = 1.5$
$E = \dfrac{UNF}{AD} = \dfrac{0.5 \times 10 \times 1200}{120 \times 1.5} = 33.33[lx]$

**21.** 저압전선로 중 절연 부분의 전선과 대지 사이의 절연저항은 사용전압에 대한 누설전류가 최대 공급전류의 얼마를 넘지 않도록 하여야 하는가?

① $\dfrac{1}{1000}$  ② $\dfrac{1}{2000}$
③ $\dfrac{1}{10000}$  ④ $\dfrac{1}{20000}$

해설 | 누설전류
누설전류 ≤ $\dfrac{최대 공급 전류}{2000}$

**22.** 단면적 S[m$^2$], 길이 $l$[m], 투자율 $\mu$[H/m] 의 자기회로에 N회의 코일을 감고 $I$[A]의 전류를 통할 때, 자기회로의 옴의 법칙을 옳게 표현한 것은?

① $\phi = \dfrac{\mu SN^2 I}{l}$ [Wb/m$^2$]
② $\phi = \dfrac{\mu S}{N^2 I l}$ [Wb/m$^2$]
③ $\phi = \dfrac{\mu SNI}{l}$ [Wb]
④ $\phi = \dfrac{\mu SI}{Nl}$ [Wb]

해설 | 자기회로의 옴의법칙
$\phi = BS = \mu HS = \mu \dfrac{N \cdot I}{l} S [Wb]$

정답  19 ②  20 ③  21 ②  22 ③

## 23. 어떤 정현파 전압의 평균값이 153[V]이면 실횻값은 약 몇 [V]인가?

① 240　② 191
③ 170　④ 153

해설 | 정현파의 실횻값

$V = \dfrac{\pi}{2\sqrt{2}} V_{av} = 1.11 V_{av} = 169.85$
$\fallingdotseq 170[V]$

## 24. PN 접합 다이오드에 공핍층이 생기는 경우는?

① 전압을 가하지 않을 때 생긴다.
② 다수 반송파가 많이 모여 있는 순간에 생긴다.
③ 음(-) 전압을 가할 때 생긴다.
④ 전자와 정공의 확산에 의하여 생긴다.

해설 | PN접합 다이오드
PN접합 반도체는 정상 상태에서는 그 접합면과 같이 캐리어가 존재하지 않는 영역인 공핍층이 존재하는데 이는 반송자의 이동에 의해 만들어진다.

## 25. 네온관용 전선 표기가 15 kV N-EV 일 때 E는 무엇을 의미하는가?

① 네온전선　② 클로로프렌
③ 비닐　④ 폴리에틸렌

해설 | 전선의 약호
- N : 네온
- E : 폴리에틸렌
- V : 비닐
- C : 가교
∴ 15[kV] 폴리에틸렌 비닐 네온전선

## 26. 전선의 접속법에서 두 개 이상의 전선을 병렬로 시설하여 사용하는 경우에 대한 사항으로 옳지 않은 것은?

① 병렬로 사용하는 각 전선의 굵기는 동선 50[mm²] 이상으로 하고, 전선은 같은 도체, 재료, 길이, 굵기의 것을 사용할 것
② 같은 극의 각 전선은 동일한 터미널러그에 완전히 접속할 것
③ 병렬로 사용하는 전선에는 각각에 퓨즈를 설치할 것
④ 교류회로에서 병렬로 사용하는 전선은 금속관 안에 전자적 불평형이 생기지 않도록 시설할 것

해설 | 전선의 병렬접속
- 전선의 굵기 : 동선 50 [mm²] 이상 또는 알루미늄 70 [mm²] 이상
- 전선의 종류 : 같은 도체, 같은 재료, 같은 길이 및 같은 굵기의 것을 사용
- 같은 극의 각 전선은 동일한 터미널러그에 완전히 접속
- 같은 극인 각 전선의 터미널러그는 동일한 도체에 2개 이상의 리벳 또는 2개 이상의 나사로 접속
- 병렬로 사용하는 전선에는 각각에 퓨즈 설치 금지
- 교류회로에서 병렬로 사용하는 전선은 금속관 안에 전자적 불평형이 생기지 않도록 시설

**27.** 그림은 어떤 전력용 반도체의 특성 곡선인가?

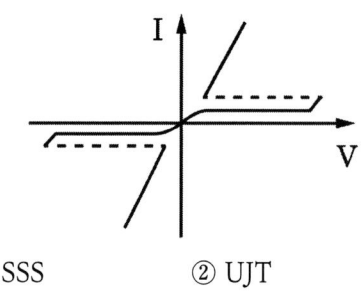

① SSS   ② UJT
③ FET   ④ GTO

해설 | SSS (양방향 2단자 사이리스터)
- 2개의 역저지 3단자 사이리스터를 역병렬 접속시킨 소자
- 게이트 단자가 없다.
- 옥외용 네온사인 등에 사용된다.

**28.** 논리식 $F = \overline{A}\overline{B}C + \overline{A}B\overline{C} + \overline{A}BC + AB\overline{C}$ 를 간소화 한 것은?

① $F = \overline{A}B + A\overline{B}$   ② $F = \overline{A}B + B\overline{C}$
③ $F = \overline{A}C + A\overline{C}$   ④ $F = \overline{B}C + B\overline{C}$

해설 | 논리식의 간소화
$F = \overline{A}\overline{B}C + \overline{A}B\overline{C} + \overline{A}BC + AB\overline{C}$
$= \overline{A}(\overline{B}C + B\overline{C}) + A(\overline{B}C + B\overline{C})$
$= (\overline{A} + A)(\overline{B}C + B\overline{C})$
$= \overline{B}C + B\overline{C}$

**29.** 다음은 3상 전압형 인버터를 이용한 전동기 운전회로의 일부이다. 회로에서 트랜지스터의 기본적인 역할로 가장 적당한 것은?

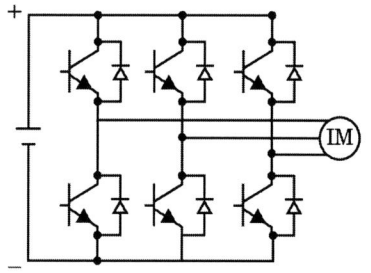

① 전압증폭   ② ON·OFF
③ 전류증폭   ④ 정류작용

해설 | 3상전압형인버터
3상 전압형 인버터의 트랜지스터를 순서대로 ON, OFF하여 교류로 변환하여 3상 교류를 얻어 유도전동기를 운전할 수 있다.

**30.** 금속관 배선에서 관의 굴곡에 관한 사항이다. 금속관의 굴곡개소가 많은 경우에는 어떻게 하는 것이 가장 바람직한가?

① 행거를 30[m] 간격으로 견고하게 지지한다.
② 덕트를 설치한다.
③ 풀박스를 설치한다.
④ 링리듀서를 사용한다.

해설 | 금속관배선공사
굴곡개소가 많은 경우 길이가 30[m]를 초과 하면 풀박스를 설치한다.

## 31. 변압기의 온도상승시험을 하는데 가장 좋은 방법은?

① 내전압법　② 실부하법
③ 충격전압시험법　④ 반환부하법

해설 | 변압기 온도상승 시험
- 실부하법 : 소용량에만 적용, 전력손실이 크다.
- 반환부하법 : 변압기가 2대 이상 있을 경우에 사용하며 현재 가장 많이 사용하고 있다.

## 32. 콘덴서 기동형 단상 유도전동기의 설명으로 옳은 것은?

① 콘덴서를 주권선에 직렬 연결한다.
② 콘덴서를 기동권선에 직렬 연결한다.
③ 콘덴서를 기동권선에 병렬 연결한다.
④ 콘덴서는 운전권선과 기동권선을 구별하지 않고 연결한다.

해설 | 콘덴서 기동형 단상유도전동기
- 기동 전류에 비해 기동토크가 크지만, 커패시터를 설치해야 한다.
- 보조권선(기동권선)에 직렬로 콘덴서 접속해서 분상한다.
- 기동 완료 시 원심력에 의해 보조권선이 차단된다.
- 진상용 콘덴서의 90° 앞선 전류에 의한 회전자계를 발생시켜 기동하는 방식이다.

## 33. 지중전선로 및 지중함의 시설방식 등의 기준에 대한 설명으로 옳지 않은 것은?

① 지중전선로는 전선에 케이블을 사용할 것
② 지중전선로는 관로식, 암거식 또는 직접 매설식에 의하여 시설할 것
③ 지중함 뚜껑은 시설자 이외의 자가 쉽게 열 수 없도록 시설할 것
④ 폭발성 또는 연소성의 가스가 침입할 우려가 있는 곳에 시설하는 지중함으로서 그 크기가 0.5[m] 이상인 것은 통풍장치를 설치할 것

해설 | 지중함의 시설
- 지중함은 견고하고 압력에 충분히 견디는 구조로 만든다.
- 지중함 안에 고인 물을 제거 가능해야 한다.
- 지중함의 크기는 $1[m^3]$ 이상이어야 한다.
- 지중함의 뚜껑은 시설자 외 쉽게 열 수 없도록 한다.

## 34. 동기조상기를 부족여자로 해서 운전하였을 때 나타나는 현상이 아닌 것은?

① 역률을 개선시킨다.
② 리액터로 작용한다.
③ 뒤진 전류가 흐른다.
④ 자기여자에 의한 전압상승을 방지한다.

해설 | 위상특성곡선

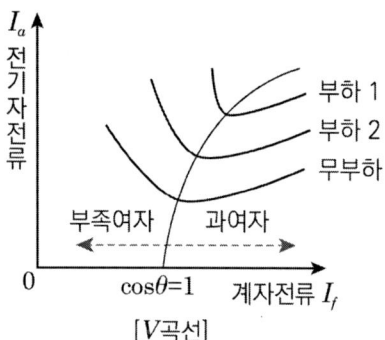

- 부족여자 : 지상, 리액터 역할
- 과여자 : 진상, 콘덴서 역할

**35.** 누설 변압기의 가장 큰 특징은 어느 것인가?

① 역률이 좋다.
② 무부하손이 적다.
③ 단락전류가 크다.
④ 수하특성을 가진다.

해설 | 누설변압기의 특징
- 수하특성 : 부하전류는 어느 정도 증가한 후 일정값이 된다.
- 용도 : 용접용 변압기, 네온관 점등용 변압기

**36.** 3상 유도전동기의 동기속도 $N_s$와 극수 $P$와의 관계는?

① $N_s \propto \dfrac{1}{P}$   ② $N_s \propto \sqrt{P}$
③ $N_s \propto P$   ④ $N_s \propto P^2$

해설 | 동기속도

$N_s = \dfrac{120f}{P}$

동기속도와 극수는 반비례

∴ $N_s \propto \dfrac{1}{P}$

**37.** 평행한 콘덴서에서 전극의 반지름이 30[cm]인 원판이고, 전극간격 0.1[cm]이며 유전체의 비유전율은 4이다. 이 콘덴서의 정전용량은 몇 [μF]인가?

① 0.01   ② 0.1
③ 1   ④ 10

해설 | 콘덴서의 정전용량

$$C = \dfrac{\epsilon_0 \epsilon_s A}{l} = \dfrac{\epsilon_0 \epsilon_s \times \pi r^2}{l}$$

$$= \dfrac{8.855 \times 10^{-12} \times 4 \times 3.14 \times 0.3^2}{0.1 \times 10^{-2}} = 0.01[\mu F]$$

**38.** 래칭전류(Latching Current)를 올바르게 설명한 것은?

① 사이리스터를 온 상태로 스위칭 시킨 후의 애노드 순저지 전류
② 사이리스터를 턴 온 시키는데 필요한 최소의 양극 전류
③ 사이리스터를 온 상태로 유지시키는데 필요한 게이트 전류
④ 유지전류보다 조금 낮은 전류값

해설 | 래칭전류
SCR을 턴 온 시키기 위한 최소한의 전류

**39.** 논리회로의 출력함수가 뜻하는 논리게이트의 명칭은?

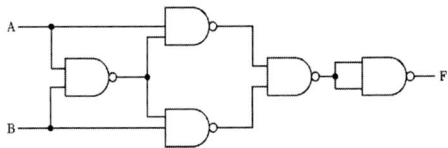

① EX-OR
② EX-NOR
③ NOR
④ NAND

해설 | 논리회로의 게이트
$$F = \overline{\overline{\overline{AAB}\ \overline{BAB}}} = \overline{\overline{AAB}}\ \overline{\overline{BAB}}$$
$$= (\overline{A} + AB)(\overline{B} + AB)$$
$$= \overline{A}\overline{B} + AB$$

**40.** 직류용 직권전동기를 교류에 사용할 때 여러 가지 어려움이 발생되는데 다음 중 교류용 단상 직권전동기에서 강구할 대책으로 옳은 것은?

① 원통형 고정자를 사용한다.
② 계자권선의 권수를 크게 한다.
③ 전기자반작용을 적게 하기 위해 전기자 권수를 증가시킨다.
④ 브러시는 접촉저항이 적은 것을 사용한다.

해설 | 직권전동기
직류직권전동기는 철손이 크고 역률이 좋지 않고 정류가 불량하다는 단점이 있어서 이를 보완하기 위해 원통형 고정자를 사용한다.

**41.** Boost컨버터에서 입·출력 $\dfrac{V_o}{V_i}$ 전압비는?
(단, D는 시비율(duty cycle)이다.)

① $D$
② $1-D$
③ $\dfrac{1}{1-D}$
④ $\dfrac{1}{D}$

해설 | Boost 컨버터의 전압비
$$\dfrac{V_o}{V_i} = \dfrac{T}{T_{off}} = \dfrac{T}{T - T_{on}} = \dfrac{1}{1-D}$$

**42.** 지중전선로 공사에서 케이블 포설 시 케이블 끝단에 설치하여 당길 수 있도록 하는 데 사용하는 것은?

① 풀링그립(Pulling Grip)
② 피시테이프(Fish Tape)
③ 강철 인도선(Steel Wire)
④ 와이어 로프(Wire Rope)

해설 | 공구
② 피시테이프 : 전선관에 전선을 넣을 때 사용하는 강철선
④ 와이어로프 : 경강선, 아연도금강선 등을 소선으로 해서 1층 또는 여러 층을 꼬아서 스트랜드를 만들고, 이 스트랜드 6개를 다시 심강(코어)의 둘레에 꼬아서 합친 것

**43.** 조상기의 내부고장이 생긴 경우 자동적으로 전로를 차단하는 장치를 설치하여야 하는 용량의 기준은?

① 15000 [kVA] 이상
② 20000 [kVA] 이상
③ 30000 [kVA] 이상
④ 50000 [kVA] 이상

해설 | 조상설비의 보호장치
조상설비의 자동차단 용량기준

| | 뱅크용량의 구분 | 자동차단장치 |
|---|---|---|
| 콘덴서, 리액터 | 500 [kVA] 초과 15,000 [kVA] 미만 | 내부고장, 과전류가 생긴 경우 |
| | 15,000 [kVA] 이상 | 내부고장, 과전류, 과전압이 생긴 경우 |
| 조상기 | 15,000 [kVA] 이상 | 내부고장이 생긴 경우 |

### 44. 다음 (   )안의 알맞은 내용으로 옳은 것은?

가공전선로의 지지물에 시설하는 지선의 안전율은 ( ㉠ ) 이상이어야 하고 허용 인장하중 의 최저는 ( ㉡ ) [kN]으로 한다.

① ㉠ 2.0, ㉡ 3.81
② ㉠ 2.0, ㉡ 34.05
③ ㉠ 2.5, ㉡ 4.31
④ ㉠ 2.5, ㉡ 4.51

해설 | 가공전선로의 안전율
지지물 지선의 안전율은 2.5 이상, 허용인장하중의 최저값은 4.31[kN] 이상으로 한다.

### 45. 벅 컨버터(Buck Converter)에 대한 설명으로 옳지 않은 것은?

① 직류 입력전압 대비 직류 출력전압의 크기를 낮출 때 사용하는 직류-직류 컨버터이다.
② 입력전압($V_i$)에 대한 출력전압($V_o$)의 비 ($\frac{V_o}{V_i}$)는 스위칭 주기(T)에 대한 스위치 온(ON) 시간($t_{on}$)의 비인 듀티비(시비율)로 나타낸다.
③ 벅 컨버터의 출력단에는 보통 직류성분은 통과시키고 교류성분을 차단하기 위한 LC저역통과 필터를 사용한다
④ 벅 컨버터는 일반적으로 고주파 트랜스 포머(변압기)를 사용하는 절연형 컨버터 이다.

해설 | 벅 컨버터
벅 컨버터는 초퍼회로 (DC-DC 컨버터)로 강압용으로 사용되며 출력단에는 교류성분을 차단하기 위한 필터를 사용한다.

### 46. nP 관리도에서 시료군마다 시료수(n)는 100 이고, 시료군수(k)는 20, $\Sigma np = 77$ 이다. 이때 nP 관리도의 관리상한선 (UCL) 을 구하면 약 얼마인가?

① 8.94  ② 3.85
③ 5.77  ④ 9.62

해설 | nP관리도의 관리상한선
불량개수 $(n\overline{P}) = \frac{\Sigma np}{k} = \frac{77}{20} = 3.85$,
$\overline{P} = \frac{\Sigma nP}{nk} = \frac{77}{(100 \times 20)} = 0.0385$
관리 상한선(UCL)

$$= n\overline{P}+3\sqrt{n\overline{P}(1-\overline{P})}$$
$$= 3.85+3\sqrt{3.85(1-0.0385)} = 9.622$$

**47.** 그림의 OC 곡선을 보고 가장 올바른 내용을 나타낸 것은?

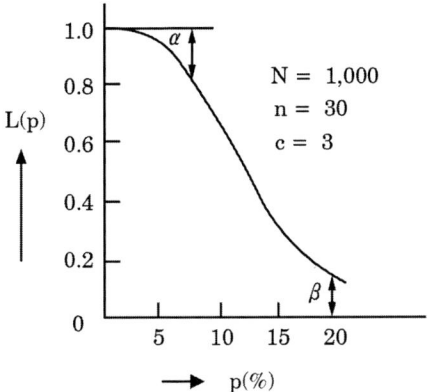

① $\alpha$ : 소비자 위험
② L(p) : 로트의 합격확률
③ $\beta$ : 생산자 위험
④ 불량률 : 0.03

해설 | OC곡선 (검사특성공선)
발취검사에서 발취방법을 평가하기 위해 사용하는 곡선
- $\alpha$ : 생산자 위험, 합격되어야 할 로트를 불합격이라고 판정할 확률
- $\beta$ : 소비자 위험, 불합격이 되어야 할 로트를 합격이라고 판정할 확률

**48.** 미국의 마틴 마리에타사 (Martin Marietta Corp.)에서 시작된 품질개선을 위한 동기 부여 프로그램으로, 모든 작업자가 무결점을 목표로 설정하고, 처음부터 작업을 올바르게 수행함으로써 품질비용을 줄이기 위한 프로그램은 무엇인가?

① TPM 활동
② 6 시그마 운동
③ ZD 운동
④ ISO 9001 인증

해설 | ZD운동
ZD (zero detects) 운동은 미국항공사에서 로켓생산을 앞두고 시작된 무결점을 목표로 하는 운동으로써 개별 종업원에게 계획기능을 부여하는 자주관리시스템의 하나이다.

**49.** 다음 중 단속생산 시스템과 비교한 연속생산 시스템의 특징으로 옳은 것은?

① 단위당 생산원가가 낮다.
② 다품종 소량생산에 적합하다.
③ 생산방식은 주문생산방식이다.
④ 생산설비는 범용설비를 사용한다.

해설 | 생산시스템
- 단속생산 시스템 : 범용설비를 사용하고 주문생산방식으로 다품종 소량생산에 적합
- 연속생산 시스템 : 소품종 대량생산에 적합하여 단위당 생산원가가 낮다.

정답 47 ② 48 ③ 49 ①

50. 일정통제를 할 때 1일당 그 작업을 단축하는데 소요되는 비용의 증가를 의미하는 것은?

① 정상소요시간 (Normal duration time)
② 비용견적 (Cost estimation)
③ 비용구배 (Cost slope)
④ 총비용 (Total cost)

해설 | 비용구배
- 공사기간 단축을 위한 최소비용의 증가분
- 작업을 1일 단축할 때 추가되는 직접비용

51. MTM(Method Time Measurement)법 에서 사용되는 1 TMU(Time Measurement Unit)는 몇 시간인가?

① $\dfrac{1}{100000}$ 시간　② $\dfrac{1}{10000}$ 시간
③ $\dfrac{6}{10000}$ 시간　④ $\dfrac{36}{1000}$ 시간

해설 | MTM법
$1 MTU = 0.036[초] = 0.0006[분]$
$= 0.00001[시간] = \dfrac{1}{100000}[시간]$

정답 50 ③　51 ①

# 제55회 기출문제

**전기기능장 필기 / 2014년 1회**

**01.** 그림의 전압(V), 전류(I) 벡터도를 통해 알 수 있는 교류회로는 어떤 회로인가? (단, R은 저항, L은 인덕턴스, C는 커패시턴스이다.)

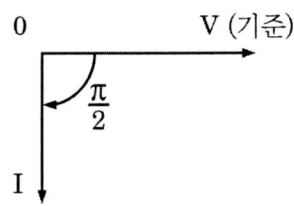

① R 만의 회로   ② L 만의 회로
③ C 만의 회로   ④ RLC 직렬회로

해설 | 교류회로의 위상차
- 전류과 전압이 동상일 때 : 저항(R)만의 회로
- 전류가 전압보다 90° 앞설 때 : 콘덴서(C)만의 회로
- 전류가 전압보다 90° 뒤질 때 : 리액터(L)만의 회로

**02.** 전류에 의해 만들어지는 자기장의 자기력선 방향을 간단하게 알아내는 법칙은?

① 앙페르의 오른나사법칙
② 렌츠의 법칙
③ 플레밍의 왼손 법칙
④ 가우스의 법칙

해설 | 앙페르의 오른나사법칙
전류가 흐를 때 생기는 자기장의 방향을 결정하는 법칙이다.

**03.** 변압기의 철손은 부하전류가 증가하면 어떻게 되는가?

① 감소한다.   ② 비례한다.
③ 제곱에 비례한다.   ④ 변동이 없다.

해설 | 변압기의 철손
철손은 무부하손이므로 부하와는 관계없다.

**04.** 회로에서 그 $I_1$ 및 $I_2$의 크기는 각각 몇 [A] 인 가?

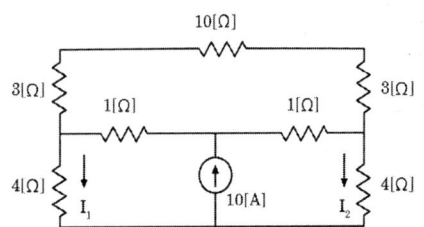

① $I_1 = I_2 = 0$   ② $I_1 = I_2 = 2$
③ $I_1 = I_2 = 5$   ④ $I_1 = I_2 = 10$

해설 | 교류회로의 전류계산
$I_1, I_2$ 에 흐르는 저항값이 같기 때문에 전류의 크기도 같다.

정답  01 ②  02 ①  03 ④  04 ③

**5.** 변압기 병렬운전 조건으로 옳지 않은 것은?

① 극성이 같아야 한다.
② 권수비, 1차 및 2차의 정격전압이 같아야 한다.
③ 각 변압기의 저항과 누설리액턴스의 비가 같아야 한다.
④ 각 변압기의 임피던스가 정격용량에 비례해야 한다.

해설 | 변압기의 병렬운전 조건
- 극성이 같을 것
- 권수비, 1차와 2차의 정격 전압이 같을 것
- %임피던스 강하가 같을 것
- 내부저항과 누설 리액턴스 비가 같을 것
- 상회전 방향 및 위상 변위가 같을 것 (3상일 때)

**6.** 그림과 같은 회로에서 위상각 $\theta = 60°$의 유도부하에 대하여 점호각 $\alpha$를 0°에서 180°까지 가감하는 경우 전류가 연속되는 $\alpha$의 각도는 몇 °까지 인가?

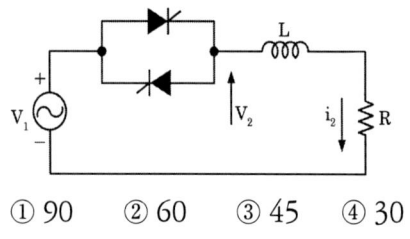

① 90　② 60　③ 45　④ 30

해설 | 단상 전파 정류회로
$E_d = 0.9E\cos\alpha = 0.9E\cos 60° = 0.45E$
에서 $\alpha = 60°$

**7.** 어떤 정현파 전압의 평균값이 220[V]이면 최댓값은 약 몇 [V]인가?

① 282　② 314　③ 346　④ 487

해설 | 교류회로의 최댓값과 평균값
평균값 $V_a = \dfrac{2}{\pi}V_m$,
최댓값 $V_m = \dfrac{\pi}{2}V_a = \dfrac{\pi}{2} \times 220 = 345.6[V]$

**8.** 케이블 포설공사가 끝난 후 하여야 할 시험의 항목에 해당되지 않는 것은?

① 절연저항 시험　② 절연내력 시험
③ 접지저항 시험　④ 유전체손 시험

해설 | 케이블의 포설공사
케이블 포설공사 후 시험항목으로
- 절연저항 시험
- 절연내력 시험
- 접지저항 시험
- 상순 시험 등이 있다.

**9.** 1차 전압이 380[V], 2차 전압이 220[V]인 단상변압기에서 2차 권회수가 44회일 때 1차 권회수는 몇 회 인가?

① 26　② 76　③ 86　④ 146

해설 | 변압기의 권수비
$a = \dfrac{N_1}{N_2} = \dfrac{V_1}{V_2} = \dfrac{I_2}{I_1}$
$N_1 = \dfrac{V_1}{V_2}N_2 = \dfrac{380}{220} \times 44 = 76[회]$

정답　05 ④　06 ②　07 ③　08 ④　09 ②

**10.** 단상 반파 위상제어 정류회로에서 지연각을 $\alpha$로 하면 출력전압의 평균값은 $(E_d)$은 몇 [V]인가? (단, $e = \sqrt{2}E\sin wt$ 이고 $\alpha > 90°$이다.)

① $\dfrac{\sqrt{2}}{2\pi}E(1+\cos\alpha)$

② $\dfrac{\sqrt{2}}{\pi}E(1+\sin\alpha)$

③ $\dfrac{\sqrt{2}}{\pi}E(1+\cos\alpha)$

④ $\dfrac{\sqrt{2}}{\pi}E(1+\sin\alpha)$

해설 | 단상반파 정류회로
$E_d = \dfrac{\sqrt{2}}{2\pi}E(1+\cos\alpha)$
$E_d = 0.45E(1+\cos\alpha)$

**11.** 서보(Servo) 전동기에 대한 설명으로 틀린 것은?

① 회전자의 직경이 크다
② 교류용과 직류용이 있다.
③ 속응성이 높다.
④ 기동·정지 및 정회전·역회전을 자주 반복할 수 있다.

해설 | 서보모터
- 서보모터는 모터와 구동시스템을 포함하는 것을 칭한다.
- AC모터, DC모터 등을 사용하여 적절한 구동시스템을 구축한다
- 기동 토크가 커야하고 수하특성을 가져야 한다.
- 응답이 빠르다.
- 회전자가 가늘고 길다.

**12.** 디멀티플렉서(DeMUX)의 설명으로 옳은 것은?

① n비트의 2잔수를 입력하여 최대 2 비트로 구성된 정보를 출력하는 조합 논리회로
② $2^n$비트로 구성된 정보를 입력하여 n비트의 2진수로 출력하는 조합 논리회로
③ 여러 개의 입력선 중에서 하나를 선택하여 단일 출력선으로 연결하는 조합회로
④ 하나의 입력선으로 부터 데이터를 받아 여러 개의 출력선 중의 한 곳으로 데이터를 축력하는 조합회로

해설 | 디멀티플렉서(분배기)
하나의 입력 회선을 여러 개의 출력 회선을 연결하여, 선택 신호에서 지정하는 하나의 회선에 출력하므로, 분배기라고도 한다

**13.** 지중 전선로에 사용하는 지중함의 시설기준으로 틀린 것은?

① 지중함은 조명 및 세척이 가능한 구조로 할 것
② 지중함은 견고하고 차량 기타 중량물의 압력에 견디는 구조일 것
③ 지중함의 뚜껑은 시설자 이외의 자가 쉽게 열 수 없도록 시설할 것
④ 지중함은 그 안에 고인물을 제거할 수 있는 구조로 할 것

정답 10 ① 11 ① 12 ④ 13 ①

해설 | 지중함의 시설
- 지중함은 견고하고 압력에 충분히 견디는 구조로 만든다.
- 지중함 안에 고인 물을 제거 가능해야 한다.
- 지중함의 크기는 1[m³] 이상이어야 한다.
- 지중함의 뚜껑은 시설자 외 쉽게 열 수 없도록 한다.

**14.** 220[V] 저압 전동기의 절연내력을 시험하고자 한다. ( ) 안의 알맞은 내용은?

> 권선과 대지 사이에 시험전압 ( ㉮ )[V]를 연속하여 ( ㉯ )분간 가한다.

① ㉮ 330  ㉯ 10
② ㉮ 330  ㉯ 1
③ ㉮ 500  ㉯ 10
④ ㉮ 500  ㉯ 1

해설 | 절연내력 시험전압

| 최대사용전압 | | 시험전압 배율 | 시험 최저 전압 [V] |
|---|---|---|---|
| 발전기 전동기 | 7[kV] 이하 | 1.5 배 | 500 |
| | 7[kV] 초과 | 1.25 배 | 10,500 |
| 회전변류기 | | 1 배 | 500 |

220[V]×1.5=330[V]이나 7[kV] 이하의 전동기 최저 시험 전압은 500[V]이다.

**15.** 저압의 지중전선이 지중 약전류 전선 등과 접근하거나 교차하는 경우에 상호 간의 이격 거리가 몇 [cm] 이하인 때에는 지중전선 과 지중 약전류 전선 등 사이에 견고한 내화성의 격벽을 설치하는가?

① 60
② 50
③ 30
④ 20

해설 | 내화성 격벽설치 조건
지중전선과 약전류 전선의 접근 또는 교차 시 상호 이격거리
- 저압 또는 고압의 지중전선:30[cm] 이하
- 특고압 지중전선: 60[cm] 이하

**16.** 66[kv]의 가공송전선에 있어 전선의 인장 하중이 240[kgf]으로 되어 있다. 지지물과 지지물 사이에 이 전선을 접속할 경우 이 전선 접속부분의 전선의 세기는 최소 몇 [kgf] 이상이어야 하는가?

① 85
② 176
③ 185
④ 192

해설 | 전선의 인장강도
전선을 접속할 때에는 접속부위의 인장강도를 80[%] 이상 유지시켜야 한다.
∴ 240[kgf]×0.8 = 192[kgf]이상

**17.** 같은 크기의 철심 2개가 있다. A철심에 200회, B철심에 250회의 코일을 감고, A철심의 코일에 15[A]의 전류를 흘렸을 때와 같은 크기의 기자력을 얻기 위해서는 B철심의 코일에는 몇 [A]의 전류를 흘리면 되는가?

① 3  ② 12
③ 15  ④ 75

해설 | 기자력
$F = N_A I_A = N_B I_B$ 에서
$I_B = \dfrac{N_A \times I_A}{N_B} = \dfrac{200 \times 15}{250} = 12[A]$

**18.** 그림과 같은 회로에서 $i = I_m \sin wt$[A] 일 때 개방된 2차 단자에 나타나는 유기 기전력은 얼마인가?

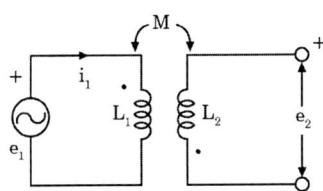

① $wMI_m^2 \cos(wt + 90°)$
② $wMI_m \sin wt$
③ $-wMI_m \cos wt$
④ $wMI_m^2 \sin(wt - 90°)$

해설 | 유도결합회로
1차 전압의 극성과 2차 전압의 극성 방향이 반대이므로 $M < 0$
$e = M\dfrac{di}{dt} = -M\dfrac{d(I_m \sin wt)}{dt} = -wMI_m \cos wt$

**19.** 2진수 10101010의 2의 보수 표현으로 옳은 것은?

① 01010101  ② 00110011
③ 11001100  ④ 01010110

해설 | 2의 보수
1의 보수는 0 → 1로, 1 → 0으로 변환
1의 보수 : 10101010 → 01010101
2의 보수 = 1의 보수 +1
∴ 01010101 + 1 = 01010110

**20.** 평균 구면광도 100[cd]의 전구 5개를 10[m]인 원형의 방에 점등할 때 조명률 0.5, 감광 보상률 1.5라 하면, 방의 평균 조도는 약 몇 [lx]인가?

① 27  ② 33
③ 36  ④ 42

해설 | 조명의 계산
$UNF = EAD$ 에서
조명률 $U = 0.5$, 등 수 $N = 5$
광속 $F = 4\pi I = 4\pi \times 100 = 1256$,
실내면적 $A = \pi r^2 = \pi \times \left(\dfrac{10}{2}\right)^2 = 78.5$
감광보상율 $D = 1.5$
$E = \dfrac{UNF}{AD} = \dfrac{0.5 \times 5 \times 1256}{78.5 \times 1.5} = 26.667$
≒ 27[lx]

정답 17 ② 18 ③ 19 ④ 20 ①

**21.** 합성수지 몰드 공사에 의한 저압 옥내배선의 시설방법으로 옳은 것은?

① 전선으로는 단선만을 사용하고 연선을 사용하여서는 안된다.
② 전선은 옥외용 비닐절연전선을 사용한다.
③ 합성수지 몰드 안에 전선의 접속점을 두기 위하여 합성 수지제의 조인트 박스를 사용한다.
④ 합성수지 몰드 안에는 전선의 접속점을 최소 2개소 두어야 한다.

해설 | 합성수지 몰드 공사의 시공
- 절연전선을 사용 (OW 제외)
- 사용전압은 400[V]이하에 사용한다.
- 지지점과의 거리 : 40~50[cm]
- 몰드 안에는 전선의 접속점이 없도록 한다. (합성수지제 조인트 박스 사용시 가능)
- 홈의 폭과 깊이가 35[mm] 이하, 두께 2[mm] 이상(사람접촉이 없는 경우 폭 50[mm] 이하, 두께 1[mm] 이상)

**22.** 직류 분권전동기에서 운전 중 계자권선의 저항을 증가하면 회전속도의 값은?

① 감소한다.
② 증가한다.
③ 일정하다.
④ 감소와 증가를 반복한다.

해설 | 분권전동기
전동기의 속도 $N = K\dfrac{V - I_a R_a}{\phi}$ [rpm]
계자권선의 저항($R_f$)과 자속($\phi$)은 반비례.
자속과 회전수는 반비례.
∴ 계자권선의 저항이 증가하면 속도는 증가한다.

**23.** 역률 80[%], 150[kW]의 전동기를 95[%]의 역률로 개선하는데 필요한 콘덴서의 용량은 약 몇 [KVA]가 필요한가?

① 32  ② 42
③ 63  ④ 84

해설 | 전력용 콘덴서 용량
$$Q = P(\tan\theta_1 - \tan\theta_2)[\text{kVA}]$$
$$= 150 \times \left(\dfrac{\sin\theta_1}{\cos\theta_1} - \dfrac{\sin\theta_2}{\cos\theta_2}\right)$$
$$= 150 \times \left(\dfrac{\sqrt{1-0.8^2}}{0.8} - \dfrac{\sqrt{1-0.95^2}}{0.95}\right)$$
$$= 63.20[\text{kVA}]$$

**24.** 전기자 도체의 총수 500, 10극, 단중 파권으로 매극의 자속수가 0.2[Wb]인 직류발전기의 600[rpm]으로 회전할 때의 유도기전력은 몇 [V]인가?

① 2500  ② 5000
③ 10000  ④ 15000

해설 | 직류발전기의 유도기전력
$$E = \dfrac{PZ\phi N}{60a} = \dfrac{10 \times 500 \times 0.2 \times 600}{60 \times 2}$$
$$= 5000[\text{V}]$$

## 25. 다음은 SCR의 특징을 설명하고 있다. 옳지 않은 것은?

① SCR 소자 자신은 게이트 전류를 흘리면 on 능력이 있다
② 유지전류는 보통 20[mA] 정도이다.
③ Turm off 시키려면 원하는 시점에서 양극과 음극 사이에 역전압을 가해 준다.
④ 유지전류 이하의 소호회로를 외부에서 부가시키면 Turn on 이 된다.

해설 | SCR의 특징
• ON 상태로 유지하기 위한 최소전류를 유지전류라 한다.(20[mA] 이상)
• 도통된 후 Gate 전류를 차단해도 도통 상태가 유지된다.
• 역전압이 걸리면 소호된다.
• 소호 후 순방향 전압을 인가해도 Gate를 점호하기 전까지는 도통되지 않는다.

## 26. 폭연성 분진 또는 화약류의 분말이 전기설비의 발화원이 되어 폭발할 우려가 있는 곳 의 저압 옥내 배선의 공사 방법으로 적당한 것은?

① 애자 사용 공사 또는 가요 전선관 공사
② 금속몰드 공사
③ 금속관 공사
④ 합성수지관 공사

해설 | 폭연성분진 위험장소 공사방법
• 금속관공사
• 케이블공사(캡타이어케이블 사용제외)

## 27. 10진수 $753_{10}$을 8진수로 변환하면?

① 752   ② 357
③ 1250   ④ 1361

해설 | 진수의 변환

```
8 | 753
8 |  94  ----- 나머지 1
8 |  11  ----- 나머지 6
     1  ----- 나머지 3
```

## 28. 그림의 논리회로와 그 기능이 같은 회로는?

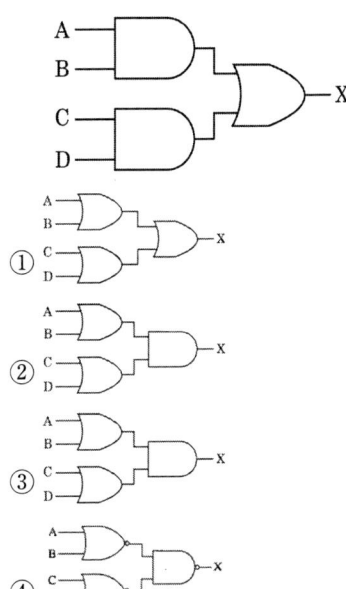

해설 | 논리회로
① $X = \overline{\overline{A+B} + \overline{C+D}} = (A+B)(C+D)$
② $X = \overline{\overline{AB} \cdot \overline{CD}} = AB + CD$
③ $X = (A+B)(C+D)$
④ $X = \overline{\overline{A+B} \cdot \overline{C+D}} = (A+B)(C+D)$

**29.** 일정 전압으로 운전하는 직류발전기의 손실이 $y+xI^2$으로 표시될 때 효율이 최대가 되는 전류는? (단, $x, y$는 정수이다.)

① $\dfrac{y}{x}$  ② $\dfrac{x}{y}$

③ $\sqrt{\dfrac{y}{x}}$  ④ $\sqrt{\dfrac{x}{y}}$

해설 | 직류발전기의 최대효율
최대 효율 조건 : 철손($y$) = 동손($xI^2$)
$y = xI^2$에서 $I = \sqrt{\dfrac{y}{x}}$ 이다.

**30.** 3상 유도전동기의 2차 입력이 $P_2$, 슬립이 $s$라면 2차 저항손은 어떻게 표현되는가?

① $sP_2$  ② $\dfrac{P_2}{s}$

③ $\dfrac{1-s}{P_2}$  ④ $\dfrac{P_2}{1-s}$

해설 | 유도전동기의 2차동손
비례식 $P_2 : P_c : P_o = 1 : s : (1-s)$
$P_2 : P_c = 1 : s$ 에서 $P_c = sP_2$

**31.** 전파제어 정류회로에 사용하는 쌍방향성 반도체 소자는?

① SCR  ② SSS  ③ UJT  ④ PUT

해설 | 반도체소자
• 양방향성 소자 : SSS. TRIAC, SBS, DIAC
• 단방향성 소자 : SCR, UJT, PUT

**32.** 그림은 어떤 소자의 구조와 기호이다. 이 소자의 명칭과 ⓐ ~ ⓒ의 단자기호를 모두 옳게 나타낸 것은?

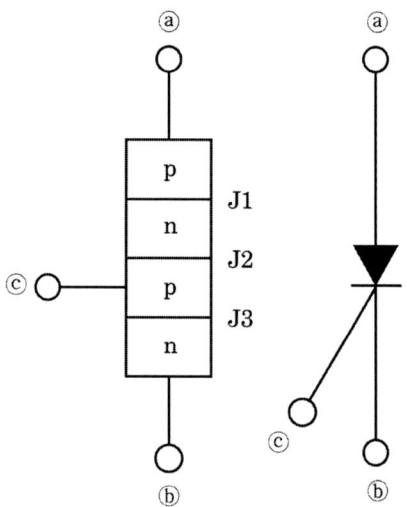

① UJT, ⓐ K(cathode), ⓑ A(anode), ⓒ G(gate)
② UJT, ⓐ A(anode), ⓑ G(gate) ⓒ K(cathode)
③ SCR, ⓐ K(cathode), ⓑ A(anode) ⓒ G(gate)
④ SCR, ⓐ A(anode), ⓑ K(cathode) ⓒ G(gate)

해설 | SCR
• SCR 소자의 접합기호로서 ⓐ A(anode), ⓑ K(cathode), ⓒ G(gate) 로 구성
• ON 상태로 유지하기 위한 최소전류를 유지전류라 한다.(20[mA] 이상)
• 도통된 후 Gate 전류를 차단해도 도통 상태가 유지된다.
• 역전압이 걸리면 소호된다.
• 소호 후 순방향 전압을 인가해도 Gate를 점호하기 전까지는 도통되지 않는다.

정답 29 ③  30 ①  31 ②  32 ④

## 33. 
배전선로에 사용하는 원형 콘크리트주의 수직 투영면적 1[m²]에 대한 풍압을 기초로 하여 계산한 갑종 풍압하중은 얼마인가?

① 372 Pa
② 588 Pa
③ 882 Pa
④ 1255 Pa

해설 | 풍압하중
1[m²] 풍압하중이 588[Pa]인 지지물
- 목주
- 원형 철주
- 원형 철근콘크리트주
- 원형 단주 철탑

## 34.
합성수지관(pvc관)공사에 의한 저압 옥내배선에 대한 내용으로 틀린 것은?

① 전선은 절연전선으로 14 [mm²]의 연선을 사용하였다.
② 관의 지지점 간의 거리를 2[m]로 하였다.
③ 관 상호 간 및 박스와는 관을 삽입하는 깊이를 관의 바깥지름의 1.2배로 하였다.
④ 습기가 많은 장소의 관과 박스의 접속개소에 방습장치를 하였다.

해설 | 합성수지관 공사의 시공
- 전선은 옥외용 비닐 절연전선(OW전선)을 제외한 절연전선을 사용한다.
- ⓐ 단선일 때 구리선 10[mm²] 알루미늄선 16 [mm²] 이하 사용
- ⓑ 그 이상은 연선 사용
- 관의 지지점 간의 거리 : 1.5[m] 이하
- 관 상호 접속은 커플링을 이용하며 커플링에 삽입하는 관의 길이는 관 바깥지름의 1.2배 이상으로 한다. (접착제를 사용 시 0.8배 이상)

## 35.
저압 연접 인입선의 시설에 대한 기준으로 틀린 것은?

① 옥내를 통과하지 말 것
② 인입선에서 분기되는 점에서 100[m]를 초과하지 말 것
③ 폭 5[m]를 넘는 도로를 횡단하지 말 것
④ 철도 또는 궤도를 횡단하는 경우에는 노면상 5[m]를 초과하지 말 것

해설 | 저압연접인입선의 시설기준
- 인입선의 분기점에서 100[m]를 초과하지 말 것
- 폭 5[m]를 넘는 도로를 횡단금지
- 옥내 관통금지
- 지름 2.6 [mm]이상의 비닐절연전선을 사용

## 36.
3상 동기 발전기의 각 상의 유기 기전력 중에서 제5고조파를 제거하려면 단절계수(코일간격 / 피치)는 얼마가 가장 적당한가?

① 0.4
② 0.8
③ 1.2
④ 1.6

해설 | 동기발전기의 단절계수
고조파를 제거하기 위한 단절권 계수 = 0

$$K_p = \frac{\sin n\beta\pi}{2} = \frac{\sin 5\beta\pi}{2} = 0,$$

$$= \frac{5\beta\pi}{2} = 180$$

∴ $\frac{코일간격}{극간격}$ $\beta = 0.8$

정답 33 ② 34 ② 35 ④ 36 ②

**37.** 전압이 일정한 도선에 접속되어 역률 1로 운전하고 있는 동기전동기의 여자전류를 증가 시키면 이 전동기의 역률과 전기자 전류는?

① 역률은 앞서고 전기자 전류는 증가한다.
② 역률은 앞서고 전기자 전류는 감소한다.
③ 역률은 뒤지고 전기자 전류는 증가한다.
④ 역률은 뒤지고 전기자 전류는 감소한다.

해설 | 위상특성곡선

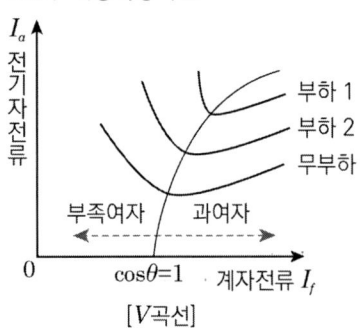

[V곡선]

- 부족여자 : 지상, 리액터 역할
- 과여자 : 진상, 콘덴서 역할

**38.** 500[kVA]의 단상변압기 4대를 사용하여 과부하가 되지 않게 사용할 수 있는 3상 전력의 최댓값은 약 몇 [kVA] 인가?

① $500\sqrt{3}$
② 1500
③ $1000\sqrt{3}$
④ 2000

해설 | V결선의 출력
변압기 2대의 V결선 3상 출력은
$P_V = \sqrt{3}\,P = \sqrt{3} \times 500[\text{kVA}]$
변압기 4대의 V결선 출력은
$2P_V = 2\sqrt{3}\,P = 1000\sqrt{3}\,[\text{kVA}]$

**39.** 정격전압 6600[V], 용량 5000[kVA]의 Y결선 3상 동기발전기가 있다. 여자전류 200[A]에서의 무부하 단자전압 6000[V], 단락전류 600[A]일 때, 이 발전기의 단락비는?

① 1.15
② 1.25
③ 1.55
④ 1.75

해설 | 단락비
$K_s = \dfrac{I_s}{I_n}$ 에서  $I_s = 600[\text{A}]$
$I_n = \dfrac{P}{\sqrt{3}\,V_n} = \dfrac{5000}{\sqrt{3}\times 6} = 481.13[\text{A}]$
∴ 단락비  $K_s = \dfrac{600}{481} = 1.247$

**40.** 직류 발전기의 전기자 반작용을 줄이고 정류를 잘되게 하기 위해서는?

① 브러시 접촉저항을 적게 할 것
② 보극과 보상권선을 설치할 것
③ 브러시를 이동시키고 주기를 크게 할 것
④ 보상권선을 설치하여 리액턴스 전압을 크게 할 것

해설 | 직류발전기의 전기자반작용 방지책
- 브러시 위치를 회전방향으로 이동
- 보극설치
- 보상권선설치
- 리액턴스 전압의 값을 적게 한다.
- 탄소 브러시를 사용하여 브러시의 접촉저항을 크게 한다.

정답  37 ①  38 ③  39 ②  40 ②

41. 그림과 같은 논리회로에서 X가 1이 되기 위한 입력조건으로 옳은 것은?

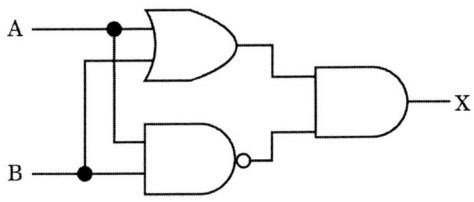

① A=1, B=1
② A=1, B=0
③ A=0, B=0
④ 위 3가지 경우가 모두 해당

해설 | 논리회로
$X = (A+B)(\overline{AB}) = A\overline{B} + \overline{A}B$ 이므로
X가 1이 되기 위한 조건은 A=1, B=0과 A=0, B=1 이다.

42. 디지털 계전기의 특징으로 부적합한 것은?

① 고도의 보호기능, 보호특성을 실현한다.
② 고도의 자동감시기능을 실현한다.
③ 스위치 조작이 간편하며 동작 특성의 선택이 쉽다.
④ 계전기의 정정작업이 복잡하다.

해설 | 디지털계전기
• 전압, 전류, 저항, 온도 등의 몇가지 입력요소를 분석하여 출력 상태를 결정
• 출력은 표시등 점등, 문자/숫자 디스플레이, 통신, 제어, 경고 알람 등의 시각적 피드백과 전기적 차단 등을 포함한다.
• 정밀도, 속도, 유지보수, 크기 등에서 많은 이점이 있다.

43. 고압수전의 3상 3선식에서 불평형부하의 한도는 단상 접속부하로 계산하여 설비불평형률 30[%]이하로 하는 것을 원칙으로 한다. 다음 중 이 제한에 따르지 않을 수 있는 경우가 아닌 것은?

① 저압 수전에서 전용 변압기 등으로 수전하는 경우
② 고압 및 특고압 수전에서 100[kVA] 이하의 단상부하인 경우
③ 특고압 수전에서 100[kVA] 이하의 단상 변압기 3대로 △결선 하는 경우
④ 고압 및 특고압 수전에서 단상부하용량의 최대와 최소의 차가 100[kVA] 이하인 경우

해설 | 설비불평형률의 제한
특고압 수전에서 100[kVA] 이하의 단상변압기 2대로 역V결선 하는 경우에는 설비불평형률 30[%]이하의 제한을 따르지 않아도 된다.

44. 그림은 3상 동기발전기의 무부하 포화곡선이다. 이 발전기의 포화율은 얼마인가?

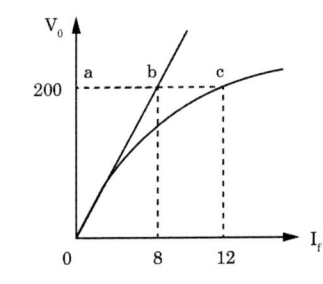

① 0.5   ② 0.67
③ 0.8   ④ 1.5

해설 | 무부하포화곡선의 포화율
포화율 $\dfrac{\overline{bc}}{\overline{ab}} = \dfrac{12-8}{8} = 0.5$

**45.** 사이리스터에 관한 설명이다. 옳지 않은 것은?

① 사이리스터를 턴 온 시키기 위해 필요한 최소한의 순방향 전류를 래칭전류라 한다.
② 도통 중인 사이리스터에 유지전류 이하가 흐르면 사이리스터는 턴 오프 된다.
③ 유지전류의 값은 항상 일정하다.
④ 래칭전류는 유지전류보다 크다.

해설 | SCR
- ON 상태로 유지하기 위한 최소전류를 유지전류라 한다.(20[mA] 이상)
- 도통된 후 Gate 전류를 차단해도 도통 상태가 유지된다.
- 역전압이 걸리면 소호된다.
- 소호 후 순방향 전압을 인가해도 Gate를 점호하기 전까지는 도통되지 않는다.

**46.** 15[kVA], 3000/100[V]인 변압기의 1차 환산 등가 임피던스가 $5+j8[\Omega]$ 일 때 % 리액턴스 강하는 약 몇[%]인가?

① 0.83  ② 1.33
③ 2.31  ④ 3.45

해설 | %리액턴스 강하
1차 정격전류
$I_{1n} = \dfrac{P}{V_{1n}} = \dfrac{15 \times 10^3}{3000} = 5[A]$

%리액턴스 강하
$\%X = \dfrac{I_{1n}X_{12}}{V_{1n}} \times 100 = \dfrac{5 \times 8}{3000} \times 100 = 1.33[\%]$

**47.** 그림의 회로에서 입력 전원($u_s$)의 양(+)의 반주기 동안에 도통하는 다이오드는?

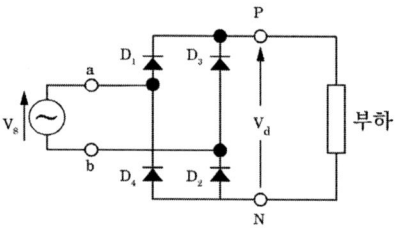

① $D_1, D_2$  ② $D_2, D_3$
③ $D_4, D_1$  ④ $D_1, D_3$

해설 | 다이오드 회로(브릿지 회로)
- 양(+)의 반주기 동안 : $D_1, D_2$가 도통
- 음(-)의 반주기 동안 : $D_3, D_4$가 도통된다.

**48.** 근래 인간공학이 여러 분야에서 크게 기여 하고 있다. 다음 중 어느 단계에서 인간공학적 지식이 고려됨으로서 기업에 가장 큰 이익을 줄 수 있는가?

① 제품의 개발단계
② 제품의 구매단계
③ 제품의 사용단계
④ 작업자의 채용단계

해설 | 인간공학
인간공학적 지식은 제품의 개발단계에서 기업에 가장 큰 이익을 줄 수 있다.

**49.** 다음 [표]를 참조하여 5개월 단순이동평균법으로 7월의 수요를 예측하면 몇 개인가?
[단위 : 개]

| 월 | 1 | 2 | 3 | 4 | 5 | 6 |
|---|---|---|---|---|---|---|
| 실적 | 48 | 50 | 53 | 60 | 64 | 68 |

정답  45 ③  46 ②  47 ①  48 ①  49 ④

① 55개　　② 57개
③ 58개　　④ 59개

해설 | 단순이동평균법
최근 5개월 실적만 반영한 평균
$= \frac{(50+53+60+64+68)}{5} = \frac{295}{5} = 59$

**50.** 도수분포표에서 도수가 최대인 계급의 대표 값을 정확히 표현한 통계량은?

① 중위수
② 시료평균
③ 최빈수
④ 미드-레인지(Mid-range)

해설 | 도수분포표의 용어
최빈수는 통계자료에서 가장 도수가 큰 변량의 값

**51.** 다음 중 두 관리도가 모두 포아송 분포를 따르는 것은?

① $\bar{x}$관리도, R 관리도
② c 관리도, u 관리도
③ np 관리도, p 관리도
④ c 관리도, p 관리도

해설 | 포아송분포
포아송분포란 주어진 시간 또는 영역에서 어떤 사건의 발생 횟수에 대한 확률모형을 나타낸다.
- 포아송분포 : c 관리도, u 관리도
- 이항분포 : np 관리도, p 관리도
- 정규분포 : $\bar{x}$관리도, R 관리도, $x - R$ 관리도

**52.** 전수검사와 샘플링 검사에 관한 설명으로 가장 올바른 것은?

① 파괴검사의 경우에는 전수검사를 적용한다.
② 전수검사가 일반적으로 샘플링 검사보다 품질향상에 자극을 더준다.
③ 검사항목이 많을 경우 전수검사보다 샘플링 검사가 유리하다.
④ 샘플링검사는 부적합품이 섞여 들어가서는 안되는 경우에 적용한다.

해설 | 전수검사와 샘플링검사
① 파괴검사는 샘플링검사를 적용
② 생산자에게 품질향상의 자극을 주고 싶을 때 샘플링 검사 실시
④ 부적합품이 섞여 들어가서는 안되는 경우에는 전수검사를 실시

**53.** 다음 중 반즈(Ralph M, Barnes)가 제시한 동작경제원칙에 해당되지 않는 것은?

① 표준작업의 원칙
② 신체의 사용에 관한 원칙
③ 작업장의 배치에 관한 원칙
④ 공구 및 설비의 디자인에 관한 원칙

해설 | 동작 경제의 3원칙
- 신체 사용에 관한 원칙
- 작업장 배치에 관한 원칙
- 공구나 설비의 설계에 관한 원칙

## 제54회 기출문제

**1.** 314[H]의 자기 인덕턴스에 220[V], 60[Hz]의 교류전압을 가하였을 때 흐르는 전류는?

① 약 1.86[A]
② 약 1.86 × $10^{-3}$[A]
③ 약 1.17 × $10^{-1}$[A]
④ 약 1.17 × $10^{-3}$[A]

해설 | 교류전류의 계산
$$I = \frac{V}{X_L} = \frac{V}{2\pi f L} = \frac{220}{2 \times 3.14 \times 60 \times 314}$$
$$\fallingdotseq 1.86 \times 10^{-3} [A]$$

**2.** 권선형 유도전동기 기동법으로 알맞은 것은?

① 직입 기동법
② 2차 저항 기동법
③ 콘도르파 방식
④ Y-△ 기동법

해설 | 권선형 유도전동기 기동법
· 2차 저항기동법
· 2차 임피던스기동법
· 게르게스법

**3.** 그림과 같은 다이오드 매트릭스 회로에서 $A_1$, $A_0$에 가해진 data가 1, 0이면 $B_3$, $B_2$, $B_1$, $B_0$에 출력되는 data는?

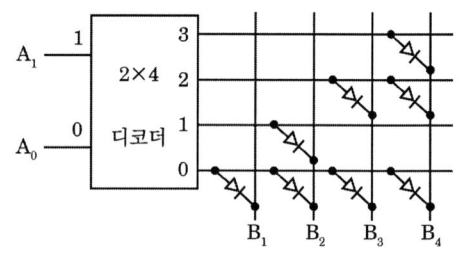

① 1111
② 1010
③ 1011
④ 0100

해설 | 다이오드 매트릭스회로
2×4 디코더는 2개의 입력(2비트)과 4개의 출력($2^2$ 비트)을 가지며 2개의 입력에 따라 4개의 출력 중 1개가 선택된다. $A_1$=1, $A_0$=0 일 때 출력 $B_3$, $B_2$, $B_1$, $B_0$ 은 0100 이다.

**4.** 다음 중 엔트런스 캡의 주된 사용 장소는?

① 부스 덕트의 끝부분의 마감재
② 저압 인입선공사 시 전선관 공사로 넘어 갈 때 전선관의 끝부분
③ 케이블 트레이의 끝부분 마감재
④ 케이블 헤드를 시공할 때 케이블 헤드의 끝부분

해설 | 엔트런스 캡
저압 인입선 공사 시 전선관에 빗물 등이 들어가지 않도록 하기위해 전선관의 끝부분에 설치한다.

정답  01 ②  02 ②  03 ④  04 ②

5. 옥내 전반 조명에서 바닥면의 조도를 균일 하게 하기 위하여 등 간격은 등 높이의 얼마가 적당한가? (단, 등 간격은 S, 등 높이는 H이다.)

① S≤0.5H
② S≤H
③ S≤1.5H
④ S≤2H

해설 | 조명기구 상호 간의 거리
벽 쪽에 있는 전등과 벽과의 거리는

- 벽 쪽을 사용하지 않을 때 : S ≤ $\frac{H}{2}$
- 벽 쪽을 사용할 때 : S ≤ $\frac{H}{3}$

6. 일반적으로 큐비클형이라 하며, 점유면적이 좁고 운전 보수에 안전하므로 공장, 빌딩 등의 전기실에 많이 사용되며 조립형, 장갑형이 있는 배전반은?

① 데드 프런트식 배전반
② 폐쇄식 배전반
③ 라이브 프런트식 배전반
④ 철체 수직형 배전반

해설 | 폐쇄형 배전반(큐비클형)
차단기, 배전반 등을 금속상자 안에 조립하는 방식으로 점유면적이 좁은 공장, 빌딩 등에 많이 사용된다.

7. 전선의 접속법에 대한 설명 중 옳지 않은 것은?

① 접속부분은 절연전선의 절연물과 동등 이상의 절연 효력이 있도록 충분히 피복 한다
② 전선의 전기저항이 증가되도록 접속하여야 한다.
③ 전선의 세기를 20[%] 이상 감소시키지 않는다.
④ 접속부분은 접속관, 기타의 기구를 사용 한다.

해설 | 전선의 접속방법
- 전선의 기계적 강도를 20 % 이상 감소시키지 말 것
- 전기적 저항을 증가 시키지 않도록 한다.
- 접속 부분의 절연은 전선 자체의 절연레벨 이상을 유지한다.
- 접속 부분은 접속기구를 사용하거나 납땜한다.
- 전기적 부식이 발생하지 않도록 한다.

8. 0.6/1 [kV] 비닐절연 비닐 캡타이어 케이블의 약호로서 옳은 것은?

① VCT
② CVT
③ VV
④ VTF

해설 | 케이블의 종류
- VCT : 비닐 캡타이어 케이블
- VV : 비닐 절연 비닐 시스 케이블
- VTF : 2개연 비닐 코드

**9.** RL 병렬회로 양단에 $e = E_m \sin(wt+\theta)$ [V]의 전압이 가해졌을 때 소비되는 유효전력은?

① $\dfrac{E_m^2}{2R}$   ② $\dfrac{E^2}{2R}$

③ $\dfrac{E_m^2}{2R}$   ④ $\dfrac{E^2}{\sqrt{2}\,R}$

해설 | R-L병렬회로의 유효전력

$$P = VI = \frac{V^2}{R} = \frac{\left(\dfrac{E_m}{\sqrt{2}}\right)^2}{R} = \frac{E_m^2}{2R}\,[\text{W}]$$

**10.** 유전체에서 전자분극은 어떠한 이유에서 일어나는가?

① 단결정 매질에서 전자운과 핵간의 상대적인 변위에 의함
② 화합물에서 (+)이온과 (-)이온 간의 상대적인 변위에 의함
③ 화합물에서 전자운과 (+)이온 간의 상대적인 변위에 의함
④ 영구 전기쌍극자의 전계방향의 배열에 의함

해설 | 전자분극
전자분극은 모든 원자에서 어느 정도 유도되고 있는 공통적인 분극이다. 유전체에 전기장이 가해짐에 따라 각 원자의 전기구름의 중심이 이동하면서 나타나는 현상
② 이온분극
④ 쌍극자분극

**11.** 변압기의 누설 리액턴스를 줄이는 가장 효과적인 방법은?

① 코일의 단면적을 크게 한다.
② 권선을 동심 배치한다
③ 권선을 분할하여 조립한다.
④ 철심의 단면적을 크게 한다.

해설 | 변압기의 누설리액턴스
누설 리액턴스를 줄이기 위해 변압기의 권선을 분할하여 조립하는 방법이 있다.

**12.** 교차 결합 NAND 게이트 회로는 RS 플립플롭을 구성하며 비동기 FF 또는 RS NAND 래치라고도 하는데 허용되지 않는 입력 조건은?

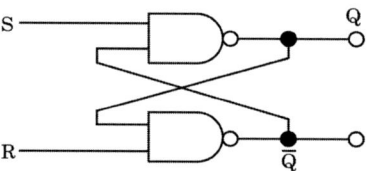

① $S=0, R=0$
② $S=1, R=0$
③ $S=0, R=1$
④ $S=1, R=1$

해설 | NAND 게이트 회로
NAND 게이트를 이용한 RS 래치에서
• $S = R = 0$ 인 경우 : 불허
• $S = 0, R = 1$ 인 경우 : 출력이 1
• $S = 1, R = 0$ 인 경우 : 출력이 0
• $S = R = 1$ 인 경우 : 출력이 불변

**13.** 다음 회로는 3상 전파 정류기(컨버터)의 회로도를 나타내고 있다. 점선 부분의 역할로 가장 적당한 것은?

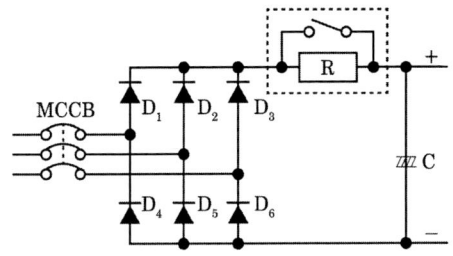

① 전압파형 개선회로
② 전류 증폭회로
③ 돌입전류 억제회로
④ 전류 차단회로

해설 | 3상전파 정류기
돌입전류란 전기기기의 전원을 켤 때, 일시적으로 흐르는 최대 순간 압력 전류를 말한다.

**14.** 소맥분, 전분, 기타의 가연성 분진이 존재하는 곳의 저압 옥내배선 공사방법으로 적합 하지 않는 것은?

① 합성수지관 공사
② 금속관 공사
③ 가요전선관 공사
④ 케이블 공사

해설 | 가연성 분진 위험장소 공사방법
• 합성수지관공사(두께 2[mm]이상)
• 금속관공사
• 케이블공사

**15.** 22.9[kV] 수전설비에 50[A]의 부하전류가 흐른다. 이 수전계통에 변류기(CT) 60/5[A], 과전류계전기(OCR)를 시설하여 120[%]의 과부하에서 차단기가 동작되게 하려면, 과전류계전기 전류탭의 설정값은?

① 4[A]   ② 5[A]
③ 6[A]   ④ 7[A]

해설 | 과전류계전기의 전류탭
$50 \times 1.2 = 60[A]$
변류기(CT)가 60/5[A]이므로 5[A]

**16.** 정격전류 30[A]의 전동기 1대와 정격전류 5[A]의 전열기 2대를 공급하는 저압옥내 간선을 보호할 과전류차단기의 정격전류는 몇 [A]인가?

① 40[A]
② 50[A]
③ 70[A]
④ 100[A]

해설 | 과전류차단기 정격전류
$I_s$ = 전동기 정격전류 합계의 3배 + 일반부하의 정격전류의 합
$(30 \times 3) + (5 \times 2) = 100[A]$

**17.** MOSFET의 드레인(drain)전류 제어는?

① 소스(source) 단자의 전류로 제어
② 드레인(drain)과 소스(source)간 전압으로 제어
③ 게이트(gate)와 소스(source)간 전류로 제어
④ 게이트(gate)와 소스(source)간 전압으로 제어

해설 | MOS-FET 제어
MOS-FET는 게이트와 소스 사이의 전압을 제어함으로써 드레인 전류를 제어한다.

**18.** 다음 중 배전 변전소에서 전력용 콘덴서를 설치하는 주된 목적은?

① 변압기 보호  ② 선로 보호
③ 역률 개선  ④ 코로나손 방지

해설 | 전력용 콘덴서의 역할
• 역률개선
• 전압강하 경감
• 설비 용량 증가

**19.** 수전용 유입차단기의 정격전류가 500[A]일 때 접지선의 공칭 단면적[mm²]은 다음 중 어느 것을 선정하면 적당한가?

① 25  ② 35
③ 50  ④ 70

해설 | 접지선의 단면적
접지선의 단면적 = 차단기(정격전류) 용량 × 0.052 = 500 × 0.052 = 26
∴ 25[mm²]이 적당하다.

**20.** 정격 150[kVA], 철손 1[kW], 전부하 동손이 4[kW]인 단상 변압기의 최대효율[%]은?

① 약 96.8[%]  ② 약 97.4[%]
③ 약 98.0[%]  ④ 약 98.6[%]

해설 | 변압기의 최대효율
최대효율일 때 부하율

$$\frac{1}{m} = \sqrt{\frac{P_i}{P_c}} = \sqrt{\frac{1}{4}} = 0.5$$

$\frac{1}{m}$ 부하시 최대효율은

$$\eta_{\frac{1}{m}} = \frac{\frac{1}{m}P\cos\theta}{\frac{1}{m}P\cos\theta + P_i + \left(\frac{1}{m}\right)^2 P_c}$$

$$= \frac{0.5 \times 150}{0.5 \times 150 + 1 + 0.5^2 \times 4} = 0.974$$

**21.** 그림과 같은 RLC 병렬 공진회로에 관한 설명 중 옳지 않은 것은?

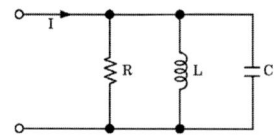

① 공진 시 입력 어드미턴스는 매우 작아진다.
② 공진 시 $L$ 또는 $C$를 흐르는 전류는 입력 전류 크기의 $Q$배가 된다.
③ 공진 주파수 이하에서의 입력 전류는 전압보다 위상이 뒤진다.
④ $L$이 작을수록 전류 확대비가 작아진다.

해설 | R-L-C 병렬공진
병렬공진 시 전류 확대비
$Q = R\sqrt{\dfrac{C}{L}}$ 이므로 L이 클수록, R과 C가 작을수록 전류 확대비는 작아진다.

## 22. 사이리스터의 턴 오프(Turn-off) 조건은?

① 게이트에 역방향 전류를 흘린다.
② 게이트에 역방향 전압을 가한다.
③ 게이트에 순방향 전류를 0으로 한다.
④ 애노드 전류를 유지전류 이하로 한다.

해설 | 사이리스터의 턴오프
- 역전압이 걸리면 소호된다.
- 소호 후 순방향 전압을 인가해도 Gate를 점호하기 전까지는 도통되지 않는다.
- 유지전류 이하로 흐를 때 소호된다.

## 23. 2진수 $(110010.111)_2$를 8진수로 변환한 값은?

① $(62.7)_8$
② $(32.7)_8$
③ $(62.6)_8$
④ $(32.6)_8$

해설 | 2진수의 변환

| 2진수 | 110 | 010 | . | 111 |
|---|---|---|---|---|
| | ↓ | ↓ | ↓ | ↓ |
| 8진수 | 6 | 2 | . | 7 |

## 24. 다음 진리표에 해당하는 논리회로는?

| 입력 | | 출력 |
|---|---|---|
| A | B | X |
| 0 | 0 | 0 |
| 0 | 1 | 1 |
| 1 | 0 | 1 |
| 1 | 1 | 0 |

① AND회로
② EX-NOR회로
③ NAND회로
④ EX-OR회로

해설 | 배타적 논리회로
배타적 논리회로 EX-OR의 연산은 두 입력 변수의 값이 같을 때에는 출력값은 0이 되고 입력 변수의 값이 서로 다를 때에는 출력값이 1이 된다.

## 25. $2^n$의 입력선과 n개의 출력선을 가지고 있으며 출력은 입력값에 대한 2진코드 혹은 BCD 코드를 발생하는 장치는?

① 디코더
② 인코더
③ 멀티플렉서
④ 매트릭스

해설 | 인코더
인코더는 10진수나 다른 진수를 2진수나 BCD코드로 바꿀 때 사용하며, 변환하여 n 비트 출력으로 내보내는 회로이다.

## 26. 전가산기(Full adder) 회로의 기본적인 구성은?

① 입력 2개, 출력 2개로 구성
② 입력 2개, 출력 3개로 구성
③ 입력 3개, 출력 2개로 구성
④ 입력 3개, 출력 3개로 구성

정답  22 ④  23 ①  24 ④  25 ②  26 ③

해설 | 가산기, 감산기 회로

|  | 전가산기 전감산기 | 반가산기 반감산기 |
|---|---|---|
| 입력 | 3 | 2 |
| 출력 | 2 | 2 |

### 27. 반도체 트리거 소자로서 자기 회복능력이 있는 것은?

① GTO  ② SSS
③ SCS  ④ SCR

해설 | GTO
- 오프(off) 상태에서는 양방향 전압저지능력이 있다.
- 자기소호능력이 있다.
- 게이트에 정(+)의 게이트전류를 흘리면 턴온(Turn-on) 된다.
- 게이트에 부(-)의 게이트전류를 흘리면 턴오프(Turn-off) 된다.

### 28. 단권변압기에 대한 설명으로 옳지 않은 것은?

① 1차 권선과 2차 권선의 일부가 공통으로 되어 있다.
② 3상에는 사용할 수 없는 단점이 있다.
③ 동일 출력에 대하여 사용 재료 및 손실이 적고 효율이 높다.
④ 단권변압기는 권선비가 1에 가까울수록 보통 변압기에 비하여 유리하다.

해설 | 단권변압기
- 하나의 철심에 1차권선과 2차권선의 일부를 서로 공유하는 변압기로 분로권선과 직렬권선으로 구분된다.
- 종류에는 단상과 3상이 있다.
- 여자전류가 적다.
- 동량을 절약할 수 있어서 싸고, 소형이다.
- 효율이 좋고 전압 변동률이 작다.

### 29. R[Ω]인 3개의 저항을 같은 전원에 △결선으로 접속시킬 때와 Y결선으로 접속시킬 때 선전류의 크기 비($\frac{I_\triangle}{I_Y}$)는?

① $\frac{1}{3}$  ② $\sqrt{6}$
③ $\sqrt{3}$  ④ 3

해설 | 선전류와 상전류
△결선 시 선전류
$I_l = \sqrt{3} I_p = \sqrt{3}\frac{V_p}{R} = \sqrt{3}\frac{V_l}{R}$,

Y결선시 선전류 $I_l = I_p = \frac{V_p}{R} = \frac{V_l}{\sqrt{3}R}$

∴ 선전류 크기의 비 $\frac{I_\triangle}{I_Y} = \frac{\sqrt{3}\frac{V_l}{R}}{\frac{V_l}{\sqrt{3}R}} = 3$

### 30. 6극 60[Hz]인 3상 유도 전동기의 슬립이 4[%]일 때 이 전동기의 회전수는 몇 [rpm] 인가?

① 952  ② 1152
③ 1352  ④ 1552

해설 | 유도전동기의 회전수
유도 전동기의 회전수 $N=(1-S)N_s$
$N_s = \dfrac{120f}{P} = \dfrac{120 \times 60}{6} = 1200$ [rpm]
$\therefore N = (1-0.04) \times 1200 = 1152$ [rpm]

**31.** 다음 논리식 중 옳은 표현은?

① $\overline{A+B} = \overline{A} \cdot \overline{B}$
② $\overline{A+B} = \overline{A} + \overline{B}$
③ $\overline{A \cdot B} = \overline{A} \cdot \overline{B}$
④ $\overline{A+B} = \overline{A} \cdot B$

해설 | 논리식
드모르간의 정리
- $\overline{A \cdot B} = \overline{A} + \overline{B}$
- $\overline{A+B} = \overline{A} \cdot \overline{B}$

**32.** 최대눈금 150[V], 내부저항 20[Ω]인 직류 전압계가 있다. 이 전압계의 측정범위를 600[V]로 확대하기 위하여 외부에 접속하는 직렬저항은 얼마로 하면 되는가?

① 10[kΩ]
② 40[kΩ]
③ 50[kΩ]
④ 60[kΩ]

해설 | 배율기

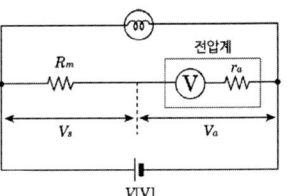

측정범위 배율 $m = \dfrac{600}{150} = 4$

$m = \dfrac{r_a + R_m}{r_a} = \dfrac{20 + R_m}{20} = 4$

$\therefore R_m = 60$ [kΩ]

**33.** 자기 인덕턴스 50[mH]인 코일에 흐르는 전류가 0.01[초] 사이에 5[A]에서 3[A]로 감소하였다. 이 코일에 유기되는 기전력[V]은?

① 10[V]      ② 15[V]
③ 20[V]      ④ 25[V]

해설 | 코일의 유도기전력
$e = -L\dfrac{dI}{dt} = 50 \times 10^{-3} \times \dfrac{5-3}{0.01} = 10$ [V]

**34.** 어떤 교류회로에 전압을 가하니 90° 만큼 위상이 앞선 전류가 흘렀다. 이 회로는?

① 유도성       ② 무유도성
③ 용량성       ④ 저항 성분

해설 | 교류회로의 위상차
- 전류과 전압이 동상일 때 : 저항(R)만의 회로
- 전류가 전압보다 90° 앞설 때 : 콘덴서(C)만의 회로

정답 31 ① 32 ④ 33 ① 34 ③

- 전류가 전압보다 90° 뒤질 때 : 리액터(L)만의 회로

## 35. 220/380[V] 겸용 3상 유도전동기의 리드선은 몇 가닥 인출하는가?

① 3  ② 4
③ 6  ④ 8

해설 | 3상 유도전동기의 리드선
3상 유도전동기의 리드선은 1상당 2가닥이므로 6가닥을 인출하여야 한다.

## 36. 권선형 3상 유도 전동기에서 2차측 저항을 2배로 하면 그 최대 토크는 어떻게 되는가?

① $\frac{1}{2}$로 줄어든다
② $\sqrt{2}$ 배로 된다.
③ 2배로 된다.
④ 불변이다.

해설 | 권선형유도전동기의 최대토크
2차회로에 가변저항기를 접속하여 비례추이 원리를 이용하면 큰 기동 토크를 얻으면서 기동전류도 줄일 수 있고 속도를 제어할 수 있지만 최대토크는 항상 일정하다.

## 37. 단상 220[V], 60[Hz]의 정현파 교류전압을 점호각 60°로 반파 위상제어 정류하여 직류로 변환하고자 한다. 순저항 부하 시 평균 출력전압은 약 몇 [V]인가?

① 74[V]  ② 84[V]
③ 92[V]  ④ 110[V]

해설 | 단상 반파 정류회로
$$E_d = 0.45 V\left(\frac{1+\cos\alpha}{2}\right)$$
$$= 0.45 \times 220 \times \left(\frac{1+0.5}{2}\right) = 74.25[V]$$

## 38. 광원은 점등시간이 진행됨에 따라서 특성이 약간 변화한다. 방전램프의 경우 초기 100시간의 떨어짐이 특히 심한데 이와 같은 특성은 무엇인가?

① 수명특성  ② 동정특성
③ 온도특성  ④ 연색성

해설 | 광원의 특성
- 동정특성은 광원이 점등할 때 필라멘트의 증발로 인해 광속의 변화를 나타내는 특성
- 연색성은 광원이 물체의 색감에 영향을 미치는 현상

## 39. 동기 발전기에서 전기자 전류가 무부하 유도 기전력보다 $\frac{\pi}{2}$[rad] 만큼 뒤진 경우의 전기자반작용은?

① 교차자화작용  ② 자화작용
③ 감자작용  ④ 편자작용

해설 | 동기발전기의 전기자반작용
- 교차자화작용 : 기전력과 전류가 동위상
- 감자작용 : 전류가 기전력보다 90° 뒤질 때 나타나는 현상
- 증자작용 : 전류가 기전력보다 90° 앞설 때 나타나는 현상

**40.** 평균반지름이 1[cm]이고, 권수가 500회인 환상 솔레노이드 내부의 자계가 200[AT/m]가 되도록 하기 위해서는 코일에 흐르는 전류를 약 몇 [A]로 하여야 하는가?

① 0.015  ② 0.025
③ 0.035  ④ 0.045

해설 | 환상 솔레노이드 내부자계
$H = \dfrac{NI}{2\pi r}$ [AT/m]에서
$I = \dfrac{2\pi rH}{N} = \dfrac{2\pi \times 0.01 \times 200}{500} = 0.025$ [A]

**41.** 달링톤(Darlington)형 바이폴라 트랜지스터의 전류 증폭률은?

① 1~3  ② 10~30
③ 30~100  ④ 100~1000

해설 | 달링톤형 바이폴라 트랜지스터
달링톤 트랜지스터는 낮은베이스 전류에서 매우 높은 전류 이득을 제공하기 위해 연결된 한 쌍의 바이폴라 트랜지스터이다.

**42.** 직류전동기에서 전기자에 가해 주는 전원전압을 낮추어서 전동기의 유도 기전력을 전원전압보다 높게 하여 제동하는 방법은?

① 맴돌이전류 제동  ② 발전 제동
③ 역전 제동  ④ 회생 제동

해설 | 유도전동기의 제동법
- 회생제동
유도 전동기를 유도 발전기로 동작시켜, 그 발생 전력을 전원에 회생시켜서 제동하는 방법
- 발전제동
전동기 제동 시에 전원을 개방하여 공급하여 발전기로 동작시킨 후 발전된 전력을 저항에서 열로 소비시키는 방법
- 역전제동(플러깅제동)
전동기의 1차권선 3단자 중 임의의 2단자의 접속을 바꾸면 역방향의 토크가 발생되어 제동하는 방법

**43.** 동기전동기의 특징에 관한 설명으로 옳은 것은?

① 저속도에서 유도전동기에 비해 효율이 나쁘다.
② 기동 토크가 크다.
③ 필요에 따라 진상전류를 흘릴 수 있다.
④ 직류전원이 필요 없다.

해설 | 동기전동기
- 효율이 좋고 역률 조정이 가능하다.
- 공극이 넓어 기계적으로 튼튼하고 보수가 용이하다.
- 정속도 전동기(속도불변)
- 기동장치와 여자전원이 필요하고 난조가 일어나기 쉽다.

정답 40 ② 41 ④ 42 ④ 43 ③

**44.** 양수량 10[m³/min], 총 양정 20[m]의 펌프용 전동기의 용량[KW]은?(단, 여유계수 1.1, 펌프효율은 75[%]이다.)

① 36 ② 48
③ 72 ④ 144

해설 | 양수펌프용 전동기 용량

$$P = \frac{9.8kQH}{\eta} = \frac{9.8 \times 1.1 \times \frac{10}{60} \times 20}{0.75} = 47.911$$

≒48[kW]

**45.** 화약류 저장장소에 있어서의 전기설비 시설에 대한 기준으로 적합한 것은?

① 전선로의 대지전압 400[V] 이하일 것
② 전기기계기구는 개방형일 것
③ 인입구의 전선은 비닐절연전선으로 노출 배선으로 한다.
④ 지락차단장치 또는 경보장치를 시설한다.

해설 | 화약류 저장소의 전기설비
- 대지전압 : 300[V]이하
- 전기기계기구는 전폐형의 것으로 한다.
- 화약류 저장소 이외의 곳에 전용 개폐기 및 과전류 차단기를 각 극에 시설
- 전로에 지락이 생겼을 때에 자동적으로 전로를 차단하거나 경보하는 장치를 시설

**46.** 합성수지관 공사에 의한 저압 옥내배선의 시설 기준으로 옳지 않은 것은?

① 전선은 옥외용 비닐 절연전선을 사용할 것
② 습기가 많은 장소에 시설하는 경우 방습 장치를 할 것
③ 전선은 합성수지관 안에서 접속점이 없도록 할 것
④ 관의 지지점 간의 거리는 1.5[m] 이하로 할 것

해설 | 합성수지관 공사
전선은 옥외용 비닐 절연전선(OW전선)을 제외한 절연전선을 사용한다.
- 단선일 때 구리선 10 [mm²] 알루미늄선 16 [mm²] 이하 사용
- 그 이상은 연선 사용

**47.** 하나 이상의 부하를 한 전원에서 다른 전원으로 자동절환 할 수 있는 장치는?

① ASS ② ACB
③ LBS ④ ATS

해설 | ATS
ATS(Auto Transfer Switch)는 부하를 한 전원에서 다른 전원으로 자동절환하는 스위치이다.

## 48. 모집단으로부터 공간적, 시간적으로 간격을 일정하게 하여 샘플링하는 방식은?

① 단순랜덤샘플링 (simple random sampling)
② 2단계샘플링(two-stage sampling)
③ 취락샘플링 (cluster sampling)
④ 계통샘플링 (systematic sampling)

해설 | 계통샘플링
계통샘플링은 모집단으로부터 시료를 시간적 또는 공간적으로 일정간격에서 추출하는 방법

## 49. 예방보전(Preventive Maintenance)의 효과가 아닌 것은?

① 기계의 수리비용이 감소한다.
② 생산시스템의 신뢰도가 향상된다.
③ 고장으로 인한 중단시간이 감소한다.
④ 잦은 정비로 인해 제조원단위가 증가한다.

해설 | 예방보전의 효과
예방보전은 설비 사용 전 정기점검 및 검사와 초기 수리 등을 하여 설비성능의 저하와 고장 및 사고를 미연에 방지함으로써 설비의 성능을 표준 이상으로 유지하는 보전활동이다.

## 50. 제품공정도를 작성할 때 사용되는 요소(명칭)가 아닌 것은?

① 가공    ② 검사
③ 정체    ④ 여유

해설 | 제품공정기호

| 공정종류 | 공정기호 |
|---|---|
| 가공 | ○ |
| 정체 | D |
| 저장 | ▽ |
| 검사 | □ |

## 51. 작업방법 개선의 기본 4원칙을 표현한 것은?

① 층별 - 랜덤 - 재배열 - 표준화
② 배제 - 결합 - 랜덤 - 표준화
③ 층별 - 랜덤 - 표준화 - 단순화
④ 배제 - 결합 - 재배열 - 단순화

해설 | 작업방법 개선의 기본원칙
① 배제 ② 결합 ③ 교환(재배열) ④ 간소화(단순화)

## 52. 이항분포(Binomial distribution)의 특징에 대한 설명으로 옳은 것은?

① $P = 0.01$ 일 때는 평균치에 대하여 좌 - 우 대칭이다.
② $P \leq 0.1$ 이고, $nP = 0.1 \sim 10$일 때는 포아송 분포에 근사한다.
③ 부적합품의 출전 개수에 대한 표준 편차는 $D(x) = nP$이다.
④ $P \leq 0.5$이고, $nP \leq 5$일 때는 정규 분포에 근사한다.

해설 | 이항분포
이항분포는 다음과 같은 특징이 있다.
• $P = 0.5$일 때 분포의 형태는 좌우 대칭이 된다.

- P ≥ 0.5이고 nP ≥ 5 일 때 정규 분포에 근사한다.
- P ≤ 0.1 이고 nP = 0.1 ~ 10일 때는 포아송 분포 에 근사한다.

**53.** 부적합수 관리도를 작성하기 위해 $\sum c = 559, \sum n = 222$를 구하였다. 시료의 크기가 부분군마다 일정하지 않기 때문에 $u$관리도를 사용하기로 하였다. $n = 10$일 경우 $u$관리도의 UCL 값은 약 얼마인가?

① 4.023  ② 2.518
③ 0.502  ④ 0.252

해설 | $u$관리도에서 관리한계선

$$\bar{u} = \frac{\sum c}{\sum n} = \frac{559}{222} = 2.518$$

관리 상한선

$$UCL = \bar{u} + 3\sqrt{\frac{\bar{u}}{n}} = 2.518 + 3\sqrt{\frac{2.518}{10}}$$
$$= 4.023$$

# 제53회 기출문제

**2013년 1회**

**1.** 다이오드의 애벌런치(Avalanche) 현상이 발생되는 것을 옳게 설명한 것은?

① 역방향 전압이 클 때 발생한다.
② 순방향 전압이 클 때 발생한다.
③ 역방향 전압이 작을 때 발생한다.
④ 순방향 전압이 작을 때 발생한다.

해설 | 애벌런치현상
다이오드에 항복전압 이상의 역전압이 걸리면 내부의 공유결합이 깨져서 역방향 전류에 의해 다이오드에 손상이 발생한다.

**2.** 공기 중 10[Wb]의 자극에서 나오는 자력선의 총 수는?

① 약 $6.885 \times 10^6$개
② 약 $7.958 \times 10^6$개
③ 약 $8.855 \times 10^6$개
④ 약 $9.092 \times 10^6$개

해설 | 자기력선의 총 수
$m$[Wb]당 자력선의 총수 $= \dfrac{m}{\mu}$ 개
$N = \dfrac{m}{\mu_0 \mu_s} = \dfrac{10}{4\pi \times 10^{-7} \times 1} = 7.958 \times 10^6$개

**3.** 용량 10[kVA]의 단권변압기에서 전압 3000[V]를 3300[V]로 승압시켜 부하에 공급할 때 부하용량[kVA]은?

① 1.1[kVA]  ② 11[kVA]
③ 110kVA]  ④ 990[kVA]

해설 | 단권변압기의 용량비
$\dfrac{\text{자기용량}}{\text{부하용량}} = \dfrac{V_h - V_l}{V_h}$

부하용량 $= $ 자기용량 $\times \dfrac{V_h}{V_h - V_l}$
$= 10 \times \dfrac{3300}{(3300 - 3000)}$
$= 110[\text{kVA}]$

**4.** 유니온 커플링의 사용 목적으로 옳은 것은?

① 금속관 상호의 나사를 연결하는 접속
② 금속관과 박스와 접속
③ 안지름이 다른 금속관 상호의 접속
④ 돌려 끼울 수 없는 금속관 상호의 접속

해설 | 커플링의 분류
• 유니온 커플링 : 금속관 상호접속
• 스플릿 커플링 : 가요 전선관 상호접속
• 콤비네이션 커플링 : 가요 전선관과 금속관의 접속

정답  01 ①  02 ②  03 ③  04 ④

**05.** 공급 30[m]인 지점에서 70[A], 45[m]인 지점에서 50[A], 60[m]인 지점에서 30[A]의 부하가 걸려 있을 때 부하중심까지의 거리를 산출하여 전압강하를 고려한 전선의 굵기를 결정하고자 한다. 부하중심까지의 거리는 몇 [m]인가?

① 62[m]  ② 50[m]
③ 41[m]  ④ 36[m]

해설 | 부하중심점까지의 거리

중심점까지거리 = $\dfrac{\sum(각각의\ 거리 \times 전류\ 합)}{전류의\ 합}$

$= \dfrac{(30 \times 70) + (45 \times 50) + (60 \times 30)}{70 + 50 + 30} = 41[m]$

**06.** 2개의 전력계를 사용하여 평형부하의 3상 회로의 역률을 측정하고자 한다. 전력계의 지시가 각각 1[kW] 및 3[kW]라 할 때 이 회로의 역률은 약 몇 [%]인가?

① 58.8  ② 63.3
③ 75.6  ④ 86.6

해설 | 2전력계법

$\cos\theta = \dfrac{P_1 + P_2}{2\sqrt{P_1^2 + P_2^2 - P_1 P_2}}$

$= \dfrac{1+3}{2\sqrt{1^2 + 3^2 - 1 \times 3}} = 0.756 = 75.6[\%]$

**07.** 그림과 같은 회로에서 단자 a, b에서 본 합성저항 [Ω]은?(단, R=3[Ω] 이다.)

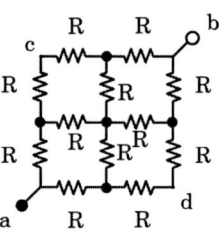

① 1.0[Ω]  ② 1.5[Ω]
③ 3.0[Ω]  ④ 4.5[Ω]

해설 | 합성저항의 계산

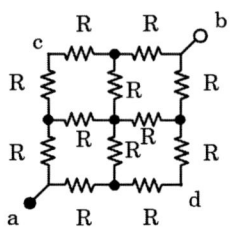

$\therefore R_{ab} = 3 \times \dfrac{3}{2} = 4.5[\Omega]$

**08.** 그림은 사이클로 컨버터의 출력전압과 전류의 파형이다. $\theta_2 \sim \theta_3$ 구간에서 동작되는 컨버터의 동작모드는?

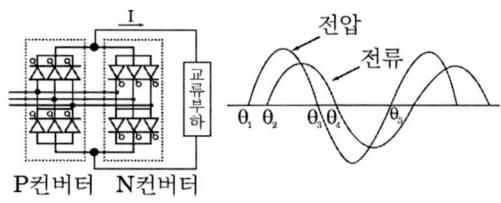

① P 컨버터, 순변환
② P 컨버터, 역변환
③ N 컨버터, 순변환
④ N 컨버터, 역변환

해설 | 싸이클로 컨버터의 동작모드
• $\theta_2 - \theta_3$ 구간 : P컨버터, 순변환

• $\theta_4 - \theta_5$ 구간 : N컨버터, 역변환

## 9. 사용전압이 220[V]인 경우에 애자사용 공사에서 전선과 조영재와의 이격거리는 최소 몇 [cm] 이상이어야 하는가?

① 2.5  ② 4.5
③ 6.0  ④ 8.0

해설 | 애자사용 배선공사
- 전선 상호간 거리 : 6[cm] 이상
- 전선과 조영재와의 거리
  - 400[V] 이하 : 2.5[cm] 이상
  - 400[V] 초과 : 4.5[cm] 이상
    (건조한 곳은 2.5[cm] 이상)

## 10. 그림과 같은 회로에서 소비되는 전력은?

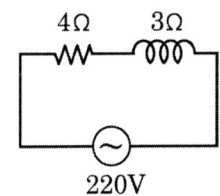

① 5808[W]  ② 7744[W]
③ 9680[W]  ④ 12100[W]

해설 | 전력회로
$Z = \sqrt{R^2 + X^2} = \sqrt{4^2 + 3^2} = 5[\Omega]$
$I = \dfrac{V}{Z} = \dfrac{V}{\sqrt{R^2 + X^2}} = \dfrac{220}{5} = 44[A]$
$P = I^2 R = 44^2 \times 4 = 7744[W]$

## 11. 주파수 60[Hz]로 제작된 3상 유도전동기를 동일한 전압의 50[Hz]전원으로 사용할 때 나타나는 현상은?

① 철손 감소
② 무부하전류 증가
③ 자속 감소
④ 속도 증가

해설 | 유도전동기의 주파수
① 주파수 감소하면 무부하 전류가 증가하여 철손이 증가한다.
③ 유도기전력 $E = 4.44 f N \phi_m$ 에서 주파수가 감소하면 자속은 증가한다.
④ 동기속도 $N_s = \dfrac{120f}{P}$ [rpm]에서 주파수가 감소하면 속도도 감소한다.

## 12. 직류기에 주로 사용하는 권선법으로 다음 중 옳은 것은?

① 개로권, 환상권, 이층권
② 개로권, 고상권, 이층권
③ 폐로권, 고상권, 이층권
④ 폐로권, 환상권, 이층권

해설 | 전기자권선법
직류기의 전기자 권선법은 주로 고상권, 폐로권, 이층권을 채용한다.

**13.** 저항 10[Ω], 유도리액턴스 10[Ω]인 직렬 회로에 교류전압을 인가할 때 전압과 이 회로에 흐르는 전류와의 위상차는 몇 도인가?

① 60°　　② 45°
③ 30°　　④ 0°

해설 | R-L 직렬회로
$\tan\theta = \dfrac{X_L}{R} = \dfrac{10}{10} = 1$
$\therefore \theta = 45°$

**14.** 3상 배전선로의 말단에 늦은 역률 80[%], 150[kW]의 평형 3상 부하가 있다. 부하점에 부하와 병렬로 전력용 콘덴서를 접속하여 선로손실을 최소화하려고 한다. 이 경우 필요한 콘덴서 용량은? (단, 부하단 전압은 변하지 않는 것으로 한다.)

① 105.5[kVA]　　② 112.5[kVA]
③ 135.5[kVA]　　④ 150.5[kVA]

해설 | 전력용 콘덴서 용량
$Q = P(\tan\theta_1 - \tan\theta_2)[\text{kVA}]$
$= 150 \times \left( \dfrac{\sin\theta_1}{\cos\theta_1} - \dfrac{\sin\theta_2}{\cos\theta_2} \right)$
$= 150 \times \left( \dfrac{\sqrt{1-0.8^2}}{0.8} - \dfrac{0}{1} \right)$
$= 112.5[\text{kVA}]$

**15.** 동기 전동기에서 제동권선의 사용 목적으로 가장 옳은 것은?

① 난조방지
② 정지시간의 단축
③ 운전토크의 증가
④ 과부하 내량의 증가

해설 | 제동권선의 기능
동기기에서 난조방지, 자기기동 역할

**16.** 분류기의 배율을 나타낸 식으로 옳은 것은? (단, $R_s$는 분류기 저항, r은 전류계의 내부저항이다.)

① $\dfrac{R_s + 1}{r}$　　② $\dfrac{R_s}{r} + 1$
③ $\dfrac{r}{R_s} + 1$　　④ $\dfrac{r}{r + R_s} + 1$

해설 | 분류기의 배율
$n = \dfrac{r + R_s}{R_s} = \dfrac{r}{R_s} + 1$

**17.** 2진수 $01100110_2$의 2의 보수는?

① 01100110　　② 01100111
③ 10011001　　④ 10011010

해설 | 2진수의 보수
1의 보수는 0→1로, 1→0으로 변환
01100110 → 10011001
2의 보수는 1의 보수 +1
10011001 + 1 = 10011010

정답　13 ②　14 ②　15 ①　16 ③　17 ④

**18.** 가공 전선로에 사용하는 원형 철근 콘크리트주의 수직 투영 면적 1[m²]에 대한 갑종 풍압 하중은?

① 333[Pa]   ② 588[Pa]
③ 745[Pa]   ④ 882[Pa]

해설 | 풍압하중
1[m²] 풍압하중이 588[Pa]인 지지물
- 목주
- 원형 철주
- 원형 철근콘크리트주
- 원형 단주 철탑

**19.** 저압의 지중전선이 지중 약전류 전선 등과 접근하거나 교차하는 경우 상호 간의 이격 거리가 몇 [cm] 이하인 때에는 지중전선과 지중 약전류 전선 등 사이에 견고한 내화성의 격벽을 설치하는가?

① 20[cm]   ② 30[cm]
③ 50[cm]   ④ 60[cm]

해설 | 내화성 격벽설치 조건
지중전선과 약전류 전선의 접근 또는 교차 시 상호 이격거리
- 저압 또는 고압의 지중전선: 30[cm] 이하
- 특고압 지중전선: 60[cm] 이하

**20.** 무한히 긴 직선도체에 전류 $I$[A]를 흘릴 때 이 전류로부터 $r$[m] 떨어진 점의 자속밀도는 몇 [Wb/m²]인가?

① $\dfrac{\mu_0 I}{4\pi r}$   ② $\dfrac{I}{2\pi \mu_0 r}$
③ $\dfrac{I}{2\pi r}$   ④ $\dfrac{\mu_0 I}{2\pi r}$

해설 | 무한장 직선도체
자기장의 세기 $H = \dfrac{I}{2\pi r}$ [AT/m]

자속밀도 $B = \mu H = \dfrac{\mu_0 I}{2\pi r}$ [Wb/m²]

**21.** 소형 유도전동기의 슬롯을 사구(Skew Slot)로 하는 이유는?

① 기동 토크를 증가시키기 위하여
② 게르게스 현상을 방지하기 위하여
③ 제동 토크를 증가시키기 위하여
④ 크로우링을 방지하기 위하여

해설 | 크로우링 현상
크로우링 현상이란 농형 유도 전동기에 고조파전류 등이 흐르게 되어 정격속도에 이르지 못하고 낮은 속도에서 안정화되어 버리는 현상으로 진동 및 소음이 발생한다.
방지대책으로 사구(Skew Slot/경사슬롯)을 채용한다.

## 22. 전력용 콘덴서의 내부소자 사고 검출방식이 아닌 것은?

① 콘덴서 외함 팽창변위 검출방식
② 중성점 간 전압 검출방식
③ 중성점 간 전류 검출방식
④ 회선 전류 위상비교 검출방식

해설 | 콘덴서의 내부소자 사고 검출방식
- 중성점 간 전류 검출방식
- ARN 스위치 보호방식
- Lead Cut 보호방식

## 23. 영구자석을 회전자로 하고, 회전자의 자극 근처에 반대 극성의 자극을 가까이 놓고 회전시키면 회전자는 이동하는 자석에 흡인되어 회전하는 전동기는?

① 유도 전동기   ② 직권 전동기
③ 동기 전동기   ④ 분기 전동기

해설 | 동기전동기의 원리
전기자의 권선에 3상 교류 전압을 인가하면 회전 자기장이 만들어지고, 계자가 동기속도로 회전한다.

## 24. 자극의 흡인력 F[N]과 자속밀도 B[Wb/m²] 의 관계로 옳은 것은? (단, $K = \dfrac{S}{2\mu_0}$ 이다.)

① $F = K\dfrac{1}{B^2}$   ② $F = K\dfrac{1}{B}$
③ $F = KB^2$   ④ $F = KB$

해설 | 자극의 흡인력과 자속밀도
$$F = \dfrac{1}{2}\mu H^2 \cdot S [N], \quad (S: 단면적)$$
$H = \dfrac{B}{\mu_0}$ 이므로
$$F = \dfrac{1}{2\mu_0}B^2 \cdot S = KB^2 [N]$$

## 25. 3상 유도전동기의 2차동손, 2차 입력, 슬립을 각각 $P_c$, $P_2$, $s$라 하면 관계식은?

① $P_c = sP_2$   ② $P_c = \dfrac{P_2}{s}$
③ $P_c = \dfrac{s}{P_2}$   ④ $P_c = \dfrac{1}{sP_2}$

해설 | 유도전동기의 2차동손
비례식 $P_2 : P_c : P_o = 1 : s : (1-s)$
$P_2 : P_c = 1 : s$ 에서 $P_c = sP_2$

## 26. 정격 30[kVA], 1차측 전압 6600[V], 권수비 30인 단상변압기의 2차측 정격전류는 약 몇 [A]인가?

① 93.2[A]   ② 136.4[A]
③ 220.7[A]   ④ 455.5[A]

해설 | 단상변압기의 2차측 정격전류
권수비 $(a) = \dfrac{I_2}{I_1}$,
$I_1 = \dfrac{P}{V_1} = \dfrac{30 \times 10^3}{6600} = 4.55 [A]$
2차측 정격전류
$I_2 = aI_1 = 30 \times 4.55 = 136.5 [A]$

정답  22 ④  23 ③  24 ③  25 ①  26 ②

**27.** 진리표와 같은 논리식을 간략화한 것은?

| 입력 | | | 출력 |
|---|---|---|---|
| A | B | C | X |
| 0 | 0 | 0 | 0 |
| 0 | 0 | 1 | 1 |
| 0 | 1 | 0 | 0 |
| 0 | 1 | 1 | 1 |
| 1 | 0 | 0 | 0 |
| 1 | 0 | 1 | 0 |
| 1 | 1 | 0 | 1 |
| 1 | 1 | 1 | 1 |

① $\overline{AB}+\overline{BC}$
② $A\overline{B}+\overline{BC}$
③ $AC+\overline{BC}$
④ $AB+\overline{A}C$

해설 | 카르노도표로 논리식

| C \ AB | 00 | 01 | 11 | 10 |
|---|---|---|---|---|
| 0 | 0 | 0 | 1 | 0 |
| 1 | 1 | 1 | 1 | 0 |

$X = AB + \overline{A}C$

**28.** 2진수 (1011)를 그레이 코드(Gray Code)로 변환한 값은?

① $(1111)_G$
② $(1101)_G$
③ $(1110)_G$
④ $(1100)_G$

해설 | 2진수의 코드변환
- 1단계 : 첫 번째 비트는 그대로 1 그리고 두 비트를 XOR 시켜서
- 2단계 : 10 → 1
- 3단계 : 01 → 1
- 4단계 : 11 → 0

**29.** 나전선 상호 또는 나전선과 절연전선, 캡타이어 케이블 또는 케이블과 접속하는 경우의 설명으로 옳은 것은?

① 접속 슬리브(스프리트 슬리브 제외), 전선 접속기를 사용하여 접속하여야 한다.
② 접속부분의 절연은 전선 절연물의 80[%] 이상의 절연효력이 있는 것으로 피복하여야 한다.
③ 접속부분의 전기저항을 증가시켜야 한다.
④ 전선의 강도를 30[%] 이상 감소시키지 않는다.

해설 | 전선접속의 조건
- 전기적 저항을 증가시키지 않도록 한다.
- 기계적 강도를 20[%]이상 감소시키지 않는다.
- 접속점의 절연이 유지되도록 절연테이프나 접속커넥터를 사용한다.
- 전선의 접속은 박스 안에서 하고, 접속점에 장력이 가해지지 않도록 한다.

**30.** 공용접지의 특징으로 적합한 것은?

① 다른 기기 계통에 영향이 적다.
② 보호대상물을 제한할 수 있다.
③ 접지 전국수가 적어 시공면에서 경제적이다.
④ 접지 공사비가 상승한다.

해설 | 공용접지의 특징
- 접지 저항값을 쉽게 얻을 수 있다.
- 접지 공사비가 적다.
- 접지 신뢰도가 높다.
- 타 기기에 영향을 주고 받는다.
- 보호 대상물 제한이 불가능하다.

정답 27 ④  28 ③  29 ①  30 ③

**31.** 다음 설명 중 옳은 것은?

① 인덕턴스를 직렬 연결하면 리액턴스가 커진다.
② 저항을 병렬 연결하면 합성저항은 커진다.
③ 콘덴서를 직렬 연결하면 용량이 커진다.
④ 유도 리액턴스는 주파수에 반비례한다.

해설 | 전기이론
② 저항은 병렬 연결하면 값이 작아진다.
③ 콘덴서는 병렬 연결하면 값이 커진다.
④ 유도 리액턴스 는 주파수에 비례한다.

**32.** 용량 10[kVA], 임피던스 전압 5[%]인 변압기 A와 용량 30[kVA], 임피던스 전압 1[%]인 변압기 B를 병렬운전시켜 36[kVA] 부하를 연결할 때 변압기 A의 부하 분담은 몇 [kVA]인가?

① 4.5[kVA]  ② 6[kVA]
③ 13.5[kVA]  ④ 18[kVA]

해설 | 변압기의 부하분담
$\frac{P_A}{P_B} = \frac{[kVA]_A}{[kVA]_B} \times \frac{\%Z_B}{\%Z_A}$ 에서 용량은 관계없으므로 $\frac{P_A}{P_B} = \frac{\%Z_B}{\%Z_A} = \frac{1}{5}$
$5P_A = P_B$
$P_A + P_B = 36$
$\therefore P_A = 6[kVA]$

**33.** 평균 구면광도 100[cd]의 전구 5개를 지름 10[m]인 원형의 방에 점등할 때, 방의 평균 조도 [lx]는? (단, 조명률은 0.5, 감광보상률 은 1.5 이다.)

① 약 26.7[lx]  ② 약 35.5[lx]
③ 약 48.8[lx]  ④ 약 59.4[lx]

해설 | 조명의 계산
$UNF = EAD$ 에서
조명률 $U = 0.5$, 등 수 $N = 5$
광속 $F = 4\pi I = 4\pi \times 100 = 1256$,
실내면적 $A = \pi r^2 = \pi \times \left(\frac{10}{2}\right)^2 = 78.5$
감광보상율 $D = 1.5$
$E = \frac{UNF}{AD} = \frac{0.5 \times 5 \times 1256}{78.5 \times 1.5} = 26.667$
$\fallingdotseq 26.7[lx]$

**34.** 카르노도의 상태가 그림과 같을 때 간략화 된 논리식은?

| C\BA | 00 | 01 | 11 | 10 |
|---|---|---|---|---|
| 0 | 1 | 0 | 0 | 1 |
| 1 | 1 | 0 | 0 | 0 |

① $\overline{A}\overline{B}\overline{C} + \overline{A}BC + \overline{A}B\overline{C} + \overline{A}BC$
② $A\overline{B} + \overline{A}B$
③ $A$
④ $\overline{A}$

해설 | 카르노도표

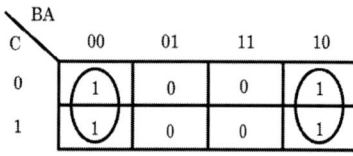

논리식을 간소화하면 $\overline{A}$

## 35. 어떤 교류 3상 3선식 배전선로에서 전압을 200[V]에서 400[V]로 승압하였을 때 전력 손실은?(단, 부하용량은 같다.)

① 2배로 증가한다.
② 4배로 증가한다.
③ $\frac{1}{2}$배로 증가한다.
④ $\frac{1}{4}$배로 감소한다.

해설 | 전압에 따른 전력 손실
전력 $P = VI[W]$에서 전압과 전류는 반비례하고, 손실 $P = I^2R[W]$에서 손실은 전류의 제곱에 비례하므로 전압이 2배가 되면 손실은 $\frac{1}{4}$배로 감소한다.

## 36. 자동화재 탐지설비의 감지기 회로에 사용되는 비닐절연전선의 최고 규격은?

① 1.0[mm²]  ② 1.5[mm²]
③ 2.5[mm²]  ④ 4.0[mm²]

해설 | 자동화재 탐지설비
감지기 회로에 사용되는 비닐절연전선의 최고 단면적은 1.5[mm²]이다.

## 37. 120° 씩 위상차를 갖는 3상 평형전원이 아래 3상 전파 정류회로에 인가되어 있는 경우 다음 설명 중 적절하지 않은 것은?

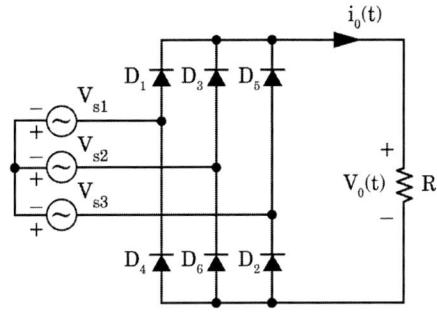

① 3상 전파 정류회로의 출력전압 $v_0(t)$은 3상 반파 정류회로의 경우보다 리플(ripple) 성분의 크기가 작다.
② 상단부 다이오드($D_1$, $D_3$, $D_5$)는 임의의 시간에 3상 전원 중 전압의 크기가 양의 방향으로 가장 큰 상에 연결되어 있는 다이오드가 온(On)된다.
③ 3상 전파 정류회로의 출력전압 $v_0(t)$은 120°의 간격을 가지고 전원의 한 주기당 각 상전압의 크기를 따라가는 3개의 펄스로 나타난다.
④ 출력전압 $v_0(t)$의 평균치는 전원 선간전압 실효치의 약 1.35배이다.

해설 | 3상전파 정류회로
전원전압의 한 주기 내에 펄스폭이 120 인 6개의 펄스 형태의 선간전압으로 직류 출력전압이 얻어진다.

## 38. 직류 복권전동기 중에서 무부하 속도와 전부하 속도가 같도록 만들어진 것은?

① 과복권   ② 부족복권
③ 평복권   ④ 차동복권

해설 | 평복권의 특징
- 평복권 발전기는 무부하전압과 전부하전압이 거의 같다.
- 평복권 전동기는 무부하속도와 전부하 속도가 거의 같다.

**39.** 동기발전기에서 전기자권선을 단절권으로 하는 목적은?

① 절연을 좋게 한다.
② 기전력을 높게 한다.
③ 역률을 좋게 한다.
④ 고조파를 제거한다.

해설 | 동기발전기의 단절권
- 코일간격이 극 간격보다 작다.
- 고조파를 제어하여 기전력의 파형을 개선한다.
- 구리(동)량이 적게 든다.
- 전절권에 비해 유도기전력이 감소한다.

**40.** D형 플립플롭의 현재 상태[Q]이가 0일 때 다음 상태 [Q(t + 1)]를 1로 하기 위한 D의 입력 조건은?

① 1
② 0
③ 1과 0 모두 가능
④ Q

해설 | D형 플립플롭
D형 플립플롭은 D = 0에서 클럭이 발생하면 Q = 0이 되고, D = 1에서 클럭이 발생하면 Q = 1이 된다.

**41.** 지중 전선로를 직접 매설식으로 시설하는 경우 차량 기타 중량물의 압력을 받을 우려가 있는 장소에는 깊이를 몇 [m] 이상으로 해야 하는가?

① 0.6[m]   ② 1.0[m]
③ 1.8[m]   ④ 2.0[m]

해설 | 지중전선로의 매설깊이
직접매설식과 관로식의 매설 깊이는 차량, 기타 중량물의 압력을 받을 우려가 있는 장소는 1[m] 이상, 기타 장소는 0.6[m] 이상이어야 한다.

**42.** 3상 동기발전기의 단락비를 산출하는 데 필요한 시험은?

① 돌발 단락시험과 부하시험
② 동기화 시험과 부하 포화시험
③ 외부 특성시험과 3상 단락시험
④ 무부하 포화시험과 3상 단락시험

해설 | 동기발전기의 단락비
동기발전기의 단락비는 무부하 포화곡선과 3상 단락곡선을 이용하여 구할 수 있다.

**43.** PN 접합 다이오드의 순방향 특성에서 실리콘 다이오드의 브레이크 포인터는 약 몇 [V] 인가?

① 0.2[V]   ② 0.5 [V]
③ 0.7[V]   ④ 0.9[V]

해설 | 다이오드의 브레이크포인터
- 실리콘 다이오드 : 0.6~0.7[V]
- 게르마늄 다이오드 : 0.2~0.3[V]

정답  39 ④  40 ①  41 ②  42 ④  43 ③

44. 다음은 콘덴서형 전동기 회로로서 보조권선에 콘덴서를 접속하여 보조권선에 흐르는 전류와 주권선에 흐르는 전류의 위상각을 더욱 크게 한 것으로 회로에 사용한 콘덴서의 목적으로 옳지 않은 것은?

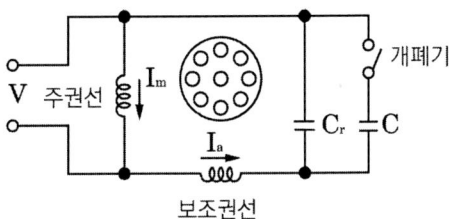

① 정·역 운전에 도움을 준다.
② 운전 시에 효율을 개선한다.
③ 운전 시에 역률을 개선한다.
④ 기동 회전력을 크게 한다.

해설 | 콘덴서형 전동기 회로
단상유도전동기는 단상권선으로는 기동토크가 발생하지 않기 때문에 보조권선을 연결한다. 이는 다른 전동기에 비해 역률 및 효율이 좋다.

45. 정부나 공공기관에서 발주하는 전기공사의 물량 산출 시 전기재료의 할증률 중 옥내 케이블은 일반적으로 몇 [%] 값 이내로 하여야 하는가?

① 1[%]   ② 3[%]
③ 5[%]   ④ 10[%]

해설 | 전선의 할증률
• 옥외전선 : 5[%]
• 옥내전선 : 10[%]
• 옥외 케이블 : 3[%]
• 옥내 케이블 : 5[%]

46. 저압 연접인입선의 시설기준으로 옳은 것은?

① 인입선에서 분기되는 점에서 100[m]를 초과하지 말 것
② 폭 2.5[m] 초과하는 도로를 횡단하지 말 것
③ 옥내를 통과하여 시설할 것
④ 지름은 최소 2.5[mm²] 이상의 경동선을 사용할 것

해설 | 저압연접인입선 시설 제한 규정
• 인입선의 분기점에서 100[m]를 초과하지 말 것
• 폭 5[m]를 넘는 도로를 횡단금지
• 옥내 관통금지
• 지름 2.6 [mm]이상의 비닐절연전선을 사용

47. 애자사용공사에 의한 고압 옥내배선의 시설에 있어서 적당하지 않는 것은?

① 전선이 조영재를 관통할 때에는 난연성 및 내수성이 있는 절연관에 넣을 것
② 애자사용 공사에 사용하는 애자는 난연성일 것
③ 전선과 조영재와 이격거리는 4.5[cm]로 할 것
④ 고압 옥내배선은 저압 옥내배선과 쉽게 식별되도록 시설할 것

해설 | 고압옥내배선의 애자사용공사
• 전선 : 단면적 6 [mm²]이상의 연동선
• 지지점 간의 거리 : 6 [m]이하 ( 조영재 면을 따라 붙이는 경우 2 [m]이하)
• 전선 상호간의 간격 : 8 [cm]이상
• 전선과 조영재 사이의 이격거리 : 5 [cm] 이상

- 애자는 절연성, 난연성 및 내수성 이어야 한다.

**48.** 고압 및 특고압의 전로에서 절연내력 시험을 할 때 규정에 정한 시험전압을 전로와 대지 사이에 몇 분간 가하여 견디어야 하는가?

① 1분  ② 5분
③ 10분 ④ 20분

해설 | 절연내력 시험전압
고압 및 특고압 전로의 절연내력 시험은 전로와 대지 간에 시험전압을 10분간 연속적으로 가했을 때 견디어야 한다.

**49.** 은 전량계에 1시간 동안 전류를 통과시켜 8.054[g]의 은이 석출되었다면 이때 흐른 전류의 세기는 약 얼마인가? (단, 은의 전기적 화학당량 $k = 0.001118[g/c]$ 이다.)

① 2[A]    ② 9[A]
③ 32[A]   ④ 120[A]

해설 | 석출량
$W = kIt[g]$ 에서
$I = \dfrac{W}{kt} = \dfrac{8.054}{0.001118 \times 3600} = 2[A]$

**50.** 검사의 분류방법 중 검사가 행해지는 공정에 의한 분류에 속하는 것은?

① 관리 샘플링 검사
② 로트별 샘플링검사
③ 전수검사
④ 출하검사

해설 | 검사의 분류방법
검사공정에 의한 분류
- 수입(구입)검사
- 공정(중간)검사
- 최종(완성)검사
- 출하(출고)검사

**51.** 다음 중 브레인스토밍(Brainstorming)과 가장 관계가 깊은 것은?

① 파레토도
② 히스토그램
③ 회귀분석
④ 특성요인도

해설 | 브레인스토밍
일정한 테마에 관하여 회의형식을 채택하고, 구성원의 자유발언을 통한 아이디어의 제시를 요구하여 발상을 찾아내려는 방법으로 특성요인도의 작성방법중의 하나이다.

정답  48 ③  49 ①  50 ④  51 ④

**52.** 단계여유(Slack)의 표시로 옳은 것은? (단, TE는 가장 이른 예정일, TL은 가장 늦은 예정일, TF는 총 여유시간, FF는 자유여유시간이다.)

① TE - TL    ② TL - TE
③ FF - TF    ④ TE - TF

해설 | 단계여유의 표시
단계여유(Slack)는 TL - TE 로 표시한다.

**53.** c 관리도에서 $k = 20$인 군의 총 부적합수 합계는 58이었다. 이 관리도의 UCL, LCL 을 구하면 약 얼마인가?

① UCL=2.90, LCL=고려하지 않음
② UCL-5.90, LCL=고려하지 않음
③ UCL=6.92, LCL=고려하지 않음
④ UCL=8.01, LCL=고려하지 않음

해설 | c 관리도
① 중심선 : $CL = \bar{c} = \dfrac{\sum c}{k} = \dfrac{58}{20} = 2.9$

② 관리한계선 : UCL, LCL
- $UCL = \bar{c} + 3\sqrt{\bar{c}} = 2.9 + 3\sqrt{2.9} = 8.01$
- $LCL = \bar{c} - 3\sqrt{\bar{c}} = 2.9 - 3\sqrt{2.9} = -2.21$

**54.** 테일러(F.W. Taylor)에 의해 처음 도입된 방법으로 작업시간을 직접 관측하여 표준시간을 설정하는 표준시간 설정기법은?

① PTS법    ② 실적자료법
③ 표준자료법    ④ 스톱워치법

해설 | 표준시간 설정기법
- 스톱워치법 : 작업자의 작업수행을 직접 관측하면서 스톱워치로 작업의 소요시간을 측정하여 표준시간을 결정하는 방법

**55.** 공정 중에 발생하는 모든 작업, 검사, 운반, 저장, 정체 등이 도식화된 것이며 또한 분석 에 필요하다고 생각되는 소요시간, 운반거리 등의 정보가 기재된 것은?

① 작업분석 (Operation Analysis)
② 다중활동분석표(Multiple Activity Chart)
③ 사무공정분석 (Form Process Chart)
④ 유통공정도(Flow Process Chart)

해설 | 유통 공정도
제품이 생산되는 과정을 공정기호로 표현하여 소요시간, 이동거리 등 공정분석을 쉽게 이해할 수 있도록 정보를 기술한 도표

# 제52회 기출문제

**2012년 2회**

**1.** 2극과 8극의 2대의 3상 유도전동기를 차동접속법으로 속도제어를 할 때 전원 주파수가 60[Hz]인 경우 무부하 속도 N은 몇 [rpm]인가?

① 1800[rpm]   ② 1200[rpm]
③ 900[rpm]    ④ 720[rpm]

해설 | 차동종속법
$$N_0 = \frac{120f}{P_1 - P_2} = \frac{120 \times 60}{8 - 2} = 1200[rpm]$$

**2.** 3상 유도전동기의 회전력은 단자전압과 어떤 관계인가?

① 단자전압에 무관하다.
② 단자전압에 비례한다.
③ 단자전압의 2승에 비례한다.
④ 단자전압의 $\frac{1}{2}$승에 비례한다.

해설 | 유도전동기의 토크특성 관계식
$T = K\phi I, \quad \phi \propto V, \quad I \propto V, \quad T \propto V^2$

**3.** 분류기를 사용하여 전류를 측정하는 경우 전류계의 내부저항이 0.12[Ω], 분류기의 저항이 0.04[Ω] 이면 그 배율은?

① 2배   ② 3배
③ 4배   ④ 5배

해설 | 분류기

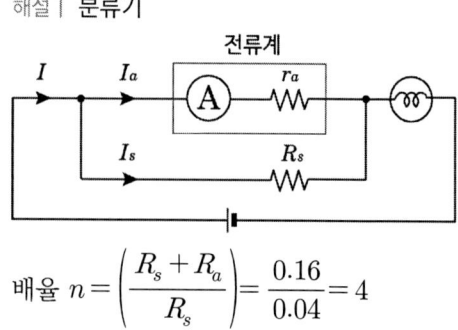

배율 $n = \left(\dfrac{R_s + R_a}{R_s}\right) = \dfrac{0.16}{0.04} = 4$

**4.** 다음은 인버터에 관한 설명이다. 옳지 않은 것은?

① 전압원 인버터에는 직류 리액터가 필요하다.
② 전압원 인버터는 전압 파형은 구형파이다.
③ 전류원 인버터는 부하의 변동에 따라 전압이 변동된다.
④ 전류원 인버터는 비교적 큰 부하에 사용된다.

해설 | 인버터
전압형 인버터는 직류전원에 콘덴서를 접속한다.

정답  01 ②  02 ③  03 ③  04 ①

**5.** 그림과 같은 환류 다이오드 회로의 부하 전류 평균값은 몇 [A]인가? (단, 교류전압 V=220[V], 60[Hz], 부하저항 R=10[Ω]이며 인덕턴스 L은 매우 크다.)

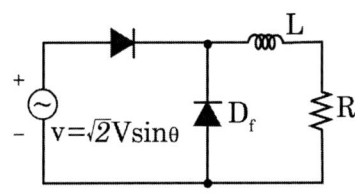

① 6.7[A]　　② 8.5[A]
③ 9.9[A]　　④ 11.7[A]

해설 | 환류다이오드회로
환류다이오드회로의 단상반파 정류회로에서의 출력전압과 동일하므로 부하전류의 평균값은
$$I_{dc} = \frac{V_{dc}}{R} = \frac{0.45\,V}{R} = \frac{0.45 \times 220}{10} = 9.9[A]$$

**6.** 소맥분, 전분, 기타의 가연성 분진이 존재하는 곳의 저압 옥내배선으로 적합하지 않은 공사방법은?

① 가요전선관 공사
② 금속관 공사
③ 합성수지관 공사
④ 케이블 공사

해설 | 가연성 분진 위험장소의 공사방법
• 합성수지관공사 (두께 2[mm]이상)
• 금속관공사
• 케이블공사

**7.** 단상 유도전동기의 기동방법 중 기동 토크가 가장 큰 것은?

① 분상 기동형　　② 콘덴서 기동형
③ 반발 기동형　　④ 세이딩 코일형

해설 | 단상유도전동기의 기동토크
반발기동형 〉 반발유도형 〉 콘덴서기동형 〉 분상기동형 〉 세이딩 코일형

**8.** 어떤 회로에 V=100∠$\frac{\pi}{3}$[V]의 전압을 가하니 $I = 10\sqrt{3} + j10[A]$의 전류가 흘렀다. 이 회로의 무효전력 [Var]은?

① 0　　② 1000
③ 1732　　④ 2000

해설 | 무효전력
$V = 100 \angle \frac{\pi}{3}[V] = 50 + j50\sqrt{3}$
$P_a = VI = (50 + j50\sqrt{3}) \cdot (10\sqrt{3} - j10)$
$= 1000\sqrt{3} + j1000$
∴ 무효전력은 1000[Var]
(유효전력은 $1000\sqrt{3}$ [W])

**9.** 일반 변전소 또는 이에 준하는 곳의 주요 변압기에 시설하여야 하는 계측장치로 옳은 것은?

① 전류, 전력 및 주파수
② 전압, 주파수 및 역률
③ 전력, 주파수 또는 역률
④ 전압, 전류 또는 전력

정답  05 ③  06 ①  07 ③  08 ②  09 ④

해설 | 변압기의 계측장치
변압기에서는 주파수를 변화시킬 수 없으므로 계측장치를 시설할 필요가 없다.

**10.** 220[V] 가정용 전기설비의 절연저항의 최솟값은 몇 [MΩ] 이상인가?

① 0.1　　② 0.5
③ 1.0　　④ 1.5

해설 | 저압전로의 절연저항

| 전로의 사용 전압 | DC 시험전압 [V] | 절연저항 [MΩ] |
|---|---|---|
| SELV 및 PELV | 250 | 0.5 |
| FELV, 500V 이하 | 500 | 1.0 |
| 500 V초과 | 1,000 | 1.0 |

SELV, PELV : 특별저압
교류 50[V] 이하, 직류 120[V] 이하

**11.** 동기발전기의 전기자 권선법으로 사용되지 않는 것은?

① 2층권　　② 중권
③ 분포권　　④ 전절권

해설 | 동기기의 전기자권선법
동기기에 사용되는 전기자 권선법은 2층권, 중권, 분포권, 단절권이다.

**12.** 직류발전기의 유기 기전력은 $E$, 극당 자속을 $\phi$, 회전속도를 $N$이라 할 때 이들의 관계로 옳은 것은?

① $E \propto \dfrac{N}{\phi}$　　② $E \propto \dfrac{\phi}{N}$
③ $E \propto N^2$　　④ $E \propto \phi N$

해설 | 직류발전기의 유기기전력
$E = \dfrac{PZ\phi N}{60a}$ [V]
∴ 유도 기전력은 자속과 회전수에 비례

**13.** 동기전동기의 여자전류를 증가하면 어떤 현상이 생기는가?

① 앞선 무효전류가 흐르고 유도 기전력은 높아진다.
② 토크가 증가한다.
③ 난조가 생긴다.
④ 전기자 전류의 위상이 앞선다.

해설 | 위상특성곡선

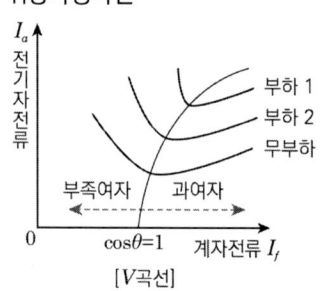

- 부족여자 : 지상, 리액터 역할
- 과여자 : 진상, 콘덴서 역할

**14.** 전지의 기전력이나 열전대의 기전력을 정밀하게 측정하기 위하여 사용하는 것은?

① 켈빈 더블 브리지
② 캠벨 브리지
③ 직류 전위차계
④ 메거

정답 10 ③ 11 ④ 12 ④ 13 ④ 14 ③

해설 | 직류 전위차계
직류 전위차계는 두 직류 전압을 비교하는 장치. 통상 표준 전지의 전압을 표준으로 하여 직접 다른 전압을 비교하는 것인데 정밀도가 가장 높은 측정 방법이다. 직류 전류, 직류 저항의 정밀 측정에도 사용된다.

**15.** 피뢰기의 보호 제1대상은 전력용 변압기이며, 피뢰기에 흐르는 정격방전전류는 변전소의 차폐유무와 그 지방의 연간 뇌우 발생일수 등을 고려하여야 한다. 다음 표의 ( )에 적당한 설치장소별 피뢰기의 공칭 방전전류[A]는?

| 공칭방전<br>전류[A] | 설치장소 |
| --- | --- |
| (ㄱ) | 154[KV] 이상 계통의 변전소 |
| (ㄴ) | 66[KV] 이하의 계통에서 뱅크용량이 3000[KVA] 이하인 변전소 |
| (ㄷ) | 배전선로 |

① ㄱ. 15000 ㄴ. 10000 ㄷ. 5000
② ㄱ. 10000 ㄴ. 5000 ㄷ. 2500
③ ㄱ. 10000 ㄴ. 2500 ㄷ. 2500
④ ㄱ. 5000 ㄴ. 5000 ㄷ. 2500

해설 | 피뢰기의 공칭 방전전류
ㄱ. 10000 ㄴ. 5000 ㄷ. 2500

**16.** 트랜지스터에 있어서 아래 그림과 같이 달링톤(Darlington) 구조를 사용하는 경우 맞는 설명은?

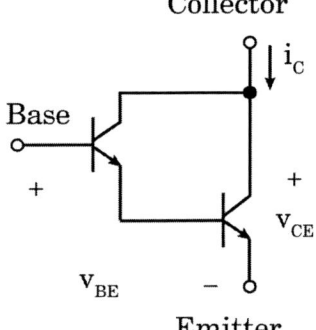

① 같은 크기의 컬렉터 전류에 대해 트랜지스터가 2개 사용되므로 구동회로 손실이 증가한다.
② 달링톤 구조를 사용하면 트랜지스터의 전체적인 전류이득은 감소한다.
③ 같은 크기의 컬렉터 전류에 대해 트랜지스터 컬렉터 - 이미터 전압(Vac)을 2배로 하는데 사용한다.
④ 같은 크기의 컬렉터 전류에 대해 트랜지스터 구동에 필요한 구동회로 전류를 감소시키는데 효과를 얻을 수 있다.

해설 | 달링톤 접속
달링톤은 증폭도를 높이기 위해 TR를 2개 이상 여러 단으로 결합하여 만든 회로로 극히 미세한 베이스 전류로 많은 량의 컬렉터 전류를 끌어내기 위해 사용된다.

**17.** 과도한 전류변화($\frac{di}{dt}$)나 전압변화($\frac{dv}{dt}$)에 의한 전력용 반도체 스위치의 소손을 막기 위해 사용하는 회로는?

① 스너버 회로
② 게이트 회로
③ 필터회로
④ 스위치 제어회로

해설 | 스너버회로
급격한 변화를 누그러뜨리고, 입력 신호에서 원하지 않는 노이즈 등을 제거하기 위하여 사용하는 완충회로로 반도체 소자의 전압상승률을 제한한다.

**18.** 그림과 같은 회로에서 대칭 3상 전압(선간전압) 173[V]를 $Z=12+j16[\Omega]$ 성형결선 부하에 인가하였다. 이 경우의 선전류는 몇 [A]인가?

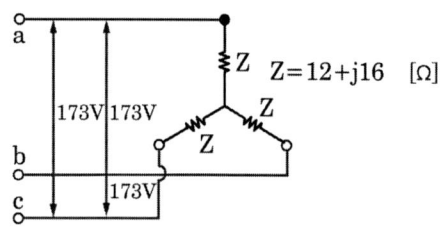

① 5.0[A]
② 8.3[A]
③ 10.0[A]
④ 15.0[A]

해설 | Y결선
상전압 $V_p = \frac{V_l}{\sqrt{3}} = \frac{173}{\sqrt{3}} = 100[V]$
$Z = \sqrt{R^2 + X^2} = \sqrt{12^2 + 16^2} = 20[\Omega]$
$I_p = \frac{V_p}{Z} = \frac{100}{20} = 5[A]$
Y결선은 선전류=상전류 이므로
∴ 선전류 = 5[A]

**19.** 그림과 같은 회로의 합성 임피던스는 몇 [Ω]인가?

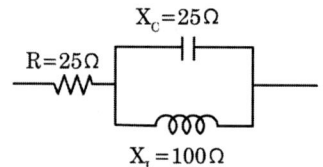

① 25+j20
② 25-j20
③ $25 + j\frac{100}{3}$
④ $25 - j\frac{100}{3}$

해설 | 회로에 따른 임피던스
1) L-C만의 병렬회로에서
$Y = j(\frac{1}{X_L} - \frac{1}{X_C}) = j(\frac{1}{25} - \frac{1}{100}) = j\frac{3}{100}[\Omega]$
$Z = \frac{1}{Y} = \frac{1}{j\frac{3}{100}} = \frac{1 \times j\frac{3}{100}}{j(\frac{3}{100})^2} = \frac{j\frac{3}{100}}{\frac{3^2}{100^2}}$
$= -j\frac{100}{3}[\Omega]$

2) R-(L-C 병렬회로)와 직렬 임피던스
$Z = 25 - j\frac{100}{3}[\Omega]$

**20.** 그림과 같은 초퍼회로에서 $V=600[V]$, $V_C=350[V]$, $R=0.1[\Omega]$, 스위칭 주기 $T=1800[\mu s]$, $L$은 매우 크기 때문에 출력 전류는 맥동이 없고 $I_0=100[A]$로 일정하다. 이때 요구되는 $t_{on}$ 시간은 몇 $[\mu s]$ 인가?

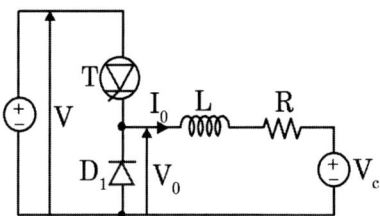

① $950[\mu s]$  ② $1050[\mu s]$
③ $1080[\mu s]$  ④ $1110[\mu s]$

해설 | 강압형 초퍼의 출력전압
$V_0 = V_c + I_o R = 350 + (100 \times 0.1) = 360[V]$
$V_0 = \dfrac{t_{on}}{t_{on}+t_{off}} \times V = \dfrac{t_{on}}{T} \times V$에서
$t_{on} = \dfrac{V_0}{V} \times T = \dfrac{360}{600} \times 1800 = 1080[\mu s]$

**21.** 2진수의 음수 표시법으로 -9의 8비트 부호화된 절대값의 표시값은?

① 10001001  ② 11110110
③ 11110111  ④ 10011001

해설 | 2진수의 음수표시법
9를 8비트 2진수로 나타내면 00001001
양수의 최상위비트 : 0
음수의 최상위비트 : 1

| 1 | 0 | 0 | 0 | 1 | 0 | 0 | 1 |
|---|---|---|---|---|---|---|---|
| 부호 | | | | $2^3$ | | | $2^0$ |

**22.** 서지 흡수기는 보호하고자 하는 기기의 전단 및 개폐 서지를 발생하는 차단기 2차에 각 상의 전로와 대지 간에 설치하는데 다음 중 설치가 불필요한 경우의 조합은 어느 것인가?

① 진공차단기 - 유입식 변압기
② 진공차단기 - 건식 변압기
③ 진공차단기 - 몰드식 변압기
④ 진공차단기 - 유도 전동기

해설 | 서지흡수기
서지 흡수기는 진공차단기-유입식 변압기 조합에서는 설치가 불필요하다.

**23.** 행거밴드라 함은?

① 전주에 COS 또는 LA를 고정시키기 위한 밴드
② 전주 자체에 변압기를 고정시키기 위한 밴드
③ 완금을 전주에 설치하는 데 필요한 밴드
④ 완금에 암타이를 고정시키기 위한 밴드

해설 | 행거밴드
철근콘크리트주에 주상변압기를 고정시키기 위한 밴드

**24.** 지상역률 60[%]인 1000[kVA]의 부하를 100[%]의 역률로 개선하는 데 필요한 전력용 콘덴서의 용량은?

① 200[kVA]  ② 400[kVA]
③ 600[kVA]  ④ 800[kVA]

해설 | 전력용 콘덴서의 용량
$Q = P(\tan\theta_1 - \tan\theta_2)$
$= 1000 \times 0.6 \times \left(\dfrac{\sin\theta_1}{\cos\theta_1} - \dfrac{\sin\theta_2}{\cos\theta_2}\right)$
$= 1000 \times 0.6 \times \left(\dfrac{0.8}{0.6} - \dfrac{0}{1}\right)$
$= 800[\text{kVA}]$

## 25. 변압기의 효율이 최고일 조건은?

① 철손 $= \dfrac{1}{2} =$ 동손

② 동손 $= \dfrac{1}{2} =$ 철손

③ 철손 $=$ 동손

④ 철손 $=$ (동손)$^2$

해설 | 최대효율조건
전부하시 '철손=동손' 일 때 최대 효율

## 26. 도통 상태에 있는 SCR을 차단 상태로 만들기 위해서는 어떻게 하여야 하는가?

① 게이트 전압을 (-)로 가한다.
② 게이트 전류를 증가한다.
③ 게이트 펄스전압을 가한다.
④ 전원 전압이 (-)가 되도록 한다.

해설 | SCR의 소호(Off)
• 역전압이 걸리면 소호된다.
• 소호 후 순방향 전압을 인가해도 Gate를 점호하기 전까지는 도통되지 않는다.

## 27. 반가산기의 진리표에 대한 출력함수는?

| 입력 | | 출력 | |
|---|---|---|---|
| A | B | S | $C_0$ |
| 0 | 0 | 0 | 0 |
| 0 | 1 | 1 | 0 |
| 1 | 0 | 1 | 0 |
| 1 | 1 | 0 | 1 |

① $S = \overline{A}B + AB,\ C_0 = \overline{A}B$

② $S = \overline{A}B + AB,\ C_0 = AB$

③ $S = \overline{A}B + A\overline{B},\ C_0 = AB$

④ $S = \overline{A}B + A\overline{B},\ C_0 = \overline{A}\,\overline{B}$

해설 | 반가산기회로
반가산기의 합(Sum) $S = \overline{A}B + A\overline{B}$
자리올림수(Carry) $C_0 = AB$

## 28. 22.9[kV-Y] 수전설비의 부하전류가 20[A]이며, 30/5[A]의 변류기를 통하여 과전류 계전기를 시설하였다. 120[%]의 과부하에서 차단기를 트립시키려고 하면 과전류 계전기의 Tap은 몇 [A]에 설정하여야 하는가?

① 2[A]   ② 3[A]
③ 4[A]   ④ 5[A]

해설 | 과전류계전기
$20 \times 1.2 = 24[A]$, 변류기의 2차측 전류는
$\dfrac{24}{\frac{30}{5}} = 4[A]$이므로 Tap을 4[A]로 설정한다.

## 29. 동기조상기에 대한 설명으로 옳은 것은?

① 유도부하와 병렬로 접속한다.
② 부하전류의 가감으로 위상을 변화시켜 준다.
③ 동기전동기에 부하를 걸고 운전하는 것이다.
④ 부족여자로 운전하여 진상전류를 흐르게 한다.

해설 | 동기조상기의 특성
계자전류의 가감으로 위상을 변화시킬 수 있는 무부하 동기전동기로 과여자로 운전하면 진상전류가 흐르고, 부족여자로 운전하면 지상전류가 흐른다.

## 30. 반지름 25[cm]의 원주형 도선에 $\pi$[A]의 전류가 흐를 때 도선의 중심축에서 50[cm]되는 점의 자계의 세기는?(단, 도선의 길이 $l$은 매우 길다.)

① 1[AT/M]
② $\pi$[AT/M]
③ $\frac{1}{2}\pi$[AT/M]
④ $\frac{1}{4}\pi$[AT/M]

해설 | 무한장직선
무한장 직선전류에 의한 자계의 세기
$$H = \frac{I}{2\pi r} = \frac{\pi}{2\pi \times 0.5} = 1 [\text{AT/M}]$$

## 31. 직류전동기의 속도제어 중 계자권선에 직렬 또는 병렬로 저항을 접속하여 속도를 제어하는 방법은?

① 저항제어
② 전류제어
③ 계자제어
④ 전압제어

해설 | 계자제어법
• 정출력 제어
• 계자권선에 저항을 직렬 또는 병렬로 삽입해 계자전류를 변화시킨다.
• 속도를 어느 정도 이상 낮출 수는 없다.
• 효율은 양호하나 정류가 불량하다.

## 32. 반파 위상제어에 의한 트리거 회로에서 발진용 저항이 필요한 경우의 트리거 소자가 아닌 것은?

① SUS
② PUT
③ UJT
④ TRIAC

해설 | 트리거소자
SBS, SUS, PUT, UJT, DIAC 등은 발진용 저항이 필요하다.

## 33. 1차 전압 200[V], 2차 전압 220[V], 50[kVA]인 단상 단권변압기의 부하용량[kVA]은?

① 25[kVA]
② 50[kVA]
③ 250[kVA]
④ 550[kVA]

해설 | 변압기의 용량비
$$\frac{\text{자기용량}}{\text{부하용량}} = \frac{V_h - V_l}{V_h}$$

부하용량 = 자기용량 × $\frac{V_h}{V_h - V_l}$

$= 50 \times \frac{220}{(220-200)} = 550 [\text{kVA}]$

정답 29 ① 30 ① 31 ③ 32 ④ 33 ④

**34.** 유도전동기의 속도제어방법에서 특별한 보조장치가 필요 없고 효율이 좋으며, 속도제어가 간단한 장점이 있으나, 결점으로는 속도의 변화가 단계적인 제어방식은?

① 극수 변환법
② 주파수 변환제어법
③ 전원전압 제어법
④ 2차 저항 제어법

해설 | 극수변환법
- $N_s = \dfrac{120f}{P}$ 에서 극수를 변환시켜 속도를 바꾸는 방법
- 효율이 좋다.
- 단계적인 속도 제어 방법.

**35.** 아래 그림은 3상 교류 위상제어 회로에서 사이리스터 $T_1$, $T_4$는 a상에, $T_3$, $T_6$은 b상에, $T_5$, $T_2$는 c상에 연결되어 있다. 이 때 그림의 3상 교류 위상제어 회로에 대한 설명으로 옳지 않은 것은?

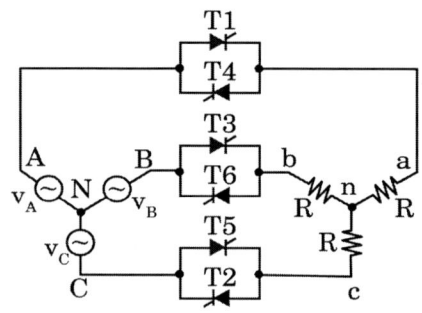

① 사이리스터 $T_1$, $T_6$, $T_2$ Turn On 되어 있는 경우, 각상 부하저항에 걸리는 전압은 전원전압의 각 상전압과 동일하다.
② 사이리스터 $T_1$, $T_6$만 Turn On 되어 있고 나머지 사이리스터들이 모두 Turn Off되어 있는 경우에는 a상 부하저항에 걸리는 전압은 ab간 전압의 반이 걸리게 된다.
③ 6개의 사이리스터가 모두 Turn Off 되어 있는 경우에는 부하저항에 나타나는 모든 출력전압은 0이다.
④ 사이리스터 $T_2$, $T_3$만 Turn On 되어 있고 나머지 사이리스터들이 모두 Turn Off 되어 있는 경우에는 a상 부하저항에 걸리는 전압은 전원의 a상 전압이 그대로 걸리게 된다.

해설 | 3상 교류 위상제어 회로에서의 사이리스터 사이러스터 $T_2$, $T_3$만 턴-온 되어 있고 나머지 사이리스터들이 턴-오프 되어 있는 경우는 a상 부하저항의 전압은 발생하지 않는다.

**36.** 그림과 같은 회로는?

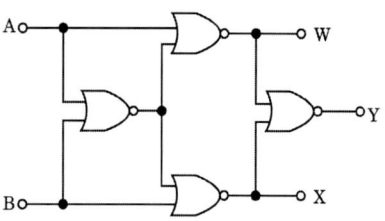

① 비교 회로
② 반일치 회로
③ 가산 회로
④ 감산 회로

해설 | 비교회로
비교 회로는 두 개의 수를 비교하는 회로로 논리 회로를 조합시켜서 각 자리마다 같은가를 직접 비교한다.

$W = \overline{\overline{A+B}+A} = \overline{A}B$

$X = \overline{\overline{A+B}+B} = A\overline{B}$

$Y = \overline{\overline{A}B + A\overline{B}} = \overline{\overline{A}B} \cdot \overline{A\overline{B}}$

$= (A+\overline{B}) \cdot (\overline{A}+B) = AB + \overline{A}\overline{B}$

**37.** T형 플립플롭을 3단으로 직렬접속하고 초단에 1[kHz]의 구형파를 가하면 출력 주파수는 몇 [Hz]인가?

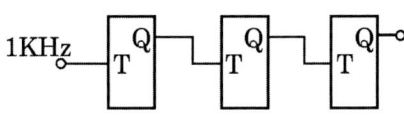

① 1
② 125
③ 250
④ 500

해설 | T형 플립플롭
입력이 들어올 때마다 주파수는 반감된다.
출력 주파수 $f = \dfrac{1000}{2^3} = 125[\text{Hz}]$

**38.** 어떤 시스템 프로그램에 있어서 특정한 부호와 신호에 대해서만 응답하는 일종의 장치 해독기로서 다른 신호에 대해서는 응답 하지 않는 것을 무엇이라 하는가?

① 산술 연산기(ALU)
② 디코더(Decoder)
③ 인코더(Encoder)
④ 멀티플렉서(Multiflexer)

해설 | 디코더
인코더(Encoder)로 부호화했거나 형식을 바꾼 전기 신호를 원상태로 회복시키는 장치. 복조 장치 혹은 해독기라고도 한다.

**39.** 양수량 35[m³/min]이고, 총양정이 20[m] 인 양수 펌프용 전동기의 용량은 약 몇 [kW] 인가? (단, 펌프 효율은 90[%], 설계 여유계 수는 1.2로 계산한다.)

① 103.8
② 124.6
③ 152.4
④ 184.2

해설 | 양수펌프 전동기용량
$P = \dfrac{9.8 kQH}{\eta} = \dfrac{9.8 \times 1.2 \times \dfrac{35}{60} \times 20}{0.9} = 152.4$
[kw]
($\eta$ : 펌프 효율, $k$ : 여유계수, $Q$ : 양수량[m/sec], $H$ : 총양정)

**40.** 다음 중 지중 송전선로의 구성방식이 아 닌 것은?

① 방사상 환상 방식
② 가지식 방식
③ 루프 방식
④ 단일 유닛 방식

해설 | 지중송전선로의 구성방식
가지식 방식은 배전선로에서 사용된다

**41.** 간선의 배선방식 중 고조파 발생의 저감 대책이 아닌 것은?

① 전원의 단락용량 감소
② 교류리액터의 설치
③ 콘덴서의 설치
④ 교류 필터의 설치

해설 | 고조파 제거
• 공급배전선의 전용선화
• 정류기 상수의 증가
• 교류 필터설치
• 직렬리액터 설치
• 콘덴서 설치 및 용량 변경
• 변압기의 델타결선

## 42. 금속전선관의 굵기[mm]를 부르는 것으로 옳은 것은?

① 후강 전선관은 바깥지름에 가까운 홀수로 정한다.
② 후강 전선관은 안지름에 가까운 짝수로 정한다.
③ 박강 전선관은 바깥지름에 가까운 짝수로 정한다.
④ 박강 전선관은 안지름에 가까운 홀수로 고조파이고, 그 크기는 실제 변압기에서 사용되는 정한다.

해설 | 금속전선관의 종류

| 구분 | 후강 전선관 | 박강 전선관 |
|---|---|---|
| 관의 호칭 | 안지름에 가까운 짝수 | 바깥지름에 가까운 홀수 |
| 종류 | 16, 22, 28, 36, 42, 54, 70, 82, 92, 104 | 15, 19, 25, 31, 39, 51, 63, 75 |
| 한본 길이 | 3.6 [m] | |

## 43. 그림과 같이 대전된 에보나이트 막대를 박검전기의 금속판에 닿지 않도록 가깝게 가져갔을 때 금박이 열렸다면 다음 중 옳은 것은? (단, A는 원판, B는 박, C는 에보나이트 하는 것으로 높은 속도를 얻을 수 있으므로 가정용 막대이다.)

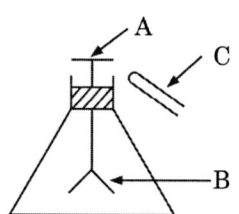

① A : 양전기, B : 양전기, C : 음전기
② A : 음전기, B : 음전기, C : 음전기
③ A : 양전기, B : 음전기, C : 음전기
④ A : 양전기, B : 양전기, C : 양전기

해설 | 정전기유도
에보나이트 막대(C)는 음(-)전하를 띠며 에보나이트 막대를 원판에 가까이 하면 에보나이트 막대 에 가까운 A에서는 양(+)전하를 띠며 반대쪽 B에는 음(-)전하가 나타난다.

## 44. 변압기 여자전류의 파형은?

① 파형이 나타나지 않는다.
② 사인파
③ 왜형파
④ 구형파

해설 | 변압기의 파형
변압기의 철심에는 히스테리시스 현상이 존재하므로 정현파 자속을 발생하기 위해서는 여자전류의 파형은 왜형파가 된다.

## 45. 단상 직권 정류자 전동기의 속도를 고속으로 하는 이유는?

① 전기자에 유도되는 역기전력을 적게 한다.
② 전기자 리액턴스 강하를 크게 한다.
③ 토크를 증가시킨다.
④ 역률을 개선시킨다.

해설 | 단상직권정류자전동기
- 직류와 교류를 모두 사용할 수 있다.
- 전기자 코일과 정류자편 사이 고저항의 도선을 사용하여 변압기 기전력에 의한 단락전류를 제한한다.
- 속도가 증가할수록 역률 개선된다.
- 철손을 줄이기 위해 고정자와 회전자의 자로를 성층철심으로 한다.
- 만능전동기로 불린다.

## 46. 변압기에서 임피던스의 전압을 걸 때 입력은?

① 정격용량
② 철손
③ 전부하 시의 전손실
④ 임피던스 와트

해설 | 임피던스전압과 임피던스와트
변압기 내의 전압강하를 임피던스 와트라고 하고 전압을 걸 때의 입력을 임피던스 와트라고 한다.

## 47. 저압가공 인입선의 시설 기준으로 옳지 않은 것은?

① 전선이 옥외용 비닐절연전선일 경우에는 사람이 접촉할 우려가 없도록 시설할 것
② 전선의 인장강도는 2.31[kN] 이상일 것
③ 전선은 나전선, 절연전선, 케이블일 것
④ 철도 또는 궤도를 횡단하는 경우에는 레일면상 6.5[m] 이상일 것

해설 | 저압가공인입선
- 전선은 절연전선 또는 케이블이어야 한다.
- 전선높이는 도로 5[m], 철도 6.5[m]이상

## 48. 가공전선이 건조물·도로 횡단 보도교·철도·가공 약전류 전선·안테나, 다른 가공전선, 기타의 공작물과 접근 교차하여 시설하는 경우에 일반 공사보다 강화하는 것을 보안공사라 한다. 고압 보안공사에서 전선을 경동선으로 사용하는 경우 몇 [mm] 이상의 것을 사용하여야 하는가?

① 3[mm]  ② 4[mm]
③ 5[mm]  ④ 6[mm]

해설 | 고압보안공사 전선
케이블인 경우를 제외하고 인장강도 8.01[kN] 이상 또는 지름 5[mm] 이상의 경동선을 사용

**49.** 축의 완성 지름, 철사의 인장강도, 아스피린 순도와 같은 데이터를 관리하는 가장 대표적인 관리도는?

① c 관리도
② nP 관리도
③ u 관리도
④ $\bar{x} - R$ 관리도

해설 | $\bar{x} - R$ 관리도
- 계량형 관리도이다.
- 연속적인 계량치 데이터에 대한 관리도
- 시료채취가 쉬워야 사용가능

**50.** 로트의 크기가 시료의 크기에 비해 10배 이상 클 때, 시료의 크기와 합격판정개수를 일정하게 하고 로트의 크기를 증가시킬 경우 검사특성곡선의 모양 변화에 대한 설명으로 가장 적절한 것은?

① 무한대로 커진다.
② 별로 영향을 미치지 않는다.
③ 샘플링 검사의 판별 능력이 매우 좋아진다.
④ 검사특성곡선의 기울기 경사가 급해진다.

해설 | 검사특성곡선(OC곡선)
로트의 크기가 시료의 크기보다 커지면 곡선의 기울기는 커지지만, 합격판정개수와 시료의 크기가 일정할 땐 로트의 크기는 검사특성곡선에 영향이 별로 없다.

**51.** 작업시간 측정방법 중 직접측정법은?

① PTS법
② 경험견적법
③ 표준자료법
④ 스톱워치법

해설 | 스톱워치법
작업자의 작업수행을 직접 관측하면서 스톱워치로 작업의 소요시간을 측정하여 표준시간을 결정하는 방법

**52.** 준비작업시간 100분, 개당 정미작업시간 15분, 로트의 크기 20일 때 1개당 소요작업 시간은 얼마인가? (단, 여유시간은 없다고 가정한다.)

① 15분
② 20분
③ 35분
④ 45분

해설 | 표준작업시간
표준작업시간
= 정미시간 + 준비작업시간/로트수
= 15분 + $\dfrac{100분}{20개}$
= 15분 + 5분 = 20분

**53.** 소비자가 요구하는 품질로써 설계와 판매 정책에 반영되는 품질을 의미하는 것은?

① 시장품질
② 설계품질
③ 제조품질
④ 규격품질

해설 | 품질의 종류
- 설계품질 : 제품의 설계 시 제조업자가 어떤 품질을 제작할 것인가 결정
- 제조품질 : 설계품질을 제품화했을 때의 품질, 적합품질
- 시장품질(소비자품질) : 소비자들이 시장에서 요구하는 품질수준, 사용품질

**54.** 다음 중 샘플링 검사보다 전수검사를 실시 하는 것이 유리한 경우는?

① 검사항목이 많은 경우
② 파괴검사를 해야 하는 경우
③ 품질특성치가 치명적인 결점을 포함하는 경우
④ 다수 다량의 것으로 어느 정도 부적합품이 섞여도 괜찮을 경우

해설 | 전수검사의 실시
• 불량품이 있어서는 안되는 경우
• 검사항목수가 적고 로트의 크기가 작을 경우

정답 54 ③

# 제51회 기출문제

전기기능장 필기 / 2012년 1회

**1.** 공기 중에서 일정한 거리를 두고 있는 두 점 전하 사이에 작용하는 힘이 16[N] 이었는데, 두 전하 사이에 유리를 채웠더니 작용하는 힘이 4[N]으로 감소하였다. 이 유리의 비유전율은?

① 2　　② 4
③ 8　　④ 12

해설 | 두 전하 사이에 작용하는 힘

공기 중 $F_0 = \dfrac{1}{4\pi\epsilon_0} \cdot \dfrac{Q_1 Q_2}{r^2} = 16[\text{N}]$

유리 채울 때 $F = \dfrac{1}{4\pi\epsilon_0 \epsilon_s} \cdot \dfrac{Q_1 Q_2}{r^2} = 4[\text{N}]$

비유전율 = $\epsilon_s = \dfrac{F_0}{F} = \dfrac{16}{4} = 4$

**2.** 직류 직권전동기에서 토크T와 회전수 N과의 관계는 어떻게 되는가?

① $T \propto N$　　② $T \propto N^2$
③ $T \propto \dfrac{1}{N}$　　④ $T \propto \dfrac{1}{N^2}$

해설 | 직류직권전동기의 토크와의 관계

직류직권전동기 $T \propto I_a^2$, $T \propto \dfrac{1}{N^2}$

**3.** 극수 16, 회전수 450[rpm], 1상의 코일수 83, 1극의 유료자속 0.3[Wb]의 3상 동기발전기가 있다. 권선계수가 0.96이고, 전기자 권선을 성형결선으로 하면 무부하 단자전압은 약 몇 [V]인가?

① 8000[V]　　② 9000[V]
③ 10000[V]　　④ 11000[V]

해설 | 동기발전기의 유도기전력

유도기전력 $E = 4.44 f N \phi K_w [\text{V}]$ 에서

동기속도 $N_s = \dfrac{120f}{P}$ 이므로

∴ $f = \dfrac{N_s P}{120} = \dfrac{450 \times 16}{120} = 60[\text{Hz}]$

1상의 유도기전력은
$E = 4.44 \times 60 \times 83 \times 0.3 \times 0.96 ≒ 6368$ [V]이다. 성형결선(Y결선)할 때 선간전압 = $\sqrt{3} \times$ 상전압이므로,
단자전압 = $\sqrt{3} \times 6368 ≒ 11000[\text{V}]$

**4.** 빌딩의 부하 설비용량이 2000[kW], 부하 역률 90[%], 수용률이 75[%]일 때 수전설비의 용량은 약 몇 [kVA]인가?

① 1554[kVA]　　② 1667[kVA]
③ 1800[kVA]　　④ 2222[kVA]

해설 | 설비용량

수용률 = $\dfrac{\text{최대수용전력(수전설비용량)}}{\text{부하설비용량}} \times 100\%$

정답　01 ②　02 ④　03 ④　04 ②

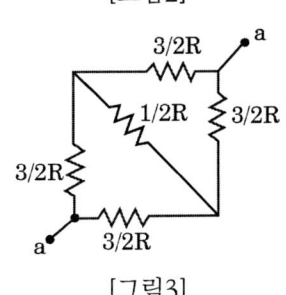
[그림2]

[그림3]

휘스톤브릿지의 원리에 의해

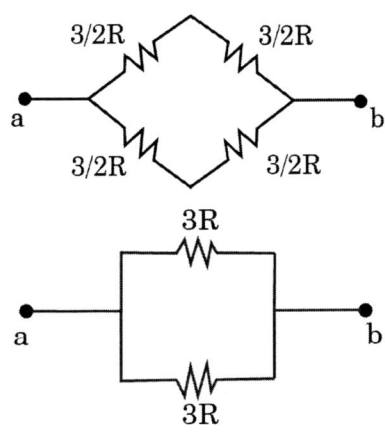

$$\therefore R_{ab} = \frac{3}{2}R$$

**12.** 버스덕트 배선에 의하여 시설하는 도체의 단면적은 알루미늄 띠 모양인 경우 얼마 이상의 것을 사용하여야 하는가?

① 20[mm²]
② 25[mm²]
③ 30[mm²]
④ 40[mm²]

해설 | 버스덕트의 배선
버스덕트에 사용하는 도체
- 구리: 20[mm²] 이상의 띠 모양
- 알루미늄은 30[mm²] 이상의 띠 모양

**13.** 회전수 1800[rpm]을 만족하는 동기기의 극수(㉠)와 주파수(㉡)는?

① ㉠ 4극, ㉡ 50[Hz]
② ㉠ 6극, ㉡ 50[Hz]
③ ㉠ 4극, ㉡ 60[Hz]
④ ㉠ 6극, ㉡ 60[Hz]

해설 | 동기속도
$N_s = \dfrac{120f}{P}$ [rpm]에서

- $P = 4$일 때 $1800 = \dfrac{120 \times f}{4}$ [rpm]
$f = 60$
- $P = 6$일 때 $1800 = \dfrac{120 \times f}{6}$ [rpm]
$f = 90$

**14.** A=01100, B=00111인 부 2진수의 연산결과가 주어진 식과 같다면 연산의 종류는?

```
  01100
 +1100
      1
 ─────
  00101
```

① 덧셈   ② 뺄셈
③ 곱셈   ④ 나눗셈

해설 | 2진수의 연산
B=00111의 2의 보수는
100000-00111=11001이다.
(-B=11001)
따라서, A+(-B)=A-B로 뺄셈 연산이다.

## 15. 부하를 일정하게 유지하고 역률 1로 운전 중인 동기전동기의 계자전류를 증가시키면?

① 아무 변동이 없다.
② 리액터로 작용한다
③ 뒤진 역률의 전기자 전류가 증가한다.
④ 앞선 역률의 전기자 전류가 증가한다.

해설 | 위상특성곡선

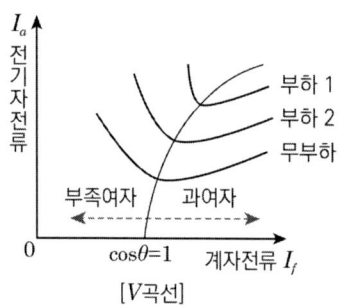

[V곡선]

- 부족여자 : 지상, 리액터 역할
- 과여자 : 진상, 콘덴서 역할

## 16. 화약류 등의 제조소 내에 전기설비를 시공 할 때 준수할 사항이 아닌 것은?

① 전열기구 이외의 전기기계기구는 전폐형으로 할 것
② 배선은 두께 1.6 [mm] 합성수지관에 넣어 손상 우려가 없도록 시설할 것
③ 전열기구는 시스선 등의 충전부가 노출 되지 않는 발열체를 사용할 것
④ 온도가 현저히 상승 또는 위험발생 우려가 있는 경우 전로를 자동 차단하는 장치를 갖출 것

해설 | 화약류저장소 등의 공사
화약류 저장소 등의 위험장소에는 금속 전선관 공사 또는 케이블 공사에 의하여 시설 할 수 있다.

## 17. 고압 또는 특고압 가공전선로에서 공급을 받는 수용장소의 인입구 또는 이와 근접한 곳에는 무엇을 시설하여야 하는가?

① 동기 조상기
② 직렬리액터
③ 정류기
④ 피뢰기

해설 | 피뢰기 시설장소
- 발전소·변전소 또는 이에 준하는 장소의 가공전선 인입구 및 인출구
- 특고압 가공전선로에 접속하는 배전용 변압기의 고압측 및 특고압측
- 고압 및 특고압 가공전선로로부터 공급을 받는 수용장소의 인입구
- 가공전선로와 지중전선로가 접속되는 곳

## 18. 다음 중 저항부하 시 맥동률이 가장 적은 정류방식은?

① 단상반파식
② 단상전파식
③ 3상반파식
④ 3상전파식

해설 | 맥동률

※ 맥동률 : 파형이 출렁이는 정도

| 구분 | 정류 효율[%] | 맥동률 [%] | 맥동 주파수 |
|---|---|---|---|
| 단상 반파 | 40.6 | 121 | $f_0 = f_i$ |
| 단상 전파 | 81.2 | 48.2 | $f_0 = 2f_i$ |
| 3상 반파 | 117 | 18.3 | $f_0 = 3f_i$ |
| 3상 전파 | 135 | 4.2 | $f_0 = 6f_i$ |

정답  15 ④  16 ②  17 ④  18 ④

**19.** 인덕터의 특징을 요약한 것 중 잘못된 것은?

① 인덕터는 에너지를 축적하지만 소모하지는 않는다.
② 인덕터의 전류가 불연속적으로 급격히 변화하면 전압이 무한대로 되어야 하므로 인덕터 전류는 불연속적으로 변할 수 없다.
③ 일정한 전류가 흐를 때 전압은 무한대이지만 일정량의 에너지가 축적된다.
④ 인덕터는 직류에 대해서 단락회로로 작용한다.

해설 | 인덕터의 특징
인덕터에 일정한 전류가 흐를 때 양단에 걸리는 전압은 0 이다.

**21.** 그림과 같은 스위칭 회로에서 논리식은?

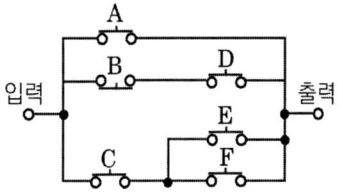

① $A + \overline{B}D + C(E+F)$
② $A + \overline{B}C + D(E+F)$
③ $A + \overline{BC} + D(E+F)$
④ $A + \overline{BC} + D(E+F)$

해설 | 접점의 논리식구하기
: 병렬이면 +, 직렬이면 • 로 표기
∴ 논리식은 $A + \overline{B}D + C(E+F)$

**20.** 정현파에서 파고율이란?

① $\dfrac{\text{최댓값}}{\text{실횻값}}$ ② $\dfrac{\text{평균값}}{\text{실횻값}}$
③ $\dfrac{\text{실횻값}}{\text{평균값}}$ ④ $\dfrac{\text{최댓값}}{\text{평균값}}$

해설 | 정현파의 파고율과 파형률
파고율 = $\dfrac{\text{최댓값}}{\text{실횻값}}$
파형률 = $\dfrac{\text{실횻값}}{\text{평균값}}$

**22.** 전주 사이의 경간이 50[m]인 가공 전선로에서 전선 1[m]의 하중이 0.37[kg], 전선의 이도가 0.8[m]라면 전선의 수평장력은 약 몇 [kg]인가

① 80   ② 230
③ 145  ④ 165

해설 | 이도와 수평장력
이도 $D = \dfrac{WS^2}{8T}$ 에서
수평장력
$T = \dfrac{WS^2}{8D} = \dfrac{0.37 \times 50^2}{8 \times 0.8} = 144.53[\text{kg}]$

정답 19 ③  20 ①  21 ①  22 ③

23. 다음 중 변압기의 누설리액턴스를 줄이는 데 가장 효과적인 방법은?

① 권선을 분할하여 조립한다.
② 코일의 단면적을 크게 한다.
③ 권선을 동심 배치시킨다.
④ 철심의 단면적을 크게 한다.

해설 | 변압기의 누설리액터스
누설 리액턴스를 줄이기 위해 변압기의 권선을 분할하여 조립하는 방법이 있다.

24. 변압기의 시험 중에서 철손을 구하는 시험은?

① 극성시
② 단락시험
③ 무부하시험
④ 부하시험

해설 | 변압기의 시험
철손=무부하손

25. 상전압 300[V]의 3상 반파 정류회로의 직류전압은 몇 [V]인가?

① 117[V]
② 200[V]
③ 283[V]
④ 351[V]

해설 | 정류회로의 직류전압
3상 반파 전류회로의 직류전압은
$V_d = 1.17V = 1.17 \times 300 = 351[V]$

26. 지중 전선로는 케이블을 사용하고 직접 매설식의 경우 매설 깊이는 차량 및 기타 중량물의 압력을 받는 곳에서는 지하 몇 [m] 이상이어야 하는가?

① 0.8
② 1.2
③ 1.0
④ 1.5

해설 | 지중전선로의 매설깊이
직접매설식과 관로식의 매설 깊이는 차량, 기타 중량물의 압력을 받을 우려가 있는 장소는 1[m] 이상, 기타 장소는 0.6[m] 이상이어야 한다.

27. 어떤 R-L-C 병렬회로가 병렬공진 되었을 때 합성전류에 대한 설명으로 옳은 것은?

① 전류는 무한대가 된다.
② 전류는 최대가 된다.
③ 전류는 흐르지 않는다.
④ 전류는 최소가 된다.

해설 | R-L-C 병렬회로에서 공진특성
• 임피던스는 최대
• 전류는 최소
• 역률=1

28. 3상 변압기 결선 조합 중 병렬운전이 불가능한 것은?

① △-△와 △-△
② △-Y와 Y-△
③ △-△와 △-Y
④ △-△와 Y-Y

해설 | 변압기의 병렬운전
변압기 병렬 운전이 불가능한 결선은 △또는 Y가 홀수개인 경우

## 29. 여자기(Exciter)에 대한 설명으로 옳은 것은?

① 발전기의 속도를 일정하게 하는 것이다.
② 부하변동을 방지하는 것이다.
③ 직류 전류를 공급하는 것이다.
④ 주파수를 조정하는 것이다.

해설 | 여자기
계자에 여자전류를 공급하는 직류전원 공급 장치

## 30. 직류기에서 파권 권선의 이점은?

① 효율이 좋다.
② 출력이 크다.
③ 전압이 높게 된다.
④ 역률이 안정된다.

해설 | 파권의 특징
• 고전압   • 소전류   • 병렬회로수 = 2

## 31. 16진수 D28A를 2진수로 좋게 나타낸 것은?

① 1101001010001010
② 0101000101001011
③ 1101011010011010
④ 1111011000000110

해설 | 16진수를 2진수로 변환하는 방법
16진수의 각 자리를 4자리의 2진수로 변환하면
$D = 13 = 1101,\ 2 = 0010,\ 8 = 1000$
이므로
$(D28A)_{16} = (1101001010001010)_2$

## 32. 금속관공사 시 관의 두께는 콘크리트에 매설하는 경우 몇 [mm] 이상 되어야 하는가?

① 0.6    ② 0.8
③ 1.2    ④ 1.4

해설 | 금속관의 매설
금속관의 매설 시 관의 두께
• 콘크리트에 매설할 때 : 1.2[mm] 이상,
• 기타의 경우 : 1[mm] 이상

## 33. 변압기의 전일효율을 최대로 하기 위한 조건은?

① 전부하시간이 길수록 철손을 작게 한다.
② 전부하시간이 짧을수록 무부하손을 작게 한다.
③ 전부하시간이 짧을수록 철손을 크게 한다.
④ 부하시간에 관계없이 전부하 동손과 철손을 같게 한다.

정답  29 ③  30 ③  31 ①  32 ③  33 ②

해설 | 변압기의 최대효율

$$\eta_d = \frac{1일\ 출력량}{1일\ 출력량 + 손실량} \times 100[\%]$$

$$= \frac{V_2 I_2 \cos\theta \times T}{V_2 I_2 \cos\theta \times T + 24P_i + T \times P_c} \times 100 [\%]$$

최대효율조건이 $P_i = P_c$ 이므로
$24P_i = T \times P_c$ 이다.
전부하 시간이 짧을수록 철손을 작게 한다.

## 34. 
3상 배전선로의 말단에 늦은 역률 60[%], 120[kW]의 3상 부하가 있다. 부하점에 부으로부터 100[m]를 넘지 않는 지역에 시설 하와 병렬로 전력용 콘덴서를 접속하여 선로손실을 최소화하려고 한다. 이 경우 필요한 콘덴서 용량은?(단, 부하단 전압은 변하지 않는 것으로 한다.)

① 60[kVA]   ② 80[kVA]
③ 135[kVA]  ④ 160[kVA]

해설 | 전력용 콘덴서의 용량
$$Q = P(\tan\theta_1 - \tan\theta_2)$$
$$= 120 \times \left(\frac{\sin\theta_1}{\cos\theta_1} - \frac{\sin\theta_2}{\cos\theta_2}\right)$$
$$= 120 \times \left(\frac{0.8}{0.6} - \frac{0}{1}\right) = 160[kVA]$$

## 35.
반사 갓을 사용하여 90~100[%] 정도의 빛이 아래로 향하고, 10[%] 정도가 위로 향하 는 방식으로 빛의 손실이 적고, 효율은 높지 만, 천장이 어두워지고 강한 그늘과 눈부심 이 생기기 쉬운 조명방식은?

① 직접조명   ② 반직접조명
③ 전반확산조명  ④ 반간접조명

해설 | 조명기구의 배광에 의한 분류

| 조명 방식 | 직접조명 | 전반확산조명 | 간접조명 |
|---|---|---|---|
| 상향 광속[%] | 0~10 | 40~60 | 90~100 |
| 하향 광속[%] | 100~90 | 60~40 | 10~0 |

## 36.
배전반 또는 분전반의 배관을 변경하거나 이미 설치된 캐비닛에 구멍을 뚫을 때 사용 하며 수동식과 유압식이 있다. 이 공구는 무엇인가?

① 클리퍼   ② 클릭볼
③ 커터    ④ 녹아웃 펀치

해설 | 공구
- 클리퍼 : 굵은 전선을 절단
- 클릭볼 : 목공용 구멍 뚫는 공구
- 녹아웃 펀치 : 배전반, 분전반 등의 구멍을 뚫는 공구

## 37.
저압 연접인입선은 인입선에서 분기하는 점으로부터 100[m]를 넘지 않는 지역에 시설 하고 폭 몇 [m]를 초과하는 도로를 횡단하지 않아야 하는가?

① 4   ② 5   ③ 3   ④ 6.5

정답 34 ④  35 ①  36 ④  37 ②

해설 | 저압연접인입선
- 인입선의 분기점에서 100[m]를 초과하지 말 것
- 폭 5[m]를 넘는 도로를 횡단금지
- 옥내 관통금지

**38.** 그림에서 1차 코일의 자기인덕턴스 $L_1$, 2차 코일의 자기인덕턴스 $L_2$, 상호인덕턴스를 $M$ 이라 할 때 $L_A$의 값으로 옳은 것은?

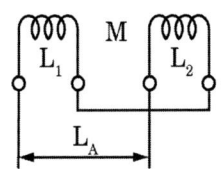

① $L_1 + L_2 + 2M$  ② $L_1 - L_2 + 2M$
③ $L_1 + L_2 - 2M$  ④ $L_1 - L_2 - 2M$

해설 | 차동접속의 인덕턴스

$L_{가동} = L_1 + L_2 + 2M$ [H]
$L_{차동} = L_1 + L_2 - 2M$ [H]

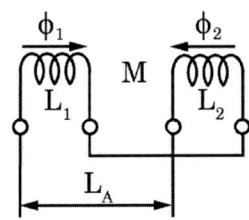

자속의 방향이 반대 방향으로 차동접속

**39.** SCR에 대한 설명으로 옳지 않은 것은?

① 대전류 제어 정류용으로 이용된다.
② 게이트 전류로 통전전압을 가변시킨다.
③ 주전류를 차단하려면 게이트 전압을 영 또는 부(-)로 해야 한다.
④ 게이트 전류의 위상각으로 통전전류의 평균값을 제어시킬 수 있다.

해설 | SCR
- ON 상태로 유지하기 위한 최소전류를 유지전류라 한다.(20[mA] 이상)
- 도통된 후 Gate 전류를 차단해도 도통 상태가 유지된다.
- 역전압이 걸리면 소호된다.
- 소호 후 순방향 전압을 인가해도 Gate를 점호하기 전까지는 도통되지 않는다.

**40.** 최대사용전압 3300[V]의 고압 전동기가 있다. 이 전동기의 절연내력 시험전압은 몇 [V] 인가?

① 3630  ② 4125  ③ 4950  ④ 10500

해설 | 전동기의 절연내력

| 최대사용전압 | | 시험전압 배율 | 시험 최저 전압 [V] |
|---|---|---|---|
| 발전기 전동기 | 7 [kV] 이하 | 1.5 배 | 500 |
| | 7 [kV] 초과 | 1.25 배 | 10,500 |
| 회전변류기 | | 1 배 | 500 |

∴ 3300[V] × 1.5 = 4950[V]

**41.** 그림과 같은 회로의 기능은?

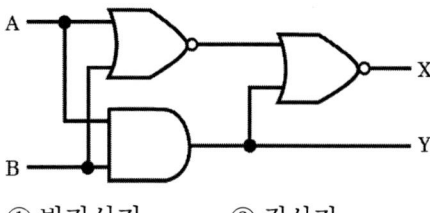

① 반가산기　② 감산기
③ 반일치회로　④ 부호기

해설 | 합(Sum)

$X = \overline{A+B} + AB = (A+B)(\overline{A}+\overline{B})$
$= A\overline{A} + A\overline{B} + \overline{A}B + \overline{B}B = A\overline{B} + \overline{A}B$

자리 올림 (Carry) $Y = AB$ 로 반가산기를 나타낸 것이다.

**42.** 100[V]용 30[W]의 전구와 60[W]의 전구가 있다. 이것을 직렬로 접속하여 100[V]의 전압을 인가하면?

① 30[W]의 전구가 더 밝다.
② 60[W]의 전구가 더 밝다.
③ 두 전구의 밝기가 모두 같다.
④ 두 전구 모두 켜지지 않는다.

해설 | 전구의 직렬접속

$P = VI = \dfrac{V^2}{R}$ 에서 $P \propto \dfrac{1}{R}$ 로 전력 P는 저항 R에 반비례하므로 30[W]의 전구의 저항이 60[W] 전구의 저항보다 더 크다. 직렬접속에서 저항이 큰 쪽에 전압이 더 걸리므로 30[W]의 전구가 더 밝다.

**43.** MOS-FET의 드레인 전류는 무엇으로 제어 하는가?

① 게이트 전압　② 게이트 전류
③ 소스 전류　④ 소스 전압

해설 | MOS-FET
MOS-FET의 드레인 전류는 소스와 드레인 사이의 게이트 전압에 의해 조절

**44.** 다음 논리함수를 간략화 하면 어떻게 되는가?

$Y = \overline{A}\overline{B}\overline{C}\overline{D} + \overline{A}B\overline{C}\overline{D} + A\overline{B}C\overline{D} + ABC\overline{D}$

|  | $\overline{A}\overline{B}$ | $\overline{A}B$ | $AB$ | $A\overline{B}$ |
|---|---|---|---|---|
| $\overline{C}\overline{D}$ | 1 |  |  | 1 |
| $\overline{C}D$ |  |  |  |  |
| $CD$ |  |  |  |  |
| $C\overline{D}$ | 1 |  |  | 1 |

① $\overline{B}\overline{D}$　② $B\overline{D}$
③ $\overline{B}D$　④ $BD$

해설 | 논리함수의 간소화
카르노도표를 이용하여 논리식을 간소화 하면 $\overline{B}\overline{D}$ 로 나타난다.

|  | $\overline{A}\overline{B}$ | $\overline{A}B$ | $AB$ | $A\overline{B}$ |
|---|---|---|---|---|
| $\overline{C}\overline{D}$ | ① |  |  | ① |
| $\overline{C}D$ |  |  |  |  |
| $CD$ |  |  |  |  |
| $C\overline{D}$ | ① |  |  | ① |

## 45. 유도 전동기의 1차 접속을 △에서 Y 결선으로 바꾸면 기동 시의 1차 전류는?

① $\frac{1}{3}$로 감소한다.
② $\frac{1}{\sqrt{3}}$로 감소한다.
③ 3배로 증가한다.
④ $\sqrt{3}$ 배로 증가한다

해설 | Y-△ 기동법
Y기동 시 △기동 시에 비해 기동 전류 $\frac{1}{3}$배, 기동토크 $\frac{1}{3}$배, 정격전압 $\frac{1}{\sqrt{3}}$배

## 46. 방향계전기의 기능이 적합하게 설명이 된 것은 어느 것인가?

① 예정된 시간지연을 가지고 응동하는 것을 목적으로 한 계전기
② 계전기가 설치된 위치에서 보는 전기 적거리 등을 판별해서 동작
③ 보호구간으로 유입하는 전류와 보호구간에서 유출되는 전류와의 벡터차와 출입하는 전류와의 관계비로 동작하는 계전기
④ 2개 이상의 벡터량 관계위치에서 동작하며 전류가 어느 방향으로 흐르는가를 판정하는 것을 목적으로 하는 계전기

해설 | 계전기의 구분
① 지연경보계전기
② 거리계전기
③ 차동계전기
④ 방향계전기

## 47. 유도전동기의 2차 입력, 2차 동손 및 슬립을 각각 $P_2$, $P_{C2}$, $S$라 하면 이들의 관계식은?

① $S = P_2 \times P_{C2}$
② $S = P_2 + P_{C2}$
③ $S = \dfrac{P_2}{P_{C2}}$
④ $S = \dfrac{P_{C2}}{P_2}$

해설 | 유도전동기의 슬립
$P_2 : P_{C2} : P_o = 1 : S : (1-S)$
$P_2 : P_{C2} = 1 : S$
$S = \dfrac{P_{C2}}{P_2}$ 이 된다.

## 48. 다음과 같은 [데이터]에서 5개월 이동평균법에 의하여 8월의 수요를 예측한 값은 얼마인가?

| 월 | 1 | 2 | 3 | 4 | 5 | 6 | 7 |
|---|---|---|---|---|---|---|---|
| 판매실적 | 100 | 90 | 110 | 100 | 115 | 110 | 100 |

① 103  ② 105  ③ 107  ④ 109

해설 | 단순이동평균법
당기 예측치 $M_t = \dfrac{\sum X_t (당시 실적치)}{n}$
$= \dfrac{(110+100+115+110+100)}{5} = \dfrac{535}{5} = 107$

정답 45 ① 46 ④ 47 ④ 48 ③

**49.** 다음 중 모집단의 중심적 경향을 나타낸 측도에 해당하는 것은?

① 범위(Range)
② 최빈값(Mode)
③ 분산(Variance)
④ 변동계수(Coefficient of variation)

해설 | 모집단의 측도
대푯값으로 평균, 최빈값, 중앙값이 있다.

**50.** 여유시간이 5분, 정미시간이 40분일 경우 내경법으로 여유율을 구하면 약 몇 [%]인가?

① 6.33[%]    ② 9.05 [%]
③ 11.11[%]   ④ 12.06[%]

해설 | 내경법의 여유율
$$A = \frac{여유시간(AT)}{정미시간(NT) + 여유시간(AT)}$$
$$= \frac{5}{40+5} = 0.1111 = 11.11[\%]$$

**51.** 다음 중 계량값 관리도만으로 짝지어진 것은?

① c 관리도, u 관리도
② $x - R_s$ 관리도, P 관리도
③ $\bar{x} - R$ 관리도, np 관리도
④ x-R 관리도, $\bar{x} - R$ 관리도

해설 | 관리도의 분류
• 계량형 관리도 : $\bar{x} - R$ 관리도, x 관리도, x-R 관리도, R 관리도
• 계수형 관리도 : nP 관리도, p 관리도, c 관리도, u 관리도

**52.** 로트에서 랜덤하게 시료를 추출하여 검사한 후 그 결과에 따라 로트의 합격, 불합격을 판정하는 검사방법을 무엇이라 하는가?

① 자주검사
② 간접검사
③ 전수검사
④ 샘플링검사

해설 | 샘플링 검사
한 로트의 물품 중에서 발췌한 시료를 조사하고 그 결과를 판정 기준과 비교하여 그 로트의 합격 여부를 결정하는 검사

**53.** 관리 사이클의 순서를 가장 적절하게 표시한 것은?(단, A는 조치(Act), C는 체크(Check), D는 실시(Do), P는 계획(Plan)이다.)

① P → D → C → A
② A → D → C → P
③ P → A → C → D
④ P → C → A → D

해설 | 품질관리 사이클
① Plan(계획, 설계)
② Do(실행, 관리)
③ Check(검토)
④ Action(조치, 개선)

아우름[AURUM]

아우름 전기기능장 필기

# PART 10
# 실전 모의고사

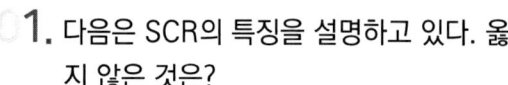

## 실전 모의고사 1회

**1.** 다음은 SCR의 특징을 설명하고 있다. 옳지 않은 것은?

① SCR 소자 자신은 게이트 전류를 흘리면 on 능력이 있다
② 유지전류는 보통 20[mA] 정도이다.
③ Turn off 시키려면 원하는 시점에서 양극과 음극 사이에 역전압을 가해 준다.
④ 유지전류 이하의 소호회로를 외부에서 부가시키면 Turn on 이 된다.

**2.** 용량 10[kVA]의 단권변압기에서 전압 3000[V]를 3300[V]로 승압시켜 부하에 공급할 때 부하용량[kVA]은?

① 1.1[kVA]　② 11[kVA]
③ 110[kVA]　④ 990[kVA]

**3.** ACSR 약호의 명칭은?

① 경동연선
② 중공연선
③ 알루미늄선
④ 강심알루미늄연선

**4.** 가공 전선로에서 전선의 단위 길이당 중량과 경간이 일정할 때 이도는 어떻게 되는가?

① 전선의 장력에 비례한다.
② 전선의 장력에 반비례한다.
③ 전선의 장력의 제곱에 비례한다.
④ 전선의 장력의 제곱에 반비례한다

**5.** 그림과 같은 회로의 합성 정전용량은?

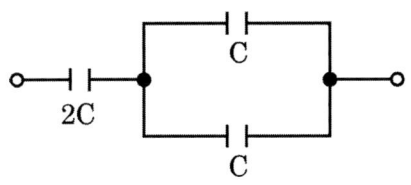

① C   ② 2C   ③ 3C   ④ 4C

**6.** 다음 중 플립플롭회로에 대한 설명으로 잘못된 것은?

① 두 가지 안정상태를 갖는다.
② 쌍안정 멀티바이브레이터이다.
③ 반도체 메모리 소자로 이용된다.
④ 트리거 펄스 1개마다 1개의 출력펄스를 얻는다.

**7.** 저압 인입선의 인입용으로 수직 배관 시 비의 침입을 막는 금속관공사의 재료는 다음 중 어느 것인가?

① 유니버셜 캡
② 와이어 캡
③ 엔트런스 캡
④ 유니온 캡

**8.** 어떤 회로에 $V=100\angle\dfrac{\pi}{3}$[V]의 전압을 가하니 $I=10\sqrt{3}+j10[A]$의 전류가 흘렀다. 이 회로의 무효전력 [Var]은?

① 0         ② 1000
③ 1732   ④ 2000

9. 60[Hz], 20극, 11400[W]의 3상 유도전동기가 슬립 5[%]로 운전될 때 2차 동손이 600[W]이다. 이 전동기의 전부하시의 토크는 약 몇 [kg·m]인가?

① 32.5  ② 28.5
③ 24.5  ④ 20.5

10. 전력용 반도체 소자 중 양방향으로 전류를 흘릴 수 있는 것은?

① GTO    ② TRIAC
③ DIODE  ④ SCR

11. 테일러(F.W. Taylor)에 의해 처음 도입된 방법으로 작업시간을 직접 관측하여 표준시간을 설정하는 표준시간 설정기법은?

① PTS법     ② 실적자료법
③ 표준자료법  ④ 스톱워치법

12. 변압기의 철손은 부하전류가 증가하면 어떻게 되는가?

① 감소한다.
② 비례한다.
③ 제곱에 비례한다.
④ 변동이 없다.

**13.** 연선결정에 있어서 중심소선을 뺀 층수가 3층이다. 전체 소선 수는?

① 91　　② 61
③ 37　　④ 19

**14.** ASME(American Society of Mechanical Engineers)에서 정의하고 있는 제품공정 분석표에 사용되는 기온 중 "저장(Storage)"을 표현한 것은?

① ○　　② □
③ ▽　　④ ⇨

**15.** 권선형 유도전동기 기동법으로 알맞은 것은?

① 직입 기동법
② 2차 저항 기동법
③ 콘도르파 방식
④ Y-△ 기동법

**16.** 2개의 전하 $Q_1$[C]과 $Q_2$[C]를 r[m]의 거리에 놓았을 때 작용하는 힘의 크기를 옳게 설명한 것은?

① $Q_1, Q_2$의 곱에 비례히고 r에 반비례한다.
② $Q_1, Q_2$의 곱에 반비례하고 r에 비례한다.
③ $Q_1, Q_2$의 곱에 반비례하고 r에 제곱에 비례한다.
④ $Q_1, Q_2$의 곱에 반비례하고 r에 제곱에 반비례한다.

**17.** 표준 상태에서 공기의 절연이 파괴되는 전위 경도는 교류(실횻값)로 약 몇 [kV/cm]인가?

① 10  ② 21  ③ 30  ④ 42

**18.** 그림과 같은 회로의 기능은?

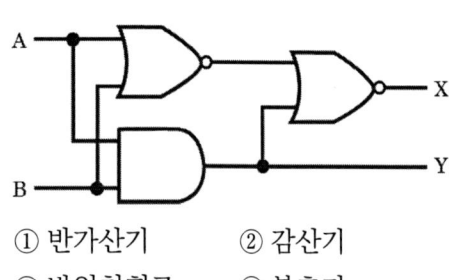

① 반가산기  ② 감산기
③ 반일치회로  ④ 부호기

**19.** 합성수지몰드공사에 사용하는 몰드 홈의 폭과 깊이는 몇 [cm] 이하가 되어야 하는가? (단, 두께는 1.2[mm] 이상이다.)

① 1.5  ② 2.5
③ 3.5  ④ 4.5

**20.** 평형 3상 △부하에 선간전압 300[V]가 공급 될 때 선전류가 30[A] 흘렀다. 부하 1상의 임피던스는 몇 [Ω] 인가?

① 10  ② $10\sqrt{3}$
③ 20  ④ $30\sqrt{3}$

**21.** 저압 옥상전선로를 전개된 장소에 시설하고자 할 때 다음 중 옳지 않은 것은?

① 전선은 조영재에 견고하게 붙인 지지대에 절연성, 난연성 및 내수성이 있는 애자를 사용하여 지지하고 또한 그 지지점간의 거리는 15[m] 이하로 한다.
② 전선은 인장강도 2.3[kN] 이상의 것 또는 지름 2.6[mm]의 경동선을 사용한다.
③ 전선과 그 저압 옥상 전선로를 시설하는 조영재와의 이격거리는 1.5[m] 이상으로 한다.
④ 전선은 상시 부는 바람 등에 의하여 식물에 접촉하지 아니하도록 시설하여야 한다.

**22.** 직류 직권전동기에서 토크T와 회전수 N과의 관계는 어떻게 되는가?

① $T \propto N$
② $T \propto N^2$
③ $T \propto \dfrac{1}{N}$
④ $T \propto \dfrac{1}{N^2}$

**23.** 송전단 전압 66[kV], 수전단 전압 61[kV]인 송전선로에서 수전단의 부하를 끊은 경우의 수전단 전압이 63[kV]면 전압변동률은 약 몇 %인가?

① 2.8
② 3.3
③ 4.8
④ 8.2

**24.** 다음 중 상자성체는 어느 것인가?

① 알루미늄
② 니켈
③ 코발트
④ 철

**25.** 다음 [표]를 참조하여 5개월 단순이동평균법으로 7월의 수요를 예측하면 몇 개인가?
　　　　　　　　　　　　　　　[단위 : 개]

① 55개　　② 57개
③ 58개　　④ 59개

**26.** 동기발전기의 돌발 단락 전류를 주로 제한하는 것은?

① 동기리액턴스　② 계자저항
③ 누설리액턴스　④ 역상리액턴스

**27.** 나전선 상호 또는 나전선과 절연전선, 캡타이어 케이블 또는 케이블과 접속하는 경우의 설명으로 옳은 것은?

① 접속 슬리브(스프리트 슬리브 제외), 전선 접속기를 사용하여 접속하여야 한다.
② 접속부분의 절연은 전선 절연물의 80[%] 이상의 절연효력이 있는 것으로 피복하여야 한다.
③ 접속부분의 전기저항을 증가시켜야 한다.
④ 전선의 강도를 30[%] 이상 감소시키지 않는다.

**28.** 어떤 정현파 전압의 평균값이 220[V]이면 최댓값은 약 몇 [V] 인가?

① 282　② 314　③ 346　④ 487

**29.** 가공 전선로에 사용하는 원형 철근 콘크리트주의 수직 투영 면적 1[m²]에 대한 갑종 풍압 하중은?

① 333[Pa]   ② 588[Pa]
③ 745[Pa]   ④ 882[Pa]

**30.** 60[Hz], 4극, 3상 유도전동기의 슬립이 4[%]라면 회전수는 몇 [rpm]인가?

① 1690   ② 1728
③ 1764   ④ 1800

**31.** 애자사용공사에 의한 고압 옥내배선의 시설에 있어서 적당하지 않는 것은?

① 전선이 조영재를 관통할 때에는 난연성 및 내수성이 있는 절연관에 넣을 것
② 애자사용 공사에 사용하는 애자는 난연성일 것
③ 전선과 조영재와 이격거리는 4.5[cm]로 할 것
④ 고압 옥내배선은 저압 옥내배선과 쉽게 식별되도록 시설할 것

**32.** 10[kW]의 농형 유도전동기의 기동방법으로 가장 적당한 것은?

① 전전압 기동법
② Y-△ 기동법
③ 기동 보상기법
④ 2차 저항 기동법

**33.** 가공전선로의 지지물에 지선을 시설할 때 옳은 방법은?

① 지선의 안전율을 2.0으로 하였다.
② 소선은 최소 2가닥 이상의 연선을 사용하였다.
③ 지중의 부분 및 지표상 20 [cm]까지의 부분은 아연도금 철봉 등 내부식성 재료를 사용하였다.
④ 도로를 횡단하는 곳의 지선의 높이는 지표상 5 [m]로 하였다.

**34.** 벅 부스트 (Buck-Boost Converter)에 대한 설명으로 옳지 않은 것은?

① 벅 부스트 컨버터의 출력전압은 입력전압보다 높을 수도 있고 낮을 수도 있다.
② 스위칭 주기(T)에 대한 스위치의 온(On) 시간($t_{on}$)의 비인 듀티비 D가 0.5보다 클 때 벅-컨버터와 같이 출력전압이 입력전압에 비해 낮아진다.
③ 출력전압의 극성은 입력전압을 기준으로 했을 때 반대 극성으로 나타난다.
④ 벅 - 부스트 컨버터의 입출력 전압비의 관계에 따르면 스위칭 주기(T)에 대한 스위치 온(On) 시간($t_{on}$)의 비인 듀티비 D가 0.5인 경우는 입력전압과 출력전압의 크기가 같게 된다.

**35.** 고압 3공전선로의 지지물로 철탑을 사용한 경우 최대 경간은 몇 [m] 이하이어야 하는가?

① 300  ② 400
③ 500  ④ 600

**36.** 전기자 권선에 의해 생기는 전기자 기자력을 없애기 위하여 주자극의 중간에 작은 자극으로 전기자 반작용을 상쇄하고 또한 정류에 의한 리액턴스 전압을 상쇄하여 불꽃을 없애는 역할을 하는 것은?

① 보상권선  ② 공극
③ 전기자권선  ④ 보극

**37.** 변압기의 온도상승시험을 하는데 가장 좋은 방법은?

① 내전압법  ② 실부하법
③ 충격전압시험법  ④ 반환부하법

**38.** 다음 중 SCR에 대한 설명으로 가장 옳은 것은?

① 게이트 전류로 애노드 전류를 연속적으로 제어할 수 있다.
② 쌍방향성 사이리스터이다.
③ 게이트 전류를 차단하면 애노드 전류가 차단된다.
④ 단락상태에서 애노드 전압을 0 또는 부 (-)로 하면 차단상태가 된다.

**39.** 여유시간이 5분, 정미시간이 40분일 경우 내경법으로 여유율을 구하면 약 몇 [%]인가?

① 6.33[%]  ② 9.05 [%]
③ 11.11[%]  ④ 12.06[%]

**40.** 소맥분, 전분, 기타의 가연성 분진이 존재하는 곳의 저압 옥내배선 공사방법으로 적합 하지 않는 것은?

① 합성수지관 공사
② 금속관 공사
③ 가요전선관 공사
④ 케이블 공사

**41.** 다음과 같은 블록선도의 등가 합성 전달 함수는?

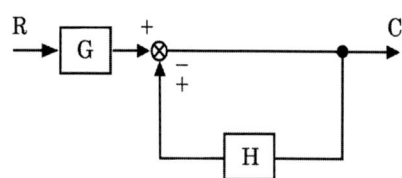

① $\dfrac{1}{1 \pm GH}$   ② $\dfrac{G}{1 \pm GH}$

③ $\dfrac{G}{1 \pm H}$   ④ $\dfrac{1}{1 \pm H}$

**42.** 저압옥내 배선의 라이팅덕트 시설방법으로 틀린 것은?

① 조영재를 관통하는 경우에는 충분한 보호조치를 하여 시공한다.
② 라이팅덕트 상호 및 도체 상호는 견고하고 전기적 및 기계적으로 완전하게 접속 한다.
③ 조영재에 부착할 경우 지지점은 매 덕트 마다 2개소이상 및 지지점간의 거리는 2[m] 이하로 견고히 부착한다.
④ 라이팅덕트에 접속하는 부분의 배선은 전선관이나 몰드 또는 케이블배선에 의하여 전선이 손상을 받지 않게 시설한다.

**43.** 동기기에서 제동권선의 가장 중요한 역할은?

① 정류작용   ② 난조방지
③ 전압불평형방지   ④ 섬락방지

**44.** 역률 80[%], 150[kW]의 전동기를 95[%]의 역률로 개선하는데 필요한 콘덴서의 용량은 약 몇 [kVA]가 필요한가?

① 32   ② 42
③ 63   ④ 84

**45.** 10진수 $753_{10}$을 8진수로 변환하면?

① 752　　② 357
③ 1250　　④ 1361

**46.** 유도전동기의 2차 입력, 2차 동손 및 슬립을 각각 $P_2$, $P_{C2}$, $S$라 하면 이들의 관계식은?

① $S = P_2 \times P_{C2}$　　② $S = P_2 + P_{C2}$
③ $S = \dfrac{P_2}{P_{C2}}$　　④ $S = \dfrac{P_{C2}}{P_2}$

**47.** $R = 8[\Omega]$, $X_L = 10[\Omega]$, $X_C = 20[\Omega]$이 병렬로 접속된 회로에 240[V]의 교류 전압을 가하면 전원에 흐르는 전류는 약 몇 [A] 인가?

① 18　② 24　③ 32　④ 46

**48.** 인버터 제어라고도 하며 유도전동기에 인가되는 전압과 주파수를 변환시켜 제어하는 방식은?

① VVVF 제어방식
② 궤환 제어방식
③ 1단속도 제어방식
④ 워드레오나드 제어방식

**49.** 최대 사용전압이 7[kV] 이하인 발전기의 절연내력을 시험하고자 한다. 최대사용전압의 몇 배의 전압으로 권선과 대지사이에 연속하여 몇 분간 가하여야 하는지 그 기준을 옳게 나타낸 것은?

① 1.5배, 10분  ② 2배, 10분
③ 1.5배, 1분   ④ 2배, 1분

**50.** 행거밴드라 함은?

① 전주에 COS 또는 LA를 고정시키기 위한 밴드
② 전주 자체에 변압기를 고정시키기 위한 밴드
③ 완금을 전주에 설치하는 데 필요한 밴드
④ 완금에 암타이를 고정시키기 위한 밴드

**51.** 워크 샘플링에 관한 설명 중 틀린 것은?

① 워크 샘플링은 일명 스냅리딩 (Snap Reading)이라 불린다.
② 워크 샘플링은 스톱워치를 사용하여 관측 대상을 순간적으로 관측하는 것이다.
③ 워크 샘플링은 영국의 통계학자 L.H.C. Tippet가 가동률 조사를 위해 창안한 것
④ 워크 샘플링은 사람의 상태나 기계의 가동 상태 및 작업의 종류 등을 순간적으로 관측하는 것이다.

**52.** 그림과 같은 회로에서 스위치 S를 닫을 때 t초 후의 R에 걸리는 전압은?

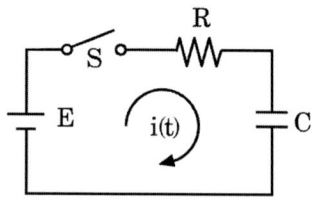

① $Ee^{-\frac{C}{R}t}$  ② $E(1-e^{-\frac{C}{R}t})$
③ $Ee^{-\frac{1}{CR}t}$  ④ $E(1-e^{-\frac{1}{RC}t})$

**53.** 다음 ( ) 안의 알맞은 내용으로 옳은 것은?

> 변압기의 등가회로에서 2차 회로를 1차 회로로 환산하는 경우 전류는 ( ㉮ )배, 저항과 리액턴스는 ( ㉯ ) 배가 된다.

① ㉮ $\frac{1}{a}$, ㉯ $a^2$  ② ㉮ $\frac{1}{a}$, ㉯ $a$

③ ㉮ $a^2$, ㉯ $\frac{1}{a}$  ④ ㉮ $a^2$, ㉯ $a$

**54.** 전수검사와 샘플링검사에 관한 설명으로 맞는 것은?

① 파괴검사의 경우에는 전수검사를 적용한다.
② 검사항목이 많을 경우 전수검사보다 샘플링검사가 유리하다.
③ 샘플링검사는 부적합품이 섞여 들어가서는 안되는 경우에 적용한다.
④ 생산자에게 품질향상의 자극을 주고 싶을 경우 전수검사가 샘플링검사보다 더 효과적이다.

**55.** 그림과 같은 회로의 합성 임피던스는 몇 [Ω]인가?

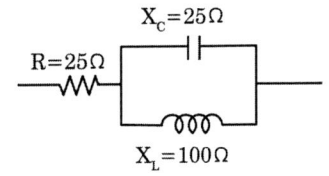

① 25+j20
② 25−j20
③ $25 + j\frac{100}{3}$
④ $25 - j\frac{100}{3}$

**56.** 1차 전압이 380[V], 2차 전압이 220[V]인 단상변압기에서 2차 권회수가 44회일 때 1차 권회수는 몇 회 인가?

① 26  ② 76  ③ 86  ④ 146

**57.** 사이리스터의 턴 오프(Turn-off) 조건은?

① 게이트에 역방향 전류를 흘린다.
② 게이트에 역방향 전압을 가한다.
③ 게이트에 순방향 전류를 0으로 한다.
④ 애노드 전류를 유지전류 이하로 한다.

**58.** 특고압용 변압기의 냉각방식이 타냉식인 경우 냉각장치의 고장으로 인하여 변압기의 온도가 상승하는 것을 대비하기 위하여 시설하는 장치는?

① 방진장치   ② 회로차단장치
③ 경보장치   ④ 공기정화장치

**59.** 많은 입력선 중의 필요한 데이터를 선택하여 단일 출력선으로 연결시켜 주는 회로는?

① 인코드   ② 디코드
③ 멀티플렉서   ④ 디멀티플렉서

**60.** 지중전선로 공사에서 케이블 포설 시 케이블 끝단에 설치하여 당길 수 있도록 하는 데 사용하는 것은?

① 풀링그립(Pulling Grip)
② 피시테이프(Fish Tape)
③ 강철 인도선(Steel Wire)
④ 와이어 로프(Wire Rope)

# 실전 모의고사 2회

1. 유도 기전력에 관한 렌츠의 법칙을 맞게 설명한 것은?
   ① 유도 기전력의 크기는 자기장의 방향과 전류의 방향에 의하여 결정된다.
   ② 유도 기전력은 자속의 변화를 방해하려는 방향으로 발생한다.
   ③ 유도 기전력의 크기는 코일을 지나는 자속의 매초 변화량과 코일의 권수에 비례한다.
   ④ 유도 기전력은 자속의 변화를 방해하려는 역방향으로 발생한다.

2. 금속관 공사 시 관을 접지하는데 사용하는 것은?
   ① 엘보
   ② 터미널 캡
   ③ 어스 클램프
   ④ 노출 배관용 박스

3. $f(t) = \dfrac{e^{at} + e^{-at}}{2}$ 의 라플라스 변환은?
   ① $\dfrac{s}{s^2 - a^2}$
   ② $\dfrac{s}{s^2 + a^2}$
   ③ $\dfrac{a}{s^2 - a^2}$
   ④ $\dfrac{a}{s^2 + a^2}$

4. 계량값 관리도에 해당되는 것은?
   ① c 관리도
   ② u 관리도
   ③ R 관리도
   ④ np 관리도

5. 반도체 트리거 소자로서 자기 회복능력이 있는 것은?

① GTO   ② SSS
③ SCS   ④ SCR

7. 일반적으로 큐비클형이라 하며, 점유면적이 좁고 운전 보수에 안전하므로 공장, 빌딩 등의 전기실에 많이 사용되며 조립형, 장갑형이 있는 배전반은?

① 데드 프런트식 배전반
② 폐쇄식 배전반
③ 라이브 프런트식 배전반
④ 철체 수직형 배전반

6. 단상 220[V], 60[Hz]의 정현파 교류전압을 점호각 60°로 반파 위상제어 정류하여 직류로 변환하고자 한다. 순저항 부하 시 평균 출력전압은 약 몇 [V]인가?

① 74[V]   ② 84[V]
③ 92[V]   ④ 110[V]

8. 평균 구면광도 100[cd]의 전구 5개를 지름 10[m]인 원형의 방에 점등할 때 조명률 0.5, 감광 보상률 1.5라 하면, 방의 평균 조도는 약 몇 [lx]인가?

① 27   ② 33
③ 36   ④ 42

**9.** 무한히 긴 직선도체에 전류 $I$[A]를 흘릴 때 이 전류로부터 $r$[m] 떨어진 점의 자속 밀도는 몇 [Wb/m²]인가?

① $\dfrac{\mu_0 I}{4\pi r}$  ② $\dfrac{I}{2\pi \mu_0 r}$

③ $\dfrac{I}{2\pi r}$  ④ $\dfrac{\mu_0 I}{2\pi r}$

**10.** 송배전 계통에 사용되는 보호계전기의 반한시 특성이란?

① 동작전류가 커질수록 동작시간이 길어진다.
② 동작전류가 작을수록 동작시간이 짧다.
③ 동작전류와 관계없이 동작시간은 일정하다.
④ 동작전류가 커질수록 동작시간이 짧아진다.

**11.** 500[kVA]의 단상변압기 4대를 사용하여 과부하가 되지 않게 사용할 수 있는 3상 전력의 최댓값은 약 몇 [kVA] 인가?

① $500\sqrt{3}$  ② 1500
③ $1000\sqrt{3}$  ④ 2000

**12.** 교류와 직류 양쪽 모두에 사용 가능한 전동기는?

① 단상 분권 정류자 전동기
② 단상 반발 전동기
③ 세이딩 코일형 전동기
④ 단상 직권 정류자 전동기

**13.** 합성수지관 공사 시 관 상호간 및 박스와의 접속은 관에 삽입하는 깊이를 관 바깥지름의 몇 배 이상으로 하여야 하는가? (단, 접착제를 사용하지 않는 경우이다.)

① 0.5  ② 0.8
③ 1.2  ④ 1.5

**14.** 다음 중 저항 부하 시 맥동률이 가장 작은 정류방식은?

① 단상반파  ② 단상전파
③ 3상반파  ④ 3상전파

**15.** 단권 변압기에 대한 설명이다. 틀린 것은?

① 3상에는 사용할 수 없다는 단점이 있다.
② 1차 권선과 2차 권선의 일부가 공통으로 되어 있다
③ 동일 출력에 대하여 사용 재료 및 손실이 적고 효율이 높다.
④ 단권 변압기는 권선비가 1에 가까울수록 보통 변압기에 비해 유리하다.

**16.** 자속밀도 1[wb/m$^2$]인 평등 자계의 방향과 수직으로 놓인 50[cm]의 도선을 자계와 30° 방향으로 40[m/s]의 속도로 움직일 때 도선에 유기되는 기전력은 몇 [V]인가?

① 5   ② 10
③ 20  ④ 40

**17.** 저압 옥내배선 공사에서 금속관 공사로 시공할 경우 특징이 아닌 것은?

① 전선은 연선일 것
② 전선은 절연전선일 것
③ 전선은 금속관 안에서 접속점이 없을 것
④ 콘크리트에 매설하는 것은 관의 두께가 1.2[mm] 이하일 것

**18.** 카르노도의 상태가 그림과 같을 때 간략화된 논리식은?

| C \ BA | 00 | 01 | 11 | 10 |
|---|---|---|---|---|
| 0 | 1 | 0 | 0 | 1 |
| 1 | 1 | 0 | 0 | 1 |

① $\overline{A}\overline{B}\overline{C} + \overline{A}B\overline{C} + \overline{A}\overline{B}C + \overline{A}BC$
② $A\overline{B} + \overline{A}B$
③ $A$
④ $\overline{A}$

**19.** 정격 30[kVA], 1차측 전압 6600[V], 권수비 30인 단상변압기의 2차측 정격전류는 약 몇 [A]인가?

① 93.2[A]   ② 136.4[A]
③ 220.7[A]  ④ 455.5[A]

**20.** 지중 전선로에 사용하는 지중함의 시설기준으로 틀린 것은?

① 지중함은 조명 및 세척이 가능한 구조로 할 것
② 지중함은 견고하고 차량 기타 중량물의 압력에 견디는 구조일 것
③ 지중함의 뚜껑은 시설자 이외의 자가 쉽게 열 수 없도록 시설할 것
④ 지중함은 그 안에 고인물을 제거할 수 있는 구조로 할 것

**21.** 직류를 교류로 변환하는 장치이며, 사용 전원으로부터 공급된 전력을 입력받아 자체 내에서 전압과 주파수를 가변시켜 전동기에 공급함으로써 전동기 속도를 고효율로 용이하게 제어하는 장치를 무엇이라 하는가?

① 컨버터  ② 인버터
③ 초퍼    ④ 변압기

**22.** 동기발전기의 병렬운전에 필요한 조건이 아닌 것은?

① 기전력의 주파수가 같을 것
② 기전력의 위상 같을 것
③ 임피던스 및 상회전 방향과 각 변위가 같을 것
④ 기전력의 크기가 같을 것

**23.** 그림과 같은 브리지가 평형되기 위한 임피던스 Zx의 값은 약 몇 [Ω]인가? (단, $Z_1 = 3 + j2[\Omega]$, $R_2 = 4[\Omega]$, $R_3 = 5[\Omega]$이다.)

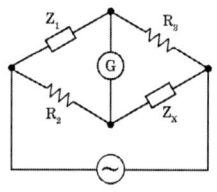

① $4.62 - j3.08$    ② $3.08 + j4.62$
③ $4.24 - j3.66$    ④ $3.66 + j4.24$

**24.** 표준시간 설정 시 미리 정해진 표를 활용하여 작업자의 동작에 대해 시간을 산정하는 시간연구법에 해당되는 것은?

① PTS법      ② 스톱워치법
③ 워크샘플링법  ④ 실적자료법

**25.** 유기기전력 110[V], 단자전압 100[V]인 5[kW] 분권 발전기의 계자저항이 50[Ω] 라면 전기자저항은 약 몇 [Ω] 인가?

① 0.12
② 0.19
③ 0.96
④ 1.92

**26.** 345[kV]의 가공송전선을 사람이 쉽게 들어 갈 수 없는 산지에 시설하는 경우 가공송전선의 지표상 높이는 최소 몇 [m]인가?

① 5.28　② 6.28
③ 7.28　④ 8.28

**27.** 지중에 매설되어 있는 케이블의 전식을 방지하기 위하여 누설전류가 흐르도록 길을 만들어 금속표면의 부식을 방지하는 방법은?

① 회생 양극법　② 외부 전원법
③ 강제 배류법　④ 배양법

**28.** 동기전동기의 기동을 다른 전동기로 할 경우에 대한 설명으로 옳은 것은?

① 유도전동기를 사용할 경우 동기전동기의 극수보다 2극 정도 적은 것을 택한다.
② 유도전동기의 극수를 동기전동기의 극수와 같게 한다
③ 다른 동기전동기로 기동시킬 경우 2극 정도 많은 전동기를 택한다.
④ 유도전동기로 기동시킬 경우 동기전동기 보다 2극 정도 많은 것을 택한다.

**29.** 지선과 지선용 근가를 연결하는 금구는?

① U볼트  ② 지선 롯트
③ 볼쇄클  ④ 지선 밴드

**30.** 자기회로에 대한 키르히호프의 법칙을 설명한 것으로 옳은 것은?

① 전자유도에 의하여 발생한 기전력의 방향은 그 유도전류가 만든 자속을 방해하려는 방향으로 나타난다.
② 자기회로의 결합점에서 각 자로의 자속의 대수합은 0이다.
③ 자기회로의 결합점에서 각 자로의 자속의 대수곱은 0이다.
④ 유도기전력의 크기는 코일을 쇄교하는 자속의 변화량과 코일의 권수에 곱에 비례한다.

**31.** 특고압은 몇 [V]를 초과하는 전압을 말하는가?

① 3000  ② 6600
③ 7000  ④ 10000

**32.** PN 접합 다이오드에 공핍층이 생기는 경우는?

① 전압을 가하지 않을 때 생긴다.
② 다수 반송파가 많이 모여 있는 순간에 생긴다.
③ 음(-) 전압을 가할 때 생긴다.
④ 전자와 정공의 확산에 의하여 생긴다.

**33.** 철근 콘크리트주로서 전장이 17 [m]이고, 설계하중이 6.8 [kN]이다. 이 지지물을 논, 기타 지반이 약한 곳 이외에 기초 안전율의 고려 없이 시설하는 경우에 그 묻히는 깊이는 몇 [m] 이상으로 시설하여야 하는가?

① 2.5  ② 2.8
③ 3.0  ④ 3.2

**34.** 그림과 같은 회로에서 전류 $I$[A]는?

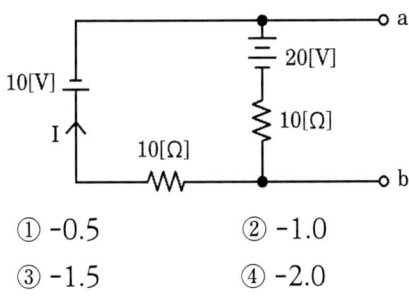

① -0.5  ② -1.0
③ -1.5  ④ -2.0

**35.** 전기자 도체의 총수 500, 10극, 단중 파권으로 매극의 자속수가 0.2[Wb]인 직류발전기의 600[rpm]으로 회전할 때의 유도기전력은 몇 [V]인가?

① 2500  ② 5000
③ 10000  ④ 15000

**36.** 엔트런스 캡의 주된 사용 장소는 다음 중 어느 것인가?

① 저압 인입선 공사시 전선관 공사로 넘어 갈 때 전선관의 끝부분
② 케이블 헤드를 시공할 때 케이블 헤드의 끝부분
③ 케이블 트레이 끝부분의 마감재
④ 부스 덕트 끝부분의 마감재

**37.** 코로나 방지 대책으로 적당하지 않은 것은?

① 가선 금구를 개량한다.
② 복도체 방식을 채용한다.
③ 선간 거리를 증가시킨다.
④ 전선의 외경을 증가시킨다

**38.** 다음 중 브레인스토밍(Brainstorming)과 가장 관계가 깊은 것은?

① 특성요인도  ② 파레토도
③ 히스토그램  ④ 회귀분석

**39.** 10[kVA], 2000/100[V] 변압기에서 1차로 환산한 등가 임피던스가 $6.2+j7[\Omega]$이다. 이 변압기의 % 리액턴스 강하는?

① 0.18  ② 0.35
③ 1.75  ④ 3.5

**40.** 저항 20[Ω]인 전열기로 21.6[kcal]의 열량을 발생시키려면 5[A]의 전류를 몇 분간 흘려주면 되는가?

① 2  ② 3
③ 4.5  ④ 6

**41.** 2진수 $01100110_2$의 2의 보수는?

① 01100110  ② 01100111
③ 10011001  ④ 10011010

**42.** 저압 연접인입선은 인입선에서 분기하는 점으로부터 100[m]를 넘지 않는 지역에 시설하고 폭 몇 [m]를 초과하는 도로를 횡단하지 않아야 하는가?

① 4   ② 5   ③ 3   ④ 6.5

**43.** 정격 150[kVA], 철손 1[kW], 전부하 동손이 4[kW]인 단상 변압기의 최대효율[%]은?

① 약 96.8[%]   ② 약 97.4[%]
③ 약 98.0[%]   ④ 약 98.6[%]

**44.** 피뢰기를 설치하지 않아도 되는 곳은?

① 발전소·변전소의 가공전선 인입구 및 인출구
② 가공전선로의 말구 부분
③ 가공전선로에 접속한 1차 측 전압이 35[kV] 이하인 배전용 변압기의 고압 측 및 특고압 측
④ 고압 및 특고압 가공전선로로부터 공급을 받는 수용장소의 인입구

**45.** 이상적인 전압 전류원에 관하여 옳은 것은?

① 전압원, 전류원의 내부저항은 흐르는 전류에 따라 변한다.
② 전압원의 내부저항은 0 이고 전류원의 내부저항은 ∞ 이다.
③ 전압원의 내부저항은 ∞ 이고 전류원의 내부저항은 0 이다.
④ 전압원의 내부저항은 일정하고 전류원의 내부저항은 일정하지 않다.

**46.** UPS의 기능으로서 가장 옳은 것은?

① 가변주파수 공급
② 고조파방지 및 정류평활
③ 3상 전파정류 방식
④ 무정전 전원공급 가능

**47.** 축의 완성 지름, 철사의 인장강도, 아스피린 순도와 같은 데이터를 관리하는 가장 대표 적인 관리도는?

① c 관리도   ② nP 관리도
③ u 관리도   ④ $\bar{x} - R$ 관리도

**48.** 과전류차단기로 시설하는 퓨즈 중 고압전로에 사용하는 포장 퓨즈는 정격전류의 몇 배의 전류에 견디어야 하는가? (단, 전기설비 기술기준의 판단기준에 의한다.)

① 1.1배   ② 1.3배
③ 1.5배   ④ 2.0배

**49.** 논리식 $F=\overline{A}\overline{B}C+\overline{A}B\overline{C}+\overline{A}BC+AB\overline{C}$ 를 간소화 한 것은?

① $F=\overline{A}B+A\overline{B}$  ② $F=\overline{A}B+B\overline{C}$
③ $F=\overline{A}C+A\overline{C}$  ④ $F=\overline{B}C+B\overline{C}$

**50.** 그림과 같은 회로에 입력 전압 220[V]를 가할 때 30[Ω] 저항에 흐르는 전류는 몇 [A] 인가?

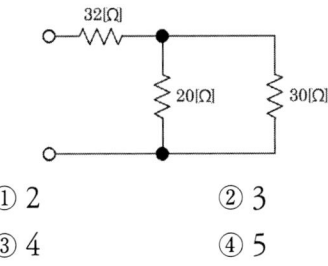

① 2        ② 3
③ 4        ④ 5

**51.** 변압기의 내부저항과 누설 리액턴스의 % 강하율은 2[%], 3[%]이다. 부하의 역률이 80[%]일 때 이 변압기의 전압변동률은 몇 [%] 인가?

① 1.6    ② 1.8    ③ 3.4    ④ 4.0

**52.** 전파제어 정류회로에 사용하는 쌍방향성 반도체 소자는?

① SCR    ② SSS    ③ UJT    ④ PUT

**53.** 합성수지관 공사에 의한 저압 옥내배선의 시설 기준으로 옳지 않은 것은?

① 전선은 옥외용 비닐 절연전선을 사용할 것
② 습기가 많은 장소에 시설하는 경우 방습 장치를 할 것
③ 전선은 합성수지관 안에서 접속점이 없도록 할 것
④ 관의 지지점 간의 거리는 1.5[m] 이하로 할 것

**54.** 직류전동기의 속도제어 중 계자권선에 직렬 또는 병렬로 저항을 접속하여 속도를 제어하는 방법은?

① 저항제어  ② 전류제어
③ 계자제어  ④ 전압제어

**55.** 정규분포에 관한 설명 중 틀린 것은?

① 일반적으로 평균치가 중앙값보다 크다.
② 평균을 중심으로 좌우대칭의 분포이다.
③ 대체로 표준편차가 클수록 산포가 나쁘다고 본다.
④ 평균치가 0이고 표준편차가 1인 정규분포를 표준정규분포라 한다.

**56.** 금속 전선관을 쇠톱이나 커터로 절단한 다음, 관의 단면을 다듬을 때 사용하는 공구는?

① 리머      ② 홀소
③ 클리퍼    ④ 클릭볼

**57.** 평행판 콘덴서에서 전압이 일정할 경우 극판 간격을 2배로 하면 내부의 전계의 세기는 어떻게 되는가?

① 4배로 된다.
② 2배로 된다.
③ $\frac{1}{4}$ 배로 된다.
④ $\frac{1}{2}$ 배로 된다.

**58.** A=01100, B=00111인 부 2진수의 연산결과가 주어진 식과 같다면 연산의 종류는?

① 덧셈
② 뺄셈
③ 곱셈
④ 나눗셈

**59.** 사용전압이 220[V]인 경우에 애자사용공사에서 전선과 조영재와의 이격거리는 최소 몇 [cm] 이상이어야 하는가?

① 2.5
② 4.5
③ 6.0
④ 8.0

**60.** 어떤 회사의 매출액이 80000원, 고정비가 15000원, 변동비가 40000원일 때 손익분기점 매출액은 얼마인가?

① 25000원
② 30000원
③ 40000원
④ 55000원

1. 정현파에서 파고율이란?

   ① $\dfrac{최댓값}{실횻값}$  ② $\dfrac{평균값}{실횻값}$

   ③ $\dfrac{실횻값}{평균값}$  ④ $\dfrac{최댓값}{평균값}$

3. 3상 전파 정류회로에서 부하는 100[Ω]의 순저항 부하이고, 전원 전압은 3상 220[V] (선간전압), 60[Hz]이다. 평균 출력전압 [V] 및 출력전류[A]는 각각 얼마인가?

   ① 149[V], 1.49[A]
   ② 297[V], 2.97[A]
   ③ 381[V], 3.81[A]
   ④ 419[V], 4.19[A]

2. 그림은 3상 동기발전기의 무부하 포화곡선이다. 이 발전기의 포화율은 얼마인가?

   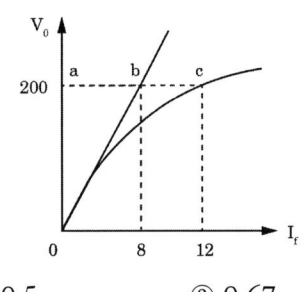

   ① 0.5   ② 0.67
   ③ 0.8   ④ 1.5

4. 저압 연접인입선의 시설기준으로 옳은 것은?

   ① 인입선에서 분기되는 점에서 100[m]를 초과하지 말 것
   ② 폭 2.5[m] 초과하는 도로를 횡단하지 말 것
   ③ 옥내를 통과하여 시설할 것
   ④ 지름은 최소 2.5[mm$^2$] 이상의 경동선을 사용할 것

**5.** 공기 중에서 일정한 거리를 두고 있는 두 점 전하 사이에 작용하는 힘이 20[N] 이었는데, 두 전하 사이에 비유전율이 4인 유리를 채웠다. 이때 작용하는 힘은 어떻게 되는가?

① 작용하는 힘은 변하지 않는다.
② 0[N]으로 작용하는 힘이 사라진다.
③ 5[N]으로 힘이 감소되었다.
④ 40[N]으로 힘이 두 배 증가되었다.

**6.** 자기용량 10[kVA]의 단권변압기를 이용해서 배전전압 3000[V]를 3300[V]로 승압하고 있다. 부하역률이 80[%]일 때 공급할 수 있는 부하 용량은 약 몇 [kW]인가? (단, 단권변압기의 손실은 무시한다.)

① 58   ② 68
③ 78   ④ 88

**7.** 2진수 $(110010.111)_2$를 8진수로 변환한 값은?

① $(62.7)_8$   ② $(32.7)_8$
③ $(62.6)_8$   ④ $(32.6)_8$

**8.** 기동 토크가 큰 특성을 가지는 전동기는?

① 직류 분권전동기
② 직류 직권전동기
③ 3상 농형 유도 전동기
④ 3상 동기 전동기

**9.** 전격살충기를 시설할 경우 전격격자와 시설물 또는 식물 사이의 이격거리는 몇 [cm] 이상이어야 하는가?

① 10　　② 20
③ 30　　④ 40

**10.** 자기인덕턴스가 $L_1$, $L_2$ 상호인덕턴스가 $M$인 두 회로의 결합계수가 1인 경우 $L_1$, $L_2$, $M$의 관계는?

① $L_1 \cdot L_2 = M$　② $L_1 \cdot L_2 < M^2$
③ $L_1 \cdot L_2 > M^2$　④ $L_1 \cdot L_2 = M^2$

**11.** 동기발전기의 권선을 분포권으로 하면?

① 난조를 방지한다.
② 파형이 좋아진다.
③ 권선의 리액턴스가 커진다.
④ 집중권에 비하여 합성유도 기전력이 높아진다.

**12.** 선간거리 $D$[m], 반지름이 $r$[m]인 선로의 인덕턴스 $L$[mH/km]은?

① $L = 0.4605 \log_{10} \dfrac{D}{r} + 0.5$

② $L = 0.4605 \log_{10} \dfrac{D}{r} + 0.05$

③ $L = 0.4605 \log_{10} \dfrac{r}{D} + 0.5$

④ $L = 0.4605 \log_{10} \dfrac{r}{D} + 0.05$

**13.** 그림의 회로에서 입력 전원($u_s$)의 양(+)의 반주기 동안에 도통하는 다이오드는?

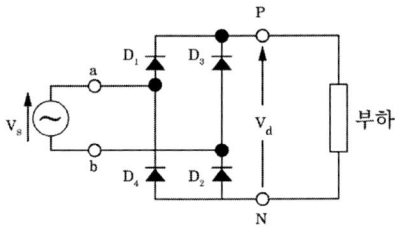

① $D_1, D_2$  ② $D_2, D_3$
③ $D_4, D_1$  ④ $D_1, D_3$

**14.** 전기자의 반지름이 0.15[m]인 직류발전기가 1.5[kW]의 출력에서 회전수가 1500[rpm]이고, 효율은 80[%]이다. 이 때 전기자 주변속도는 몇 [m/s]인가? (단, 손실은 무시한다.)

① 11.78  ② 18.56
③ 23.56  ④ 30.04

**15.** 6극 60[Hz]인 3상 유도전동기의 슬립이 4[%]일 때 이 전동기의 회전수는 몇 [rpm]인가?

① 952   ② 1152
③ 1352  ④ 1552

**16.** 전선의 접속법을 열거한 것 중 틀린 것은?

① 전선의 세기를 30[%] 이상 감소시키지 않는다.
② 접속 부분을 절연 전선의 절연물과 동등 이상의 절연 효력이 있도록 충분히 피복한다.
③ 접속 부분은 접속관, 기타의 기구의 사용한다.
④ 알루미늄 도체의 전선과 동 도체의 전선을 접속할 때에는 전기적 부식이 생기지 않도록 한다.

**17.** 3상 유도전동기가 입력 50[kW], 고정자 철손 2[kW]일 때 슬립 5[%]로 회전하고 있다면 기계적 출력은 몇 [kW]인가?

① 45.6  ② 47.8
③ 49.2  ④ 51.4

**19.** 반가산기의 진리표에 대한 출력함수는?

| 입력 | | 출력 | |
|---|---|---|---|
| A | B | S | $C_0$ |
| 0 | 0 | 0 | 0 |
| 0 | 1 | 1 | 0 |
| 1 | 0 | 1 | 0 |
| 1 | 1 | 0 | 1 |

① $S = \overline{A}B + AB,\ C_0 = \overline{AB}$
② $S = \overline{A}B + A\overline{B},\ C_0 = AB$
③ $S = \overline{A}B + AB,\ C_0 = AB$
④ $S = \overline{A}B + A\overline{B},\ C_0 = \overline{A}\,\overline{B}$

**18.** 품질특성에서 X관리도로 관리하기에 가장 거리가 먼 것은?

① 볼펜의 길이
② 알코올 농도
③ 1일 전력소비량
④ 나사길이의 부적합품 수

**20.** 합성수지관(pvc관)공사에 의한 저압 옥내배선에 대한 내용으로 틀린 것은?

① 전선은 절연전선으로 14 [mm²]의 연선을 사용하였다.
② 관의 지지점 간의 거리를 2[m]로 하였다.
③ 관 상호 간 및 박스와는 관을 삽입하는 깊이를 관의 바깥지름의 1.2배로 하였다.
④ 습기가 많은 장소의 관과 박스의 접속 개소에 방습장치를 하였다.

**21.** 2개의 전력계를 사용하여 평형부하의 3상 회로의 역률을 측정하고자 한다. 전력계의 지시가 각각 1[kW] 및 3[kW]라 할 때 이 회로의 역률은 약 몇 [%]인가?

① 58.8  ② 63.3
③ 75.6  ④ 86.6

**22.** 지중 전선로는 케이블을 사용하고 직접 매설식의 경우 매설 깊이는 차량 및 기타 중량물의 압력을 받는 곳에서는 지하 몇 [m] 이상이어야 하는가?

① 0.8  ② 1.2
③ 1.0  ④ 1.5

**23.** 이항분포(Binomial distribution)의 특징에 대한 설명으로 옳은 것은?

① P = 0.01 일 때는 평균치에 대하여 좌 - 우 대칭이다.
② P ≤ 0.1 이고, nP = 0.1~10일 때는 포아송 분포에 근사한다.
③ 부적합품의 출전 개수에 대한 표준 편차는 D(x) = nP이다.
④ P ≤ 0.5이고, nP ≤ 5일 때는 정규 분포에 근사한다.

**24.** 게르게스현상은 다음 중 어느 기기에서 일어나는가?

① 직류 작권전동기
② 단상 유도전동기
③ 3상 농형 유도전동기
④ 3상 권선형 유도전동기

**25.** 전기분해에 관한 패러데이의 법칙에서 전기분해 시 전기량이 일정하면 전극에서 석출되는 물질의 양은?

① 원자가에 비례한다.
② 전류에 반비례한다.
③ 시간에 반비례한다.
④ 화학당량에 비례한다.

**26.** 다음 중 지중 송전선로의 구성방식이 아닌 것은?

① 방사상 환상 방식
② 가지식 방식
③ 루프 방식
④ 단일 유닛 방식

**27.** 그림과 같은 논리회로에서 X가 1이 되기 위한 입력조건으로 옳은 것은?

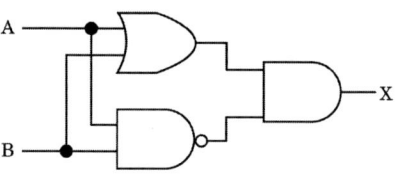

① A=1, B=1
② A=1, B=0
③ A=0, B=0
④ 위 3가지 경우가 모두 해당

**28.** 고압 가공 전선이 경동선 또는 내열동합금선인 경우 안전율의 최솟값은?

① 2.0　　② 2.2
③ 2.5　　④ 4.0

**29.** 2중 농형 유도전동기가 보통 농형 전동기에 비하여 다른 점은?

① 기동전류 및 기동토크가 모두 크다.
② 기동전류 및 기동토크가 모두 적다.
③ 기동 전류가 적고, 기동 토크도 크다.
④ 기동 전류가 크고, 기동 토크도 적다.

**30.** 저압 옥내간선과의 분기점에서 전선의 길이가 몇 [m] 이하인 곳에 원칙적으로 개폐기 및 과전류 차단기를 시설하여야 하는가?

① 3　　② 4
③ 5　　④ 8

**31.** 동일 정격의 다이오드를 병렬로 연결하여 사용하면?

① 역전압을 크게 할 수 있다.
② 순방향 전류를 증가시킬 수 있다.
③ 절연효과를 향상시킬 수 있다.
④ 필터 회로가 불필요하게 된다.

**32.** 특고압 가공전선로의 지지물로 사용하는 B종 철근·B종 콘크리트주 또는 철탑의 종류 중 전선로의 지지물 양쪽의 경간의 차가 큰 곳에서 사용하는 것은?

① 내장형　　② 직선형
③ 인류형　　④ 보강형

**33.** 4극 직류 분권 전동기의 전기자에 단중 파권 권선으로 된 420개의 도체가 있다. 1 극당 0.025[Wb]의 자속을 가지고 1400[rpm]으로 회전시킬 때 발생되는 역기전력과 단자 전압은? (단, 전기자 저항 0.2[Ω], 전기자 전류는 50[A]이다.)

① 역기전력 : 490[V], 단자전압 : 500[V]
② 역기전력 : 490[V], 단자전압 : 480[V]
③ 역기전력 : 245[V], 단자전압 : 500[V]
④ 역기전력 : 245[V], 단자전압 : 480[V]

**34.** $2^n$의 입력선과 n개의 출력선을 가지고 있으며 출력은 입력값에 대한 2진코드 혹은 BCD 코드를 발생하는 장치는?

① 디코더   ② 인코더
③ 멀티플렉서   ④ 매트릭스

**35.** 선간거리 $2D$[m], 지름이 $d$[m]인 3상 3선식 가공전선로의 단위 길이당 대지정전용량 [μF/km]은?

① $\dfrac{0.02413}{\log_{10}\dfrac{D}{d}}$   ② $\dfrac{0.02413}{\log_{10}\dfrac{2D}{d}}$

③ $\dfrac{0.02413}{\log_{10}\dfrac{4D}{d}}$   ④ $\dfrac{0.02413}{\log_{10}\dfrac{4D}{3d}}$

**36.** 동기발전기에서 발생하는 자기여자 현상을 방지하는 방법이 아닌 것은?

① 단락비를 감소시킨다.
② 발전기를 2대 이상을 병렬로 모선에 접속 시킨다.
③ 송전선로의 수전단에 변압기를 접속 시킨다.
④ 수전단에 부족 여자를 갖는 동기 조상기를 접속시킨다.

**37.** MOS-FET의 드레인 전류는 무엇으로 제어 하는가?

① 게이트 전압　② 게이트 전류
③ 소스 전류　　④ 소스 전압

**38.** 최대눈금 150[V], 내부저항 20[kΩ]인 직류 전압계가 있다. 이 전압계의 측정범위를 600[V]로 확대하기 위하여 외부에 접속하는 직렬저항은 얼마로 하면 되는가?

① 10[kΩ]　② 40[kΩ]
③ 50[kΩ]　④ 60[kΩ]

**39.** 접지극은 지하 몇 [m] 이상의 깊이에 매설하여야 하는가?

① 0.3　② 0.5
③ 0.75　④ 1.0

**40.** 전기설비기술기준의 판단기준에 의하여 전력용 커패시터의 탱크용량이 15000 [kVA] 이상인 경우에는 자동적으로 전로로부터 자동 차단하는 장치를 시설하여야 한다. 장치를 시설하여야 하는 기준으로 틀린 것은?

① 과전류가 생긴 경우에 동작하는 장치
② 과전압이 생긴 경우에 동작하는 장치
③ 내부에 고장이 생긴 경우에 동작하는 장치
④ 절연유가 농도변화가 있는 경우에 동작 하는 장치

**41.** 전압이 일정한 도선에 접속되어 역률 1로 운전하고 있는 동기전동기의 여자전류를 증가시키면 이 전동기의 역률과 전기자전류는?

① 역률은 앞서고 전기자 전류는 증가한다.
② 역률은 앞서고 전기자 전류는 감소한다.
③ 역률은 뒤지고 전기자 전류는 증가한다.
④ 역률은 뒤지고 전기자 전류는 감소한다.

**42.** 다음 중 샘플링 검사보다 전수검사를 실시 하는 것이 유리한 경우는?

① 검사항목이 많은 경우
② 파괴검사를 해야 하는 경우
③ 품질특성치가 치명적인 결점을 포함하는 경우
④ 다수 다량의 것으로 어느 정도 부적합품이 섞여도 괜찮을 경우

**43.** 조명용 전등을 설치할 때 타임스위치를 시설해야 할 곳은?

① 공장
② 사무실
③ 병원
④ 아파트 현관

**44.** 전력변환 방식 중 직류전압을 높은 전압에서 낮은 전압으로 변환하는 장치는?

① 인버터
② 반파정류
③ 벅 컨버터
④ 부스트 컨버터

**45.** 부적합품률이 20[%]인 공정에서 생산되는 제품을 매시간 10개씩 샘플링 검사하여 공정을 관리하려고 한다. 이 때 측정되는 시료의 부적합품 수에 대한 기댓값과 분산은 약 얼마인가?

① 기댓값 : 1.6, 분산 : 1.3
② 기댓값 : 1.6, 분산 : 1.6
③ 기댓값 : 2.0, 분산 : 1.3
④ 기댓값 : 2.0, 분산 : 1.6

**46.** 전동기의 외함과 권선 사이의 절연상태를 점검하고자 한다. 다음 중 필요한 것은 어느 것인가?

① 접지저항계   ② 전압계
③ 전류계       ④ 메거

**47.** 품질특성을 나타내는 데이터 중 계수치 데이터에 속하는 것은?

① 무게         ② 길이
③ 인장강도     ④ 부적합품률

**48.** 사이리스터의 턴오프에 관한 설명이다. 가장 적합한 것은?

① 사이리스터가 순방향 도전상태에서 역방향 저지상태로 되는 것
② 사이리스터가 순방향 도전상태에서 순방향 저지상태로 되는 것
③ 사이리스터가 순방향 저지상태에서 역방향 도전상태로 되는 것
④ 사이리스터가 순방향 저지상태에서 순방향 도전상태로 되는 것

**49.** 가공전선로에 사용하는 애자가 갖춰야 하는 구비 조건이 아닌 것은?

① 가해지는 외력에 기계적으로 견딜 수 있을 것
② 전기적, 기계적 성능이 저하되지 않을 것
③ 표면 저항을 가지고 누설전류가 클 것
④ 코로나 방전을 일으키지 않을 것

**50.** 평형 도선에 같은 크기의 왕복 전류가 흐를 때 두 도선 사이에 작용하는 힘과 관계되는 것으로 옳은 것은?

① 전류의 제곱에 비례한다.
② 간격의 제곱에 반비례한다.
③ 주위 매질의 투자율에 반비례한다.
④ 간격의 제곱에 비례하고 투자율에 반비례한다.

**51.** 16진수 D28A를 2진수로 좋게 나타낸 것은?

① 1101001010001010
② 0101000101001011
③ 1101011010011010
④ 1111011000000110

**52.** 평균 구면광도 100[cd]의 전구 5개를 지름 10[m]인 원형의 방에 점등할 때, 방의 평균 조도 [lx]는? (단, 조명률은 0.5, 감광보상률은 1.5 이다.)

① 약 26.7[lx]    ② 약 35.5[lx]
③ 약 48.8[lx]    ④ 약 59.4[lx]

## 53. 동기발전기에서 전기자권선을 단절권으로 하는 목적은?

① 절연을 좋게 한다.
② 기전력을 높게 한다.
③ 역률을 좋게 한다.
④ 고조파를 제거한다.

## 55. 계자 철심에 잔류자기가 없어도 발전할 수 있는 직류기는?

① 직권기    ② 복권기
③ 분권기    ④ 타여자기

## 54. 저압 가공전선에 사용할 수 없는 전선은?

① 나전선    ② 케이블
③ 절연전선  ④ 다심형 전선

## 56. 전수검사와 샘플링 검사에 관한 설명으로 가장 올바른 것은?

① 파괴검사의 경우에는 전수검사를 적용한다.
② 전수검사가 일반적으로 샘플링 검사보다 품질향상에 자극을 더 준다
③ 검사항목이 많을 경우 전수검사보다 샘플링 검사가 유리하다
④ 샘플링검사는 부적합품이 섞여 들어가서는 안되는 경우에 적용한다.

**57.** 3상 배전선로의 말단에 늦은 역률 60[%], 120[kW]의 3상 부하가 있다. 부하점에 부하와 병렬로 전력용 콘덴서를 접속하여 선로손실을 최소화하려고 한다. 이 경우 필요한 콘덴서 용량은?(단, 부하단 전압은 변하지 않는 것으로 한다.)

① 60[kVA]  ② 80[kVA]
③ 135[kVA]  ④ 160[kVA]

**58.** 전등 또는 방전등에 저압으로 전기를 공급하는 옥내의 전로의 대지전압은 몇 [V] 이하이어야 하는가?

① 100  ② 200
③ 300  ④ 400

**59.** 다음은 풍압하중과 관련된 내용이다. ㉮, ㉯의 알맞은 내용으로 옳은 것은?

> 빙설이 많은 지방이외의 지방에서는 고온 계절에는 ( ㉮ ) 풍압하중, 저온계절에는 ( ㉯ ) 풍압하중을 적용한다.

① ㉮ 갑종, ㉯ 갑종
② ㉮ 갑종, ㉯ 을종
③ ㉮ 갑종, ㉯ 병종
④ ㉮ 을종, ㉯ 병종

**60.** 동기조상기를 부족여자로 해서 운전하였을 때 나타나는 현상이 아닌 것은?

① 역률을 개선시킨다.
② 리액터로 작용한다.
③ 뒤진 전류가 흐른다.
④ 자기여자에 의한 전압상승을 방지한다.

# 실전 모의고사 1회 답안지

## 빠른 답 찾기

| | | | |
|---|---|---|---|
| 01 ④ | 02 ③ | 03 ④ | 04 ② |
| 05 ① | 06 ④ | 07 ③ | 08 ② |
| 09 ① | 10 ② | 11 ④ | 12 ④ |
| 13 ③ | 14 ③ | 15 ② | 16 ④ |
| 17 ② | 18 ① | 19 ③ | 20 ② |
| 21 ③ | 22 ④ | 23 ② | 24 ① |
| 25 ④ | 26 ③ | 27 ① | 28 ③ |
| 29 ② | 30 ② | 31 ③ | 32 ② |
| 33 ① | 34 ② | 35 ② | 36 ④ |
| 37 ④ | 38 ④ | 39 ② | 40 ② |
| 41 ③ | 42 ① | 43 ② | 44 ③ |
| 45 ④ | 46 ④ | 47 ③ | 48 ① |
| 49 ① | 50 ② | 51 ② | 52 ③ |
| 53 ① | 54 ② | 55 ④ | 56 ② |
| 57 ④ | 58 ③ | 59 ③ | 60 ① |

## 01. SCR의 특징
- ON 상태로 유지하기 위한 최소전류를 유지전류라 한다.(20[mA] 이상)
- 도통된 후 Gate 전류를 차단해도 도통 상태가 유지된다.
- 역전압이 걸리면 소호된다.
- 소호 후 순방향 전압을 인가해도 Gate를 점호하기 전까지는 도통되지 않는다.

## 02. 단권변압기의 용량비

$$\frac{자기용량}{부하용량} = \frac{V_h - V_l}{V_h}$$

$$부하용량 = 자기용량 \times \frac{V_h}{V_h - V_l}$$

$$= 10 \times \frac{3300}{(3300-3000)}$$

$$= 110[kVA]$$

## 03. 강심알루미늄연선 - ACSR

ACSR (aluminum conductor steel reinforced)

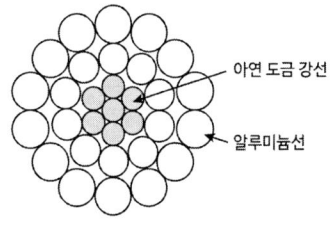

ACSR(강심 알루미늄 연선)

- 강심 알루미늄 연선
- 두 종류 이상의 금속선을 꼬아서 만든 전선
- 알루미늄은 구리보다 가벼우므로 중량이 감소된다.
- 전선 중앙에 강심을 넣어 일반 전선보다 바깥지름이 크다.

## 04. 전선의 이도

이도 $D = \frac{WS^2}{8T}[m]$

$W$ : 전선의 무게  $S$ : 경간  $T$ : 수평장력

## 05. 합성정전용량

병렬회로 $C_1 = C + C = 2C$

직렬회로 $C_2 = \frac{4C^2}{2C + 2C} = C$

## 06. 플립플롭회로

클럭 펄스가 발생할 때마다 $Q, \overline{Q}$의 2개 출력을 얻는 것이 플립플롭회로이다.

## 07. 엔트런스 캡

저압 인입선 공사 시 전선관에 빗물 등이 들어가지 않도록 하기위해 전선관의 끝부분에 설치한다.

## 08. 무효전력

$P_r = VI\sin\theta [\text{Var}]$

$V = 100$, 전압의 위상 $\theta_1 = 60°$

$I = \sqrt{(10\sqrt{3})^2 + 10^2} = 20$

$\tan\theta_2 = \dfrac{10}{10\sqrt{3}} = \dfrac{1}{\sqrt{3}}$, $\theta = 30°$

전류의 위상 $Q_2 = 30$

위상 $\theta = \theta_1 - \theta = 30°$

$P_r = 100 \times 20 \times \dfrac{1}{2} = 1000[\text{Var}]$

∴ 무효전력은 1000[Var]

## 09. 유도전동기의 토크

동기속도

$N_s = \dfrac{120f}{P} = \dfrac{120 \times 60}{20} = 360[\text{rpm}]$

$N = (1-s)N_s = (1-0.05) \times 360 = 342[\text{rpm}]$

$\tau = \dfrac{1}{9.8} \times \dfrac{60}{2\pi} \times \dfrac{P_0}{N}$

$= 0.975 \times \dfrac{11400}{342} = 32.48[\text{kg·m}]$

## 10. 반도체소자

- GTO : 단방향 3단자
- SCR : 역저지 단방향 3단자
- DIODE : 단방향 2단자
- TRIAC : 양방향 3단자

## 11. 표준시간 설정기법

- 스톱워치법 : 작업자의 작업수행을 직접 관측하면서 스톱워치로 작업의 소요시간을 측정하여 표준시간을 결정하는 방법

## 12. 변압기의 철손

철손은 무부하손이므로 부하전류와는 관계없다.

## 13. 총 소선의 수

$N = 3N(N+1) + 1 = 3 \times 3 \times (3+1) + 1 = 37$

## 14. 제품공정기호

| 공정종류 | 공정기호 |
|---|---|
| 가공 | ○ |
| 정체 | D |
| 저장 | ▽ |
| 검사 | □ |

## 15. 권선형 유도전동기의 기동법

- 2차 저항기동법
- 2차 임피던스 기동법
- 게르게스법

## 16. 쿨롱의 법칙

$F = \dfrac{1}{4\pi\epsilon_0} \times \dfrac{Q_1 Q_2}{r^2} = 9 \times 10^9 \times \dfrac{Q_1 Q_2}{r^2}[N]$

∴ 두 전하의 크기에 비례하고 거리의 제곱에 반비례한다.

## 17. 공기의 절연파괴 전위경도의 한계

- 교류 21[kV/cm]
- 직류 30[kV/cm]

## 18. 합(Sum)

$$X = \overline{A+B} + AB = (A+B)(\overline{A}+\overline{B})$$
$$= A\overline{A} + A\overline{B} + \overline{A}B + \overline{B}B = A\overline{B} + \overline{A}B$$

자리 올림 (Carry) $Y = AB$로 반가산기를 나타낸 것이다.

## 19. 합성수지몰드공사

- 절연전선을 사용 (OW 제외)
- 사용전압은 400[V]이하에 사용한다.
- 지지점과의 거리 : 40~50[cm]
- 몰드 안에는 전선의 접속점이 없도록 한다. (합성수지제 조인트 박스 사용시 가능)
- 홈의 폭과 깊이가 35[mm] 이하, 두께 2[mm] 이상(사람접촉이 없는 경우 폭 50[mm] 이하, 두께 1[mm] 이상)

## 20. △결선

선간전압 = 상전압
선전류= $\sqrt{3}$ 상전류

$$Z_p = \frac{V_p}{I_p} = \frac{300}{\frac{30}{\sqrt{3}}} = 10\sqrt{3}\,[\Omega]$$

## 21. 저압옥상전선로

저압 절연전선과 조영재와의 이격거리는 2[m] 이상이어야 한다.

## 22. 직류직권전동기의 토크와의 관계

직류직권전동기 $T \propto I_a^2$, $T \propto \frac{1}{N^2}$

## 23. 전압변동률

$$\varepsilon = \frac{V_o - V_n}{V_n} \times 100 = \frac{63-61}{61} \times 100$$
$$= 3.278 ≒ 3.3\%$$

## 24. 자성체의 종류

| 강자성체 | 니켈(Ni), 코발트(Co), 철(Fe), 망간(Mn) |
|---|---|
| | 자기 유도에 의해 강하게 자화되어 쉽게 자석이 되는 물질 |
| 상자성체 | 알루미늄(Al), 산소(O), 백금(Pt), 텅스텐(W) |
| | 강자성체와 같은 방향으로 약하게 자화되는 물질 |
| 반자성체 | 비스무트(Bi), 구리(Cu), 아연(Zn), 납(Pb) |
| | 강자성체와는 반대로 자화되는 물질 |

## 25. 단순이동평균법

최근 5개월 실적만 반영한 평균

$$= \frac{(50+53+60+64+68)}{5} = \frac{295}{5} = 59$$

## 26. 동기발전기 단락전류

- 돌발단락전류 : 누설리액턴스가 제한
- 지속단락전류 : 동기리액턴스가 제한

## 27. 전선접속의 조건

- 전기적 저항을 증가시키지 않도록 한다.
- 기계적 강도를 20[%]이상 감소시키지 않는다.
- 접속점의 절연이 유지되도록 절연테이프나 접속커넥터를 사용한다.
- 전선의 접속은 박스 안에서 하고, 접속점에 장력이 가해지지 않도록 한다.

## 28. 교류회로의 최댓값과 평균값

평균값 $V_a = \dfrac{2}{\pi} V_m$,

최댓값 $V_m = \dfrac{\pi}{2} V_a = \dfrac{\pi}{2} \times 220 = 345.6 [V]$

## 29. 풍압하중

1[m²] 풍압하중이 588[Pa]인 지지물
- 목주
- 원형 철주
- 원형 철근콘크리트주
- 원형 단주 철탑

## 30. 유도전동기의 회전수

$N = (1-s)N_s = (1-s)\dfrac{120f}{P}$

$= (1-0.04)\dfrac{120 \times 60}{4} = 1728 [rpm]$

## 31. 고압옥내배선의 애자사용공사

- 전선 : 단면적 6 [mm²]이상의 연동선
- 지지점 간의 거리 : 6 [m]이하 ( 조영재 면을 따라 붙이는 경우 2 [m]이하)
- 전선 상호간의 간격 : 8 [cm]이상
- 전선과 조영재 사이의 이격거리 : 5 [cm] 이상
- 애자는 절연성, 난연성 및 내

## 32. 농형유도전동기의 기동법

- 전전압 기동법 : 5 [kW] 이하에 사용
- Y-△기동법 : 5~15 [kW] 정도에 사용
- 기동 보상 기법 : 15 [kW] 이상에 사용
- 2차 저항 기동법 : 권선형 유도전동기의 기동법

## 33. 지선의 시설

- 지선의 안전율 : 2.5
- 인장하중 : 4.31kN 이상
- 지선의 소선 : 3가닥 이상의 연선이며 지름이 2.6 mm 이상의 금속선
- 지선로드 : 내식성을 가진 아연도금철봉으로 지표상 30cm 이상
- 지선높이 : 도로 5m, 보도 2.5m
- 철탑은 지선사용 금지

## 34. 벅-부스트 컨버터의 전압비

$\dfrac{V_0}{V_s} = \dfrac{T_{on}}{T_{off}} = \dfrac{T_{on}}{T - T_{on}} = \dfrac{D}{1-D}$

## 35. 고압 가공전선로 경간 제한

| 지지물의 종류 | 표준 경간 | 전선단면적 22mm² 이상인 경우 |
|---|---|---|
| 목주, A종주 | 150m 이하 | 300m 이하 |
| B종주 | 250m 이하 | 500m 이하 |
| 철탑 | 600m 이하 | |

## 36. 보극

정류 코일 내에 유기되는 리액턴스 전압과 반대 방향으로 별도의 자극을 주어 전기자 반작용을 감소시킴으로 양호한 정류를 얻을 수 있다.

## 37. 변압기 온도상승 시험

- 실부하법 : 소용량에만 적용, 전력손실이 크다.
- 반환부하법 : 변압기가 2대 이상 있을 경우에 사용하며 현재 가장 많이 사용하고 있다.

## 38. SCR
- ON 상태로 유지하기 위한 최소전류를 유지전류라 한다. (20[mA] 이상)
- 도통된 후 Gate 전류를 차단해도 도통 상태가 유지된다.
- 역전압이 걸리면 소호된다.
- 소호 후 순방향 전압을 인가해도 Gate를 점호하기 전까지는 도통되지 않는다.

## 39. 내경법의 여유율
$$A = \frac{여유시간(AT)}{정미시간(NT) + 여유시간(AT)}$$
$$= \frac{5}{40+5} = 0.1111 = 11.11[\%]$$

## 40. 가연성 분진 위험장소 공사방법
- 합성수지관공사(두께 2[mm]이상)
- 금속관공사
- 케이블공사

## 41. 블록선도의 전달함수
메이슨 공식
$$G(s) = \frac{C(s)}{R(s)} = \frac{\Sigma 전방향경로}{1 - \Sigma 폐경로}$$
$$\frac{C(s)}{R(s)} = \frac{G}{1-(\mp H)} = \frac{G}{1 \pm H}$$

## 42. 라이팅덕트 시설방법
- 지지점간의 거리 : 2[m]
- 건조하고 노출된 장소 또는 점검할 수 있는 은폐 장소에 시설한다.
- 덕트의 끝부분은 막는다.
- 덕트는 조영재를 관통하여 시설하지 않는다.
- 금속재를 피복한 덕트를 사용하는 경우 접지공사 실시한다.

## 43. 제동권선
- 동기기- 난조방지
- 유도기- 자기기동

## 44. 전력용 콘덴서 용량
$$Q = P(\tan\theta_1 - \tan\theta_2)[kVA]$$
$$= 150 \times \left(\frac{\sin\theta_1}{\cos\theta_1} - \frac{\sin\theta_2}{\cos\theta_2}\right)$$
$$= 150 \times \left(\frac{\sqrt{1-0.8^2}}{0.8} - \frac{\sqrt{1-0.95^2}}{0.95}\right)$$
$$= 63.20[kVA]$$

## 45. 진수의 변환

```
8 | 753
8 |  94  ----- 나머지 1
8 |  11  ----- 나머지 6
      1  ----- 나머지 3
```

## 46. 유도전동기의 슬립
$$P_2 : P_{C2} : P_o = 1 : S : (1-S)$$
$$P_2 : P_{C2} = 1 : S$$
$$S = \frac{P_{C2}}{P_2} \text{이 된다.}$$

## 47. R-L-C 병렬회로
$$V = IZ = \frac{I}{Y} \text{에서 } I = YV$$
$$I = \sqrt{\left(\frac{1}{R}\right)^2 + \left(\frac{1}{X_C} - \frac{1}{X_L}\right)^2} \times V$$
$$= \sqrt{\left(\frac{1}{8}\right)^2 + \left(\frac{1}{20} - \frac{1}{10}\right)^2} \times 240 = 32.3 \fallingdotseq 32[A]$$

## 48. VVVF(가변전압 가변주파수 제어)

인버터 등의 교류 전력을 출력하는 전력 변환 장치에 두어, 출력되는 교류 전력의 실효 전압과 주파수를 임의로 가변 제어하는 기술

## 49. 절연내력 시험전압

| 최대사용전압 | | 시험전압 배율 | 시험 최저 전압 [V] |
|---|---|---|---|
| 발전기 전동기 | 7 [kV] 이하 | 1.5 배 | 500 |
| | 7 [kV] 초과 | 1.25 배 | 10,500 |
| 회전변류기 | | 1 배 | 500 |

권선과 대지 사이에 연속으로 10분간 가하여 이에 견디어야 한다.

## 50. 행거밴드

철근콘크리트주에 주상변압기를 고정시키기 위한 밴드

## 51. 워크샘플링

시간 연구에 발췌검사법을 적용하여 측정시간·횟수를 전체시간 중에서 임의로 선택하여 능률화·간소화를 기하는 방식.

## 52. R-C직렬회로

스위치를 닫았을 때 R-C 직렬회로의 과도전류 $i(t) = \dfrac{E}{R}e^{-\frac{1}{RC}t}[A]$

저항 R에 걸리는 전압

$V = Ri(t) = Ee^{-\frac{1}{RC}t}$

## 53. 변압기 등가회로

2차 회로를 1차 회로로 환산하는 경우

- $V_1 = aV_2$
- $I_1 = \dfrac{I_2}{a}$
- $Z_1 = a^2 Z_2$

## 54. 전수검사의 실시

- 불량품이 있어서는 안되는 경우
- 검사항목수가 적고 로트의 크기가 작을 경우

## 55. 전수검사의 실시

1) L-C만의 병렬회로에서

$Y = j\left(\dfrac{1}{X_C} - \dfrac{1}{X_L}\right) = j\left(\dfrac{1}{25} - \dfrac{1}{100}\right) = j\dfrac{3}{100}[\Omega]$

$Z = \dfrac{1}{Y} = \dfrac{1}{j\dfrac{3}{100}} = -j\dfrac{100}{3}[\Omega]$

2) R-(L-C 병렬회로)와 직렬 임피던스

$Z = 25 - j\dfrac{100}{3}[\Omega]$

## 56. 변압기의 권수비

$a = \dfrac{N_1}{N_2} = \dfrac{V_1}{V_2} = \dfrac{I_2}{I_1}$

$N_1 = \dfrac{V_1}{V_2}N_2 = \dfrac{380}{220} \times 44 = 76[회]$

## 57. 사이리스터의 턴오프

- 역전압이 걸리면 소호된다.
- 소호 후 순방향 전압을 인가해도 Gate를 점호하기 전까지는 도통되지 않는다.
- 유지전류 이하로 흐를 때 소호된다.

## 07. 폐쇄형 3배전반(큐비클형)

차단기, 배전반 등을 금속상자 안에 조립하는 방식으로 점유면적이 좁은 공장, 빌딩 등에 많이 사용된다.

## 08. 조명의 계산

$UNF = EAD$ 에서

조명률 $U = 0.5$, 등 수 $N = 5$

광속 $F = 4\pi I = 4\pi \times 100 = 1256$,

실내면적 $A = \pi r^2 = \pi \times \left(\dfrac{10}{2}\right)^2 = 78.5$

감광보상율 $D = 1.5$

$E = \dfrac{UNF}{AD} = \dfrac{0.5 \times 5 \times 1256}{78.5 \times 1.5} = 26.667$

$\fallingdotseq 27 [\text{lx}]$

## 09. 무한장 직선도체

자기장의 세기 $H = \dfrac{I}{2\pi r} [\text{AT/m}]$

자속밀도 $B = \mu H = \dfrac{\mu_0 I}{2\pi r} [\text{Wb/m}^2]$

## 10. 보호계전기의 특성

- 반한시 계전기 : 동작전류가 작을수록 동작시간이 길어지며 동작전류가 커질수록 동작시간은 짧아진다.
- 정한시 계전기 : 최소 동작전류가 흐를 시 일정한 시간이 지난 후 동작된다.
- 순한시 계전기 : 고장 즉시 동작된다.

## 11. V결선의 출력

변압기 2대의 V결선 3상 출력은

$P_V = \sqrt{3} P = \sqrt{3} \times 500 [\text{kVA}]$

변압기 4대의 V결선 출력은

$2P_V = 2\sqrt{3} P = 1000\sqrt{3} [\text{kVA}]$

## 12. 단상직권정류자전동기

- 직류와 교류를 모두 사용할 수 있다.
- 전기자 코일과 정류자편 사이 고저항의 도선을 사용하여 변압기 기전력에 의한 단락전류를 제한한다.
- 속도가 증가할수록 역률 개선된다.
- 철손을 줄이기 위해 고정자와 회전자의 자로를 성층철심으로 한다.
- 만능전동기로 불린다.

## 13. 합성수지관 공사

- 관 상호접속은 커플링을 이용
- 삽입하는 관의 길이 : 바깥지름의 1.2배 (접착제 사용 시 0.8배) 이상
- 합성수지제 가요전선관 상호간은 직접 접속하지 않는다.

## 14. 정류회로의 맥동률

※ 맥동률 : 파형이 출렁이는 정도

| 구분 | 맥동률[%] | 맥동주파수 |
|---|---|---|
| 단상 반파 | 121 | $f_0 = f_i$ |
| 단상 전파 | 48.2 | $f_0 = 2f_i$ |
| 3상 반파 | 18.3 | $f_0 = 3f_i$ |
| 3상 전파 | 4.2 | $f_0 = 6f_i$ |

## 15. 단권변압기

- 하나의 철심에 1차권선과 2차권선의 일부를 서로 공유하는 변압기로 분로권선과 직렬권선으로 구분된다.
- 종류에는 단상과 3상이 있다.
- 여자전류가 적다.
- 동량을 절약할 수 있어서 싸고, 소형이다.
- 효율이 좋고 전압 변동률이 작다.

## 16. 유기기전력

$e = Blv\sin\theta = 1 \times 0.5 \times 40 \times \sin 30° = 10 [V]$

## 17. 금속관공사 관의 두께

- 콘크리트에 매설 시 : 1.2[mm] 이상
- 기타 : 1[mm] 이상
- 이음매가 없는 길이 4[m]이하인 것 : 0.5[mm]이상

## 18. 카르노도표

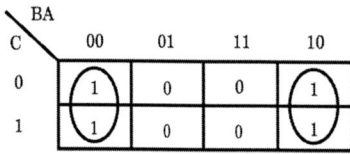

논리식을 간소화하면 $\overline{A}$

## 19. 변압기의 정격전류

권수비 $(a) = \dfrac{I_2}{I_1}$,

$I_1 = \dfrac{P}{V_1} = \dfrac{30 \times 10^3}{6600} = 4.55[A]$

2차측 정격전류
$I_2 = aI_1 = 30 \times 4.55 = 136.5[A]$

## 20. 지중함의 시설

- 지중함은 견고하고 압력에 충분히 견디는 구조로 만든다.
- 지중함 안에 고인 물을 제거 가능해야 한다.
- 지중함의 크기는 1[m³] 이상이어야 한다.
- 지중함의 뚜껑은 시설자 외 쉽게 열 수 없도록 한다.

## 21. 인버터

인버터는 직류 전력을 교류 전력으로 변환하는 전력 변환 장치이다.

## 22. 동기발전기 병렬운전 조건

- 기전력의 크기가 같을 것
- 기전력의 위상이 같을 것
- 기전력의 파형이 일치할 것
- 기전력의 주파수가 일치할 것
- 기전력의 상회전 방향이 같을 것 (3상)

## 23. 휘스톤브리지

휘스톤브리지 평형조건
$Z_1 \cdot Z_X = R_2 \cdot R_3$

$Z_X = \dfrac{R_2 R_3}{Z_1} = \dfrac{4 \times 5}{3+j2} = \dfrac{20(3-j2)}{(3+j2)(3-j2)}$

$= 4.62 - j3.08$

## 24. PTS법

하나의 작업이 실제로 시작되기 전 미리 작업에 필요한 소요시간을 작업방법에 따라 이론적으로 정해 나가는 방법

## 25. 분권발전기의 유도기전력

$E = V + I_a R_a = V + (I + I_f)R_a$ 에서

$I = \dfrac{P}{V} = \dfrac{5000}{100} = 50[A]$,

$I_f = \dfrac{V}{R_f} = \dfrac{100}{50} = 2[A]$, $I_a = 52[A]$,

$\therefore R_a = \dfrac{E-V}{I_a} = \dfrac{110-100}{52} = 0.19[\Omega]$

## 26. 특고압가공전선의 높이

| 사용전압 | 높이 ([m]이상) | | |
|---|---|---|---|
| | 산지 | 횡단 보도 | 그 외 (평지) |
| 35 [kV]이하 | 5 | 4 | 5 |
| 35 [kV]초과 160 [kV]이하 | 5 | 5 | 6 |
| 160 [kV]초과 | 최고 높이 + (초과 10 [kV]마다 0.12[m]) | | |

초과전압 $\frac{345-160}{10} = 18.5 \rightarrow 19$

$\therefore h = 5 + (19 \times 0.12) = 7.28 [m]$

## 27. 전식방지법

- 희생 양극법
- 외부 전원법
- 직접 배류법
- 선택 배류법
- 강제 배류법

## 28. 동기전동기의 기동

유도전동기로 기동 시 $N_s = \frac{120f}{P}$ 에서 극수를 늘려 동기속도를 빠르게 하기위해 동기전동기보다 2극 적게 한다.

## 29. 지선롯트

전주의 지선과 근가, 지선용 타입 앵커를 연결하는데 사용하는 금구

## 30. 키르히호프의 법칙

- 제1법칙 : 회로 내의 어느 점에서 흘러 들어오거나(+) 흘러 나가는(-) 전류를 +, -의 부호를 붙여 구별하면 들어오고 나가는 전류의 합은 0이다.
- 제2법칙 : 폐회로에서 기전력의 합은 전압강하의 합과 같다.

## 31. 전압의 구분

| 구분 | 교류 | 직류 |
|---|---|---|
| 저압 | 1 kV 이하 | 1.5 kV 이하 |
| 고압 | 저압 초과 7 kV 이하 | |
| 특고압 | 7 kV 초과 | |

## 32. PN접합 다이오드

PN접합 반도체는 정상 상태에서는 그 접합면과 같이 캐리어가 존재하지 않는 영역인 공핍층이 존재하는데 이는 반송자의 이동에 의해 만들어진다.

## 33. 가공전선로 지지물의 매설깊이

| 설계 하중 [kN] | 지지물 | 전체의 길이 [m] | 매설깊이 (이상) |
|---|---|---|---|
| 6.8 이하 | 목주, 철주, 철근 콘크리트 주 | 15 이하 | 전체길이의 1/6 |
| | | 15 초과 16 이하 | 2.5m |
| | 철근 콘크리트 주 | 16 초과 20 이하 | 2.8m |
| 6.8 ~ 9.8 이하 | 철근 콘크리트 주 | 14 이상 15 이하 | 전체길이의 1/6 + 0.3m |
| | | 15 초과 20 이하 | 2.8m |
| 9.81 ~ 14.72 이하 | | 14 이상 15 이하 | 전체길이의 1/6 + 0.5m |
| | | 15 초과 18 이하 | 3m |
| | | 18 초과 | 3.2m |

## 34. 중첩의 원리

$$I_1 = \frac{V_1}{R_1 + R_2} = \frac{-10}{10+10} = -0.5[A]$$

$$I_2 = \frac{V_2}{R_1 + R_2} = \frac{-20}{10+10} = -1[A]$$

$$\therefore I = I_1 + I_2 = -1.5[A]$$

## 35. 직류발전기의 유도기전력

$$E = \frac{PZ\phi N}{60a} = \frac{10 \times 500 \times 0.2 \times 600}{60 \times 2}$$
$$= 5000[V]$$

## 36. 엔트런스 캡

저압 인입선 공사 시 전선관에 빗물 등이 들어가지 않도록 하기위해 전선관의 끝부분에 설치한다.

## 37. 코로나 방지대책

- 코로나 임계전압을 크게 한다.
- 굵은 전선(ACSR)을 사용한다.
- 복도체를 사용한다.
- 가선 금구를 개량한다.
- 전선 표면을 매끄럽게 한다.

## 38. 브레인스토밍

여러 사람이 모여 문제 해결을 위한 다양한 아이디어를 자유롭게 제시하고, 이러한 아이디어들을 취합 · 수정·보완해 정상적인 사고방식으로는 생각 해낼 수 없는 독창적인 아이디어를 얻는 방법

## 39. %리액턴스 강하

1차 정격전류

$$I_{1n} = \frac{P}{V_{1n}} = \frac{10 \times 10^3}{2000} = 5[A]$$

$$\%X = \frac{I_{1n}X_{12}}{V_{1n}} \times 100 = \frac{5 \times 7}{2000} \times 100$$
$$= 1.75[\%]$$

## 40. 줄의 법칙

$$H = 0.24I^2Rt[cal]$$
$$21600 = 0.24 \times 25 \times 20 \times t$$
$$t = \frac{21600}{0.24 \times 25 \times 20} = 180[sec]$$

## 41. 2진수의 보수

1의 보수는 0→1로, 1→0으로 변환
 01100110 → 10011001
2의 보수는 1의 보수 +1
 10011001 + 1 = 10011010

## 42. 저압연접인입선

- 인입선의 분기점에서 100[m]를 초과하지 말 것
- 폭 5[m]를 넘는 도로를 횡단금지
- 옥내 관통금지

## 43. 변압기의 최대효율

최대효율일 때 부하율

$$\frac{1}{m} = \sqrt{\frac{P_i}{P_c}} = \sqrt{\frac{1}{4}} = 0.5$$

$\frac{1}{m}$ 부하시 최대효율은

$$\eta_{\frac{1}{m}} = \frac{\frac{1}{m}P\cos\theta}{\frac{1}{m}P\cos\theta + P_i + \left(\frac{1}{m}\right)^2 P_c}$$

$$= \frac{0.5 \times 150}{0.5 \times 150 + 1 + 0.5^2 \times 4} = 0.974$$

## 44. 피뢰기의 시설

- 발전소·변전소 또는 이에 준하는 장소의 가공전선 인입구 및 인출구
- 특고압 가공전선로에 접속하는 배전용 변압기의 고압측 및 특고압측
- 고압 및 특고압 가공전선로로부터 공급을 받는 수용장소의 인입구
- 가공전선로와 지중전선로가 접속되는 곳

## 45. 이상적인 전압원, 전류원

이상적인 전압원의 내부저항은 0, 전류원의 내부저항은 ∞ 이다.

## 46. UPS

UPS(Uninterrupted Power Supply)는 무정전 전원 공급장치이다.

## 47. $\bar{x} - R$ 관리도

- 계량형 관리도이다.
- 연속적인 계량치 데이터에 대한 관리도
- 시료채취가 쉬워야 사용가능

## 48. 고압 퓨즈의 용단

- 비포장 퓨즈 : 1.25배에 견디고, 2배의 전류에 2분 안에 용단
- 포장 퓨즈 : 1.3배에 견디고, 2배의 전류에 120분 안에 용단

## 49. 논리식의 간소화

$$F = \overline{A}\overline{B}C + \overline{A}B\overline{C} + A\overline{B}C + AB\overline{C}$$
$$= \overline{A}(\overline{B}C + B\overline{C}) + A(\overline{B}C + B\overline{C})$$
$$= (\overline{A} + A)(\overline{B}C + B\overline{C})$$
$$= \overline{B}C + B\overline{C}$$

## 50. 전류의 분배법칙

합성저항 $R = 32 + \frac{20 \times 30}{20 + 30} = 44[\Omega]$

전류 $I = \frac{220}{44} = 5[A]$

$30[\Omega]$에 흐르는 전류는 분배법칙에 의해

$I_2 = 5 \times \frac{20}{20 + 30} = 2[A]$

## 51. 변압기의 전압변동률

$\epsilon = p\cos\theta + q\sin\theta$
$= 2 \times 0.8 + 3 \times 0.6 = 3.4[\%]$

## 52. 반도체소자

- 양방향성 소자 : SSS. TRIAC, SBS, DIAC
- 단방향성 소자 : SCR, UJT, PUT

## 53. 합성수지관 공사

전선은 옥외용 비닐 절연전선(OW전선)을 제외한 절연전선을 사용한다.
- 단선일 때 구리선 10 [mm²] 알루미늄선 16 [mm²] 이하 사용
- 그 이상은 연선 사용

## 54. 계자제어법

- 정출력 제어
- 계자권선에 저항을 직렬 또는 병렬로 삽입해 계자전류를 변화시킨다.
- 속도를 어느 정도 이상 낮출 수는 없다.
- 효율은 양호하나 정류가 불량하다.

## 55. 정규분포

- 평균을 중심으로 좌우 대칭의 형태
- 평균은 시료에 따라 중앙값보다 클 수도 작을 수도 있다.

## 56. 공구

① 리머 : 금속관을 쇠톱이나 커터로 절단 후 관구의 가공
② 홀소 : 캐비닛 등과 같은 강철판에 구멍을 원형으로 뚫을 때 사용
③ 클리퍼 : 굵은 전선을 절단할 때 사용
④ 클릭볼 : 목공용 구멍 뚫는 공구

## 57. 전기장의 세기

$E = \dfrac{V}{l}$ [V/m]에서 극판 간격에 반비례

∴ $\dfrac{1}{2}$배가 된다.

## 58. 2진수의 연산

B=00111의 2의 보수는
100000-00111=11001이다.
(-B=11001)
따라서, A+(-B)=A-B로 뺄셈 연산이다

## 59. 애자사용 배선공사

- 전선 상호간 거리 : 6[cm] 이상
- 전선과 조영재와의 거리
  - 400[V] 이하 : 2.5[cm] 이상
  - 400[V] 초과 : 4.5[cm] 이상
  (건조한 곳은 2.5[cm] 이상)

## 60. 손익분기점 매출액

$$\text{손익 분기점 매출액} = \dfrac{\text{고정비}}{\text{한계이익률}} = \dfrac{\text{고정비}}{1 - \dfrac{\text{변동비}}{\text{매출액}}} = \dfrac{15000}{1 - \dfrac{40000}{80000}} = 30000원$$

# 실전 모의고사 3회 답안지

## 빠른 답 찾기

| | | | |
|---|---|---|---|
| 01 ① | 02 ① | 03 ② | 04 ① |
| 05 ③ | 06 ④ | 07 ① | 08 ② |
| 09 ③ | 10 ④ | 11 ② | 12 ② |
| 13 ① | 14 ③ | 15 ② | 16 ① |
| 17 ① | 18 ④ | 19 ② | 20 ② |
| 21 ③ | 22 ③ | 23 ② | 24 ④ |
| 25 ④ | 26 ② | 27 ② | 28 ② |
| 29 ③ | 30 ① | 31 ② | 32 ① |
| 33 ① | 34 ② | 35 ③ | 36 ① |
| 37 ① | 38 ④ | 39 ③ | 40 ④ |
| 41 ① | 42 ③ | 43 ④ | 44 ③ |
| 45 ④ | 46 ④ | 47 ④ | 48 ① |
| 49 ③ | 50 ① | 51 ① | 52 ① |
| 53 ④ | 54 ① | 55 ④ | 56 ③ |
| 57 ④ | 58 ③ | 59 ③ | 60 ① |

## 01. 정현파의 파고율과 파형률

$$파고율 = \frac{최댓값}{실횻값}$$

$$파형률 = \frac{실횻값}{평균값}$$

## 02. 무부하포화곡선의 포화율

포화율 $\dfrac{\overline{bc}}{\overline{ab}} = \dfrac{12-8}{8} = 0.5$

## 03. 3상전파 정류회로

$$E_d = 1.35E = 1.35 \times 220 = 297[V]$$

$$I_d = \frac{E_d}{R} = \frac{297}{100} = 2.97[A]$$

## 04. 저압연접인입선 시설 제한 규정

- 인입선의 분기점에서 100[m]를 초과하지 말 것
- 폭 5[m]를 넘는 도로를 횡단금지
- 옥내 관통금지
- 지름 2.6[mm]이상의 비닐절연전선을 사용

## 05. 쿨롱의 법칙

$$F_1 = \frac{1}{4\pi\epsilon_0} \times \frac{Q_1 Q_2}{r^2} = 20[N]$$

$$F_2 = \frac{1}{4\pi\epsilon_0\epsilon_s} \times \frac{Q_1 Q_2}{r^2} = \frac{F_1}{\epsilon_s} = \frac{20}{4} = 5[N]$$

## 06. 단권변압기의 용량비

$$\frac{자기용량}{부하용량} = \frac{V_h - V_l}{V_h}$$

$$부하용량 = 자기용량 \times \frac{V_h}{V_h - V_l}$$

$$= 10 \times \frac{3300}{(3300-3000)} = 110[kVA]$$

부하역률이 80[%]이므로

$$\therefore 110 \times 0.8 = 88[kW]$$

## 07. 2진수의 변환

| 2진수 | 110 | 010 | . | 111 |
|---|---|---|---|---|
|  | ↓ | ↓ | ↓ | ↓ |
| 8진수 | 6 | 2 | . | 7 |

## 08. 직권전동기

- 속도 조정이 쉽고 정출력 특성
- 토크는 전류의 제곱에 비례($T \propto I_a^2$)
- 전기철도에 사용

## 09. 전격살충기의 시설

전격살충기의 전격격자와 다른 시설물 (가공전선을 제외한다) 또는 식물사이의 이격거리는 30[cm] 이상일 것

## 10. 상호인덕턴스

$M = k\sqrt{L_1 L_2} = 1 \times \sqrt{L_1 L_2} = \sqrt{L_1 L_2}$ ∴
$L_1 \cdot L_2 = M^2$

## 11. 동기발전기의 분포권

- 권선의 누설 리액턴스 감소한다.
- 권선의 과열을 방지한다.
- 고조파를 감소시켜 파형을 개선한다.
- 매극 매상 슬롯 수 : 2 이상
- 집중권에 비해 유도기전력이 감소한다.

## 12. 인덕턴스

단도체의 인덕턴스

$L = 0.4605 \log_{10} \dfrac{D}{r} + 0.05 \, [\text{mH/km}]$

복도체의 인덕턴스

$L_n = 0.4605 \log_{10} \dfrac{D}{\sqrt{rs^{n-1}}} + \dfrac{0.05}{n}$
[mH/km]

## 13. 다이오드 회로(브릿지 회로)

- 양(+)의 반주기 동안 : $D_1$, $D_2$가 도통
- 음(-)의 반주기 동안 : $D_3$, $D_4$가 도통된다.

## 14. 전기자 주변속도

전기자 주변속도

$v = \pi D \dfrac{N}{60}$

$= 3.14 \times 2 \times 0.15 \times \dfrac{1500}{60} = 23.56 \, [\text{m/}]$

## 15. 유도전동기의 회전수

유도 전동기의 회전수 $N = (1-s)N_s$

$N_s = \dfrac{120f}{P} = \dfrac{120 \times 60}{6} = 1200 \, [\text{rpm}]$

∴ $N = (1-0.04) \times 1200 = 1152 \, [\text{rpm}]$

## 16. 전선 상호 간 접속 (123)

- 전선 접속 시 전기저항을 증가시키지 않도록 접속
- 전선 상호간 전선의 세기(인장하중)를 20% 이상 감소시키지 아니할 것.
- 절연전선·코드·캡타이어 케이블의 접속 시 접속부분 이외의 부분은 절연물과 동등이상의 절연효력 있는 것으로 충분히 피복 할 것
- 코드상호, 캡타이어 케이블 상호간 접속 시 코드 접속기·접속함, 기타의 기구를 사용
- 도체에 알루미늄과 동(합금 포함) 전선을 접속하는 등 전기 화학적 성질이 다른 도체를 접속하는 경우에는 접속부분에 전기적 부식이 생기지 않도록 할 것

## 17. 유도전동기의 출력

$P_o = P - (P_i + P_c)$
$P_c = sP_2 = 0.05 \times 48 = 2.4 \, [\text{kW}]$
∴ $P_o = 50 - (2 + 2.4) = 45.6 \, [\text{kW}]$

## 18. X관리도
- 데이터 군을 분리하지 않고 한 개의 측정치를 그대로 사용하여 공정을 관리할 경우에 사용하는 관리도
- 시간이 많이 소요되는 화학 분석치 등에 활용된다.
- X관리도는 계량치 관리도이며 나사길이의 부적합 품수는 계수치 관리도로 관리하는 것이 적합하다.

## 19. 반가산기회로
반가산기의 합(Sum) $S = \overline{A}B + A\overline{B}$
자리올림수(Carry) $C_0 = AB$

## 20. 합성수지관 공사의 시공
- 전선은 옥외용 비닐 절연전선(OW전선)을 제외한 절연전선을 사용한다.
  ⓐ 단선일 때 구리선 10[mm$^2$] 알루미늄선 16[mm$^2$] 이하 사용
  ⓑ 그 이상은 연선 사용
- 관의 지지점 간의 거리 : 1.5[m] 이하
- 관 상호 접속은 커플링을 이용하며 커플링에 삽입하는 관의 길이는 관 바깥지름의 1.2배 이상으로 한다. (접착제를 사용 시 0.8배 이상)

## 21. 2전력계법
$$\cos\theta = \frac{P_1 + P_2}{2\sqrt{P_1^2 + P_2^2 - P_1 P_2}}$$
$$= \frac{1+3}{2\sqrt{1^2 + 3^2 - 1 \times 3}} = 0.756 = 75.6[\%]$$

## 22. 지중전선로의 매설깊이
직접매설식과 관로식의 매설 깊이는 차량, 기타 중량물의 압력을 받을 우려가 있는 장소는 1[m] 이상, 기타 장소는 0.6[m] 이상이어야 한다.

## 23. 이항분포
이항분포는 다음과 같은 특징이 있다.
- P = 0.5일 때 분포의 형태는 좌우 대칭이 된다.
- P ≥ 0.5이고 nP ≥5 일 때 정규 분포에 근사한다.
- P ≤ 0.1 이고 nP = 0.1 ~ 10일 때는 포아송 분포에 근사한다.

## 24. 게르게스현상
3상 권선형 유도 전동기의 2차 회로가 1선이 단선된 경우 슬립이 0.5 정도에서 더 이상 가속되지 않는 현상

## 25. 패러데이의 법칙
$W = K \cdot Q = K \cdot I \cdot t\,[g]$
전해질 용액을 전기분해할 경우 전극에서 석출되는 물질의 양은 화학당량, 전류량, 시간에 비례한다.

## 26. 지중송전선로의 구성방식
가지식 방식은 배전선로에서 사용된다.

## 27. 논리회로
$X = (A+B)(\overline{AB}) = A\overline{B} + \overline{A}B$ 이므로
X가 1이 되기 위한 조건은 A=1, B=0과 A=0, B=1 이다.

## 28. 가공전선의 안전율

| 안전율 | 내용 |
| --- | --- |
| 1.33 | 이상 시 상정하중 |
| 1.5 | 안테나, 케이블트레이 |
| 2.0 | 지지물의 기초 |
| 2.2 | 경동선, 내열동합금선 |
| 2.5 | 지선, ACSR, 기타전선 |

## 29. 2중 농형유도전동기

2중 농형유도전동기는 농형권선을 안과 밖에 2중으로 설치한 것으로 기동전류는 적고, 기동토크는 크다. 농형유도전동기는 2중 농형유도전동기에 비해 기동전류가 크고 기동토크가 작다.

## 30. 과전류차단기의 시설

개폐기 및 과전류차단기는 옥내 간선의 분기점에서 3m 이하의 장소에 시설하여야 한다다.

## 31. 다이오드의 연결

- 직렬 연결 : 과전압을 보호
- 병렬 연결 : 과전류를 보호

## 32. 특고압 가공전선로의 철주·철근 콘크리트주 또는 철탑의 종류

| 구분 | 특징 |
|---|---|
| 직선형 | 전선로의 직선부분 사용 (수평각도 3° 이하) |
| 각도형 | 전선로중 3°를 초과하는 수평각도를 이루는 곳에 사용 |
| 인류형 | 전가섭선을 인류하는 곳에 사용 |
| 내장형 | 전선로의 지지물 양쪽의 경간의 차가 큰 곳에 사용 |
| 보강형 | 전선로의 직선부분에 그 보강을 위하여 사용 |

## 33. 분권전동기의 역기전력

역기전력
$$E = \frac{PZ\phi N}{60a} = \frac{4 \times 420 \times 0.025 \times 1400}{60 \times 2} = 490[V]$$

단자전압
$$V = E_c + I_a R_a = 490 + 50 \times 0.2 = 500[V]$$

## 34. 인코더

인코더는 10진수나 다른 진수를 2진수나 BCD코드로 바꿀 때 사용하며, 변환하여 n비트 출력으로 내보내 는 회로이다.

## 35. 대지정전용량

$$C = \frac{0.02413}{\log_{10}\frac{D}{r}} \text{에서}$$

선간거리 : 2D, 반지름 : d/2

$$C = \frac{0.02413}{\log_{10}\frac{D}{r}} = \frac{0.02413}{\log_{10}\frac{2D}{\frac{d}{2}}} = \frac{0.02413}{\log_{10}\frac{4D}{d}}$$

## 36. 동기발전기의 자기여자현상 방지방법

- 발전기를 병렬 접속
- 수전단에 동기조상기 설치
- 수전단에 변압기 병렬접속
- 수전단에 리액턴스 병렬접속
- 단락비가 큰 발전기를 채용

## 37. MOS-FET

MOS-FET의 게이트 전압은 소스와 드레인 사이의 전류 흐름을 제어한다.

## 38. 배율기

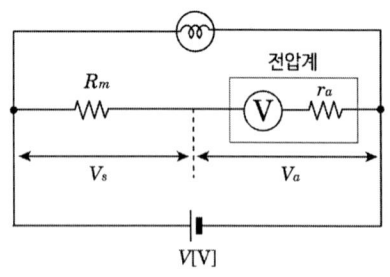

측정범위 배율 $m = \frac{600}{150} = 4$

$$m = \frac{r_a + R_m}{r_a} = \frac{20 + R_m}{20} = 4$$

$$\therefore R_m = 60[\text{k}\Omega]$$

## 39. 접지극의 매설깊이

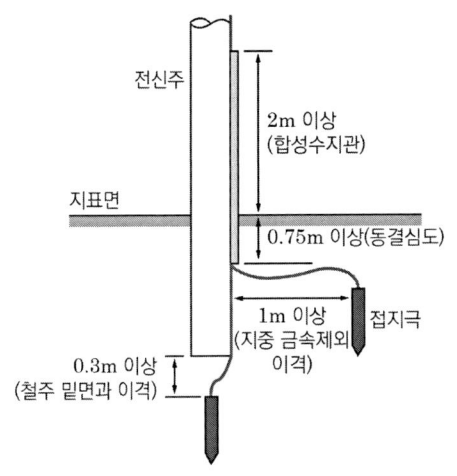

## 40. 전력용 콘덴서의 차단

조상설비의 자동차단 용량기준

| | 뱅크용량의 구분 | 자동차단장치 |
|---|---|---|
| 콘덴서, 리액터 | 500 [kVA] 초과 15,000 [kVA] 미만 | 내부고장, 과전류가 생긴 경우 |
| | 15,000 [kVA] 이상 | 내부고장, 과전류, 과전압이 생긴 경우 |
| 조상기 | 15,000 [kVA] 이상 | 내부고장이 생긴 경우 |

## 41. 위상특성곡선

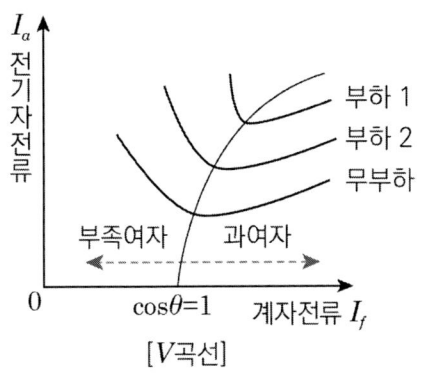

- 부족여자 : 지상, 리액터 역할
- 과여자 : 진상, 콘덴서 역할

## 42. 전수검사의 실시

- 불량품이 있어서는 안되는 경우
- 검사항목수가 적고 로트의 크기가 작을 경우

## 43. 점멸기의 시설

- 숙박업에 이용되는 객실의 입구등
  : 1분 이내에 소등
- 일반주택 및 아파트 각 호실의 현관등
  : 3분 이내에 소등

## 44. 초퍼의 종류

- 벅 컨버터 : 강압용
- 부스트 컨버터 : 승압용

## 45. 이항분포

- 기댓값 $\mu = nP = 10 \times 0.2 = 2$
- 분산 $V = nP(1-P) = 2 \times 0.8 = 1.6$

## 46. 메거

절연저항을 측정하는 계측기이다.

## 47. 품질특성 데이터

- 계수치 데이터 : 셀 수 있는 데이터로서 불량개수, 홈의 수, 결점 수, 사고건수 등
- 계량치 데이터 : 셀 수 없는 데이터로서 길이, 무게, 두께, 시간, 온도, 강도, 함유량 등

## 48. SCR 턴오프

사이리스터가 순방향 도전상태에서 역방향 저지상태로 되는 것을 턴오프라 한다.

## 49. 애자의 구비조건
- 절연 내력이 클 것
- 절연 저항이 클 것
- 기계적 강도가 클 것
- 누설전류가 적을 것

## 50. 도체 사이에 작용하는 힘
$F = \dfrac{2I_1 I_2}{r} \times 10^{-7}$ [N/m]에서 $I_1 = I_2$이므로 두 도선 사이에 작용하는 힘은 전류의 제곱에 비례한다.

## 51. 16진수를 2진수로 변환하는 방법
16진수의 각 자리를 4자리의 2진수로 변환하면
$D = 13 = 1101$, $2 = 0010$, $8 = 1000$이므로
$(D28A)_{16} = (1101001010001010)_2$

## 52. 조명의 계산
$UNF = EAD$ 에서
조명률 $U = 0.5$, 등 수 $N = 5$
광속 $F = 4\pi I = 4\pi \times 100 = 1256$,
실내면적 $A = \pi r^2 = \pi \times \left(\dfrac{10}{2}\right)^2 = 78.5$
감광보상율 $D = 1.5$
$E = \dfrac{UNF}{AD} = \dfrac{0.5 \times 5 \times 1256}{78.5 \times 1.5} = 26.667$
$\fallingdotseq 26.7$ [lx]

## 53. 동기발전기의 단절권
- 코일간격이 극 간격보다 작다.
- 고조파를 제어하여 기전력의 파형을 개선한다.
- 구리(동)량이 적게 든다.
- 전절권에 비해 유도기전력이 감소한다.

## 54. 저압 가공전선의 종류
- 나전선 (중성선 또는 다중접지된 접지측 전선으로 사용하는 경우)
- 절연전선
- 다심형 전선
- 케이블

## 55. 타여자발전기
타여자 발전기는 외부에서 독립된 직류 전원을 이용하여 계자 권선에 전원을 공급하여 계자를 여자 시키는 방식

## 56. 전수검사와 샘플링검사
① 파괴검사는 샘플링검사를 적용
② 생산자에게 품질향상의 자극을 주고 싶을 때 샘플링 검사 실시
④ 부적합품이 섞여 들어가서는 안되는 경우에는 전수검사를 실시

## 57. 전력용 콘덴서의 용량
$Q = P(\tan\theta_1 - \tan\theta_2)$
$= 120 \times \left(\dfrac{\sin\theta_1}{\cos\theta_1} - \dfrac{\sin\theta_2}{\cos\theta_2}\right)$
$= 120 \times \left(\dfrac{0.8}{0.6} - \dfrac{0}{1}\right) = 160$ [kVA]

## 58. 옥내전로의 대지 전압의 제한
백열전등 또는 방전등에 전기를 공급하는 옥내의 전로의 대지전압은 300 V 이하

## 59. 풍압하중의 적용

| 구분 | | 고온계절 | 저온계절 |
|---|---|---|---|
| 인가근처 | | 병종 | 병종 |
| 빙설이 많은 지방 이외 | | 갑종 | 병종 |
| 빙설 지방 | 일반 | 갑종 | 을종 |
| | 해안 지방 | 갑종 | 갑종, 을종 중 큰 것 |

## 60. 위상특성곡선

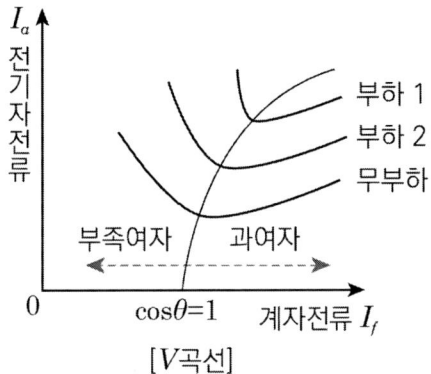

[V곡선]

- 부족여자 : 지상, 리액터 역할
- 과여자 : 진상, 콘덴서 역할

**[아우름] 전기기능장 필기**

| | |
|---|---|
| **발행일** | 2022년 10월 12일 초판 1쇄 |
| **지은이** | 김영언, 오부영, 박진영 |
| **발행인** | 황모아 |
| **발행처** | (주)모아팩토리 |
| **주 소** | 서울특별시 영등포구 영신로 32길 29 세화빌딩 2층 |
| **전 화** | 02) 2068-2851~2 |
| **팩 스** | 02) 2068-2881 |
| **등 록** | 제2015-000006호 (2015.1.16.) |
| **이메일** | moate2068@hanmail.net |
| **누리집** | www.moate.co.kr |
| **ISBN** | 979-11-6804-099-1 (13500) |
| **정 가** | 35,000원 |

Copyright ⓒ (주)모아팩토리 Co., Ltd. All Rights Reserved.

이 책은 저작권법에 의해 보호를 받는 저작물이므로 저자와 출판사의 서면 허락 없이 내용의 전부 또는 일부를 이용하는 것을 금합니다.

# 끊임없이 변화를 추구하는 교육기업
# 모아팩토리

### 모아 크리에이터 센터(MCC)
소방/전기/안전분야 전문강사 양성기관
유튜브 강의 영상 2000개 이상
오프라인 50여 곳 이상 강사 연계

### 디지털 멀티미디어 센터(MDC)
전자칠판, (빔)판서, 크로마키 등 영상 제작
고객의 니즈를 반영한 맞춤제작, 최저비용
대관사업(9개 스튜디오 자유 선택)

### 소방공무원 모소공
작년대비 수강생 8배 증가
소방을 전문으로 하는 강사&콘텐츠
콘텐트 만족도 94.2%,
필기합격률 270% 증가

### 모아AI직업전문학교
전기기능사 국가기술자격시험장 지정학교
실습실 및 자재실 다수 확보
전기기능사 훈련생
1,000여 명 이상 모집

### 모아 출판사업부
100여 종 이상의 전문 수험교재/실무도서 출판
전국 온/오프라인 서점 및 다수 제휴사 확보
교재 기획부터 배송까지 원스톱 시스템 구축

### E-러닝 동영상 모아바
3만 명 이상이 선택한 교육전문 브랜드
최근 3년 누적 합격자 수 1만 명 이상
분기별 최신 강의 실시간 업데이트

### 모아소방전기학원
소방/전기분야 압도적 1위
기술사/관리사 합격자 최다 배출
동종업계 최다 교수진 라인업 구축

---

**교육 서비스** 소방기술사/소방시설관리사/소방설비(산업)기사/감리실무/화공안전기술사/위험물기능장/위험물산업기사/위험물기능사/전기안전기술사/전기응용기술사/건축전기설비기술사/발송배전기술사/전기기능장/전기기사/전기기능사/가스기능사/승강기기능사/소방공무원/그 외 다수 과정 런칭 준비 중

**기타 서비스** 영상촬영/영상편집/스튜디오대관/강사양성/교재출판